DIE GRUNDLEHREN DER

MATHEMATISCHEN WISSENSCHAFTEN

IN EINZELDARSTELLUNGEN MIT BESONDERER BERÜCKSICHTIGUNG DER ANWENDUNGSGEBIETE

HERAUSGEGEBEN VON

J.L.DOOB · E.HEINZ · F.HIRZEBRUCH
E.HOPF · H.HOPF · W.MAAK · W.MAGNUS
F.K.SCHMIDT · K.STEIN

GESCHÄFTSFÜHRENDE HERAUSGEBER

B.ECKMANN UND B.L.VAN DER WAERDEN
ZÜRICH

BAND 66

SPRINGER-VERLAG
BERLIN · GÖTTINGEN · HEIDELBERG · NEW YORK
1965

THEORIE DER GEWÖHNLICHEN DIFFERENTIALGLEICHUNGEN

AUF FUNKTIONENTHEORETISCHER GRUNDLAGE DARGESTELLT

VON

LUDWIG BIEBERBACH

ZWEITE

UMGEARBEITETE UND ERWEITERTE AUFLAGE

SPRINGER-VERLAG
BERLIN · GÖTTINGEN · HEIDELBERG · NEW YORK
1965

Geschäftsführende Herausgeber:

Prof. Dr. B. Eckmann
Eidgenössische Technische Hochschule Zürich

Prof. Dr. B. L. van der Waerden
Mathematisches Institut der Universität Zürich

ISBN 978-3-642-88467-2 ISBN 978-3-642-88466-5 (eBook)
DOI 10.1007/978-3-642-88466-5

Library of Congress Catalog Card Number 64-22704
Softcover reprint of the hardcover 2nd edition 1965

Titel-Nr. 5049

Vorwort zur zweiten Auflage

Aufgabe meines Buches ist auch in dieser zweiten Auflage eine lesbare Darstellung des gegenwärtigen Standes der Theorie der gewöhnlichen Differentialgleichungen als eines Kapitels der Funktionentheorie. In den zehn Jahren, die seit dem Erscheinen der ersten Auflage vergangen sind, ist manches Neue hinzugekommen und hat der Verfasser auch manches zugelernt. Das alles findet seinen Ausdruck in einer gründlichen Umarbeitung des Textes und in vielen Erweiterungen.

Nützlich waren vor allem auch kritische Besprechungen. Ich denke dabei insbesondere an die fundierten Ausführungen in den Reviews und im Zentralblatt. Freilich habe ich mich nicht entschließen können, allen da gegebenen Anregungen zu folgen. Einmal setzen eigener Geschmack und eigene Kenntnisse dem Verfasser gewisse Grenzen. Aber auch sachliche Gründe waren von Einfluß. So sind u. a. auch jetzt die Asymptotika beiseite geblieben, denen ein besonderer Band dieser Sammlung gewidmet werden sollte, ebenso auch die algebraischen Aspekte der Theorie, denen ein besonderer Band gebührt. So interessant und wichtig diese Dinge sind, man kann sie kaum als Kapitel der Funktionentheorie ansehen. Auch glaube ich nicht, daß die nach dem Muster der Theorie der algebraischen Funktionen aufgebaute Lehre von den multiplikativen Funktionen die Theorie der gewöhnlichen linearen Differentialgleichungen umfaßt. Das kann man erst von der Theorie der multiplikativen Matrizenfunktionen behaupten. Aber diese steckt noch in den Kinderschuhen, wenn man so sagen darf. Das dahin gehörige Riemannsche Problem habe ich nur bis zu einer expliziten Lösung im Falle einer Monodromiegruppe mit zwei Erzeugenden und drei vorgegebenen Stellen der Bestimmtheit gefördert. Auch solche explizite Durchführung fehlte bis jetzt. In die Fragwürdigkeiten, in das Chaos um die Vorstellungen von festen und beweglichen Singularitäten hoffe ich durch Einführung präziser Definitionen etwas Ordnung gebracht zu haben.

Die Darstellung geht nicht nur in einigen Einzelheiten eigene Wege, sondern bietet auch noch an einigen weiteren Stellen sachlich Neues. Ich nenne den Satz von PAINLEVÉ in den §§ 1. und 2., der sich vielfach als entscheidend wichtig erweist. In § 6.**14.** wird die Abschätzung der Wachstumsordnung der Lösungen auf Systeme ausgedehnt. Die Ausführungen in § 10.**2.** zeigen, daß der Ansatz von PLEMELJ weit mehr enthält, als man hie und da wahrhaben will. Endlich nenne ich einige Bemerkungen zu den PAINLEVÉschen Transzendenten in § 12.**1.**

In der Darstellung gibt es leichtere und schwerere Abschnitte. So hoffe ich nicht nur dem Anfänger sondern auch dem Kenner etwas zu bieten.

Die Verweise auf neuere Literatur habe ich wieder in den Text eingearbeitet. Eine eigentliche Bibliographie zu bieten, scheint mir wegen der Verflochtenheit des Gegenstandes mit anderen Gebieten kaum tunlich. Wegen der älteren Literatur verweise ich nach wie vor auf die im Vorwort zur ersten Auflage erwähnten vier Bücher von LUDWIG SCHLESINGER (Handbuch, Einführung, Vorlesungen, Bericht) sowie auf die Enzyklopädie der mathematischen Wissenschaften, vor allem die beiden Artikel von EMIL HILB. Zu den eigens der Funktionentheorie der Differentialgleichungen gewidmeten Büchern ist nur eines hinzugekommen: die auch in deutscher gekürzter Übersetzung erschienenen Vorlesungen von W. W. GOLUBEW über Differentialgleichungen im Komplexen, Berlin 1958. Es versteht sich, daß einige im Text meines Buches erwähnte Werke anderer Richtung einzelne Abschnitte über einige einschlägige Fragen enthalten.

Rottach-Egern, im August 1964

BIEBERBACH

Vorwort zur ersten Auflage

Seit SCHLESINGERS Büchern ist dreißig Jahre lang im deutschen Sprachbereich kein der Funktionentheorie der Differentialgleichungen gewidmetes Buch mehr erschienen, wenn auch viele Lehrbücher, wie z. B. das von HORN sowie das in dieser Sammlung erschienene Buch des Verfassers einzelnes aus diesem Gebiet bringen. INCE widmet fast die Hälfte seines rühmlichen Werkes der funktionentheoretischen Seite der Theorie der gewöhnlichen Differentialgleichungen. Es sind aber auch schon wieder dreizehn Jahre seit dem Erscheinen dieses Buches vergangen. In jenen Jahrzehnten haben neue funktionentheoretische Methoden ihren Einzug gehalten und haben sich neue Fragestellungen, neue Ergebnisse und Verlagerungen des Schwerpunktes der Interessen gezeigt. Dies alles ist neben der steigenden Bedeutung, die der Gegenstand auch für die Anwendungsgebiete hat, Rechtfertigung genug für das Erscheinen eines neuen Buches, das die Theorie der gewöhnlichen Differentialgleichungen auf funktionentheoretischer Grundlage behandelt.

Ich kann nur eine Auswahl des reichen Stoffes bieten, nicht nur, weil ein Lehrbuch kein Handbuch sein soll, und nicht nur, weil meine Fähigkeiten wie die eines jeden Verfassers begrenzt sind, sondern vor allem deshalb, weil das in diesem Gebiet erstrebte eine nur allzu echte Obermenge des wirklich gesicherten ist. Zudem wird jeder, der über den Gegenstand dieses Buches weiterarbeiten will, zu den trefflichen Encyklopädieartikeln von EMIL HILB greifen müssen.

Meine Darstellung setzt voraus, daß die Elemente der Funktionentheorie zum gesicherten Wissensbestand des Benutzers gehören. Vorkenntnisse aus dem Gebiet der Differentialgleichungen werden nicht vorausgesetzt. Daher enthält das Buch die Partien, die vor allem den Anfänger angehen, in breiter Darstellung und bietet Teile, die erst den Fortgeschrittenen ansprechen, in wesentlich knapperer Diktion. So wird dem Leser empfohlen, Abschnitte, die ihm Schwierigkeiten bereiten, zunächst zu überschlagen.

Mit Literaturangaben war ich sparsam. Ich habe nur erwähnt, was in der Encyklopädie noch nicht berücksichtigt werden konnte und habe darüber hinaus solche Literaturstellen namhaft gemacht, an die sich meine Darstellung anlehnt. Es versteht sich, daß in dem Buch auch geistiges Eigentum des Verfassers steckt. Dieses zu registrieren, kann füglich den Referatenorganen überlassen bleiben.

Bei den Korrekturen haben mich die Herren GERHARD LYRA, WALTER NOLL, FRIEDEMANN STALLMANN, EGON ULLRICH, HANS WITTICH in trefflicher Weise unterstützt. Ihnen gilt mein herzlicher Dank. Unterhaltungen mit Herrn ISTVÁN SZABÓ waren mir während der Abfassung des Buches von anspornender und belehrender Bedeutung.

Berlin, im Mai 1953

BIEBERBACH

Inhaltsverzeichnis

§ 1. Die grundlegenden Existenzsätze

1. Die gewöhnliche Differentialgleichung erster Ordnung. Ich nehme sie in der Normalform

$$w' = f(w, z) \tag{1.1.1}$$

an. Es gilt der folgende **Existenzsatz:** *Die Funktion $f(w, z)$ sei in einem Gebiet*[1] *G der komplexen Veränderlichen (w, z) eindeutig und analytisch*[2]. *Es bedeute w' die Ableitung dw/dz. Es sei (w_0, z_0) eine Stelle aus G. Dann gibt es genau eine in einer Umgebung $|z - z_0| < R$ von z_0 reguläre analytische Funktion $w(z)$, die 1. der Anfangsbedingung $w(z_0) = w_0$ genügt, für die 2. $(w(z), z) \in G$ und 3. $w'(z) = f(w(z), z)$ für alle $z \in |z - z_0| < R$ erfüllt ist. Eine solche Funktion heißt Lösung oder Integral der Differentialgleichung $w' = f(w, z)$.*

Den Beweis des Existenzsatzes stütze ich auf die Methode der sukzessiven Approximationen (auch Methode der schrittweisen Näherung genannt). Diese beruht auf dem folgenden Ansatz: Man sehe zu, ob vielleicht schon die Konstante $w = w_0$ Lösung von (1.1.1) ist. Ist dies nicht der Fall, so nehme man $w = w_0$ als eine Näherung[3] an und bestimme aus

$$w_1'(z) = f(w_0, z), \qquad w_1(z_0) = w_0 \tag{1.1.2}$$

---

[1] Ich gebrauche den Begriffsnamen „Gebiet" in diesem Buch in dem in der Topologie üblichen Sinn. Gebiet ist eine Menge G der (w, z) derart, daß zu jedem $(w_0, z_0) \in G$ eine Umgebung $|w - w_0|^2 + |z - z_0|^2 < \varrho^2$ gehört, deren Punkte (w, z) sämtlich $(w, z) \in G$ sind, und derart, daß zu je zwei Elementen $(a, b) \in G$ und $(c, d) \in G$ eine sie verbindende stetige Kurve in G gehört: $w(t), z(t)$ stetig und $(w(t), z(t)) \in G$ für $0 \leqq t \leqq 1$, $(w(0), z(0)) = (a, b)$; $(w(1), z(1)) = (c, d)$. In der Funktionentheorie wird vielfach eine solche Menge in Anlehnung an den Sprachgebrauch der Klassiker dieser Theorie Bereich genannt. In meinem Buch soll unter Bereich die Vereinigungsmenge eines Gebietes und seiner Randpunkte verstanden werden. In diesem § 1 betrachte ich nur eigentliche Gebiete, d. h. Mengen von eigentlichen Punkten (w, z) mit $w \neq \infty$ und $z \neq \infty$.

[2] Damit ist gemeint, daß $f(w, z)$ in G stetig ist und partielle Ableitungen $\partial f/\partial w$ und $\partial f/\partial z$ an jeder Stelle $(w, z) \in G$ besitzt, die ihrerseits in G stetig sind. In der Theorie der analytischen Funktionen mehrerer komplexer Variabler wird gezeigt, daß die Stetigkeit der Ableitungen aus der Annahme ihrer Existenz folgt (Hartogs).

[3] Man kann auch irgendeine andere bei z_0 holomorphe Funktion $w_0(z)$ mit $w_0(z_0) = w_0$ als erste Näherung nehmen. Der Leser führe diese Andeutung durch.

durch

$$w_1(z) = w_0 + \int_{z_0}^{z} f(w_0, \mathfrak{z})\, d\mathfrak{z} \tag{1.1.3}$$

eine weitere Näherung. Ist $w_1(z)$ nicht selbst Lösung, so bestimme man aus

$$w_2'(z) = f(w_1(z), z), \qquad w_2(z_0) = w_0 \tag{1.1.4}$$

eine nächste Näherung

$$w_2(z) = w_0 + \int_{z_0}^{z} f(w_1(\mathfrak{z}), \mathfrak{z})\, d\mathfrak{z}. \tag{1.1.5}$$

Rekurrent setze man

$$w_n'(z) = f(w_{n-1}(z), z), \qquad w_n(z_0) = w_0, \tag{1.1.6}$$

d. h.

$$w_n(z) = w_0 + \int_{z_0}^{z} f(w_{n-1}(\mathfrak{z}), \mathfrak{z})\, d\mathfrak{z}. \tag{1.1.7}$$

Man erhält so, wie gleich bewiesen wird, eine Folge von Funktionen

$$\{w_k(z)\}, \qquad k = 0, 1, 2, \ldots . \tag{1.1.8}$$

Bricht diese Folge nach endlich vielen Schritten ab, d.h. sind von einer gewissen Nummer n an alle Funktionen der Folge einander gleich, so hat man in $w_n(z)$ eine Lösung von (1.1.1) gefunden. Anderenfalls ist (1.1.8) eine unendliche Folge, deren Konvergenz zu untersuchen ist. Zunächst aber muß geprüft werden, ob die Funktionen der Folge (1.1.8) alle gebildet werden können. Dies wird zu der im Existenzsatz genannten Zahl R führen. Wenn es in G einen „Zylinder" $\{w$ beliebig, $|z - z_0| < R\}$[1] gibt, so bietet die Bildung der Funktionen (1.1.8) keine Schwierigkeit, da dann alle Stellen $(w_n(z), z) \in G$ sind, wenn nur $|z - z_0| < R$ genommen wird. Anderenfalls gehe man von einem G angehörigen Kreisbereich

$$K: \{|w - w_0| \leqq R_w, \ |z - z_0| \leqq R_z\}$$

aus. Auch jetzt kann man $w_1(z)$ aus (1.1.3) ohne weiteres bilden. Um aber dann $f(w_1(z), z)$ anschreiben zu dürfen, muß man $R \leqq R_z$ so wählen, daß $|w_1(z) - w_0| \leqq R_w$ für $|z - z_0| \leqq R$ gilt. Dann ist $f(w_1(z), z)$ für alle $|z - z_0| \leqq R$ erklärt. Zur Wahl von R beachte man, daß es nach den im Existenzsatz gemachten Voraussetzungen eine Zahl M gibt, so daß

$$|f(w, z)| \leqq M, \qquad \left|\frac{\partial f}{\partial w}\right| \leqq M \quad \text{für} \quad (w, z) \in K \tag{1.1.9}$$

---

[1] Oder allgemeiner: (w beliebig, $z \in$ passendes einfach zusammenhängendes Gebiet B_z der z-Ebene).

gilt. Dann ist nach (1.1.3)

$$\left.\begin{aligned} |w_1(z) - w_0| = \left| \int_{z_0}^{z} f(w_0, \mathfrak{z})\, d\mathfrak{z} \right| &\leqq M\,|z - z_0| \leqq M R \\ \text{für } &|z - z_0| \leqq R. \end{aligned}\right\} \tag{1.1.10}$$

Um aber $w_1(z)$ in $f(w, z)$ einsetzen zu können, ohne aus K herauszukommen, muß $|w_1(z) - w_0| \leqq R_w$ sein. Daher nehmen wir noch an

$$M R \leqq R_w. \tag{1.1.11}$$

Dann ergibt sich aus (1.1.10), daß $|w_1(z) - w_0| \leqq R_w$ richtig ist. Dann folgt aus (1.1.5), daß

$$|w_2(z) - w_0| = \left| \int_{z_0}^{z} f(w_1(\mathfrak{z}), \mathfrak{z})\, d\mathfrak{z} \right| \leqq M R \leqq R_w \quad \text{in} \quad |z - z_0| \leqq R$$

erfüllt ist, so daß man $w_2(z)$ in $f(w, z)$ in ganz $|z - z_0| \leqq R$ einsetzen kann, ohne aus K herauszukommen. Man sieht durch vollständige Induktion: Wenn

$$|w_{n-1}(z) - w_0| \leqq R_w \quad \text{in} \quad |z - z_0| \leqq R$$

gilt, dann ist nach (1.1.7) wegen (1.1.11) auch

$$|w_n(z) - w_0| \leqq R_w \qquad \text{in} \quad |z - z_0| \leqq R$$

erfüllt, so daß alle Näherungsfunktionen (1.1.8) in $|z - z_0| \leqq R$ existieren. Sie sind überdies alle nach (1.1.7) in $|z - z_0| \leqq R$ regulär analytisch.

Zum Konvergenzbeweis benötigt man von (1.1.9) lediglich die auf $\partial f/\partial w$ bezügliche Abschätzung. Dabei kann dann K entweder der erwähnte Zylinder, oder der erwähnte Kreisbereich sein. Falls aber im Zylinderfall die Ableitung $\partial f/\partial w$ im ganzen Zylinder gleichmäßig beschränkt ist, so ist das nach dem funktionentheoretischen Satz von LIOUVILLE damit gleichbedeutend, daß $\partial f/\partial w$ von w unabhängig, d. h. daß $f(w, z)$ eine ganze lineare Funktion von w ist.

Ich schreibe

$$w_n = w_0 + (w_1 - w_0) + \cdots + (w_n - w_{n-1}), \tag{1.1.12}$$

so daß die Frage nach der Existenz von $\lim w_n$ für $n \to \infty$ auf die nach der Konvergenz der Reihe $\sum (w_k - w_{k-1})$ hinausläuft. Daher wenden wir uns nun der Abschätzung der $|w_k - w_{k-1}|$ zu. Nach (1.1.7) ist

$$|w_n(z) - w_{n-1}(z)| = \left| \int_{z_0}^{z} \{f(w_{n-1}(\mathfrak{z}), \mathfrak{z}) - f(w_{n-2}(\mathfrak{z}), \mathfrak{z})\}\, d\mathfrak{z} \right|. \tag{1.1.13}$$

Nun ist

$$f(w_{n-1}(\mathfrak{z}), \mathfrak{z}) - f(w_{n-2}(\mathfrak{z}), \mathfrak{z}) = \int_{w_{n-2}(\mathfrak{z})}^{w_{n-1}(\mathfrak{z})} \frac{\partial f}{\partial w}(\mathfrak{w}, \mathfrak{z})\, d\mathfrak{w}.$$

Daher wird nach (1.1.9)

$$|f(w_{n-1}(\mathfrak{z}),\mathfrak{z}) - f(w_{n-2}(\mathfrak{z}),\mathfrak{z})| \leqq M\,|w_{n-1}(\mathfrak{z}) - w_{n-2}(\mathfrak{z})|. \tag{1.1.14}$$

Denn man kann in $|w - w_0| \leqq R_w$ geradlinig bei festem $\mathfrak{z}$ von der Stelle $w_{n-2}(\mathfrak{z})$ zu der Stelle $w_{n-1}(\mathfrak{z})$ integrieren. Insbesondere ist nach (1.1.10) und (1.1.14)

$$|f(w_1(\mathfrak{z}),\mathfrak{z}) - f(w_0,\mathfrak{z})| \leqq M|w_1(\mathfrak{z}) - w_0| \leqq M^2|\mathfrak{z} - z_0|.$$

Daher ist nach (1.1.13)

$$|w_2(z) - w_1(z)| \leqq \frac{M^2|z - z_0|^2}{2}.$$

Man nehme, um das einzusehen, in (1.1.13) den geradlinigen Integrationsweg, setze also

$$\mathfrak{z} = z_0 + r\exp(i\arg(z - z_0)), \qquad d\mathfrak{z} = dr\exp(i\arg(z - z_0)).$$

Dann ist

$$|w_n(z) - w_{n-1}(z)| \leqq \int\limits_0^{|z-z_0|} |f(w_{n-1}(\mathfrak{z}),\mathfrak{z}) - f(w_{n-2}(\mathfrak{z}),\mathfrak{z})|\,dr.$$

Insbesondere ist daher

$$|w_2(z) - w_1(z)| \leqq \int\limits_0^{|z-z_0|} M^2|\mathfrak{z} - z_0|\,dr = \int\limits_0^{|z-z_0|} M^2 r\,dr = \frac{M^2|z - z_0|^2}{2}.$$

Durch vollständige Induktion findet man so aus (1.1.13) und (1.1.14)

$$|w_n(z) - w_{n-1}(z)| \leqq \frac{M^n|z - z_0|^n}{n!} \leqq \frac{M^n R^n}{n!} \quad \text{für} \quad |z - z_0| \leqq R.$$

Daher ist die Reihe $\sum(w_k - w_{k-1})$ für $|z - z_0| \leqq R$ absolut und gleichmäßig konvergent. Sie stellt daher nach dem Reihensatz von WEIERSTRASS eine in $|z - z_0| < R$ reguläre analytische Funktion

$$w(z) = \lim_{n\to\infty} w_n(z)$$

dar. Wegen $w_n(z_0) = w_0$ für alle n ist auch

$$w(z_0) = w_0,$$

und wegen $|w_n(z) - w_0| \leqq R_w$ für alle n ist auch

$$|w(z) - w_0| \leqq R_w \quad \text{in} \quad |z - z_0| \leqq R.$$

Endlich folgt aus (1.1.7) für $n \to \infty$, daß auch

$$w(z) = w_0 + \int\limits_{z_0}^{z} f(w(\mathfrak{z}),\mathfrak{z})\,d\mathfrak{z} \quad \text{in} \quad |z - z_0| \leqq R. \tag{1.1.15}$$

Denn nach bekannten Sätzen gilt

$$f(w_{n-1}(\mathfrak{z}),\mathfrak{z}) \to f(w(\mathfrak{z}),\mathfrak{z})$$

gleichmäßig in $|z - z_0| \leqq R$ und daher kann das Integral durch Vertauschung der Integration mit dem Grenzübergang bestimmt werden. Durch Differentiation folgt aber aus (1.1.15), daß auch

$$w'(z) = f(w(z), z), \qquad |z - z_0| < R$$

richtig ist.

Wir haben so in $|z - z_0| < R$ eine Lösung von (1.1.1) mit $w(z_0) = w_0$ gefunden. Der Existenzsatz behauptet darüber hinaus, daß es nur diese eine Lösung mit $w(z_0) = w_0$ gibt. Zunächst ist nämlich wegen der durch die Differentialgleichung geforderten Existenz der Ableitung jede Lösung analytisch. Ferner ist bekanntlich jede analytische Funktion durch die Werte ihrer Ableitungen an der Stelle z_0 eindeutig bestimmt. Diese Werte der Ableitungen können aber aus der Differentialgleichung ausgerechnet werden. Da nämlich die analytische Funktionen $f(w(z), z)$ bekanntlich Ableitungen aller Ordnungen hat, die nach der Kettenregel bestimmt werden, so findet man

$$w'(z_0) = f(w_0, z_0), \qquad w''(z_0) = \frac{\partial f}{\partial z}(w_0, z_0) + \frac{\partial f}{\partial w}(w_0, z_0)\, w'(z_0) \tag{1.1.16}$$

usw.

Die vorgetragene Beweisführung ist nicht daran gebunden, daß gerade ein Kreisbereich $K: \{|w - w_0| \leqq R_w, |z - z_0| \leqq R_z\}$ vorliegt. Sie läßt sich ohne weiteres auf den Fall übertragen, daß ein allgemeinerer Produktbereich $B: \{w \in B_w, z \in B_z\}$ als Umgebung der Stelle (w_0, z_0) benutzt wird. Der Leser möge unter diesem Gesichtspunkt den vorstehenden Beweis durchgehen, um zu erkennen, daß die Methode der sukzessiven Approximationen Reihen liefert, die in solchen allgemeineren Gebieten konvergieren, und die dort Lösungen liefern. Man kann hierzu auch durch wiederholte Anwendung des eingangs formulierten auf Kreisscheiben abgestellten Existenzsatzes gelangen.

Zum Schluß dieses Abschnittes sei noch hervorgehoben: *Liegt der oben erwähnte Zylinderfall vor, d. h. ist* (1.1.1) *eine lineare Differentialgleichung*

$$\frac{dw}{dz} = w\,p(z) + q(z), \tag{1.1.17}$$

und sind die Koeffizienten $p(z)$ und $q(z)$ in $|z - z_0| < R$ regulär, so ist die durch eine beliebige Anfangsbedingung $w(z_0) = w_0$ bestimmte Lösung in der ganzen Kreisscheibe $|z - z_0| < R$ regulär. Es wird dann nämlich die durch (1.1.11) bewirkte Verkleinerung von R_z zu R überflüssig. Ganz analog ist die Aussage, wenn man statt der Kreisscheibe irgendein Gebiet G nimmt, in dem p und q eindeutig und holomorph sind.

Daß diese Lösung in der größten Kreisscheibe regulär ist, die im Regularitätsbereich beider Koeffizienten Platz hat, wird auch durch die unmittelbare Integration der Differentialgleichung bestätigt. Man macht dazu mit zwei unbekannten Funktionen u und v den Ansatz

$$w = u\,v$$

und wählt für u irgendeine Lösung von

$$\frac{du}{dz} = u\,p(z).$$

Dann bleibt für v

$$u\frac{dv}{dz} = q(z).$$

Man nehme

$$u = \exp\left(\int_{z_0}^{z} p(\mathfrak{z})\,d\mathfrak{z}\right).$$

Dann hat man

$$v = \int_{z_0}^{z} q(\zeta)\exp\left(-\int_{z_0}^{\zeta} p(\mathfrak{z})\,d\mathfrak{z}\right)d\zeta + w_0,$$

so daß

$$w = \exp\left(\int_{z_0}^{z} p(\mathfrak{z})\,d\mathfrak{z}\right)\left[\int_{z_0}^{z} q(\zeta)\exp\left(-\int_{z_0}^{\zeta} p(\mathfrak{z})\,d\mathfrak{z}\right)d\zeta + w_0\right]$$

die Anfangsbedingung $w(z_0) = w_0$ erfüllt und in jedem Regularitätsbereich der Koeffizienten $p(z)$ und $q(z)$ regulär ausfällt. An sich lehrt diese Überlegung nur, daß die Lösung notwendig die gefundene Gestalt haben muß, falls sie existiert. Dies ist aber durch den schon bewiesenen Existenzsatz sichergestellt oder kann durch Einsetzen verifiziert werden.

2. Calcul des limites. Majorantenmethode. Die Potenzreihen spielen eine besondere Rolle zur Darstellung der analytischen Lösungen in einem Kreis. Sie liefern die Funktionselemente der Lösungen im Sinne der WEIERSTRASSschen Theorie. In **1.** wurde bereits angegeben, wie die Koeffizienten dieser Potenzreihen sich aus der Differentialgleichung ergeben. Diese Bemerkungen legen die Frage nahe, ob man nicht ohne Benutzung des durch sukzessive Approximationen bewiesenen Existenzsatzes direkt die Konvergenz dieser Potenzreihen einsehen kann. Damit hätte man dann auch noch einen zweiten Existenzbeweis für die Lösung. Das geht in der Tat und ist das ältere Verfahren. Denkt man sich

$$f(w, z) = \sum_{j,k=0,1,2,\ldots} a_{jk}(w - w_0)^j (z - z_0)^k \tag{1.2.1}$$

nach Potenzen von $w - w_0$ und $z - z_0$ entwickelt[1], dann folgt aus (1.1.9) nach dem CAUCHYschen Koeffizientensatz die folgende Abschätzung

$$|a_{jk}| \leqq M/R_w^j R_z^k \quad \text{mit} \quad a_{jk} = \frac{1}{j!\,k!}\,\frac{\partial^{j+k} f}{\partial w^j \partial z^k}(w_0, z_0). \tag{1.2.2}$$

[1] In der Theorie der analytischen Funktionen mehrerer komplexer Veränderlicher wird gezeigt, daß jede im Sinne von **1.** analytische Funktion in der Umgebung jeder regulären Stelle eine solche absolut konvergente Entwicklung besitzt. Hier werde vorausgesetzt, daß $f(w, z)$ entwickelbar ist.

Das in (1.1.16) angedeutete Bildungsgesetz der Koeffizienten der Lösung

$$w(z) = w_0 + \sum_1^\infty c_\lambda (z - z_0)^\lambda \tag{1.2.3}$$

läßt erkennen, daß die $|c_\lambda|$ nicht verkleinert werden, wenn man in (1.1.1) $f(w, z)$ durch die Majorante[1]

$$M \sum_0^\infty \frac{(w - w_0)^j (z - z_0)^k}{R_w^j R_z^k} = M \Big/ \left(1 - \frac{w - w_0}{R_w}\right)\left(1 - \frac{z - z_0}{R_z}\right) \tag{1.2.4}$$

von (1.2.1) ersetzt. Der Beweis für die Konvergenz wird erbracht sein, sowie gezeigt ist, daß die zu (1.1.1) majorante Differentialgleichung[2]

$$\frac{dw}{dz} = M \Big/ \left(1 - \frac{w - w_0}{R_w}\right)\left(1 - \frac{z - z_0}{R_z}\right) \tag{1.2.5}$$

eine Lösung

$$w = w_0 + \sum_1^\infty C_\lambda (z - z_0)^\lambda, \qquad C_\lambda \geqq 0 \tag{1.2.6}$$

besitzt. Denn für diese ist dann $|c_\lambda| \leqq C_\lambda$, wie das in (1.1.16) angedeutete Bildungsgesetz für die Koeffizienten der Potenzreihenentwicklungen der Lösungen zeigt. Und wo also (1.2.6) konvergiert, da konvergiert auch (1.2.3) absolut.

Man schreibe (1.2.5) in der Form

$$\frac{dw}{dz}\left(1 - \frac{w - w_0}{R_w}\right) = M \Big/ \left(1 - \frac{z - z_0}{R_z}\right) \tag{1.2.7}$$

und nehme zunächst an, daß (1.2.7) eine Lösung mit $w(z_0) = w_0$ hat. Denkt man diese in (1.2.7) eingesetzt, so wird (1.2.7) eine Identität in z. Man integriere nach z. So findet man

$$\frac{R_w}{2}\left(1 - \frac{w - w_0}{R_w}\right)^2 - \frac{R_w}{2} = R_z M \log\left(1 - \frac{z - z_0}{R_z}\right), \tag{1.2.8}$$

als eine Gleichung, die notwendig für die Lösung von (1.2.7) bestehen muß. Differentiation von (1.2.8) lehrt, daß umgekehrt auch jede (1.2.8) genügende Funktion ein Integral von (1.2.7) ist. Nun hat aber (1.2.8) als quadratische Gleichung eine Lösung

$$w = w_0 + R_w - R_w \sqrt{1 + \frac{2R_z M}{R_w} \log\left(1 - \frac{z - z_0}{R_z}\right)}. \tag{1.2.9}$$

Nimmt man hier denjenigen Zweig der Wurzel, der bei $z = z_0$ den Wert $+1$ hat, so erhält man nach dem binomischen Lehrsatz eine Potenzreihe (1.2.6) mit lauter positiven Koeffizienten C_λ.

---

[1] So heißt eine Potenzreihe mit positiven absolut nicht kleineren Koeffizienten.

[2] Damit ist gemeint, daß die rechte Seite von (1.2.5) eine Majorante der rechten Seite von (1.1.1) ist.

Aus (1.2.9) liest man ab, daß ihr Konvergenzradius nicht kleiner ist als die aus der Gleichung

$$1 + 2\frac{R_z M}{R_w}\log\left(1 - \frac{\varrho}{R_z}\right) = 0$$

sich ergebende positive Zahl

$$\varrho = R_z\left(1 - \exp\frac{-R_w}{2R_z M}\right). \tag{1.2.10}$$

Man nennt diese Beweismethode nach CAUCHY **calcul des limites,** wobei CAUCHY daran dachte, daß hier mit Schranken gerechnet wird. Im Deutschen ist der Ausdruck **Majorantenmethode** üblicher.

Auch die Methode der sukzessiven Approximationen von **1.** gibt eine Abschätzung für den Konvergenzradius von (1.2.3) bzw. (1.2.6). Denn die dort benutzten Reihen stellen eine in $|z - z_0| < R$ reguläre analytische Funktion dar. Dabei muß R den folgenden beiden Bedingungen genügen: 1. $R \leqq R_z$, 2. $MR \leqq R_w$, so daß $f(w, z)$ regulär ist, und $|f(w, z)| \leqq M$ gilt in $|w - w_0| \leqq R_w$, $|z - z_0| \leqq R_z$. Mit anderen Worten: Auch

$$\mathsf{P} = \operatorname{Min}(R_z, R_w/M) \tag{1.2.11}$$

ist eine untere Schranke für den Konvergenzradius von (1.2.3).

Es verdient hervorgehoben zu werden, daß die von der Methode der sukzessiven Approximationen gelieferte untere Schranke (1.2.11) für den Konvergenzradius von (1.2.3) *besser*, d. h. größer ist, als die vom calcul des limites angebotene (1.2.10). Ist $R_z \leqq R_w/M$, so zeigt das der Anblick von (1.2.10). Es ist aber auch

$$\varrho < \frac{R_w}{M},$$

weil für alle $x > 0$ stets $1 - \exp(-x) < x$ ist $(x = R_w/2R_z M)$.

3. Analytische Fortsetzung. Hat man nach dem Verfahren von **1.** oder **2.** ein Funktionselement gefunden, das in der Umgebung einer regulären Stelle von $f(w, z)$ eine Lösung von (1.1.1) im Sinne von **1.** ist, so wird man gerne die durch dies erste Funktionselement definierte analytische Funktion $w(z)$ auch im großen als Lösung der Differentialgleichung (1.1.1) bezeichnen. Man muß sich aber darüber im klaren sein, daß eine solche analytische Funktion auch an Stellen regulär sein kann, an denen die Differentialgleichung (1.1.1) eine Singularität ihrer rechten Seite $f(w, z)$ besitzt. Das zeigen schon ganz einfache Beispiele. So ist die doch überall reguläre Funktion $w = 0$ eine Lösung der bei $z = 0$ singulären Differentialgleichung

$$\frac{dw}{dz} = \frac{w}{z}. \tag{1.3.1}$$

Die Frage nach den Singularitäten sowohl der Differentialgleichung wie auch ihrer Lösungen wird uns noch ausführlich beschäftigen. Hier sei nur zunächst zur Stütze dafür, daß man die durch analytische Fortsetzung eines Lösungselementes gewonnene analytische Funktion auch im großen Lösung nennt, die folgende Bemerkung angeschlossen: *Es sei* (1.2.3) *in der Umgebung der regulären Stelle* (w_0, z_0) *von* $f(w, z)$ *eine Lösung von* (1.1.1), *und es sei*

$$w(z) = w_1 + d_1(z - z_1) + \cdots, \qquad |z - z_1| < r_1 \tag{1.3.2}$$

durch unmittelbare Fortsetzung aus (1.2.3) *erhalten. Ferner sei* $f(w, z)$ *an den durch* (1.3.2) *gelieferten Stellen* $(w(z), z)$ *regulär. Dann stellt* (1.3.2) *eine Lösung von* (1.1.1) *im Sinne von* **1.** *in der Umgebung von* (w_1, z_1) *dar.* Der Beweis ergibt sich aus dem Prinzip der Permanenz der Funktionalgleichungen, das seinerseits aus dem Identitätssatz der Funktionentheorie folgt[1].

Es liegt aber kein Grund zu der Annahme vor, daß $f(w, z)$ von (1.1.1) an jeder Stelle (w, z), die man bei analytischer Fortsetzung einer Lösung (1.2.3) als reguläre Stelle dieser Lösung erhält, selbst regulär sein müsse. Das zeigt schon das Beispiel (1.3.1) an der Stelle (0, 0), die für alle nach der in **1.** gegebenen Anleitung auffindbaren Lösungen $w = \frac{w_0 z}{z_0}$ regulär, für die Differentialgleichung, das ist für $f(w, z)$, aber singulär ist. Das ist aber nur eine isolierte Stelle, und man könnte sich zu der Meinung verführen lassen, daß das immer so sein müsse. Daher ist das Beispiel der Differentialgleichung

$$\frac{dw}{dz} = 1 + (w - z) f(w) \tag{1.3.3}$$

instruktiver. Hier sei $f(w)$ eine in $|w| < 1$ reguläre analytische Funktion, die aber den $|w| = 1$ zur natürlichen Grenze haben möge. $w = z$ ist Lösung dieser Differentialgleichung (1.3.3). Alle regulären Stellen der Lösung haben die Form $(w, z) = (z, z)$. Man betrachte eine solche reguläre Stelle (z_0, z_0) der Lösung mit $|z_0| > 1$. Dann kann man die rechte Seite der Differentialgleichung (1.3.3) an dieser Stelle durch den Wert 1 definieren. Es gibt aber keine Umgebung $|w - z_0| < \sigma$, $|z - z_0| < \varrho$ dieser Stelle, an der $1 + (w - z) f(w)$ regulär ist, weil eben $|z_0| > 1$ angenommen ist, und $f(w)$ für $|w| > 1$ nicht erklärt ist, da $f(w)$ über $|w| = 1$ hinaus nicht fortsetzbar ist.

Unter dem **allgemeinen Integral** einer Differentialgleichung (1.1.1) versteht man die Menge aller der Lösungen von (1.1.1), die durch eine reguläre Anfangsbedingung $w(z_0) = w_0$ festgelegt werden können, d. h. durch eine Anfangsbedingung derart, daß (w_0, z_0) eine reguläre Stelle der Differentialgleichung, d. h. von $f(w, z)$ ist. Eine Erweiterung be-

---

[1] Vgl. z. B. L. Bieberbach: Lehrbuch der Funktionentheorie, Bd. 1, S. 203, 4. Aufl. Leipzig 1934. — L. Bieberbach: Einführung in die Funktionentheorie, 3. Aufl. Stuttgart 1959.

treffs uneigentliche Stellen wird in § 2.**1.** gegeben. Jede einzelne durch eine solche reguläre Anfangsbedingung festgelegte Lösung heißt ein **partikuläres Integral** der Differentialgleichung. Man darf nicht erwarten, daß man die Menge der partikulären Integrale, das ist das allgemeine Integral durch eine einheitliche Formel darstellen kann. Zum Beispiel besteht das allgemeine Integral von

$$\frac{dw}{dz} = -w^2 \tag{1.3.4}$$

aus $w = 0$ und den durch die Formel $w = 1/(z - c)$ für beliebige Konstante c dargestellten Lösungen. Man kann aber die Frage aufwerfen, ob es auch Lösungen geben kann, die nicht im allgemeinen Integral enthalten sind. Das heißt also Lösungen $w = w(z)$ derart, daß jede Stelle $(w(z), z)$ der Lösung eine singuläre Stelle von $f(w, z)$ ist. Das Beispiel

$$\left(\frac{dw}{dz}\right)^2 = w$$

zeigt, daß das vorkommen kann. Denn $w = 0$ ist eine Lösung. Aber keine Stelle $(0, z)$ ist eine reguläre Stelle von $\sqrt{w}$. Lösungen, die durch keine reguläre Stelle der Differentialgleichung gehen, d. h. die nicht im allgemeinen Integral enthalten sind, heißen **singuläre Integrale** der Differentialgleichung. Vgl. auch § 4.**10.**

4. Ein Satz von PAINLEVÉ. In der älteren Literatur ist oft die Frage erörtert worden, ob es außer der bei z_0 regulären in § 1.**1.** festgelegten Lösung noch andere bei z_0 nicht reguläre Lösungen mit der gleichen Anfangsbedingung geben kann, sei es, daß sie sich bei z_0 nach gebrochenen Potenzen von $z - z_0$ entwickeln lassen, sei es, daß sie doch wenigstens bei Annäherung an z_0 auf irgendwelchen geraden oder krummen Wegen dem Grenzwert w_0 zustreben. Dabei hat es sogar eine Rolle gespielt, ob die Wege, auf denen diese Annäherung stattfindet, endliche Länge haben oder nicht. Es ist aber nicht beachtet worden, daß sich die Frage nach PAUL PAINLEVÉ wie folgt in wenigen Zeilen[1]

[1] ÉMILE PICARD hat in seinem traité d'analyse (Bd. 2, 2. Aufl., S. 357, 1905) dazu den Existenzsatz der Theorie der partiellen Differentialgleichungen herangezogen. E. L. INCE hat in seinem verdienstvollen Buch 1927 darauf aufmerksam gemacht, daß MEYER HAMBURGERS Frage nach den gebrochenen Potenzen sich einfach durch den Hinweis erledigt, daß solche Lösungen bei z_0 Ableitungen genügend hoher Ordnung aufweisen müßten, die nicht mehr endlich sind. INCE hat dort darüber hinaus einen Beweis des im Text zu formulierenden Satzes von PAINLEVÉ für den Fall der Annäherung auf Wegen endlicher Länge gegeben. Aber auch er hat nicht bemerkt, daß P. PAINLEVÉ bereits 1897 in seinen Stockholmer Vorlesungen von 1895 den hier wiedergegebenen Beweis geliefert hat, der in seiner Einfachheit den Nagel auf den Kopf treffen dürfte. Aber vielleicht muß man erst selbständig auf den Beweisgedanken gekommen sein, um die knappe Andeutung auf S. 19 bis 20 bei PAINLEVÉ recht zu verstehen.

erledigen läßt. Es handelt sich doch darum, daß eine an einer Stelle z_1 reguläre Lösung $w(z)$ mit der Anfangsbedingung $w(z_1) = w_1$ sich auf einem z_1 mit z_0 verbindenden Wege $\mathfrak{C}$ analytisch fortsetzen läßt, daß aber nicht bekannt ist, ob bei der Fortsetzung im Punkte z_0 ein reguläres Funktionselement erscheint. $\mathfrak{C}$ ist eine Kurve $z = z(t) \cdot z(t)$ stetig für $0 \leqq t \leqq 1$, $z(0) = z_0$, $z(1) = z_1$. Es ist nur bekannt, daß bei Annäherung an z_0 längs des Weges $\mathfrak{C}$ die Lösung $w(z)$ dem Grenzwert w_0 zustrebt, und daß die bei der analytischen Fortsetzung längs $\mathfrak{C}$ im w, z-Raum entstehende Kurve Γ: $\{w(z), z\}$, $z \in \mathfrak{C}$ für $0 < t \leqq 1$ dem Regularitätsgebiet von $f(w, z)$ angehört. Mit anderen Worten: Es soll sich $f(w, z)$ längs Γ regulär analytisch fortsetzen lassen.

Ich greife die Frage gleich etwas allgemeiner an. Auf $\mathfrak{C}$ sei z_ν, $\nu = 1, 2, \ldots$ eine Folge von Stellen mit $z_\nu \to z_0$. Bei analytischer Fortsetzung der Lösung $w(z)$ längs $\mathfrak{C}$ ergeben sich Potenzreihen $\mathfrak{P}_\nu(z - z_\nu)$, die jeweils in der Umgebung von z_ν konvergieren. Es sei $w(z_\nu) = \mathfrak{P}_\nu(0) = w_\nu$. Entweder gilt dann $w_\nu \to \infty$ oder aber die w_ν haben endliche Häufungspunkte. Es sei w_0 einer derselben. Man darf annehmen: $w_\nu \to w_0$, w_0 endlich. Nimmt man nun weiter an, daß man bei Fortsetzung längs Γ: $(w(z), z)$, $z \in \mathfrak{C}$ für $z_\nu \to z_0$ zu einer regulären Stelle (w_0, z_0) von $f(w, z)$ gelangt. Dann gehören die (w_ν, z_ν) für genügend große ν einer Umgebung von (w_0, z_0) an, für die $f(w, z)$ den Voraussetzungen des Existenzsatzes in § **1.1.** genügt. Daher kann man in (1.2.10) die zu den (w_ν, z_ν) und zu (w_0, z_0) gehörigen Zahlen R_z, R_w, M gemäß ihrer in § **1.1.** gegebenen Definition oberhalb einer positiven allen gemeinsamen unteren Schranke annehmen. Beachtet man dies, so sieht man, daß die Konvergenzkreisscheiben der Funktionselemente $\mathfrak{P}_\nu(z - z_\nu)$ für genügend große Nummer sämtlich den Punkt z_0 im Inneren enthalten, und daß daher alle diese Funktionselemente in der Umgebung von z_0 die gleichen Werte besitzen. Denn sie gehen ja jetzt durch unmittelbare Fortsetzung aus *einem* derselben hervor. Wegen $w_\nu \to w_0$ kann dies aber nur die durch $w(z_0) = w_0$ bestimmte bei z_0 reguläre Lösung sein. Damit ist auch der PAINLEVÉsche Satz in vollem Umfang bewiesen, ohne jede Rücksicht darauf, ob der Weg längs dem fortgesetzt wird, rektifizierbar ist oder nicht. Wenn der Beweis auch recht einfach ist, so hat das gewonnene Ergebnis doch eine erhebliche Bedeutung. Es mag daher noch besonders formuliert werden.

Satz von PAINLEVÉ. *Eine an einer Stelle z_1 reguläre Lösung $w(z)$ der Differentialgleichung* (1.1.1) *möge durch die Anfangsbedingung $w(z_1) = w_1$ bestimmt sein. Es sei (w_1, z_1) eine reguläre Stelle von $f(w, z)$ · $w(z)$ möge weiter längs einer stetigen z_1 mit z_0 verbindenden Kurve $\mathfrak{C}$: $(z = z(t)$ stetig für $0 \leqq t \leqq 1$; $z(0) = z_0$, $z(1) = z_1)$ analytisch fortsetzbar sein, derart daß die Fortsetzung in jedem von z_0 verschiedenen Punkt dieser Kurve regulär ist. Es möge für Annäherung durch eine $\mathfrak{C}$ angehörige*

Punktfolge z_ν *außerdem* $\lim_{\nu\to\infty} w(z_\nu) = w_0$ (w_0 *endlich*) *gelten. Die längs* $\mathfrak{C}$ *bei der analytischen Fortsetzung erhaltenen Stellen* $(w(z), z)$ *machen als Bild von* $\mathfrak{C}$ *eine für* $0 < t \leqq 1$ *stetige Kurve* Γ *im* (w, z)*-Raum aus.* $f(w, z)$ *soll längs* Γ *für* $0 < t \leqq 1$ *analytisch fortsetzbar sein. Die längs* Γ *aufgereihte Stellenfolge* (w_ν, z_ν), $w_\nu = w(z_\nu)$ *möge für* $\nu \to \infty$ *gegen eine reguläre Stelle* (w_0, z_0) *von* $f(w, z)$ *konvergieren*[1]. *Es soll* $W(z)$ *die durch die Anfangsbedingung* $W(z_0) = w_0$ *bestimmte, in der Umgebung von* z_0 *reguläre Lösung von* (1.1.1) *sein*[2]. *Dann ist die Lösung* $w(z)$ *auch im Punkte* z_0 *noch regulär und stimmt in der Umgebung von* z_0 *mit* $W(z)$ *überein.*

Man kann diesen Satz für eindeutige $f(w, z)$ *kurz so aussprechen: Wenn eine Stelle* z_0 *wesentlich singuläre Stelle einer Lösung von* (1.1.1) *ist, so ist* (w_0, z_0) *für kein endliches* w_0 *eine reguläre Stelle von* $f(w, z)$.

5. Analytische Abhängigkeit der Lösungen von den Anfangsbedingungen und von Parametern. Es sei über die in **1.** genannten Voraussetzungen hinaus $f(w, z)$ eine analytische Funktion eines Parameters λ. Das heißt: Es sei $f(w, z) = f(w, z; \lambda)$ analytisch[3], wenn w, z einem Gebiet G und λ einem Gebiet L angehört. Denkt man sich dann w_0, z_0, λ in abgeschlossenen Teilbereichen variabel, so bemerkt man, daß in **1.** die wesentlichen Größen R_w, R_z, M, R so gewählt werden können, daß sie für alle diese w_0, z_0, λ gleichzeitig die in **1.** maßgebenden Eigenschaften besitzen. Daher konvergieren nach dem in **1.** geführten Beweis, die dort vorkommenden Reihen gleichmäßig für alle z, z_0, w_0, λ aus den in **1.** und eben hier angegebenen Bereichen. Da aber jedes einzelne Reihenglied aus **1.** offenbar analytisch von z, z_0, w_0, λ abhängt, ist auch die Grenzfunktion — das ist die durch $w(z_0) = w_0$ festgelegte Lösung $\varphi(z, z_0, w_0, \lambda)$ — eine analytische Funktion von z, z_0, w_0, λ in den angegebenen Gebieten. *Ist insbesondere* $f(w, z, \lambda)$ *eine lineare Funktion von* w *und eine ganze Funktion von* λ *für* $(w, z) \in G$, *so sind auch die Lösungen von* $dw/dz = f(w, z, \lambda)$ *ganze Funktionen von* λ. Dabei werden die Anfangswerte w_0, z_0 als von λ unabhängig, oder allgemeiner als ganze Funktionen von λ angenommen. Vgl. auch § 10.**2.** Über die Parameterabhängigkeit von Lösungen, die sich über G hinaus analytisch fortsetzen lassen, ist mir für das Äußere von G nichts bekannt.

Man kann die vorgetragenen Überlegungen auch an die Majorantenmethode von **2.** anschließen und feststellen, daß die Reihe (1.2.3) mit

---

[1] Im Falle einer eindeutigen Funktion $f(w, z)$ kann man das alles etwas einfacher formulieren.

[2] $f(w, z)$ ist dabei an der Stelle (w_0, z_0) durch analytische Fortsetzung längs Γ erklärt.

[3] Man mag es sich ohne Einschränkung der Allgemeinheit als eindeutige Funktion vorstellen.

den aus (1.1.16) sich ergebenden Koeffizienten gleichmäßig in einem Bereich der w_0, z_0, λ konvergiert. Diese Feststellung ist nützlich, wenn es sich darum handelt, die Lösungen nach Potenzen von $w_0 - w_0^*$, $z - z_0^*$, $z_0 - z_0^*$, $\lambda - \lambda_0$ in der Umgebung einer Stelle w_0^*, z_0^*, λ_0 zu entwickeln. Man braucht dann nur nach einem bekannten Satz der Funktionentheorie (WEIERSTRASSscher Doppelreihensatz) die einzelnen Glieder der Reihe (1.2.3) ihrerseits in Potenzreihen der genannten Variablen zu entwickeln und die erhaltenen Reihen gliedweise zu addieren.

Ein Einzelergebnis, das damit zusammenhängt, sei noch hervorgehoben: Es handele sich z. B. um Lösungen der Differentialgleichung

$$\frac{dw}{dz} = f(w, z, \lambda) \tag{1.5.1}$$

mit von λ unabhängiger Anfangsbedingung. Über f seien die zu Beginn dieses Abschnittes genannten Voraussetzungen beibehalten. Die Lösung ist eine analytische Funktion $w = w(z, \lambda)$ von z und λ. Handelt es sich darum, die Ableitung dieser Lösung nach λ in der Umgebung einer Stelle $\lambda = \lambda_0$ zu bestimmen, so beachte man, daß

$$\frac{dw}{dz}(z, \lambda) = f(w(z, \lambda), z, \lambda)$$

identisch in z und λ richtig ist, wenn man die Lösungen $w = w(z, \lambda)$ in (1.5.1) einsetzt. Differenziert man nach λ und setzt dann $\lambda = \lambda_0$ ein, so erhält man unter der Annahme, daß die Stellen $\{w(z, \lambda), w, \lambda\}$ dem Regularitätsgebiet von $f(w, z, \lambda)$ angehören,

$$\frac{d}{dz}\left(\frac{\partial w}{\partial \lambda}(z, \lambda_0)\right) = \frac{\partial f}{\partial w}(w(z, \lambda_0), z, \lambda_0)\frac{\partial w}{\partial \lambda}(z, \lambda_0) + \frac{\partial f}{\partial \lambda}(w(z, \lambda_0), z, \lambda_0). \tag{1.5.2}$$

Dies ist eine lineare Differentialgleichung erster Ordnung für $\frac{\partial w}{\partial \lambda}(z, \lambda_0)$ als Funktion von z. Die Koeffizienten

$$\frac{\partial f}{\partial w}(w(z, \lambda_0), z, \lambda_0), \quad \frac{\partial f}{\partial \lambda}(w(z, \lambda_0), z, \lambda_0)$$

sind nämlich bekannte Funktionen von z, wenn man die zu λ_0 gehörige Lösung $w = w(z, \lambda_0)$ als bekannt ansieht. *Die Differentialgleichung* (1.5.2) *gibt in erster Annäherung die Änderung der Lösung*

$$w(z, \lambda) = w(z, \lambda_0) + (\lambda - \lambda_0)\frac{\partial w}{\partial \lambda}(z, \lambda_0) + \cdots \tag{1.5.3}$$

von (1.5.1) *bei Änderung des Parameters* λ *an.* Als Anfangsbedingung hat man $\frac{\partial w}{\partial \lambda}(z_0, \lambda_0) = 0$ zu nehmen, weil doch alle Lösungen $w = w(z, \lambda)$ bei $z = z_0$ die gleiche Anfangsbedingung $w(z_0, \lambda) = w_0$ haben sollen: $w(z_0, \lambda) = w_0$ für alle λ in der Umgebung von $\lambda = \lambda_0$. Man nennt (1.5.2) die **Variationsgleichung** von (1.5.1) oder **équation à variation.**

Man kann diese Betrachtung verallgemeinern und die Änderung einer, irgendeiner Schar von Lösungen $w = w(z, \lambda)$ angehörenden Lösung $w(z, \lambda_0)$ innerhalb dieser Schar untersuchen. Dann führt die Überlegung zu der gleichen Differentialgleichung (1.5.2). Aber die Anfangsbedingung wird jetzt eine andere, da nicht mehr verlangt wird, daß $w(z_0, \lambda)$ von λ unabhängig ist.

Den Schluß dieses Abschnittes soll eine Bemerkung von POINCARÉ bilden. Sein **Satz** lautet: *Es sei* $w = w(z, \lambda)$ *die durch* $w(z_0, \lambda) = w_0(\lambda)$ *festgelegte Lösung von* (1.5.1). $f(w, z, \lambda)$ *sei in* $(w, z) \in G$, $\lambda \in L$ *eindeutig und holomorph.* $w_0(\lambda)$ *sei holomorph in der Umgebung von* $\lambda = 0$; $\{\lambda = 0\} \in L \cdot G$ *und* L *seien Gebiete. Es sei bekannt, daß* $w(z, 0)$ *auf einem bei* z_0 *beginnenden Weg* $\mathfrak{C}$ *analytisch fortsetzbar ist. Dann gibt es eine Zahl* Λ, *so daß jede Lösung* $w(z, \lambda)$ *mit* $|\lambda| < \Lambda$ *ebenfalls längs* $\mathfrak{C}$ *analytisch fortsetzbar ist, und es gibt zu jedem* $\varepsilon > 0$ *ein* $\delta(\varepsilon)$ *so, daß*

$$|w(z, \lambda) - w(z, 0)| < \varepsilon \quad \textit{für} \quad |\lambda| < \delta(\varepsilon) \quad \textit{und für alle} \quad z \in \mathfrak{C}.$$

Hier ist angenommen: $(w(z, 0), z) \in G$ *für* $z \in \mathfrak{C}$. *Ferner sei die Kurve* $\mathfrak{C}$ *abgeschlossen. Die Worte „analytisch fortsetzbar längs* $\mathfrak{C}$*" bedeuten, daß auch im Endpunkt von* $\mathfrak{C}$ *ein reguläres Funktionselement erhalten wird.*

Als **Korollar** dieses Satzes sei hervorgehoben: *Falls eine Lösung* $w = w(z)$ *von* (1.1.1) *längs einer bei* z_0 *beginnenden Kurve* $\mathfrak{C}$ *analytisch fortsetzbar ist, falls sie der Anfangsbedingung* $w(z_0) = w_0$ *genügt, und falls die Stellen* $\{w(z), z\}$, $z \in \mathfrak{C}$ *dem Regularitätsgebiet von* $f(w, z)$ *angehören, so gibt es ein* $\Lambda > 0$ *derart, daß auch jede einer Anfangsbedingung* $w(z_0) = w_0 + \lambda$, $|\lambda| < \Lambda$ *genügende Lösung längs* $\mathfrak{C}$ *analytisch fortsetzbar ist.* Es handelt sich dann eben hier um einen nicht explizite in die Differentialgleichung, sondern nur in die Anfangsbedingung eingehenden Parameter.

Dieser Satz ergibt sich ohne weiteres aus dem, was zu Beginn dieses Abschnittes über die analytische Abhängigkeit der Lösungen von Parametern gesagt wurde. Es ist aber nützlich, noch einen anderen Beweis anzugeben, der auf einer geschickten Anwendung der Majorantenmethode beruht. Das Verfahren der sukzessiven Approximationen ist hier weniger brauchbar. Man führe in (1.5.1) durch

$$Z = z - z_0, \qquad W = w - w(z, 0) - w(z_0, \lambda) + w(z_0, 0)$$

neue Veränderliche ein. Dann wird aus (1.5.1) die Differentialgleichung

$$\begin{aligned} \frac{dW}{dZ} &= f\big(W + w(z, 0) + w(z_0, \lambda) - w(z_0, 0), z, \lambda\big) - f\big(w(z, 0), z, 0\big) \\ &= F(W, Z, \lambda). \end{aligned} \tag{1.5.4}$$

Es wird $W(Z, \lambda)$ durch die Anfangsbedingung $W(0, \lambda) = 0$ festgelegt. Es ist $F(0, Z, 0) \equiv 0$, so daß $W(Z, 0) \equiv 0$ die durch $W(0, 0) = 0$ bestimmte Lösung von (1.5.4) für $\lambda = 0$ ist. Wir denken uns $F(W, Z, \lambda)$

nach Potenzen von W und λ entwickelt. Die Koeffizienten der Entwicklung hängen von Z ab. Es sei

$$F(W, Z, \lambda) = \sum a_{j,k}(Z)\, W^j \lambda^k, \quad j, k = 0, 1, \ldots, \quad a_{00} = 0. \tag{1.5.5}$$

Es ist klar, daß $F(W, Z, \lambda)$ regulär analytisch von W, Z, λ abhängt, wenn $z \in \mathfrak{C}$ gilt, und wenn zudem W und λ auf gewisse Kreise $|W| \leqq \varrho$, $|\lambda| \leqq \varrho$ beschränkt sind. Daher konvergiert die Reihe (1.5.5) absolut und gleichmäßig für $|W| \leqq \varrho$, $|\lambda| \leqq \varrho$ und alle $z \in \mathfrak{C}$. Es sei

$$|F(W, Z, \lambda)| \leqq M \quad \text{für} \quad z \in \mathfrak{C}, \quad |W| \leqq \varrho, \quad |\lambda| \leqq \varrho.$$

Man darf annehmen, daß $\mathfrak{C}$ dem Kreis $|Z| < 1$ angehört, und daß

$$|F(W, Z, \lambda)| \leqq M \quad \text{für} \quad |Z| < 1, \quad |W| \leqq \varrho, \quad |\lambda| \leqq \varrho.$$

Denn sollte dies nicht von vornherein der Fall sein, so bilde man ein geeignetes $\mathfrak{C}$ enthaltendes einfach zusammenhängendes Regularitätsgebiet aller Koeffizienten $a_{jk}(Z)$ auf den Einheitskreis konform und schlicht ab, führe dadurch statt Z eine neue wieder mit Z zu bezeichnende unabhängige Veränderliche ein und wähle für M eine passende Zahl. Dann ist nach dem Cauchyschen Koeffizientensatz

$$|a_{j,k}(Z)| \leqq M/\varrho^{j+k}, \quad |Z| < 1, \quad |W| \leqq \varrho, \quad |\lambda| \leqq \varrho,$$

und daher ist

$$\frac{dW}{dZ} = M\Bigl(\sum_{j,k=0,1,\ldots} W^j \lambda^k/\varrho^{j+k} - 1\Bigr)\Big/(1 - Z) \tag{1.5.6}$$

und daher auch

$$\frac{dW}{dZ} = M\,\frac{W+\lambda}{\varrho}\Big/\Bigl(1 - \frac{W+\lambda}{\varrho}\Bigr)(1 - Z)$$

eine majorante Differentialgleichung von (1.5.4). Daher ist auch die zweckentsprechendere Differentialgleichung

$$\frac{dW}{dZ} = M\Bigl(\frac{W+\lambda}{\varrho}\Bigr)\Bigl(1 + \frac{W+\lambda}{\varrho}\Bigr)\Big/\Bigl(1 - \frac{W+\lambda}{\varrho}\Bigr)(1 - Z) \tag{1.5.7}$$

eine Majorante von (1.5.4). Ihre der Anfangsbedingung $W = 0$, für $Z = 0$ genügende Lösung ergibt sich so:

$$\frac{dW}{M}\,\frac{\Bigl(1 - \dfrac{W+\lambda}{\varrho}\Bigr)}{\dfrac{W+\lambda}{\varrho}\Bigl(1 + \dfrac{W+\lambda}{\varrho}\Bigr)} = \frac{dZ}{1 - Z},$$

$$\frac{dW}{M}\Bigl(\frac{1}{(W+\lambda)/\varrho} - 2\Big/\Bigl(1 + \frac{W+\lambda}{\varrho}\Bigr)\Bigr) = \frac{dZ}{1 - Z}.$$

Also besteht zwischen Z und W die Gleichung

$$\frac{\varrho}{M}\log\frac{(W+\lambda)/\varrho\cdot(1 + \lambda/\varrho)^2}{(1 + (W+\lambda)/\varrho)^2\cdot\lambda/\varrho} = \log\Bigl(\frac{1}{1 - Z}\Bigr).$$

Das liefert

$$W=\varrho\left\{-1-\frac{\lambda}{\varrho}+\frac{\varrho+\lambda}{2\lambda}\left[1+\frac{\lambda}{\varrho}-\sqrt{\left(1+\frac{\lambda}{\varrho}\right)^2-\frac{4\lambda}{\varrho}\left(\frac{1}{1-Z}\right)^{M/\varrho}}\right](1-Z)^{M/\varrho}\right\}.$$

Das ist eine für genügend kleine λ, sagen wir $|\lambda| \leqq \sigma$, und alle $Z = z - z_0$, $z \in \mathfrak{C}$ reguläre analytische Funktion[1] W. Man kann sie nach Potenzen von λ entwickeln, mit Koeffizienten, die von Z abhängen:

$$W = \sum_{j=1,2,\ldots} C_j(Z)\,\lambda^j, \quad C_j(0) = 0, \quad j = 1, 2, \ldots. \tag{1.5.8}$$

Diese Reihe konvergiert dann für $|\lambda| \leqq \sigma$ und $Z = Z - Z_0$, $Z \in \mathfrak{C}$ absolut und gleichmäßig. Daher ist auch die Lösung von (1.5.1) so darstellbar:

$$W = \sum_{j=1,2,\ldots} c_j(z)\,\lambda^j, \quad c_j(0) = 0, \quad j = 1, 2, \ldots. \tag{1.5.9}$$

Dabei sind nun die $c_j(z)$ längs $\mathfrak{C}$ regulär analytisch, und es gilt $|c_j(z)| \leqq |C_j(Z)|$ längs $\mathfrak{C}$, so daß auch die Reihe (1.5.8) für $|\lambda| \leqq \sigma$ und $z \in \mathfrak{C}$ absolut und gleichmäßig konvergiert.

Man muß sich vor dem Fehlschluß hüten, als sei hier bewiesen worden, daß (1.5.9) für beschränkte $|z - z_0|$ und $|\lambda| \leqq \sigma$ absolut und gleichmäßig konvergiere. Denn (1.5.7) ist doch nur längs $\mathfrak{C}$[2] eine Majorante von (1.5.1). Jedenfalls ist damit bewiesen, daß (1.5.9) für alle $|\lambda| \leqq \sigma$ längs $\mathfrak{C}$ regulär analytisch ist. Das ist die eine Hälfte des Poincaréschen Satzes. Die andere sich auf ε und $\delta(\varepsilon)$ beziehende ergibt sich aber aus (1.5.9) unmittelbar.

Es ist nützlich, noch ein Wort darüber zu sagen, wie man die Koeffizienten $c_j(z)$ von (1.5.9) ermittelt. Das geschieht nach einem Verfahren ähnlich dem, das bei Herleitung der Variationsgleichung (1.5.2) beschrieben wurde. Die $c_j(z)$ sind nämlich die Ableitungen der Lösung $W(z, \lambda)$ von (1.5.4) bei $\lambda = 0$. Differenziert man aber (1.5.4) ein oder mehrmals nach λ und setzt dann $\lambda = 0$ ein, so erhält man lineare Differentialgleichungen, jeweils erster Ordnung für den vorkommenden Koeffizienten $c_j(z)$ höchster Nummer, aus denen sich rekurrent die $c_j(z)$ bestimmen. Für alle ist die Anfangsbedingung $c_j(z_0) = 0$ zu wählen, weil $W(0, \lambda) = 0$ ist, für alle $|\lambda| \leqq \sigma$.

Insbesondere ergibt sich die Abschätzung

$$|c_j(z)| \leqq |C_j(Z)| \tag{1.5.10}$$

[1] Die Leichtigkeit, mit der sich dieser Schluß ergibt, ist der Grund dafür, daß man nach Poincaré nicht mit der Majorante (1.5.6) sondern eben mit (1.5.7) arbeitet. Man vergleiche indessen eine Arbeit von O. Perron: Math. Ann. Bd. 113 (1937). Freilich machten die funktionentheoretischen Belange gewisse Abänderungen der Poincaréschen Majoranten notwendig.

[2] Beziehungsweise in einer $\mathfrak{C}$ enthaltenden Kreisscheibe.

folgendermaßen. Setzt man (1.5.9) mit zunächst unbestimmten Koeffizienten in (1.5.4) ein, so erhält man, wie schon erwähnt, Rekursionsformeln von der Gestalt

$$c_j'(z) = a_j(z) + b_j(z)\, c_j(z), \qquad c_j(0) = 0.$$

Setzt man vergleichsweise (1.5.8) mit noch unbestimmten Koeffizienten in die majorante Differentialgleichung (1.5.7) ein, so bekommt man Rekursionsformeln

$$C_j'(Z) = A_j(Z) + B_j(Z)\, C_j(Z), \qquad C_j(0) = 0.$$

Hier sind nun die A_j und B_j majorante Potenzreihen von a_j und b_j in $|Z| < 1$. Daher lehrt die Anwendung der Majorantenmethode auf die erwähnten linearen Differentialgleichungen, denen die Koeffizienten c_j und C_j genügen, daß die $C_j(Z)$ durch in $|Z| < 1$ konvergente Potenzreihen dargestellt sind, die in $|Z| < 1$ Majoranten derjenigen Potenzreihen sind, die $c_j(z)$ darstellen, d. h. (1.5.10).

Die Darlegungen dieses Abschnittes betrachten durchweg die Lösungen der Differentialgleichung in der Umgebung solcher Stellen, an denen $f(w, z, \lambda)$ eine regulär analytische Funktion der drei Variablen ist. Über das Verhalten der Lösungen für den Fall, daß $f(w, z, \lambda)$ eine Singularität in λ aufweist, liegen einige Arbeiten von O. Perron in den Sitzungsberichten der Heidelberger Akademie der Wissenschaften von 1918 vor. Sie behandeln auch lineare Differentialgleichungssysteme.

6. Systeme von Differentialgleichungen erster Ordnung. Ich nehme das System in der folgenden (1.1.1) verallgemeinernden Normalform an:

$$\left.\begin{aligned} \frac{dw_1}{dz} &= f_1(w_1, w_2, \ldots, w_n, z) \\ & \cdots\cdots\cdots\cdots \\ \frac{dw_n}{dz} &= f_n(w_1, w_2, \ldots, w_n, z). \end{aligned}\right\} \tag{1.6.1}$$

Es handelt sich um n unbekannte Funktionen $w_1(z), w_2(z), \ldots, w_n(z)$ einer unabhängigen Variablen z, für die n Differentialgleichungen (1.6.1) vorgeschrieben sind. Gesucht werden Lösungen, die den Anfangsbedingungen

$$w_k(z_0) = w_{k,0}, \qquad k = 1, 2, \ldots, n \tag{1.6.2}$$

genügen. Dabei soll die Stelle $w_{1,0}, w_{2,0}, \ldots, w_{n,0}, z_0$ einem Gebiet G der komplexen Veränderlichen $w_1, w_2, \ldots, w_n, z$ angehören, in dem die rechten Seiten $f_k(w_1, w_2, \ldots, w_n, z)$, $k = 1, 2, \ldots, n$ der Differentialgleichungen (1.6.1) eindeutig und holomorph sind. Dann lassen sich die über eine einzelne Differentialgleichung (1.1.1) vorgetragenen Überlegungen mutatis mutandis für das System (1.6.1) wiederholen und führen zu entsprechenden Ergebnissen.

Zur Einleitung des Verfahrens der sukzessiven Approximationen geht man von einer ersten Näherung $w_{1,0}(z) = w_{1,0}, \ldots, w_{n,0}(z) = w_{n,0}$ aus[1], und bestimmt rekurrent neue Näherungen durch

$$w_{k,\nu+1}(z) = w_{k,0} + \int_{z_0}^{z} f_k(w_{1,\nu}(\mathfrak{z}), \ldots, w_{n,\nu}(\mathfrak{z}), \mathfrak{z})\, d\mathfrak{z}, \quad k = 1, 2, \ldots, n. \tag{1.6.3}$$

Wir nehmen wie in **1.** einen G angehörigen Kreisbereich K:

$$\{|z - z_0| \leqq R_z, |w_k - w_{k,0}| \leqq R_w, \quad k = 1, 2, \ldots, n\},$$

in dem

$$|f_k(w_1, \ldots, w_n, z)| \leqq M, \quad \left|\frac{\partial f_k}{\partial w_j}\right| \leqq M, \quad j, k = 1, 2, \ldots, n$$

sein möge, und wählen $R \leqq R_z$ so, daß

$$M R \leqq R_w$$

ist, oder man nehme, falls möglich, einen Zylinder {alle w beliebig, $|z - z_0| \leqq R$} in dem die f_k regulär sind und

$$\left|\frac{\partial f_k}{\partial w_j}\right| \leqq M, \quad j, k = 1, 2, \ldots, n$$

sein möge. Dann lassen sich die Konvergenzbetrachtungen aus **1.** ohne sonderliche Änderung wiederholen. Die Einzelheiten können dem Leser überlassen bleiben.

Bei den zur Beweisführung nötigen Rechnungen dürfte es von Vorteil sein, (1.6.1) durch Einführung der Vektoren

$$\mathfrak{w} = (w_1, \ldots, w_n), \quad \mathfrak{f} = (f_1, \ldots, f_n)$$

in der Form

$$\frac{d\mathfrak{w}}{dz} = \mathfrak{f}(\mathfrak{w}, z) \tag{1.6.1$'$}$$

zu schreiben. Die Rechnungen in § 1.**1.** lassen sich dann in vollem Wortlaut übertragen, wenn man die in (1.**1.**) verwendeten Antiquabuchstaben durch Frakturbuchstaben ersetzt und statt der absoluten Beträge $|w|$, $|f|$ die Normen der Vektoren

$$|\mathfrak{w}| = |w_1| + \cdots + |w_n|, \quad |\mathfrak{f}| = |f_1| + \cdots + |f_n|$$

(oder auch $|\mathfrak{w}| = \left|\sqrt{|w_1|^2 + \cdots + |w_n|^2}\right|$, $|\mathfrak{f}| = \left|\sqrt{|f_1|^2 + \cdots + |f_n|^2}\right|$) verwendet. Es gelten ja auch hier die Rechenregeln

$$|\mathfrak{w}_1 + \mathfrak{w}_2| \leqq |\mathfrak{w}_1| + |\mathfrak{w}_2|, \quad |c\,\mathfrak{w}| = |c|\,|\mathfrak{w}|,$$

---

[1] Man kann auch irgendwelche andere bei z_0 holomorphe Funktionen $w_{k,0}(z)$, $w_{k,0}(z_0) = w_{k,0}$, $k = 1, 2, \ldots, n$ als erste Näherung nehmen. Die Durchführung dieser Andeutung sei dem Leser überlassen.

wobei $c = c(\mathfrak{w}, z)$ eine Funktion (kein Vektor) ist. Es ist $|\mathfrak{w}| \geqq 0$ für jeden Vektor, und $|\mathfrak{w}| = 0$ äquivalent zu $\mathfrak{w} = \mathfrak{O}$. Man gelangt so zu dem folgenden **Satz**:

Es gibt unter den angegebenen Annahmen genau eine Lösung $w_k = w_k(z)$, $k = 1, 2, \ldots, n$, von (1.6.1) *die in* $|z - z_0| < R$ *regulär ist, und die den Anfangsbedingungen* $w_k(z_0) = w_{k,0}$, $k = 1, 2, \ldots, n$ *genügt.*

Will man diese Lösung nach Potenzen von z entwickeln, so erhält man durch wiederholte Differentiation von (1.6.1) Gleichungen analog zu (1.1.16) für die Koeffizienten der Entwicklungen der Funktionen $w_k(z)$. Die Konvergenz dieser Potenzreihen kann man auch direkt durch Verallgemeinerung der in **2.** geschilderten Majorantenmethode beweisen. Man beachte dazu, daß jetzt

$$\frac{dw_k}{dz} = M \Big/ \left(1 - \frac{w_1 - w_{1,0}}{R_w}\right) \cdots \left(1 - \frac{w_n - w_{n,0}}{R_w}\right)\left(1 - \frac{z - z_0}{R_z}\right), \quad k = 1, 2, \ldots, n \tag{1.6.4}$$

ein majorantes Differentialgleichungssystem ist, d. h. eines, dessen rechte Seiten bei Entwicklung nach Potenzen von $w_1 - w_{1,0}, \ldots, w_n - w_{n,0}, z - z_0$ positive Koeffizienten von mindestens ebenso großem absolutem Betrag haben, wie die rechten Seiten von (1.6.1). Die Integration von (1.6.4) kann aber nach den Regeln der Integralrechnung über die Integration rationaler Funktionen ohne weiteres geleistet werden. Man kann sich aber auch diese Arbeit noch erleichtern, wenn man durch $W_k = w_k - w_{k,0}$ $Z = z - z_0$, $k = 1, 2, \ldots, n$ neue Veränderliche und unbekannte Funktionen einführt, für die dann das System

$$\frac{dW_k}{dZ} = M \Big/ \left(1 - \frac{W_1}{R_w}\right)\left(1 - \frac{W_2}{R_w}\right) \cdots \left(1 - \frac{W_n}{R_w}\right)\left(1 - \frac{Z}{R_z}\right), \quad k = 1, 2, \ldots, n \tag{1.6.5}$$

mit der Anfangsbedingung $W_1(0) = W_2(0) = \cdots = W_n(0) = 0$ zu integrieren ist. Das wird natürlich bewerkstelligt, indem man

$$W_1(Z) = W_2(Z) = \cdots = W_n(Z) = W(Z)$$

setzt und

$$\frac{dW}{dZ} = M \Big/ \left(1 - \frac{W}{R_w}\right)^n \left(1 - \frac{Z}{R_z}\right) \tag{1.6.6}$$

mit der Anfangsbedingung $W(0) = 0$ integriert. Die Lösung von (1.6.6) ist

$$W = R_w \left\{1 - \left[1 + \frac{(n+1)\, M R_z}{R_w} \log\left(1 - \frac{Z}{R_z}\right)\right]^{\frac{1}{n+1}}\right\}. \tag{1.6.7}$$

Ihre Entwicklung nach Potenzen von Z konvergiert in

$$|z - z_0| = |Z| < \varrho = R_z \left\{1 - \exp\left[\frac{-R_w}{(n+1)\, M R_z}\right]\right\} \tag{1.6.8}$$

oder einem größeren konzentrischen Kreis. In diesem Kreis sind auch die Lösungen von (1.6.1) mit den Anfangsbedingungen (1.6.2) regulär.

Auch die in **2.** gegebene untere Schranke

$$\mathsf{P} = \operatorname{Min}(R_z, R_w/M)$$

für den Konvergenzradius von (1.6.7) und damit auch der Lösungen von (1.6.1) bleibt unverändert neben der durch (1.6.8) bezeichneten richtig. Man schließt genau wie in **2.**, daß auch hier $\mathsf{P} > \varrho$ ist.

Sind die rechten Seiten von (1.6.1) in dem Zylinder {alle w beliebig, $|z - z_0| < R_z$} regulär und gibt es eine Zahl M, so daß in diesem Zylinder

$$\left|\frac{\partial f_k}{\partial w_j}\right| \leqq M, \qquad j, k = 1, 2, \ldots, n$$

gilt, so ist genau wie in **2.** wieder R_z selbst eine untere Schranke für den Konvergenzradius der Lösungen. Der funktionstheoretische Satz von LIOUVILLE lehrt wieder, daß dann die $\partial f_k/\partial w_j$ von den $w_1, \ldots, w_n$ unabhängig sind, d. h. daß die f_k ganze lineare Funktionen der $w_1, \ldots, w_n$ sind. Das System (1.6.1) ist in diesem Zylinderfall ein **lineares System**

$$\left.\begin{aligned} \frac{dw_1}{dz} &= p_{11}(z)\, w_1 + \cdots + p_{1n}(z)\, w_n + p_{10}(z) \\ &\vdots \\ \frac{dw_n}{dz} &= p_{n1}(z)\, w_1 + \cdots + p_{nn}(z)\, w_n + p_{n0}(z). \end{aligned}\right\} \qquad (1.6.9)$$

Auch hier ist, wie im Falle $n = 1$, jede Lösung in jedem Kreis $|z - z_0| < R_z$ regulär, in dem die Koeffizienten $p_{ik}(z)$ von (1.6.9) *alle regulär sind.*

Ist man soweit gediehen, so bemerkt man, daß auch alles weitere, was in den vorhergehenden Abschnitten dieses Paragraphen über die Abhängigkeit der Lösungen von den Anfangsbedingungen und von Parametern für den Fall $n = 1$ ausgeführt wurde, und alles was über die analytische Fortsetzung der Lösungen, einschließlich der Sätze von PAINLEVÉ und POINCARÉ vorgebracht wurde, auch für die Systeme (1.6.1) gilt. Die Begriffe „allgemeines, partikuläres und singuläres Integral„ aus § 1.**3.** lassen sich ohne weiteres auf Systeme übertragen.

Bei dem Satz von PAINLEVÉ sei aber zur Vermeidung von Mißverständnissen ausdrücklich hervorgehoben, daß sich bei Übertragung des Beweises in § 1.**4.** naturgemäß eine Aussage über den Lösungsvektor $\mathfrak{w}$, nicht über einzelne Komponenten w_k desselben ergibt. Das heißt die Annahme $\mathfrak{w}(z_\nu) \to \mathfrak{w}_0$, $z_\nu \to z_0$, wobei $\mathfrak{w}_0$ lauter endliche Komponenten hat, führt zu der in der Umgebung von z_0 holomorphen Lösung, mit der Anfangsbedingung $\mathfrak{w}(z_0) = \mathfrak{w}_0$. Es kann durchaus sein, daß jede der Komponenten auf einer geeigneten Stellenfolge einem endlichen Grenzwert zustrebt. Wenn aber nicht alle Komponenten auf der gleichen Stellenfolge einem Grenzwert zustreben, dann kann der

Schluß auf den holomorphen Lösungsvektor versagen. A. WINTNER, der die Übertragung des Beweises aus § 1.4. auf Systeme explizite durchgeführt hat [Arch. Math. 6 (1955)], macht noch darauf aufmerksam, daß bereits PAINLEVÉ (a.a.O. S. 545) ein den Sachverhalt beleuchtendes Beispiel gegeben hat. Das System

$$w_1' = -\tfrac{1}{2} w_1 (w_1^2 + w_2^2) - w_2 (w_1^2 + w_2^2)^2$$
$$w_2' = -\tfrac{1}{2} w_2 (w_1^2 + w_2^2) + w_1 (w_1^2 + w_2^2)^2$$

hat die Lösungen

$$w_1 = \frac{1}{\sqrt{z}} \sin\frac{1}{z}, \qquad w_2 = \frac{1}{\sqrt{z}} \cos\frac{1}{z}.$$

Bei Annäherung an $z = 0$ durch $z_\nu = \frac{1}{\nu\pi}$ hat w_1 den Grenzwert 0 und bei Annäherung an $z = 0$ durch $z_\nu = \frac{2}{(2\nu + 1)\pi}$ hat w_2 den Grenzwert 0.

Ein anderes Beispiel, bei dem auch die Mehrdeutigkeit der Lösungen bei $z = 0$ vermieden wird, ist

$$w_1' = -z w_1 (w_1^2 + w_2^2) - w_2 (w_1^2 + w_2^2)$$
$$w_2' = w_1 (w_1^2 + w_2^2) - z w_2 (w_1^2 + w_2^2)$$

mit der Lösung

$$w_1 = \frac{1}{z} \sin\frac{1}{z}, \qquad w_2 = \frac{1}{z} \cos\frac{1}{z}.$$

Endlich noch das Beispiel der Differentialgleichung zweiter Ordnung

$$w'' = -w[w^2 + z^2(w + z w')^2]^2 - (2w + 4z w')\,[w^2 + z^2(w + z w')^2]$$

mit der Lösung

$$w = \frac{1}{z} \sin\frac{1}{z}.$$

Ich schließe diesen Abschnitt mit dem

Satz. *Das allgemeine Integral eines homogenen linearen Systems* (1.6.9) *mit n Unbekannten ist ein n-dimensionaler linearer Vektorraum über dem Körper der komplexen Zahlen.*

Homogen heißt (1.6.9), wenn alle Absolutglieder identisch 0 sind: $p_{k0}(z) \equiv 0,\ k = 1, \ldots, n$. Anderenfalls heißt (1.6.9) **inhomogen.**

Der Beweis wird am übersichtlichsten, wenn man das homogene System (1.6.9) in Matrizen schreibt:

$$\frac{d\mathfrak{w}}{dz} = \mathfrak{p}\,\mathfrak{w} \tag{1.6.10}$$

$$\mathfrak{w} = \begin{pmatrix} w_1 \\ \vdots \\ w_n \end{pmatrix}, \qquad \mathfrak{p} = \begin{pmatrix} p_{11} \cdots p_{1n} \\ \vdots \qquad \\ p_{n1} \cdots p_{nn} \end{pmatrix}.$$

Man nennt eine Stelle z_0 eine Holomorphiestelle oder eine reguläre Stelle von $\mathfrak{p}(z)$, wenn z_0 eine Holomorphiestelle aller $p_{ik}(z)$ ist. Eine singuläre Stelle von $\mathfrak{p}$ und damit des Differentialgleichungssystems (1.6.10) ist dadurch gekennzeichnet, daß bei z_0 mindestens eines der p_{ik} singulär ist.

Man bemerke, daß mit zwei Lösungen $\mathfrak{w}_1$ und $\mathfrak{w}_2$ von (1.6.10) auch ihre lineare Kombination

$$\mathfrak{w} = c_1 \mathfrak{w}_1 + c_2 \mathfrak{w}_2$$

mit zwei komplexen Zahlen c_1 und c_2 eine Lösung von (1.6.10) ergibt. Weiter betrachte man die Lösungen $\mathfrak{w}_k(z)$, $k = 1, 2, \ldots, n$, die durch die Anfangsbedingungen

$$w_j(z_0) = 0, \quad j \neq k, \quad w_k(z_0) = 1$$
$$j = 1, 2, \ldots, n; \quad k = 1, 2, \ldots, n$$

an einer regulären Stelle z_0 bestimmt sind. Dann ist

$$\mathfrak{w}(z) = \sum_1^n w_k(z_0)\, \mathfrak{w}_k(z) \tag{1.6.11}$$

bei nun beliebiger Wahl der Zahlen $w_k(z_0)$ die durch die Anfangsbedingung

$$\mathfrak{w}(z_0) = \begin{pmatrix} w_1(z_0) \\ w_2(z_0) \\ \vdots \\ w_n(z_0) \end{pmatrix}$$

festgelegte Lösung von (1.6.10). Da die $\mathfrak{w}_k(z)$ offenbar über dem Körper der komplexen Zahlen linear unabhängig sind[1], so ist damit der Satz bewiesen. Bildet man aus den Lösungsvektoren $\mathfrak{w}_1(z), \ldots, \mathfrak{w}_n(z)$ als Spalten eine (n, n)-Matrix $\mathfrak{q}(z)$, so ist jede andere Basis des Vektorraumes durch die Spalten einer Matrix von der Form

$$\mathfrak{q}(z)\, \mathfrak{c}$$

gebildet, wenn $\mathfrak{c}$ irgendeine konstante (n, n)-Matrix mit $\operatorname{Det}(\mathfrak{c}) \neq 0$ ist. Jede Basis des Lösungsraumes nennt man ein **Fundamentalsystem** von (1.6.10), und eine aus den n-Gliedern eines Fundamentalsystems als Spalten gebildete (n, n)-Matrix heißt **Fundamentalmatrix.** Für die Determinante aus irgendwelchen n Lösungen von (1.6.10) gilt bei beliebiger Wahl der Holomorphiestelle z_0 von $\mathfrak{p}$

$$\operatorname{Det} \mathfrak{q}(z) = c \exp\left[\int_{z_0}^{z} (p_{11} + \cdots + p_{nn})\, d\mathfrak{z}\right] \tag{1.6.12}$$

[1] Für $z = z_0$ fallen nämlich die $\mathfrak{w}_k(z)$ mit den n Einheitsvektoren $\mathfrak{E}_k$ zusammen.

mit einer passenden Konstanten c. Dies folgt aus

$$\frac{d}{dz}\operatorname{Det}\mathfrak{q}(z) = (p_{11} + \cdots + p_{nn})\,\mathfrak{q}(z)$$

und dies wieder bestätigt man durch elementare Rechnung, wenn man die aus den n Lösungsvektoren als Spalten gebildete Determinante zeilenweise differenziert und (1.6.10) berücksichtigt. Die Fundamentalmatrizen sind dann dadurch charakterisiert, daß in (1.6.12) $c \neq 0$ ist. Denn anderenfalls könnte man n Zahlen $\mathfrak{c} = (c_1, \ldots, c_n)$ mit $\mathfrak{c} \neq \mathfrak{O}$ so bestimmen, daß an einer regulären Stelle z_1

$$\sum_1^n c_\nu \mathfrak{w}_\nu(z_1) = \mathfrak{O}$$

ist. Dann wäre

$$\mathfrak{w}(z) = \sum_1^n c_\nu\, \mathfrak{w}_\nu(z)$$

nach dem Existenzsatz die identisch verschwindende Lösung von (1.6.10) und die n als linear unabhängig angenommenen Lösungen wären doch linear abhängig über dem Körper der komplexen Zahlen. Die Determinante von n Lösungen verschwindet also entweder identisch oder sie ist an allen Holomorphiestellen von $\mathfrak{p}$ von Null verschieden. Demnach besitzt die Matrix $\mathfrak{q}$ eines jeden Fundamentalsystems eine Inverse $\mathfrak{q}^{-1}$, die an allen Holomorphiestellen von $\mathfrak{p}$ ebenso wie $\mathfrak{q}$ holomorph ist.

Da die Differenz zweier Lösungen des inhomogenen Systems (1.6.9) eine Lösung des homogenen Systems ist, gewinnt man alle Lösungen des inhomogenen Systems (1.6.9), indem man zu irgendeiner speziellen Lösung des inhomogenen Systems irgendwelche Lösungen des homogenen Systems addiert. Nun ist aber für eine beliebige Holomorphiestelle z_0 von σ

$$\mathfrak{w}_{(i)}(z) = \mathfrak{q}(z)\int_{z_0}^{z}\mathfrak{q}^{-1}(\mathfrak{z})\,\mathfrak{p}_0(\mathfrak{z})\,d\mathfrak{z}, \qquad \mathfrak{p}_0 = \begin{pmatrix} p_{10} \\ \vdots \\ p_{n0} \end{pmatrix} \tag{1.6.13}$$

eine Lösung von (1.6.9), so daß alle Lösungen von (1.6.9) durch

$$\mathfrak{w}(z) = \sum_1^n c_\nu\, \mathfrak{w}_\nu(z) + \mathfrak{w}_{(i)}(z)$$

dargestellt sind, wenn die $\mathfrak{w}_\nu(z)$ ein Fundamentalsystem von (1.6.10) bilden, und die $c_1, \ldots, c_n$ beliebige konstante Zahlen sind.

Daß (1.6.13) Lösung von (1.6.9) ist, verifiziert man wie folgt:

$$\begin{aligned}
\mathfrak{w}'_{(i)}(z) &= \mathfrak{q}'(z)\int_{z_0}^{z}\mathfrak{q}^{-1}(\mathfrak{z})\,\mathfrak{p}_0(\mathfrak{z})\,d\mathfrak{z} + \mathfrak{q}(z)\,\mathfrak{q}^{-1}(z)\,\mathfrak{p}_0(z)\\
&= \mathfrak{p}(z)\,\mathfrak{q}(z)\int_{z_0}^{z}\mathfrak{q}^{-1}(\mathfrak{z})\,\mathfrak{p}_0(\mathfrak{z})\,d\mathfrak{z} + \mathfrak{p}_0(z)\\
&= \mathfrak{p}(z)\,\mathfrak{w}_{(i)}(z) + \mathfrak{p}_0(z).
\end{aligned}$$

Aus

$$\frac{d\mathfrak{w}_\nu}{dz} = \mathfrak{p}\,\mathfrak{w}_\nu, \qquad \nu = 1, \ldots, n$$

folgt nämlich auch

$$\frac{d\mathfrak{q}}{dz} = \mathfrak{p}\,\mathfrak{q}$$

für die aus den Spalten $\mathfrak{w}_1, \ldots, \mathfrak{w}_n$ gebildete (n, n)-Matrix $\mathfrak{q}$. Unter $\mathfrak{q}'(z)$ ist dabei die Matrix aus den Ableitungen der Elemente von $\mathfrak{q}$ zu verstehen.

Im Falle eines **konstanten** $\mathfrak{p}$ kann man (1.6.13) noch etwas anders schreiben. Man wähle $\mathfrak{q}(z)$ so, daß $\mathfrak{q}(0) = \mathfrak{E}$, $\mathfrak{E}$ Einheitsmatrix ist. Dann ist

$$\mathfrak{w}_{(i)}(z) = \int_{z_0}^{z} \mathfrak{q}(z - \mathfrak{z})\, \mathfrak{p}_0(\mathfrak{z})\, d\mathfrak{z} \tag{1.6.14}$$

eine Lösung von

$$\mathfrak{w}' = \mathfrak{p}\,\mathfrak{w} + \mathfrak{p}_0(z), \qquad \mathfrak{p} \text{ konstant,}$$

wie man wieder durch Differentiation verifiziert:

$$\begin{aligned} \mathfrak{w}'_{(i)}(z) &= \mathfrak{q}(0)\, \mathfrak{p}_0(z) + \int_{z_0}^{z} \mathfrak{q}'(z - \mathfrak{z})\, \mathfrak{p}_0(\mathfrak{z})\, d\mathfrak{z} \\ &= \mathfrak{p}_0(z) + \mathfrak{p} \int_{z_0}^{z} \mathfrak{q}(z - \mathfrak{z})\, \mathfrak{p}_0(\mathfrak{z})\, d\mathfrak{z} \\ &= \mathfrak{p}_0(z) + \mathfrak{p}\, \mathfrak{w}_{(i)}(z). \end{aligned}$$

Man kann (1.6.14) und daher auch (1.6.13) als eine Verallgemeinerung der TAYLORschen Formel ansehen.

7. Differentialgleichungen n-ter Ordnung. Eine Differentialgleichung n-ter Ordnung

$$\frac{d^n w}{dz^n} = f\left(w, \frac{dw}{dz}, \ldots, \frac{d^{n-1}w}{dz^{n-1}}, z\right) \tag{1.7.1}$$

kann als Spezialfall eines Systems (1.6.1) aufgefaßt werden, indem man durch

$$w = w_1, \quad w' = w_2, \ldots, w^{(n-1)} = w_n \tag{1.7.2}$$

n unbekannte Funktionen einführt. Das mit (1.7.1) gleichwertige System wird

$$\left.\begin{aligned} \frac{dw_1}{dz} &= w_2 \\ &\vdots \\ \frac{dw_{n-1}}{dz} &= w_n \\ \frac{dw_n}{dz} &= f(w_1, w_2, \ldots, w_n, z). \end{aligned}\right\} \tag{1.7.3}$$

Der in **6.** für Systeme ausgesprochene Existenzsatz liefert dann durch (1.7.2) den folgenden **Existenzsatz** für (1.7.1). *In einem Kreisbereich* $\{|w_k - w_{k,0}| \leqq R_w, |z - z_0| \leqq R_z, k = 0, 1, \ldots, n-1\}$ sei $f(w_1, w_2, \ldots, w_n, z)$ *regulär und eindeutig. Es gibt eine Zahl*

$$M > 1, \quad M > |w_{k,0}| + R_w, \quad k = 1, 2, \ldots, n,$$

so daß in diesem Kreisbereich

$$|f(w_1, w_2, \ldots, w_n, z)| \leqq M, \quad \left|\frac{\partial f}{\partial w_k}\right| \leqq M, \quad k = 1, 2, \ldots, n$$

ist; es sei weiter

$$R \leqq R_z \quad \textit{und} \quad M R \leqq R_w$$

angenommen. Dann gibt es genau eine in $|z - z_0| < R$ *reguläre Lösung* $w = w(z)$ *von* (1.7.1) *mit der Anfangsbedingung*

$$w(z_0) = w_{00}, \quad w'(z_0) = w_{10}, \ldots, w^{(n-1)}(z_0) = w_{n-1,0}. \tag{1.7.4}$$

Als **Sonderfall** ergibt sich wieder: Es sei $f(w_1, w_2, \ldots, w_n, z)$ in einem Zylinder $|z - z_0| < R$ regulär, und es gebe eine Zahl M, so daß in diesem Zylinder

$$\left|\frac{\partial f}{\partial w_k}\right| \leqq M, \quad k = 1, 2, \ldots, n$$

ist. Dann ist wieder nach dem funktionentheoretischen Satz von Liouville f eine ganze lineare Funktion der $w_1, w_2, \ldots, w_n$, und es liegt der Fall der linearen Differentialgleichung n-ter Ordnung

$$\frac{d^n w}{dz^n} + p_1(z)\frac{d^{n-1} w}{dz^{n-1}} + \cdots + p_{n-1}(z)\frac{dw}{dz} + p_n(z) w + p_{n+1}(z) = 0 \tag{1.7.5}$$

vor. Hier gilt der **Existenzsatz**: *Jede Lösung von* (1.7.5) *ist in jedem Kreis* $|z - z_0| < R$ *regulär, in dem die sämtlichen Koeffizienten* $p_j(z)$, $j = 1, 2, \ldots, n+1$ *von* (1.7.5) *regulär sind. Ist* z_0 *eine reguläre Stelle aller Koeffizienten von* (1.7.5), *so gibt es genau eine in der Umgebung von* z_0 *reguläre Lösung von* (1.7.5) *mit beliebiger Anfangsbedingung* (1.7.4).

Die im Existenzsatz gesicherte Lösung von (1.7.5) mit der Anfangsbedingung (1.7.4) wird durch eine Potenzreihe dargestellt, die in dem größten Kreis mit dem Mittelpunkt z_0 konvergiert, der im Regularitätsgebiet aller Koeffizienten von (1.7.5) Platz hat. Man kann diese Potenzreihe nach der Methode der unbestimmten Koeffizienten ermitteln. Setzt man nämlich die Lösung als Potenzreihe

$$w(z) = \sum_0^\infty c_k (z - z_0)^k \tag{1.7.6}$$

an, so sind die Koeffizienten $c_0, c_1, \ldots, c_{n-1}$ durch die Anfangsbedingung (1.7.4) bestimmt. Die weiteren Koeffizienten erhält man, indem man (1.7.5) wiederholt nach z differenziert und dann $z = z_0$ einsetzt. Das führt zu Rekursionsformeln, aus denen sich alle Koeffizienten ergeben.

Der Beweis für die Konvergenz der mit diesen Koeffizienten gebildeten Reihe (1.7.6) kann nach der Majorantenmethode geführt werden. Dabei ergibt sich auch unschwer die Konvergenz in jeder im Regularitätsgebiet aller Koeffizienten gelegenen Kreisscheibe $|z - z_0| < R$. Man darf nämlich in (1.6.8) $R_w = \infty$ nehmen.

Die Anwendung des letzten Satzes von § 1.**6.** und die Übertragung der dortigen Ausführungen auf lineare Differentialgleichungen (1.7.5) ist nach (1.7.2) und (1.7.3) so unmittelbar, daß sich nähere Darlegung erübrigt. Ich formuliere gleich das Ergebnis.

Satz. *Das allgemeine Integral einer homogenen linearen Differentialgleichung* (1.7.5) *n-ter Ordnung ist ein n-dimensionaler Vektorraum über dem Körper der komplexen Zahlen.*

Homogen heißt dabei (1.7.5), wenn $p_{n+1}(z) \equiv 0$ ist. Man erhält das allgemeine Integral einer inhomogenen Differentialgleichung (1.7.5), d. h. mit $p_{n+1}(z) \not\equiv 0$, indem man zu einer partikularen Lösung derselben die allgemeine Lösung der zugehörigen homogenen Differentialgleichung addiert. Zugehörig: d. h. der homogenen (1.7.5) mit den gleichen Koeffizienten $p_1, p_2, \ldots, p_n$.

Jede Basis des allgemeinen Integrals der homogenen (1.7.5) heißt ein **Fundamentalsystem** von (1.7.5). Als solches ist jede Folge von n linear unabhängigen Lösungen der homogenen (1.7.5) zu brauchen. Zum Beispiel bilden die durch $w_{k+1}^{(k)}(z_0) = 1$, $w_{k+1}^{(j)}(z_0) = 0$, $j \neq k+1$, $j, k = 0, 1, \ldots, n-1$ bestimmten n Lösungen

$$w_{k+1}(z), \quad k = 0, 1, \ldots, n-1$$

ein Fundamentalsystem. Dann ist

$$w(z) = \sum_{0}^{n-1} w_0^{(k)} w_{k+1}(z)$$

die durch die Anfangsbedingung

$$w^{(k)}(z_0) = w_0^{(k)}, \quad k = 0, 1, \ldots, n-1$$

bestimmte Lösung. Linear unabhängig heißen dabei n Lösungen $\mathfrak{w} = \begin{pmatrix} w_1 \\ \vdots \\ w_n \end{pmatrix}$, wenn aus $\sum_{1}^{n} c_k w_k = \mathfrak{c}\,\mathfrak{w} = 0$ mit konstantem $\mathfrak{c} = (c_1, \ldots, c_n)$ folgt, daß $\mathfrak{c} = \mathfrak{O}$ ist. Der Leser mag selber überlegen, was sich aus (1.6.13) für Differentialgleichungen n-ter Ordnung ergibt. Vergleiche auch (6.1.13). Da steht das Ergebnis explizite für den Fall $n = 2$.

8. Lineare Differentialgleichungen und Systeme mit konstanten Koeffizienten. Es sei zunächst eine einzelne homogene lineare Differentialgleichung n-ter Ordnung

$$a_0 \frac{d^n w}{dz^n} + a_1 \frac{d^{n-1} w}{dz^{n-1}} + \cdots + a_n w = 0 \qquad (1.8.1)$$

für die unbekannte Funktion w mit konstanten Koeffizienten $a_0, \ldots, a_n$ vorgelegt. Für ihre Integration ist ein konsequentes Rechnen mit Differentialoperatoren nützlich. Ich bezeichne mit Dw den auf der linken Seite von (1.8.1) stehenden Differentialausdruck und nenne

$$D = a_0 \frac{d^n}{dz^n} + \cdots + a_n, \tag{1.8.2}$$

d. h. die linke Seite von (1.8.1) nach Weglassung von w **Differentialoperator** oder auch **Differentiator.** Er operiert in der linken Seite von (1.8.1) auf w. Es ist nützlich Dw als Produkt von D und w anzusehen. Analog erkläre ich das Produkt DD_1 von D und einem zweiten Operator

$$D_1 = b_0 \frac{d^m}{dz^m} + \cdots + b_m$$

mit konstanten $b_0, \ldots, b_m$ durch formales Ausmultiplizieren. Man bemerkt, daß dann $DD_1 w$ weiter nichts ist, als die Anwendung des Operators D auf $D_1 w$. Die Multiplikation der Operatoren ist demnach kommutativ. Für $n = 0$ ist Dw die Multiplikation von w mit einer Konstanten.

Unter der **charakteristischen Gleichung** von (1.8.1) verstehe ich die algebraische Gleichung

$$a_0 \lambda^n + \cdots + a_n = 0, \tag{1.8.3}$$

Ihre linke Seite heißt das **charakteristische Polynom** des Operators (1.8.2). Seiner Zerlegung für $a_0 \neq 0$, $n > 0$

$$a_0(\lambda - \lambda_1)^{\mu_1} \cdots (\lambda - \lambda_\nu)^{\mu_\nu}, \quad \lambda_j \neq \lambda_k, \quad j \neq k \tag{1.8.4}$$

entspricht die Zerlegung

$$a_0\left(\frac{d}{dz} - \lambda_1\right)^{\mu_1} \cdots \left(\frac{d}{dz} - \lambda_\nu\right)^{\mu_\nu}, \quad \lambda_j \neq \lambda_k, \quad j \neq k \tag{1.8.5}$$

des Operators (1.8.2).

Daher hat (1.8.1) als Lösungen auch die Lösungen der Differentialgleichungen

$$\left(\frac{d}{dz} - \lambda_j\right)^{\mu_j} w_j = 0, \quad j = 1, 2, \ldots, \nu. \tag{1.8.6}$$

Denn die Reihenfolge der Faktoren in der Zerlegung ist gleichgültig, so daß aus

$$\left(\frac{d}{dz} - \lambda_k\right)^{\mu_k} w_k = 0 \tag{1.8.7}$$

durch Ausführung der übrigen Operatoren der Zerlegung (1.8.5) auch $Dw = 0$, d. h. (1.8.1) folgt.

Um aber (1.8.7) zu integrieren, macht man den Ansatz

$$w_k = \exp(\lambda_k z)\, y_k. \tag{1.8.8}$$

Dann wird

$$\left(\frac{d}{dz} - \lambda_k\right) w_k = \exp(\lambda_k z) \frac{d y_k}{d z}$$

und daher

$$\left(\frac{d}{dz} - \lambda_k\right)^{\mu_k} w_k = \exp(\lambda_k z) \frac{d^{\mu_k} y_k}{d z^{\mu_k}}.$$

Daher ist (1.8.8) Lösung von (1.8.7), wenn y_k ein beliebiges Polynom höchstens $(\mu_k - 1)$-ten Grades ist. Das enthält μ_k willkürliche Konstanten. Dann ist (1.8.8) das allgemeine Integral von (1.8.7), wie man leicht sieht.

Satz. *Die mit* $w_k = \exp(\lambda_k z) \sum_0^{\mu_k+1} c_{kj} z^j$ *gebildete Summe*

$$w = w_1 + \cdots + w_\nu, \tag{1.8.9}$$

die $\mu_1 + \cdots + \mu_\nu = n$ *willkürliche Parameter* c_{kj} *enthält,* **ist das allgemeine Integral von** (1.8.1).

Da nach § 1.7. das allgemeine Integral von (1.8.1) ein n-dimensionaler Vektorraum ist, und da auch (1.8.9) ein höchstens n-dimensionaler Vektorraum ist, ist lediglich zu zeigen, daß $w \equiv 0$ in (1.8.9) nur dann möglich ist, wenn alle darin eingehenden Parameter 0 sind. Ist nämlich

$$w = w_1 + \cdots + w_\nu \equiv 0,$$

so betrachte man den Differentialoperator

$$D_1 = \left(\frac{d}{dz} - \lambda_2\right)^{\mu_2} \cdots \left(\frac{d}{dz} - \lambda_\nu\right)^{\mu_\nu}.$$

Dann ist

$$D_1 w_1 = D_1 w = 0. \tag{1.8.10}$$

Weiter betrachte man

$$D_2 = \left(\frac{d}{dz} - \lambda_1\right)^{\mu_1}.$$

Ebenfalls ist

$$D_2 w_1 = 0. \tag{1.8.11}$$

Als Polynome in $\frac{d}{dz}$ aufgefaßt sind D_1 und D_2 teilerfremd. Daher gibt es bekanntlich zwei Polynome P und Q von $\frac{d}{dz}$ derart, daß

$$P D_1 + Q D_2 = 1$$

ist. Daher ist

$$(P D_1 + Q D_2)\, w_1 = w_1$$

Nach (1.8.10) und (1.8.11) aber ist

$$(P D_1 + Q D_2)\, w_1 = 0$$

Daher ist $w_1 \equiv 0$ und somit sind alle in w_1 vorkommenden Parameter 0. Ebenso schließt man für die übrigen w_k.

Gehen wir nun zu einem **linearen System**

$$\frac{d w_j}{d z} - \sum_1^n p_{jk} w_k = 0, \quad j = 1, \ldots, n \tag{1.8.12}$$

mit konstanten Koeffizienten p_{jk} über. Ich führe die folgenden Differentiatoren ein:

$$D_{jk} = -p_{jk}, \quad j \neq k, \quad D_{jj} = \frac{d}{dz} - p_{jj}.$$

Dann werden die (1.8.12)

$$\sum_{k=1}^{k=n} D_{jk} w_k = 0, \quad j = 1, \ldots, n. \tag{1.8.13}$$

Man kann sie formal so behandeln, wie lineare algebraische Gleichungen für die w_k. Ich multipliziere die Gleichungen (1.8.13) der Reihe nach mit den Minoren der j-ten Spalte ihrer Matrix (D_{jk}) und addiere. Bezeichnet man die Determinante der Matrix (D_{jk}) mit D, so findet man

$$D w_k = 0, \quad k = 1, 2, \ldots, n.$$

Jede der Unbekannten der (1.8.12) genügt daher der Differentialgleichung

$$D w = 0. \tag{1.8.14}$$

Dabei ist D ein Differentiator n-ter Ordnung wie (1.8.2) mit $a_0 \neq 0$. Jedes w_j enthält daher gemäß der schon geleisteten Integration einer solchen Differentialgleichung (1.8.14) zunächst n willkürliche Konstanten. Diese n^2 Parameter müssen nun aber noch Bedingungen genügen, wenn die gefundenen w_j zusammen die Differentialgleichungen (1.8.12) erfüllen sollen. Diese Bedingungen findet man am bequemsten, wenn man die (1.8.12) vektoriell schreibt

$$\frac{d \mathfrak{w}}{d z} - \mathfrak{p} \mathfrak{w} = \mathfrak{O}. \tag{1.8.15}$$

Ebenso kann man den gefundenen Lösungsansatz vektoriell schreiben:

$$\mathfrak{w} = \sum_1^\nu \mathfrak{c}_k(z) \exp(\lambda_k z). \tag{1.8.16}$$

Dabei sind $\mathfrak{c}_k(z)$ Vektoren, deren Koordinaten Polynome $(\mu_k - 1)$-ten Grades sind. Einsetzen von (1.8.16) in (1.8.15) liefert die linearen Gleichungen, denen die Koeffizienten dieser Polynome unterliegen müssen, wenn (1.8.16) Lösung von (1.8.15) sein soll. Es ist aber nicht nötig, algebraische Betrachtungen über diese Gleichungen anzustellen. Denn der allgemeine dargelegte Gedankengang versichert uns, daß diese Gleichungen lösbar sind. Man erhält so auch alle Lösungen. Gleichwohl haftet dieser Theorie etwas Unbefriedigendes an. Dies Buch wird noch mehrfach auf lineare Systeme mit konstanten Koeffizienten eingehen. Insbesondere wird § 6.**8.** eine tiefer eindringende Theorie bieten.

Hier mag nur zur größeren Klarheit das Vorgetragene an einem Beispiel vollständig durchgeführt werden. Es sei $n = 2$. Das zu integrierende System ist

$$\frac{dw_j}{dz} - \sum_{1}^{2} p_{jk} w_k = 0, \quad j = 1, 2 \tag{1.8.17}$$

Es führt zu

$$D = \begin{vmatrix} \frac{d}{dz} - p_{11} & -p_{12} \\ -p_{21} & \frac{d}{dz} - p_{22} \end{vmatrix}.$$

Das heißt explizite geschrieben ist

$$\frac{d^2 w}{dz^2} - (p_{11} + p_{22}) \frac{dw}{dz} + (p_{11} p_{22} - p_{12} p_{21}) w = 0. \tag{1.8.18}$$

die Differentialgleichung, der w_1 und w_2 genügen. Hat dann die charakteristische Gleichung

$$\lambda^2 - (p_{11} + p_{22}) \lambda + p_{11} p_{22} - p_{12} p_{21} = 0 \tag{1.8.19}$$

von (1.8.18) zwei verschiedene Wurzeln λ_1, λ_2, so ist

$$w = c_1 \exp(\lambda_1 z) + c_2 \exp(\lambda_2 z) \tag{1.8.20}$$

das allgemeine Integral von $Dw = 0$. Hat aber (1.8.19) eine Doppelwurzel

$$\lambda_1 = \frac{p_{11} + p_{22}}{2},$$

was

$$(p_{11} - p_{22})^2 + 4 p_{12} p_{21} = 0$$

verlangt, so ist

$$w = (c_1 + c_2 z) \exp(\lambda_1 z) \tag{1.8.21}$$

das allgemeine Integral von (1.8.18). Gehen wir zur vektoriellen Schreibweise der (1.8.17)

$$\frac{d\mathfrak{w}}{dz} = \mathfrak{p}\, \mathfrak{w} \tag{1.8.22}$$

und des gefundenen Lösungsansatzes über. Dann ist

$$\mathfrak{w} = \mathfrak{c}_1 \exp(\lambda_1 z) + \mathfrak{c}_2 \exp(\lambda_2 z) \tag{1.8.23}$$

mit zwei passend zu wählenden konstanten Vektoren $\mathfrak{c}_1, \mathfrak{c}_2$ oder

$$\mathfrak{w} = (\mathfrak{c}_2 + \mathfrak{c}_1 z) \exp(\lambda_1 z) \tag{1.8.24}$$

mit passend zu wählenden konstanten Vektoren in (1.8.22) einzusetzen. Man erhält im ersten Fall (1.8.23)

$$(\mathfrak{p} - \lambda_1 \mathfrak{E}) \mathfrak{c}_1 \exp(\lambda_1 z) + (\mathfrak{p} - \lambda_2 \mathfrak{E}) \mathfrak{c}_2 \exp(\lambda_2 z) = \mathfrak{O}, \qquad \mathfrak{E} = \begin{pmatrix} 1 & 0 \\ 0 & 1 \end{pmatrix}$$

und daraus natürlich

$$(\mathfrak{p} - \lambda_1 \mathfrak{E}) \mathfrak{c}_1 = \mathfrak{O}, \quad (\mathfrak{p} - \lambda_2 \mathfrak{E}) \mathfrak{c}_2 = \mathfrak{O}. \tag{1.8.25}$$

Im zweiten Fall (1.8.24) erhält man

$$\mathfrak{c}_1 + (\mathfrak{c}_2 + \mathfrak{c}_1 z)\,\lambda_1 = \mathfrak{p}\,(\mathfrak{c}_2 + \mathfrak{c}_1 z)$$

und daraus natürlich

$$(\mathfrak{p} - \lambda_1 \mathfrak{E})\,\mathfrak{c}_1 = \mathfrak{O}, \qquad (\mathfrak{p} - \lambda_1 \mathfrak{E})\,\mathfrak{c}_2 = \mathfrak{c}_1, \tag{1.8.26}$$

Algebraische Betrachtungen über die Lösbarkeit und die Zahl der Lösungen der gefundenen Gleichungen für $\mathfrak{c}_1$ und $\mathfrak{c}_2$ brauchen nicht mehr angestellt zu werden, da alles durch die allgemeine Theorie gesichert ist. Natürlich wäre man auf die linearen Gleichungssysteme auch ohne die allgemeine Theorie aus dem Ansatz (1.8.23) bzw. (1.8.24) geführt worden. Man kann dann der allgemeinen Theorie aus dem Wege gehen, indem man die linearen Gleichungssysteme nach bekannten algebraischen Methoden untersucht. Wir schenken uns das. Merken wir nur an: Durch (1.8.25) ist jeder der beiden Vektoren $\mathfrak{c}_1$, $\mathfrak{c}_2$ bis auf je einen willkürlichen Faktor bestimmt. Durch (1.8.26) ist zunächst $\mathfrak{c}_2$ bis auf einen willkürlichen Faktor und dann $\mathfrak{c}_1$ bis auf die additive Zufügung eines beliebigen Vielfachen von $\mathfrak{c}_2$ bestimmt. Etwas anders muß man das formulieren, wenn $\mathfrak{p} = \lambda_1 \mathfrak{E}$ ein Vielfaches der Einheitsmatrix $\mathfrak{E}$ ist. Dann ergibt sich aus (1.8.26) $\mathfrak{c}_1 = \mathfrak{O}$ und bleibt $\mathfrak{c}_2$ willkürlich. Zusammenfassend haben wir das folgende Ergebnis:

Das allgemeine Integral von (1.8.17) *ist*

$$\mathfrak{w} = A\,\mathfrak{c}_1 \exp(\lambda_1 z) + B\,\mathfrak{c}_2 \exp(\lambda_2 z), \tag{1.8.27}$$

wenn die charakteristische Gleichung (1.8.19) *zwei verschiedene Wurzeln* λ_1, λ_2 *hat. In* (1.8.27) *ist* $\mathfrak{c}_1$, $\mathfrak{c}_2$ *ein Lösungspaar der Gleichungen* (1.8.25) *und bedeuten* A, B *zwei willkürliche komplexe Zahlen. Das allgemeine Integral von* (1.8.17) *ist*

$$\mathfrak{w} = [A\,\mathfrak{c}_2 + (B + A z)\,\mathfrak{c}_1] \exp(\lambda_1 z), \tag{1.8.28}$$

wenn λ_1 *Doppelwurzel von* (1.8.19) *ist.* $\mathfrak{c}_1$, $\mathfrak{c}_2$ *ist ein Lösungspaar von* (1.8.26) *und* A, B *sind zwei willkürliche komplexe Zahlen. Sowohl in* (1.8.27) *wie in* (1.8.28) *ist* $\mathfrak{c}_1$, $\mathfrak{c}_2$ *ein Paar linear unabhängiger Vektoren.*

9. Schlußbemerkung über allgemeinere lineare Systeme. Es sei noch ausdrücklich betont, daß die Ergebnisse dieses Paragraphen insbesondere die Existenzsätze sich auf die in den Existenzsätzen angegebenen Normalformen beziehen. Sind Differentialgleichungen oder Systeme nicht in diesen Normalformen gegeben, so müssen diese vor Anwendung der Sätze hergestellt werden. Das geht aber nicht immer. So kann es vorkommen, daß ein homogenes System nur die triviale identisch verschwindende Lösung hat, während in die Lösung eines zugehörigen inhomogenen Systems keine willkürliche Konstante eingeht. Ich begnüge mich hier mit einem Beispiel und verweise den interessierten Leser auf das klassische Buch: E. L. INCE, Ordinary Differential Equations, London 1927.

Vorgelegt sei das System

$$\begin{aligned} \left(\frac{d}{dz}+1\right) w_1 + \left(\frac{d^2}{dz^2}+1\right) w_2 &= f_1(z) \\ w_1 + \left(\frac{d}{dz}-1\right) w_2 &= f_2(z). \end{aligned} \tag{1.9.1}$$

Die D_{jk}-Matrix dieses Systems ist

$$D_{11} = \frac{d}{dz}+1, \quad D_{12} = \frac{d^2}{dz^2}+1$$

$$D_{21} = 1, \quad D_{22} = \frac{d}{dz}-1.$$

Ihre Determinante ist

$$D = D_{11} D_{22} - D_{12} D_{21} = -2.$$

Nach den in § 1.8. angestellten Überlegungen muß jede der beiden Unbekannten im Falle eines homogenen Gleichungssystems, d. h. für $f_1(z) = f_2(z) \equiv 0$ der Gleichung $Dw = 0$, d. h. $-2w = 0$ genügen. Also ist $w_1(z) = w_2(z) \equiv 0$ die einzige Lösung des homogenen Systems (1.9.1). Wendet man die in § 1.8. angegebene Überlegung, die zu diesem Ergebnis führt, auf das inhomogene System an, d. h., multipliziert man diese beiden Gleichungen jeweils mit den Minoren einer Spalte der D_{jk}-Matrix und addiert, so findet man

$$2 w_1 = -f_1' + f_1 + f_2'' + f_2, \quad 2 w_2 = f_1 - f_2 - f_2'$$

als einzige Lösung von (1.9.1).

§ 2. Singuläre Stellen bei gewöhnlichen Differentialgleichungen erster Ordnung

1. Der Begriff der singulären Stelle der Differentialgleichung. Wir beschäftigen uns wieder mit der Differentialgleichung (1.1.1)

$$\frac{dw}{dz} = f(w, z).$$

Dabei sei $f(w, z)$ wie in § 1 eine in einem gewissen Gebiet reguläre analytische Funktion. Ihre singulären Stellen werden wie bei analytischen Funktionen einer Veränderlichen durch singuläre Ketten von Funktionselementen definiert. Jede singuläre Stelle von $f(w, z)$ soll eine singuläre Stelle der Differentialgleichung (1.1.1) heißen, wenn die beiden Koordinaten w und z der singulären Stelle eigentliche komplexe Zahlen sind. Für $w = \infty$ oder $z = \infty$ kommt eine andere Erklärung in Betracht. Um nämlich Lösungen bei $z = \infty$ zu untersuchen, führe man durch

$z = 1/\mathfrak{z}$ eine andere Veränderliche ein. Dadurch geht (1.1.1) in

$$\frac{dw}{d\mathfrak{z}} = -\frac{1}{\mathfrak{z}^2} f\left(w, \frac{1}{\mathfrak{z}}\right) \tag{2.1.1}$$

über, und wir nennen dann (w, ∞) mit endlichem w eine reguläre oder eine singuläre Stelle der Differentialgleichung (1.1.1) je nachdem ob $(w, 0)$ eine reguläre oder singuläre Stelle von (2.1.1), das ist von

$$-f\left(w, \frac{1}{\mathfrak{z}}\right)\Big/\mathfrak{z}^2$$

ist. Entsprechend verfahren wir bei Stellen (∞, z), z endlich. Jetzt führe man durch $w = 1/\mathfrak{w}$ eine neue Veränderliche ein. Dann geht (1.1.1) in

$$\frac{d\mathfrak{w}}{dz} = -\mathfrak{w}^2 f\left(\frac{1}{\mathfrak{w}}, z\right) \tag{2.1.2}$$

über, und wir nennen (∞, z), z endlich, eine reguläre oder singuläre Stelle der Differentialgleichung (1.1.1), je nachdem ob die Stelle $(0, z)$, z endlich, eine reguläre oder eine singuläre Stelle der Differentialgleichung (2.1.2), das ist von

$$-\mathfrak{w}^2 f\left(\frac{1}{\mathfrak{w}}, z\right)$$

ist. Liegt endlich eine Stelle (∞, ∞) vor, so machen wir beide Substitutionen

$$w = \frac{1}{\mathfrak{w}}, \qquad z = \frac{1}{\mathfrak{z}}$$

gleichzeitig und erhalten aus (1.1.1) die Differentialgleichung

$$\frac{d\mathfrak{w}}{d\mathfrak{z}} = \frac{\mathfrak{w}^2}{\mathfrak{z}^2} f\left(\frac{1}{\mathfrak{w}}, \frac{1}{\mathfrak{z}}\right). \tag{2.1.3}$$

Jetzt heißt (∞, ∞) eine reguläre oder singuläre Stelle von (1.1.1) je nachdem ob $(0, 0)$ eine reguläre oder singuläre Stelle von (2.1.3), das ist der Funktion

$$\mathfrak{w}^2 f\left(\frac{1}{\mathfrak{w}}, \frac{1}{\mathfrak{z}}\right)\Big/\mathfrak{z}^2$$

ist.

Auf Grund der eben gegebenen Definition der regulären Stelle einer Differentialgleichung (1.1.1) erhält auch der in § **1.3.** erörterte Begriff des allgemeinen Integrals, wie damals schon angedeutet wurde, seine endgültige Fassung. Das **allgemeine Integral** ist die Menge der partikulären Integrale. Ein Integral heißt ein **partikuläres Integral,** wenn es durch eine Anfangsbedingung $w(z_0) = w_0$ festgelegt ist, wobei (w_0, z_0) eine reguläre Stelle der Differentialgleichung ist. Das in § **1.3.** als Beispiel betrachtete Integral $w = 0$ der Differentialgleichung

$$\left(\frac{dw}{dz}\right)^2 = w$$

ist auch nach dieser allgemeinen Erklärung ein singuläres Integral. Denn es könnte allenfalls noch durch den Anfangswert $w = 0$ an der uneigentlichen Stelle $z = \infty$ festgelegt sein. Für die Untersuchung dieser Stelle $(0, \infty)$ ist nach (2.1.1) aber die Differentialgleichung

$$\left(\frac{dw}{d\mathfrak{z}}\right)^2 = \frac{w}{\mathfrak{z}^4}$$

an der Stelle $(0, 0)$ zu betrachten, und das ist eine singuläre Stelle dieser Differentialgleichung.

Relativ einfacher Natur ist die singuläre Stelle $z = a$ der folgenden linearen homogenen Differentialgleichung erster Ordnung

$$w' = p(z)\, w, \qquad p(z) = \sum_{-\infty}^{+\infty} p_\nu (z-a)^\nu. \tag{2.1.4}$$

Die angeschriebene Laurentreihe konvergiert in einer gelochten Kreisscheibe um $z = a$, die bis zur nächsten singulären Stelle von $p(z)$ reicht. Man kann die Integration ohne Schwierigkeit durchführen und findet

$$\frac{w'}{w} = \sum_{-\infty}^{+\infty} p_\nu (z-a)^\nu$$

$$\log w = c + \sum_{\substack{-\infty \\ \nu \neq -1}}^{+\infty} \frac{p_\nu}{\nu+1} (z-a)^{\nu+1} + \varrho \log(z-a), \qquad \varrho = p_{-1}$$

$$w = (z-a)^\varrho \sum_{-\infty}^{+\infty} q_\nu (z-a)^\nu. \tag{2.1.5}$$

Wir nennen eine Lösung (2.1.5) eine **multiplikative Lösung,** weil sie sich bei einem einmaligen positiven Umlauf um die singuläre Stelle mit

$$\exp(2 i \pi \varrho)$$

multipliziert. Dieser Multiplikator kann natürlich auch 1 sein. Dann ist die Lösung in der Umgebung der singulären Stelle $z = a$ eindeutig. ϱ ist dann eine ganze Zahl. Interessant sind die **außerwesentlich singulären Stellen,** die man auch **Stellen der Bestimmtheit** nennt. Eine solche liegt dann vor, wenn die Laurentreihe der Lösung (2.1.5) nur endlich viele Glieder negativer Ordnung enthält. Man kann diesen Fall auch dahin charakterisieren, daß die Lösung nach Multiplikation mit einer passenden Potenz $(z-a)^{-\varrho+n}$, n natürliche Zahl oder Null bei radialer Annäherung an $z = a$ gleichmäßig nach 0 konvergiert. Man kann auch leicht angeben, wie $p(z)$ beschaffen sein muß, wenn $z = a$ eine außerwesentlich singuläre Stelle von (2.1.4) ist. In diesem Falle kann man die Lösung (2.1.5) — eventuell mit anderem ϱ — so schreiben:

$$w = (z-a)^\varrho \sum_{0}^{\infty} c_\nu (z-a)^\nu, \qquad c_0 \neq 0, \tag{2.1.6}$$

und man hat aus (2.1.4) und (2.1.6)

$$p = \frac{w'}{w} = \frac{1}{z-a}\,\frac{\varrho c_0 + (\varrho+1)c_1(z-a)+\cdots}{c_0 + c_1(z-a)+\cdots},$$

so daß p an der Stelle $z = a$ entweder einen Pol erster Ordnung hat oder für $\varrho = 0$ dort regulär ist. Ist diese Bedingung erfüllt, so enthält auch jede Lösung an der Stelle $z = a$ eine Laurentreihe mit nur endlich vielen Gliedern negativer Ordnung, wie man aus der zu (2.1.5) führenden Rechnung in diesem Falle ohne weiteres abliest. Singuläre Stelle der Differentialgleichung ist $z = a$ natürlich nur dann, wenn dort $p(z)$ wirklich einen Pol hat.

Trägt man den Ansatz (2.1.6) in die Differentialgleichung

$$w' + P(z)\,w = 0, \qquad P(z) = \frac{p(z)}{z-a}, \qquad p(z) = \sum_0^\infty p_\nu (z-a)^\nu \tag{2.1.7}$$

ein, so erhält man zur Ermittlung von ϱ und der Koeffizienten c_ν die folgenden linearen Gleichungen

$$\begin{aligned}
&f_0(\varrho)\,c_0 = 0\\
&f_0(\varrho+1)\,c_1 + f_1 c_0 = 0\\
&\vdots\\
&f_0(\varrho+k)\,c_k + f_1 c_{k-1} + \cdots + f_k c_0 = 0\\
&\cdots\cdots\cdots\cdots\cdots\cdots\cdots\cdots
\end{aligned}$$

Dabei ist gesetzt

$$f_0(\varrho) = \varrho + p_0, \qquad f_k = p_k, \qquad k = 1, 2, \ldots$$

Die Gleichung

$$f_0(\varrho) = 0,$$

aus der ϱ zu bestimmen ist, heißt die **determinierende Gleichung** des singulären Punktes $z=a$. Da $c_0 \neq 0$ ist laut Ansatz (2.1.6), muß ϱ aus $f_0(\varrho) = 0$ ermittelt werden. c_0 bleibt willkürlich. Die weiteren c_ν sind dann aus den übrigen linearen Gleichungen eindeutig bestimmt. Die mit diesem ϱ und diesen c_ν gebildete Reihe (2.1.6) konvergiert in dem größten Kreis, den man im Regularitätsgebiet von $p(z)$ um den Punkt $z = a$ legen kann. Das braucht nicht durch besondere Konvergenzbetrachtungen bewiesen zu werden. Es ist aus den vorausgegangenen grundsätzlichen Betrachtungen klar. Diese etwas trivialen Ausführungen wurden im Hinblick auf weniger triviale Analoga bei linearen Differentialgleichungen höherer Ordnung gemacht. Vgl. § 6.

2. Der Satz von PAINLEVÉ für uneigentliche Stellen. Eine erste Beziehung zwischen singulären Stellen von Lösungen und der Differentialgleichung stellt der in § 1.**4.** aufgestellte Satz von PAINLEVÉ in seiner zweiten Fassung fest. Wir fragen, ob sich dieser Satz auf uneigentliche

Stellen (w_0, z_0) verallgemeinern läßt. Betrachten wir zuerst ein Beispiel. Das allgemeine Integral der Differentialgleichung

$$\frac{dw}{dz} + w^2 = 0 \tag{2.2.1}$$

besteht aus

$$w = \frac{1}{z-p}, \quad p \text{ konstant, und } w(z) \equiv 0. \tag{2.2.2}$$

Die regulären Stellen von (2.2.1) sind $\{(w_0, z_0)$, beide Zahlen endlich$\}$, und die Stellen $\{(\infty, p), p$ endlich$\}$. Die Stelle (∞, p) ist eine reguläre Stelle von (2.2.1), weil (2.2.1) durch die Substitution $w = 1/\mathfrak{w}$ in

$$\frac{d\mathfrak{w}}{dz} = 1 \tag{2.2.3}$$

übergeht; für diese ist $(0, p)$ eine reguläre Stelle. Ebenso sieht man, daß es weiter keine regulären Stellen von (2.2.1) gibt. Um nun zu sehen, daß durch (2.2.2) alle partikulären Lösungen von (2.2.1) dargestellt sind, bemerke man, daß die Gleichung $w_0 = 1/(z_0 - p)$ durch $p = z_0 - 1/w_0$ bei $w_0 \neq 0$ gelöst wird. Dazu kommt die durch $w(z_0) = 0$ bestimmte Lösung $w = 0$. (2.2.2) besitzt an der Stelle $z = p$ einen Pol, ist also die durch die reguläre Anfangsbedingung (∞, p) bestimmte Lösung. Da diese Stelle aber eine reguläre Stelle für (2.2.3) ist, so lehrt die Anwendung des Satzes von PAINLEVÉ aus § 1.4. auf (2.2.3), daß dieser Satz im Beispiel (2.2.1) auch für die uneigentliche reguläre Stelle (∞, p) richtig ist.

Das ist auch stets so für uneigentliche reguläre Stellen. Um nämlich an einer regulären Stelle (∞, z_0), z_0 endlich, von (1.1.1) die Geltung des Satzes von PAINLEVÉ zu untersuchen, muß man nur zu (2.1.2) übergehen. Für diese ist dann $(0, z_0)$ eine reguläre Stelle. Der Satz von PAINLEVÉ aus § 1.4. lehrt, daß sie an dieser Stelle nur die reguläre durch die Anfangsbedingung $\mathfrak{w}(z_0) = 0$ bestimmte Lösung $\mathfrak{w}(z)$ besitzt. Daher hat (1.1.1) an der regulären Stelle (∞, z_0) nur die dort mit einem Pol behaftete Lösung $w = 1/\mathfrak{w}(z)$. Wenn also eine Lösung gegen ∞ strebt, falls sich z auf irgendeinem Weg der Stelle z_0 nähert, und falls (∞, z_0) eine reguläre Stelle von (1.1.1) ist, so ist $w(z)$ mit der durch die Anfangsbedingung (∞, z_0) bestimmten Lösung identisch. Genau so steht es auch an den anderen in § 2.1. betrachteten uneigentlichen Stellen $\{(w_0, \infty)$, w_0 endlich$\}$ und (∞, ∞), falls dies reguläre Stellen von (1.1.1) sind. Es gibt dann jeweils nur die der Anfangsbedingung $w(\infty) = w_0$ genügende bei $z = \infty$ reguläre, bzw. nur die der Anfangsbedingung $w(\infty) = \infty$ genügende bei $z = \infty$ mit einem Pol behaftete Lösung, die für $z \to \infty$ gegen w_0 bzw. gegen ∞ strebt. Der Satz von PAINLEVÉ von § 1.4. gilt also sinngemäß auch für Pole der Lösungen an eigentlichen oder uneigentlichen regulären Stellen der Differentialgleichung.

Es ist nicht nötig, den hiernach modifizierten Wortlaut des Satzes von PAINLEVÉ aus § 1.4. nochmals abzudrucken. Der Leser muß nur in der damals gegebenen Fassung den Begriff „reguläre Stelle von $f(w, z)$“ durch den Begriff „reguläre Stelle der Differentialgleichung (1.1.1)“ ersetzen und auch entsprechend verfahren, wenn dort von einem Regularitätsgebiet von $f(w, z)$ gesprochen wird.

3. Wesentlich singuläre Stellen. Der in § 1.4. und § 2.2. behandelte Satz von PAINLEVÉ besagt in seiner Verallgemeinerung auch auf uneigentliche Stellen: *In* (1.1.1) *sei* $f(w, z)$ *eine eindeutige analytische Funktion. Eine Lösung* $w(z)$ *von* (1.1.1) *habe an der Stelle* z_0 *eine wesentlich singuläre Stelle. Dann kann für kein* w_0 *die Stelle* (w_0, z_0) *eine reguläre Stelle der Differentialgleichung sein.* Der Beweis sei kurz rekapituliert: Man darf annehmen, daß (w_0, z_0) eine eigentliche Stelle ist; d. h. w_0 und z_0 endlich. Denn dies kann man gegebenenfalls durch Stürzung erreichen. Dann ist zu zeigen, daß (w_0, z_0) keine reguläre Stelle von $f(w, z)$ sein kann. Nach den Grundeigenschaften einer wesentlich singulären Stelle ist (w_0, z_0) Häufungsstelle von unendlich vielen verschiedenen Stellen (w_n, z_n), $w_n = w(z_n)$. Man darf annehmen, daß diese durch Fortsetzung der Lösung $w(z)$ längs einer Kurve $\mathfrak{C}$ erhaltenen Stellen für große n dem Regularitätsbereich von $f(w, z)$ angehören. Denn sonst wäre auch (w_0, z_0) keine Stelle des Regularitätsbereiches von $f(w, z)$, und der Satz wäre bewiesen. Wenn aber (w_0, z_0) eine reguläre Stelle von $f(w, z)$ ist, so gibt es eine Umgebung $|w - w_0| < \sigma$; $|z - z_0| < \varrho$, derselben, die dem Regularitätsbereich von $f(w, z)$ angehört. Nach der in § 1.4. benutzten Schlußweise haben daher die Konvergenzradien der durch die Anfangsbedingungen (w_n, z_n) definierten Lösungen eine positive untere Grenze für $n \to \infty$. Daher enthalten die Konvergenzkreisscheiben für genügend großes n alle die Stelle z_0 im Inneren, und es handelt sich durchweg um Lösungen, die bei z_0 regulär sind, während es sich doch um Funktionselemente einer Lösung handeln sollte, die bei z_0 eine wesentlich singuläre Stelle hat.

Falls $f(w, z)$ in (1.1.1) *nicht als eindeutige Funktion* angenommen wird, so zieht man zweckmäßig die RIEMANNsche Mannigfaltigkeit F der Funktion $f(w, z)$ heran. Auf F ist $f(w, z)$ eine eindeutige Funktion des Ortes. Eine Lösung $w(z)$ von (1.1.1) wird längs einer Kurve $\mathfrak{C}$ zu einer Stelle z_0, die man wieder als eigentlich annehmen darf, hin fortgesetzt. Es ist *zusätzlich anzunehmen*, daß die bei der Fortsetzung entstehende Kurve $\Gamma: (w(z), z)$, $z \in \mathfrak{C}$ auf der RIEMANNschen Mannigfaltigkeit F verläuft. Sind dann (w_n, z_n), $w_n = w(z_n)$ Stellen von Γ und damit auch auf F, die gegen eine reguläre, wieder als eigentlich annehmbare Stelle (w_0, z_0) von f auf F konvergieren, so gehören sie wieder alle für große n einer Umgebung von (w_0, z_0) auf F an. Man kann den Schluß dann wie oben weiterführen und so beweisen, daß an der Stelle z_0 keine wesentliche Singularität der Lösung $w(z)$ liegen kann.

Die gerade als zusätzlich bezeichnete Annahme ist z.B. bei **algebraischem** $f(w, z)$ von selbst erfüllt. Jetzt kann man bei analytischer Fortsetzung der Lösung $w(z)$ nicht aus dem Existenzbereich von $f(w, z)$ bzw. für uneigentliche Stellen aus dem Existenzbereich der Differentialgleichung herauskommen und da an jeder eigentlichen Stelle durch die analytische Fortsetzung mit $w(z)$ auch dw/dz eindeutig erklärt ist, so überlagert die Mannigfaltigkeit $\mathfrak{M}$ die RIEMANNsche Mannigfaltigkeit F der Differentialgleichung. Im Falle, daß $f(w, z)$ eine algebraische Funktion ist, kann eine Lösung höchstens dann an einer Stelle z_0 eine wesentlich singuläre Stelle haben, wenn keine Stelle (w_0, z_0) eine reguläre Stelle der Differentialgleichung ist für den von der Mannigfaltigkeit $\mathfrak{M}$ überlagerten Teil von F. Insbesondere lehrt die Betrachtung, daß z.B. bei algebraischen Differentialgleichungen

$$\frac{dw}{dz} = f(w),$$

d.h. Differentialgleichungen mit algebraischer nur von w abhängender rechter Seite, keine Lösung an einer eigentlichen Stelle z_0 eine wesentliche Singularität aufweisen kann. Denn $f(w)$ hat nur endlich viele singuläre Stellen. Anders steht die Sache an der Stelle $z = \infty$. Da muß man durch Stürzung zu

$$\frac{dw}{d\mathfrak{z}} = -\frac{f(w)}{\mathfrak{z}^2}$$

übergehen und sieht, daß für

$$\frac{dw}{dz} = f(w)$$

jede Stelle (w, ∞) singulär ist.

Vor irrtümlicher Anwendung oder Auffassung des Bewiesenen mögen weitere **Beispiele** bewahren.

$w = e^z$ ist eine Lösung von

$$\frac{dw}{dz} = w.$$

Nur durch Stürzung davon verschieden ist die Aussage:

$$w = \exp\left(\frac{1}{z}\right)$$

ist eine Lösung von

$$\frac{dw}{dz} = -\frac{w}{z^2}.$$

Als drittes Beispiel betrachte man

$$\frac{dw}{dz} = -w(\log w)^2.$$

Sieht es nicht aus, als ob

$$w = \exp\left(\frac{1}{z-p}\right), \qquad p \text{ konstant,}$$

ein Integral dieser Differentialgleichung wäre, das den bewiesenen Satz widerlegt? Wo steckt der Fehler?

Ist in (1.1.1)

$$f(w, z) = \frac{P(w, z)}{Q(w, z)}$$

eine rationale Funktion von w und z, und sind $P(w, z)$ und $Q(w, z)$ teilerfremde Polynome in w und z, so können nach dem Satz von PAINLEVÉ wesentlich singuläre Stellen einer Lösung $w(z)$ nur an solchen Stellen z_0 (endlich) auftreten, für die $Q(w, z_0)$ identisch in w verschwindet. $z = \infty$ kann wesentlich singuläre Stelle sein, wenn eine entsprechende Feststellung für die durch Stürzung in z erhaltene Differentialgleichung gilt. Ist $f(w, z)$ nur rational in w und analytisch in z, aber eindeutig in beiden, so kommen als mögliche wesentlich singuläre Stellen der Lösungen noch die singulären Stellen der von z abhängigen w-Polynome P und Q hinzu.

Der vorgetragene Beweis schließt an regulären Stellen von $f(w, z)$ ohne weiteres auch andere singuläre Stellen einer Lösung $w(z)$ aus, die mit den wesentlich singulären Stellen die Eigenschaft gemein haben, daß beliebig nahe bei z_0 Stellen liegen, an denen die Lösung Werte w_n hat, die gegen ein w_0 konvergieren, für das (w_0, z_0) eine reguläre Stelle von $f(w, z)$ ist. Dabei bleibt die Definition der singulären Stelle von $w(z)$ und die ihrer Umgebung die gleiche wie eben, nur daß $w(z)$ nicht in einer vollen gelochten Kreisscheibe um z_0 erklärt zu sein braucht, und daß auch $w(z)$ in der Umgebung der singulären Stellen nicht eindeutig zu sein braucht. Insbesondere können also auch Verzweigungspunkte von $w(z)$ nicht bei regulären Stellen (w_0, z_0) von $f(w, z)$ liegen.

Ein beachtlicher **Sonderfall** soll noch hervorgehoben werden. *Es sei bekannt, daß die in einem gegebenen schlichten Gebiet G der w und z eindeutige analytische Funktion $f(w, z)$ in diesem Gebiet nur endlich viele singuläre Stellen $w_0^{(k)}$ mit gemeinsamem z_0 besitzt. Es sei weiter bekannt, daß sich eine Lösung $w(z)$ der Differentialgleichung* (1.1.1) *auf einem in z_0 mündenden Weg $\mathfrak{C}$ bis z_0 hin derat analytisch fortsetzen läßt, daß die bei der Fortsetzung längs $\mathfrak{C}$ im Raum der z und w entstehende Kurve $(w(z), z)$ ganz dem Gebiet G angehört. Dann existiert der $\lim_{z \to z_0} w(z)$, und zwar nicht nur längs des Weges $\mathfrak{C}$, längs dem w fortgesetzt wurde, sondern im allgemeinen Sinn des Begriffes Grenzwert $z \to z_0$, so daß also $w(z)$ an der Stelle z_0 regulär ausfällt, falls nicht der Grenzwert mit einem der Werte $w_0^{(k)}$ oder ∞ zusammenfällt.*

Falls die Kette von Funktionselementen, durch die $w(z)$ nach z_0 hin fortgesetzt wird, eine reguläre Kette ist, ist die Behauptung klar. Falls sie singulär[1] ist, betrachte man zwei Folgen von Funktionselementen dieser Kette mit den Entwicklungsmittelpunkten $\{z_n'\}$ und $\{z_n''\}$. Es ist $z_n' \to z_0$ und $z_n'' \to z_0$, und man nehme an, daß die Grenzwerte $w(z_n') \to w_0'$ und $w(z_n'') \to w_0''$ existieren und verschieden sind. Dann wähle man eine Zahl $\varrho > 0$ so, daß die Kreisscheiben $|w - w_0^{(k)}| < \varrho$, die man für endliche $w_0^{(k)}$ bilde, zueinander und zu $|w| > 1/\varrho$ punktfremd sind, und daß die beiden Stellen w_0' und w_0'' nicht der gleichen dieser Kreisscheiben angehören. Dann liegen für genügend großes n auch $w(z_n')$ und $w(z_n'')$ nicht in der gleichen Kreisscheibe. Die Werte, welche $w(z)$ längs $\mathfrak{C}$ annimmt, erfüllen eine stetige $w(z_n')$ mit $w(z_n'')$ verbindende Kurve. Da diese nicht ganz in der gleichen ϱ-Kreisscheibe verlaufen kann, wähle man auf der Kurve der z-Ebene, längs der fortgesetzt wurde, einen Punkt ζ_n so, daß $w(\zeta_n)$ keiner der ϱ-Kreisscheiben angehört. Die Häufungspunkte der $w(\zeta_n)$ gehören daher auch keiner ϱ-Kreisscheibe an. Man darf annehmen, daß $w(\zeta_n) \to w_0$ existiert. Dann liegt w_0 in keiner der ϱ-Kreisscheiben, und daher ist (w_0, z_0) ein regulärer Punkt von $f(w, z)$. Für genügend große n gehören die Stellen $(w(\zeta_n), \zeta_n)$ sämtlich einer beliebig vorgegebenen Umgebung dieser regulären Stelle (w_0, z_0) von $f(w, z)$ an, und daher haben die Konvergenzradien der den Anfangswerten $w(\zeta_n)$ entsprechenden Funktionselemente der Lösung $w(z)$ eine positive untere Grenze für $n \to \infty$. Daher ist nach einer mehrfach benutzten Schlußweise die Lösung $w(z)$ bei z_0 regulär und hat dort den Wert w_0. Daher existiert der Grenzwert $\lim_{z \to z_0} w(z) = w_0$ doch. Die Behauptung ist damit bewiesen.

Ein **Beispiel** für den eben erörterten Sonderfall bieten die Differentialgleichungen

$$\frac{dw}{dz} = \frac{P(w, z)}{Q(w, z)}, \tag{2.3.1}$$

wobei

$$P(w, z) = \sum_0^{\mu} p_j(z)\, w^j, \qquad Q(w, z) = \sum_0^{\nu} q_k(z)\, w^k$$

ganze rationale Funktionen in w sind, mit Koeffizienten p_j und p_k, die bei z_0 regulär sind. Dann sind Singularitäten bei $z = z_0$ nur die Nullstellen von $Q(w, z)$. Es sind deren nur endlich viele, es sei denn daß $Q(w, z_0)$ identisch in w verschwindet. Nur in diesem letzteren Fall kann es Lösungen geben, die bei $z = z_0$ eine wesentlich singuläre Stelle besitzen. Dies kommt auch in der Tat vor. Zum Beispiel hat die Diffe-

[1] Das heißt, wenn die Konvergenzradien der Kettenglieder die untere Grenze Null haben.

rentialgleichung

$$\frac{dw}{dz} + \frac{w}{z^2} = 0 \tag{2.3.2}$$

das allgemeine Integral

$$w = C \exp\left(\frac{1}{z}\right), \qquad C \text{ konstant}, \tag{2.3.3}$$

und dies besitzt für $z \to 0$ keinen Grenzwert, sondern hat bei $z = 0$ eine wesentlich singuläre Stelle. Tritt aber dieser Fall $Q(w, z_0) \equiv 0$ *nicht* ein, so hat jede Lösung von (2.3.1), die sich bis $z = z_0$ fortsetzen läßt, bei Annäherung an z_0 einen Grenzwert.

4. Pole von $f(w, z)$. Man sagt, die Funktion $f(w, z)$ habe an der eigentlichen Stelle (w_0, z_0) einen Pol, wenn die Funktion $1/f(w, z)$ in einer Umgebung der Stelle (w_0, z_0) regulär ist und in (w_0, z_0) eine Nullstelle besitzt. Man weiß aus der Lehre von den impliziten Funktionen, WEIERSTRASSscher Vorbereitungssatz[1], daß solche Stellen nicht isoliert auftreten, da die Gleichung $1/f(w, z) = 0$ eine in der Umgebung von z_0 reguläre, eventuell bei z_0 verzweigte analytische Funktion definiert. Zum Beispiel hat die Differentialgleichung (2.3.2) an jeder Stelle $(w_0, 0)$, $w_0 \neq 0$ einen Pol, während die an der Stelle $(0, 0)$ gelegene Singularität kein Pol ist. Einen Pol an jeder Stelle $(-z_0, z_0)$ hat die Differentialgleichung

$$\frac{dw}{dz} = \frac{1}{z + w}. \tag{2.4.1}$$

Es gilt folgender **Satz:** *Falls die Funktion $f(w, z)$ an der eigentlichen Stelle (w_0, z_0) einen Pol hat, und wenn $1/f(w, z_0)$ nicht identisch in w verschwindet, so hat die Differentialgleichung* (1.1.1) *genau eine Lösung, die der Anfangsbedingung $w(z_0) = w_0$ genügt. Diese hat an der Stelle z_0 einen algebraischen Verzweigungspunkt.*

Um diesen Satz zu beweisen, vertausche man die Rollen von w und z, indem man

$$\frac{dz}{dw} = \frac{1}{f(w, z)} \tag{2.4.2}$$

betrachtet. Diese Differentialgleichung besitzt nach dem Existenzsatz von § 1.1. genau eine an der Stelle w_0 reguläre Lösung $z(w)$, die dort der Anfangsbedingung $z(w_0) = z_0$ genügt. Diese Lösung ist aber nicht konstant gleich z_0, weil $1/f(w, z_0)$ nicht identisch in w verschwindet, sondern an der Stelle w_0 eine isolierte Nullstelle hat. Da aber weiter $z'(w_0) = 0$ ist, so hat die Entwicklung dieser Lösung bei w_0 die Gestalt

$$z = z_0 + a_k (w - w_0)^k + \cdots, \qquad a_k \neq 0, \qquad k > 1. \tag{2.4.3}$$

---

[1] Vgl. z. B. L. BIEBERBACH: Lehrbuch der Funktionentheorie, Bd. 1, 4. Aufl., S. 193. Leipzig 1934. Vgl. auch § 9.5.

Daher hat die Umkehrungsfunktion, das ist die Lösung $w(z)$ von (1.1.1), die die Anfangsbedingung $w(z_0) = w_0$ erfüllt, an der Stelle z_0 einen algebraischen Verzweigungspunkt, dessen Blätterzahl davon abhängt, wie viele Anfangsglieder der Entwicklung (2.4.3) an der Stelle w_0 verschwinden. Wieder gilt der Zusatz, daß es außer dieser bei z_0 algebraisch verzweigten Lösung keine andere gibt, die bei analytischer Fortsetzung längs irgendeiner im Punkte z_0 mündenden stetigen Kurve längs dieser dem Grenzwert w_0 zustrebt. Um das einzusehen, muß man nur den Satz von PAINLEVÉ aus § 1.4. auf die Differentialgleichung (2.4.2) anwenden, die ja an der Stelle (w_0, z_0) regulär ist.

Wir sagen die Differentialgleichung (1.1.1) habe an der eigentlichen Stelle (w_0, z_0) einen Pol, wenn $f(w, z)$ an dieser eigentlichen Stelle einen Pol hat. Wie in § 2.1. überträgt man diese Begriffsbildung auf Pole der Differentialgleichung an uneigentlichen Stellen, indem man wie in § 2.1. zu den dort angeführten Differentialgleichungen (2.1.1), (2.1.2) oder (2.1.3) übergeht, und zusieht, ob diese an der zugeordneten eigentlichen Stelle einen Pol besitzen. Daher ist es nach den in § 2.2. angestellten Überlegungen klar, daß der Satz von PAINLEVÉ sinngemäß auch für Pole der Differentialgleichung an uneigentlichen Stellen richtig ist.

Die Behauptung des Satzes wird falsch, wenn man die Voraussetzung $1/f(w, z_0) \not\equiv 0$ streicht. Dies zeigt schon das Beispiel (2.3.2) mit der Lösung (2.3.3). Man kann dabei eine Anfangsbedingung $w(0) = w_0$ mit $w_0 \neq 0$ nicht erfüllen. Auch haben die Lösungen (2.3.3) bei $z = 0$ keine Verzweigung. Ein wieder anderes Verhalten zeigt die Differentialgleichung

$$\frac{dw}{dz} = \frac{w}{z} \tag{2.4.4}$$

an der Polstelle $(w_0, 0)$, $w_0 \neq 0$. Ihre Lösungen sind $w = cz$, c konstant. Man kann somit über das Verhalten der Lösung an den Polstellen (w_0, z_0), für die $1/f(w, z_0) \equiv 0$ ist, keine allgemeine Aussage machen, abgesehen von der Feststellung, daß es keine Lösung mit einer Anfangsbedingung $w(z_0) = w_0$ gibt. Denn die Umkehrungsfunktion der Lösung müßte die Anfangsbedingung $z(w_0) = z_0$ erfüllen, wäre dann aber konstant gleich z_0.

Schließlich betrachte man noch

$$\frac{dw}{dz} = \frac{1}{z}. \tag{2.4.5}$$

Auch diese Differentialgleichung hat bei $z = 0$ einen Pol. Ihr allgemeines Integral ist

$$w = c + \log z. \tag{2.4.6}$$

Für $z = 0$ ist also jedes partikuläre Integral logarithmisch verzweigt.

5. Außerwesentlich singuläre Stellen zweiter Art der Differentialgleichung. Die Pole sind nicht die einzigen Singularitäten, die bei rationalen Funktionen $f(w, z) = \frac{P(w, z)}{Q(w, z)}$ vorkommen. Man nennt sie daher zum Unterschied von diesen anderen auch außerwesentlich singuläre Stellen erster Art. Dabei bezieht sich der Zusatz außerwesentlich auf den Gegensatz zu anderen Singularitäten, die bei rationalen Funktionen nicht auftreten. Bekanntlich kann man jede rationale Funktion als Quotient zweier ganzer rationaler Funktionen schreiben. Wenn nun Zähler und Nenner teilerfremde Polynome sind, aber doch an einer eigentlichen Stelle (w_0, z_0) beide verschwinden, so sagt man, an dieser Stelle läge eine außerwesentlich singuläre Stelle zweiter Art vor. Sie ist Schnittpunkt von einer Nullkurve und einer Polkurve der rationalen Funktion, und daher ist an dieser Stelle auch die gestürzte rationale Funktion nicht regulär. Bei der Stürzung vertauschen lediglich Nullkurven und Polkurven ihre Plätze. So haben auch die außerwesentlich singulären Stellen zweiter Art mit den aus der klassischen Theorie bekannten wesentlich singulären Stellen die Eigenschaft gemein, daß die Funktion bei passender Annäherung an die singuläre Stelle beliebigen Grenzwerten zustreben kann. Wir wollen jedoch im folgenden nicht annehmen, daß $f(w, z)$ rational sei, sondern nur, daß sich $f(w, z)$ in der Umgebung der eigentlichen Stelle (w_0, z_0) als Quotient

$$\left.\begin{aligned} f(w, z) &= \frac{P(w, z)}{Q(w, z)}, \\ P(w, z) = \sum_0^\infty p_k(z)\,(w - w_0)^k, &\quad Q(w, z) = \sum_0^\infty q_k(z)\,(w - w_0)^k \end{aligned}\right\} \qquad (2.5.1)$$

darstellen läßt. Dabei sollen die in Zähler und Nenner stehenden Reihen in einer Umgebung von (w_0, z_0) gleichmäßig konvergieren und sollen die Koeffizienten $p_k(z)$, $q_k(z)$ von Zähler und Nenner sämtlich in einer Kreisscheibe $|z - z_0| < \varrho$ regulär sein. Zähler und Nenner mögen beide bei (w_0, z_0) verschwinden. Zähler und Nenner sollen auch teilerfremd sein. Das heißt, es soll keine in der Umgebung von (w_0, z_0) reguläre Funktion

$$A(w, z) = \sum_0^\infty a_k(z)\,(w - w_0)^k$$

geben, so daß

$$P(w, z) = A(w, z)\,P_1(w, z), \qquad Q(w, z) = A(w, z)\,Q_1(w, z)$$

ist, und so daß dann P_1 und Q_1 nicht mehr beide an der Stelle (w_0, z_0) verschwinden. Dabei sollen sich $P_1(w, z)$ und $Q_1(w, z)$ durch Reihen der gleichen, bei P und Q angegebenen Art darstellen lassen und sollen diese auch die gleichen Regularitäts- und Konvergenzvoraussetzungen erfüllen, die für P und Q gelten. Sind diese Bedingungen erfüllt, so sagen wir $f(w, z)$ habe an der eigentlichen Stelle (w_0, z_0) eine außerwesentliche singuläre Stelle zweiter Art und sagen auch die Differentialgleichung (1.1.1) habe an der eigentlichen Stelle (w_0, z_0) eine außerwesentliche singuläre Stelle zweiter Art. Unter Anwendung der in § 2.**2.** betrachteten Hilfstransformationen definieren wir entsprechend diesen Begriff „außerwensetlich singuläre Stelle zweiter Art der Differentialgleichung" auch für uneigentliche Stellen. Gerade mit Bezug auf diese Betrachtungen können wir uns in der Folge auf außerwesentlich singuläre Stellen zweiter Art an eigentlichen Stellen beschränken.

Den allgemeinen Darlegungen von § 2.**3.** kann man ein erstes Ergebnis über das Verhalten der Integrale an der Stelle z_0 entnehmen. Man wähle eine Zahl ϱ so, daß $P(w, z)$ und $Q(w, z)$ in $G: |w - w_0| \leqq \varrho$, $|z - z_0| \leqq \varrho$ regulär sind. Dann hat $Q(w, z_0)$, falls es nicht identisch in w verschwindet, nur endlich viele Nullstellen in $|w - w_0| \leqq \varrho$, deren eine (w_0, z_0) ist. Daher hat jede in G bis zu z_0 analytisch fortsetzbare Lösung von (1.1.1) bei Annäherung an z_0 einen Grenzwert. Es soll nun untersucht werden, für welche Lösungen dieser Grenzwert gerade w_0 ist. Es handelt sich dabei um einen sehr ausgedehnten, noch nicht voll aufgeklärten Gegenstand. Ich werde daher den Stoff in meiner Darstellung auf mehrere Paragraphen verteilen.

§ 3. Das Verhalten der Lösungen von $dw/dz = (aw + bz)/(cw + dz)$ für konstante a, b, c, d im Punkte $(0, 0)$.

1. Zwei Beispiele. Die allgemeine Lösung von

$$\frac{dw}{dz} = \frac{\lambda w}{z}, \quad \lambda \text{ konstant}, \quad \lambda \neq 0 \tag{3.1.1}$$

ist

$$w = C z^{\lambda}, \quad C \text{ konstant}. \tag{3.1.2}$$

Für $C = 0$ ergibt sich stets die bei $z = 0$ reguläre Lösung $w \equiv 0$. Es kann dies die einzige bei $z = 0$ reguläre Lösung sein. Es kann deren auch noch weitere geben. Zum Beispiel sind für $\lambda = n$, n natürliche Zahl, alle

$$w = C z^n \tag{3.1.3}$$

bei $z = 0$ reguläre Lösungen von

$$\frac{dw}{dz} = \frac{nw}{z}. \tag{3.1.4}$$

Dafür, daß (3.1.2) für $C \neq 0$ der Anfangsbedingung $\lim_{z \to 0} w(z) = 0$ genügt, ist notwendig und hinreichend, daß

$$|z^{\lambda}| = |\exp(\lambda \log z)| \to 0 \quad \text{für} \quad z \to 0. \tag{3.1.5}$$

Setzt man $\lambda = \lambda' + i\lambda''$, $z = \varrho \exp(i\vartheta)$, $\lambda', \lambda'', \varrho, \vartheta$, reell, so wird

$$|\exp(\lambda \log z)| = \exp(\lambda' \log\varrho - \lambda''\vartheta),$$

und man sieht, daß für (3.1.5) notwendig und hinreichend ist, daß

$$\lambda' \log\varrho - \lambda''\vartheta \to -\infty \quad \text{für} \quad \varrho \to 0, \tag{3.1.6}$$

und dafür ist notwendig und hinreichend, daß $\lambda' > 0$, $\lambda'' = 0$, d. h., daß λ eine positive reelle Zahl ist. Dann genügen alle Lösungen (3.1.2) der Anfangsbedingung

$$\lim_{z\to 0} w(z) = 0. \tag{3.1.7}$$

Ist aber zwar $\lambda' > 0$ aber $\lambda'' \neq 0$, so wird $w(z)$ noch immer auf gewissen in $z = 0$ mündenden stetigen Kurven den Grenzwert 0 besitzen, z. B. dann, wenn auf dem betreffenden Weg $|\vartheta|$ beschränkt bleibt. Es wird aber andererseits im Nullpunkt mündende Wege, z. B. gewisse Spiralen geben, auf denen $w(z)$ nicht den Grenzwert Null hat.

Ist hinwiederum $\lambda' < 0$ und $\lambda'' = 0$, so wächst für $C \neq 0$ und $z \to 0$ das durch (3.1.2) gegebene $w(z)$ über alle Grenzen. Ist $\lambda' \leqq 0$ und $\lambda'' \neq 0$, so wird die Lösung nur auf gewissen in $z = 0$ mündenden Spiralen den Grenzwert 0 haben.

Als zweites Beispiel werde

$$\frac{dw}{dz} = \frac{w + \mu z}{z}, \quad \mu \text{ konstant} \tag{3.1.8}$$

betrachtet. Man kann (3.1.8) in der Form

$$\frac{dw}{dz} = \frac{w}{z} + \mu \tag{3.1.9}$$

schreiben und als lineare Differentialgleichung nach § 1.1. integrieren. Man findet als allgemeine Lösung

$$w = z(\mu \log z + c), \quad c \text{ konstant}. \tag{3.1.10}$$

Jetzt genügen alle Lösungen der Anfangsbedingung (3.1.7).

Die expliziten Darstellungen (3.1.2) und (3.1.10) der Lösungen lassen die komplizierte Natur der auftretenden Singularitäten klar in Erscheinung treten. Nur bei (3.1.1) treten für $C = 0$ bzw. für rationales λ algebraische Singularitäten auf. Der Fall (3.1.3) von Lösungen, die bei $z = 0$ regulär bleiben, wurde besonders hervorgehoben. Für negative ganze λ treten Pole bei $z = 0$ auf. Aber sonst liegen transzendente Singularitäten vor.

2. Transformation der Differentialgleichungen auf Normalformen. Durch lineare Tranformation

$$\mathfrak{w} = \alpha w + \beta z, \quad \mathfrak{z} = \gamma w + \delta z, \quad \alpha\delta - \beta\gamma \neq 0 \tag{3.2.1}$$

gehen die in § 3.1. beispielsweise behandelten Differentialgleichungen

$$\frac{d\mathfrak{w}}{d\mathfrak{z}} = \frac{\lambda\mathfrak{w}}{\mathfrak{z}} \quad \text{und} \quad \frac{d\mathfrak{w}}{d\mathfrak{z}} = \frac{\mathfrak{w} + \mu\mathfrak{z}}{\mathfrak{z}} \tag{3.2.2}$$

in andere von der Form

$$\frac{dw}{dz} = \frac{a w + b z}{c w + d z}, \quad a d - b c \neq 0 \tag{3.2.3}$$

über. Es liegt daher nahe, zu fragen, inwieweit umgekehrt jede Differentialgleichung von der Form (3.2.3) durch eine lineare Transformation (3.2.1) auf die speziellen Formen (3.2.2) gebracht werden kann. Zunächst dürfen wir die Annahme machen, daß in (3.2.3) die Determinante

$$a d - b c \neq 0$$

ist. Denn anderenfalls sind Zähler und Nenner einander proportional, und man erhält durch Division aus (3.2.3) eine Differentialgleichung

$$\frac{dw}{dz} = C, \qquad C \text{ konstant,}$$

die in unserem Zusammenhang nicht interessiert, da sie nicht zu denjenigen gehört, die bei (0, 0) eine außerwesentlich singuläre Stelle zweiter Art haben. Man kann die gestellte Frage direkt angreifen. Man kann auch den Weg über die **explizite Integration der Differentialgleichung** (3.2.3) nehmen. Dazu bringen wir sie mit dem System

$$\frac{dw}{dt} = a w + b z, \qquad \frac{dz}{dt} = c w + d z \tag{3.2.4}$$

in Zusammenhang. Ist $w = w(z)$ eine Lösung von (3.2.3), so verschwindet längs ihr $c w + d z$ nicht identisch, und daher kann man längs dieser Lösung $w(z)$ den Parameter t so einführen, daß die beiden Differentialgleichungen (3.2.4) richtig sind. Jeder Lösung von (3.2.3) entspricht so mindestens eine Lösung $w = W(t) = w\{z(t)\}$, $z = z(t)$ von (3.2.4). In der Tat gibt es stets unendlich viele Lösungen von (3.2.4), die aus der gleichen Lösung von (3.2.3) hervorgehen. Denn ist $w = w(z)$ durch die Anfangsbedingung $w(z_0) = w_0$ an der regulären Stelle (w_0, z_0) von (3.2.3) bestimmt, so bleibt bei (3.2.4) noch der Wert t_0 willkürlich, für den $W(t_0) = w_0$ und $z(t_0) = z_0$ sein soll. In der Tat führt jede durch gegebenes $(w_0, z_0) \neq (0, 0)$ und beliebig gewähltes t_0 festgelegte Lösung $w = W(t)$, $z = z(t)$ von (3.2.4), längs der dz/dt nicht identisch verschwindet, durch Elimination von t zu der durch $w(z_0) = w_0$ bestimmten Lösung von (3.2.3). Denn da nicht $dz/dt \equiv 0$ ist längs der Lösung von (3.2.4), so kann man die Umkehrungsfunktion $t = t(z)$ von $z = z(t)$ ermitteln. Man trage sie in $w = W(t)$ ein. Dann erhält man in $w = W(t(z))$ eine Funktion $w(z)$, die der Bedingung $w(z_0) = w_0$ genügt, und die nach der Kettenregel der Differentialrechnung eine Lösung von (3.2.3) ist. Nur etwaigen Lösungen $z = \text{const}$ von (3.2.4), d. h. denjenigen Lösungen von (3.2.4), für die $cw + dz \equiv 0$ ist, entspricht demnach keine Lösung von (3.2.3). Das ist aber wegen $ad - bc \neq 0$ nur die Lösung $z \equiv 0$, $w \equiv 0$ von (3.2.4).

Man kann noch auf mannigfache andere Weise einen Parameter t in (3.2.3) einführen, z. B. durch den Übergang zum System

$$\varphi(t)\frac{dw}{dt} = aw + bz, \quad \varphi(t)\frac{dz}{dt} = cw + dz \tag{3.2.5}$$

mit beliebig gegebener analytischer Funktion $\varphi(t)$. Wir bleiben aber bei (3.2.4).

Für die Frage, die wir uns stellten — nämlich für die nach den Lösungen von (3.2.3), für die $w(z) \to 0$, wenn z auf einer passenden Kurve sich der 0 nähert —, scheint auf den ersten Blick (3.2.4) nichts zu liefern. Denn die der Anfangsbedingung $W(t_0) = 0$, $z(t_0) = 0$ genügende Lösung von (3.2.4) ist doch für alle eigentlichen t_0 durch $w = 0$, $z = 0$ gegeben, und diese Lösung von (3.2.4) liefert keine Lösung von (3.2.3). Aber man denke daran, daß die rechten Seiten von (3.2.4) von t unabhängig sind, und daß so auch Lösungen von (3.2.4) in Frage kommen, für die $W(t) \to 0$ und $z(t) \to 0$ ist, wenn t auf einem passenden Weg ins unendliche strebt. Daß hier des Rätsels Lösung liegt, zeigt schon das Beispiel (3.2.2). Denn die Lösungen von $dw/dt = \lambda w$, $dz/dt = z$ sind $w = c_1 e^{\lambda t}$, $z = c_2 e^t$ mit willkürlichen Integrationskonstanten c_1 und c_2. Ist z. B. $\lambda > 0$ und strebt t durch Werte mit negativem Realteil nach ∞, so streben w und z beide gegen 0. Integrieren wir also die (3.2.4).

(3.2.4) ist ein **System homogener linearer Differentialgleichungen mit konstanten Koeffizienten.** Man schreibe es in Matrizenform mit Hilfe des Vektors $\begin{pmatrix} w \\ z \end{pmatrix}$

$$\frac{d}{dt}\begin{pmatrix} w \\ z \end{pmatrix} = \mathfrak{a}\begin{pmatrix} w \\ z \end{pmatrix}, \quad \mathfrak{a} = \begin{pmatrix} a & b \\ c & d \end{pmatrix}. \tag{3.2.6}$$

Führt man hierin eine lineare Transformation

$$\begin{pmatrix} w \\ z \end{pmatrix} = \mathfrak{c}\begin{pmatrix} \mathfrak{w} \\ \mathfrak{z} \end{pmatrix} \tag{3.2.7}$$

aus, so erhält man

$$\frac{d}{dt}\begin{pmatrix} \mathfrak{w} \\ \mathfrak{z} \end{pmatrix} = \mathfrak{c}^{-1}\,\mathfrak{a}\,\mathfrak{c}\begin{pmatrix} \mathfrak{w} \\ \mathfrak{z} \end{pmatrix}. \tag{3.2.8}$$

Man weiß aus der Elementarteilertheorie, daß man $\mathfrak{c}$ so wählen kann, daß

$$\mathfrak{c}^{-1}\,\mathfrak{a}\,\mathfrak{c} = \begin{pmatrix} \lambda_1 & \mu \\ 0 & \lambda_2 \end{pmatrix} \tag{3.2.9}$$

wird. Dabei sind λ_1, λ_2 die aus der charakteristischen Gleichung

$$|\mathfrak{a} - \lambda\,\mathfrak{E}| = 0 \tag{3.2.10}$$

zu entnehmenden Eigenwerte der Matrix $\mathfrak{a}$. Man kann $\mu = 0$ nehmen, wenn $\lambda_1 \neq \lambda_2$ ist und $\mu = 1$, wenn $\lambda_1 = \lambda_2$ und nicht gerade $\mathfrak{a} = \lambda_1\,\mathfrak{E}$ gegeben war. Dann ist $\mu = 0$. Damit ist die zu Beginn von § 3.2. gestellte Frage positiv beantwortet mit

$$\lambda = \frac{\lambda_1}{\lambda_2}, \qquad \mu = \frac{1}{\lambda_1}$$

in (3.2.2).

Man kann dies Ergebnis aber auch ohne Bezugnahme auf die Elementarteilertheorie aus der in § 1.8. geleisteten Integration von (3.2.6) ablesen und dabei auch das zu wählende $\mathfrak{c}$ angeben. Aus § 1.8. entnimmt man nämlich durch die Formeln (1.8.27) und (1.8.28) das allgemeine Integral von (3.2.6). Es wird

$$\begin{pmatrix} w \\ z \end{pmatrix} = A\,\mathfrak{c}_1 \exp(\lambda_1 t) + B\,\mathfrak{c}_2 \exp(\lambda_2 t), \tag{3.2.11}$$

wenn $\lambda_1 \neq \lambda_2$ ist, und

$$\begin{pmatrix} w \\ z \end{pmatrix} = \big(A\,\mathfrak{c}_2 + (B + A\,t)\,\mathfrak{c}_1\big) \exp(\lambda_1 t), \tag{3.2.12}$$

wenn $\lambda_1 = \lambda_2$ ist. Versteht man unter $\mathfrak{c}$ die Matrix, deren Spalten von den Vektoren $\mathfrak{c}_1$ und $\mathfrak{c}_2$ gebildet werden ($\mathfrak{c}_1$ als erste, $\mathfrak{c}_2$ als zweite Spalte), so kann man diese allgemeinen Integrale so schreiben

$$\begin{pmatrix} w \\ z \end{pmatrix} = \mathfrak{c} \begin{pmatrix} A \exp(\lambda_1 t) \\ B \exp(\lambda_2 t) \end{pmatrix} \tag{3.2.11'}$$

bzw.

$$\begin{pmatrix} w \\ z \end{pmatrix} = \mathfrak{c} \begin{pmatrix} (B + A\,t) \exp(\lambda_1 t) \\ A \exp(\lambda_1 t) \end{pmatrix}. \tag{3.2.12'}$$

Dies bedeutet, daß durch die Substitution (3.2.7) mit dem eben angegebenen $\mathfrak{c}$ das System (3.2.6) in ein System (3.2.8) übergeführt wird, dessen allgemeines Integral

$$\begin{pmatrix} \mathfrak{w} \\ \mathfrak{z} \end{pmatrix} = \begin{pmatrix} A \exp(\lambda_1 t) \\ B \exp(\lambda_2 t) \end{pmatrix} \quad \text{bzw.} \quad \begin{pmatrix} \mathfrak{w} \\ \mathfrak{z} \end{pmatrix} = \begin{pmatrix} (B + A\,t) \exp(\lambda_1 t) \\ A \exp(\lambda_1 t) \end{pmatrix}$$

ist. Dann ist notwendigerweise

$$\mathfrak{c}^{-1}\,\mathfrak{a}\,\mathfrak{c} = \begin{pmatrix} \lambda_1 & 0 \\ 0 & \lambda_2 \end{pmatrix} \quad \text{bzw.} \quad \mathfrak{c}^{-1}\,\mathfrak{a}\,\mathfrak{c} = \begin{pmatrix} \lambda_1 & 1 \\ 0 & \lambda_2 \end{pmatrix}.$$

Damit ist erneut die Transformation auf Normalform geleistet und das zu wählende $\mathfrak{c}$ angegeben. In der Tat führt auch der Beweis des erwähnten Satzes der Elementarteilertheorie auf die Gleichungen

$$(\mathfrak{a} - \lambda_1 \mathfrak{E})\, \mathfrak{c}_1 = \mathfrak{O}, \qquad (\mathfrak{a} - \lambda_2 \mathfrak{E})\, \mathfrak{c}_2 = \mathfrak{O}$$

bzw.

$$(\mathfrak{a} - \lambda_1 \mathfrak{E})\, \mathfrak{c}_1 = \mathfrak{O}, \qquad (\mathfrak{a} - \lambda_1 \mathfrak{E})\, \mathfrak{c}_2 = \mathfrak{c}_1$$

für die beiden Spalten von $\mathfrak{c}$, die auch in § 1.8. vorkamen.

3. Klasseneinteilung der Differentialgleichung (3.2.3). Ich definiere: *Zwei Differentialgleichungen* (3.2.3) *gehören zur gleichen Klasse, wenn sie durch lineare Transformation* (3.2.1) *ineinander übergeführt werden können.* Sie gehören zu verschiedenen Klassen, wenn das nicht möglich ist. Zwei zur gleichen Klasse gehörige Differentialgleichungen (3.2.3) nennt man auch äquivalent. Entsprechend erklärt man auch die Klasseneinteilung der Differentialgleichungen (3.2.4). Eine jede Klasse kann durch Angabe eines ihr angehörigen Individuums gekennzeichnet werden. Daher lehren die Betrachtungen von § 3.2., daß durch Angabe der Differentialgleichungen

$$\frac{dw}{dt} = \lambda_1 w, \qquad \frac{dz}{dt} = \lambda_2 z \tag{3.3.1}$$

und

$$\frac{dw}{dt} = \lambda_1 (w + z), \qquad \frac{dz}{dt} = \lambda_1 z \tag{3.3.2}$$

alle Klassen von Differentialgleichungen (3.2.4) gekennzeichnet sind. Dabei können in (3.3.1) die Klasseninvarianten λ_1, λ_2 beliebige komplexe Zahlen sein. Zwei Differentialgleichungen der Form (3.3.1) mit Koeffizienten (λ_1, λ_2) bzw. (μ_1, μ_2) können für $(\lambda_1, \lambda_2) \neq (\mu_2, \mu_2)$ nicht durch eine Abbildung (3.2.1) ineinander übergeführt werden. Dabei sind aber die Zahlenpaare als nicht geordnete Zahlenpaare aufzufassen, d. h. (λ_1, λ_2) soll nicht von (λ_2, λ_1) unterschieden werden. Vertauschung von w und z, d. h. die lineare Transformation

$$\mathfrak{w} = \mathfrak{z}, \qquad z = \mathfrak{w}$$

bewirkt offenbar bei Anwendung auf (3.3.1) Vertauschung von λ_1 und λ_2. Nennt man

$$A = \begin{pmatrix} a & b \\ c & d \end{pmatrix} \tag{3.3.3}$$

die Matrix von (3.2.4) und

$$\mathsf{A} = \begin{pmatrix} \alpha & \beta \\ \gamma & \delta \end{pmatrix}$$

die Matrix von (3.2.1), so führt (3.2.1) die Differentialgleichung (3.2.4) in eine mit der Matrix

$$A_1 = \mathsf{A}\, A\, \mathsf{A}^{-1} \tag{3.3.4}$$

über. Aber bekanntlich ist die charakteristische Gl. (3.2.11) für (3.3.3) und (3.3.4) die gleiche, d. h. die Eigenwerte λ_1, λ_2 als ungeordnetes Zahlenpaar die gleichen bei beiden Matrizen. Wendet man daher eine Abbildung (3.2.1) auf (3.3.1) an und fragt, wann die transformierte Differentialgleichung auch die Gestalt (3.3.1) hat, so lautet die Antwort, daß das dann und nur dann der Fall ist, wenn die Koeffizienten λ_1 und λ_2 in beiden Differentialgleichungen abgesehen von der Reihenfolge die gleichen sind. Daher kann auch (3.3.2) nie in (3.3.1) transformiert werden[1]. *So sind in* (3.3.1) *und* (3.3.2) *alle Klassen von Differentialgleichungen* (3.2.4) *aufgezählt.*

Diese Überlegung lehrt auch, daß in

$$\frac{dw}{dz} = \frac{\lambda w}{z}, \quad \lambda \neq 0 \tag{3.3.5}$$

und

$$\frac{dw}{dz} = \frac{w + z}{z} \tag{3.3.6}$$

alle Klassen von Differentialgleichungen (3.2.3) aufgezählt sind. Klasseninvariante von (3.3.5) ist

$$\lambda + \frac{1}{\lambda}.$$

Denn durch Vertauschung von w und z geht λ in seinen reziproken Wert über.

Damit ist auch die Frage nach dem möglichen Verhalten der Lösungen einer Differentialgleichung (3.2.3) bzw. (3.2.4) in der Umgebung des Punktes (0, 0) geklärt. Kennt man den Verlauf der Lösungen bei den herausgehobenen Normalformen in der Umgebung von (0, 0), so ist er in jedem anderen Falle durch lineare Abbildung (3.2.1) daraus zu erschließen.

Die Aufgabe, auch bei **allgemeineren Differentialgleichungen** das Verhalten der Lösungen in der Umgebung eines außerwesentlich singulären Punktes zweiter Art zu untersuchen, fassen wir nun als eine Verallgemeinerung des hier vorgetragenen auf. Ist eine Differentialgleichung

$$\frac{dw}{dz} = \frac{R(w, z)}{S(w, z)} \tag{3.3.7}$$

vorgelegt, für die $R(w, z)$ und $S(w, z)$ beide in der Umgebung von $(w, z) = (0, 0)$ regulär sein sollen, doch so, daß $R(0, 0) = S(0, 0) = 0$ ist, dann stellen wir uns die Aufgabe (3.3.7) durch Abbildungen

$$w = \varphi(\mathfrak{w}, \mathfrak{z}), \quad z = \psi(\mathfrak{w}, \mathfrak{z}) \tag{3.3.8}$$

---

[1] Es müßte nämlich dann in (3.3.1) $\lambda_1 = \lambda_2$ sein. Die Matrix von (3.3.1) ist dann das λ_1-fache der Einheitsmatrix. In diesem Falle ist aber nach (3.3.4) stets $A_1 = A$.

in der Umgebung der singulären Stelle $(0, 0)$ auf Normalformen zu transformieren, d. h. also die Klasseneinteilung der Differentialgleichungen (3.3.7) durch Abbildungen (3.3.8) in der Nähe von $(0, 0)$ zu untersuchen. Dabei sollen in (3.3.8) die Funktionen φ und ψ beide bei $(0, 0)$ regulär sein, sollen beide in $(0, 0)$ verschwinden und eine in diesem Punkt nicht verschwindende Funktionaldeterminante haben. Mit anderen Worten: Wir fragen nach dem Verlauf der Lösungen von (3.3.7) in der Umgebung von $(0, 0)$ bis auf Abbildungen (3.3.8). Darin ist insbesondere auch die Frage nach den Lösungen von (3.3.7) enthalten, für die bei irgendeiner Art des Grenzübergangs $w(z) \to 0$ für $z \to 0$ gilt. Auf diese Frage, nach der Natur der bei solchen Lösungen möglichen Singularitäten an der Stelle $(0, 0)$ hat sich die funktionentheoretische Untersuchung bisher wesentlich erstreckt, während die weitere Frage nach dem Verlauf aller Lösungen in einer gegebenen Umgebung der außerwesentlich singulären Stelle zweiter Art zwar im Reellen viel behandelt, in funktionentheoretischer Hinsicht aber weniger betont wurde. Gleichwohl läßt sich unter diesem Gesichtspunkt das Vorhandene am besten zusammenfassen. Daher wird der Gedanke einer Klasseneinteilung auch allgemeinerer Differentialgleichungen im folgenden Paragraphen im Vordergrund stehen.

§ 4. Außerwesentlich singuläre Stellen zweiter Art

1. Ansatz zur Klasseneinteilung. Es werden Differentialgleichungen

$$\frac{dw}{dz} = \frac{R(w, z)}{S(w, z)} \tag{4.1.1}$$

in der Umgebung des Punktes $(w, z) = (0, 0)$ betrachtet. Dabei wird angenommen, daß $R(w, z)$ und $S(w, z)$ an der Stelle $(0, 0)$ beide regulär sind und daß $R(0, 0) = S(0, 0) = 0$ ist. Zunächst soll der Fall betrachtet werden, daß für die Entwicklungen bei $(0, 0)$

$$\left.\begin{aligned} R(w, z) &= a\,w + b\,z + P(w, z), \qquad P(w, z) = \sum p_{\alpha\beta}\, w^\alpha z^\beta, \\ S(w, z) &= c\,w + d\,z + Q(w, z), \qquad Q(w, z) = \sum q_{\alpha\beta}\, w^\alpha z^\beta, \\ &\qquad\qquad \alpha, \beta = 0, 1, \ldots, \alpha + \beta \geqq 2 \end{aligned}\right\} \tag{4.1.2}$$

gilt. Es soll untersucht werden, inwieweit die Glieder erster Ordnung der Entwicklung für den Verlauf der Integrale in der Nähe von $(0, 0)$ verantwortlich sind. Daß das nicht schlechthin der Fall sein kann, zeigen schon Beispiele wie dieses

$$\frac{dw}{dz} = \frac{w^2}{z^2}. \tag{4.1.3}$$

Hier bleibt beim Weglassen der quadratischen Glieder in Zähler und Nenner der rechten Seite überhaupt keine Vergleichsdifferentialgleichung übrig. Aber auch, wenn dies der Fall ist, wie bei

$$\frac{dw}{dz} = \frac{w^2}{z} \tag{4.1.4}$$

gibt der Vergleich mit

$$\frac{dw}{dz} = 0 \tag{4.1.5}$$

keinen Anhaltspunkt über das Verhalten der Lösungen in der Nähe von $(0, 0)$. Denn die Lösungen

$$w = \text{const} \tag{4.1.6}$$

von (4.1.5) sind sämtlich regulär in der Nähe von $(0, 0)$, während die von $w \equiv 0$ verschiedenen Lösungen

$$w = \frac{-1}{c + \log z} \tag{4.1.7}$$

von (4.1.4) Verzweigungen aufweisen.

Um Anschluß an die Ausführungen des vorigen Paragraphen zu gewinnen, soll daher weiter angenommen werden, daß in (4.1.2)

$$a\,d - b\,c \neq 0 \tag{4.1.8}$$

ist. Dann wird sich in der Tat zeigen, daß es viele Fälle gibt, in denen die linearen Glieder von R und S ausschlaggebend sind. Ich präzisiere die ausgesprochene Erwartung dahin, daß ich sage, es lasse sich in vielen Fällen die Differentialgleichung (4.1.1), für die (4.1.2) und (4.1.8) gelten möge, in der Umgebung von $(0, 0)$ in die Differentialgleichung

$$\frac{dw}{dz} = \frac{a\,w + b\,z}{c\,w + d\,z} \tag{4.1.9}$$

transformieren. Dabei sollen zur Transformation Abbildungen

$$w = u(\mathfrak{w}, \mathfrak{z}), \qquad z = v(\mathfrak{w}, \mathfrak{z}) \tag{4.1.10}$$

herangezogen werden. Hier mögen u und v in der Umgebung von $(0, 0)$ regulär sein. Es möge $u(0, 0) = v(0, 0) = 0$ gelten, und es soll die Funktionaldeterminante

$$\frac{d(u, v)}{d(\mathfrak{w}, \mathfrak{z})}$$

an der Stelle $(0, 0)$ ungleich Null sein. *Wir rechnen zwei Differentialgleichungen* (4.1.1) *für die Umgebung von* $(0, 0)$ *zur gleichen Klasse, wenn sie durch eine so beschriebene Abbildung* (4.1.10) *mit nicht verschwindender Funktionaldeterminante ineinander übergeführt werden können.*

Zunächst möge angenommen werden, daß die charakteristische Gleichung

$$\begin{vmatrix} a - \lambda & c \\ b & d - \lambda \end{vmatrix} = 0 \tag{4.1.11}$$

zwei verschiedene Nullstellen λ_1 und λ_2 hat. Dann kann man durch eine lineare Transformation von der Art (3.2.1) die Differentialgleichung (4.1.1) so abändern, daß sie die Gestalt

$$\frac{dw}{dz} = \frac{\lambda_1 w + \text{Glieder höherer Ordnung}}{\lambda_2 z + \text{Glieder höherer Ordnung}} \tag{4.1.12}$$

bekommt. Um das einzusehen, muß man zu den Ausführungen von § 3.**2.** nur zusätzlich beachten, daß die linearen Glieder in Zähler und Nenner der mit (3.2.1) transformierten Differentialgleichung (4.1.1) allein von den linearen Gliedern von (4.1.1) abhängen. Es soll daher weiterhin angenommen werden, daß für (4.1.1)

$$\left.\begin{aligned} R(w,z) &= \lambda_1 w + P(w,z), \quad & P(w,z) &= \sum p_{\alpha\beta} w^\alpha z^\beta, \\ S(w,z) &= \lambda_2 z + Q(w,z), \quad & Q(w,z) &= \sum q_{\alpha\beta} w^\alpha z^\beta, \\ & & \alpha,\beta &= 0,1,2,\ldots,\alpha+\beta \geqq 2 \end{aligned}\right\} \tag{4.1.13}$$

gilt. Hier soll $\lambda_1 \lambda_2 \neq 0$ sein. Für die Abbildung (4.1.10) setzt man dann Entwicklungen

$$\left.\begin{aligned} w &= u(\mathfrak{w},\mathfrak{z}) = \mathfrak{w} + \sum u_{\alpha\beta} \mathfrak{w}^\alpha \mathfrak{z}^\beta, \\ z &= v(\mathfrak{w},\mathfrak{z}) = \mathfrak{z} + \sum v_{\alpha\beta} \mathfrak{w}^\alpha \mathfrak{z}^\beta, \quad \alpha,\beta = 0,1,2,\ldots,\alpha+\beta \geqq 2 \end{aligned}\right\} \tag{4.1.14}$$

mit noch unbekannten Koeffizienten an. Es wird gefragt, ob man die beiden Funktionen (4.1.14) so wählen kann, daß die mit ihrer Hilfe transformierte Differentialgleichung (4.1.1) mit (4.1.13) in

$$\frac{d\mathfrak{w}}{d\mathfrak{z}} = \frac{\lambda_1 \mathfrak{w}}{\lambda_1 \mathfrak{z}} \tag{4.1.15}$$

übergeht. Um bequemer rechnen zu können, ersetzen wir wie in § 3.**2.** die Differentialgleichung (4.1.1) durch das System

$$\frac{dw}{dt} = \lambda_1 w + P(w,z), \qquad \frac{dz}{dt} = \lambda_2 z + Q(w,z) \tag{4.1.16}$$

und suchen dies durch die Abbildung (4.1.14) auf die Form

$$\frac{d\mathfrak{w}}{dt} = \lambda_1 \mathfrak{w}, \qquad \frac{d\mathfrak{z}}{dt} = \lambda_2 \mathfrak{z} \tag{4.1.17}$$

zu bringen. Differentiation von (4.1.10) führt zunächst ohne Eingehen auf die Entwicklungskoeffizienten (4.1.14) zu

$$\frac{dw}{dt} = \frac{\partial u}{\partial \mathfrak{w}} \frac{d\mathfrak{w}}{dt} + \frac{\partial u}{\partial \mathfrak{z}} \frac{d\mathfrak{z}}{dt}, \qquad \frac{dz}{dt} = \frac{\partial v}{\partial \mathfrak{w}} \frac{d\mathfrak{w}}{dt} + \frac{\partial v}{\partial \mathfrak{z}} \frac{d\mathfrak{z}}{dt}. \tag{4.1.18}$$

Wegen (4.1.17) und (4.1.16) folgt daraus

$$\left.\begin{aligned} \frac{\partial u}{\partial \mathfrak{w}} \lambda_1 \mathfrak{w} + \frac{\partial u}{\partial \mathfrak{z}} \lambda_2 \mathfrak{z} &= \lambda_1 u + P(u,v) \\ \frac{\partial v}{\partial \mathfrak{w}} \lambda_1 \mathfrak{w} + \frac{\partial v}{\partial \mathfrak{z}} \lambda_2 \mathfrak{z} &= \lambda_2 v + Q(u,v). \end{aligned}\right\} \tag{4.1.19}$$

Das sind zwei partielle Differentialgleichungen für u und v, die sich als notwendige Bedingung für die Lösung der Transformationsaufgabe ergeben haben. Sie sind aber auch hinreichend. Denn nehmen wir an, wir hätten zwei Lösungen u, v mit

$$\frac{d(u, v)}{d(\mathfrak{w}, \mathfrak{z})} \neq 0 \quad \text{bei} \quad (\mathfrak{w}, \mathfrak{z}) = 0, 0) \tag{4.1.20}$$

gefunden. Dann gilt (4.1.19) identisch in $\mathfrak{w}$ und $\mathfrak{z}$ in der Umgebung von (0, 0). Vergleich mit (4.1.18) und (4.1.16) führt dann zu

$$\frac{\partial u}{\partial \mathfrak{w}} \lambda_1 \mathfrak{w} + \frac{\partial u}{\partial \mathfrak{z}} \lambda_2 \mathfrak{z} = \frac{\partial u}{\partial \mathfrak{w}} \frac{d\mathfrak{w}}{dt} + \frac{\partial u}{\partial \mathfrak{z}} \frac{d\mathfrak{z}}{dt}$$

$$\frac{\partial v}{\partial \mathfrak{w}} \lambda_1 \mathfrak{w} + \frac{\partial v}{\partial \mathfrak{z}} \lambda_2 \mathfrak{z} = \frac{\partial v}{\partial \mathfrak{w}} \frac{d\mathfrak{w}}{dt} + \frac{\partial v}{\partial \mathfrak{z}} \frac{d\mathfrak{z}}{dt}$$

oder anders geschrieben

$$\frac{\partial u}{\partial \mathfrak{w}} \left(\lambda_1 \mathfrak{w} - \frac{d\mathfrak{w}}{dt}\right) + \frac{\partial u}{\partial \mathfrak{z}} \left(\lambda_2 \mathfrak{z} - \frac{d\mathfrak{z}}{dt}\right) = 0$$

$$\frac{\partial v}{\partial \mathfrak{w}} \left(\lambda_1 \mathfrak{w} - \frac{d\mathfrak{w}}{dt}\right) + \frac{\partial v}{\partial \mathfrak{z}} \left(\lambda_2 \mathfrak{z} - \frac{d\mathfrak{z}}{dt}\right) = 0.$$

Wegen des Nichtverschwindens der Funktionaldeterminante folgt aber daraus, daß tatsächlich (4.1.17) das transformierte System von Differentialgleichungen ist[1]. Mit der Integration der partiellen Differentialgleichungen (4.1.19) wird sich der nächste Abschnitt beschäftigen.

Hier sei nur noch bemerkt: Aus der gelungenen Transformation auf die Normalform, ergibt sich ganz analog wie im § 3.**2.** volle Auskunft über den Verlauf der Integrale der Differentialgleichungen in der Nähe von (0, 0). Denn unsere Überlegungen lehren in der Terminologie von § 3.**3.**, daß die betreffenden Differentialgleichungen in der Umgebung von (0, 0) zur gleichen Klasse gehören wie die Normalformen, auf die transformiert wurde. Da aber zum Gelingen der Transformation noch weitere Voraussetzungen über die λ_1 und λ_2 gemacht werden müssen, wollen wir davon erst etwas später näher reden.

2. Integration der partiellen Differentialgleichungen (4.1.19). Dazu bedient man sich der aus § 1.**2.** bekannten Majorantenmethode. Da es darauf ankommt, Lösungen zu finden, die den Abbildungsbedingungen

[1] Bei dieser Überlegung wird nur das Nichtverschwinden der Funktionaldeterminante benutzt, nicht aber die spezielle Natur der Lineargleider von (4.1.14). Diese ergibt sich aber für $\lambda_1 \neq \lambda_2$ zwangsläufig, wenn man (4.1.14) mit zunächst noch unbestimmten Koeffizienten der Lineargleider in die partiellen Differentialgleichungen (4.1.19) einsetzt. Die Koeffizienten des Lineargliedes $\mathfrak{w}$ in der ersten Zeile und des Lineargliedes $\mathfrak{z}$ in der zweiten Zeile von (4.1.14) bleiben willkürlich und können daher als 1 gewählt werden.

genügen, so gehen wir mit dem Ansatz

$$\left.\begin{aligned} u &= \mathfrak{w} + \sum u_{\alpha\beta}\, \mathfrak{w}^\alpha \mathfrak{z}^\beta, \\ v &= \mathfrak{z} + \sum v_{\alpha\beta}\, \mathfrak{w}^\alpha \mathfrak{z}^\beta, \qquad \alpha, \beta = 0, 1, 2, \ldots, \alpha + \beta \geqq 2 \end{aligned}\right\} \tag{4.2.1}$$

in (4.1.19) ein. Man findet

$$\left.\begin{aligned} \sum \{(\alpha - 1)\,\lambda_1 + \beta\,\lambda_2\}\, u_{\alpha\beta}\, \mathfrak{w}^\alpha \mathfrak{z}^\beta &= P(u, v), \\ \sum \{\alpha\,\lambda_1 + (\beta - 1)\,\lambda_2\}\, v_{\alpha\beta}\, \mathfrak{w}^\alpha \mathfrak{z}^\beta &= Q(u, v), \\ \alpha, \beta = 0, 1, 2, \ldots, \alpha + \beta &\geqq 2. \end{aligned}\right\} \tag{4.2.2}$$

Nennen wir für den Augenblick $j + k$ die Ordnung eines Koeffizienten mit den Indizes j und k und beachten, daß in P und Q nur Glieder mindestens zweiter Ordnung in u und v auftreten, so bemerken wir, daß nach Einsetzen von (4.2.1) auf den rechten Seiten von (4.2.2) und Ordnen nach Potenzen von $\mathfrak{w}$ und $\mathfrak{z}$ die Koeffizienten von $\mathfrak{w}^\alpha \mathfrak{z}^\beta$ rechts ganze rationale Funktionen von Koeffizienten u_{jk}, v_{jk} werden, deren Ordnung $j + k$ kleiner ist als $\alpha + \beta$. Vergleicht man also dann die Koeffizienten gleicher Potenzen von $\mathfrak{w}$ und $\mathfrak{z}$ auf beiden Seiten von (4.2.2), so erhält man Rekursionsformeln zur Berechnung der Koeffizienten $u_{\alpha\beta}$ und $v_{\alpha\beta}$. Aus ihnen kann man diese Koeffizienten eindeutig entnehmen, wenn man noch voraussetzt, daß

$$\left.\begin{aligned} (\alpha - 1)\,\lambda_1 + \beta\,\lambda_2 &\neq 0 \\ \alpha\,\lambda_1 + (\beta - 1)\,\lambda_2 &\neq 0 \end{aligned}\right\} \quad \text{für} \quad \alpha, \beta = 0, 1, 2, \ldots, \alpha + \beta \geqq 2. \tag{4.2.3}$$

Das soll weiterhin geschehen. Zum Konvergenzbeweis der so gewonnenen Reihen schätzt man die rechten Seiten im Sinne der Majorantenmethode als reguläre Funktionen ab. Bei der Berechnung der Koeffizienten treten dann die in (4.2.3) stehenden Größen in den Nenner. Um diesen nach unten abzuschätzen, liegt es nahe, die gegebene Differentialgleichung mit einer anderen zu vergleichen, in der die beiden λ_1, λ_2 einander gleich sind. Dann treten die Zahlen $\alpha - 1 + \beta$ und $\alpha + \beta - 1$ in den Nenner. Daher machen wir nun noch die Annahme, daß

$$\left.\begin{aligned} |(\alpha - 1)\,\lambda_1 + \beta\,\lambda_2| &\geqq S(\alpha + \beta - 1) \\ |\alpha\,\lambda_1 + (\beta - 1)\,\lambda_2| &\geqq S(\alpha + \beta - 1) \\ \text{für ein passendes festes } S > 0 \text{ und alle } \alpha, \beta &= 0, 1, 2, \ldots, \alpha + \beta \geqq 2. \end{aligned}\right\} \tag{4.2.4}$$

Sind dann die rechten Seiten von (4.2.2) in $|u| \leqq R$, $|v| \leqq R$ regulär und gilt daselbst $|P(u, v)| \leqq M$, $|Q(u, v)| \leqq M$, so gilt für die in (4.1.13) erklärten Koeffizienten $p_{\alpha\beta}$ und $q_{\alpha\beta}$ nach dem Cauchyschen Koeffizientensatz die Abschätzung

$$|p_{\alpha\beta}| \leqq M/R^{\alpha+\beta}, \qquad |q_{\alpha\beta}| \leqq M/R^{\alpha+\beta},$$

und daher haben die $|P|$ und $|Q|$ in $|u| + |v| \leqq R$ die Majorante

$$\left.\begin{aligned} &M \sum_{\substack{\alpha,\beta \\ \alpha+\beta\geqq 2}} |u|^\alpha |v|^\beta / R^{\alpha+\beta} \leqq M \sum_{\alpha+\beta=2}^{\alpha+\beta=\infty} (|u| + |v|)^{\alpha+\beta} / R^{\alpha+\beta} \\ &= M \Big/ \left(1 - \frac{|u|+|v|}{R}\right) - M - M(|u| + |v|)/R = K(|u| + |v|). \end{aligned}\right\} \quad (4.2.5)$$

Als majorante Differentialgleichungen betrachtet man nun

$$\left.\begin{aligned} S(u^*_{\mathfrak{w}}\, \mathfrak{w} + u^*_{\mathfrak{z}}\, \mathfrak{z}) &= S\, u^* + K(u^* + v^*) \\ S(v^*_{\mathfrak{w}}\, \mathfrak{w} + v^*_{\mathfrak{z}}\, \mathfrak{z}) &= S\, v^* + K(u^* + v^*). \end{aligned}\right\} \quad (4.2.6)$$

Man ist nach dem vorstehend dargelegten sicher, daß die Koeffizienten $u_{\alpha\beta}$ und $v_{\alpha\beta}$, die man aus (4.2.2) erhält, dem absoluten Betrag nach nicht größer sind, als die $u^*_{\alpha\beta}$, $v^*_{\alpha\beta}$, die man bei Integration von (4.2.6) durch den Ansatz

$$\left.\begin{aligned} u^* &= \mathfrak{w} + \sum u^*_{\alpha\beta}\, \mathfrak{w}^\alpha \mathfrak{z}^\beta \\ v^* &= \mathfrak{z} + \sum v^*_{\alpha\beta}\, \mathfrak{w}^\alpha \mathfrak{z}^\beta \end{aligned}\right\} \quad \alpha, \beta = 0, 1, 2, \ldots, \alpha + \beta \geqq 2 \quad (4.2.7)$$

erhält. Der führt nämlich zu den Gleichungen

$$\left.\begin{aligned} \sum S\{(\alpha - 1) + \beta\}\, u^*_{\alpha\beta}\, \mathfrak{w}^\alpha \mathfrak{z}^\beta &= K(u^* + v^*) \\ \sum S\{\alpha + (\beta - 1)\}\, v^*_{\alpha\beta}\, \mathfrak{w}^\alpha \mathfrak{z}^\beta &= K(u^* + v^*), \\ \alpha, \beta = 0, 1, 2, \ldots, \alpha + \beta &\geqq 2. \end{aligned}\right\} \quad (4.2.8)$$

Um diese zu lösen, addieren wir die (4.2.6) zueinander und ebenso die (4.2.7). Das führt zu den Gleichungen für $U = u^* + v^*$, $x = \mathfrak{w} + \mathfrak{z}$

$$S(U_{\mathfrak{w}}\, \mathfrak{w} + U_{\mathfrak{z}}\, \mathfrak{z}) = S\, U + 2K(U) \quad (4.2.9)$$

und dem Ansatz

$$U = x + \sum \{u^*_{\alpha\beta} + v^*_{\alpha\beta}\}\, \mathfrak{w}^\alpha \mathfrak{z}^\beta, \quad \alpha, \beta = 0, 1, 2, \ldots, \alpha + \beta \geqq 2. \quad (4.2.10)$$

Die Koeffizienten $u^*_{\alpha\beta}$ und $v^*_{\alpha\beta}$ sind durch ihn eindeutig bestimmt. Es liegt nun nahe, (4.2.9) dadurch zu lösen, daß man U als Funktion von $x = \mathfrak{w} + \mathfrak{z}$ ansetzt. Dann wird aber $U_{\mathfrak{w}} = U_{\mathfrak{z}} = dU/dx$ und daher wird aus (4.2.9)

$$S \frac{dU}{dx} x = S\, U + 2K(U), \quad (4.2.11)$$

das mit dem Ansatz

$$U = x + \sum_2^\infty c_\nu x^\nu, \quad (4.2.12)$$

angegangen wird. Hat dies zu einer konvergenten Reihe (4.2.10) mit natürlich positiven Koeffizienten geführt, so konvergieren die durch den Ansatz (4.2.7) in (4.2.6) aus (4.2.8) erhaltenen Reihen erst recht. Denn sie haben ebenfalls positive aber kleinere Koeffizienten. Wir haben uns also nur noch mit (4.2.11) und (4.2.12) zu befassen. (4.2.11) ist eine gewöhnliche Differentialgleichung, die bei $(U = 0,\ x = 0)$ eine singuläre Stelle aufweist, die der Bedingung (4.1.8) genügt. Durch den Ansatz (4.2.12) wird ein bei $x = 0$ reguläres daselbst verschwindendes Integral gesucht. Dieser Ansatz führt zu der Gleichung

$$S \sum_{\nu \geqq 2} (\nu - 1)\, c_\nu x^\nu = 2K(U). \tag{4.2.13}$$

Offenbar sind die aus (4.2.13) durch Koeffizientenvergleich rechts und links erhältlichen positiven Koeffizienten kleiner als die, welche man erhält, wenn man die Gleichung

$$S y = S x + 2K(y) \tag{4.2.14}$$

durch eine Funktion

$$y = x + \gamma_2 x^2 + \cdots \tag{4.2.15}$$

zu lösen sucht. Diese Funktion existiert aber nach bekannten Sätzen der Funktionentheorie[1].

3. Integration und Klasseneinteilung der Differentialgleichungen (4.1.1). Ich fasse zusammen, was in § 4.**2.** über die in § 4.**1.** gestellte Aufgabe herausgekommen ist. Betreffs (4.1.1) wurden die in (4.1.2) und (4.1.8) enthaltenen Voraussetzungen gemacht. Dann wurde angenommen, daß man (4.1.1) durch lineare Transformation (3.2.1) auf die Form (4.1.12) transformieren kann. Das ist dann der Fall, wenn entweder (4.1.11) zwei verschiedene Wurzeln λ_1, λ_2 hat, oder wenn in (4.1.1) von vornherein $a = d \neq 0$, $b = c = 0$ ist. Über die λ_1, λ_2 von (4.1.12) wurden weiter die in (4.2.3) und (4.2.4) ausgedrückten Voraussetzungen gemacht. Die erstere ist in der zweiten enthalten, so daß nur (4.2.4) weiter zu verwenden ist. Diese Bedingung ist erfüllt, wenn $\lambda_1 = \lambda_2 \neq 0$ ist. Man kann dann $S = |\lambda_1|$ nehmen. Sind aber λ_1 und λ_2 verschieden, so bedeutet (4.2.4) eine den λ auferlegte Bedingung. Denn, wenn z. B. λ_1 und λ_2 beide reell aber von verschiedenem Vorzeichen sind, so kann man doch natürliche Zahlen α und β beliebig groß und doch so wählen, daß $|(\alpha - 1)\lambda_1 + \beta\lambda_2|$ beliebig klein ist[2]. *Die Voraussetzung* (4.2.4) *ist aber jedenfalls dann erfüllt, wenn die λ nach Auftragung auf eine komplexe Zahlenebene die Eigenschaft haben, daß ihre Verbindungsgerade den Nullpunkt der Zahlenebene nicht enthält.* Das lernt man in der analytischen Geometrie. Denn die beiden Zahlen

$$\frac{(\alpha - 1)\lambda_1 + \beta\lambda_2}{\alpha + \beta - 1} \quad \text{und} \quad \frac{\alpha\lambda_1 + (\beta - 1)\lambda_2}{\alpha + \beta - 1} \tag{4.3.1}$$

geben für $\alpha, \beta = 0, 1, 2, \ldots, \alpha + \beta \geqq 2$ jedenfalls Punkte auf der Verbindungsgeraden der beiden Punkte λ_1, λ_2 an, und man kann daher

[1] Siehe z. B. L. Bieberbach: Lehrbuch der Funktionentheorie, Bd. 1, 4. Aufl., S. 190f. Leipzig 1934. (Implizite Funktionen.)

[2] Das weiß man z. B. aus der Lehre von den Kettenbrüchen.

für S die Entfernung dieser Geraden vom Nullpunkt nehmen. Ausgeschlossen sind also bis jetzt noch Werte λ_1, λ_2, deren Verbindungsgerade durch den Nullpunkt geht. *Die Voraussetzung* (4.2.4) *ist aber auch dann erfüllt, wenn* λ_1 und λ_2 *auf einer Geraden durch den Nullpunkt liegen, wofern ihre Verbindungs***strecke** *den Nullpunkt nicht enthält, und wofern außerdem weder* λ_1/λ_2 *noch* λ_2/λ_1 *eine natürliche Zahl ist.* Denn unter diesen Annahmen gehören die Punkte (4.3.1) alle der Verbindungsstrecke von λ_1 und λ_2 an, mit Ausnahme der Punkte

$$\lambda(\beta) = \frac{-\lambda_1 + \beta\lambda_2}{\beta - 1} \quad \text{und} \quad \lambda'(\alpha) = \frac{\alpha\lambda_1 - \lambda_2}{\alpha - 1} \quad \text{für} \quad \beta \geqq 2 \quad \text{und} \quad \alpha \geqq 2.$$

Keiner derselben ist Null nach Voraussetzung und mit wachsendem β gilt $\lambda(\beta) \to \lambda_2$ und mit wachsendem α gilt $\lambda'(\alpha) \to \lambda_1$. Daher gibt es auch jetzt für die Menge der Punkte (4.3.1) eine positive Entfernung vom Nullpunkt. Die Voraussetzung (4.2.4) ist z. B. dann nicht erfüllt, wenn $\lambda_1 = 0$ ist. (4.2.4) verlangt $\lambda_1\lambda_2 \neq 0$; was ja auch schon aus (4.1.8) folgt. Aber (4.1.8) ist nach dieser Überlegung in (4.2.4) enthalten.

Für die so charakterisierte Differentialgleichung (4.1.1) bzw. das entsprechende System

$$\frac{dw}{dt} = a w + b z + P(w, z)$$

$$\frac{dz}{dt} = c w + d z + Q(w, z)$$

ist dann in § 4.**2.** die Integration und die Klassifikation gelungen. Wir haben nämlich gelernt, daß dann die Differentialgleichungen durch eine in der Umgebung von $(0, 0)$ reguläre Abbildung (4.1.14) in

$$\frac{dw}{dz} = \frac{\lambda_1 w}{\lambda_2 z} \quad \text{bzw.} \quad \frac{dw}{dt} = \lambda_1 w, \quad \frac{dz}{dt} = \lambda_2 z$$

transformiert werden können. Ich spreche das Ergebnis für die aus (4.1.1) durch lineare Transformation erhaltene Differentialgleichung

$$\frac{dw}{dz} = \frac{\lambda_1 w + P(w, z)}{\lambda_2 z + Q(w, z)} \tag{4.3.2}$$

bzw. das entsprechende System aus: *Die Lösungen von* (4.3.2) *sind mit Hilfe der in* § 4.**2.** *als Lösungen eines Systems partieller Differentialgleichungen charakterisierten Funktion* u *und* v *in einer Umgebung von* $(0, 0)$ *durch*

$$w = u(c_1 e^{\lambda_1 t}, c_2 e^{\lambda_2 t})$$

$$z = v(c_1 e^{\lambda_1 t}, c_2 e^{\lambda_2 t})$$

dargestellt, wofern λ_1, λ_2 *der Bedingung* (4.2.4) *genügen.* c_1, c_2 sind die beiden Integrationskonstanten.

Die Lösungen von (4.3.2) können überdies mit Hilfe der zu (4.1.14) inversen Abbildung

$$\mathfrak{w} = \varphi(w, z)$$
$$\mathfrak{z} = \psi(w, z)$$

in der Form

$$C_1[\varphi(w, z)]^{\lambda_2} = C_2[\psi(w, z)]^{\lambda_1}$$

angeschrieben werden. Jetzt sind C_1, C_2 Konstanten.

Endlich merken wir noch das merkwürdige Ergebnis an: *Die Klasse, der eine Differentialgleichung* (4.1.1) mit (4.1.8) und $\lambda_1 \neq \lambda_2$ *in der Umgebung von* $(0, 0)$ *angehört, ist unter den angegebenen durch* (4.2.4) *ausgedrückten Bedingungen durch die Werte der* λ_1, λ_2 *allein bestimmt. Dies gilt auch im Falle* $\lambda_1 = \lambda_2$ *für alle die Differentialgleichungen* (4.1.1), *deren Lineargliedern sich auf die aus* (4.1.12) *ersichtliche Form bringen lassen.*

4. Über die Ausnahmewerte $\lambda_1/\lambda_2 = n$ und $\lambda_1/\lambda_2 = 1/n$ (n natürliche Zahl). Es erhebt sich nun die Frage, wie es mit der Klasseneinteilung bei singulären Punkten mit den bislang ausgeschlossenen λ-Werten steht. Zwar wurde die Annahme (4.2.4) durch die Beweismethode motiviert. Aber die Dinge könnten doch auch so liegen, daß bei den ausgeschlossenen λ-Werten die Klasseneinteilung nicht durch die λ allein bestimmt ist. Dies soll nun untersucht werden. Ich beginne mit dem Fall $\lambda_1 = n\lambda_2$, wobei $n \geqq 2$ eine natürliche Zahl ist. (Wegen $n = 1$ s. § 4.**6.**) Hier wird mancher Leser wohl versucht sein, zu vermuten, man könne diesen Fall als Grenzfall solcher λ-Werte auffassen, für die die Klasseneinteilung schon bewerkstelligt wurde, und wobei sich zeigte, daß die Klasse durch die λ bestimmt ist. Da wird es doch wohl bei den Grenzfällen ebenso sein. Inwieweit ein solches Peilen über den Daumen in die Irre führt, wird die nachfolgende Betrachtung lehren. Ich beweise:

Im Falle $\lambda_1 = n\lambda_2$ ($n \geqq 2$ *natürliche Zahl*) *läßt sich* (4.1.16) *durch eine Abbildung* (4.1.14) *entweder auf* (4.1.17) *oder auf*

$$\left.\begin{aligned} \frac{d\mathfrak{w}}{dt} &= \lambda_1 \mathfrak{w} + \mathfrak{z}^n \\ \frac{d\mathfrak{z}}{dt} &= \lambda_2 \mathfrak{z} \end{aligned}\right\} \tag{4.4.1}$$

transformieren.

Zunächst zeige ich durch eine Abwandlung des bisher benutzten Beweisverfahrens, daß man im vorliegenden Fall (4.1.16) durch eine Abbildung (4.1.14) entweder auf (4.1.17) oder auf

$$\left.\begin{aligned} \frac{d\mathfrak{w}}{dt} &= \lambda_1 \mathfrak{w} + a\,\mathfrak{z}^n \\ \frac{d\mathfrak{z}}{dt} &= \lambda_2 \mathfrak{z} \end{aligned}\right\} \tag{4.4.2}$$

mit einer passenden Zahl $a \neq 0$ transformieren kann. Durch die Substitution $\mathfrak{w}/a\mathfrak{w}$ gelangt man dann im Falle $a \neq 0$ zu (4.4.1).

Gehen wir mit (4.1.14) in (4.1.16) hinein, in der Absicht (4.4.2) zu erreichen. Dann haben wir statt (4.1.19)

$$\left.\begin{aligned} \frac{\partial u}{\partial \mathfrak{w}}(\lambda_1 \mathfrak{w} + a\,\mathfrak{z}^n) + \frac{\partial u}{\partial \mathfrak{z}}\lambda_2\,\mathfrak{z} &= \lambda_1\,u + P(u,v) \\ \frac{\partial v}{\partial \mathfrak{w}}(\lambda_1 \mathfrak{w} + a\,\mathfrak{z}^n) + \frac{\partial v}{\partial \mathfrak{z}}\lambda_2\,\mathfrak{z} &= \lambda_2\,v + Q(u,v). \end{aligned}\right\} \tag{4.4.3}$$

Man zeigt wie oben, daß diese partiellen Differentialgleichungen für u und v auch hinreichend sind für die beabsichtigte Transformation. Setzt man die in (4.2.1) angegebenen Reihen in (4.4.3) ein, so kommt man zu den Gleichungen

$$\left.\begin{aligned} &\sum\{(\alpha-1)\,\lambda_1+\beta\,\lambda_2\}\,u_{\alpha\beta}\,\mathfrak{w}^\alpha\mathfrak{z}^\beta = -a\,\mathfrak{z}^n - \sum a\,\alpha\,u_{\alpha\beta}\,\mathfrak{w}^{\alpha-1}\mathfrak{z}^{\beta+n} + P(u,v) \\ &\sum\{\alpha\,\lambda_1+(\beta-1)\,\lambda_2\}\,v_{\alpha\beta}\,\mathfrak{w}^\alpha\mathfrak{z}^\beta = -\sum a\,\alpha\,v_{\alpha\beta}\,\mathfrak{w}^{\alpha-1}\mathfrak{z}^{\beta+n} + Q(u,v), \\ &\qquad\qquad \alpha,\beta = 0,1,2,\ldots,\alpha+\beta \geqq 2. \end{aligned}\right\} \tag{4.4.4}$$

Wir überzeugen uns nun zuerst, daß man bei passender Wahl der Zahl a aus diesen Gln. (4.4.4) die $u_{\alpha\beta}$ und $v_{\alpha\beta}$ rekurrent ermitteln kann, indem man die Koeffizienten gleicher Potenzen von $\mathfrak{w}$ und $\mathfrak{z}$ rechts und links einander gleich setzt. Jedenfalls ist wegen $\lambda_1 = n\lambda_2$, $n \geqq 2$ links jedes $v_{\alpha\beta}$ mit einem von 0 verschiedenen Koeffizienten versehen. Denn es kann nicht $\alpha n + \beta - 1 = 0$ sein für $\alpha, \beta = 0, 1, 2, \ldots, \alpha+\beta \geqq 2, n \geqq 2$. Unter den Koeffizienten der $u_{\alpha\beta}$ links ist nur einer 0, nämlich der für $\alpha = 0$, $\beta = n$. Im übrigen gilt $(\alpha-1)\lambda_1 + \beta\lambda_2 = \lambda_2(n(\alpha-1)+\beta) \neq 0$ für $\alpha, \beta = 0, 1, 2, \ldots, \alpha+\beta \geqq 2, n \geqq 2$. Damit nun aber die Rekursion funktioniert, muß man Sorge tragen, daß für $\alpha = 0$, $\beta = n$, auch rechts der Koeffizient von $\mathfrak{z}^n$ verschwindet. Dieser Koeffizient ist aber

$$-a + f_{0n}(p_{jk}).$$

Dabei ist $f_{0n}(p_{jk})$ eine ganze rationale Funktion der p_{jk} und solcher $u_{\alpha\beta}$, $v_{\alpha\beta}$, für die $\alpha+\beta < n$ ist. Diese können aber sämtlich ohne Benutzung der Zahl a ermittelt werden. Denn wegen $\alpha+\beta \geqq 2$ ist $-a\mathfrak{z}^n$ das Glied niedrigster Ordnung auf der rechten Seite der ersten Gl. (4.4.4), das a enthält. In der zweiten Gleichung haben alle a-haltigen Glieder eine Ordnung $> n$. Man kann also a im Zuge der Rekursion aus der Gleichung

$$a = f_{0n}(p_{jk})$$

bestimmen, und man setze das an sich willkürlich bleibende

$$u_{0n} = 0,$$

und kann dann in der Rekursion ohne weitere Störung weiterfahren.

Daß die so gefundenen Reihen absolut konvergieren und daher nicht nur formal der partiellen Differentialgleichung (4.4.3) genügen, sieht man ähnlich wie in § 4.2. mit Hilfe der Majorantenmethode ein. Zunächst trage man in (4.4.3) den eben ermittelten Wert für a ein. Dann ersetze man die $P(u, v)$ und $Q(u, v)$ wie in § 4.2. durch die in (4.2.5) erklärte Funktion $K(u + v)$. Ferner beachte man, daß für alle

$$\lambda_1(\alpha - 1) + \beta\lambda_2 \neq 0 \quad \text{und für alle} \quad \alpha\lambda_1 + (\beta - 1)\lambda_2$$

wieder eine Abschätzung nach unten von der Form $S(\alpha + \beta - 1)$ existiert. Denn von den (4.3.1) ist jetzt nur eines 0 und für die anderen bleibt die an (4.3.1) angeschlossene Betrachtung richtig. Da wir aber $u_{0n} = 0$ annahmen, erhalten wir jetzt aus den Gleichungen

$$\left.\begin{aligned} &S\sum(\alpha+\beta-1)\,u^*_{\alpha\beta}\mathfrak{w}^\alpha\mathfrak{z}^\beta = |a|\,\mathfrak{z}^n + \sum|a|\,\alpha\,u^*_{\alpha\beta}\mathfrak{w}^{\alpha-1}\mathfrak{z}^{\beta+n} + K(u^*+v^*)\\ &S\sum(\alpha+\beta-1)\,v^*_{\alpha\beta}\mathfrak{w}^\alpha\mathfrak{z}^\beta = \sum|a|\,\alpha\,v^*_{\alpha\beta}\mathfrak{w}^{\alpha-1}\mathfrak{z}^{\beta+n} + K(u^*+v^*),\\ &\qquad\alpha,\beta = 0, 1, 2, \ldots, \alpha+\beta \geqq 2 \end{aligned}\right\} \tag{4.4.5}$$

lauter

$$u^*_{\alpha\beta} \geqq u_{\alpha\beta}, \qquad v^*_{\alpha\beta} \geqq v_{\alpha\beta}.$$

Die (4.4.5) treten aber auf, wenn man die partiellen Differentialgleichungen

$$\left.\begin{aligned} \frac{\partial u^*}{\partial\mathfrak{w}}(S\,\mathfrak{w} - |a|\,\mathfrak{z}^n) + \frac{\partial u^*}{\partial\mathfrak{z}}S\,\mathfrak{z} &= S\,u^* + K(u^* + v^*)\\ \frac{\partial v^*}{\partial\mathfrak{w}}(S\,\mathfrak{w} - |a|\,\mathfrak{z}^n) + \frac{\partial v^*}{\partial\mathfrak{z}}S\,\mathfrak{z} &= S\,v^* + K(u^* + v^*) \end{aligned}\right\} \tag{4.4.6}$$

durch den Ansatz (4.2.7) zu integrieren sucht. Hier sind aber die Koeffizienten kleiner, als die, welche man erhält, wenn man

$$\left.\begin{aligned} \frac{\partial u^*}{\partial\mathfrak{w}}(S\,\mathfrak{w} - |a|\,(\mathfrak{z} + \mathfrak{w})^n) + \frac{\partial u^*}{\partial\mathfrak{z}}S\,\mathfrak{z} &= S\,u^* + K(u^* + v^*)\\ \frac{\partial v^*}{\partial\mathfrak{w}}(S\,\mathfrak{w} - |a|\,(\mathfrak{z} + \mathfrak{w})^n) + \frac{\partial v^*}{\partial\mathfrak{z}}S\,\mathfrak{z} &= S\,v^* + K(u^* + v^*) \end{aligned}\right\} \tag{4.4.7}$$

mit dem gleichen Ansatz integrieren will. Man addiere die Gln. (4.4.7) und setze dabei $u^* + v^* = y$, $\mathfrak{w} + \mathfrak{z} = x$. Dann hat man

$$\frac{\partial y}{\partial\mathfrak{w}}(S\,\mathfrak{w} - |a|\,x^n) + \frac{\partial y}{\partial\mathfrak{z}}S\,\mathfrak{z} = S\,y + 2K(y). \tag{4.4.8}$$

Nun versuche man (4.4.8) durch eine Funktion $y(x)$ zu integrieren. Dann wird

$$\frac{dy}{dx} = \frac{\partial y}{\partial\mathfrak{w}} = \frac{\partial y}{\partial\mathfrak{z}},$$

und man hat aus (4.4.8)

$$\frac{dy}{dx}(S\,x - |a|\,x^n) = S\,y + 2K(y), \tag{4.4.9}$$

also eine gewöhnliche Differentialgleichung, die mit dem Ansatz

$$y = x + \sum c_\nu x^\nu, \quad \nu \geqq 2 \tag{4.4.10}$$

integriert werden soll. Die Koeffizienten $c_{\alpha\beta}$ der Reihe

$$y = \mathfrak{w} + \mathfrak{z} + \sum c_\nu (\mathfrak{w} + \mathfrak{z})^\nu = \mathfrak{w} + \mathfrak{z} + \sum c_{\alpha\beta}\, \mathfrak{w}^\alpha \mathfrak{z}^\beta$$

sind dann jedenfalls Majoranten der $u^*_{\alpha,\beta}$ und $v^*_{\alpha,\beta}$, $\alpha + \beta = \nu$, also auch der $u_{\alpha\beta}$ und $v_{\alpha\beta}$. Die Integration von (4.4.9) mit dem Ansatz (4.4.10) führt aber nach kurzer Rechnung zu den Gleichungen

$$\sum_2^\infty (\nu - 1)\, c_\nu\, x^\nu = \frac{|a|\, x^{n-1}\left(x + \sum_2^\infty c_\nu x^\nu\right) + 2K(y)}{S - |a|\, x^{n-1}}.$$

Die durchweg nichtnegativen Koeffizienten c_ν, die man aus ihnen durch Koeffizientenvergleich erhält, sind aber kleiner als die, welche man bekommt, wenn man links die Faktoren $\nu - 1$ sämtlich durch 1 ersetzt, d. h. wenn man die Gleichung

$$y - x = \frac{|a|\, x^{n-1} y + 2K(y)}{S - |a|\, x^{n-1}}$$

durch den Ansatz

$$y = x + \sum_{\nu \geqq 2} \gamma_\nu\, x^\nu \tag{4.4.11}$$

lösen will. Damit ist der gesuchte Konvergenzbeweis erbracht. Denn die Konvergenz der (4.4.11) ist durch den aus der Funktionentheorie bekannten auch in § 4.**3.** herangezogenen Satz über implizite Funktionen gesichert.

Das Ergebnis ist, daß es im Falle $\lambda_1 = n\lambda_2$ zwei Differentialgleichungen (4.1.17) und (4.4.1) gibt, so daß man (4.1.16) entweder in die eine oder in die andere zu transformieren vermag. Es soll noch gezeigt werden, daß die durch diese beiden Differentialgleichungen (4.1.17) und (4.4.1) definierten Klassen tatsächlich verschieden sind. Um das einzusehen, integrieren wir (4.1.17) und (4.4.1). Für (4.1.17) findet man

$$\mathfrak{w} = c'\, e^{n\lambda_2 t}, \qquad \mathfrak{z} = c''\, e^{\lambda_2 t}.$$

Für (4.4.1) findet man nach der in § 1.**1.** gegebenen Methode zur Integration linearer Differentialgleichungen

$$\mathfrak{w} = (c_1^n t + c_2)\, e^{n\lambda_2 t}, \qquad \mathfrak{z} = c_1\, e^{\lambda_2 t}.$$

Könnte man nun durch eine Abbildung der immer betrachteten Art die Differentialgleichungen (4.4.1) in (4.1.17) transformieren, so müßte es zwei bei (0, 0) reguläre Funktionen φ und ψ geben, so daß

$$\left.\begin{aligned} (c_1^n t + c_2)\, e^{n\lambda_2 t} &= \varphi(c'\, e^{n\lambda_2 t}, c''\, e^{\lambda_2 t}) \\ c_1\, e^{\lambda_2 t} &= \psi(c'\, e^{n\lambda_2 t}, c''\, e^{\lambda_2 t}) \end{aligned}\right\} \tag{4.4.12}$$

gilt. Das ist so zu verstehen. Zu gegebenen Konstanten c_1 und c_2 gehören Konstanten c' und c'', so daß (4.4.12) eine Identität in t wird. Das kann aber nicht sein. Denn rechts steht für jede Wahl der c' und c'' eine in t periodische Funktion von t mit der Periode $2\pi i/n\lambda_2$, links dagegen in der ersten Gl. (4.4.12) jedenfalls eine aperiodische Funktion (außer im Falle $c_1 = 0$). Die Bemerkung, daß doch φ und ψ nur in einer gewissen Umgebung von $(0, 0)$ regulär sind, stürzt diese Überlegung nicht um. Man braucht ja nur hinreichend kleine $|c'|$ und $|c''|$ zu nehmen.

Es gibt somit im Falle $\lambda_1 = n\lambda_2$ zwei verschiedene Klassen von Differentialgleichungen. Das gilt auch im Falle $\lambda_2 = n\lambda_1$ und wird ganz analog bewiesen.

Man kann den Unterschied der beiden Klassen auch dahin beschreiben, daß das allgemeine Integral der Klasse

$$\frac{dw}{dz} = n\frac{w}{z}$$

bei $z = 0$ regulär ist und dort verschwindet, während es bei der Klasse

$$\frac{dw}{dz} = \frac{nw + z^n}{z}$$

nicht ein einziges bei $z = 0$ reguläres dort verschwindendes Integral gibt. Denn diese allgemeinen Integrale gehen durch eine bei $(0, 0)$ reguläre Transformation aus

$$w = c z^n \quad \text{bzw. aus} \quad w = z^n(\log z + c)$$

hervor.

5. Negativ reelle Werte λ_1/λ_2. Hier kann Abschließendes über die Klasseneinteilung nicht gesagt werden. Jedenfalls besteht aber auch hier ein Unterschied zwischen irrationalen und rationalen Werten von λ_1/λ_2. Für irrationales λ_1/λ_2 sind die Gln. (4.2.2) auch jetzt noch eindeutig lösbar. Indessen versagt der bisher vorgetragene Konvergenzbeweis, weil die Faktoren der $u_{\alpha\beta}$ und $v_{\alpha\beta}$ sich wegen der Approximation einer irrationalen Zahl $\lambda_1/\lambda_2 < 0$ durch rationale Zahlen bei 0 häufen. In der Tat hat H. DULAC gezeigt, daß die entstehenden Reihen nicht immer konvergieren. Damit hängt auch die Einsicht zusammen, daß die Klasse der Differentialgleichung nicht durch λ_1/λ_2 allein bestimmt ist[1]. Bei rationalem λ_1/λ_2 lehrt dies das **Beispiel**

$$\frac{dw}{dz} = \frac{-w + zw^2}{z}, \quad \frac{dw}{dt} = -w + zw^2, \quad \frac{dz}{dt} = z \tag{4.5.1}$$

mit der allgemeinen Lösung

$$1 + zw\log z = Czw, \quad z = ce^t, \quad w = \frac{1}{ce^t(C - t)} \tag{4.5.2}$$

[1] Für *irrationale* λ_1/λ_2 hat GEORGE DAVID BIRKHOFF 1929 (Sitzber. Preuß. Akad. Wiss.) und zusammen mit F. R. BAMFORTH (Am. Trans. 32) durch *Abänderung des Klassenbegriffes* zeigen können, daß alle Differentialgleichungen zur gleichen Klasse gehören. Es wird dabei zugelassen, daß der analytische Charakter der Abbildung im singulären Punkte unterbrochen ist.

neben
$$\frac{dw}{dz} = -\frac{w}{z}, \qquad \frac{dw}{dt} = -w, \qquad \frac{dz}{dt} = z \tag{4.5.3}$$
mit der allgemeinen Lösung
$$w\,z = C, \qquad z = c_1\,e^t, \qquad w = C_1\,e^{-t}. \tag{4.5.4}$$

Wenn so auch die Klasseneinteilung hier nicht geboten werden kann, so läßt sich doch einiges über die in (0, 0) mündenden Lösungen von
$$\left.\begin{aligned} &\frac{dw}{dz} = \frac{\lambda\,w + P(w,z)}{z + Q(w,z)}, \\ \lambda < 0, \quad &P(w,z) = \sum p_{\alpha\beta}\,w^\alpha\,z^\beta, \quad Q(w,z) = \sum q_{\alpha\beta}\,w^\alpha\,z^\beta, \\ &\alpha,\beta = 0,1,2,\ldots,\alpha+\beta \geqq 2 \end{aligned}\right\} \tag{4.5.5}$$
sagen. Zunächst der

Satz: *Es gibt stets eine bei* 0 *reguläre Lösung* $w = w(z)$ *mit* $w(0) = 0$ *von* (4.5.5). Um das zu beweisen, kann man mit dem Ansatz
$$w = c_2\,z^2 + \cdots \tag{4.5.6}$$
in (4.5.5) hineingehen. Besser ist es, wenn man in (4.5.5) erst $w = z \cdot w_1$ einführt und dann durch die Klammer im Nenner kürzt. So findet man
$$\left.\begin{aligned} w_1' &= \frac{\lambda\,w_1 + z\,P_1(w_1,z) - w_1 - w_1\,z\,Q_1(w_1,z)}{z(1 + z\,Q_1(w_1,z))} \\ &= \frac{(\lambda-1)\,w_1 + z\,R(w_1,z)}{z} \\ &\text{mit } P_1, Q_1, R \text{ von der Form } \sum r_{\alpha\beta}\,w_1^\alpha\,z^\beta, \quad \alpha,\beta = 0,1,2,\ldots \end{aligned}\right\} \tag{4.5.7}$$
Hier mache man nun den Ansatz
$$w_1 = c_2\,z + c_3\,z^2 + \cdots. \tag{4.5.8}$$
Dann hat man
$$c_2 + 2c_3\,z + \cdots = (\lambda-1)\,c_2 + (\lambda-1)\,c_3\,z + \cdots + R(c_2\,z + \cdots, z)$$
d. h.
$$(2-\lambda)\,c_2 + (3-\lambda)\,c_3\,z + \cdots = \sum_{j=0}^{\infty} r_j\,z^j. \tag{4.5.9}$$

Hier sind die r_j ganze rationale Funktionen der $p_{\alpha\beta}$ und $q_{\alpha\beta}$, sowie solcher c_k für die $k < j$ ist. Wegen $\lambda < 0$ ergeben sich aus (4.5.9) rekurrent eindeutig bestimmte Werte der c_k. Um die Konvergenz der so gefundenen Reihe (4.5.6) bzw. (4.5.8) zu erkennen, ersetze man $R(w,z)$ durch eine Majorante $M(w,z)$ und löse die Gleichung
$$(2-\lambda)\,w = M(w\,z, z)$$
durch den Ansatz
$$w = \gamma_2 + \gamma_3\,z + \cdots.$$

Die so gefundenen Koeffizienten γ_ν majorisieren die Koeffizienten c_ν von (4.5.6).

Den bewiesenen Satz wende man auf

$$\frac{dz}{dw} = \frac{z + Q(w, z)}{\lambda w + P(w, z)} \tag{4.5.10}$$

an. Man findet eine bei 0 reguläre Lösung

$$z = f(w) = d_2 w^2 + d_3 w^3 + \cdots \tag{4.5.11}$$

von (4.5.10). Nunmehr führe man durch die Transformation

$$\mathfrak{z} = z - f(w), \qquad \mathfrak{w} = w \tag{4.5.12}$$

in (4.5.10) neue Veränderliche ein. Dadurch geht (4.5.10) in eine Differentialgleichung über, die eine Lösung $\mathfrak{z} = 0$ hat. Daher hat diese die Gestalt

$$\frac{d\mathfrak{z}}{d\mathfrak{w}} = \frac{\mathfrak{z} + \mathfrak{z}\,\mathfrak{Q}(\mathfrak{w}, \mathfrak{z})}{\lambda \mathfrak{w} + \mathfrak{P}(\mathfrak{w}, \mathfrak{z})}. \tag{4.5.13}$$

Durch die gleiche Transformation (4.5.12) geht daher (4.5.5) in

$$\frac{d\mathfrak{w}}{d\mathfrak{z}} = \frac{\lambda \mathfrak{w} + \mathfrak{P}(\mathfrak{w}, \mathfrak{z})}{\mathfrak{z}(1 + \mathfrak{Q}(\mathfrak{w}, \mathfrak{z}))} \tag{4.5.14}$$

über. Kürzt man nun hier Zähler und Nenner durch den Faktor, den $\mathfrak{z}$ im Nenner aufweist, oder mit anderen Worten, entwickelt man $1/(1 + \mathfrak{Q}(\mathfrak{w}, \mathfrak{z}))$ nach Potenzen von $\mathfrak{w}$ und $\mathfrak{z}$ und multipliziert damit den Zähler in (4.5.14), so erhält man eine Differentialgleichung von der nach Briot und Bouquet benannten Form

$$\left.\begin{aligned} &\frac{d\mathfrak{w}}{d\mathfrak{z}} = \frac{\lambda \mathfrak{w} + P^*(\mathfrak{w}, \mathfrak{z})}{\mathfrak{z}}, \\ &P^*(\mathfrak{w}, \mathfrak{z}) = \sum p^*_{\alpha\beta}\, \mathfrak{w}^\alpha \mathfrak{z}^\beta, \quad \alpha, \beta = 0, 1, 2, \ldots, \alpha + \beta \geqq 2. \end{aligned}\right\} \tag{4.5.15}$$

Auf diese Gestalt kann man jede Differentialgleichung (4.5.5) *bringen.* Will man bei Systemen

$$\frac{dw}{dt} = \lambda w + P, \qquad \frac{dz}{dt} = z + Q$$

zu einem entsprechenden Ergebnis gelangen, so muß man der eben erwähnten Kürzung von Zähler und Nenner entsprechend, noch eine Transformation des Parameters t vornehmen.

(4.5.15) hat nach dem eingangs bewiesenen Satz gleichfalls eine bei 0 reguläre Lösung

$$w = g(z) = c_2 z^2 + c_3 z^3 + \cdots.$$

Durch eine Transformation

$$\mathfrak{w} = w - g(z), \qquad \mathfrak{z} = z$$

kann man daher (4.5.15) noch auf die Form

$$\left.\begin{aligned} &\frac{dw}{dz} = \frac{w(\lambda + P_1(w, z))}{z}, \\ &P_1(w, z) = \sum p'_{\alpha\beta}\, w^\alpha z^\beta, \quad \alpha, \beta = 0, 1, \ldots, \alpha + \beta \geqq 1 \end{aligned}\right\} \tag{4.5.16}$$

bringen.

Als Ergebnis merke ich noch an: *Jede Differentialgleichung* (4.5.5) *hat eine in* $z = 0$ *reguläre und eine dort algebraisch verzweigte Lösung*

$$w = w_1(z) = c_2 z^2 + \cdots, \qquad z = z_2(w) = d_2 w^2 + \cdots,$$

von denen die letztere in $z = 0$ *ausarten, d. h. fehlen kann.*

Es fragt sich, ob es weitere Lösungen von (4.5.5) gibt, die $w(z) \to 0$ aufweisen bei passender Annäherung $z \to 0$. Die Differentialgleichungen (4.5.5) und (4.5.15) gehen durch eine Abbildung (4.5.12) auseinander hervor. Da diese in der Umgebung von $(0, 0)$ umkehrbar eindeutig und stetig ist, so geht jede in $(0, 0)$ mündende Lösung von (4.5.5) in eine ebensolche von (4.5.15) über. Wir brauchen uns also weiter nur mit BRIOT-BOUQUETschen Differentialgleichungen

$$\left.\begin{aligned} \frac{dw}{dz} &= \frac{\lambda w + P(w, z)}{z}, \\ P(w, z) &= \sum p_{\alpha\beta} w^\alpha z^\beta, \quad \lambda < 0, \quad \alpha, \beta = 0, 1, \ldots, \alpha + \beta \geqq 2 \end{aligned}\right\} \tag{4.5.17}$$

zu befassen. Hier ergibt sich aus den Untersuchungen von H. DULAC und J. MALMQUIST, daß es noch weitere im $(0, 0)$ mündende Integrale geben kann, dem Umstand entsprechend, daß nicht alle Differentialgleichungen (4.5.17) zur Klasse $dw/dz = \lambda w/z$ gehören. Insbesondere gilt dies im Falle eines rationalen λ, wie dies das Beispiel (4.5.1) mit dem allgemeinen Integral (4.5.2) zeigt. Man muß dort bei beliebig gegebenem C die Variable z so gegen 0 konvergieren lassen, daß zugleich $|\arg z| \cdot |z|$ über alle Grenzen wächst, d. h. so, daß der Weg, auf dem z nach 0 geht, genügend oft den $z = 0$ umläuft. Dann geht auch $w = 1/z\,(C_1 - \log z) \to 0$. Der interessierte Leser sei auf H. DULAC, Recherches sur les points singuliers des équations différentielles, J. l'école polytechn., II Sér. Cah. 9 (1904) 1—125, verwiesen.

6. Der Fall $\lambda_1 = \lambda_2$. Alle Differentialgleichungen (4.1.1), die sich durch eine Transformation (4.1.10) auf die Form (4.1.12) bringen lassen, gehören nach § 4.**3.** zur gleichen Klasse. Ich untersuche jetzt die Klasseneinteilung von Differentialgleichungen der Gestalt

$$\left.\begin{aligned} \frac{dw}{dz} &= \frac{w + z + P(w, z)}{z}, \\ P(w, z) &= \sum p_{\alpha\beta} w^\alpha z^\beta, \quad \alpha, \beta = 0, 1, \ldots, \alpha + \beta \geqq 2. \end{aligned}\right\} \tag{4.6.1}$$

Den Lineargliedern kann man nach § 3.**2.** die hier angenommene Form durch lineare Transformation verschaffen, falls sie nicht zu (4.1.12) gehört. Den Nenner mag man in dieser Form (4.6.1) wählen, da man auf Grund von Überlegungen ähnlich den in § 4.**5.** vorgetragenen und hier nachstehend zu verwendenden diese Gestalt der Differentialgleichung herstellen kann. In (4.6.1) mache man die Substitution

$$z = \mathfrak{z}^2.$$

Dann wird aus (4.6.1)

$$\frac{dw}{d\mathfrak{z}} = \frac{2w + 2\mathfrak{z}^2 + 2P(w, \mathfrak{z}^2)}{\mathfrak{z}}. \tag{4.6.2}$$

Das ist eine unter § 4.**4.** fallende Differentialgleichung. Man bemerkt, daß die damals eingeführte Zahl a hier den Wert 2 hat, weil nämlich in $P(w, \mathfrak{z}^2)$ keine Glieder $\mathfrak{z}^2$ vorkommen. Denn es ist

$$P(w, \mathfrak{z}^2) = p_{20} w^2 + p_{11} w \mathfrak{z}^2 + p_{02} \mathfrak{z}^4 + p_{30} w^3 + p_{31} w^2 \mathfrak{z}^2 + \cdots.$$

Daher ergibt sich nach § 4.**4.**, daß (4.6.2) durch eine Abbildung[1]

$$w = \mathfrak{w} + \sum u_{\alpha, 2\beta} \mathfrak{w}^\alpha \mathfrak{z}_1^{2\beta}, \quad \alpha, \beta = 0, 1, \ldots, \alpha + 2\beta \geqq 2,$$
$$\mathfrak{z} = \mathfrak{z}_1$$

in

$$\frac{d\mathfrak{w}}{d\mathfrak{z}_1} = \frac{2\mathfrak{w} + 2\mathfrak{z}_1^2}{\mathfrak{z}_1} \tag{4.6.3}$$

übergeführt werden kann. Setzt man hier wieder

$$\mathfrak{z}_1^2 = z_1,$$

so geht (4.6.3) über in

$$\frac{d\mathfrak{w}}{dz_1} = \frac{\mathfrak{w} + z_1}{z_1}. \tag{4.6.4}$$

Der Übergang zwischen (4.6.1) und 4.6.4) geschieht insgesamt durch eine Abbildung

$$w = \mathfrak{w} + \sum u_{\alpha, 2\beta} \mathfrak{w}^\alpha z_1^\beta, \quad \alpha, \beta = 0, 1, \ldots, \alpha + 2\beta \geqq 2,$$
$$z = z_1.$$

Dies ist das Ergebnis: *Alle Differentialgleichungen* (4.6.1) *gehören zur gleichen Klasse. Im Falle $\lambda_1 = \lambda_2$ gibt es also zwei Klassen von Differentialgleichungen* (4.1.1), *die durch die Normalform festgelegt sind, auf die man durch lineare Transformation die linearen Glieder in Zähler und Nenner bringen kann.* Es mag aber noch bemerkt werden, daß durch die angestellte Überlegung für die Systeme

$$\left.\begin{aligned} \frac{dw}{dt} &= a w + b z + P(w, z) \\ \frac{dz}{dt} &= c w + d z + Q(w, z) \end{aligned}\right\} \tag{4.6.5}$$

mit $\lambda_1 = \lambda_2$ kein entsprechend einfaches Ergebnis begründet ist. Das liegt an der Zwischenschaltung der Umformungen von § 4.**5.**, die für Systeme eine Transformation des Parameters t bedeuten.

7. Verschwindende Determinante der Lineargleder. Ist bei (4.1.1) mit (4.1.2) die Determinante der Lineargleder $ad - bc = 0$, so be-

[1] Man sieht bei Durchführung der Überlegungen von § 4.**4.** im vorliegenden Fall, daß in w nur die $u_{\alpha, 2\beta} \neq 0$ sein können, während alle $u_{\alpha, 2\beta+1} = 0$ ausfallen.

deutet dies, daß mindestens eine der beiden Wurzeln der charakteristischen Gl. (4.1.11) verschwindet. Auf jeden Fall sind dann die beiden Linearformen $aw + bz$ und $cw + dz$ einander proportional. Ist z. B. $aw + bz = k(cw + dz)$, so kann man (4.1.1) so schreiben

$$\frac{dw}{dz} = k + \frac{P_1(w, z)}{S(w, z)},$$

$$P_1(w, z) = \sum \bar{p}_{\alpha\beta}\, w^\alpha z^\beta, \qquad \alpha, \beta = 0, 1, 2, \ldots, \qquad \alpha + \beta \geqq 2.$$

Setzt man $w = kz + \mathfrak{w}$, so hat man für $\mathfrak{w}$

$$\frac{d\mathfrak{w}}{dz} = \frac{P_1(kz + \mathfrak{w}, z)}{S(kz + \mathfrak{w}, z)}.$$

Und hier enthält P_1 nur Glieder zweiter und höherer Ordnung, während S noch lineare Glieder besitzen kann. Ähnlich schließt man, wenn $cw + dz = k(aw + bz)$ ist. Auf jeden Fall kann man dann also (4.1.1) auf eine Form bringen, bei der nur noch höchstens eine der beiden Funktionen R und S Lineargliederenthält. Nur noch mit solchen Differentialgleichungen befassen wir uns nun weiter. Wir schreiben jetzt (4.1.1) so:

$$\left.\begin{aligned} &\sum s_{\alpha\beta}\, w^\alpha z^\beta \frac{dw}{dz} = \sum r_{\varrho\sigma}\, w^\varrho z^\sigma, \\ &\alpha + \beta + \varrho + \sigma \geqq 3, \qquad \alpha, \beta, \varrho, \sigma = 0, 1, 2, \ldots. \end{aligned}\right\} \tag{4.7.1}$$

Man ist heute noch weit davon entfernt, die Klasseneinteilung dieser singulären Punkte zu beherrschen. Im wesentlichen hat sich die Forschung seit der klassischen Arbeit von BRIOT und BOUQUET aus dem Jahre 1856 im J. l'école polytechn., Bd. 21, damit befaßt, die im singulären Punkt (0, 0) mündenden Lösungen zu ermitteln.

Der von J. HORN (1893) und H. DULAC (1903) ergänzte Ansatz von BRIOT und BOUQUET, der einige, vielleicht nicht alle, derartigen Lösungen liefert, kann so beschrieben werden: Man versuche der Gl. (4.7.1) durch den Ansatz

$$w = z^\mu \mathfrak{w}, \qquad \Re\mu > 0, \qquad \mathfrak{w} \text{ regulär bei } z = 0, \qquad \mathfrak{w}(0) \neq 0$$

zu genügen. Das führt zu

$$\sum s_{\alpha\beta}\, \mathfrak{w}^\alpha z^{\alpha\mu+\beta} \left(\mu z^{\mu-1} \mathfrak{w} + z^\mu \frac{d\mathfrak{w}}{dz}\right) = \sum r_{\varrho\sigma}\, \mathfrak{w}^\varrho z^{\mu\varrho+\sigma}. \tag{4.7.2}$$

Man muß nun Glieder derselben Ordnung auf beiden Seiten vergleichen und dazu vor allem wissen, welches die Glieder niedrigster Ordnung sind. Das hängt aber von μ ab. Man wird dieses jedenfalls so wählen müssen, daß die Glieder niedrigster Ordnung mehrmals auftreten. Links aber in (4.7.2) rühren die Glieder niedrigster Ordnung, wie wir annehmen wollen[1], von dem von $d\mathfrak{w}/dz$ freien Posten her. Dann ist das Glied niedrigster Ordnung links unter denjenigen mit dem Exponenten

$$\alpha\mu + \beta + \mu - 1 \tag{4.7.3}$$

zu suchen und rechts findet man es unter denjenigen mit dem Exponenten

$$\mu\varrho + \sigma. \tag{4.7.4}$$

Die Gleichsetzung dieser beiden Ausdrücke führt im allgemeinen zu einem Wert für μ, der reell ausfällt, nämlich zu

$$\mu = \frac{\sigma + 1 - \beta}{\alpha + 1 - \varrho}. \tag{4.7.5}$$

Und dieser Zusatz „im allgemeinen" bedeutet: „wenn in (4.7.3) und (4.7.4) verschiedene Zahlenpaare stehen:

$$(\alpha + 1, \beta) \neq (\varrho, \sigma + 1)\text{"}. \tag{4.7.6}$$

Es ist durchaus auch der Fall denkbar, daß links ein Posten niedrigster Ordnung an mehreren Stellen (α, β) auftritt, während rechts lauter Posten höherer Ordnung stehen. Das entsprechende kann auch für die rechte Seite auftreten. Dann muß sich $\mathfrak{w}(0)$ so wählen lassen, daß die auf der gleichen Seite stehenden Posten niedrigster Ordnung sich aufheben.

Wann aber ist (4.7.3) oder (4.7.4) für ein bestimmtes μ möglichst klein? Das übersieht man am besten, wenn man sich mit BRIOT und BOUQUET einer der Theorie der algebraischen Funktionen abgelauschten geometrischen Darstellung bedient. Man trage in einem rechtwinkligen Koordinatensystem die Punkte

$$(x, y) = (\alpha + 1, \beta) \quad \text{und} \quad (x, y) = (\varrho, \sigma + 1),$$

die zu Gliedern mit nichtverschwindenden Koeffizienten in (4.7.1) gehören, auf, und nenne sie die Repräsentanten der Differentialgleichung (4.7.1).

$$y + \mu x = d$$

ist für jedes μ die Gleichung einer Geraden, d ist der mit $\sqrt{1+\mu^2}$ multiplizierte Abstand der Geraden vom Ursprung und gibt für jeden Repräsentanten die um 1 vermehrte Ordnung des ihm in (4.7.2) links und rechts entsprechenden Postens an. Diese Ordnung, das ist dieser Abstand, wird also für festes μ dann möglichst klein sein, wenn man Stützgeraden des kleinsten alle Repräsentanten umschließenden konvexen Polygons

[1] Die Berechtigung dieser Annahme wird bei der Durchführung des Ansatzes erörtert werden. Wenn μ die Ordnung von w in z sein soll, so wird man erwarten dürfen, daß $\mathfrak{w}$ für $z \to 0$ einen endlichen von 0 verschiedenen Grenzwert zustrebt, während die Ableitung von $\mathfrak{w}$ nicht ihrerseits ∞ wird. Jedenfalls wird man versuchen dürfen, so zu einer Lösung zu gelangen.

nimmt. Da aber die Glieder niedrigster Ordnung, wie schon gesagt, mehrfach auftreten müssen, muß man für μ den Richtungskoeffizienten solcher Stützgeraden wählen, die durch mehrere Ecken des kleinsten konvexen Polygons gehen. Das sind die Seiten dieses konvexen Polygons und Stützgeraden, die durch mehrfach zählende Ecken gehen. Mehrfach zählend nennen wir eine Ecke, wenn sie sowohl von S wie von R herrührt, d. h., wenn für sie

$$(\alpha + 1, \beta) = (\varrho, \sigma + 1) \tag{4.7.7}$$

ist. Das ist gerade der Fall, bei dem die Bestimmung von μ aus (4.7.5) nicht gelingt. Damit aber dann die betreffenden Glieder rechts und links sich in (4.7.2) wirklich aufheben, muß noch

$$s_{\alpha\beta}\,\mu = r_{\varrho\sigma} \tag{4.7.8}$$

sein. Dies μ kann aber komplex ausfallen. Dann sei als Ordnung des Gliedes

$$z^{\alpha\mu+\beta} \quad \text{der} \quad \Re(\alpha\,\mu + \beta)$$

bezeichnet[1]. Unser Ansatz verlangt $\Re\mu > 0$. Außerdem kommen nur Stützgeraden des konvexen Polygons in Betracht, die den Ursprung von der Menge der Repräsentanten trennen. Denn in allen nicht auf den Stützgeraden gelegenen Repräsentanten soll $\Re(x\mu + y)$ größer sein als auf der Stützgeraden; in $(0, 0)$ aber ist $x\mu + y = 0$. Für diese Stützgeraden ist auch in der Tat $\mu > 0$, da doch alle Repräsentanten dem ersten Quadranten angehören. Welcher Bedingung muß nun aber μ für eine Stützgerade durch eine Doppelecke genügen? Es muß dann offenbar $\Re\mu$ zwischen den μ-Werten für die beiden in der Doppelecke sich schneidenden Seiten des konvexen Polygons liegen, auch dann, wenn für eine derselben der μ-Wert 0 oder ∞ sein sollte. Solcher Art sind also die Bedingungen, denen μ im Ansatz $w = z^{\mu}\mathfrak{w}$ genügen muß, wenn überhaupt Aussicht bestehen soll, so zu einer Lösung zu gelangen.

Ich führe den geschilderten Ansatz nur für einen einer Seite des konvexen Polygons entsprechenden μ-Wert durch. Dieser ist nach (4.7.5) rational. Ich setze $\mu = p/q$ und nehme p und q als teilerfremde positive ganze Zahlen an. Alsdann ersetze ich den Ansatz $w = z^{\mu}\mathfrak{w}$ durch

$$w = \mathfrak{z}^{p}\,\mathfrak{w}, \qquad z = \mathfrak{z}^{q}. \tag{4.7.9}$$

Dadurch geht (4.7.1) in

$$\sum s_{\alpha\beta}\,\mathfrak{w}^{\alpha}\,\mathfrak{z}^{p\alpha+q\beta+p-1}\left(p\,\mathfrak{w} + \mathfrak{z}\,\frac{d\mathfrak{w}}{d\mathfrak{z}}\right) = \sum q\,r_{\varrho\sigma}\,\mathfrak{w}^{\varrho}\,\mathfrak{z}^{p\varrho+q\sigma+q-1} \tag{4.7.10}$$

über. Da man nun nach Lösungen sucht, für die

$$\mathfrak{w} = c_0 + c_1\,\mathfrak{z} + \cdots, \qquad c_0 \neq 0 \tag{4.7.11}$$

---

[1] Für den Augenblick heiße jetzt die „Gerade" $y + \mu x = \beta + \mu\alpha$ Stützgerade durch den Repräsentanten.

bei $\mathfrak{z} = 0$ regulär ist, so ist die oben gemachte Annahme gerechtfertigt, daß die Glieder niedrigster Ordnung links von dem von $d\mathfrak{w}/d\mathfrak{z}$ freien Posten herrühren. Ist dann n diese niedrigste Ordnung, so kann man den Faktor $\mathfrak{z}^n$ auf beiden Seiten von (4.7.10) streichen. Man erhält dann eine Differentialgleichung, die so aussieht:

$$[\varphi_1(\mathfrak{w}) + \mathfrak{z}\,\varphi_2(\mathfrak{w},\mathfrak{z})]\left[p\,\mathfrak{w} + \mathfrak{z}\frac{d\mathfrak{w}}{d\mathfrak{z}}\right] = \psi_1(\mathfrak{w}) + \mathfrak{z}\,\psi_2(\mathfrak{w},\mathfrak{z}). \qquad (4.7.12)$$

Dabei sind in $\varphi_1(\mathfrak{w})$ die endlich vielen Glieder der linken Seite zusammengefaßt, die dort zu Posten niedrigster Ordnung führen. Es sind endlich viele, weil doch für alle diese Posten

$$p\alpha + q\beta$$

den gleichen Wert haben muß. Ebenso sind in $\psi_1(\mathfrak{w})$ die endlich vielen Posten der rechten Seite zusammengefaßt, die dort zu Gliedern möglichst niedriger Ordnung Anlaß geben. Kommen Posten niedrigster Ordnung nur links vor, so ist $\psi_1(\mathfrak{w}) \equiv 0$ und kommen Posten niedrigster Ordnung nur rechts vor, so ist $\varphi_1(\mathfrak{w}) \equiv 0$. In allen Fällen kann man (4.7.12) so schreiben:

$$[\varphi_1(\mathfrak{w}) + \mathfrak{z}\,\varphi_2(\mathfrak{w},\mathfrak{z})]\,\mathfrak{z}\frac{d\mathfrak{w}}{d\mathfrak{z}} = \Phi_1(\mathfrak{w}) + \mathfrak{z}\,\Phi_2(\mathfrak{w},\mathfrak{z}). \qquad (4.7.13)$$

Sehen wir zu, was damit für das Integrationsgeschäft gewonnen ist. Wenn in (4.7.13) $\Phi_1(\mathfrak{w})$ identisch Null ist, so kann man in (4.7.13) den Faktor $\mathfrak{z}$ auf beiden Seiten streichen, und es bleibt eine Differentialgleichung

$$[\varphi_1(\mathfrak{w}) + \mathfrak{z}\,\varphi_2(\mathfrak{w},\mathfrak{z})]\frac{d\mathfrak{w}}{d\mathfrak{z}} = \Phi_2(\mathfrak{w},\mathfrak{z}). \qquad (4.7.14)$$

Hier kann nun aber $\varphi_1(\mathfrak{w})$ nicht auch identisch verschwinden. Denn wegen $\Phi_1(\mathfrak{w}) \equiv 0$ wäre dann auch $\psi_1(\mathfrak{w}) \equiv 0$. Das ist aber gegen die Definition der beiden Funktionen φ_1 und ψ_1. Wenn nämlich beide identisch verschwänden, so würde das heißen, daß unser Ansatz falsch war. Denn dann würden weder rechts noch links Glieder niedrigster Ordnung auftreten.

Nun ist aber jede Stelle $(\mathfrak{w}_0, 0)$, für die $\varphi_1(\mathfrak{w}_0) \neq 0$ ist, eine reguläre Stelle von (4.7.14). Daher hat (4.7.14) eine bei $\mathfrak{z} = 0$ reguläre Lösung, die da den beliebig vorgeschriebenen Wert $\mathfrak{w}_0$ hat. Demnach hat jetzt unser Ansatz zu unendlich vielen Lösungen geführt.

Ich betrachte nun den Fall weiter, daß in (4.7.13) $\Phi_1(\mathfrak{w}) \not\equiv 0$ ist. Ist dann $\Phi_1(\mathfrak{w})$ eine Potenz von $\mathfrak{w}$, so verschwindet $\Phi_1(\mathfrak{w})$ nur für $\mathfrak{w} = 0$. Dies bedeutet, daß der gewählte Ansatz zu keiner Lösung der Aufgabe führt. Denn da wir reguläre Lösungen von der Form (4.7.11) suchen, so muß sich aus (4.7.13), wenn man $\mathfrak{z} = 0$ einsetzt, c_0 ergeben. Im Falle, daß $\Phi_1(\mathfrak{w})$ eine Potenz von $\mathfrak{w}$ ist, folgt aber $c_0 = 0$. Der Ansatz ist also zu verwerfen.

So bleibt endlich der Fall übrig, daß $\Phi_1(\mathfrak{w})$ keine Potenz von $\mathfrak{w}$ ist. Jedenfalls ist $\Phi_1(\mathfrak{w})$ eine ganze rationale Funktion. Diese hat jetzt Nullstellen. Es sei $c_0 \neq 0$ eine solche. Wieder sind zwei Fälle zu unterscheiden, je nachdem ob für diesen Wert $\mathfrak{w} = c_0$ auch $\varphi_1(\mathfrak{w}) = 0$ ist oder nicht.

Ist $\varphi_1(c_0) \neq 0$, dann setze man

$$\mathfrak{w} = c_0 + v. \tag{4.7.15}$$

Weil $1/[\varphi_1(\mathfrak{w}) + \mathfrak{z}\,\varphi_2(\mathfrak{w}, \mathfrak{z})]$ dann an der Stelle $v = 0$, $\mathfrak{z} = 0$ regulär ist, kann man (4.7.13) in (4.7.16) umschreiben:

$$\mathfrak{z}\frac{dv}{d\mathfrak{z}} = f(v, \mathfrak{z}). \tag{4.7.16}$$

Hier ist $f(v, \mathfrak{z})$ eine bei $(0, 0)$ reguläre, dort verschwindende Funktion.

Ist $\varphi_1(c_0) = 0$, so wird durch (4.7.15) die Differentialgleichung (4.7.13) so aussehen:

$$g(v, \mathfrak{z})\,\mathfrak{z}\frac{dv}{d\mathfrak{z}} = f(v, \mathfrak{z}). \tag{4.7.17}$$

Hier sind $f(v, \mathfrak{z})$ und $g(v, \mathfrak{z})$ bei $(0, 0)$ regulär, und es ist $f(0, 0) = g(0, 0) = 0$. (4.7.17) gehört dann wieder zu der Sorte von Differentialgleichungen (4.7.1), mit der wir angetreten sind, nur daß durch Herausziehen des Faktors $\mathfrak{z}$ eine Besonderung auf der linken Seite eingetreten ist. Man wird diese Differentialgleichung erneut mit dem Ansatz von Briot und Bouquet behandeln. Greifen wir einen Fall heraus, in dem der Fortschritt deutlich wird. Es möge der sein, daß sowohl in f wie in g die Lineargliedér vorkommen. Die Differentialgleichung sieht dann so aus

$$\left.\begin{aligned}\mathfrak{z}(c\,v + d\,\mathfrak{z} + \text{Glieder höherer Ordnung})\frac{dv}{d\mathfrak{z}}\\ = (a\,v + b\,\mathfrak{z} + \text{Glieder höherer Ordnung}).\end{aligned}\right\} \tag{4.7.18}$$

Die Betrachtung der Repräsentanten lehrt, daß man den Ansatz $v = \mathfrak{z}u$ ins Auge fassen kann, durch den rechts zwei Glieder der gleichen niedrigsten Ordnung 1 in $\mathfrak{z}$ entstehen. Man erhält nämlich

$$\mathfrak{z}^2\big(c\,u + d + \mathfrak{z}\,Q(u, \mathfrak{z})\big)\left(u + \mathfrak{z}\frac{du}{d\mathfrak{z}}\right) = \mathfrak{z}\big(a\,u + b + \mathfrak{z}\,P(u, \mathfrak{z})\big).$$

Man streicht $\mathfrak{z}$ auf beiden Seiten und sucht

$$\mathfrak{z}\big(c\,u + d + \mathfrak{z}\,Q(u, \mathfrak{z})\big)\left(u + \mathfrak{z}\frac{du}{d\mathfrak{z}}\right) = a\,u + b + \mathfrak{z}\,P(u, \mathfrak{z})$$

durch

$$u = c_2 + c_3\,\mathfrak{z} + \cdots = c_2 + U$$

zu erfüllen. Das führt für $a \neq 0$ zu $c_2 = -b/a$ und daher zu

$$\mathfrak{z}\big(c(c_2 + U) + d + \mathfrak{z}\,Q_1(U, \mathfrak{z})\big)\left(c_2 + U + \frac{dU}{d\mathfrak{z}}\mathfrak{z}\right) = a\,U + \mathfrak{z}\,P_1(U, \mathfrak{z}),$$

d. h.

$$\frac{dU}{d\mathfrak{z}}\mathfrak{z}^2(c\,c_2 + d + c\,U + \mathfrak{z}\,Q_1(U,\mathfrak{z})) = a\,U + \mathfrak{z}\,P_2(U,\mathfrak{z}).$$

Wenn nun $cc_2 + d \neq 0$ ist, d.h. in (4.7.18) außer $a \neq 0$ auch $ad - bc \neq 0$ gilt, so kommt man zu einer Differentialgleichung

$$\mathfrak{z}^2\frac{dU}{d\mathfrak{z}} = f(U,\mathfrak{z}). \qquad (4.7.19)$$

Hier ist $f(U,\mathfrak{z})$ bei $(0, 0)$ regulär, und es ist $f(0, 0) = 0$.

Ist $a = 0$, so ist der Ansatz zu verwerfen. Ist $a \neq 0$, aber $ad - bc = 0$, so muß man erneut einen BRIOT-BOUQUET-Ansatz versuchen usw. Ich breche hier ab. Wenn der Eindruck haften bleibt, daß man auch bei der Suche nach Lösungen von (4.7.1), die im singulären Punkt münden, zwar allerlei Ansätze, aber noch nichts abschließendes kennt, so entspricht das durchaus den Tatsachen. Einiges bringt noch § 4.**8.**

J. HORN hat 1893 (Crelles J., Bd. 113) die Integrale untersucht, zu denen Doppelecken des konvexen Polygons Anlaß geben. Für reelle μ hat das auch H. DULAC unternommen. Dieser hat außerdem 1904 in der schon in § 4.**5.** erwähnten Arbeit (J. l'école polytechn., II, 9) den Integralen der Ordnung ∞ und 0 nachgespürt, zu denen vertikale und horizontale Seiten des die Repräsentanten umschließenden kleinsten konvexen Polygons Anlaß bieten können.

8. Die BRIOT-BOUQUETschen Differentialgleichungen (4.7.16) und (4.7.19). Der in **7.** beschriebene Ansatz hat zu der Frage geführt, wann diese beiden Differentialgleichungen reguläre Lösungen haben, die in $(0, 0)$ münden. Zuerst betrachte ich die Differentialgleichung (4.7.16) Dies ist sie:

$$z\frac{dw}{dz} = \lambda\,w + a\,z + \text{Glieder höherer Ordnung}. \qquad (4.8.1)$$

Über die Frage nach regulären in $(0, 0)$ mündenden Lösungen ist in den ersten Abschnitten dieses Paragraphen das Erforderliche enthalten Insbesondere lehrt die in § 4.**5.** auseinandergesetzte Methode, daß für alle λ, die nicht einer natürlichen Zahl gleich sind, auch für $\lambda = 0$, also auch bei Fehlen der Linearglieder genau eine im $(0, 0)$ mündende reguläre Lösung vorhanden ist[1]. Für ganzzahlige $\lambda = n$ z. B. lehrt § 4.**4.**, daß genau dann im $(0, 0)$ mündende reguläre Lösungen existieren, und zwar unendlich viele, wenn (4.8.1) zu der Klasse der Differentialgleichung

$$\frac{dw}{dz} = \frac{nw}{z} \qquad (4.8.2)$$

[1] Die Ausführung der Einzelheiten kann dem Leser überlassen bleiben.

gehört, deren sämtliche Lösungen $w = cz^n$ regulär sind und in (0, 0) münden. Gehört aber (4.8.1) zu der Klasse

$$\frac{dw}{dz} = \frac{nw + z^n}{z}, \tag{4.8.3}$$

so gibt es keine in (0, 0) mündende reguläre Lösungen. Denn dann sind sämtliche Lösungen von (4.8.3) durch

$$w = z^n(\log z + c)$$

gegeben. Wenn sie auch alle im (0, 0) münden, so ist doch keine reguläre darunter. Das gilt also in diesem Fall auch für (4.8.1), da man seine Lösungen aus denen von (4.8.3) durch eine in der Umgebung von (0, 0) reguläre Abbildung gewinnt (§ 4.**4.**).

Im Falle der Gl. (4.7.19) ist unbekannt, unter welchen Bedingungen eine solche Gleichung ein bei $z = 0$ reguläres im Punkt (0, 0) mündendes Integral besitzt. Schon das Beispiel der linearen Differentialgleichung

$$z^2 \frac{dw}{dz} = a w + b z, \quad a, b \text{ konstant}, \tag{4.8.4}$$

zeigt, daß es Fälle gibt, in denen kein solches Integral existiert. Nach § 1.**1.** ist ihr allgemeines Integral

$$w = \exp\left(-\frac{a}{z}\right)\left[c + \int \frac{b\exp(a/z)}{z}\, dz\right]. \tag{4.8.5}$$

Für $b \neq 0$ und beliebiges c hat diese Funktion bei $z = 0$ eine wesentlich singuläre Stelle. Für $b = 0$ ist $w = 0$ die einzige in (0, 0) mündende reguläre Lösung.

Versucht man dies Ergebnis nach der Methode der unbestimmten Koeffizienten zu gewinnen, so gelangt man noch zu einer interessanten Beobachtung. Macht man in (4.8.4) den Ansatz

$$w = c_1 z + c_2 z^2 + \cdots, \tag{4.8.6}$$

so kommt man zu den Rekursionsformeln

$$a c_1 + b = 0, \quad c_1 = a c_2, \quad 2c_2 = a c_3, \ldots, n c_n = a c_{n+1}, \ldots \tag{4.8.7}$$

für die Koeffizienten. Daraus erhält man für $a \neq 0$

$$c_1 = -\frac{b}{a}, \quad c_2 = -\frac{b}{a^2}, \quad c_3 = -\frac{2b}{a^3}, \ldots, c_{n+1} = -\frac{n!\,b}{a^{n+1}}, \ldots.$$

Es gibt somit stets eine der Differentialgleichung (4.8.4) formal genügende Potenzreihe

$$w = -b\left(\frac{z}{a} + \frac{z^2}{a^2} + \frac{2z^3}{a^3} + \cdots + \frac{n!\,z^{n+1}}{a^{n+1}} + \cdots\right). \tag{4.8.8}$$

Diese hat aber nur für $b = 0$ einen von Null verschiedenen Konvergenzradius. Das Vorhandensein von (4.8.8) legt die Frage nach der Bedeutung dieser Reihe im Falle ihrer Divergenz nahe. Es zeigt sich, daß sie zur **asymptotischen Darstellung eines Integrals** von (4.8.4) dienlich ist. Ich nehme zur Vereinfachung der Darstellung in (4.8.4) a reell und negativ an, was man übrigens auch durch Multiplikation von z mit einem geeigneten Faktor erreichen kann. Dann darf man in (4.8.5) als untere Grenze des Integrals die 0 nehmen und das für $c = 0$ sich ergebende Integral

$$w = b\, e^{-a/z} \int_0^z \frac{\exp(a/\mathfrak{z})}{\mathfrak{z}}\, d\mathfrak{z}, \quad \Re \mathfrak{z} > 0, \tag{4.8.9}$$

betrachten. Mehrmalige partielle Integration führt zu

$$w = -b\left(\frac{z}{a} + \frac{z^2}{a^2} + \cdots + \frac{n!\, z^{n+1}}{a^{n+1}}\right) + b\,\frac{(n+1)!}{a^{n+1}}\, e^{-a/z} \int_0^z e^{a/\mathfrak{z}}\, \mathfrak{z}^n\, d\mathfrak{z}.$$

Und nun gehört zu jedem natürlichen n, zu jedem δ aus $0 < \delta < \pi/2$ und zu jedem $\varepsilon > 0$ ein $R(\varepsilon)$, so daß

$$\left| \frac{(n+1)!}{z^{n+1}}\, e^{-a/z} \int_0^z e^{a/\mathfrak{z}}\, \mathfrak{z}^n\, d\mathfrak{z} \right| < \varepsilon$$

ist in $|z| < R(\varepsilon)$, $-\frac{\pi}{2} + \delta < \arg z < \frac{\pi}{2} - \delta$. Das beweist die asymptotische Darstellung des Integrals durch die divergente Reihe in dem angegebenen Winkelraum.

BRIOT und BOUQUET haben in ihrer klassischen Arbeit im J. l'école polytechn., Bd. 21, von 1856 den folgenden überraschenden schönen **Satz** bewiesen.

Es sei

$$b(z) = b\, z + b_1 z^2 + \cdots$$

in einer Umgebung von $z = 0$ *regulär. Dann hat die Differentialgleichung*

$$z^2 \frac{dw}{dz} = a\, w + b(z) \tag{4.8.10}$$

dann und nur dann ein an der Stelle $z = 0$ *reguläres Integral, wenn*

$$b + \frac{b_1 a}{1!} + b_2 \frac{a^2}{2!} + \cdots + b_n \frac{a^n}{n!} + \cdots = 0 \tag{4.8.11}$$

ist.

Der Ansatz

$$w = w_1 z + w_2 z^2 + \cdots \tag{4.8.12}$$

führt zu den Rekursionsformeln

$$w_1 a + b = 0, \quad w_2 a + b_1 = w_1, \quad w_3 a + b_2 = 2 w_2, \ \ldots.$$

Aus ihnen gewinnt man durch lineare Kombination

$$w_n \frac{a^n}{(n-1)!} = -\left[b + b_1 \frac{a}{1!} + \cdots + b_{n-1} \frac{a^{n-1}}{(n-1)!}\right]. \tag{4.8.13}$$

Falls nun (4.8.12) einen von Null verschiedenen Konvergenzradius besitzt, ist

$$\limsup_{n\to\infty} \sqrt[n]{|w_n|}$$

endlich. Da außerdem bekanntlich

$$\limsup_{n\to\infty} \sqrt[n]{\frac{|a|^n}{(n-1)!}} = 0$$

ist, so ist auch

$$\limsup_{n\to\infty} \sqrt[n]{\left|w_n \frac{a^n}{(n-1)!}\right|} = 0.$$

Daher ist

$$\lim_{n\to\infty} w_n \frac{a^n}{(n-1)!} = 0$$

und daher ist nach (4.8.13) die Notwendigkeit der Bedingung (4.8.11) bewiesen. Ebenso einfach ist es zu erkennen, daß diese Bedingung hinreichend ist. Ist sie nämlich erfüllt, so hat man

$$b + b_1 a + \cdots + b_{n-1} \frac{a^{n-1}}{(n-1)!} = -\left(\frac{b_n a^n}{n!} + \cdots\right),$$

und daher ist, wenn man $\limsup\limits_{n\to\infty} \sqrt[n]{|b_n|} < \beta$ annimmt, nach (4.8.13) für große n

$$w_n = \frac{b_n}{n} + \frac{b_{n+1} a}{n(n+1)} + \cdots$$

$$|w_n| < \frac{\beta^n}{n} + \frac{\beta^{n+1} a}{n(n+1)} + \cdots < \frac{\beta^n}{n} \frac{1}{1 - \frac{|a|\beta}{n}}.$$

Und daraus folgt

$$\limsup_{n\to\infty} \sqrt[n]{|w_n|} \leqq \beta,$$

und daher hat (4.8.12) einen von Null verschiedenen Konvergenzradius, der nach der Bedeutung von β nicht kleiner ist als der von $b(z)$.

Übrigens führen die bei (4.8.12) genannten Rekursionsformeln stets zu einer der Differentialgleichung formal genügenden Reihe, die wie eben bewiesen, meistens divergiert. Sie liefert, wie J. Horn [Crelles J., Bd. 120 (1899)] gezeigt hat, die asymptotische Darstellung eines Integrals von (4.8.10). In dieser Arbeit hat J. Horn auch die linearen Differentialgleichungen

$$z^{n+1} \frac{dw}{dz} = w\, a(z) + b(z)$$

untersucht und analoge Ergebnisse gefunden.

9. Algebraische Singularitäten der Differentialgleichung. Man kann die Betrachtung algebraischer Singularitäten einer Differentialgleichung (1.1.1) auf die Untersuchung von singulären Stellen rationalen

Charakters immer dann zurückführen, wenn man durch eine Abbildung

$$w = w_0 + [u(\mathfrak{w}, \mathfrak{z})]^{k_1}, \qquad z = z_0 + [v(\mathfrak{w}, \mathfrak{z})]^{k_2},$$

$$u(0, 0) = v(0, 0) = 0, \qquad \frac{d(u, v)}{d(\mathfrak{w}, \mathfrak{z})}(0, 0) \neq 0$$

die Differentialgleichung (1.1.1) in eine andere

$$\frac{d\mathfrak{w}}{d\mathfrak{z}} = F(\mathfrak{w}, \mathfrak{z})$$

überführen kann, für die $F(\mathfrak{w}, \mathfrak{z})$ in der Umgebung von $(0, 0)$ eindeutig und von rationalem Charakter ist. Für beliebige algebraische Funktionen $f(w, z)$ ist in dieser Hinsicht wenig bekannt. Die Betrachtung soll daher auf Differentialgleichungen

$$\frac{dw}{dz} = f(w) \tag{4.9.1}$$

mit algebraischem $f(w)$ beschränkt werden. Man kann auch sagen, wir wollten Differentialgleichungen

$$F\left(\frac{dw}{dz}, w\right) = 0 \tag{4.9.2}$$

betrachten, in denen $F(u, v)$ ein Polynom ist. Jetzt kann man bekanntlich durch eine Abbildung

$$\left.\begin{aligned} w &= w_0 + \mathfrak{w}^k \\ z &= \mathfrak{z} \end{aligned}\right\} \tag{4.9.3}$$

mit passendem ganzen positiven k jede Verzweigungsstelle w_0 von $f(w)$ beseitigen, d. h., man kann jede Verzweigungsstelle der Differentialgleichung in eine reguläre Stelle oder einen Pol derselben überführen. Da z nicht explizite auf der rechten Seite vorkommt, so kommen auch keine außerwesentlich singulären Stellen zweiter Art der Differentialgleichung bei eigentlichem z vor, und wir können daher den bisherigen Betrachtungen, insbesondere dem Satz von PAINLEVÉ in § 2.**3.** entnehmen, daß keine Lösung von (4.9.1) an einer eigentlichen Stelle z_0 eine wesentliche Singularität aufweisen kann. Vielmehr besitzen die Lösungen von (4.9.1) an eigentlichen Stellen als Singularitäten nur Pole oder algebraische Verzweigungspunkte.

Daß es an der uneigentlichen Stelle $z = \infty$ anders ist, lehrt schon das Beispiel der Differentialgleichung

$$\frac{dw}{dz} = w$$

mit dem allgemeinen Integral

$$w = C\,e^z.$$

Man weiß das aber auch aus der Theorie der trigonometrischen und der elliptischen Funktionen. Zum Beispiel ist

$$w = \sin z$$

eine Lösung von

$$\frac{dw}{dz} = \sqrt{1 - w^2}$$

und

$$w = \wp(z)$$

ist Lösung von

$$\frac{dw}{dz} = \sqrt{4w^3 - g_2 w - g_3}.$$

Überhaupt kann man bemerken, daß die Lösungen der Differentialgleichungen (4.9.1) stets Umkehrungsfunktionen von ABELschen Integralen, d. h. von Integralen algebraischer Funktionen sind. Was wir also über diese Differentialgleichungen aussagen, gibt zugleich Aufschluß über die Umkehrungsfunktionen ABELscher Integrale.

Nach dem Hauptsatz der Uniformisierungstheorie (Grenzkreistheorem) kann man in jeder algebraischen Funktion $f(w)$ für w eine eindeutige analytische Funktion $w(t)$ so einführen, daß auch $f(w) = f(w(t))$ eine eindeutige Funktion wird. $w(t)$ und $f(w(t))$ sind dabei je nach dem Geschlecht p der algebraischen Funktion entweder auf der vollen RIEMANNschen Zahlenkugel ($p = 0$) oder in der GAUSSschen Zahlenebene ($p = 1$) oder im Einheitskreis ($p > 1$) bis auf Pole regulär. Außerdem wird jede auf der RIEMANNschen Fläche von $f(w)$ im kleinen eindeutige und bis auf Pole reguläre Funktion eine eindeutige analytische Funktion, die in den genannten Gebieten bis auf Pole regulär ist.

Führt man in (4.9.1) durch $w = w(t)$ eine neue unbekannte Funktion $t(z)$ ein, so erhält man

$$\frac{dw}{dz} = \frac{dw}{dt} \cdot \frac{dt}{dz} = f(w(t)),$$

d. h.

$$\frac{dt}{dz} = \frac{f(w(t))}{w'(t)},$$

so daß man im Grunde nur Differentialgleichungen

$$\frac{dt}{dz} = F(t)$$

mit eindeutigem $F(t)$ zu studieren hat. $F(t)$ ist dabei in einem der genannten Gebiete bis auf Pole regulär. (Am Rande sind natürlich andere Singularitäten möglich.)

10. Singuläre Integrale. Betrachten wie eine Differentialgleichung

$$F\left(w, z, \frac{dw}{dz}\right) = 0. \tag{4.10.1}$$

Hier sei $F(w, z, W)$ eine Funktion der drei komplexen Variablen w, z, W, die in einem Gebiet G dieser drei Veränderlichen eindeutig und regulär sein möge. Es sei $w = w(z)$ eine Lösung von (4.10.1). $w(z)$ sei in einem Gebiet der z-Ebene, z. B. in $|z - z_0| < r$ regulär, und es sei

$$F(w(z), z, w'(z)) \equiv 0 \tag{4.10.2}$$

in $|z - z_0| < r$. Das Prinzip der analytischen Fortsetzung (Permanenz der Funktionalgleichungen) lehrt, daß die analytische Fortsetzung von $w(z)$ ebenfalls eine Lösung von (4.10.1) ist, solange die Kurve $\{w = w(z), z, W = w'(z)\}$ dem Gebiet G angehört. Diese Lösung kann auf Grund des Existenzsatzes von § 1 festgelegt werden, falls eine reguläre Stelle z_0 derselben existiert, für die $\{w_0 = w(z_0), z_0, W_0 = w'(z_0)\}$ eine Stelle aus G ist, an der noch

$$\frac{\partial F}{\partial W}(w_0, z_0, W_0) \neq 0$$

ist. Denn dann kann man nach dem Satz über implizite Funktion aus der Gleichung

$$F(w, z, W) = 0$$

eine in der Umgebung von w_0, z_0 eindeutige reguläre Funktion $W = f(w, z)$ entnehmen, für die $W_0 = f(w_0, z_0)$ ist, und für die identisch in w und z in dieser Umgebung

$$F(w, z, f(w, z)) = 0$$

gilt. Dann ist $w(z)$ die durch die Anfangsbedingung $w(z_0) = w_0$ nach § 1 festgelegte Lösung der Differentialgleichung

$$\frac{dw}{dz} = f(w, z).$$

Es ist aber der Fall denkbar, daß für eine Lösung $w = w(z)$ von (4.10.1) durchweg

$$\frac{\partial F}{\partial W}(w(z), z, w'(z)) = 0$$

ist. Eine solche Lösung heißt eine **singuläre Lösung** von (4.10.1).

Zum Beispiel ist $w = 0$ eine singuläre Lösung von

$$\left(\frac{dw}{dz}\right)^2 = w.$$

Hier ist

$$F(w, z, W) = W^2 - w \quad \text{und} \quad \frac{\partial F}{\partial W} = 2W,$$

und es ist demnach längs $w = 0$ überall

$$F(0, z, 0) = 0 \quad \text{und} \quad \frac{\partial F}{\partial W}(0, z, 0) = 0.$$

Die Differentialgleichung

$$\left(\frac{dw}{dz}\right)^2 = z \tag{4.10.3}$$

hat keine singuläre Lösung. Hier ist

$$F(w, z, W) = W^2 - z \quad \text{und} \quad \frac{\partial F}{\partial W} = 2W.$$

Die Stellen $(w, 0, 0)$ sind die den beiden Gleichungen

$$F(w, z, W) = 0 \quad \text{und} \quad \frac{\partial F}{\partial W}(w, z, W) = 0$$

genügenden Stellen. Es gibt aber keine Lösung von (4.10.3), die aus lauter solchen Stellen besteht.

Es erhebt sich daher die Frage, unter welchen Umständen eine Differentialgleichung (4.10.1) singuläre Lösungen besitzen kann, d. h., wann es Funktionen $w(z)$ gibt, für die die beiden Gleichungen

$$F\big(w(z), z, w'(z)\big) = 0, \tag{4.10.4}$$

$$\frac{\partial F}{\partial W}\big(w(z), z, w'(z)\big) = 0 \tag{4.10.5}$$

gleichzeitig gelten. Differenziert man (4.10.4) nach z, so kommt

$$F_w\big(w(z), z, w'(z)\big)\, w'(z) + F_z\big(w(z), z, w'(z)\big) + F_W\big(w(z), z, w'(z)\big)\, w'' = 0,$$

d. h., wegen (4.10.5)

$$F_w\big(w(z), z, w'(z)\big)\, w'(z) + F_z\big(w(z), z, w'(z)\big) = 0. \tag{4.10.6}$$

Bestehen umgekehrt die drei Gln. (4.10.4), (4.10.5) und (4.10.6) gleichzeitig für eine Funktion $w(z)$, so ist sie eine singuläre Lösung von (4.10.1). Und weiter, wenn die drei Gleichungen

$$F\big(w(z), z, W(z)\big) = 0, \tag{4.10.7}$$

$$F_W\big(w(z), z, W(z)\big) = 0, \tag{4.10.8}$$

$$F_w\big(w(z), z, W(z)\big)\, W(z) + F_z\big(w(z), z, W(z)\big) = 0 \tag{4.10.9}$$

gleichzeitig gelten, so ist $W(z) = w'(z)$, an jeder Stelle, an der noch

$$F_w\big(w(z), z, W(z)\big) \neq 0 \tag{4.10.10}$$

ist. Denn differenziert man (4.10.7) nach z, so kommt wegen (4.10.8)

$$F_w\big(w(z), z, W(z)\big)\, w'(z) + F_z\big(w(z), z, W(z)\big) = 0$$

und daher wegen (4.10.9)

$$F_w\big(w(z), z, W(z)\big)\big(W(z) - w'(z)\big) = 0.$$

Und daraus folgt wegen (4.10.10), daß

$$W(z) = w'(z)$$

ist.

Nennt man ein Funktionselement, das den beiden Gln. (4.10.4) und (4.10.5) genügt, ein singuläres Funktionselement, so ist jedes durch analytische Fortsetzung desselben entstehende Funktionselement ebenfalls ein singuläres Funktionselement (solange man dabei den Regularitätsbereich von F nicht verläßt). Jedes singuläre Funktionselement definiert also eine singuläre Lösung.

Ein Wertetripel $(w(z), z, w'(z))$ nennt man für jedes z ein **Linienelement.** Singuläre Linienelemente sind dann solche, die den beiden Gln. (4.10.4) und (4.10.5) genügen. Dann kann sehr wohl eine reguläre, d. h. nach § 1 festgelegte Lösung singuläre Linienelemente enthalten, weil nämlich nur reguläre Linienelemente nach § 1 ausnahmslos eine Lösung eindeutig bestimmen.

Zum Beispiel hat die spezielle **CLAIRAUTsche Differentialgleichung**

$$w = z\frac{dw}{dz} + \left(\frac{dw}{dz}\right)^2$$

die allgemeine Lösung

$$w = zc + c^2$$

und die singuläre Lösung

$$4w + z^2 = 0.$$

Singuläre Elemente sind die Tangentialelemente dieser Parabel, und die partikulären Lösungen sind ihre Tangenten. Im Berührungspunkt mit der Parabel weist jede partikuläre Lösung ein singuläres Element auf. Ganz analog steht es bei der allgemeinen CLAIRAUTschen Differentialgleichung

$$w = z\frac{dw}{dz} + f\left(\frac{dw}{dz}\right),$$

deren allgemeines Integral durch

$$w = zc + f(c)$$

gegeben ist. Das singuläre Integral ist die Enveloppe dieser Geraden. Natürlich hat aber die singuläre Lösung kein Funktionselement mit einer in der allgemeinen Lösung enthaltenen partikulären Lösung gemein.

11. Verallgemeinerung für Systeme von Differentialgleichungen. In dieser Hinsicht ist noch nicht allzuviel gearbeitet worden. Die Überlegungen der ersten vier Abschnitte dieses Paragraphen lassen sich verallgemeinern. Es sei

$$\frac{dw_k}{dt} = R_k(w_1, \ldots, w_n), \quad k = 1, 2, \ldots, n \tag{4.11.1}$$

ein System von n Differentialgleichungen mit n unbekannten Funktionen. Analog zu (4.1.16) kommt t rechts explizite nicht vor. Es sollen außerdem die R_k in $|w_k| < r_k$, $k = 1, 2, \ldots, n$ regulär sein, und es soll $R_k(0, 0, \ldots, 0) = 0$ sein für $k = 1, \ldots, n$. Läßt man eines der w_k, z.B.

w_n, die Rolle von z in (4.1.16) übernehmen, so kann man (4.11.1) auch in der Form

$$\frac{d w_k}{d w_n} = \frac{R_k(w_1, \ldots, w_n)}{R_n(w_1, \ldots, w_n)} \tag{4.11.2}$$

schreiben und damit (4.1.1) verallgemeinern. Die Frage geht nach dem Verlauf der Lösungen von (4.11.1) bzw. (4.11.2) in der Nähe des Ursprungs der w. Dabei interessiert die unmittelbar vom Existenzsatz gelieferte triviale Lösung $\{w_1 = w_2 = \cdots = w_n = 0$ für alle $t\}$ wenig, dies namentlich im Hinblick auf (4.11.2). Wohl aber interessieren Lösungen von (4.11.1), die für $t \to \infty$ auf irgendeinem Weg nach $(0, 0, \ldots, 0)$ streben, wie überhaupt der Verlauf aller Lösungen in der Umgebung des Ursprungs der w.

Zunächst wird man wieder versuchen, durch lineare Transformation der $w_1, w_2, \ldots, w_n$ die Lineargliederder R_k auf eine Normalform zu bringen. Es soll uns hier nur der Fall interessieren, daß man erreichen kann, daß

$$R_k(w_1, \ldots, w_n) = \lambda_k w_k + \text{Glieder höherer Ordnung}, \qquad k = 1, 2, \ldots, n \tag{4.11.3}$$

ist. Man wird dann weiter trachten, die (4.11.1) mit (4.11.3) durch in der Nähe des Ursprungs reguläre Abbildungen

$$w_k = \mathfrak{w}_k + \text{Glieder höherer Ordnung}, \qquad k = 1, 2, \ldots, n \tag{4.11.4}$$

auf Normalform zu transformieren.

Dabei ist wieder der Fall besonders einfach, daß die λ_k die folgenden beiden Voraussetzungen erfüllen. Zu ihrer Formulierung ist es bequem, sich die λ_k in einer komplexen λ-Ebene aufgetragen zu denken. Dann sind die Voraussetzungen:

1. Das kleinste die $\lambda_1, \ldots, \lambda_n$ enthaltende konvexe Polygon enthält $\lambda = 0$ weder im Inneren noch am Rande.

2. Zwischen den $\lambda_1, \lambda_2, \ldots, \lambda_n$ bestehe keine Relation

$$\lambda_k = p_1 \lambda_1 + \cdots + p_n \lambda_n, \qquad p_k = 0, \qquad p_j \geqq 0, \quad \text{ganz rational}, \qquad j = 1, 2, \ldots, n. \tag{4.11.5}$$

Unter diesen Annahmen läßt sich die Beweisführung aus § 4.**1.** und § 4.**2.** ohne weiteres übernehmen und führt zu einem analogen Resultat wie in § 4.**3.** Es ist dieses: *Alle den Voraussetzungen* 1. *und* 2. *genügenden Differentialgleichungen* (4.11.1) *mit* (4.11.3) *gehören bei gegebenen* λ_j *in der Umgebung von* $(0, 0, \ldots, 0)$ *zur gleichen Klasse, d. h., sie können durch Abbildungen* (4.11.4) *auf die Form*

$$\frac{d\mathfrak{w}_k}{dt} = \lambda_k \mathfrak{w}_k, \qquad k = 1, 2, \ldots, n \tag{4.11.6}$$

gebracht werden. Trägt man die Integrale

$$\mathfrak{w}_k = c_k\, e^{\lambda_k t}, \qquad k = 1, 2, \ldots, n \tag{4.11.7}$$

von (4.11.6) *in* (4.11.4) *ein, so erhält man das allgemeine Integral von* (4.11.1), (4.11.3) *in der Umgebung von* $(0, 0, \ldots, 0)$. *Die* c_k *sind die Integrationskonstanten.*

Auch die in § 4.**4.** gegebene Verallgemeinerung auf den Fall, daß die Voraussetzung 2. nicht gilt, läßt sich bewerkstelligen. Dazu muß man nach einem von J. Horn und E. Lindeloef gegebenen Verfahren zunächst Ordnung in die nun zwischen den λ_k bestehenden Relationen (4.11.5) bringen. Vor allem folgt dann aus der Voraussetzung 1., daß es unter den λ solche gibt, die sich nicht in der Form (4.11.5) durch andere λ darstellen lassen. Denn die bei gegebenem λ_k rechts in (4.11.5) vorkommenden λ_ν sind dann nach (4.11.5) nur durch solche λ_μ darstellbar, deren $\mu \neq k$ ist. Denn anderenfalls wäre $\sum p_j \lambda_j = 0$, wobei alle $p_j \geqq 0$ und mindestens ein $p_j > 0$ ausfällt. Das ist aber gegen die Voraussetzung 1. Denn jeder Punkt $\sum p_k \lambda_k / \sum p_k$ gehört dem Inneren oder dem Rand des kleinsten, alle λ_j enthaltenden konvexen Polygons an. Wären daher in (4.11.5) alle λ rechts durch andere λ wieder in der Form (4.11.5) darstellbar, so betrachte man eines dieser λ weiter, z. B. λ_j. In seiner Darstellung kommt dann weder λ_k noch λ_j vor. Eines der zur Darstellung von λ_j verwendeten und selber darstellbaren betrachte man weiter. Es sei λ_h. In seiner Darstellung kommt dann weder λ_k noch λ_j noch λ_h vor. Schließt man so weiter, so sieht man, daß man nach endlich vielen Schritten zu λ's kommen muß, die selber keine Darstellung (4.11.5) besitzen. Nun betrachte man die Menge aller λ_ν, die keine Darstellung (4.11.5) besitzen. Man kann die Numerierung der λ so wählen, daß dies $\lambda_1, \lambda_2, \ldots, \lambda_{l_1}$ sind. Wir nennen das die Klasse I der λ. Dann ist klar, daß sich jedes λ durch die der Klasse I in der Form (4.11.5) darstellen läßt. Denn jedes nicht zur Klasse I gehörige λ besitzt mindestens eine Darstellung (4.11.5). Diese kann man in der eben beschriebenen Weise so reduzieren, daß rechts nur λ stehen, die selber keine Darstellung (4.11.5) besitzen. Dann stehen aber in dieser reduzierten Darstellung rechts nur λ der Klasse I nach der Definition dieser Klasse I. In die Klasse II nehme man nun diejenigen λ auf, die außer der Darstellung durch Elemente der Klasse I keine Darstellung besitzen, in der auch andere nicht zu Klasse I gehörige λ auftreten. Diese Klasse II ist nicht leer. Um das einzusehen, nehme man irgendein nicht zur Klasse I gehöriges λ und gebe ihm vorläufig die Nummer j. Falls es außer Darstellungen durch die λ der Klasse I keine, andere λ enthaltende Darstellung besitzt, so gehört es zur Klasse II, und diese ist nicht leer. Anderenfalls sei λ_k ein in einer solchen weiteren Darstellung von λ_j vorkommendes λ. Nach einer schon vorhin benutzten Schlußweise ist

$\lambda_j \neq \lambda_k$. Falls λ_k außer der Darstellung durch die λ der Klasse I keine andere λ enthaltende Darstellung besitzt, ist Klasse II nicht leer. Anderenfalls sei λ_l ein weiteres in einer Darstellung von λ_k vorkommendes λ. Dies ist nach der gleichen Schlußweise verschieden von λ_k, aber auch verschieden von λ_j, wie man sieht, wenn man die es enthaltende Darstellung von λ_k in die λ_k enthaltende von λ_j einsetzt. So kann man weiterfahren. Da es aber nur endlich viele verschiedene λ gibt, so muß der Prozeß nach endlich vielen Schritten abbrechen und zu einem der Klasse II angehörigen λ führen. Nachdem man so die Existenz der Klasse II eingesehen hat, gebe man ihren Elementen endgültig die auf l_1 folgenden Nummern und bezeichne sie mit $\lambda_{l_1+1}, \ldots, \lambda_{l_2}$. Zur Klasse III rechne man dann diejenigen λ, die nur Darstellungen durch Elemente der Klasse I und II, nicht aber Darstellungen besitzen, in denen noch andere λ vorkommen. So kann man fortfahren, bis man alle λ in Klassen eingeteilt und so jedem λ seine endgültige Nummer gegeben hat. Natürlich werden bei diesem Prozeß gleiche λ so oft gezählt, als sie bei den Differentialgleichungen (4.11.6) vorkommen. Dies ist also die Einteilung der λ in Klassen, bei der jeder Klasse eine Zeile reserviert wird:

$$\left.\begin{array}{llll} \lambda_1, & \lambda_2, & \ldots, & \lambda_{l_1}, \\ \lambda_{l_1+1}, & \lambda_{l_1+2}, & \ldots, & \lambda_{l_2}, \\ \multicolumn{4}{c}{\ldots\ldots\ldots\ldots} \\ \multicolumn{4}{c}{\ldots\ldots\ldots\ldots} \end{array}\right\} \qquad (4.11.8)$$

Nunmehr kann man die Überlegungen von § 4.4. übertragen. Dazu schreibe man die sämtlichen Relationen (4.11.5) auf, die für die λ bestehen, geordnet nach der eben beschriebenen Klasseneinteilung. Es gibt im ganzen nur endlich viele Relationen (4.11.5), da es sonst λ-Werte mit beliebig großem absolutem Betrag geben müßte[1]. Die Relationen der Klasse II seien z. B.

$$\left.\begin{array}{rl} \lambda_{l_1+1} &= p_1\,\lambda_1 + \cdots + p_{l_1}\,\lambda_{l_1}, \\ \lambda_{l_1+2} &= q_1\,\lambda_1 + \cdots + q_{l_1}\,\lambda_{l_1}, \\ \multicolumn{2}{c}{\ldots\ldots\ldots\ldots} \\ \lambda_{l_2} &= r_1\,\lambda_1 + \cdots + r_{l_1}\,\lambda_{l_1}. \\ \multicolumn{2}{c}{\ldots\ldots\ldots\ldots} \end{array}\right\} \qquad (4.11.9)$$

[1] Da alle λ einem konvexen Polygon angehören, das $\lambda = 0$ weder im Inneren noch am Rande enthält, so gehören sie auch einem Winkelraum an, dessen Öffnungswinkel kleiner als π ist. Projiziert man alle $p_j \lambda_j$ auf die innere Winkelhalbierende dieses Winkels, so sieht man, daß wegen $p_j \geqq 0$ alle diese Projektionen gleichgerichtet sind und nur für $p_j = 0$ Null sein können. Daher wird ihre Summe beliebig groß, wenn unter den p_j beliebig große Zahlen vorkommen.

Man wird sie zur Durchführung des Verfahrens von § 4.**4.** nach der Größe der $p_1 + p_2 + \cdots + p_{l_1}$ ordnen. Dann ist das Ergebnis dieses: Man kann durch Abbildungen (4.11.4) die (4.11.1), (4.11.3) auf die Form

$$\left.\begin{aligned}
&\frac{d\mathfrak{w}_1}{dt} = \lambda_1\,\mathfrak{w}_1,\\
&\cdots\cdots\cdots\\
&\frac{d\mathfrak{w}_{l_1}}{dt} = \lambda_{l_1}\,\mathfrak{w}_{l_1},\\
&\frac{d\mathfrak{w}_{l_1+1}}{dt} = \lambda_{l_1+1}\,\mathfrak{w}_{l_1+1} + a\,\mathfrak{w}_1^{p_1}\ldots\mathfrak{w}_{l_1}^{p_{l_1}} + b\,\mathfrak{w}_1^{q_1}\ldots\mathfrak{w}_{l_1}^{q_{l_1}} + \cdots\\
&\cdots\cdots\cdots
\end{aligned}\right\}\qquad(4.11.10)$$

bringen. Dabei sind nur die den beiden ersten Klassen der λ entsprechenden Differentialgleichungen angedeutet. Für die höheren Klassen schließen sich die erreichten Differentialgleichungen ganz analog an die diesen höheren Klassen entsprechenden Relationen (4.11.5) an. Die Koeffizienten der $\mathfrak{w}$-Potenzen rechts in (4.11.10) ergeben sich wie in § 4.**4.** bei Durchführung der Methode der unbestimmten Koeffizienten, können aber dann nachträglich noch durch Ähnlichkeitstransformation der $\mathfrak{w}$ abgeändert werden. Ich lasse hier dahingestellt, ob sie wie in § 4.**4.** alle zu 1 gemacht werden können. Jedenfalls aber läßt sich nach Erreichung dieser Normalform die Integration zu Ende führen, da ja nun in (4.11.10) nur wiederholt lineare Differentialgleichungen erster Ordnung mit einer unbekannten Funktion integriert werden müssen. Die gefundenen Lösungen hat man dann in die benutzte Abbildung einzutragen und erhält so das allgemeine Integral der gegebenen Differentialgleichungen.

Die in (4.11.3) angenommene Gestalt der R_k aus (4.11.1) läßt sich nicht immer erreichen, auch dann nicht immer, wenn an der Annahme festgehalten wird, daß die Funktionaldeterminante der R_k nach den w_j an der Stelle (0, 0, ..., 0) nicht verschwindet. In der Theorie der Elementarteiler (s. z. B. F. R. Gantmacher, The Theory of Matrices) wird gelehrt, welche Normalform der Lineargglieder durch lineare Transformation der w stets erreicht werden kann. Es lassen sich auch die in den ersten Abschnitten dieses Paragraphen für $n = 2$ dargelegten Methoden zur Klasseneinteilung in der Nähe des singulären Punktes übertragen und läßt sich damit auch die Integration des Systems (4.11.1) entsprechend weit durchführen.

Die Frage nach den durch den Ursprung der w gehenden Lösungen verlangt lediglich eine entsprechende Diskussion der Exponential- und logarithmischen Ausdrücke, welche die Integration derjenigen linearen Differentialgleichungen liefert, auf die ein allgemeineres System bei der

Klasseneinteilung in der Umgebung des Ursprungs abgebildet wird, also eine elementare funktionentheoretische Überlegung.

Wenn im Ursprung der w die Funktionaldeterminante der R_k von (4.11.1) verschwindet, kommt man zu Differentialgleichungen, über die noch kaum Überlegungen über das $n = 2$ hier vorgetragene hinaus vorliegen.

Ich breche hier ab. Ein Leser, der sich näher mit dem Gegenstand dieses § 4 befassen will, sei noch auf den Bericht eines der Meister auf diesem Gebiet verwiesen: H. Dulac, Points singuliers des équations différentielles. Mémorial des sciences mathématiques. Fsc. 61. Paris 1934. Dort finden sich auch genaue Literaturangaben.

§ 5. Differentialgleichungen erster Ordnung im Großen

1. Feste und bewegliche Singularitäten. Die Überlegungen der vier ersten Paragraphen bezogen sich im wesentlichen auf das Verhalten der Lösungen im Kleinen, d. h. in der genügend kleinen Umgebung einer Stelle. Es liegt aber im Wesen der analytischen Funktionen, daß das Verhalten im Kleinen den Gesamtverlauf der Funktion, das ist das Verhalten im Großen, bestimmt. Mindestens seit Riemann weiß man, daß der Schlüssel zum Großen beim Studium des Kleinen liegt. Wir lernten zweierlei Sorten von Singularitäten kennen. Wir nannten sie Singularitäten der Differentialgleichung und Singularitäten der Lösungen.

Ich behandele in diesem Paragraphen Differentialgleichungen

$$\frac{dw}{dz} = f(w, z), \tag{5.1.1}$$

deren rechte Seite $f(w, z)$ eine eindeutige, in w rationale analytische Funktion ist. Dann kann

$$f(w, z) = \frac{P(w, z)}{Q(w, z)} \tag{5.1.2}$$

gesetzt werden, und es bedeuten $P(w, z)$ und $Q(w, z)$ zwei teilerfremde Polynome in w, deren Koeffizienten eindeutige analytische Funktionen von z sind. Es möge ein Gebiet G existieren, in dem alle diese Koeffizienten regulär sind. Aus § 2 kann man einige Kenntnisse über die möglichen Singularitäten der Lösungen entnehmen.

Der nun gleich folgenden Aufzählung von Sorten singulärer Stellen der Lösungen der Differentialgleichung (5.1.1) mit (5.1.2) sei folgende Erinnerung aus der Funktionentheorie vorausgeschickt. Man definiert die singulären Stellen einer Lösung $w(z)$ durch singuläre Ketten von Funktionselementen. Darunter versteht man eine Folge von Funktionselementen

$$\mathfrak{P}_\nu(z - z_\nu), \qquad \nu = 1, 2, \ldots$$

der Lösung $w(z)$ derart, daß jeweils $\mathfrak{P}_{\nu+1}$ durch unmittelbare Fortsetzung aus $\mathfrak{P}_\nu$ hervorgeht. Die z_ν mögen einem endlichen Grenzwert z_0 zustreben. Die Konvergenzradien der $\mathfrak{P}_\nu$ sollen den Grenzwert 0 haben. Dann heißt z_0 die z-Koordinate der durch die singuläre Kette definierten Singularität von $w(z)$. Die Werte $w_\nu = w(z_\nu) = \mathfrak{P}_\nu(0)$ haben Häufungspunkte. w_0 sei ein endlicher derselben, gegen den eine Teilfolge der w_ν konvergiert. Dann nenne ich im folgenden (w_0, z_0) eine singuläre Stelle der Lösung $w(z)$. w_0 und z_0 sind die w-Koordinate und die z-Koordinate eines Randpunktes der RIEMANNschen Fläche von $w(z)$. Wenn die z_ν nach ∞ konvergieren, muß man erst durch Stürzung in z zu einer anderen Differentialgleichung übergehen und die entsprechenden dabei entstehenden Funktionselemente betrachten, deren Entwicklungsmittelpunkte nun nach 0 konvergieren, und muß dann hier ganz analog wie vorhin bei endlichem z_0 eine singuläre Stelle definieren. Solche erhält man, wenn die bei der Stürzung entstehenden Funktionselemente Konvergenzradien haben, die nach 0 konvergieren. Ist das nicht der Fall, so ist die gestürzte Kette eine reguläre Kette, was eine reguläre Stelle von $w(z)$ bei $z = \infty$ bedeutet. Entsprechende Überlegungen sind anzustellen, wenn zu den Häufungspunkten der w_ν der Punkt ∞ gehört.

Ich gebe nun eine Aufzählung der Arten möglicher Singularitäten der Lösungen von (5.1.1) und (5.1.2). Die Aufzählung ist durch das Verhalten von $f(w, z) = P(w, z)/Q(w, z)$ an den angeführten Stellen (w_0, z_0) bestimmt.

1. Die Stellen (w_0, z_0), bei denen z_0 eine singuläre Stelle eines der Koeffizienten von P und Q ist. w_0 ist beliebig.

2. Die Stellen (w_0, z_0), bei denen z_0 außerhalb des Holomorphiegebietes eines der eben genannten Koeffizienten liegt, insoweit diese z_0 nicht schon unter 1. erfaßt sind. w_0 ist beliebig.

3. Die Stellen (w_0, z_0) derart, daß $Q(w, z_0)$ identisch in w verschwindet. w_0 ist beliebig. P und Q sind an der Stelle (w_0, z_0) regulär.

4. (w_0, z_0) ist eine gemeinsame Nullstelle von $P(w, z)$ und $Q(w, z)$, die nicht schon bei 3. erfaßt ist. P und Q sind an der Stelle (w_0, z_0) regulär.

5. Die Stellen (w_0, z_0), für die $Q(w_0, z_0) = 0$, aber $P(w_0, z_0) \neq 0$ ist, soweit diese Stellen nicht unter 3. fallen. P und Q sind an der Stelle (w_0, z_0) regulär.

6. Die Stellen (w_0, z_0), an denen die Differentialgleichung regulär ist.

7. Zu jeder dieser Stellensorten treten noch diejenigen gleichartigen hinzu, die sich bei den Differentialgleichungen ergeben, die aus der vorgelegten durch Stürzung in z oder w oder in z und w hervorgehen.

Ich gebe nun einige Erläuterungen zum besseren Verständnis der Aufzählung.

1. Zur Sorte 1. betrachte man z. B.

$$\frac{dw}{dz} = -\frac{w}{z^2} \tag{5.1.3}$$

mit dem allgemeinen Integral

$$w = c \exp\left(\frac{1}{z}\right). \tag{5.1.4}$$

Die Stellen der Sorte 1. sind hier $(w_0, 0)$, w_0 beliebig. Bei $c \neq 0$ kann nach den bekannten Eigenschaften der Exponentialfunktion $w(z)$ für $z \to 0$ gegen einen beliebigen Wert w_0 konvergieren, je nach der Wahl der vorhin betrachteten z_ν. Alle diese Stellen sind auch singuläre Stellen der Differentialgleichung, d. h. von w/z^2. Es gibt aber eine Lösung ohne Singularität bei $z = 0$. Das ist $w = 0$.

Ein **zweites Beispiel.** Das allgemeine Integral von

$$\frac{dw}{dz} = \frac{w}{z} \tag{5.1.5}$$

ist

$$w = c\,z. \tag{5.1.6}$$

Alle diese Integrale sind bei $z = 0$ holomorph. Man spricht in einem solchen Fall von einer **scheinbaren Singularität** der Differentialgleichung.

Zur zweiten Sorte betrachte ich das Beispiel

$$\frac{dw}{dz} = w\,h(z) + g'(z) - g(z)\,h(z) \tag{5.1.7}$$

mit dem allgemeinen Integral

$$w = c \exp\left[\int h(z)\,dz\right] + g(z). \tag{5.1.8}$$

Es sei nun $h(z)$ in $|z| < 1$ holomorph, habe aber den $|z| = 1$ zur natürlichen Grenze. $g(z)$ sei über $|z| = 1$ hinaus fortsetzbar. Für $c \neq 0$ können die Integrale (5.1.8) den $|z| = 1$ zu natürlichen Grenze haben. Das für $c = 0$ sich ergebene Integral $w = g(z)$ ist aber jedenfalls über den $|z| = 1$ hinaus fortsetzbar und kann im $|z| > 1$ Singularitäten haben, die dann Stellen (w_0, z_0) der zweiten Art ergeben.

Die Stellen der Sorte 3. sind Sonderfälle der Stellen der Sorte 1. Denn einen Faktor $(z - z_0)^k$ des Nenners Q kann man in den Zähler P hineinziehen, dessen Koeffizienten dann bei $z = z_0$ singulär werden. Es ist aber zweckmäßig den Fall 3. besonders hervorzuheben, weil man sich dann bei den Stellen der Sorte 4. bequemer ausdrücken kann.

Über Stellen der Sorte 4. enthalten die §§ 3. und 4. vieles.

Die Stellen der Sorte 5. sind ausführlich in § 2.**4.** behandelt. Es zeigte sich dort, daß algebraische Verzweigungen von $w(z)$ auftreten.

Das ergab sich aus dem Übergang zur Umkehrungsfunktion. Zum Beispiel hat

$$\frac{dw}{dz} = \frac{1}{2}\frac{1}{w} \tag{5.1.9}$$

das allgemeine Integral

$$w = \sqrt{z - z_0}. \tag{5.1.10}$$

Betreffs der Stellen der Sorte 6. ist das heranzuziehen, was in den §§ 1. und 2. gelegentlich des Satzes von PAINLEVÉ dargelegt wurde. Daraus ergibt sich, daß bei endlichen (w_0, z_0) keine singuläre Stelle vorliegt. Wenn aber die eingangs eingeführten w_ν gegen ∞ konvergieren oder, besser gesagt, wenn ∞ ein Häufungspunkt der w_ν ist, dann liegt ein Pol der Lösung vor, wie man durch Übergang zu der in w gestürzten Differentialgleichung sieht, für die $(0, z_0)$ definitionsgemäß ein regulärer Punkt ist, wenn (∞, z_0) ein regulärer Punkt für die ursprüngliche Differentialgleichung heißen soll. Man vgl. z. B.

$$\frac{dw}{dz} = -w^2 \tag{5.1.11}$$

mit dem allgemeinen Integral

$$w = 0 \quad \text{und} \quad w = \frac{1}{z - z_0}. \tag{5.1.12}$$

Die in w gestürzte Differentialgleichung (5.1.11) ist

$$\frac{d\mathfrak{w}}{dz} = 1.$$

Sie ist an der Stelle $(0, z_0)$ für beliebige z_0 regulär. Hiernach wird deutlich, warum die Stellen der Sorte 7. besonders hervorgehoben wurden.

Man pflegt **feste** und **bewegliche** Singularitäten zu unterscheiden. Was damit gemeint ist, sieht man, wenn man die Beispiele (5.1.3), (5.1.4) einerseits mit (5.1.9), (5.1.10) oder (5.1.11), (5.1.12) andererseits vergleicht. Beim ersten Beispiel werden singuläre Stellen der Lösungen nur an der mit der Differentialgleichung fest verbundenen Stelle $z = 0$ angetroffen. Im zweiten und dritten Beispiel treten singuläre Stellen von Lösungen an beliebigen Stellen z_0 auf. Die z-Koordinate der singulären Stelle hängt von der Lösung ab, ändert sich mit der Lösung, bewegt sich mit der Lösung. In gewissem Maß ist eine solche Abhängigkeit freilich auch am ersten Beispiel zu beobachten, da doch $w = 0$ eine singularitätenfreie Lösung ist. Ganz allgemein ist $w = 0$ eine singularitätenfreie Lösung von

$$\frac{dw}{dz} = w\frac{P(w, z)}{Q(w, z) + 1} \tag{5.1.13}$$

für beliebige Polynome P und Q. Eine feste Singularität einer Lösung tritt also nicht notwendig auch als singuläre Stelle einer beliebigen anderen Lösung auf. Es hängt also auch bei den festen Singularitäten von der Anfangsbedingung ab, ob die betreffende Stelle als Singularität bei einer konkreten Lösung auftritt oder nicht.

Andererseits soll die Benennung „fest" daran erinnern, daß solche Stellen schon an der Differentialgleichung als möglicher Anlaß für die Singularität vieler Lösungen erkennbar sind, während doch z. B. bei den Stellen der Sorte 5. zu einem gegebenen Wert z_0 immer nur endlich viele Stellen w_0 gehören, so daß $Q(w_0, z_0) = 0$ ist. Man stellt sich vor, solche „festen" Stellen seien „im allgemeinen" singuläre Stellen der Lösungen, wie man bei der saloppen Sprachgewohnheit früherer Jahrzehnte zu sagen pflegte, während die „beweglichen" singulären Stellen sich „im allgemeinen" mit den Anfangsbedingungen ändern oder gar verlorengehen. Man landet aber auf Glatteis, wenn man die genannten flüchtigen Erscheinungsmerkmale zur Grundlage einer Definition machen wollte, wie das leider vielfach geschieht. So liest man in der Encyklopädie der Mathematischen Wissenschaften, Bd. II, 2, S. 565, die folgenden Ausführungen, die freilich den Zustand der Literatur bestens wiedergeben:

„Des weiteren unterscheidet man bei gewöhnlichen Differentialgleichungen zweierlei Arten von singulären Punkten der Lösungen, nämlich:

a) feste singuläre Stellen, das sind singuläre Stellen, welche von den Integrationskonstanten nicht abhängen;

b) verschiebbare singuläre Stellen, d. h. solche singuläre Stellen, welche durch Änderung der Integrationskonstanten verschoben werden können.

Die singulären Stellen der Lösungen von linearen Differentialgleichungen sind fest."

Ungefähr gleichlautend läßt sich auch W. W. Golubew 1958 in seinen Vorlesungen über Differentialgleichungen im Komplexen vernehmen.

Ich denke, daß meine vorstehenden Darlegungen gezeigt haben, inwiefern solche Ausführungen wie die eben zitierten in sich widerspruchsvoll sind. Es mag diese Bemerkung genügen: Da $w = 0$ Lösung einer jeden homogenen linearen Differentialgleichung ist, und da $w = 0$ keine singulären Stellen hat, können die singulären Stellen einer linearen homogenen Differentialgleichung nicht fest sein, im Sinn der unter a) und b) gegebenen Definition.

Man wird dem Verfasser diese Kritik — oder sagt man Polemik? — nicht verübeln. Ich bin in der ersten Auflage dieses Buches selber auf dem Glatteis gewesen, wie die Kritik mit Recht bemerkt hat.

Schließlich sei noch ausdrücklich hervorgehoben:

Die Lösungen einer jeden linearen Differentialgleichung

$$\frac{dw}{dz} = w\,p(z) + q(z) \tag{5.1.14}$$

haben nur feste Singularitäten.

Dieser Satz beinhaltet nichts anderes als das, was schon in § 1.**1.** über lineare Differentialgleichungen angegeben wurde, daß nämlich jede Lösung in jedem Regularitätsgebiet der Koeffizienten regulär ist. Um aber den Satz in dieser Form aussprechen zu dürfen, bedarf es einer klaren Definition des darin vorkommenden Begriffes. Zudem gibt es in der Literatur eine ganze Reihe von Sätzen, die von festen und beweglichen Singularitäten handeln. Die Literatur arbeitet aber durchweg mit den oben zitierten substanzlosen „Definitionen". Man kann daher nur zu Sätzen gelangen, wenn man sich neben der verwaschenen Definition auch verwaschener Argumentationen bedient, stillschweigende Annahmen macht, von den Worten „im allgemeinen" obskuren Gebrauch macht und dergleichen mehr. Es ist erstaunlich, zu sehen, wie viele tüchtige Mathematiker sich mit solchen allenfalls heuristischen Betrachtungen begnügt haben.

Folgendes scheint mir eine brauchbare Definition zu sein: Man betrachte die Menge S derjenigen Stellen z_0, die als z-Koordinaten von singulären Stellen irgendwelcher Integrale einer gegebenen Differentialgleichung D auftreten.

Hat dann die Menge S innere Punkte, so sagt man, bei den Lösungen der Differentialgleichung D träten bewegliche Singularitäten auf. Anderenfalls sagt man, die Lösungen der Differentialgleichung D hätten nur feste Singularitäten.

Statt S auf alle möglichen Singularitäten zu beziehen, kann man analog auch die Menge der z-Koordinaten von algebraischen Verzweigungspunkten der Lösungen betrachten oder die Menge der Pole, die Menge der singulären Stellen der Sorte 1., der Sorte 4. usw. So kann man dann von beweglichen Polen, von beweglichen Verzweigungspunkten u. dgl. in logisch einwandfreier Weise sprechen.

Betrachten wir einige Beispiele. Sind in der linearen Differentialgleichung (5.1.14) die Koeffizienten p und q bis auf endlich viele singuläre Stellen in der z-Ebene holomorph und im Großen eindeutig, so treten nach § 1.**1.** singuläre Stellen der Lösungen nur an diesen singulären Stellen und eventuell im Unendlichen auf. Die Menge S besteht eben in diesem Fall aus diesen endlich vielen singulären Stellen der Koeffizienten, wozu — mit Rücksicht auf Stürzung in z — noch der unendlich ferne Punkt tritt. Da S keine inneren Punkte hat, haben die Lösungen im Sinne der Definition nur feste singuläre Stellen. Ähnlich kann man begründen, daß bei irgendeiner Differentialgleichung (5.1.1) mit (5.1.2) die Stellen der Sorte 1. oder 3. oder 4. feste singuläre Stellen sind. Betrachten wir aber als weiteres Beispiel die Stellen der Sorte 5. Es sei $Q(w_0, z_0) = 0$, $P(w_0, z_0) \neq 0$. Dann gibt es eine Kreisscheibe $|z^* - z_0| < r$, so daß für jedes z^* derselben die Gleichungen $Q(w^*, z^*) = 0$, $P(w^*, z^*) \neq 0$ lösbar sind. (In § 2.**5.** wurde gezeigt, daß an jeder Stelle der Sorte 5. eine algebraische Verzweigung der Lösung

$$w = w_0 + \sum_1^\infty a_\nu \left(\sqrt[\varkappa]{z - z_0}\right)^\nu, \qquad \varkappa > 1$$

eintritt.) Die Menge der z-Koordinaten der singulären Stellen der Sorte 5. hat nach dieser Überlegung innere Punkte. Die Differentialgleichung hat also Lösungen mit beweglichen algebraischen Verzweigungen, sofern sie Stellen der Sorte 5. hat. Wenn in § 5.**2.** nach Differentialgleichungen mit Lösungen ohne bewegliche algebraische Verzweigungen gefragt wird, so sind Differentialgleichungen gesucht, bei denen keine Stellen der Sorte 5. auftreten.

Zusammenfassend kann man folgenden Satz formulieren.

Bei Differentialgleichungen

$$\frac{dw}{dz} = \frac{P(w, z)}{Q(w, z)},$$

in denen $P(w, z)$ und $Q(w, z)$ *Polynome in* w *und* z *sind, treten an beweglichen Singularitäten der Lösungen nur algebraische Verzweigungspunkte und Pole auf. Die übrigen Singularitäten der Sorten* 1. 3. 4. *sind fest.*

Kehren wir zu (5.1.1) mit eindeutiger in w rationaler rechter Seite zurück. Wir wissen aus § 2, daß die beweglichen singulären Stellen außer Polen stets algebraische Verzweigungspunkte sind. Das fassen wir in den *Satz von* PAINLEVÉ: *Die sämtlichen nichtalgebraischen Singularitäten einer Lösung von* (5.1.1) *mit eindeutiger in* w *rationaler rechter Seite sind unter den festen singulären Stellen enthalten.*

2. Die RICCATIsche Differentialgleichung. Ich betrachte nun weiter Differentialgleichungen (5.1.1), bei denen $f(w, z)$ eine eindeutige analytische Funktion ist. Es liegt die Frage nahe, ob es **Differentialgleichungen ohne singuläre Stellen** gibt. Dann muß $f(w, z)$ für endliche w und z regulär sein. Es ist also $f(w, z)$ eine ganze Funktion. Nun muß aber nach § 2.**1.** weiter $\mathfrak{w}^2 f(1/\mathfrak{w}, z)$ für die Stellen $\{\mathfrak{w} = 0, z \text{ eigentlich}\}$ regulär sein. Daher ist $f(w, z)$ eine ganze rationale Funktion höchstens zweiten Grades von w. Sie ist also von der Form

$$f(w, z) = A_0(z) + A_1(z)\, w + A_2(z)\, w^2$$

mit analytischen Koeffizienten, die selber ganze Funktionen von z sind. Nun muß aber nach § 2.**1.** auch $\frac{1}{\mathfrak{z}^2} f\left(w, \frac{1}{\mathfrak{z}}\right)$ ganz sein. Das geht aber nur, wenn die drei Funktionen A_0, A_1, A_2 identisch Null sind. Das heißt

$$\frac{dw}{dz} = 0$$

ist die einzige Differentialgleichung ohne Singularitäten.

Zu interessanteren Ergebnissen gelangt man, wenn man nach **Differentialgleichungen** fragt, **bei denen bewegliche algebraische Verzweigungen der Lösungen fehlen.** Jetzt soll in (5.1.1) die Funktion $f(w, z)$ eindeutig und in w rational sein. Nach § 2.**4.** müssen dann Stellen der Sorte 5. von § 5.**1.** fehlen. Denn an einer solchen Stelle hätte nach § 2.**4.** jede Lösung eine mindestens zweiblättrige algebraische Verzweigung. Das heißt, $f(w, z)$ muß eine ganze rationale Funktion von w sein. Um aber auch bewegliche Verzweigungspunkte mit unendlichem Wert von w auszuschließen, muß nach § 2.**1.** auch $w^2 f\left(\frac{1}{w}, z\right)$ eine ganze rationale Funktion von w sein. Daraus folgt, daß $f(w, z)$ eine ganze rationale Funktion höchstens zweiten Grades von w ist. Die Differentialgleichung muß eine **RICCATIsche Differentialgleichung**

$$\frac{dw}{dz} = A_0(z) + A_1(z)\, w + A_2(z)\, w^2 \tag{5.2.1}$$

sein, in der die A_0, A_1, A_2 noch irgendwelche eindeutige analytische Funktionen von z sein können. Da nun diese Differentialgleichung keine Stellen der Sorten 3.4.5. hat, können algebraische Verzweigungen der Lösungen nur noch an den übrigen, festen singulären Stellen der Differentialgleichung auftreten. Das sind aber nach Lage der Dinge die singulären Stellen der Koeffizienten A_0, A_1, A_2 sowie die Stellen außerhalb des Holomorphiegebietes derselben. An den Stellen der Sorte 6. treten ja nur Pole auf. Ich merke das Ergebnis noch als **Satz** an. *Die einzigen Differentialgleichungen* (5.1.1) *mit eindeutiger in w rationaler rechter Seite, welche keine beweglichen algebraischen Verzweigungen der Lösungen besitzen, sind die* RICCATI*schen* (5.2.1).

Die in diesem Satz ausgesprochene Eigenschaft der RICCATIschen Differentialgleichung findet man auch bestätigt, wenn man die **Lösungen** einer RICCATIschen Differentialgleichung (5.2.1) **als Funktionen der Anfangsbedingung** betrachtet. Es seien z_0 und z zwei beliebige Stellen in einem Regularitätsgebiet der Koeffizienten. Sie werden durch eine stetige Kurve $\mathfrak{C}$ miteinander verbunden, welche gleichfalls im Regularitätsgebiet der Koeffizienten verläuft. Man schreibe an der Stelle z_0 den Anfangswert w_0 einer Lösung vor und setze diese längs $\mathfrak{C}$ analytisch fort. Dann erhält man an der Stelle z einen von w_0 abhängigen Wert W, der eindeutig bestimmt ist, wenn der Weg $\mathfrak{C}$ festgehalten wird. W kann unendlich sein. Dann hat die durch $w(z_0) = w_0$ bestimmte Lösung dort einen Pol. Dieser Wert $w(z, w_0) = W(w_0)$ ist daher als Funktion von w_0 in der ganzen w_0-Ebene eindeutig und bis auf Pole regulär[1]. Daher ist $W(w_0)$ eine rationale Funktion von w_0. Nun ist aber

[1] Der in § 1.**5.** bewiesene Satz läßt nämlich erkennen, daß $W(w_0)$ keine wesentlich singuläre Stelle besitzen kann. Da (5.2.1) bei Stürzung von w eine RICCATIsche Differentialgleichung bleibt, gilt die Überlegung auch für uneigentliches w_0.

auch umgekehrt w_0 eine rationale Funktion von w. Man erkennt dies, wenn man die Stellen z_0 und z ihre Rollen vertauschen läßt und dabei $\mathfrak{C}$ umgekehrt durchläuft. Daraus folgt, daß $W(w_0)$ eine lineare Funktion ist:

$$w = \frac{w_0\, a_1(z) + a_2(z)}{w_0\, a_3(z) + a_4(z)}. \tag{5.2.2}$$

Hier sind die Koeffizienten a_1, a_2, a_3, a_4 bis auf einen allen gemeinsamen Faktor analytische Funktionen von z. Es kann aber nicht aus der angenommenen Eindeutigkeit der Koeffizienten von (5.2.1) auf die Eindeutigkeit der Koeffizienten von (5.2.2) geschlossen werden. Man erkennt die Richtigkeit dieser Behauptung, wenn man feststellt, daß auch umgekehrt jede von einem Parameter w_0 abhängende Schar analytischer Funktionen (5.2.2) einer RICCATIschen Differentialgleichung (5.2.1) genügt. Daß zunächst die Koeffizienten von (5.2.2) abgesehen von einem allen gemeinsamen Faktor analytische Funktionen von z sind, folgt einfach daraus, daß doch $w(z)$ in (5.2.2) für jeden beliebigen festgehaltenen Wert von w_0 eine analytische Funktion von z ist. Ich nehme daher weiter die Koeffizienten von (5.2.2) analytisch an. Differenziert man dann (5.2.2) nach z und eliminiert aus dem Ergebnis der Differentiation und aus (5.2.2) den Parameter w_0, so erhält man eine Differentialgleichung (5.2.1). Sucht man festzustellen, welche Werte der Koeffizienten in (5.2.2) man nehmen muß, um eine bestimmte Differentialgleichung (5.2.1) zu bekommen, so findet man lineare Differentialgleichungen zwischen den Koeffizienten von (5.2.2) und denen von (5.2.1). Und darnach ist klar, daß aus der Eindeutigkeit der Koeffizienten von (5.2.1) noch nicht die Eindeutigkeit der Koeffizienten von (5.2.2) folgen kann, wohl sich aber aus der Eindeutigkeit der a_k, die der A_j ergibt.

Damit hängt es auch zusammen, daß das allgemeine Integral einer RICCATIschen Differentialgleichung (5.2.2) mit eindeutigen Koeffizienten keine eindeutige Funktion von z zu sein braucht. Man erkennt dies am bequemsten, wenn man beachtet, daß (5.2.1) durch die Substitution[1]

$$w = -\frac{1}{A_2}\frac{\mathfrak{w}'}{\mathfrak{w}} \tag{5.2.3}$$

in die homogene lineare Differentialgleichung zweiter Ordnung

$$A_2\,\mathfrak{w}'' - (A_2' + A_1 A_2)\,\mathfrak{w}' + A_0 A_2^2\,\mathfrak{w} = 0 \tag{5.2.4}$$

übergeht. Mit solchen Differentialgleichungen werden wir uns erst an späterer Stelle (§ 6ff.) sehr eingehend befassen. Jetzt werde an einem einfachen **Beispiel** die aufgestellte Behauptung erhärtet.

[1] Da für $A_2 \equiv 0$ die Differentialgleichung (5.2.1) linear ist und wir lineare Differentialgleichungen erster Ordnung schon in § 1 integrieren gelernt haben, braucht hier nur der Fall $A_2 \not\equiv 0$ zu interessieren. Daher sei dies weiter vorausgesetzt.

Die RICCATIsche Differentialgleichung

$$\frac{dw}{dz} = -\frac{2}{z} w + z w^2 \tag{5.2.5}$$

geht durch die Substitution (5.2.3) in die lineare

$$z \mathfrak{w}'' + \mathfrak{w}' = 0 \tag{5.2.6}$$

über. Deren allgemeines Integral ist

$$\mathfrak{w} = c_1 \log z + c_2 \tag{5.2.7}$$

mit den Integrationskonstanten c_1 und c_2. Daher wird

$$w = -\frac{1}{z} \frac{c_1/z}{c_1 \log z + c_2} = \frac{w_0}{-w_0 z^2 \log z + z^2} \tag{5.2.8}$$

die allgemeine Lösung von (5.2.5). Dabei ist $w_0 = -c_1/c_2$ der Wert an der Stelle $z = 1$. Trotz eindeutiger Koeffizienten von (5.2.5) können also die Lösungen, und damit die Koeffizienten von w_0 in (5.2.8), mehrdeutig sein.

Übrigens erlaubt es der durch (5.2.3) gestiftete Zusammenhang zwischen der RICCATIschen Differentialgleichung (5.2.1) und der linearen homogenen Differentialgleichung (5.2.4), erneut (5.2.2) zu beweisen. Dazu bemerke man, daß das allgemeine Integral $\mathfrak{w}$ einer linearen homogenen Differentialgleichung (5.2.4) sich aus zwei partikularen Integralen $\mathfrak{w}_1$ und $\mathfrak{w}_2$ derselben in der Form

$$\mathfrak{w} = c_1 \mathfrak{w}_1 + c_2 \mathfrak{w}_2 \tag{5.2.9}$$

mit konstanten Koeffizienten c_1 und c_2 darstellen läßt, falls

$$\mathfrak{w}_1(z)\, \mathfrak{w}_2'(z) - \mathfrak{w}_1'(z)\, \mathfrak{w}_2(z) \neq 0 \tag{5.2.10}$$

ist an einer Stelle z_0. Denn dann kann man die beiden Gleichungen

$$\mathfrak{w}_0 = c_1 \mathfrak{w}_1(z_0) + c_2 \mathfrak{w}_2(z_0),$$
$$\mathfrak{w}_0' = c_1 \mathfrak{w}_1'(z_0) + c_2 \mathfrak{w}_2'(z_0)$$

nach c_1 und c_2 auflösen und so jede nach § 1.7. durch die Anfangsbedingung $\mathfrak{w}(z_0) = \mathfrak{w}_0$, $\mathfrak{w}'(z_0) = w_0'$ festgelegte Lösung von (5.2.4) durch die beiden Partikularlösungen $\mathfrak{w}_1$ und $\mathfrak{w}_2$ in der Form (5.2.9) darstellen. Wegen des linearen homogenen Charakters von (5.2.4) ist jede lineare Verbindung (5.2.9) zweier Lösungen bei konstanten c_1 und c_2 wieder eine Lösung. Daraus ergibt sich dann nach (5.2.3), daß das allgemeine Integral der RICCATIschen Differentialgleichung (5.2.1) aus zwei Partikularintegralen von (5.2.4) in der Form

$$w = -\frac{1}{A_2} \frac{c_1 \mathfrak{w}_1' + c_2 \mathfrak{w}_2'}{c_1 \mathfrak{w}_1 + c_2 \mathfrak{w}_2} \tag{5.2.11}$$

dargestellt werden kann. Ist dann insbesondere z_0 eine Stelle, an der die Koeffizienten von (5.2.1) regulär sind und zudem $A_2(z_0) \neq 0$ ist, und wählt man

$$\mathfrak{w}_1(z_0) = 0, \quad \mathfrak{w}_1'(z_0) = -A_2(z_0),$$

$$\mathfrak{w}_2(z_0) = 1, \quad \mathfrak{w}_2'(z_0) = 0,$$

so wird

$$w = -\frac{1}{A_2} \frac{w_0 \mathfrak{w}_1'(z) + \mathfrak{w}_2'(z)}{w_0 \mathfrak{w}_1(z) + \mathfrak{w}_2(z)}, \tag{5.2.12}$$

und es ist $w(z_0) = w_0$. Damit ist (5.2.2) erneut bewiesen und ist zugleich der Zusammenhang der Koeffizienten von (5.2.2) mit Lösungen von (5.2.4) erkannt. Vgl. auch § 6.**2.**e.

Mit (5.2.12) ist nun auch der eingangs dieses Abschnittes ausgesprochene Satz vollständig bewiesen. Denn es ist aus § 1.**7.** bekannt, daß die Lösungen einer jeden homogenen Differentialgleichung (5.2.4) an all den Stellen regulär sind, an denen die $A_0(z), A_1(z), A_2(z)$ regulär sind und $A_2(z) \neq 0$ ist. Mit Rücksicht auf eine Bemerkung in § 1.**3.** sei noch ausdrücklich gesagt, daß bei allen diesen Überlegungen angenommen wird, daß die analytische Fortsetzung der Lösung auf Wegen erfolgt, die dem Existenzgebiet der $A_k(z)$ angehören.

Ich betrachte noch ein **zweites Beispiel.** Es sei die spezielle Riccatische Differentialgleichung

$$\frac{dw}{dz} = w^2 + z^2 \tag{5.2.13}$$

vorgelegt. Sie führt durch (5.1.4) auf

$$\mathfrak{w}'' + z^2 \mathfrak{w} = 0. \tag{5.2.14}$$

Aus § 1.**7.** wissen wir, daß jede Lösung dieser Differentialgleichung eine ganze Funktion ist. Denn $z^2 \mathfrak{w}$ ist im vollen Raum der endlichen z und $\mathfrak{w}$ regulär. Daraus ergibt sich nach (5.2.11) bzw. (5.2.12), daß jede Lösung von (5.2.13) eine meromorphe Funktion ist. Das heißt, jede Lösung von (5.2.13) besitzt für endliche z außer Polen keine Singularitäten. Insbesondere ist

$$w(z) = -\frac{\mathfrak{w}_2'(z)}{\mathfrak{w}_2(z)}$$

die durch $w(0) = 0$ bestimmte Lösung von (5.2.13). Dabei ist $w_2(z)$ die durch $w_2(0) = 1$, $w_2'(0) = 0$ bestimmte Lösung von (5.2.14).

3. Ein Satz von Malmquist. *In* (5.1.1) *sei* $f(w, z)$ *eine rationale Funktion* $R(w, z)$. *Dann ist jede im Großen eindeutige Lösung* (5.1.1) *entweder eine rationale Funktion oder es ist* (5.1.1) *eine* RICCATI*sche Differentialgleichung*. Den Beweis kann man nach K. YOSIDA[1] (1932) auf R. NEVANLINNAS Theorie der meromorphen Funktionen stützen, die zu der Zeit, da MALMQUIST [Acta math. 36 (1913)] seinen schönen Satz entdeckte, noch in der Zeiten Schoß schlummerte. Daher soll der Beweisführung eine Darlegung der erforderlichen Hilfsmittel aus jener Theorie vorausgeschickt werden.

1. Zunächst der erste Hauptsatz von R. NEVANLINNA: $w = f(z)$ sei in $\varrho_0 \leqq |z|$ eine meromorphe, d. h. eine bis auf Pole reguläre eindeutige analytische Funktion. Für $|z| = \varrho_0$ und für $|z| = \varrho$ sei $f(z)$ frei von Nullstellen und Polen. Es seien n_j die Nullstellen, p_k die Polstellen von $f(z)$ in $\varrho_0 < |z| < \varrho$. Dabei sei jede Stelle so oft aufgeschrieben, als es ihrer Vielfachheit entspricht. Dann gilt zunächst die Formel von JENSEN:

$$\frac{1}{2\pi}\int_0^{2\pi} \log|f(\varrho\, e^{i\vartheta})|\, d\vartheta - \sum \log\left|\frac{\varrho}{n_j}\right| + \sum \log\left|\frac{\varrho}{p_k}\right| = O(\log\varrho). \quad (5.3.1)$$

Sie ergibt sich bekanntlich[2], wenn man die GREENsche Formel

$$\int\left(u\frac{\partial v}{\partial n} - v\frac{\partial u}{\partial n}\right) ds = -\iint (u\,\Delta v - v\,\Delta u)\, dx\, dy$$

(n innere Normale, positiver Umlaufssinn) auf $u = \log|f(z)|$ und $v = \log|\varrho/z|$ im Kreisring $\varrho_0 \leqq |z| \leqq \varrho$ anwendet. Setzt man dann

$$\left.\begin{aligned} \overset{+}{\log}|a| &= \log|a|, && \text{wenn } |a| \geqq 1 \\ \overset{+}{\log}|a| &= 0, && \text{wenn } |a| \leqq 1 \end{aligned}\right\} \quad (5.3.2)$$

ist, und

---

[1] Japan. J. Math. Bd. 9 (1933). In dieser Arbeit gibt YOSIDA gewisse Verallgemeinerungen des Satzes von MALMQUIST, z. B. die folgende: Wenn in

$$\left(\frac{dw}{dz}\right)^m = R(w, z)$$

m eine natürliche Zahl ist und $R(w, z)$ eine rationale Funktion bedeutet und wenn diese Differentialgleichung mindestens eine transcendente meromorphe Lösung besitzt, dann ist $R(w, z)$ ein Polynom in w, dessen Grad mindestens $2m$ beträgt.

[2] Vgl. hierzu und im folgenden das in dieser Sammlung erschienene Werk: R. NEVANLINNA: Eindeutige analytische Funktionen. Berlin 1936. Der Posten $O(\log\varrho)$ rührt von dem Kreis $|z| = \varrho_0$ her. Die Darstellung in NEVANLINNAS Buch bezieht sich auf die Kreisscheibe, das ist auf $\varrho_0 = 0$. Daher steht dort rechts $O(1)$ statt dem $O(\log\varrho)$ von (5.3.1). Dieser Unterschied ist auch der Grund, aus dem hier auf die Herleitung der benötigten Formeln eingegangen werden muß. Als Grundlage einer umfassenden Theorie der meromorphen Funktionen mit mehrfach zusammenhängendem Existenzgebiet hat die in Betracht kommenden Formeln GUNNAR AF HÄLLSTRÖM entwickelt (Acta Ac. Aboensis, Math. et Phys. XII 8, 1939).

ist, so kann man (5.3.1) so schreiben

$$\left.\begin{aligned}\frac{1}{2\pi}\int_0^{2\pi}\overset{+}{\log}|f(\varrho\, e^{i\vartheta})|\,d\vartheta+\sum\log\left|\frac{\varrho}{p_k}\right|\\=\frac{1}{2\pi}\int_0^{2\pi}\overset{+}{\log}\left|\frac{1}{f(\varrho\, e^{i\vartheta})}\right|d\vartheta+\sum\log\left|\frac{\varrho}{n_j}\right|+O(\log\varrho).\end{aligned}\right\}\tag{5.3.3}$$

Nun bezeichne man noch mit $n(t, \mathfrak{w})$ die Anzahl der Stellen aus $\varrho_0 \leqq t \leqq \varrho$, an denen $f(z)$ den Wert $\mathfrak{w}$ annimmt, jede Stelle ihrer Vielfachheit nach gezählt, und setze

$$N(\varrho, \mathfrak{w}) = \int_{\varrho_0}^{\varrho} \frac{n(t, \mathfrak{w})}{t}\, dt. \tag{5.3.4}$$

Ferner schreibe man

$$\left.\begin{aligned} m(\varrho, \mathfrak{w}) &= \frac{1}{2\pi}\int_0^{2\pi}\overset{+}{\log}\left|\frac{1}{f(\varrho\, e^{i\vartheta})-\mathfrak{w}}\right|d\vartheta,\\ m(\varrho, \infty) &= \frac{1}{2\pi}\int_0^{2\pi}\overset{+}{\log}|f(\varrho\, e^{i\vartheta})|\,d\vartheta.\end{aligned}\right\}\tag{5.3.5}$$

Dann liefert die Formel (5.3.1), (5.3.3) von Jensen

$$m(\varrho, \infty) + N(\varrho, \infty) = m(\varrho, 0) + N(\varrho, 0) + O(\log\varrho). \tag{5.3.6}$$

Wendet man (5.3.6) auf $f(z) - \mathfrak{w}$ an, so folgt weiter

$$m(\varrho, \mathfrak{w}) + N(\varrho, \mathfrak{w}) = m(\varrho, \infty) + N(\varrho, \infty) + O(\log\varrho). \tag{5.3.7}$$

Setzt man nun endlich

$$T(\varrho) = m(\varrho, \infty) + N(\varrho, \infty), \tag{5.3.8}$$

so ergibt sich aus (5.3.7) der **erste Hauptsatz von R. Nevanlinna:** *Zu jeder in $0 < \varrho_0 \leqq |z| < \infty$ meromorphen eindeutigen Funktion gehört eine von $\mathfrak{w}$ unabhängige Funktion $T(\varrho)$, derart, daß für jede Stellensorte $\mathfrak{w}$*

$$m(\varrho, \mathfrak{w}) + N(\varrho, \mathfrak{w}) = T(\varrho) + O(\log\varrho) \tag{5.3.9}$$

ist.

Der Sinn dieses Satzes ist dieser: $N(\varrho, \mathfrak{w})$ ist die mittlere Anzahl der Stellen, an denen $f(z)$ den Wert $\mathfrak{w}$ annimmt, und $m(\varrho, \mathfrak{w})$ gibt an, wie stark im Mittel die Funktion $f(z)$ sich dem Wert $\mathfrak{w}$ nähert, wenn ϱ groß wird. Der Satz von Nevanlinna besagt alsdann, daß die Summe dieser Mittelwerte bis auf $O(\log\varrho)$, d. h. im Mittel für alle Stellensorten die gleiche ist.

2. Aus dem ersten Hauptsatz folgt: *Eine in $|z| \geqq \varrho_0$ für alle endlichen z bis auf Pole reguläre eindeutige Funktion $f(z)$ hat dann und nur dann auch bei $z = \infty$ einen Pol, wenn*

$$\liminf_{\varrho\to\infty} \frac{T(\varrho)}{\log\varrho} \tag{5.3.10}$$

endlich ist.

Ich zeige zunächst, daß die Bedingung notwendig ist. Hat $f(z)$ bei $z = \infty$ einen Pol, so gilt $1/|f(\varrho\, e^{i\vartheta}) - \mathfrak{w}| \to 0$ für $\varrho \to \infty$, und daher ist $m(\varrho, \mathfrak{w}) = 0$ für genügend große ϱ. Nach (5.3.9) ist daher

$$\liminf_{\varrho\to\infty} \frac{T(\varrho)}{\log\varrho} = \liminf_{\varrho\to\infty} \frac{N(\varrho,\mathfrak{w})}{\log\varrho} + O(1).$$

Nun ist nach (5.3.4)

$$N(\varrho,\mathfrak{w}) \leqq n \cdot \log\frac{\varrho}{\varrho_0},$$

falls $f(z)$ in $|z| \geqq \varrho_0$ den Wert $\mathfrak{w}$ nur endlich oft, sagen wir n-mal, annimmt, wie es der Fall ist, wenn $f(z)$ bei $z = \infty$ einen Pol hat. Die Bedingung (5.3.10) ist somit notwendig.

Die Bedingung ist aber auch hinreichend. Denn nach (5.3.9) ist stets

$$N(\varrho,\mathfrak{w}) \leqq T(\varrho) + O(\log\varrho)$$

und daher auch

$$\liminf_{\varrho\to\infty} \frac{N(\varrho,\mathfrak{w})}{\log\varrho} \leqq \liminf_{\varrho\to\infty} \frac{T(\varrho)}{\log\varrho} + O(1).$$

Nach (5.3.4) ist für jedes R aus $\varrho_0 < R < \varrho$

$$N(\varrho,\mathfrak{w}) = N(R,\mathfrak{w}) + \int_R^{\varrho} \frac{n(t,\mathfrak{w})}{t}\,dt \geqq n(R,\mathfrak{w})\log\frac{\varrho}{R}.$$

Daher ist

$$n(R,\mathfrak{w}) \leqq \frac{N(\varrho,\mathfrak{w})}{\log\varrho - \log R} \quad \text{für jedes} \quad \varrho > R.$$

Also ist auch

$$n(R,\mathfrak{w}) \leqq \liminf_{\varrho\to\infty} \frac{N(\varrho,\mathfrak{w})}{\log\varrho} \leqq \liminf_{\varrho\to\infty} \frac{T(\varrho)}{\log\varrho} + O(1),$$

und das bedeutet nach (5.3.10), daß $n(R,\mathfrak{w})$ für jedes $\mathfrak{w}$ beschränkt ist. Dann kann aber nach dem Satz von CASORATI-WEIERSTRASS bei $z = \infty$ keine wesentlich singuläre Stelle von $f(z)$ liegen.

3. Nunmehr schreiben wir $T(\varrho, f)$ an Stelle von $T(\varrho)$, und analog auch bei N und n, um die Abhängigkeit dieser Größen von der Funktion $f(z)$ kenntlich zu machen, die gemeint ist. Dann ist nach (5.3.6) und (5.3.8)

$$T\left(\varrho, \frac{1}{f}\right) = T(\varrho, f) + O(\log\varrho). \tag{5.3.11}$$

Nun sei

$$R(w,z) = \frac{P(w,z)}{Q(w,z)}, \quad P(w,z) = \sum P_j w^j, \quad Q(w,z) = \sum Q_j w^j \tag{5.3.12}$$

eine rationale Funktion von w und z. Die Koeffizienten P_j und Q_j seien Polynome in z von höchstens dem Grad λ. $Q(w,z)$ habe in w genau den Grad q, und $P(w,z)$ habe in w einen Grad $p \leqq q$. Endlich sollen $P(w,z)$ und $Q(w,z)$ als Polynome von w teilerfremd sein. Dann ist nach

G. VALIRON [Bull. soc. math. France 49 (1931)]

$$T(\varrho, R\{f(z), z\}) = q T(\varrho, f(z)) + O(\log \varrho). \qquad (5.3.13)$$

Wegen (5.3.11) *gilt dann* (5.3.13) *für beliebiges* $R(w, z)$, *wenn man als* q *in* (5.3.13) *die größte der beiden Gradzahlen nimmt.* Man braucht ja nur gegebenenfalls (5.3.13) auf $1/R(w, z)$ anzuwenden. Für $f(z)$ gelten die gleichen Annahmen wie bisher.

Jedenfalls ist mit $f(z)$ für jedes rationale $R(w, z)$ auch $R(f(z), z)$ in $|z| \geqq \varrho_0$ meromorph und eindeutig. Ich beweise erst

$$T(\varrho, Q\{f(z), z\}) = q T(\varrho, f(z)) + O(\log \varrho). \qquad (5.3.14)$$

Da Q vom Grade q in w ist, so wird aus jedem Pol von $f(z)$ ein Pol von $Q(f(z), z)$, dessen Vielfachheit q-mal so groß ist, es sei denn, daß die Polstelle zufällig eine Nullstelle des Koeffizienten Q_q von w^q in Q ist. Da dies nur endlich oft passieren kann, so ist jedenfalls

$$N(\varrho, \infty, Q\{f(z), z\}) = q N(\varrho, \infty, f(z)) + O(\log \varrho). \qquad (5.3.15)$$

Ist $|f(z)| \leqq \varrho^{\lambda+1}$, so ist

$$\overset{+}{\log} |f(z)| = O(\log \varrho), \quad \overset{+}{\log} |Q(f(z), z)| = O(\log \varrho). \qquad (5.3.16)$$

Ist aber $|f(z)| > \varrho^{\lambda+1}$ und ϱ hinreichend groß, so ist

$$|Q(f(z), z)| \sim |Q_q \cdot f^q(z)| > 1$$

und daher

$$\overset{+}{\log} |Q(f(z), z)| = q \overset{+}{\log} |f(z)| + O(\log \varrho). \qquad (5.3.17)$$

Nach (5.3.16) und (5.3.17) ist daher

$$m(\varrho, \infty, Q\{f(z), z\}) = q\, m(\varrho, \infty, f(z)) + O(\log \varrho). \qquad (5.3.18)$$

Aus (5.3.15) und (5.3.18) folgt (5.3.14). Nach (5.3.11) ist auch

$$T\left(\varrho, \frac{1}{Q\{f(z), z\}}\right) = q T(\varrho, f(z)) + O(\log \varrho). \qquad (5.3.19)$$

Nunmehr beweise ich, daß

$$T(\varrho, R\{f(z), z\}) = T\left(\varrho, \frac{1}{Q\{f(z), z\}}\right) + O(\log \varrho). \qquad (5.3.20)$$

Wegen (5.3.19) ist das aber (5.3.13).

Zum Beweis von (5.3.20) bemerke man zunächst, daß nach (5.3.12) die Pole von $R(f(z), z)$ teils von den Polen von $f(z)$, teils von den Polen von $1/Q(f(z), z)$, das ist von den Nullstellen von $Q(f(z), z)$ herrühren. Da nun aber der Grad von Q in w genau q, der von P höchstens q ist, können Pole von $f(z)$ nur dann zu Polen von $R(f(z), z)$ Anlaß geben, wenn an der Polstelle auch $Q_q(z) = 0$ ist; die Anzahl dieser z-Stellen ist aber höchstens λ. Eine Nullstelle von $Q(f(z), z)$ kann nur dann nicht Pol von $R(f(z), z)$ sein, wenn sie auch Nullstelle von $P(f(z), z)$ ist. Die gemeinsamen Nullstellen dieser beiden Funktionen sind aber auch Nullstellen von $D(z)$, wenn man mit $D(z)$ die Resultante der beiden Polynome in w: $P(w, z)$ und $Q(w, z)$ bezeichnet. Da $P(w, z)$ und $Q(w, z)$ nach Voraussetzung als Polynome von w teilerfremd sind, ist $D(z)$ nicht identisch Null, und daher kommen nur endlich viele Stellen z in Frage, an denen zwar $Q(f(z), z) = 0$ ist, an denen aber doch kein Pol von $R(f(z), z)$ vorliegt. Alles in allem ist daher die Anzahl $n(t, \infty)$ der Pole von $R(f(z), z)$ in dem Kreisring (ϱ_0, t) von der Anzahl der Pole von $1/Q(f(z), z)$ im gleichen Kreisring nur um eine nach oben beschränkte Anzahl verschieden. Nach (5.3.4) ist daher

$$N(\varrho, \infty, R\{f(z), z\}) = N\left(\varrho, \infty, \frac{1}{Q\{f(z), z\}}\right) + O(\log \varrho). \quad (5.3.21)$$

Es gilt aber auch

$$m(\varrho, \infty, R\{f(z), z\}) = m\left(\varrho, \infty, \frac{1}{Q\{f(z), z\}}\right) + O(\log \varrho). \quad (5.3.22)$$

Um das zu beweisen, knüpfe ich an (5.3.12) an. Die durch $P(w, z) = 0$ und $Q(w, z) = 0$ definierten algebraischen Funktionen können in der Umgebung von $z = \infty$ nach gebrochenen Potenzen von z entwickelt werden, und es gibt, da P und Q teilerfremd sind, für genügend große z keine endliche Stelle mehr, an der sie den gleichen Wert aufweisen. Da sich alle unsere Betrachtungen nur auf die Umgebung von $z = \infty$ beziehen, dürfen wir annehmen, daß die eben erwähnte Eigenschaft für $|z| \geqq \varrho_0$ erfüllt ist. Schreibt man dann

$$P(w, z) = P_p \Pi (w - p_j(z)), \quad Q(w, z) = Q_q \Pi (w - q_k(z)), \quad (5.3.23)$$

so gibt es eine Zahl $\alpha > 0$ derart, daß

$$|p_j(z) - q_k(z)| > |z|^{-\alpha} \quad \text{in} \quad |z| \geqq \varrho_0 \quad \text{für alle } j, k \quad (5.3.24)$$

gilt.

Erinnern wir uns, daß λ der größte bei den P_j und Q_k in (5.3.12) vorkommende Grad war. Dann ist (5.3.22) zunächst klar, wenn

$$|f(z)| \geqq \varrho^{\lambda+1} \quad \text{für} \quad |z| = \varrho \geqq \varrho_0$$

gilt. Denn dann ist

$$\overset{+}{\log} |R(f(z), z)| = O(\log \varrho) \quad \text{und} \quad \overset{+}{\log} \left| \frac{1}{Q(f(z), z)} \right| = O(1).$$

Daraus folgt (5.3.22).

Wenn

$$|f(z)| < \varrho^{\lambda+1} \quad \text{für eine } z\text{-Folge mit} \quad |z| = \varrho \to \infty \quad (5.3.25)$$

ist, dann unterscheide man zwei Fälle. Man bestimme eine Zahl $\beta > 0$ so, daß

$$|Q_q(z)| > 2^q \beta \quad \text{in} \quad |z| \geqq \varrho_0 \quad (5.3.26)$$

ist. Der erste Fall ist dann der, daß neben (5.3.25)

$$|Q\{f(z), z\}| \geqq \beta \varrho^{-\alpha q} \quad (5.3.27)$$

gilt. Aus (5.3.25) und (5.3.27) folgt dann

$$\overset{+}{\log}\,|R\{f(z), z\}| = O(\log\varrho), \qquad \overset{+}{\log}\left|\frac{1}{Q\{f(z), z\}}\right| = O(\log\varrho)$$

und daraus wieder (5.3.22). Der zweite Fall ist der, daß neben (5.3.25)

$$|Q\{f(z), z\}| < \beta\, e^{-\alpha q} \tag{5.3.28}$$

gilt. Dann folgt aus (5.3.28), daß mindestens für ein k

$$|f(z) - q_k(z)| < \frac{1}{2}\varrho^{-\alpha} \tag{5.3.29}$$

gilt. Daher ist wegen (5.3.24) für alle j

$$|f(z) - p_j(z)| > \frac{1}{2}\varrho^{-\alpha}. \tag{5.3.30}$$

Daher gilt für ein passendes festes K

$$\frac{1}{\mathsf{K}}\varrho^{-\alpha p} < |P(f(z), z)| < \mathsf{K}\,\varrho^{2\lambda+1}, \tag{5.3.31}$$

und daraus folgt

$$\big|\log|P(f(z), z)|\big| = O(\log\varrho).$$

Wegen

$$R(f(z), z) = P(f(z), z)\Big/\frac{1}{Q(f(z), z)}$$

ist daher auch

$$\overset{+}{\log}\,|R(f(z), z)| = \overset{+}{\log}\left|\frac{1}{Q(f(z), z)}\right| + O(\log\varrho).$$

So ergibt sich auch in diesem Fall (5.3.22). Diese nun allgemein richtige Abschätzung (5.3.22) zusammen mit (5.3.21) sichert aber (5.3.20) und damit auch (5.3.13).

4. Von entscheidender Bedeutung ist weiter die Tatsache, daß für jedes $\varepsilon > 0$

$$T(\varrho, f'(z)) \leqq (1+\varepsilon)\, 2\, T(\varrho, f(z)) + O(\log\varrho) \tag{5.3.32}$$

gilt, und zwar mit Ausnahme einer Folge von ϱ-Intervallen, deren Maß endlich ist.

Es ist

$$\left.\begin{aligned} T(\varrho, f'(z)) &= N(\varrho, \infty, f'(z)) + m(\varrho, \infty, f'(z)) + O(\log\varrho)\\ &\leqq 2N(\varrho, \infty, f(z)) + m(\varrho, \infty, f(z)) + m\left(\varrho, \infty, \frac{f'(z)}{f(z)}\right) + O(\log\varrho)\\ &\leqq 2T(\varrho, f(z)) + m\left(\varrho, \infty, \frac{f'(z)}{f(z)}\right) + O(\log\varrho). \end{aligned}\right\} \tag{5.3.33}$$

Dies folgt daraus, daß die Vielfachheit der Pole bei der Differentiation höchstens verdoppelt wird und daß die Ungleichung

$$\overset{+}{\log}(\alpha\beta) \leqq \overset{+}{\log}\alpha + \overset{+}{\log}\beta$$

besteht. Weiter aber ist

$$m\left(\varrho, \infty, \frac{f'(z)}{f(z)}\right) = O\{\max(\overset{+}{\log} T(\varrho, f(z)), \log\varrho)\} \qquad (5.3.34)$$

mit Ausnahme einer Menge von Intervallen, deren Maß endlich ist. Daraus folgt dann (5.3.32).

Der Beweis von (5.3.34) kann wie folgt geführt werden: Man schickt zwei Hilfssätze voraus. **Der erste Hilfssatz:** Es sei $a(\varrho) > 0$, $a'(\varrho) \geqq 0$ für $\varrho \geqq \varrho_0$, und es sei $\eta > 0$ eine beliebig vorgegebene Zahl. Ferner sei $a'(\varrho)$ für $\varrho \geqq \varrho_0$ stetig. Dann ist

$$a'(\varrho) \leqq [a(\varrho)]^{1+\eta} \qquad (5.3.35)$$

für jedes $\varrho \geqq \varrho_0$ mit Ausnahme einer Menge von ϱ-Werten, deren Maß höchstens

$$\frac{1}{\eta}[a(\varrho_0)]^{-\eta} \qquad (5.3.36)$$

ist. Zum Beweis setze man

$$b(\varrho) = \frac{1}{\eta}[a(\varrho)]^{-\eta} \quad \text{mit} \quad b'(\varrho) = -a'(\varrho)/[a(\varrho)]^{1+\eta} \leqq 0.$$

Dann ist für jedes Intervall (ϱ_1, ϱ_2) aus $\varrho \geqq \varrho_0$

$$\int_{\varrho_2}^{\varrho_1} b'(\varrho)\, d\varrho = b(\varrho_1) - b(\varrho_2) \leqq b(\varrho_1).$$

Daher ist

$$\int_{\varrho_0}^{\infty} \frac{a'(\varrho)}{[a(\varrho)]^{1+\eta}}\, d\varrho \leqq \frac{1}{\eta}[a(\varrho_0)]^{-\eta}.$$

Daraus folgt, daß der Integrand im allgemeinen $\leqq 1$ ist, außer an einer Menge von ϱ-Werten, deren Maß höchstens gleich der rechten Seite ist. Und das ist die Behauptung des ersten Hilfssatzes.

Der zweite Hilfssatz. Ist $g(t)$ in (a, b) reell und nichtnegativ und samt $\log g(t)$ integrabel, so ist

$$\frac{1}{b-a}\int_a^b \log g(t)\, dt \leqq \log \frac{1}{b-a}\int_a^b g(t)\, dt. \qquad (5.3.37)$$

Dies folgt durch Grenzübergang aus dem bekannten Satz, daß das geometrische Mittel höchstens gleich dem arithmetischen Mittel ist[1].

Ich trete nun den Beweis von (5.3.34) an. Dazu bilde man den Ring $\varrho_0 \leqq r \leqq \varrho$ durch

$$w = \log f(r\, e^{i\varphi}) = u + i\, v, \quad 0 \leqq v < 2\pi \tag{5.3.38}$$

ab und projiziere das erhaltene Bildgebiet der w-Ebene auf ein Stück der Oberfläche eines geraden Kreiszylinders vom Durchmesser 1, der längs einer seiner Mantellinien die w-Ebene in deren imaginäre Achse berührt, und zwar erfolge die Projektion durch Geraden, welche die im Abstand 1 von der w-Ebene verlaufende Mantellinie des Zylinders treffen und auf ihr senkrecht stehen. Ich ermittle den Inhalt des so auf der Zylinderoberfläche erhaltenen Bildbereichs von $\varrho_0 \leqq r \leqq t$ und schätze diesen Inhalt ab. Der Inhalt sei $F(t)$. Dann gilt die Abschätzung

$$F(t) \leqq 2\pi^2 \max n(t, w). \tag{5.3.39}$$

Denn der durch (5.3.38) erhaltene Bildbereich von $\varrho_0 \leqq r \leqq t$ in der w-Ebene gehört einem zur imaginären w-Achse senkrechten Streifen der Breite 2π an und bedeckt diesen höchstens $\max n(t, w)$-mal. Dabei ist $n(t, w)$ die Anzahl von Malen, die $f(z)$ den Wert w in $\varrho_0 \leqq r \leqq t$ annimmt. Das Maximum ist hinsichtlich w zu nehmen. Bedenkt man noch, daß π der Umfang eines Meridiankreises des Zylinders ist, so folgt daraus die Richtigkeit von (5.3.39). Ich drücke nun den Inhalt $F(t)$ vermittelst der Funktion $f(z)$ aus. Die Funktionaldeterminante der Abbildung (5.3.38) ist

$$\left|\frac{dw}{dz}\right|^2 = \left|\frac{f'(r\, e^{i\varphi})}{f(r\, e^{i\varphi})}\right|^2. \tag{5.3.40}$$

---

[1] Besonders elegant und einfach ist der Beweis, den Ernst Jacobsthal angegeben hat. Es seien $a_1, \ldots, a_n$ positive Zahlen. Es sei A_n ihr arithmetisches und G_n ihr geometrisches Mittel. Es sei $A_n \geqq G_n$ zu beweisen. Das ist für $n = 1$ klar. Es werde $A_{n-1} \geqq G_{n-1}$ als richtig angenommen. Dann ist

$$\begin{aligned} A_n &= \frac{(n-1)A_{n-1} + a_n}{n} = \frac{(n-1)A_{n-1} + G_n^n/G_{n-1}^{n-1}}{n} \\ &= \frac{G_{n-1}}{n}\left((n-1)\frac{A_{n-1}}{G_{n-1}} + \left(\frac{G_n}{G_{n-1}}\right)^n\right) \geqq \frac{G_{n-1}}{n}\left(n - 1 + \left(\frac{G_n}{G_{n-1}}\right)^n\right) \\ &\geqq \frac{G_{n-1}}{n} \cdot n\frac{G_n}{G_{n-1}} = G_n. \end{aligned}$$

Die letzte Abschätzung benutzt die Bernoullische Ungleichung

$$n - 1 + z^n \geqq n\, z, \quad z \geqq 0$$

für $z = G_n/G_{n-1}$. Man liest auch ohne Mühe ab, daß $A_n = G_n$ nur dann sein kann, wenn $a_1 = a_2 = \cdots = a_n$ ist. (Vgl. E. Jacobsthal, Norsk Vid. Selskab Forhandl. 23, 1951.)

Setzt man dann

$$w = R\,e^{i\vartheta},$$

so erfolgt die Projektion auf die Zylinderoberfläche durch die Abbildung

$$\xi = \frac{R\cos\vartheta}{1 + R^2\cos^2\vartheta}, \quad \eta = R\sin\vartheta, \quad \zeta = \frac{R^2\cos^2\vartheta}{1 + R^2\cos^2\vartheta}.$$

Man bilde die erste Fundamentalform

$$g_{11}\dot{R}^2 + 2g_{12}\dot{R}\dot{\vartheta} + g_{22}\dot{\vartheta}^2$$

dieser Parameterdarstellung der Zylinderoberfläche und ermittle die Diskriminante derselben. Dann findet man

$$g_{11}g_{22} - g_{12}^2 = \frac{R^2}{(1 + R^2\cos^2\vartheta)^2}, \tag{5.3.41}$$

und es ist

$$R\cos\vartheta = \log|f(r\,e^{i\varphi})|. \tag{5.3.42}$$

Dementsprechend wird

$$\left.\begin{aligned} F(t) &= \iint \frac{R\,dR\,d\vartheta}{1 + R^2\cos^2\vartheta} = \iint \frac{\left|\frac{f'}{f}\right|^2 r\,dr\,d\varphi}{1 + \log^2|f|} \\ &= \int\limits_{\varrho_0}^{t} r\,dr \int\limits_0^{2\pi} \frac{\left|\frac{f'(r\,e^{i\varphi})}{f(r\,e^{i\varphi})}\right|^2 d\varphi}{1 + \log^2|f(r\,e^{i\varphi})|}. \end{aligned}\right\} \tag{5.3.43}$$

Nun betrachte man

$$\alpha(\varrho) = \int\limits_{\varrho_0}^{\varrho} \frac{F(t)}{t}\,dt. \tag{5.3.44}$$

Dann ist nach (5.3.39)

$$\left.\begin{aligned} \alpha(\varrho) \leqq 2\pi^2 \max \int\limits_{\varrho_0}^{\varrho} \frac{n(t,w)}{t}\,dt &= 2\pi^2 \max N(\varrho, w) < \\ &< 2\pi^2\,T(\varrho, f) + O(\log\varrho). \end{aligned}\right\} \tag{5.3.45}$$

[Man vgl. (5.3.9).]

Zum Beweis von (5.3.34) gelangt man nun so: Es ist

$$\left.\begin{aligned} m\left(\varrho, \infty, \frac{f'}{f}\right) &= \frac{1}{4\pi}\int\limits_0^{2\pi} \overset{+}{\log}\left|\frac{f'}{f}\right|^2 d\varphi < \frac{1}{4\pi}\int\limits_0^{2\pi} \log\left(1 + \left|\frac{f'}{f}\right|^2\right) d\varphi \\ &= \frac{1}{4\pi}\int\limits_0^{2\pi} \log\frac{1 + |f'/f|^2}{1 + \log^2|f|}\,d\varphi + \frac{1}{4\pi}\int\limits_0^{2\pi} \log(1 + \log^2|f|)\,d\varphi \\ &\leqq \frac{1}{2}\log\frac{1}{2\pi}\int\limits_0^{2\pi} \frac{1 + |f'/f|^2}{1 + \log^2|f|}\,d\varphi + \frac{1}{4\pi}\int\limits_0^{2\pi} \log(1 + \log^2|f|)\,d\varphi \end{aligned}\right\} \tag{5.3.46}$$

(nach dem zweiten Hilfssatz). Es handelt sich jetzt um die Abschätzung der in (5.3.46) zuletzt stehenden beiden Integrale. Setzt man

$$\mu(r) = \int_0^{2\pi} \frac{1 + \left| \frac{f'(r e^{i\varphi})}{f(r e^{i\varphi})} \right|^2}{1 + \log^2 |f(r e^{i\varphi})|} \, d\varphi, \tag{5.3.47}$$

so ist nach (5.3.43)

$$F(\varrho) = \int_{\varrho_0}^{\varrho} \mu(r)\, r\, dr \tag{5.3.48}$$

und nach (5.3.44)

$$\alpha(\varrho) = \int_{\varrho_0}^{\varrho} \frac{F(r)}{r}\, dr. \tag{5.3.49}$$

Die Funktionen $F(\varrho)$ und $\alpha(\varrho)$ fallen demnach unter diejenigen, über die der erste Hilfssatz eine Aussage macht. Es ist

$$F(\varrho) = \varrho\, \alpha'(\varrho), \quad \mu(\varrho) = \frac{F'(\varrho)}{\varrho} \tag{5.3.50}$$

und daher nach dem ersten Hilfssatz

$$F(\varrho) < \varrho [\alpha(\varrho)]^{\sqrt{1+\eta_1}}, \quad \mu(\varrho) < \frac{1}{\varrho} [F(\varrho)]^{\sqrt{1+\eta_1}}, \quad \sqrt{1+\eta_1} > 0 \tag{5.3.51}$$

für jedes $\varrho \geqq \varrho_0$ mit Ausnahme einer Menge von ϱ-Werten, deren Maß höchstens

$$\frac{1}{\eta} [\alpha(\varrho_0)]^{-\eta} \quad \text{bzw.} \quad \frac{1}{\eta} [F(\varrho_0)]^{-\eta}$$

ist, und wobei sich $\eta > 0$ aus

$$1 + \eta = \sqrt{1 + \eta_1}$$

berechnet. Es gelten daher die beiden (5.3.51) gleichzeitig für alle $\varrho \geqq \varrho_0$ mit Ausnahme einer Menge von ϱ-Werten, deren Maß höchstens

$$\frac{1}{\eta} \{ [\alpha(\varrho_0)]^{-\eta} + [F(\varrho_0)]^{-\eta} \} \tag{5.3.52}$$

ist. Aus (5.3.51) folgt

$$\mu(\varrho) < \frac{1}{\varrho}\, \varrho^{\sqrt{1+\eta_1}} [\alpha(\varrho)]^{1+\eta_1} < \frac{1}{\varrho}\, \varrho^{1+\eta_1} [\alpha(\varrho)]^{1+\eta_1} = \varrho^{\eta_1} [\alpha(\varrho)]^{1+\eta_1}.$$

Daher ist nach (5.3.45)

$$\mu(\varrho) < \varrho^{\eta_1} \{ 2\pi^2 T(\varrho, f) + O(\log \varrho) \}^{1+\eta_1}.$$

So ergibt sich für das erste Integral in der letzten Zeile von (5.3.46) die Abschätzung

$$\left.\begin{aligned}\frac{1}{2}\log\frac{1}{2\pi}\int_0^{2\pi}\frac{1+|f'/f|^2}{1+\log^2|f|}\,d\varphi &= \frac{1}{2}\log\frac{1}{2\pi}\,\mu(\varrho)\\ &= O\bigl(\max\{\overset{+}{\log} T(\varrho,f),\,\log\varrho\}\bigr),\end{aligned}\right\} \tag{5.3.53}$$

und das gilt für alle $\varrho \geqq \varrho_0$ mit Ausnahme einer Menge von ϱ-Werten mit einem endlichen durch (5.3.52) angegebenen Maß.

Das letzte Integral in (5.3.46) kann wie folgt abgeschätzt werden: Es ist

$$\left.\begin{aligned}\frac{1}{4\pi}\int_0^{2\pi}\log\bigl(1+\log^2|f(\varrho e^{i\varphi})|\bigr)\,d\varphi &= \frac{1}{2\pi}\int_0^{2\pi}\log\sqrt{1+\log^2|f|}\,d\varphi\\ &\leqq \log\frac{1}{2\pi}\int_0^{2\pi}\sqrt{1+\log^2|f|}\,d\varphi \qquad \text{(zweiter Hilfssatz)}\\ &\leqq \log\frac{1}{2\pi}\int_0^{2\pi}\sqrt{1+2|\log|f||+\log^2|f|}\,d\varphi\\ &= \log\frac{1}{2\pi}\int_0^{2\pi}(1+|\log|f||)\,d\varphi\\ &= \log\frac{1}{2\pi}\int_0^{2\pi}\left(1+\overset{+}{\log}|f|+\overset{+}{\log}\left|\frac{1}{f}\right|\right)d\varphi\\ &= \log\bigl(1+m(\varrho,\infty,f)+m(\varrho,0,f)\bigr)\\ &\leqq \log\bigl(1+T(\varrho,f)+T(\varrho,f)+O(\log\varrho)\bigr), \quad \text{s. (5.3.7)}\\ &= \log\bigl(2T(\varrho,f)+O(\log\varrho)\bigr)\\ &= O\bigl(\max\{\overset{+}{\log} T(\varrho,f),\,\log\varrho\}\bigr).\end{aligned}\right\} \tag{5.3.54}$$

Trägt man (5.3.53) und (5.3.54) in (5.3.46) ein, so hat man nun endlich den Beweis von (5.3.34).

5. Nach diesen Vorbereitungen kann der Beweis des Satzes von MALMQUIST wie folgt zu Ende geführt werden. Nach dem Satz von PAINLEVÉ in § **2.3.** können wesentlich singuläre Stellen nur für solche Werte $z = z_0$ eintreten, für die jede Stelle (w, z_0) eine singuläre Stelle von $R(w, z)$ ist, und dazu noch bei $z = \infty$. Da aber $R(w, z)$ eine rationale Funktion ist, so kommen nur endliche viele Stellen z_0 dafür in Frage. Man darf — eventuell nach Stürzung von z — annehmen, daß $z = \infty$ eine wesentlich singuläre Stelle einer eindeutigen nichtrationalen Lösung ist. Dann lehrt aber der Vergleich von (5.3.13) und (5.3.32), daß entweder $q \leqq 2$ oder $T(\varrho) = O(\log\varrho)$ sein muß. Im letzteren Falle aber ist

nach dem zu (5.3.10) ausgeführten $z = \infty$ ein Pol und also keine wesentlich singuläre Stelle. Daher scheidet dieser Fall aus, und es muß also $q \leqq 2$ sein, wenn die Lösung nichtrational sein, d. h. mindestens eine wesentlich singuläre Stelle haben soll. Daher ist $R(w, z)$ der Quotient zweier ganzer rationaler Funktionen in w, deren jede höchstens zweiten Grades in w ist. Da aber das gleiche auch gelten muß, wenn man $w = \alpha + 1/\mathfrak{w}$, α eine beliebige Zahl, in die Differentialgleichung einführt[1], so bleibt nur übrig, daß $R(w, z)$ eine ganze rationale Funktion zweiten Grades in w, die Differentialgleichung also eine RICCATIsche ist. Damit ist der Satz von MALMQUIST bewiesen.

Die Frage, wann eine RICCATIsche Differentialgleichung (5.2.1) mit rationalen Koeffizienten eine eindeutige Lösung besitzt, ist ungelöst. Sie hängt mit schwierigen Fragen über lineare Differentialgleichungen zweiter Ordnung zusammen. Leicht zu beweisen ist indessen der folgende **Satz**: *Sind die Koeffizienten der* RICCATI*schen Differentialgleichung* (5.2.1) *Polynome, so ist jedes Integral derselben eine eindeutige Funktion.* Da nämlich nach § 5.**2.** bewegliche Verzweigungspunkte nicht auftreten, können Verzweigungen nur an den festen singulären Stellen liegen. Da aber die einzige singuläre Stelle dieser Art der Punkt $z = \infty$ ist, so sind alle Lösungen in der GAUSSschen Ebene im Kleinen und daher nach dem Monodromiesatz auch im Großen eindeutig. H. WITTICH hat noch die Bemerkung hinzugefügt, daß die Lösungen entweder rational sind oder unendlich viele Pole besitzen. Alle Lösungen sind dann von endlicher rationaler Ordnung und gehören höchstens dem Mitteltypus dieser Ordnung an. Auch über die Werteverteilung der Lösungen gibt H. WITTICH in dieser Arbeit [Math. Ann. 124 (1952)] Aufschluß.

Ich entnehme einer brieflichen Mitteilung von H. WITTICH den folgenden Beweis des **Satzes**: *Sind die Koeffizienten von* (5.2.1) *Polynome, so sind die Lösungen dieser* RICCATI*schen Differentialgleichung entweder*

---

[1] Führt man nämlich $w = \alpha + 1/\mathfrak{w}$ in

$$\frac{dw}{dz} = \frac{a_0 w^2 + a_1 w + a_2}{b_0 w^2 + b_1 w + b_2} \tag{5.3.60}$$

ein, so erhält man

$$\frac{d\mathfrak{w}}{dz} = -\mathfrak{w}^2 \frac{\mathfrak{w}^2(a_0\alpha^2 + a_1\alpha + a_2) + \mathfrak{w}(2a_0\alpha + a_1) + a_0}{\mathfrak{w}^2(b_0\alpha^2 + b_1\alpha + b_2) + \mathfrak{w}(2b_0\alpha + b_1) + b_0}.$$

Hier kann $q \leqq 2$ nur dann gelten, wenn entweder

$$a_0\alpha^2 + a_1\alpha + a_2 = 2a_0\alpha + a_1 = 0 \tag{5.3.61}$$

ist, oder wenn

$$2b_0\alpha + b_1 = b_0 = 0 \tag{5.3.62}$$

ist. Falls $a_0 = a_1 = a_2 = 0$ *nicht* gilt, so kann man α stets so wählen, daß (5.3.61) nicht erfüllt ist. Dann muß (5.3.62) bestehen. Daraus folgt aber $b_0 = b_1 = 0$. Sowohl im Falle $a_0 = a_1 = a_2 = 0$ wie im Falle $b_0 = b_1 = 0$ ist aber (5.3.60) eine RICCATIsche Differentialgleichung.

rational oder sie sind transzendente meromorphe Funktionen endlicher Ordnung mit unendlich vielen Polstellen. Nach R. NEVANLINNA, Eindeutige analytische Funktionen, S. 166, gilt

$$T(r, w) = \int_0^r \frac{A(t, w)}{t} dt, \quad A(t, w) = \frac{1}{\pi} \iint_{|z| \leqq t} \frac{|w'|^2}{(1 + |w|^2)^2} \varrho\, d\varrho\, d\varphi. \quad (5.3.55)$$

Man bilde

$$w'^2 = A_0^2 + \cdots + A_2^2 w^4, \qquad |w'|^2 \leqq |A_0|^2 + \cdots + |A_2^2|\, |w|^4.$$

Dann treten unter dem Integral Summanden auf von der Form

$$\frac{|w|^j}{(1 + |w^2|)}, \qquad j = 1, \ldots, 4$$

jeweils noch multipliziert mit dem absoluten Betrag eines Polynoms. Da die eben angeschriebenen Ausdrücke höchstens 1 sind, ist $A(t, w) < k t^m$ Also ist $T(r, w)$ und damit w von endlicher Ordnung (NEVANLINNA, S. 208). Daß $w(z)$ unendlich viele Polstellen hat oder rational ist, sieht man so ein. Man setze

$$w = u - \frac{A_1(z)}{2A_2(z)}. \quad (5.3.56)$$

Dann ist

$$u'(z) = A_3(z) + A_2(z)\, u^2, \qquad A_3(z) \text{ rational.} \quad (5.3.57)$$

Hätte das nicht rationale w nur endlich viele Pole, so auch u. Also ist

$$T(r, u) = m(r, u) + O(\log r). \quad (5.3.58)$$

Aus

$$u^2 = \frac{1}{A_2} u' - \frac{A_3}{A_2}$$

folgt aber

$$2m(r, u) = m(r, u') + O(\log r) \leqq m(r, u) + m\left(r, \frac{u'}{u}\right) + O(\log r).$$

Das heißt, es ist

$$m(r, u) \leqq m\left(r, \frac{u'}{u}\right) + O(\log r).$$

Nach (5.3.34) ist daher

$$m(r, u) \leqq O(\overset{+}{\log} T(r)) + O(\log r). \quad (5.3.59)$$

Mit $w(z)$ ist auch $u(z)$ von endlicher Ordnung. Das heißt, es ist

$$\log T(r, u) = O(\log r).$$

Daher folgt aus (5.3.59)

$$m(r, u) = O(\log r).$$

Nach (5.3.58) ist also

$$T(r, u) = O(\log r).$$

Hieraus folgt aber nach (5.3.10), daß $u(z)$ und daher auch $w(z)$ rational ist. Wegen der Bestimmung der Ordnung der meromorphen Funktion vgl. man eine Arbeit von H. WITTICH in Arch. Math. Bd. 5 (1954).

Es darf noch bemerkt werden, daß der Beweis, den J. MALMQUIST selbst 1913 in Acta math., Stockh. Bd. 36 gegeben hat, kürzer scheint als der hier vorgetragene von YOSIDA (1932). Indessen bietet der neuere Beweis eine Einordnung des MALMQUISTschen Satzes in allgemeine funktionentheoretische Theorien, während der ursprüngliche mehr ad hoc erdacht scheint[1].

J. MALMQUIST hat in der gleichen Arbeit noch einen weiteren Satz bewiesen, der eine solche Einordnung[2] in die allgemeine Funktionentheorie durch H. P. KÜNZI [C. R. Acad. sci. Paris Bd. 242 (1955)] gefunden hat. Dieser Satz beantwortet eine Frage, mit der sich auch L. FUCHS und P. PAINLEVÉ schon befaßt haben. Der **Satz** lautet in der Fassung, die ihm KÜNZI gegeben hat: *Falls $f(w, z)$ in* (5.1.1) *eine rationale Funktion von w und z ist, und falls diese Differentialgleichung ein endlich vieldeutiges Integral besitzt, so ist diese Lösung entweder eine algebraische Funktion, oder sie ist algebroid*[3]*, und dann kann* (5.1.1) *durch eine Abbildung*

$$v = \frac{1}{w - a} \tag{5.3.63}$$

in eine RICCATI*sche Differentialgleichung*

$$\frac{dv}{dz} = A_0(z)\, v^2 + A_1(z)\, v + A_2(z) \tag{5.3.64}$$

mit rationalen Koeffizienten übergeführt werden. Die Frage nach Kriterien dafür, wann der eine und wann der andere Fall vorliegt, ist trotz der Bemühungen von P. PAINLEVÉ in den schon erwähnten Stockholmer Vorlesungen noch nicht restlos geklärt.

4. Ein Analogon des kleinen PICARDschen Satzes. *Wieder sei $f(w, z)$ in* (5.1.1) *eine rationale Funktion von w und z. Es sei $w = w(z)$ eine Lösung von* (5.1.1), *deren Umkehrungsfunktion unendlich vieldeutig ist. Dann nimmt $w = w(z)$ jeden Wert mit endlich vielen Ausnahmen unendlich oft an. Die Ausnahmewerte sind unter den w-Koordinaten von endlich*

---

[1] H. WITTICH hat Math. Ann. 124 (1954) einen weiteren ebenfalls auf der NEVANLINNAschen Theorie beruhenden Beweis dieses Satzes von MALMQUIST gegeben.

[2] Man hat dazu u. a. HENRIK SELBERGS Theorie der algebroiden Funktionen heranzuziehen. SELBERGS Gedankengängen habe ich mich auch bei der Herleitung von (5.3.34) angeschlossen. Vgl. H. SELBERG: Algebroide Funktionen und Umkehrfunktionen ABELscher Integrale. Avhandlinger utgift av det Norske Vedenskaps-Akad. i Oslo, Math. Nat. Kl. 1934, No. 8.

[3] Algebroid heißt eine Funktion, wenn sie endlich vieldeutig und an eigentlichen Stellen bis auf algebraische Verzweigungen regulär ist.

vielen festen singulären Stellen der Differentialgleichung

$$\frac{dz}{dw} = \frac{1}{f(w, z)} \tag{5.4.1}$$

enthalten, der die Umkehrungsfunktion $z(w)$ genügt.

Feste singuläre Stellen im Sinne dieses Satzes bei einer Differentialgleichung (5.1.2) mit in w und z rationalem $f(w, z)$ sind die Stellen z_0, für die der Nenner $Q(w, z_0)$ identisch in w verschwindet, und diejenigen Stellen z_0, zu denen Stellen w_0 gehören, für die $P(w_0, z_0) = Q(w_0, z_0) = 0$ ist. Dabei ist $f(w, z) = P(w, z)/Q(w, z)$ und sind P und Q als teilerfremde Polynome in w und z angenommen. Dazu tritt eventuell noch $z = \infty$. Das sind im ganzen endlich viele Stellen z_0. Für (5.4.1) kommen dementsprechend endlich viele Stellen w_0 als solche feste singuläre Stellen in Betracht, die allein die im Satz in Betracht kommenden Ausnahmewerte stellen. Ist nun $w(z)$ eine Lösung von (5.1.1) mit unendlich vieldeutiger Umkehrungsfunktion, und ist $\mathfrak{w}$ ein Wert, der nicht zu den eben beschriebenen festen singulären Stellen von (5.4.1) gehört, so ist jeder Zweig der unendlich vieldeutigen Umkehrungsfunktion $z(w)$ an der Stelle $\mathfrak{w}$ regulär oder algebraisch singulär (§ 2.**4.**, § 5.**1.**). Das sind unendlich viele verschiedene Funktionselemente, weil sonst $z(w)$ sich durch analytische Fortsetzung aus denselben als endlich vieldeutig ergeben müßte. Diese unendlich vielen verschiedenen Funktionselemente von $z(w)$ mit dem gleichen Entwicklungsmittelpunkt $\mathfrak{w}$ bedeuten aber, daß $w(z)$ den Wert $\mathfrak{w}$ an unendlich vielen verschiedenen Stellen annimmt, und zwar an jeder dieser mit einer Vielfachheit, die der Verzweigung des entsprechenden Elementes der Umkehrung $z(w)$ entspricht.

5. Algebraische Differentialgleichungen. Einiges über algebraische Differentialgleichungen

$$A_0(w, z)\left(\frac{dw}{dz}\right)^n + A_1(w, z)\left(\frac{dw}{dz}\right)^{n-1} + \cdots + A_n(w, z) = 0 \tag{5.5.1}$$

wurde schon in § 4.**9.** vorgetragen. Den in § 5.**1.** erörterten Begriff der festen und beweglichen Singularitäten kann man wie folgt hierher übertragen. Es sei angenommen, daß die $A_k(w, z)$ Polynome in w und z sind. Es darf angenommen werden, daß das Polynom in w', w, z auf der linken Seite von (5.5.1) irreduzibel ist, d. h. nicht ein Produkt von anderen Polynomen ist. Dann ist durch (5.5.1) w' als algebraische Funktion von w und z definiert:

$$w' = F(w, z).$$

Die singulären Stellen dieser Differentialgleichung sind die singulären Stellen dieser algebraischen Funktion und dazu die entsprechenden Stellen der durch Stürzungen in z oder w erhaltenen Differentialgleichungen. Die Definition der Begriffe „feste" und „bewegliche" Singularität kann man nun aus § 5.**1.** übernehmen.

In Verallgemeinerung des in § 5.**2.** über die RICCATIsche Differentialgleichung Gesagten hat L. FUCHS die Frage nach den von beweglichen Singularitäten freien Differentialgleichungen (5.5.1) gestellt. Dieses Problem ist nicht völlig erledigt[1]. Schon BRIOT und BOUQUET haben es in ihren fonctions elliptiques für binomische Differentialgleichungen

$$\left(\frac{dw}{dz}\right)^n = A(w, z) \tag{5.5.2}$$

behandelt. Aber selbst hier ist das Ergebnis bei weitem nicht so schön wie im Falle $n = 1$ (RICCATIsche Differentialgleichungen). Es ergeben sich 6 Typen von binomischen Differentialgleichungen ohne bewegliche Singularitäten, die sich auch explizite integrieren lassen. INCE hat darüber in seinen ordinary differential equations berichtet.

Nur ein Ergebnis von BRIOT, BOUQUET und HERMITE will ich anführen und beweisen. Es sei $f(w)$ eine algebraische Funktion von w, die durch eine Gleichung

$$F(w, p) = 0 \tag{5.5.3}$$

definiert sei. ($F(w, p)$ Polynom in w und p). *Wenn auch nur ein Integral der Differentialgleichung*

$$\frac{dw}{dz} = f(w) \tag{5.5.4}$$

eine eindeutige Funktion ist, so ist das Geschlecht der algebraischen Funktion $f(w)$ Null oder Eins. Die eindeutigen Lösungen von (5.5.4) *sind entweder rational oder einfach periodisch oder doppelperiodisch.*

Ich beweise zunächst die HERMITEsche auf das Geschlecht bezügliche Aussage. Nach § 2.**3.** besitzen die Lösungen von (5.5.4) im Endlichen nur algebraische Singularitäten. Eine eindeutige Lösung von (5.5.4) ist daher eine in der GAUSSschen Ebene meromorphe Funktion. Daher bedeutet die Existenz eines eindeutigen Integrals von (5.5.4) die Existenz einer Parameterdarstellung des durch (5.5.3) definierten algebraischen Gebildes durch zwei meromorphe Funktionen $w = w(z)$, $p = w'(z)$. Es ist so der Satz von HERMITE Spezialfall eines jüngeren Satzes von PICARD: *Falls die durch* (5.5.3) *definierte algebraische Funktion eine Parameterdarstellung durch zwei meromorphe Funktionen $w = w(z)$, $p = p(z)$ besitzt,*

[1] Einen Bericht über die von P. PAINLEVÉ, E. PICARD, H. POINCARÉ gemachten Ansätze und erzielten Ergebnisse gibt E. HILB in seinem Encyklopädieartikel, sowie eine Note in Bd. II der Oeuvres von H. POINCARÉ. Als Hauptergebnis wird dort festgestellt: Faßt man (5.5.1) bei unbestimmtem z als Gleichung zwischen w und w' auf, so ist das Geschlecht p derselben von z unabhängig. Ist $p > 1$ und ist das allgemeine Integral von beweglichen Verzweigungspunkten frei, so ist es algebraisch. In den Fällen $p = 0$ und $p = 1$ lassen sich die in Betracht kommenden Differentialgleichungen explizite angeben.

so hat sie das Geschlecht 0 *oder* 1. Diesen Satz gewinnt man heute als unmittelbare Folgerung aus bekannten Tatsachen der Uniformisierungstheorie. In der Ausdrucksweise dieser Theorie bedeutet die Existenz einer Parameterdarstellung durch meromorphe Funktionen, daß $w = w(z)$ die GAUSSsche z-Ebene auf eine Überlagerungsfläche des durch (5.5.3) definierten algebraischen Gebildes abbildet. Damit ist folgendes gemeint: Die algebraische Funktion $p = p(w)$ läßt sich in der Umgebung einer jeden Stelle (w_0, p_0) nach ganzen Potenzen von $\sqrt[n]{w - w_0}$ oder $\sqrt[n]{1/w}$ mit geeignetem natürlichem n entwickeln, wobei in der betreffenden Reihe nur endlich viele negative Potenzen auftreten. Trägt man in diese Reihe dann $w(z)$ ein und betrachtet eine Stelle $z = z_0$, für die $w_0 = w(z_0)$, $p_0 = p(z_0)$ ist, so muß sich in der Umgebung von z_0 die eindeutige bis auf einen Pol bei z_0 reguläre Funktion $p(z)$ ergeben. Das heißt also: $\sqrt[n]{w(z) - w_0}$ ist in der Umgebung von z_0 eindeutig und bis auf einen bei z_0 gelegenen Pol regulär. Betrachtet man nun eine Hauptuniformisierende[1] $t = t(w)$ des Gebildes (5.5.3), so ist auch diese in der Umgebung der Stelle (w_0, p_0) in eine nach ganzen Potenzen von $\sqrt[n]{w - w_0}$ fortschreitende Reihe entwickelbar. Trägt man daher $w = w(z)$ ein, so ist $\tau(z) = t\{w(z)\}$ in der Umgebung von z_0 eindeutig und bis auf einen bei z_0 gelegenen Pol regulär. Da dies für jede Stelle z_0 der GAUSSschen z-Ebene gilt, ist $\tau(z)$ nach dem Monodromiesatz eindeutig und daher in der GAUSSschen Ebene meromorph. Wäre nun das Geschlecht von (5.5.3) größer als 1, so wäre eine geeignet gewählte Hauptuniformisierende eine Grenzkreisuniformisierende und daher wäre $\tau(z)$ in der z-Ebene beschränkt. Dann müßte aber nach dem Satz von LIOUVILLE $\tau(z)$ konstant sein, was ungereimt ist. Damit ist der Satz von PICARD und daher auch der von HERMITE bewiesen.

Die von BRIOT und BOUQUET stammende ältere Aussage über die eindeutigen Integrale ergibt sich ebenfalls aus der Uniformisierungstheorie. Man kann wie folgt schließen: Die zu untersuchende eindeutige Lösung $w = w(z)$ von (5.5.4) ist die Umkehrungsfunktion des ABELschen Integrals

$$z = \int \frac{dw}{f(w)}. \tag{5.5.5}$$

Ich betrachte dieses auf der RIEMANNschen Fläche der algebraischen Funktion $p = f(w)$. Zu jedem Wert von w gehören den — sagen wir — n Blättern der RIEMANNschen Fläche von $f(w)$ entsprechend n Funktionselemente des Integrals bis auf die additiven Integralperioden. Man

[1] Wegen der in diesem Abschnitt benutzten Begriffe der Uniformisierungstheorie vgl. man z. B. L. BIEBERBACH: Lehrbuch der Funktionentheorie, Bd. II, oder den der Uniformisierung gewidmeten von R. NEVANLINNA verfaßten Band dieser gelben Sammlung.

hat nun zu beachten, daß bekanntlich eine eindeutige analytische Funktion entweder 0-periodisch oder einfachperiodisch oder doppelperiodisch ist. Die eindeutige meromorphe Umkehrungsfunktion $w(z)$ von (5.5.5) nimmt daher an n Stellen und den hinsichtlich der Perioden äquivalenten Stellen den gleichen Wert an. Liegt dann der 0-periodische Fall vor, so nimmt sie jeden Wert n-mal an und ist daher rational. Liegt der einfachperiodische Fall vor und ist ω eine primitive Periode, so nimmt sie im Periodenstreifen einen jeden Wert n-mal an und ist daher eine rationale Funktion von $\exp\left(\frac{2i\pi}{\omega}z\right)$. Liegt endlich der doppelperiodische Fall vor, und ist ω_1, ω_2 ein primitives Periodenpaar, so ist die eindeutige Lösung von (5.5.4) eine rationale Funktion von $\wp(z; \omega_1, \omega_2)$ und $\wp'(z; \omega_1, \omega_2)$. Damit ist der Satz von BRIOT-BOUQUET und HERMITE restlos bewiesen. Es bleibt aber die Frage nach Kriterien dafür, wann der eine oder der andere Fall eintritt. Die Lösung findet man bei BRIOT und BOUQET in der mehrerwähnten Arbeit von 1856.

Es sei noch angemerkt, daß man den Satz auf **endlichvieldeutige Integrale** von (5.5.4) verallgemeinern kann. Die Lösungen sind dann entweder algebraische Funktionen oder algebraische Funktionen von einem $\exp\left(\frac{2\pi i}{\omega}z\right)$ oder algebraische Funktionen von passenden $\wp(z; \omega_1, \omega_2)$ und $\wp'(z; \omega_1, \omega_2)$. Man kann den im Fall eindeutiger Integrale vorgetragenen Beweis mit geringen Änderungen wiederholen. Man hat dabei zu beachten, daß auch endlichvieldeutige in der GAUSSschen Ebene bis auf algebraische Verzweigungen reguläre — s.g. algebroide — Funktionen entweder 0-periodisch oder einfachperiodisch oder doppelperiodisch sind. Man hat weiter zu beachten, daß nach einem Satz von RÉMOUNDOS eine algebroide nichtalgebraische n-deutige Funktion alle Werte mit höchstens $2n$ Ausnahmen unendlich oft annimmt. Natürlich gilt hier keine Einschränkung betreffend das Geschlecht des Gebildes, bei dem ABELsche Integrale mit endlich vieldeutiger Umkehrungsfunktion vorkommen. Denn man kann doch eine jede algebraische Funktion $z = z(t)$ als Umkehrungsfunktion eines ABELschen Integrals darstellen. Ist nämlich $t = t(z)$ die algebraische Umkehrungsfunktion von $z = z(t)$, so ist doch $t = \int^{z} t'(z)\, dz$ ein ABELsches Integral mit der endlichvieldeutigen Umkehrungsfunktion $z = z(t)$.

Der hier in seiner Beweisführung skizzierte Satz findet sich schon 1856 bei BRIOT und BOUQUET. In der Tat kann man durch eine Modifikation der Beweisführung den Satz von RÉMOUNDOS vermeiden. Man wird sich aber mit Vorteil der von HENRIK SELBERG entworfenen Theorie der algebroiden Funktionen erinnern. SELBERG behandelt dort unter anderen auch ausführlich die ABELschen Integrale mit endlichvieldeutiger Umkehrung. Vgl. die Literaturangabe in § 5.**3.**

Endlich erwähne ich noch einen Satz von MALMQUIST (Acta math., Stockh. Bd. 42, 1920): *Falls eine algebraische Differentialgleichung* (5.5.1) *nicht nur feste singuläre Stellen besitzt, so ist jede endlichvieldeutige Lösung derselben mit nur endlich vielen singulären Stellen eine algebraische Funktion.* Über die Wachstumsordnung der Lösungen algebraischer Differentialgleichungen haben PÓLYA und MALMQUIST Ergebnisse gefunden. MALMQUIST gibt unter anderem den Satz an: *Die Ordnung einer jeden ganzen transzendenten Lösung einer algebraischen Differentialgleichung* (5.5.1) *ist endlich, und zwar ist sie ein positives Vielfaches von* $\frac{1}{2}$. PÓLYA hat vorher schon [Acta math. Stockh. Bd. 42 (1920)] bewiesen, daß die Ordnung nicht 0 sein kann. Anschließend bewies G. VALIRON: *Ist* $w = f(z)$ *in* $|z| < 1$ *von unendlicher Ordnung, so kann* $f(z)$ *nicht Lösung einer algebraischen Differentialgleichung* (5.5.1) *sein* [J. Math. pures appl. IX (1952) 31].

6. Ein Satz von RELLICH. Die Bemerkung, daß die einzige ganze Lösung von

$$\frac{dw}{dz} = w^2$$

die Funktion $w = 0$ ist, während alle anderen Integrale dieser Differentialgleichung durch $w = 1/(c - z)$ gegeben sind, hat FRANZ RELLICH zu dem folgenden Satz geführt. *In*

$$\frac{dw}{dz} = f(w, z) \tag{5.6.1}$$

sei $f(w, z)$ *eine ganze Funktion. Gibt es zwei verschiedene ganze Lösungen* $u(z)$ *und* $v(z)$ *von* (5.6.1), *so ist jede andere ganze Lösung von* (5.6.1) *von der Form*

$$w(z) = u(z) + c[v(z) - u(z)], \quad c \text{ konstant.} \tag{5.6.2}$$

Wenn $f(w, z)$ *nichtlinear in* w *ist, dann gibt es höchstens abzählbare viele* $c = c_n$, *für die* (5.6.2) *eine ganze Lösung von* (5.6.1) *ist. Diese* c_n *häufen sich nirgends im Endlichen* [Math. Ann. 117 (1940)].

Zum Beweis nehme man an, es seien $u(z)$, $v(z)$, $w(z)$ drei ganze Lösungen von (5.6.1). Nach dem grundlegenden Existenzsatz von § 1.**1.** sind dann die Differenzen

$$w(z) - v(z), \quad v(z) - u(z) \quad \text{und} \quad w(z) - u(z)$$

überall von 0 verschieden. Daher ist

$$f(z) = \frac{w(z) - u(z)}{v(z) - u(z)}$$

eine nirgends verschwindende ganze Funktion. Sie nimmt aber auch den Wert 1 nirgends an. Denn an einer solchen Stelle wäre $w(z) - v(z) = 0$. Daher ist nach dem kleinen PICARDschen Satz $f(z)$ eine Konstante. Damit ist (5.6.2) bewiesen.

Gibt es unendliche viele $c = c_n$, für die (5.6.2) Lösung von (5.6.1) ist, dann ist bei festem z

$$f(w, z) = u'(z) + \frac{v'(z) - u'(z)}{v(z) - u(z)}\left(w - u(z)\right)$$

für die Zahlenfolge

$$w = w_n = u(z) + c_n[v(z) - u(z)].$$

Da $v(z) - u(z) \neq 0$ ist, so sind die w_n eine sich im Endlichen häufende Zahlenfolge, wenn sich die c_n im Endlichen häufen. Daher wäre in diesem Falle

$$f(w, z) = u'(z) + \frac{v'(z) - u'(z)}{v(z) - u(z)}\left(w - u(z)\right)$$

nach dem Identitätssatz der Funktionentheorie für alle w, z richtig, d. h., es wäre $f(w, z)$ linear in w.

Für die Differentialgleichung

$$\frac{dw}{dz} = f(w) \tag{5.6.3}$$

mit ganzer nichtlinearer rechter Seite $f(w)$ ist jede ganze Lösung konstant. Denn wäre $u(z)$ eine nichtkonstante ganze Lösung, so wäre auch $u(z+c)$ für jede Konstante c eine nichtkonstante ganze Lösung von (5.6.3). Es gäbe also mehr als abzählbare viele verschiedene ganze Lösungen, was dem eben bewiesenen Satz widerspricht.

Zu zwei ganzen Funktionen $u(z)$ und $v(z)$, für die $v(z) - u(z)$ nirgends 0 ist, gehören immer Differentialgleichungen (5.6.1) mit ganzem $f(w, z)$, deren ganze Lösungen aus den Funktionen $w(z) = u(z) + c_n[v(z) - u(z)]$ mit gegebenen Konstanten $c_0 = 0, c_1, c_2, \ldots, c_n \to \infty$ bestehen. Man wähle zum Beweis eine ganze Funktion $g(z)$ mit genau den Nullstellen $0, c_1, c_2, \ldots$ und setze

$$f(w, z) = u'(z) + \frac{v'(z) - u'(z)}{v(z) - u(z)}\left(w - u(z)\right) + [v(z) - u(z)]\, g\left(\frac{w - u(z)}{v(z) - u(z)}\right).$$

Ist dann $w = w(z)$ irgendeine ganze Lösung von $w' = f(w, z)$, so ist

$$\mathfrak{w}(z) = \frac{w(z) - u(z)}{v(z) - u(z)}$$

eine ganze Lösung von $\mathfrak{w}' = g(\mathfrak{w})$. Also ist $\mathfrak{w} = c$ und $g(c) = 0$. Daher ist

$$w(z) = u(z) + [v(z) - u(z)]\, c_n,$$

und jedes solche w ist Lösung von $w' = f(w, z)$.

§ 6. Lineare Differentialgleichungen im Kleinen

1. Das allgemeine Integral. Lineare Differentialgleichungen zweiter Ordnung haben die Gestalt

$$w'' + p_1(z)\, w' + p_2(z)\, w + p_3(z) = 0. \tag{6.1.1}$$

Hier sind die $p_k(z)$ gegebene analytische Funktionen von z. Sie mögen in einem der weiteren Betrachtung zugrunde gelegten Gebiet eindeutig und bis auf isolierte singuläre Stellen regulär sein. Aus § **1.7.** ist bekannt, daß die Lösungen nur an singulären Stellen der Koeffizienten $p_k(z)$ und bei $z = \infty$ singuläre Stellen aufweisen können. Dort wurde auch festgestellt, daß das allgemeine Integral der homogenen Differentialgleichung

$$w'' + p_1(z)\, w' + p_2(z)\, w = 0 \tag{6.1.2}$$

ein zweidimensionaler Vektorraum ist. Eine jede Basis desselben, d. h. jedes Paar linear unabhängiger Lösungen $w_1(z)$, $w_2(z)$ von (6.1.2), heißt Fundamentalsystem von (6.1.2). Aus zwei solchen linear unabhängigen Lösungen lassen sich alle Lösungen $w(z)$ in der Form

$$w(z) = c_1\, w_1(z) + c_2\, w_2(z) \tag{6.1.3}$$

mit komplexen Konstanten c_1, c_2 darstellen. Ein Kriterium dafür, daß w_1, w_2 ein Fundamentalsystem bilden, liegt darin, daß die Wronskische Determinante

$$w_1(z)\, w_2'(z) - w_2(z)\, w_1'(z) \tag{6.1.4}$$

nicht identisch verschwindet. Ist nämlich an einer regulären Stelle z_0 von (6.1.2)

$$w_1(z_0)\, w_2'(z_0) - w_2(z_0)\, w_1'(z_0) \neq 0, \tag{6.1.5}$$

so können die beiden Gleichungen

$$\begin{aligned} w_0 &= c_1\, w_1(z_0) + c_2\, w_2(z_0), \\ w_0' &= c_1\, w_1'(z_0) + c_2\, w_2'(z_0) \end{aligned} \tag{6.1.6}$$

bei beliebig gegebenen w_0, w_0' durch Wahl der Zahlen c_1, c_2 erfüllt werden, so daß sich $w(z)$ in der Form (6.1.3) darstellen läßt. Gilt (6.1.5) an einer regulären Stelle z_0 von (6.1.2), so gilt (6.1.3) für jede reguläre Stelle z_0, wie ohne weiteres klar ist. Es mag aber zum Überfluß noch auf einem anderen Weg gezeigt werden. Aus

$$\begin{aligned} w_1'' + p_1 w_1' + p_2 w_1 &= 0, \\ w_2'' + p_1 w_2' + p_2 w_2 &= 0 \end{aligned}$$

folgt

$$\frac{d}{dz}(w_1 w_2' - w_2 w_1') + p_1(w_1 w_2' - w_2 w_1') = 0,$$

und daraus ergibt sich durch Integration die Wronskische Determinante

$$w_1(z)\, w_2'(z) - w_2(z)\, w_1'(z) = C_0 \exp\left\{-\int_{z_0}^{z} p_1(z)\, dz\right\}, \tag{6.1.7}$$

worin die Behauptung enthalten ist[1]. *Übrigens schließt man aus* (6.1.7) *auch, daß durch die Kenntnis einer Lösung* w_1 *von* (6.1.2) *die Differentialgleichung* (6.1.2) *auf eine lineare Differentialgleichung erster Ordnung* (6.1.7) *für jede weitere Lösung* w_2 *von* (6.1.2) *zurückgeführt wird.*

Die Integration der inhomogenen Gleichung (6.1.1) *ist geleistet, sowie man ein Integral derselben und ein Fundamentalsystem der zugehörigen homogenen Gl.* (6.1.2) *kennt.* Das wurde auch schon in § **1.7.** festgestellt und beruht darauf, daß die Differenz zweier Lösungen von (6.1.1) stets eine Lösung von (6.1.2) ergibt. Man muß also nur nach einer einzigen Lösung von (6.1.1) fahnden. Man ermittelt sie nach der **Methode der Variation der Konstanten** aus einem Fundamentalsystem $w_1(z)$, $w_2(z)$ von (6.1.2) durch den Ansatz

$$w(z) = c_1(z)\, w_1(z) + c_2(z)\, w_2(z) \tag{6.1.8}$$

mit noch unbekannten Koeffizienten $c_1(z)$ und $c_2(z)$. Differentiation ergibt

$$w' = c_1'\, w_1 + c_2'\, w_2 + c_1\, w_1' + c_2\, w_2'.$$

Ich setze

$$c_1'\, w_1 + c_2'\, w_2 = 0. \tag{6.1.9}$$

Dann bleibt

$$w' = c_1\, w_1' + c_2\, w_2'. \tag{6.1.10}$$

Erneute Differentiation ergibt

$$w'' = c_1'\, w_1' + c_2'\, w_2' + c_1\, w_1'' + c_2\, w_2''.$$

Ich setze

$$c_1'\, w_1' + c_2'\, w_2' + p_3(z) = 0. \tag{6.1.11}$$

Dann bleibt

$$w'' = c_1\, w_1'' + c_2\, w_2''. \tag{6.1.12}$$

Setzt man dann (6.1.8), (6.1.10) und (6.1.12) in (6.1.1) ein, so ist die Gleichung erfüllt. Aus (6.1.9) und (6.1.11) kann man aber wegen

$$w_1\, w_2' - w_2\, w_1' \neq 0$$

c_1' und c_2' und daher auch $c_1(z)$ und $c_2(z)$ ermitteln.

Das Ergebnis kann so geschrieben werden:

$$w(z) = c_1\, w_1(z) + c_2\, w_2(z) + \int_{z_0}^{z} \frac{w_1(z)\, w_2(\mathfrak{z}) - w_2(z)\, w_1(\mathfrak{z})}{w_1(\mathfrak{z})\, w_2'(\mathfrak{z}) - w_2(\mathfrak{z})\, w_1'(\mathfrak{z})}\, p_3(\mathfrak{z})\, d\mathfrak{z}. \tag{6.1.13}$$

Hier ist z_0 irgendeine holomorphe Stelle der Koeffizienten von (6.1.1) und bedeuten c_1 und c_2 willkürliche Konstanten. Natürlich kann (6.1.13) aus (1.6.13) abgelesen werden, wenn man in der durch (1.7.2) und (1.7.3) angedeuteten Weise von (6.1.1) zu einem System übergeht.

[1] Ist nämlich die Wronskische Determinante an einer regulären Stelle z_0 von 0 verschieden, so ist sie nach (6.1.7) auch an allen anderen regulären Stellen der p_1, p_2 von 0 verschieden.

2. Beispiele. a) *Man kann die beiden Funktionen eines Fundamentalsystems beliebig vorgeben und eine Differentialgleichung* (6.1.2) *bestimmen, deren Fundamentalsystem von den beiden gegebenen Funktionen gebildet wird.* Aus

$$w + c_1 w_1 + c_2 w_2 = 0,$$
$$w' + c_1 w_1' + c_2 w_2' = 0,$$
$$w'' + c_1 w_1'' + c_2 w_2'' = 0$$

folgt nämlich

$$\begin{vmatrix} w & w_1 & w_2 \\ w' & w_1' & w_2' \\ w'' & w_1'' & w_2'' \end{vmatrix} = 0, \qquad (6.2.0)$$

und das hat die Form von (6.1.2), wenn man die Determinante nach der ersten Spalte entwickelt. Wählt man z. B. für $w_1(z)$ und $w_2(z)$ zwei meromorphe Funktionen der GAUSSschen Ebene, so werden auch die Koeffizienten der Differentialgleichung (6.2.0) meromorphe Funktionen. Im allgemeinen Fall hängt natürlich die analytische Natur der Koeffizienten von (6.2.0) von der analytischen Natur der gewählten Funktionen $w_1(z)$ und $w_2(z)$ ab. Zum Beispiel gilt folgende Behauptung, deren Beweis dem Leser überlassen sei: Sind $w_1(z)$ und $w_2(z)$ die beiden linear unabhängigen Wurzeln einer Gleichung zweiten Grades

$$W^2 + f(z)\, W + g(z) = 0$$

mit rationalen Koeffizienten, so genügen beide einer Differentialgleichung (6.2.0) mit rationalen Koeffizienten.

b) *Es gibt keine Differentialgleichung* (6.1.2) *ohne singuläre Stellen.* Denn zunächst müssen die Koeffizienten $p_1(z)$ und $p_2(z)$ ganze Funktionen sein, wenn im Endlichen keine singuläre Stelle liegen soll. Außerdem aber muß die Differentialgleichung

$$\frac{d^2 w}{d\mathfrak{z}^2} + \frac{dw}{d\mathfrak{z}}\left[\frac{2}{\mathfrak{z}} - \frac{1}{\mathfrak{z}^2} p_1\left(\frac{1}{\mathfrak{z}}\right)\right] + w\frac{1}{\mathfrak{z}^4} p_2\left(\frac{1}{\mathfrak{z}}\right) = 0, \qquad (6.2.1)$$

welche aus (6.1.2) durch die Stürzung $z = 1/\mathfrak{z}$ hervorgeht, bei $\mathfrak{z} = 0$ regulär sein. Das ist aber für ganze Funktionen $p_1(z)$ und $p_2(z)$ unmöglich.

c) Unter den **Differentialgleichungen**, deren einzige singuläre Stelle $z = \infty$ ist, sind die **mit konstanten Koeffizienten** p_1 und p_2 besonders einfach. Eine solche Differentialgleichung hat dann nach (6.2.1) bei $z = \infty$ einen Pol zweiter Ordnung im Koeffizienten von w', es sei denn $p_1 = 0$, und sie hat einen Pol vierter Ordnung im Koeffizienten von w, es sei denn $p_2 = 0$. Man integriert die (6.1.2) mit konstanten Koeffizienten nach § 1.8. Man kann aber auch den Ansatz

$$w = e^{\varrho z}$$

machen. Dieser führt zu der **charakteristischen Gleichung**

$$\varrho^2 + p_1 \varrho + p_2 = 0 \tag{6.2.2}$$

für ϱ. Hat diese zwei verschiedene Wurzeln ϱ_1 und ϱ_2, so ist

$$w = c_1 e^{\varrho_1 z} + c_2 e^{\varrho_2 z}, \qquad c_1 \text{ und } c_2 \text{ konstant},$$

das allgemeine Integral von (6.1.2). Hat aber (6.2.2) eine Doppelwurzel

$$\varrho = -p_1/2,$$

so ist

$$\exp\left(-\frac{p_1}{2} z\right)$$

eine erste Funktion eines Fundamentalsystems. Eine zweite ermittelt man aus (6.1.7). Setzt man dort

$$w_1 = \exp\left(-\frac{p_1}{2} z\right) \quad \text{und z. B.} \quad C_0 = 1, \qquad z_0 = 0,$$

so erhält man

$$w_2' + \frac{p_1}{2} w_2 = \exp\left(-\frac{p_1}{2} z\right),$$

und daraus nach § 1.1.

$$w_2 = z \exp\left(-\frac{p_1}{2} z\right)$$

als eine zweite Lösung eines Fundamentalsystems. Das allgemeine Integral von (6.1.2) ist in diesem Fall

$$w = (c_1 + c_2 z) \exp\left(-\frac{p_1}{2} z\right), \qquad c_1 \text{ und } c_2 \text{ konstant}.$$

Keine dieser Lösungen hat für $z \to \infty$ einen Grenzwert, es sei denn $p_1 = 0$ oder $c_1 = c_2 = 0$. Dann handelt es sich aber um die Differentialgleichung $w'' = 0$, und die allgemeine Lösung ist $w = c_1 + c_2 z$.

Ist z_0 eine singuläre Stelle von (6.1.2), und gibt es auch nur eine Lösung, die für $z \to z_0$ keinen Grenzwert besitzt, so nennt man die singuläre Stelle eine wesentlich singuläre Stelle der Differentialgleichung. Für (6.1.2) mit konstanten Koeffizienten ist $z = \infty$ eine wesentlich singuläre Stelle immer dann, wenn nicht gerade die Differentialgleichung $w'' = 0$ vorliegt. Für diese allein unter allen Differentialgleichungen (6.1.2) mit konstanten Koeffizienten ist $z = \infty$ *nicht* wesentlich singuläre Stelle.

Man kann die Integrale der Differentialgleichung (6.1.2) mit konstanten Koeffizienten p_1 und p_2 noch auf einem anderen Wege herleiten. Dazu bezeichnet man das auf der linken Seite der charakteristischen Gl. (6.2.2) stehende Polynom mit $\varphi(\varrho)$ und ziehe noch ein anderes beliebiges Polynom $f(\varrho)$ heran. Dann ist

$$w(z) = \frac{1}{2\pi i} \int e^{z\varrho} \frac{f(\varrho)}{\varphi(\varrho)} d\varrho$$

eine Lösung von (6.1.2), wenn man dies Integral über irgendeinen geschlossenen Weg erstreckt, der keine Nullstelle von $\varphi(\varrho)$ trifft. Denn durch Differenzieren unter dem Integralzeichen hat man

$$w'' + p_1 w' + p_2 w = \frac{1}{2\pi i}\int e^{z\varrho}\frac{\varrho^2 + p_1\varrho + p_2}{\varphi(\varrho)} f(\varrho)\, d\varrho$$
$$= \frac{1}{2\pi i}\int e^{z\varrho} f(\varrho)\, d\varrho = 0$$

nach dem CAUCHYschen Integralsatz.

Wählt man als Integrationsweg insbesondere eine Kurve, die für jede der Nullstellen ϱ_1 und ϱ_2 von $\varphi(\varrho)$ die Umlaufzahl $+1$ hat, so wird das Integral gleich der Summe der Residuen des Integranden. Um diese zu ermitteln, gehen wir von der Partialbruchzerlegung

$$\frac{f(\varrho)}{\varphi(\varrho)} = \begin{cases} g(\varrho) + \dfrac{c_1}{\varrho - \varrho_1} + \dfrac{c_2}{\varrho - \varrho_2}, & \varrho_1 \neq \varrho_2 \\[2ex] g(\varrho) + \dfrac{c_1}{(\varrho - \varrho_1)^2} + \dfrac{c_2}{\varrho - \varrho_1}, & \varrho_1 = \varrho_2 \end{cases}$$

aus. Hier bedeutet $g(\varrho)$ ein Polynom, und die c_1, c_2 sind Konstanten. Dann hat man nach dem Residuensatz

$$w(z) = c_1 e^{z\varrho_1} + c_2 e^{z\varrho_2}, \quad \text{wenn} \quad \varrho_1 \neq \varrho_2$$

und

$$w(z) = (c_1 z + c_2)\, e^{z\varrho_1}, \quad \text{wenn} \quad \varrho_1 = \varrho_2$$

ist. Da $f(\varrho)$ ein beliebiges Polynom ist, sind die c_1, c_2 beliebige Konstanten. Das stimmt mit dem auf anderem Wege gefundenen Ergebnis überein.

d) In naher Beziehung zu den Differentialgleichungen mit konstanten Koeffizienten steht die Differentialgleichung

$$w'' + \frac{p_1}{z} w' + \frac{p_2}{z^2} w = 0, \tag{6.2.3}$$

in der wieder p_1 und p_2 Konstanten sein mögen. Jetzt haben wir zwei singuläre Stellen, eine bei $z = 0$ und eine bei $z = \infty$. Durch die Substitution

$$z = e^t$$

geht (6.2.3) in

$$\frac{d^2 w}{dt^2} + (p_1 - 1)\frac{dw}{dt} + p_2 w = 0$$

über, das ist in eine Differentialgleichung mit konstanten Koeffizienten. Daher führt bei (6.2.3) der Ansatz

$$w = z^\varrho$$

zur Integration, und man findet für ϱ die quadratische Gleichung

$$\varrho(\varrho - 1) + p_1\varrho + p_2 = 0.$$

Hat sie zwei verschiedene Wurzeln ϱ_1 und ϱ_2, so ist

$$w = c_1 z^{\varrho_1} + c_2 z^{\varrho_2} \tag{6.2.4}$$

das allgemeine Integral von (6.2.3). Hat aber die quadratische eine Doppelwurzel

$$\varrho = \frac{1 - p_1}{2},$$

so ist

$$w = (c_1 + c_2 \log z) z^{\frac{1-p_1}{2}} \tag{6.2.5}$$

das allgemeine Integral von (6.2.3).

Um etwas Aufschluß über das Verhalten von (6.2.4) und (6.2.5) in der Nähe von $z = 0$ zu gewinnen, werde der absolute Betrag der Lösungen betrachtet. Setzt man

$$z^\varrho = \exp(\varrho \log z), \quad z = r e^{i\vartheta}, \quad \varrho = \varrho' + i \varrho'',$$

so ist

$$z^\varrho = r^{\varrho'} \exp(-\varrho'' \vartheta) \exp[i(\varrho' \vartheta + \varrho'' \log r)],$$

woran der Leser sehen mag, wie verwirrend das Verhalten der Lösung bei Annäherung an $z = 0$ auf irgendwelchen Wegen sein kann. Sogar bei geradliniger Annäherung braucht kein Grenzwert zu existieren, wie man sieht, wenn man z. B. $\varrho' = 0$, $\varrho'' = 1$, $\vartheta = 0$ nimmt. Man hat aber

$$|z^\varrho| = r^{\varrho'} \exp(-\varrho'' \vartheta)$$

und somit

$$|z^\varrho| \leqq r^{\varrho'} \exp(|\varrho''| 2\pi), \quad 0 \leqq \vartheta \leqq 2\pi,$$

d. h. wenn man eine Beschränkung in ϑ eintreten läßt, was die Aussonderung eines Zweiges der Funktion z^ϱ bedeutet. Außerdem hat man

$$|\log z| = |\log r + i\vartheta| \leqq \frac{1}{r} + 2\pi, \quad 0 \leqq \vartheta \leqq 2\pi.$$

Somit erkennt man, daß sowohl bei der Lösung (6.2.4) wie bei der Lösung (6.2.5) eine Zahl $k > 0$ existiert derart, daß

$$\lim_{z \to 0} |z^k w(z)| = 0 \quad \text{für} \quad 0 \leqq \vartheta \leqq 2\pi$$

gleichmäßig gilt.

Man nennt eine solche singuläre Stelle, wie (6.2.3) deren zwei hat, eine außerwesentlich oder schwach singuläre Stelle[1].

[1] Dieser Begriffsname wird von manchen Autoren in ganz anderem Sinn gebraucht, nämlich als Bezeichnung für singuläre Stellen der Differentialgleichung, an der sämtliche Lösungen regulär sind. Solche singuläre Stellen werden auch **Nebenpunkt** oder **scheinbare Singularität** genannt. In ihnen verschwindet dann nach (6.2.0)

$$w_1 w_2' - w_2 w_1'$$

in irgendeiner Ordnung, die die Ordnung des Nebenpunktes genannt wird.

Die präzise Definition ist diese: Eine isolierte singuläre Stelle $z=a$, in deren Umgebung die Koeffizienten der Differentialgleichung (6.1.2) eindeutige analytische Funktionen sind, heißt **außerwesentlich singulär** oder **schwach singulär** oder auch eine **Stelle der Bestimmtheit,** wenn es eine Potenz $(z-a)^k$ $(k>0)$ gibt, derart, daß für jede Lösung w der Differentialgleichung $|(z-a)^k w|$ bei radialer Annäherung an $z=a$ gleichmäßig gegen Null strebt (gleichmäßig in jedem Winkelraum der Annäherung). Dementsprechend nennt man die vorhin benannten wesentlich singulären Stellen auch **Stellen der Unbestimmtheit,** um anzudeuten, daß ein solcher Grenzwert nicht für jede Lösung existiert. Ist a uneigentlich, so tritt natürlich in dieser Definition $1/z$ an die Stelle von $z-a$. Siehe § 6.**4.** und § 6.**10.**

Im Fall der Differentialgleichung mit konstanten Koeffizienten war $z=\infty$ eine Stelle der Unbestimmtheit, aber die Lösungen waren eindeutige Funktionen. Im Falle (6.2.3) mit $z=\infty$ als Stelle der Bestimmtheit waren die Lösungen eindeutig oder mehrdeutig. Aber auch im Falle einer Stelle der Unbestimmtheit können die Lösungen mehrdeutig sein. Zum Beispiel ist für die Differentialgleichung

$$w'' + w'\left(\frac{1}{z} - 2\right) + w\left(1 - \frac{1}{z}\right) = 0$$

mit dem allgemeinen Integral

$$w = e^z (c_1 + c_2 \log z)$$

die Stelle $z=\infty$ eine Stelle der Unbestimmtheit. Die partikulären Integrale sind aber nicht alle eindeutige Funktionen. Die Unterscheidung der Stellen der Bestimmtheit und der Stellen der Unbestimmtheit hat demnach mit der Eindeutigkeit und der Mehrdeutigkeit der Lösungen nichts zu tun, sondern nur damit, ob bei Annäherung an die singuläre Stelle $z=a$ der absolute Betrag einer jeden Lösung nach Multiplikation mit einer passenden Potenz $|z-a|^k$, $k>0$, bei radialer Annäherung an $z=a$ den Grenzwert 0 hat.

e) Schon in § 5.**2.** begegnete uns die **RICCATIsche Differentialgleichung**

$$\frac{d\mathfrak{w}}{dz} = A_0(z) + A_1(z)\,\mathfrak{w} + A_2(z)\,\mathfrak{w}^2. \tag{6.2.6}$$

Es wurde damals erwähnt, daß sie durch die Substitution

$$\mathfrak{w} = -\frac{1}{A_2}\frac{w'}{w} \tag{6.2.7}$$

in die lineare homogene Differentialgleichung

$$A_2 w'' - (A_2' + A_1 A_2)\, w' + A_0 A_2^2 w = 0 \tag{6.2.8}$$

übergeht. Und umgekehrt kommt dabei auch bei passender Wahl der A_k jede lineare homogene Differentialgleichung (6.1.2) heraus. Man braucht, um das einzusehen, nur z. B. $A_0 = 1$ anzunehmen und dann

$$A_2 = p_2, \quad A_1 = -\left(p_1 + \frac{p_2'}{p_2}\right)$$

zu nehmen.

Das allgemeine Integral von (6.2.6) ist nach (6.2.7)

$$\mathfrak{w} = -\frac{1}{A_2}\,\frac{c_1 w_1' + c_2 w_2'}{c_1 w_1 + c_2 w_2},$$

wenn w_1, w_2 ein Fundamentalsystem von (6.2.8) ist. Das allgemeine Integral der RICCATIschen Differentialgleichung ist also, wie auch schon aus (5.2.2) bekannt ist, eine lineare Funktion der Integrationskonstanten. Umgekehrt ist auch jede lineare Funktion

$$\mathfrak{w} = \frac{c \cdot \alpha(z) + \beta(z)}{c \cdot \gamma(z) + \delta(z)} \tag{6.2.9}$$

der Integrationskonstanten c das allgemeine Integral einer RICCATIschen Differentialgleichung. Aus (6.2.9) folgt nämlich

$$\mathfrak{w}' = \frac{(c \cdot \gamma + \delta)(c\,\alpha' + \beta') - (c\,\gamma' + \delta')(c\,\alpha + \beta)}{(c\,\gamma + \delta)^2} \tag{6.2.10}$$

und

$$c = \frac{\delta\,\mathfrak{w} - \beta}{-\gamma\,\mathfrak{w} + \alpha}, \qquad c\,\gamma + \delta = \frac{\alpha\,\delta - \beta\,\gamma}{-\gamma\,\mathfrak{w} + \alpha}.$$

Daher folgt aus (6.2.9) und (6.2.10) durch Elimination von c, daß $\mathfrak{w}'$ eine ganze rationale Funktion zweiten Grades von $\mathfrak{w}$ ist. Dabei ist $\alpha\,\delta - \beta\,\gamma \neq 0$ angenommen, da die Behauptung für $\alpha\,\delta - \beta\,\gamma = 0$ selbstverständlich ist.

3. Verlauf der Lösungen in der Nähe einer isolierten singulären Stelle. Es sei $z = a$ eine isolierte singuläre Stelle der nach wie vor als eindeutige analytische Funktionen vorausgesetzten Koeffizienten von (6.1.2). Es werde a endlich angenommen, da eine bei $z = \infty$ gelegene singuläre Stelle der Differentialgleichung (6.1.2) durch die Stürzung $z = 1/\mathfrak{z}$ in eine bei $\mathfrak{z} = 0$ gelegene singuläre Stelle von (6.2.1) übergeht. Es sei w_1 und w_2 ein Fundamentalsystem von (6.1.2). Ich betrachte eine Umgebung $|z - a| < r$ von $z = a$, in der keine weitere singuläre Stelle von (6.1.2) liegt. Es sei z_0 eine reguläre Stelle dieser Umgebung. Dann sind w_1 und w_2 in $|z - z_0| < \operatorname{Min}\left\{|z_0 - a|, \frac{r}{2}\right\}$ regulär. Setzt man beide auf einem geschlossenen Weg in $|z - a| < r$ analytisch fort, der $z = a$ einmal im positiven Sinn umlaufen möge, so gehen w_1 und w_2 in zwei andere in $|z - z_0| < \operatorname{Min}\left\{|z_0 - a|, \frac{r}{2}\right\}$ reguläre Funktionen über, die, wie wir wissen, ebenfalls ein Fundamentalsystem bilden. Wir hoben ja oben schon hervor, daß zwei Funktionen, welche in einem Punkte z_0 ein Fundamentalsystem bilden, diese Eigenschaft überall besitzen, d. h. auch bei analytischer Fortsetzung behalten. Sind W_1 und W_2 die beiden beim Umlauf aus w_1 und w_2 entstandenen Funktionen, so gibt es daher eine zweireihige Matrix $\mathfrak{a}$ mit komplexen Koeffizienten und nicht verschwindender Determinante, so daß bei dem erwähnten positiven Umlauf um $z = a$ aus dem Vektor

$$\mathfrak{w} = \begin{pmatrix} w_1 \\ w_2 \end{pmatrix}$$

der Vektor

$$\mathfrak{W} = \mathfrak{a}\,\mathfrak{w}, \qquad \mathfrak{W} = \begin{pmatrix} W_1 \\ W_2 \end{pmatrix} \tag{6.3.1}$$

wird. Eine beliebige Lösung

$$w = \mathfrak{c}\,\mathfrak{w}, \qquad \mathfrak{c} = (c_1, c_2) \neq \mathfrak{O} \tag{6.3.2}$$

geht beim gleichen Umlauf in

$$W = \mathfrak{c}\,\mathfrak{W} = \mathfrak{c}\,\mathfrak{a}\,\mathfrak{w} \tag{6.3.3}$$

über. Wir fragen, ob es **multiplikative Lösungen** gibt, wie wir sie bei den linearen homogenen Differentialgleichungen erster Ordnung in § 2.**1.** kennengelernt haben. Das sind Lösungen, die beim Umlauf um $z = a$ in ein konstantes Multiplum ihrer selbst übergehen. Wir fragen uns also, ob und für welche $\mathfrak{c}$ es Zahlen λ gibt, so daß für das W von (6.3.3)

$$W = \lambda\, w \tag{6.3.4}$$

gilt. Das verlangt

$$\mathfrak{c}\,\mathfrak{a}\,\mathfrak{w} = \lambda\, c\, \mathfrak{w} = \lambda\, \mathfrak{c}\, \mathfrak{E}\, \mathfrak{w}, \qquad \mathfrak{E} = \begin{pmatrix} 1 & 0 \\ 0 & 1 \end{pmatrix}$$

oder anderes geschrieben

$$\mathfrak{c}(\mathfrak{a} - \lambda\,\mathfrak{E})\,\mathfrak{w} = \mathfrak{O} \tag{6.3.5}$$

Da die Komponenten w_1 und w_2 von $\mathfrak{w}$ als Glieder eines Fundamentalsystems linear unabhängig sind, bedeutet (6.3.5)

$$\mathfrak{c}(\mathfrak{a} - \lambda\,\mathfrak{E}) = \mathfrak{O}. \tag{6.3.6}$$

Und dies wieder verlangt

$$|\mathfrak{a} - \lambda\,\mathfrak{E}| = 0, \tag{6.3.7}$$

da $\mathfrak{c} \neq \mathfrak{O}$ ist. Diese quadratische Gl. (6.3.7) für die möglichen Multiplikatoren heißt die **Fundamentalgleichung** der singulären Stelle a. Trägt man eine ihrer Wurzeln in (6.3.6) ein, so erhält man aus diesen linearen Gleichungen diejenigen $\mathfrak{c}$, die mit (6.3.2) die möglichen multiplikativen Lösungen bestimmen. (6.3.7) *hängt nur von dem singulären Punkt, nicht von der Wahl des Fundamentalsystems ab.* Ist nämlich $\mathfrak{w}^* = \mathfrak{b}\,\mathfrak{w}$ ein anderes Fundamentalsystem, $\mathfrak{b}$ demnach eine quadratische konstante Matrix nicht verschwindender Determinante, so wird seine

Umlaufsubstitution

$$\mathfrak{W}^* = \mathfrak{b}\,\mathfrak{a}\,\mathfrak{b}^{-1}\,\mathfrak{w}^*.$$

Für sie ist

$$|\mathfrak{b}\,\mathfrak{a}\,\mathfrak{b}^{-1} - \lambda\,\mathfrak{E}| = |\mathfrak{b}\,(\mathfrak{a} - \lambda\,\mathfrak{E})\,\mathfrak{b}^{-1}| = |\mathfrak{a} - \lambda\,\mathfrak{E}|.$$

Es sind nun zwei Fälle zu unterscheiden, je nachdem, ob die Fundamentalgleichung (6.3.7) zwei verschiedene Wurzeln oder eine Doppelwurzel hat. Im Falle zweier verschiedener Wurzeln λ_1, λ_2 erhalten wir zwei multiplikative Lösungen; diese sind linear unabhängig, weil ihre Multiplikatoren verschieden sind. Sie bilden ein Fundamentalsystem. Ich will sie wieder mit w_1 und w_2 bezeichnen. Es gilt dann beim Umlauf um die singuläre Stelle

$$W_1 = \lambda_1\,w_1, \qquad W_2 = \lambda_2\,w_2. \tag{6.3.8}$$

Entnimmt man aus den Gleichungen

$$\varrho_1 = \frac{\log\lambda_1}{2\pi i}, \qquad \varrho_2 = \frac{\log\lambda_2}{2\pi i} \tag{6.3.9}$$

zwei dadurch modulo 1 bestimmte Zahlen ϱ_1 und ϱ_2, so bemerkt man, daß auch die Potenzen

$$(z-a)^{\varrho_1}, \qquad (z-a)^{\varrho_2}$$

sich beim gleichen Umlauf um die singuläre Stelle mit λ_1 bzw. λ_2 multiplizieren. Daher bleiben die Funktionen $w_1(z)/(z-a)^{\varrho_1}$, $w_2(z)/(z-a)^{\varrho_2}$ bei diesem Umlauf ungeändert und können daher in Laurentreihen entwickelt werden. Diese konvergieren in einer gelochten Kreisscheibe $\dot{k}: 0 < |z-a| < r$, die bis zum nächsten singulären Punkt reicht. Man hat so in diesem Falle zweier verschiedener Wurzeln λ_1 und λ_2 der Fundamentalgleichung (6.3.7) zwei linear unabhängige multiplikative Lösungen der Form

$$\left.\begin{aligned} w_1 &= (z-a)^{\varrho_1}\sum_{-\infty}^{+\infty} a_{1\nu}\,(z-a)^\nu \\ w_2 &= (z-a)^{\varrho_2}\sum_{-\infty}^{+\infty} a_{2\nu}\,(z-a)^\nu \end{aligned}\right\} \tag{6.3.10}$$

mit geeigneten Koeffizienten $a_{k\nu}$ der Laurentreihen. Das Fundamentalsystem (6.3.10) heißt **kanonisches Fundamentalsystem** des singulären Punktes. Um ein solches auch im Falle einer Doppelwurzel der Fundamentalgleichung zu ermitteln, sind weitere nun folgende Überlegungen anzustellen.

Im Falle einer Doppelwurzel λ_1 der Fundamentalgleichung (6.3.7) erhält man nur eine multiplikative Lösung

$$w_1 = (z-a)^{\varrho_1}\sum_{-\infty}^{+\infty} a_{1\nu}\,(z-a)^\nu \tag{6.3.11}$$

mit Sicherheit. So erhebt sich die Frage, wie eine zweite, diese zum Fundamentalsystem ergänzende Lösung aussieht. Zur Beantwortung dieser Frage gelangt man, wenn man in der zu integrierenden Differentialgleichung

$$w'' + p_1(z)\,w' + p_2(z)\,w = 0 \tag{6.1.2}$$

den der Methode der Variation der Konstanten entspringenden Ansatz

$$w = w_1\,v \tag{6.3.12}$$

macht. Dabei soll w_1 die multiplikative Lösung (6.3.11) sein. Durch Differentiation erhält man

$$\left.\begin{array}{c|l} p_2 & w = w_1\,v \\ p_1 & w' = w_1'\,v + w_1\,v' \\ 1 & w'' = w_1''\,v + 2w_1'\,v' + w_1\,v''. \end{array}\right\} \tag{6.3.13}$$

Multipliziert man mit den nebenan in (6.3.13) angegebenen Faktoren und addiert, so bedeutet das die Einführung des Ansatzes (6.3.12) in (6.1.2). Beachtet man, daß w_1 eine Lösung von (6.1.2) ist, so erhält man für v die Differentialgleichung

$$v'' + \left(2\frac{w_1'}{w_1} + p_1(z)\right)v' = 0. \tag{6.3.14}$$

Dies ist eine Differentialgleichung erster Ordnung für v'. Ihr Integral ist nach § 2.**1.** eine multiplikative Funktion

$$v' = (z-a)^{\varrho}\sum_{-\infty}^{+\infty} c_\nu (z-a)^\nu. \tag{6.3.15}$$

Durch Integration findet man aus (6.3.15)

$$v = (z-a)^{\varrho}\sum_{-\infty}^{+\infty} d_\nu (z-a)^\nu + k\log(z-a). \tag{6.3.16}$$

Hier kann ein logarithmisches Glied nur dann auftreten, wenn ϱ eine ganze Zahl ist. In diesem Falle können wir statt (6.3.16) schreiben

$$v = \sum_{-\infty}^{+\infty} d_\nu (z-a)^\nu + k\log(z-a), \tag{6.3.17}$$

weil das $(z-a)^{\varrho}$-fache einer Laurentreihe bei ganzzahligem ϱ selbst eine Laurentreihe ist. Im Falle, daß der Logarithmus fehlt, ist

$$v = (z-a)^{\varrho}\sum_{-\infty}^{+\infty} d_\nu (z-a)^\nu. \tag{6.3.18}$$

Aber auch jetzt muß, wie wir gleich sehen werden, ϱ eine ganze Zahl sein. Durch Multiplikation von (6.3.17) bzw. (6.3.18) mit w_1 entsteht eine zweite Lösung von der Form

$$w_2 = (z-a)^{\varrho_1} \sum_{-\infty}^{+\infty} a_{2\nu} (z-a)^\nu + k (z-a)^{\varrho_1} \sum_{-\infty}^{+\infty} a_{1\nu} (z-a)^\nu \log (z-a) \qquad (6.3.19)$$

oder

$$w_2 = (z-a)^{\varrho_1+\varrho} \sum_{-\infty}^{+\infty} a'_{2\nu} (z-a)^\nu . \qquad (6.3.20)$$

Sie ist jedenfalls von w_1 linear unabhängig. Denn wir würden die allgemeinste Lösung erhalten, wenn wir in (6.3.16) rechts noch eine additive Integrationskonstante anbrächten. (Eine multiplikative steckt schon in v'). Das bedeutet aber nur die Addition eines Vielfachen von w_1 zu (6.3.19) bzw. (6.3.20). Wäre nun ϱ keine ganze Zahl in (6.3.20), so hätten wir hier eine zweite multiplikative Lösung mit anderem Multiplikator

$$\exp(2\pi i\, [\varrho + \varrho_1]) \neq \exp(2\pi i\, \varrho_1) = \lambda_1 .$$

Das widerspricht aber der Voraussetzung, daß die Fundamentalgleichung (6.3.7), der alle möglichen Multiplikatoren genügen, eine Doppelwurzel λ_1 hat. Daher können wir auch (6.3.20) in der Form

$$w = (z-a)^{\varrho_1} \sum_{-\infty}^{+\infty} a_{2\nu} (z-a)^\nu \qquad (6.3.21)$$

schreiben.

Im Falle einer Doppelwurzel der Fundamentalgleichung (6.3.6) sieht demnach das **kanonische Fundamentalsystem** so aus:

$$\left.\begin{aligned} w_1 &= (z-a)^{\varrho_1} \sum_{-\infty}^{+\infty} a_{1\nu} (z-a)^\nu \\ w_2 &= (z-a)^{\varrho_1} \sum_{-\infty}^{+\infty} a_{2\nu} (z-a)^\nu + k (z-a)^{\varrho_1} \sum_{-\infty}^{+\infty} a_{1\nu} (z-a)^\nu \log (z-a) . \end{aligned}\right\} \qquad (6.3.22)$$

Es ist bemerkenswert, daß der Faktor des Logarithmus abgesehen von der Vorzahl k die multiplikative Lösung w_1 ist. Auch die zweite Lösung w_2 ist multiplikativ mit dem gleichen Multiplikator wie w_1, wenn die Vorzahl k im logarithmischen Glied verschwindet. Ist $k \neq 0$, so können wir ohne Schaden der Allgemeinheit $k = 1$ annehmen. Denn auch ein Multiplum der Lösung w_2 ist von w_1 linear unabhängig.

Nach diesem grundsätzlichen Überblick über die möglichen Gestalten der Lösungen in der Umgebung einer singulären Stelle erhebt sich natürlich die Frage, wie man die in die angeschriebenen Entwicklungen eingehenden Zahlen aus den Koeffizienten der Differentialgleichung (6.1.2) berechnen kann. Der zur Erreichung des grundsätzlichen Überblicks eingeschlagene Weg ist dazu nicht tauglich, da er die Umlaufssubstitution (6.3.1) benutzt. Deren Existenz steht zwar fest, aber von ihrer Berechnung war noch nicht die Rede. Man ist versucht, mit der Methode der unbestimmten Koeffizienten durch den Ansatz

$$w = (z - a)^{\varrho} \sum_{-\infty}^{+\infty} c_{\nu} (z - a)^{\nu} \tag{6.3.23}$$

multiplikative Lösungen aufzusuchen. Das führt, wie wir noch sehen werden, auf unendlich viele lineare Gleichungen für die unendlich vielen Unbekannten c_{ν}, deren Behandlung im allgemeinen kompliziert ist. Es gibt aber einen Sonderfall, in dem die Aufgabe relativ einfach zu lösen ist. Er liegt, wie wir sehen werden, dann vor, wenn die singuläre Stelle eine Stelle der Bestimmtheit in dem in § 6.**2**.d definierten Sinn ist. Es ist klar, daß eine Stelle der Bestimmtheit jedenfalls dann vorliegt, wenn sämtliche in den Lösungen (6.3.10) bzw. (6.3.22) auftretenden Laurentreihen nur endlich viele Glieder negativer Ordnung enthalten. Aber auch umgekehrt folgt, daß diese Reihen nur endlich viele Glieder negativer Ordnung enthalten können, wenn die singuläre Stelle eine Stelle der Bestimmtheit ist. Denn dann kann man zunächst mit einer Potenz $(z - a)^{-\varrho_1}$ oder $(z - a)^{-\varrho_2}$ multiplizieren, die die multiplikativen Lösungen eindeutig macht. Sollen dann die Laurentreihen der multiplikativen Lösungen nach Multiplikation mit einer passenden ganzen Potenz von $z - a$ bei radialer Annäherung an die singuläre Stelle gleichmäßig nach 0 streben, so muß bekanntlich der Fall eines Poles derselben vorliegen, d. h. es treten nur endlich viele Glieder negativer Ordnung in den Laurentreihen der multiplikativen Lösungen auf. Bringt man nun in der zweiten Lösung von (6.3.22) das logarithmische Glied noch auf die linke Seite, so lehrt der gleiche Schluß, daß auch die erste Laurentreihe der zweiten Lösung nur endliche viele Glieder negativer Ordnung enthält. Es erhebt sich nun aber die Frage, wie man den Koeffizienten der Differentialgleichung ansieht, ob eine Stelle der Bestimmtheit vorliegt. Der Beantwortung dieser Frage wenden wir uns nun zu.

4. Ein Kriterium für außerwesentlich singuläre Stellen enthält der folgende **Satz von LAZARUS FUCHS.** *Eine Stelle $z = a$ ist dann und nur dann eine außerwesentlich singuläre Stelle (Stelle der Bestimmtheit) der Differentialgleichung* (6.1.2), *wenn erstens mindestens einer der Koeffizienten $p_1(z)$, $p_2(z)$ an der Stelle $z = a$ eine singuläre Stelle hat, und wenn zweitens $p_1(z)$ an dieser Stelle entweder regulär ist oder einen Pol höchstens erster Ordnung hat, und wenn drittens $p_2(z)$ an dieser Stelle entweder regulär ist oder einen Pol höchstens zweiter Ordnung hat.*

Ich beweise erst, daß die Bedingung notwendig ist. Es sei durch

$$\left.\begin{aligned} w_1(z) &= (z - a)^{\varrho_1} \sum a_{\nu} (z - a)^{\nu}, \\ w_2(z) &= (z - a)^{\varrho_1} A \sum a_{\nu} (z - a)^{\nu} \log(z - a) + (z - a)^{\varrho_2} \sum b_{\nu} (z - a)^{\nu} \end{aligned}\right\} \tag{6.4.1}$$

ein Fundamentalsystem dargestellt. Dabei enthält jede der Summen nur endlich viele negative Potenzen. Es liegt der Fall (6.3.10) vor, wenn

$A = 0$ ist, und es liegt der Fall (6.3.22) vor, wenn $A \neq 0$ ist. In diesem Fall ist noch $\varrho_1 = \varrho_2$. Dann bilde man nach (6.2.0) die Differentialgleichung (6.1.2), deren Fundamentalsystem w_1 und w_2 ist. Es wird

$$p_1(z) = -\frac{w_2'' \, w_1 - w_1'' \, w_2}{w_2' \, w_1 - w_1' \, w_2} = -\frac{d}{dz}\left\{\log\left[w_1^2 \frac{d}{dz}\left(\frac{w_2}{w_1}\right)\right]\right\}, \tag{6.4.2}$$

$$p_2(z) = -\frac{w_1''}{w_1} - p_1(z)\frac{w_1'}{w_1} \quad \text{wegen} \quad w_1'' + p_1 w_1' + p_2 w_1 = 0. \tag{6.4.3}$$

Nach (6.4.1) kann geschrieben werden

$$\left.\begin{aligned} &\frac{w_2}{w_1} = A\log(z-a) + (z-a)^{\varrho_2-\varrho_1+\mu}\sum_0^\infty c_\nu (z-a)^\nu; \\ &\mu \text{ ganz}, \ \varrho_2 = \varrho_1 \ \text{ für } \ A \neq 0. \end{aligned}\right\} \tag{6.4.4}$$

Hier sind μ und die c_ν passend gewählte Zahlen.

$$\left.\begin{aligned} \frac{d}{dz}\left(\frac{w_2}{w_1}\right) &= \frac{A}{z-a} + (\mu + \varrho_2 - \varrho_1)(z-a)^{\varrho_2-\varrho_1+\mu-1}\sum + (z-a)^{\varrho_2-\varrho_1+\mu}\sum{}' \\ &= \frac{A}{z-a} + (z-a)^{\varrho_2-\varrho_1+\mu-1}\sum_0^\infty d_\nu (z-a)^\nu, \quad \varrho_2 = \varrho_1 \ \text{ für } A \neq 0. \end{aligned}\right\} \tag{6.4.5}$$

Hier sind die d_ν passend gewählte Zahlen.

$$\left.\begin{aligned} &w_1^2 \frac{d}{dz}\left(\frac{w_2}{w_1}\right) = (z-a)^\lambda \sum_0^\infty e_\nu (z-a)^\nu, \\ &\lambda \text{ und die } e_\nu \text{ passende Zahlen}, \ e_0 \neq 0. \end{aligned}\right\} \tag{6.4.6}$$

Das ist für $A = 0$ klar, und auch für $A \neq 0$ wegen $\varrho_2 = \varrho_1$ richtig. Daher hat in der Tat $p_1(z)$ an der Stelle $z = a$ einen Pol höchstens erster Ordnung oder ist dort regulär. Ebenso hat nach (6.4.1)

$$\frac{w_1'}{w_1} = \frac{d}{dz}\log w_1$$

an der Stelle $z = a$ einen Pol höchstens erster Ordnung. Daher ist

$$p_1(z)\frac{w_1'}{w_1}$$

entweder an der Stelle $z = a$ regulär oder hat dort einen Pol höchstens zweiter Ordnung. Ferner ist aber

$$\frac{w_1''}{w_1} = \frac{w_1''}{w_1'}\,\frac{w_1'}{w_1} = \frac{d}{dz}\log w_1' \,\frac{d}{dz}\log w_1,$$

und es hat jeder Faktor nach der eben befolgten Schlußweise an der Stelle $z = a$ einen Pol höchstens erster Ordnung oder ist dort regulär. Daher hat nach (6.4.3) in der Tat $p_2(z)$ an der Stelle $z = a$ einen Pol höchstens zweiter Ordnung oder ist dort regulär. Die in dem Satz angegebene Bedingung ist also notwendig für eine außerwesentlich singuläre Stelle.

Daß die Bedingung hinreichend ist, beweist man am bequemsten nach einem von G. D. Birkhoff, Trans. Amer. Math. Soc. 11 (1910), angegebenen Verfahren. In (6.1.2) sei

$$p_1(z) = \frac{\mathfrak{P}_1(z-a)}{z-a}, \qquad p_2(z) = \frac{\mathfrak{P}_2(z-a)}{(z-a)^2}$$

angenommen, und die beiden Potenzreihen $\mathfrak{P}_1$ und $\mathfrak{P}_2$ seien im abgeschlossenen Kreis $|z-a| \leqq r_0$ holomorph und eindeutig. Dann gehe man zuerst durch die Transformation

$$w_1 = w, \qquad w_2 = (z-a)\,w' \tag{6.4.7}$$

zu dem System

$$w_1' = \frac{w_2}{z-a},$$

$$w_2' = -\frac{w_1}{z-a}\,\mathfrak{P}_2 + \frac{1-\mathfrak{P}_1}{z-a}\,w_2 \tag{6.4.8}$$

über. Die hinreichende Behauptung des Satzes wird dann ein Spezialfall einer entsprechenden Behauptung über lineare Systeme mit zwei unbekannten Funktionen:

$z = a$ ist eine Stelle der Bestimmtheit für das System

$$\left.\begin{aligned} w_1' &= p_{11}\,w_1 + p_{12}\,w_2, \\ w_2' &= p_{21}\,w_1 + p_{22}\,w_2, \end{aligned}\right\} \tag{6.4.9}$$

wenn alle p_{ik} die Gestalt

$$p_{ik} = \frac{\mathfrak{P}_{ik}(z-a)}{z-a}$$

haben und dabei die $\mathfrak{P}_{ik}$ in $|z-a| \leqq r_0$ holomorph und eindeutig sind und mindestens ein p_{ik} bei $z = a$ wirklich einen Pol hat.

Da die $\mathfrak{P}_{ik}$ im abgeschlossenen Kreis $|z-a| \leqq r_0$ regulär sind, gibt es eine Zahl $M > 0$, für die

$$|\mathfrak{P}_{ik}| < \frac{M}{2}, \qquad |z-a| \leqq r_0.$$

Daher folgt aus (6.4.9)

$$|w_1'| < \frac{M}{2r}(|w_1| + |w_2|),$$

$$|w_2'| < \frac{M}{2r}(|w_1| + |w_2|), \qquad z - a = r\,e^{i\vartheta}.$$

Für

$$W = +\sqrt{|w_1|^2 + |w_2|^2}$$

folgt dann

$$\begin{aligned} \left|\frac{\partial W}{\partial r}\right| &\leqq \frac{1}{W}(|w_1'|\,|w_1| + |w_2'|\,|w_2|) \\ &\leqq \frac{1}{W}(|w_1| + |w_2|)^2 \frac{M}{2r} \\ &< \frac{M}{r}\,W. \end{aligned}$$

Daher ist

$$\frac{M}{r} W + \frac{\partial W}{\partial r} > 0, \quad r \leqq r_0.$$

Das heißt

$$\frac{\partial (r^M W)}{\partial r} r^{-M} > 0.$$

Da somit

$$r^M W$$

mit r in $r \leqq r_0$ wächst und für $r = r_0$ beschränkt ist, gibt es eine Zahl $K > 0$, so daß

$$r^M W < K, \quad 0 < r \leqq r_0.$$

Daraus folgt für die beiden Lösungen des kanonischen Fundamentalsystems (6.4.1)

$$r^M |w_1| < K, \quad r^M |w_2| < K.$$

Aus (6.4.1) aber liest man ab

$$\left| \sum a_\nu (z-a)^\nu \right| = |w_1| \, |(z-a)^{-\varrho_1}|.$$

Da aber in § 6.**2**.d bereits Potenzen von $z - a$ abgeschätzt wurden, folgt die Existenz einer positiven Zahl N, so daß

$$\left| \sum a_\nu (z-a)^\nu \right| \, |z-a|^N = O(1), \quad |z-a| < r_0$$

gilt. Dann lehrt aber der RIEMANNsche Satz über hebbare Unstetigkeiten sofort, daß die genannte Laurentreihe nur endlich viele Glieder negativer Potenz enthalten kann. Aus der zweiten Zeile von (6.4.1) bekommt man dann das gleiche Ergebnis für die zweite Laurentreihe, da ja die übrigen Posten in dieser Reihe eben oder in § 6.**2**.d bereits abgeschätzt wurden. Damit ist der ausgesprochene Satz für Differentialgleichungen zweiter Ordnung bewiesen. Der Beweis für Systeme wird erst fertig sein, wenn auch für deren Fundamentalsysteme Darstellungen nach Art von (6.4.1) bekannt sind. Das wird aber erst mit (6.7.28) und (6.9.7) der Fall sein.

5. Berechnung des kanonischen Fundamentalsystems in der Umgebung einer außerwesentlich singulären Stelle. Im Falle einer außerwesentlich singulären Stelle enthalten die Laurentreihen der Fundamentalsysteme (6.3.10) und (6.3.22), die nun berechnet werden sollen, je nur endlich viele Glieder negativer Ordnung. Die darin vorkommenden Zahlen ϱ_1 und ϱ_2 sind durch (6.3.9) nur modulo 1 bestimmt. Man kann daher jeden der Ausdrücke z. B. (6.3.10) auf unendlich viele Weisen schreiben. Ändert man ϱ_1 um eine ganze Zahl, so muß man in der neben $(z-a)^{\varrho_1}$ stehenden Summe bei allen Gliedern im Exponenten eine entsprechende Änderung eintreten lassen, um die gleiche Funktion in anderer Schreibweise zu haben. Entsprechendes gilt auch bei (6.3.22). Das muß man für das Folgende im Auge behalten.

Ich beginne mit der Berechnung der multiplikativen Lösungen. Zur Vereinfachung der Schreibweise nehme ich an, daß der singuläre Punkt bei $z = 0$ liegt und gehe mit dem Ansatz

$$w(z) = z^{\varrho} \sum_{0}^{\infty} c_{\nu} z^{\nu}, \qquad c_0 \neq 0 \tag{6.5.1}$$

in die Differentialgleichung hinein[1]. Diese darf man in der Form

$$z^2 w'' + z P_1(z) w' + P_2(z) w = 0, \qquad P_k(z) = \sum_{0}^{\infty} p_{k\nu} z^{\nu} \tag{6.5.2}$$

annehmen. $P_1(z)$ und $P_2(z)$ sind in einem Kreis $|z| < r$ konvergent, der bis zur nächsten singulären Stelle reicht. Dies folgt daraus, daß nach Voraussetzung der Punkt $z = 0$ eine außerwesentlich singuläre Stelle ist. Daher ist der Koeffizient von w' in der Differentialgleichung (6.1.2) bis auf einen Pol höchstens erster Ordnung und der Koeffizient von w bis auf einen Pol höchstens zweiter Ordnung an der Stelle $z = 0$ regulär. Daher kann man

$$p_1(z) = \frac{P_1(z)}{z}, \qquad p_2(z) = \frac{P_2(z)}{z^2}$$

mit Funktionen $P_1(z)$ und $P_2(z)$ ansetzen, die bei $z = 0$ regulär sind. Der Ansatz (6.5.1) führt dann durch Koeffizientenvergleich nach der Methode der unbestimmten Koeffizienten zu den folgenden Gleichungen für die zu ermittelnden Koeffizienten c_{ν} und den Exponenten ϱ der gesuchten multiplikativen Lösung:

$$\left.\begin{array}{l} c_0 f_0(\varrho) = 0 \\ c_1 f_0(\varrho + 1) + c_0 f_1(\varrho) = 0 \\ c_2 f_0(\varrho + 2) + c_1 f_1(\varrho + 1) + c_0 f_2(\varrho) = 0 \\ \vdots \\ c_n f_0(\varrho + n) + c_{n-1} f_1(\varrho + n - 1) + \cdots + c_0 f_n(\varrho) = 0 \\ \cdots\cdots\cdots\cdots\cdots\cdots\cdots\cdots\cdots\cdots \end{array}\right\} \tag{6.5.3}$$

Dabei ist

$$\left.\begin{array}{l} f_0(\varrho) = \varrho(\varrho - 1) + \varrho p_{10} + p_{20}, \\ f_k(\varrho) = \qquad\qquad\quad \varrho p_{1k} + p_{2k}. \end{array}\right\} \tag{6.5.4}$$

[1] Durch den Ansatz $c_0 \neq 0$ wird die bei der Wahl von ϱ zunächst willkürliche additive ganze Zahl fixiert.

Die Annahme $c_0 \neq 0$, durch die über die bei ϱ freie additive ganze Zahl verfügt wurde, führt nach (6.5.3) zu

$$f_0(\varrho) = 0 \tag{6.5.5}$$

als **determinierende Gleichung** für ϱ. Diese Gleichung hat zwei Wurzeln ϱ_1 und ϱ_2, die auch einander gleich sein können. Trägt man eine derselben in (6.5.3) ein und verfügt willkürlich über c_0, so ergeben sich aus diesen Gleichungen eindeutig die übrigen c_ν, es sei denn, daß für ein $\nu = n$ noch $f_0(\varrho + n) = 0$ ausfällt. Dann bedingt die letzte Gleichung in (6.5.3), daß noch

$$c_{n-1} f_1(\varrho + n - 1) + \cdots + c_0 f_n(\varrho) = 0 \tag{6.5.6}$$

erfüllt sein muß. Ist dies der Fall, so kann man dem c_n einen beliebigen Wert erteilen, und dadurch sind dann die folgenden c_ν sämtlich aus diesen folgenden Gleichungen eindeutig bestimmt. Ist $\varrho_1 - \varrho_2$ keine ganze Zahl, so hat (6.5.5) zwei verschiedene Wurzeln ϱ_1 und ϱ_2, und jede derselben führt, wenn man sie in die (6.5.3) einsetzt, zu einer bis auf einen Faktor c_0 eindeutig bestimmten formal der Differentialgleichung (6.5.2) genügenden Reihe (6.5.1). Ist aber $\varrho_1 - \varrho_2 = n$ eine ganze Zahl, so wähle man die Numerierung der ϱ so, daß $n \geqq 0$ ist. Dann wird für $\varrho = \varrho_1$ aus den Gln. (6.5.3) eine bis auf einen Faktor $c_0 \neq 0$ eindeutig bestimmte formal der Differentialgleichung (6.5.2) genügende Reihe (6.5.1) herauskommen. Für $\varrho = \varrho_2$ dagegen wird entweder die Bedingung (6.5.6) mit $\varrho = \varrho_2$ erfüllt sein. Dann wird eine zweiparametrige Schar formal der Differentialgleichung (6.5.2) genügender Reihen (6.5.1) aus den Gln. (6.5.3) für $\varrho = \varrho_2$ sich ergeben. Oder es ist die Bedingung (6.5.6) für $\varrho = \varrho_2$ nicht erfüllt; dann führt $\varrho = \varrho_2$ zu keiner Lösung der Gln. (6.5.3). Ist $\varrho_1 = \varrho_2$, so liefern die Gln. (6.5.3) genau eine Reihe (6.5.1).

So sehr auch diese Feststellungen an das eingangs als Folgerung aus § 6.**3**. Zusammengestellte erinnern, so ist doch noch nicht unmittelbar klar, daß die so formal gefundenen Reihen sämtlich konvergieren. Das mag wohl in dem Fall angehen, daß $\varrho_1 = \varrho_2$ ist oder daß (6.5.6) *nicht* gilt; es kann aber im anderen Falle, wenn die Bedingung (6.5.6) erfüllt ist, fraglich sein, ob wirklich dann beide ϱ-Werte zu konvergenten Reihen Anlaß geben; es könnte sein, daß dies nur bei demjenigen ϱ zutrifft, dem unendlich viele formale Reihen zugeordnet sind. Es gilt aber der Satz: *Sämtliche formal der Differentialgleichung genügende, wie zuvor konstruierte Reihen konvergieren, stellen also Lösungen dar.* Man braucht die Konvergenz im Falle, daß stets $f_0(\varrho + n) \neq 0$ ist, nur für diejenigen Lösungen von (6.5.3) zu beweisen, für die $|c_0| \leqq 1$, $c_0 \neq 0$ ist, und im Falle, daß einmal $f_0(\varrho + n) = 0$ ist, nur für diejenigen Lösungen, für die entweder $c_0 \neq 0$, $|c_0| \leqq 1$, $c_n = 0$ ist, oder für die $c_0 = 0$, $c_n \neq 0$, $|c_n| \leqq 1$ ist, weil sich jede Lösung von (6.5.3) aus solchen

Lösungen durch lineare Kombination ergibt. Der Beweis[1] gelingt nach G. LYRA sehr einfach so: Es sei ϱ ein Wert, für den $f_0(\varrho) = 0$ ist, und es seien c_ν zugehörige Lösungen von (6.5.3). Zuerst werde nun $f_0(\varrho + n)$ abgeschätzt. Man findet wegen der ersten Zeile von (6.5.4)

$$\begin{aligned} |f_0(\varrho + n)| &= |f_0(\varrho + n) - f_0(\varrho)| \\ &= |n^2 + 2n\,\varrho + n\,p_{10} - n| = n^2 \left|1 + \frac{2\varrho + p_{10} - 1}{n}\right|. \end{aligned}$$

Da der Ausdruck zwischen den letzten Absolutstrichen für $n \to \infty$ gegen 1 konvergiert, so gibt es eine von n unabhängige Zahl $\delta > 0$, so daß für alle n, für die $f_0(\varrho + n) \neq 0$ ist, die Abschätzung

$$|f_0(\varrho + n)| > \delta\, n^2$$

gilt. Da weiter die durch (6.5.2) erklärten Funktionen $P_1(z)$ und $P_2(z)$ in $|z| < r$ regulär sind, gibt es eine Zahl R aus $0 < R \leqq 1$ derart, daß

$$|p_{11}|\, R + |p_{12}|\, R^2 + \cdots < \frac{\delta}{1 + |\varrho|}$$

und daß

$$|p_{21}|\, R + |p_{22}|\, R^2 + \cdots < \frac{\delta}{1 + |\varrho|}$$

ist. Dann wähle man c_0 aus $|c_0| \leqq 1$ beliebig, und falls man darüber verfügen kann, auch c_n aus $|c_n| \leqq 1$ beliebig. Es wird behauptet, daß dann

$$|c_\nu|\, R^\nu \leqq 1 \quad \text{für alle} \quad \nu \geqq 0$$

erfüllt ist, woraus sich dann die Konvergenz von (6.5.1) für $|z| < R$ ergibt. Der Beweis wird durch vollständige Induktion geführt. Für $\nu = 0$ ist die Behauptung richtig. Angenommen sie sei für $\nu = 0, 1, \ldots, n-1$ richtig. Dann ist nach (6.5.3) im Falle $f_0(\varrho + n) = 0$ die Behauptung wegen $0 < R \leqq 1$ nach der Annahme $|c_n| \leqq 1$ richtig. Sie ergibt sich im Falle $f_0(\varrho + n) \neq 0$ so: Es ist dann nach (6.5.3)

$$\begin{aligned} R^n |c_n| &\leqq [R^{n-1}|c_{n-1}| \cdot R\,|f_1(\varrho + n - 1)| + \cdots + |c_0| \cdot R^n |f_n(\varrho)|]/|f_0(\varrho + n)| \\ &\leqq [R\,|p_{11}(\varrho + n - 1) + p_{21}| + \cdots + R^n |p_{1n}\,\varrho + p_{2n}|]/|f_0(\varrho + n)| \\ &\leqq [R\,|p_{21}| + \cdots + R^n |p_{2n}| + ||\varrho| + n - 1|\,(R\,|p_{11}| + \cdots + R^n |p_{1n}|)]/|f_0(\varrho + n)| \\ &< \frac{\delta}{1 + |\varrho|}\,\frac{n + |\varrho|}{\delta n^2} \leqq 1. \end{aligned}$$

---

[1] G. LYRA hat in Erfüllung eines vom Verfasser dieses Buches aufgestellten Desideratums auch einen von Abschätzungen freien Beweis dafür gefunden, daß stets dann zwei linear unabhängige multiplikative Lösungen existieren, wenn die Methode der unbestimmten Koeffizienten zwei linear unabhängige formale Lösungen liefert. Nachdem aber G. LYRA den im Text wiedergegebenen so überaus einfachen Konvergenzbeweis gefunden hat, besteht meines Erachtens für jenes Desideratum nur ein stark vermindertes Interesse [G. LYRA: J. reine angew. Math. Bd. 189 (1950)]. Ein weiterer Beweis wird in § **6.10.** angegeben werden.

Falls sich durch vorstehendes Verfahren zwei linear unabhängige multiplikative Lösungen ergeben, so bilden sie ein Fundamentalsystem. Die Bedingung dafür ist die, daß entweder $\varrho_1 - \varrho_2$ keine ganze Zahl ist, oder daß im Falle $\varrho_2 = \varrho_1 + n$, $n = 1, 2, 3, \ldots$ die Gl. (6.5.6) erfüllt ist. Dies ist eine Bedingung für die ersten n Koeffizienten von $P_1(z)$ und $P_2(z)$, die sich ergibt, wenn man in die linke Seite von (6.5.6) die Werte von $c_0, c_1, \ldots, c_{n-1}$ einsetzt, die sich aus den n ersten Gln. (6.5.3) ergeben. Ist diese Bedingung nicht erfüllt, so gibt es nur eine (bis auf einen Faktor bestimmte) multiplikative Lösung, aus der man dann nach dem in § 6.**1.** bei (6.1.6) angegebenen Verfahren die zweite mit einem Logarithmus behaftete Lösung eines Fundamentalsystems berechnet (s. auch § 6.**3.**). Diese zweite Lösung hat dann die Gestalt (6.3.19). A posteriori stellt man dann fest, daß die in den Fundamentalsystemen auftretenden Potenzreihen einen Konvergenzkreis haben, der mindestens bis zum nächstgelegenen singulären Punkt der Differentialgleichung reicht. Denn die Lösungen haben, wie wir bereits wissen, keine anderen singulären Stellen als eben die singulären Stellen der Differentialgleichung.

Mißlich für die praktische Durchführung des eben beschriebenen Verfahrens zur Berechnung der logarithmenbehafteten Lösungen ist die dabei vorkommende Division durch die bereits bekannte Lösung w_1. In § 8.**3.** wird an einem Beispiel gezeigt werden, wie man das vermeiden kann. Ein anderer Weg ist der, daß man an die bekannte allgemeine Gestalt der Integrale anknüpft, wie ich sie gleich in (6.5.7) nochmals anschreiben werde. Man wird dann auch die noch unbekannten Koeffizienten von $\varphi_2(z)$ durch Einsetzen in die Differentialgleichung nach der Methode der unbestimmten Koeffizienten zu ermitteln suchen. Doch will ich das nicht weiter verfolgen. In der älteren Literatur, z. B. bei LOTHAR HEFFTER, Einführung in die Theorie der linearen Differentialgleichungen (1894), findet man darüber eingehende Untersuchungen.

Die allgemeine Gestalt des kanonischen Fundamentalsystems ist nach § 6.**3.** diese

$$\left.\begin{aligned} w_1 &= z^{\varrho_1}\varphi_1(z), \\ w_2 &= z^{\varrho_2}\varphi_2(z) + A\, z^{\varrho_1}\varphi_1(z)\log z, \quad \varphi_k(z) = \sum_0^\infty \varphi_{k\nu} z^\nu, \quad k = 1, 2. \end{aligned}\right\} \qquad (6.5.7)$$

Es soll noch bewiesen werden, daß hier ϱ_1 und ϱ_2 als die beiden Wurzeln der determinierenden Gl. (6.5.5) *gewählt werden können. Das ist dann der Fall, wenn man φ_1 und φ_2 durch $\varphi_{10} \neq 0$, $\varphi_{20} \neq 0$ oder $\varphi_{10} \neq 0$, $\varphi_2 \equiv 0$ normiert.* Dies ist nach den vorausgegangenen Ausführungen klar, wenn die beiden Wurzeln der determinierenden Gleichung keine ganzzahlige Differenz haben. In diesem Fall ist überdies $A = 0$. Haben die beiden Wurzeln der determinierenden Gleichung ganzzahlige Differenz, so ist jedenfalls ϱ_1 in der multiplikativen Lösung w_1 eine Wurzel der determinierenden Gleichung. Man mache wieder in (6.1.2) den Ansatz

$$w_2 = w_1 W.$$

Man erhält für W

$$W'' + W'\left(\frac{2w_1'}{w_1} + p_1(z)\right) = 0. \tag{6.5.8}$$

Das ist eine lineare homogene Differentialgleichung erster Ordnung für W'. Nach § 2.1. ist die determinierende Gleichung ihres singulären Punktes $z = 0$

$$\varrho + 2\varrho_1 + p_{10} = 0. \tag{6.5.9}$$

Sind dann ϱ_1 und ϱ_2 die beiden Wurzeln der determinierenden Gleichung (6.5.5), so ist

$$\varrho_1 + \varrho_2 = 1 - p_{10}.$$

Daher ist

$$\varrho_2 - (\varrho_1 + 1)$$

die Wurzel der determinierenden Gl. (6.5.9). Daher ist

$$W' = z^{\varrho_2 - (\varrho_1 + 1)} \sum_0^\infty d_\nu z^\nu, \qquad d_0 \neq 0,$$

$$W = z^{\varrho_2 - \varrho_1} \sum_0^\infty e_\nu z^\nu + A \log z,$$

$$w_2 = w_1 W = z^{\varrho_2} \varphi_2(z) + A z^{\varrho_1} \varphi_1(z) \log z, \qquad \varphi_2(z) = \sum_0^\infty \varphi_{2\nu} z^\nu,$$

was bewiesen werden sollte.

Der Zweck dieser Überlegung ist es, noch Aufschluß zu geben über die Zahl der Glieder negativer Ordnung, die in den Laurentreihen des kanonischen Fundamentalsystems einer Stelle der Bestimmtheit auftreten können.

Man darf den zu (6.5.7) bewiesenen Zusatz nicht dahin mißverstehen, daß die Zahlen ϱ_1 und ϱ_2 stets die Wurzeln der determinierenden Gleichung *sind*. Denn das zu $z = 0$ gehörige kanonische Fundamentalsystem

$$w_1 = z,$$
$$w_2 = z^2 + z \log z$$

der Differentialgleichung

$$w'' - w' \frac{2z+1}{z(z+1)} + w \frac{2z+1}{z^2(z+1)} = 0$$

kann z. B. in der Form

$$w_1 = z \cdot \varphi_1,$$
$$w_2 = z \cdot \varphi_2 + z \cdot \varphi_1 \log z, \qquad \varphi_1 = 1, \qquad \varphi_2 = z, \qquad \varrho_1 = 1, \qquad \varrho_2 = 1$$

oder in der Form

$$w_1 = z \cdot \varphi_1,$$
$$w_2 = z^2 \cdot \varphi_2 + z \cdot \varphi_1 \log z, \qquad \varphi_1 = 1, \qquad \varphi_2 = 1, \qquad \varrho_1 = 1, \qquad \varrho_2 = 2$$

geschrieben werden. Die determinierende Gleichung für $z=0$ ist

$$(\varrho - 1)^2 = 0.$$

Übrigens ist der Punkt $z = -1$ eine sog. scheinbare Singularität. Alle Lösungen sind dort regulär.

Zum Schluß dieses Abschnittes möchte ich noch hervorheben, daß die Funktionen φ_1 und φ_2 in (6.5.7) keiner weiteren Beschränkung unterliegen. Man kann die Zahlen ϱ_1 und ϱ_2 beliebig und die Zahl A beliebig vorschreiben, mit der einzigen Einschränkung, daß $A=0$ sein soll, falls $\varrho_1 - \varrho_2$ keine ganze Zahl ist. Man kann weiter die beiden in der Umgebung von $z=0$ regulären analytischen Funktionen φ_1 und φ_2 beliebig vorschreiben. Stets sind die beiden Funktionen (6.5.7) Lösungen einer homogenen linearen Differentialgleichung zweiter Ordnung (6.2.0), die an der Stelle $z=0$ eine Stelle der Bestimmtheit hat oder dort regulär ist. Das ergibt sich entweder durch Rechnung oder auch mühelos ohne Rechnung aus den allgemeinen Kriterien für Stellen der Bestimmtheit, die wir kennengelernt haben in Verbindung mit der bekannten allgemeinen Gestalt der Lösungen in der Umgebung einer singulären Stelle.

Schließlich sei noch auf die schon durch ihre methodische Einheitlichkeit sich empfehlende Behandlung der Stellen der Bestimmtheit hingewiesen, die W. QUADE 1953 im Jahresbericht der Deutschen Mathematikervereinigung Bd. 56, S. 88, dargelegt hat.

6. Berechnung des kanonischen Fundamentalsystems in der Umgebung einer wesentlich singulären Stelle. Ich betrachte die Differentialgleichung

$$\frac{d^2w}{dz^2} + p_1(z)\frac{dw}{dz} + p_2(z)\,w = 0, \qquad (6.1.2)$$

in der jetzt die Koeffizienten in der Umgebung der isolierten singulären Stelle $z=a$ beliebige Laurentreihen

$$p_k(z) = \sum_{-\infty}^{+\infty} p_\nu^{(k)}(z-a)^\nu \qquad (6.6.1)$$

sein mögen. Geht man nun mit dem Ansatz

$$w = (z-a)^\varrho \sum_{-\infty}^{+\infty} c_\nu (z-a)^\nu \qquad (6.6.2)$$

in die Differentialgleichung (6.1.2) hinein, so wird man auf ein lineares System von unendlich vielen linearen Gleichungen mit unendlich vielen Unbekannten c_ν geführt. Die direkte Auflösung desselben hat HELGE VON KOCH 1892 zu einer Pionierleistung im Gebiet der Gleichungssysteme mit unendlich vielen Unbekannten veranlaßt. Er hat zur Lösung der Aufgabe seine berühmte Theorie der unendlichen Determinanten entwickelt. Dabei erwies es sich noch als bequem oder notwendig, durch eine Substitution

$$w_1 = w \exp\left(-\tfrac{1}{2}\int p_1\, dz\right)$$

den Koeffizienten von dw/dz in (6.1.2) zu 0 zu machen. Ich will diese Theorie hier nicht entwickeln. Vielmehr möchte ich das anscheinend in Vergessenheit geratene Verfahren darstellen, mit dem MEYER HAMBURGER bereits 1876 die Auflösung dieses Gleichungssytems geleistet hat. Es beruht auf rein funktionentheoretischen Erwägungen und kommt ohne jeden Konvergenzbeweis aus.

Man nehme zur Vereinfachung der Schreibarbeit an, daß der isolierte singuläre Punkt von (6.1.2) bei $z = 0$ liegt, und daß die gelochte Kreisscheibe $\dot{K}: 0 < |z| < r$ frei von singulären Stellen ist. In ihr sollen die Koeffizienten von (6.1.2) eindeutig und regulär sein. Dann bringe man durch die Abbildung $\mathfrak{z} = \log z$ die Differentialgleichung (6.1.2) auf die Form

$$\frac{d^2 w}{d\mathfrak{z}^2} + \frac{dw}{d\mathfrak{z}}\left(p_1(z)\cdot z - 1\right) + w\, p_2(z)\cdot z^2 = 0, \qquad z = e^{\mathfrak{z}}. \tag{6.6.3}$$

Dann sind die Koeffizienten dieser Differentialgleichung (6.6.3) in der Halbebene $\Re\,\mathfrak{z} < \log r$ regulär. Denn in diese wird $\dot{K}$ durch $\mathfrak{z} = \log z$ abgebildet. Jedem Punkt $z_0 \in \dot{K}$ entsprechen unendliche viele Punkte $\mathfrak{z}_0 + 2h\pi i$, $h = 0, \pm 1, \pm 2, \ldots$ der Halbebene. Einem positiven Umlauf um $z = 0$ auf $|z| = |z_0|$ in $\dot{K}$ entspricht die Strecke, welche $\mathfrak{z}_0$ mit $\mathfrak{z}_0 + 2\pi i$ verbindet. Man wähle nun $\mathfrak{z}_0$ beliebig in $\dot{K}$, aber so, daß

$$\Re\,\mathfrak{z}_0 < \log r - 2\pi \tag{6.6.4}$$

ist. Nunmehr berechne man ein Fundamentalsystem von (6.6.3) für die Umgebung von $\mathfrak{z}_0$. Da $\mathfrak{z}_0$ eine reguläre Stelle von (6.6.3) ist, werden seine Funktionen als Potenzreihen in $\mathfrak{z} - \mathfrak{z}_0$ ermittelt. Der Konvergenzradius derselben ist wegen (6.6.4) größer als 2π. Daher enthält dieser Konvergenzkreis die geradlinige Verbindung von $\mathfrak{z}_0$ mit $\mathfrak{z}_0 + 2\pi i$. Führt man wieder $z = e^{\mathfrak{z}}$ ein, so hat man eine Darstellung des Fundamentalsystems in einem Teilbereich von $\dot{K}$, der die volle Kreisperipherie $|z| = |z_0|$ enthält. Daher kann man aus diesen Entwicklungen die lineare Transformation (6.3.1) ablesen, die das Fundamentalsystem bei positivem Umlauf um $z = 0$ erleidet. Man kennt daher auch die Fundamentalgleichung (6.3.7) des singulären Punktes und ihre Wurzeln, und so kann man an Hand von (6.3.6) aus dem bekannten Fundamentalsystem multiplikative Lösungen ermitteln. Es handelt sich nun noch darum, diese bekannten Funktionen in der Gestalt (6.3.10) zu entwickeln. Man kennt nun aber die Entwicklungen dieser Funktionen nach Potenzen von $\mathfrak{z} - \mathfrak{z}_0$ in einem Kreis von einem Radius $R > 2\pi$. Auf die z-Ebene übertragen bedeutet dies, daß wir die Entwicklung der betreffenden multiplikativen Funktion w_1 nach Potenzen von $\log \frac{z}{z_0}$ kennen, und daß diese Entwicklungen in einem Teilgebiet des $\dot{K}$ gelten, das die Peripherie $|z| = |z_0|$ enthält. Da der Multiplikator λ_1 der multiplikativen Lösungen bereits berechnet ist, kennen wir auch $\varrho_1 = \frac{\log \lambda_1}{2\pi i}$ und wissen, daß w_1/z^{ϱ_1} in $\dot{K}$ eindeutig ist. Daher gilt eine Laurententwicklung

$$\frac{w_1}{z^{\varrho_1}} = \sum_{-\infty}^{+\infty} c_\nu z^\nu .$$

Für ihre Koeffizienten gilt bekanntlich die Darstellung

$$c_\nu = \frac{1}{2\pi i} \int\limits_{|z| = |z_0|} \frac{w_1 \, dz}{z^{\varrho_1 + \nu + 1}} .$$

Da aber w_1 auf $|z| = |z_0|$ bekannt ist, können diese Integrale ausgerechnet werden. Hat man so die Laurententwicklung einer multiplikativen Lösung gefunden, so kann man die eventuell logarithmenbehaftete weitere Lösung nach dem in § 6.**3.** geschilderten Verfahren aus einer Differentialgleichung erster Ordnung, d. h. mit zwei Quadraturen, berechnen.

7. Verallgemeinerungen. Die Betrachtungen der Abschnitte **1.** bis **6.** dieses Paragraphen können mutatis mutandis auf lineare Differentialgleichungen von höherer als zweiter Ordnung und auch auf Systeme übertragen werden. Ich will zunächst Stellen berühren, an denen sich Schwierigkeiten und Besonderheiten zeigen. Ich spreche zuerst von **Systemen**[1]

$$\left.\begin{aligned} \frac{dw_1}{dz} &= p_{11} w_1 + p_{12} w_2, \\ \frac{dw_2}{dz} &= p_{21} w_1 + p_{22} w_2, \end{aligned}\right\} \qquad (6.7.1)$$

das ist in Matrizenschreibweise

$$\frac{d\mathfrak{w}}{dz} = \mathfrak{p}\,\mathfrak{w}.$$

Schon in § 1.**6.** wurde gezeigt, daß das allgemeine Integral von (6.7.1) ein zweidimensionaler linearer Vektorraum ist. Je zwei Lösungen

$$\mathfrak{w}_1 = \begin{pmatrix} w_{11} \\ w_{12} \end{pmatrix} \quad \text{und} \quad \mathfrak{w}_2 = \begin{pmatrix} w_{21} \\ w_{22} \end{pmatrix} \qquad (6.7.2)$$

[1] Man kann ja auch die Differentialgleichung (6.1.2) mit $w_1 = w$, $w_2 = w'$ als System

$$\frac{dw_1}{dz} = w_2,$$

$$\frac{dw_2}{dz} = -p_2 w_1 - p_1 w_2$$

schreiben. Ein anderes vielleicht zweckmäßigeres Verfahren zeigen (6.4.7), (6.4.8).

mit nicht identisch verschwindender Determinante

$$\Delta(z) = w_{11}(z)\, w_{22}(z) - w_{12}(z)\, w_{21}(z) \tag{6.7.3}$$

bilden ein **Fundamentalsystem,** aus dem sich nach dem Existenzsatz jede andere Lösung in der Form

$$\mathfrak{w} = c_1\, \mathfrak{w}_1 + c_2\, \mathfrak{w}_2 \tag{6.7.4}$$

mit konstanten Koeffizienten c_1 und c_2 linear darstellen läßt, weil man c_1 und c_2 aus

$$\mathfrak{w}_0 = c_1\, \mathfrak{w}_1(z_0) + c_2\, \mathfrak{w}_2(z_0) \tag{6.7.5}$$

bei beliebig gegebenem $\mathfrak{w}_0$ ermitteln kann, wenn $\Delta(z_0) \neq 0$ ist. $\Delta(z)$ von (6.7.3) ist das Analogon zu der in § 6.**1.** eingeführten WRONSKIschen Determinante. Man findet durch elementare Rechnung

$$\left.\begin{aligned} \Delta'(z) &= (p_{11} + p_{22})\, \Delta(z), \\ \text{d. h.} \quad \Delta(z) &= c_1 \exp\left(\int (p_{11} + p_{22})\, dz\right). \end{aligned}\right\} \tag{6.7.6}$$

Man verifiziert das wie in § 1.**6.** durch elementare Rechnung. Man schreibe nämlich die beiden Vektoren $\mathfrak{w}_1$ und $\mathfrak{w}_2$ in die Spalten der Determinante, führe die Differentiation zeilenweise durch und berücksichtige die Differentialgleichungen.

Aus (6.7.6) schließt man wieder, daß aus $\Delta(z_0) \neq 0$ an irgendeiner regulären Stelle z_0 der Koeffizienten von (6.7.1) folgt, daß $\Delta(z) \neq 0$ ist an jeder regulären Stelle von $p_{11} + p_{22}$. Sind also $\mathfrak{w}_1$ und $\mathfrak{w}_2$ ein Fundamentalsystem an irgendeiner regulären Stelle von $\mathfrak{p} = (p_{ik})$, so bleiben sie Fundamentalsystem an jeder regulären Stelle.

Ist (6.7.2) ein Fundamentalsystem, und ist $\mathfrak{w}_{12}$ die Matrix, deren beide Spalten von $\mathfrak{w}_1$ und $\mathfrak{w}_2$ gebildet werden, so sind die beiden Spalten von

$$\mathfrak{W}_{12} = \mathfrak{w}_{12}\, \mathfrak{a} \tag{6.7.7}$$

genau dann ein Fundamentalsystem, wenn die Determinante der quadratischen konstanten Matrix $\mathfrak{a}$, d. i. $|\mathfrak{a}| \neq 0$, ist.

Die inhomogenen Differentialgleichungen

$$\left.\begin{aligned} \frac{dw_1}{dz} &= p_{11}\, w_1 + p_{12}\, w_2 + p_{10}, \\ \frac{dw_2}{dz} &= p_{21}\, w_1 + p_{22}\, w_2 + p_{20}, \\ &\text{das ist in Matrizenschreibweise} \\ \frac{d\mathfrak{w}}{dz} &= \mathfrak{p}\, \mathfrak{w} + \mathfrak{p}_0, \end{aligned}\right\} \tag{6.7.8}$$

integriert man nach der Methode der Variation der Konstanten, d. h. durch den Ansatz

$$\left.\begin{aligned} w_1 &= c_1(z)\, w_{11} + c_2(z)\, w_{21}, \\ w_2 &= c_1(z)\, w_{12} + c_2(z)\, w_{22}, \end{aligned}\right\} \quad (6.7.9)$$

das ist in Matrizenschreibweise

$$\mathfrak{w} = c_1(z)\, \mathfrak{w}_1 + c_2(z)\, \mathfrak{w}_2,$$

vermittels eines Fundamentalsystems (6.7.2) der homogenen Differentialgleichungen (6.7.1). Setzt man nämlich (6.7.9) in (6.7.8) ein, so wird man auf die Gleichungen

$$c_1'(z)\, \mathfrak{w}_1 + c_2'(z)\, \mathfrak{w}_2 = \mathfrak{p}_0$$

geführt, aus denen man c_1 und c_2 wegen $\Delta \neq 0$ entnimmt.

Dem Ergebnis kann man die folgende einfache Form geben: Ist $\mathfrak{f}$ die aus den beiden ein Fundamentalsystem bildenden Lösungen $\mathfrak{w}_1$, $\mathfrak{w}_2$ des homogenen Systems als Spalten aufgebaute Matrix nicht verschwindender Determinante $\Delta(z)$ und ist $\mathfrak{f}^{-1}$ ihre Inverse, so ist nach § **1.6.**

$$\mathfrak{w} = c_1\, \mathfrak{w}_1 + c_2\, \mathfrak{w}_2 + \mathfrak{f}(z) \int\limits_{z_0}^{z} \mathfrak{f}^{-1}(\mathfrak{z})\, \mathfrak{p}_0(\mathfrak{z})\, d\mathfrak{z} \quad (6.7.10)$$

mit willkürlichen Konstanten c_1, c_2 das allgemeine Integral von (6.7.8). Man verifiziert das durch Nachrechnen. Natürlich ist diese Aussage nach § **1.6.** auch für lineare Systeme mit n unbekannten Funktionen richtig. Wenn das auch alles aus § **1.6.** bekannt sein kann, so habe ich es doch zur Bequemlichkeit des Lesers namentlich für den Anfänger im einfachsten Fall nochmals explizite vorgerechnet. Vgl. (1.6.13).

Interesse verdienen die **Systeme** (6.7.1) **mit konstanten Koeffizienten.** Sie wurden schon in § **1.8.** integriert. Man kann auch wie folgt vorgehen: Man mache den Ansatz

$$\mathfrak{w} = e^{\varrho z}\, \mathfrak{c}, \qquad \mathfrak{c} = (c_1, c_2) \quad (6.7.11)$$

mit gesuchten Zahlen ϱ, c_1, c_2. Setzt man (6.7.11) in (6.7.1) ein, so kommt man bei konstanten Koeffizienten p_{ik} auf

$$(\mathfrak{p} - \varrho\, \mathfrak{E})\, \mathfrak{c} = 0, \qquad \mathfrak{E} = \begin{pmatrix} 1 & 0 \\ 0 & 1 \end{pmatrix}. \quad (6.7.12)$$

Man hat daher für ϱ die **charakteristische Gleichung**

$$|\mathfrak{p} - \varrho\, \mathfrak{E}| = 0, \quad \text{d. i.} \quad \begin{vmatrix} p_{11} - \varrho & p_{12} \\ p_{21} & p_{22} - \varrho \end{vmatrix} = 0. \quad (6.7.13)$$

Die zugehörigen c_1, c_2 entnimmt man aus (6.7.12), wenn man dort eine der Wurzeln ϱ_1, ϱ_2 von (6.7.13) eingesetzt hat. Hat (6.7.13) zwei verschiedene Wurzeln ϱ_1 und ϱ_2, so wird man auf zwei Lösungen

$$\left.\begin{array}{l} w_1 = c_{11} e^{\varrho_1 z}, \quad w_2 = c_{12} e^{\varrho_1 z} \quad \text{und} \quad w_1 = c_{21} e^{\varrho_2 z}, \quad w_2 = c_{22} e^{\varrho_2 z}, \\ \text{das ist} \qquad \mathfrak{w}_1 = e^{\varrho_1 z} \mathfrak{c}_1 \quad \text{und} \quad \mathfrak{w}_2 = e^{\varrho_2 z} \mathfrak{c}_2 \end{array}\right\} \quad (6.7.14)$$

geführt. Diese bilden ein Fundamentalsystem, wenn $c_{11}c_{22} - c_{12}c_{21} \neq 0$ ist. Das ist aber der Fall. Denn sonst müßten die beiden Gleichungspaare

$$(\mathfrak{p} - \varrho_1 \mathfrak{E})\, \mathfrak{c} = \mathfrak{O}, \qquad (\mathfrak{p} - \varrho_2 \mathfrak{E})\, \mathfrak{c} = \mathfrak{O}$$

für das gleiche Zahlenpaar $\mathfrak{c} \neq \mathfrak{O}$ erfüllt sein. Aus den beiden Paaren von Gleichungen folgt aber durch Subtraktion

$$(\varrho_1 - \varrho_2)\, \mathfrak{c} = \mathfrak{O}.$$

Wegen $\varrho_1 - \varrho_2 \neq 0$ ergibt sich daher $\mathfrak{c} = \mathfrak{O}$ gegen die Annahme.

Hat die charakteristische Gl. (6.7.13) eine Doppelwurzel

$$\varrho_1 = \varrho_2 = \frac{p_{11} + p_{22}}{2},$$

so findet man als ein Fundamentalsystem

$$\left.\begin{array}{l} \mathfrak{w}_1 = \mathfrak{c}_1 \exp(\varrho_1 z), \quad \mathfrak{c}_1 \neq \mathfrak{O}, \\ \mathfrak{w}_2 = (\mathfrak{d} z + \mathfrak{e}) \exp(\varrho_1 z), \\ \varrho_1 = \dfrac{p_{11} + p_{22}}{2}, \quad \mathfrak{d} = \lambda \mathfrak{c}, \quad \lambda \neq 0 \text{ beliebige Zahl} \end{array}\right\} \quad (6.7.15)$$

mit

$$(\mathfrak{p} - \varrho_1 \mathfrak{E})\, \mathfrak{c}_1 = \mathfrak{O} \quad \text{und} \quad (\mathfrak{p} - \varrho_1 \mathfrak{E})\, \mathfrak{e} = \mathfrak{d}. \qquad (6.7.16)$$

Daß dies richtig ist, verifiziert man durch Einsetzen in (6.7.1). Es mag eine nützliche Übung für den Leser sein, die vorstehenden Rechnungen mit den Ausführungen von § 1.**8.** zu vergleichen.

Ich wende mich dem **Verhalten der Lösungen in der Umgebung einer isolierten singulären Stelle** zu. Vorgelegt sei das System (6.7.1) mit einer Koeffizientenmatrix $\mathfrak{p} = (p_{ik})$, deren Elemente p_{ik} in einem Gebiet $\mathfrak{G}$ der z eindeutig und mit Ausnahme isolierter singulärer Stellen holomorph seien. Man sagt dafür auch kurz, die Matrix $\mathfrak{p}$ sei in $\mathfrak{G}$ holomorph. Die Überlegungen aus § 6.**3.** lassen sich übertragen. Die zu untersuchende singuläre Stelle sei wieder bei $z = a$ gelegen. Bei einem positiven Umlauf um dieselbe erfährt ein Fundamentalsystem (6.7.2) eine lineare Transformation, die in (6.7.7) angeschrieben sei. Eine beliebige Lösung

$$\mathfrak{w} = \mathfrak{w}_{12}\, \mathfrak{c}, \qquad \mathfrak{c} = \begin{pmatrix} c_1 \\ c_2 \end{pmatrix} \qquad (6.7.17)$$

geht bei dem gleichen Umlauf in

$$\mathfrak{W} = \mathfrak{W}_{12}\, \mathfrak{c} = \mathfrak{w}_{12}\, \mathfrak{a}\, \mathfrak{c}$$

über. Soll nun (6.7.17) eine multiplikative Lösung sein, d. h., soll sie bei dem Umlauf in

$$\lambda \mathfrak{w} = \lambda \mathfrak{w}_{12} \mathfrak{c}$$

übergehen, so muß identisch in z

$$\mathfrak{w}_{12} \mathfrak{a} \mathfrak{c} = \lambda \mathfrak{w}_{12} \mathfrak{c} = \mathfrak{w}_{12} \lambda \mathfrak{E} \mathfrak{c},$$

d. h.

$$\mathfrak{w}_{12} (\mathfrak{a} - \lambda \mathfrak{E}) \mathfrak{c} = \mathfrak{O}$$

gelten. Da $\mathfrak{w}_1$ und $\mathfrak{w}_2$ als zwei Matrizen eines Fundamentalsystems linear unabhängig sind, so folgen die Gleichungen für die $\mathfrak{c}$:

$$(\mathfrak{a} - \lambda \mathfrak{E}) \mathfrak{c} = \mathfrak{O}. \qquad (6.7.18)$$

Da nur nichttriviale Lösungen derselben interessieren, muß für den Multiplikator λ die Fundamentalgleichung

$$|\mathfrak{a} - \lambda \mathfrak{E}| = 0 \qquad (6.7.19)$$

erfüllt sein. Für jede Lösung λ derselben sind die Gln. (6.7.18) mit einer nichttrivialen Lösung versehen. Jede Lösung von (6.7.19) ist also Multiplikator einer multiplikativen Lösung. Da

$$(z - a)^{\varrho}, \quad \varrho = \frac{\log \lambda}{2\pi i}$$

bei dem Umlauf sich gleichfalls mit λ multipliziert, ist

$$\mathfrak{w}/(z - a)^{\varrho}$$

bei dem Umlauf ungeändert, wenn $\mathfrak{w}$ eine Lösung mit dem Multiplikator λ ist. Daher kann $\mathfrak{w}/(z - a)^{\varrho}$, d. h. können die beiden, die Matrix $\mathfrak{w}$ bildenden Funktionen in Laurentreihen von $z - a$ entwickelt werden. Hat also (6.7.19) zwei verschiedene Wurzeln, so erhalten wir zwei das **kanonische Fundamentalsystem** bildende linear unabhängige multiplikative Lösungen, die wir in Matrizenschreibweise wieder $\mathfrak{w}_1$ und $\mathfrak{w}_2$ nennen wollen, und die folgende Reihendarstellung besitzen

$$\left.\begin{aligned} \mathfrak{w}_1 &= (z - a)^{\varrho_1} \sum_{-\infty}^{+\infty} \mathfrak{a}_{1\nu} (z - a)^{\nu} \\ \mathfrak{w}_2 &= (z - a)^{\varrho_2} \sum_{-\infty}^{+\infty} \mathfrak{a}_{2\nu} (z - a)^{\nu}. \end{aligned}\right\} \qquad (6.7.20)$$

Hat aber die Fundamentalgleichung (6.7.19) eine Doppelwurzel λ_1, so finden wir so nur eine multiplikative Lösung $\mathfrak{w}_1$ mit Sicherheit. Um eine weitere, diese zum Fundamentalsystem ergänzende Lösung $\mathfrak{w}_2$ zu ermitteln, schreiben wir

$$\mathfrak{w}_1 = \begin{pmatrix} w_1 \\ w_2 \end{pmatrix}, \quad \mathfrak{w}_1 = (z - a)^{\varrho_1} \sum_{-\infty}^{+\infty} \mathfrak{a}_{k\nu} (z - a)^{\nu} \qquad (6.7.21)$$

und machen in (6.7.1) den Ansatz[1]

$$\mathfrak{w} = u(z)\,\mathfrak{w}_1 + \mathfrak{v}(z), \qquad \mathfrak{v} = \begin{pmatrix} 0 \\ v \end{pmatrix}. \tag{6.7.22}$$

Hier sind $u(z)$ eine unbekannte Funktion und $\mathfrak{v}(z)$ ein unbekannter Vektor, dessen erste Koordinate 0 sein soll. Durch diesen Ansatz wird aus (6.7.1)

$$u\,\mathfrak{p}\,\mathfrak{w}_1 + \mathfrak{p}\,\mathfrak{v} = u'\,\mathfrak{w}_1 + u\,\mathfrak{w}_1' + \mathfrak{v}'.$$

Da $\mathfrak{w}_1$ eine Lösung von (6.7.1) ist, so hat man

$$\mathfrak{p}\,\mathfrak{v} = u'\,\mathfrak{w}_1 + \mathfrak{v}'. \tag{6.7.23}$$

Da die erste Koordinate von $\mathfrak{v}$ Null sein soll, entnimmt man hieraus

$$p_{12}\,v = u'\,w_1.$$

Also ist

$$u' = \frac{p_{12}\,v}{w_1}. \tag{6.7.24}$$

Setzt man dies in (6.7.23) ein, so hat man

$$\left.\begin{aligned} \mathfrak{v}' &= \mathfrak{p}\,\mathfrak{v} - \frac{p_{12}\,v}{w_1}\,\mathfrak{w}_1 \\ \text{d. i.} \qquad v' &= \left(p_{22} - \frac{p_{12}\,w_2}{w_1}\right) v. \end{aligned}\right\} \tag{6.7.25}$$

Durch den Ansatz (6.7.22) wird somit das System (6.7.1), das zwei unbekannte Funktionen aufweist, auf ein System (6.7.25) mit einer unbekannten Funktion, d. i. eine einzelne Differentialgleichung erster Ordnung reduziert, wofern man bereits eine nichttriviale Lösung $\mathfrak{w}_1$ von (6.7.1) zur Verfügung hat. Aus (6.7.25) entnimmt man

$$v = (z-a)^{k+\varrho_1} \sum_{-\infty}^{+\infty} b_\nu (z-a)^\nu \tag{6.7.26}$$

mit passenden b_ν und k. Aus (6.7.24) folgt dann

$$u(z) = (z-a)^k \sum_{-\infty}^{\infty} \mathfrak{c}_\nu (z-a)^\nu + A \log(z-a)$$

mit passenden $\mathfrak{c}_\nu$ und A. Hier kann aber nur dann $A \neq 0$ sein, wenn k eine ganze Zahl ist. Faßt man alles zusammen, so hat man so als zweite Lösung eines kanonischen Fundamentalsystems von (6.7.1) eine Funktion von der Form

$$\mathfrak{w}_2 = (z-a)^{k+\varrho_1} \sum_{-\infty}^{\infty} \mathfrak{c}_\nu (z-a)^\nu + A\,\mathfrak{w}_1 \log(z-a) \tag{6.7.27}$$

mit passenden $\mathfrak{c}_\nu$. Für $A \neq 0$, d. i. ganzes k, kann man dafür schreiben

$$\mathfrak{w}_2 = (z-a)^{\varrho_1} \sum_{-\infty}^{\infty} \mathfrak{a}_{2\nu} (z-a)^\nu + A\,\mathfrak{w}_1 \log(z-a)$$

[1] Man darf ohne Beschränkung der Allgemeinheit $w_1 \not\equiv 0$ annehmen.

mit passenden $\mathfrak{a}_{2\nu}$. Ist aber $A = 0$ in (6.7.27) und k nicht ganz, so wäre $\mathfrak{w}_2$ eine zweite multiplikative Lösung mit einem Multiplikator

$$\exp 2\pi i (k + \varrho_1) \neq \exp 2\pi i \varrho_1 = \lambda_1,$$

während doch λ_1 eine Doppelwurzel der Fundamentalgleichung sein sollte. Jeder mögliche Multiplikator ist aber eine Wurzel der Fundamentalgleichung. Daher ist stets k ganz. Alles in allem kann man im Falle einer Doppelwurzel λ_1 der Fundamentalgleichung (6.7.19) ein Fundamentalsystem von (6.7.1) in der folgenden Form annehmen:

$$\left.\begin{aligned} \mathfrak{w}_1 &= (z-a)^{\varrho_1} \sum_{-\infty}^{+\infty} \mathfrak{a}_{1\nu} (z-a)^\nu \\ \mathfrak{w}_2 &= (z-a)^{\varrho_1} \sum_{-\infty}^{+\infty} \mathfrak{a}_{2\nu} (z-a)^\nu + A\,(z-a)^{\varrho_1} \sum_{-\infty}^{+\infty} \mathfrak{a}_{1\nu} (z-a)^\nu \log (z-a). \end{aligned}\right\} \quad (6.7.28)$$

Hier ist $\varrho_1 = \frac{\log \lambda_1}{2\pi i}$. Hier kann $A = 0$ oder $A = 1$ angenommen werden.

Das zur Herleitung von (6.7.28) *benutzte Verfahren erlaubt es ganz allgemein ein beliebiges homogenes lineares System mit n unbekannten Funktionen auf ein System mit $n - 1$ unbekannten Funktionen zu reduzieren, wenn man eine einzelne nichttriviale Lösung des Systems mit n unbekannten Funktionen zur Verfügung hat.*

Man kann dies Verfahren nicht nur zur Verallgemeinerung von (6.7.28) auf solche allgemeinere Systeme verwenden, sondern man kann es z. B. auch benutzen, um beliebige Systeme mit konstanten Koeffizienten zu lösen. Wenn diese Methode auch für praktische Rechnungen bequem sein mag, so ist sie doch oft unbequem, wenn es gilt, allgemeine Sätze abzuleiten. Ich entwickle daher im nächsten Abschnitt § 6.**8.** andere Methoden, wende sie in § 6.**8.** schon auf Systeme mit konstanten Koeffizienten an und komme dann in § 6.**9.** auf das eben in (6.7.28) für Systeme mit zwei unbekannten Funktionen gelöste Problem im Falle allgemeiner Systeme zurück.

8. Homogene lineare Differentialgleichungen für quadratische Matrizen und Systeme mit konstanten Koeffizienten. Es sei ein System

$$\frac{d\mathfrak{w}}{dz} = \mathfrak{p}\,\mathfrak{w} \qquad (6.8.1)$$

homogener linearer Differentialgleichungen vorgelegt. Dabei bedeutet

$$\mathfrak{w} = \begin{pmatrix} w_1 \\ \vdots \\ w_n \end{pmatrix}$$

die $(n, 1)$-Matrix der unbekannten Funktionen und

$$\mathfrak{p} = p_{ik} = \begin{pmatrix} p_{11} & \cdots & p_{1n} \\ \vdots & & \vdots \\ p_{n1} & \cdots & p_{nn} \end{pmatrix}$$

die (n, n)-Matrix der Koeffizienten von (6.8.1). Die p_{ik} sollen in einem Gebiet eindeutig und holomorph sein. Dafür sagt man auch kurz, die Matrix $\mathfrak{p}$ habe diese Eigenschaft.

Man kann aus den n Vektoren

$$\mathfrak{w}_k = \begin{pmatrix} w_{k1} \\ \vdots \\ w_{kn} \end{pmatrix}, \qquad k = 1, \ldots, n$$

eines Fundamentalsystems von (6.8.1) als Spalten eine quadratische Matrix

$$\mathfrak{q} = (\mathfrak{w}_1, \ldots, \mathfrak{w}_n) = \begin{pmatrix} w_{11} & \cdots & w_{n1} \\ \vdots & & \vdots \\ w_{1n} & \cdots & w_{nn} \end{pmatrix}$$

bilden. Versteht man dann unter der Ableitung

$$\frac{d\mathfrak{q}}{dz} = \mathfrak{q}' = (\mathfrak{w}_1', \ldots, \mathfrak{w}_n') = \begin{pmatrix} w_{11}' & \cdots & w_{n1}' \\ \vdots & & \vdots \\ w_{1n}' & \cdots & w_{nn}' \end{pmatrix}$$

die (n, n)-Matrix der Ableitungen der $\mathfrak{w}_k$, so sieht man, daß man die n Systeme von Differentialgleichungen, die man erhält, wenn man in (6.8.1) $\mathfrak{w}$ der Reihe nach durch $\mathfrak{w}_k$, $k = 1, \ldots, n$ ersetzt, in der Form

$$\frac{d\mathfrak{q}}{dz} = \mathfrak{p}\,\mathfrak{q} \tag{6.8.2}$$

schreiben kann. Man nennt (6.8.2) wie auch (6.8.1) eine Matrixdifferentialgleichung. Wie in § 6. bei (6.7.6) erläutert wurde und wie auch schon in § 1.**6.** gezeigt wurde, ist das Kriterium dafür, daß die $\mathfrak{w}_k$, $k = 1, \ldots, n$ ein Fundamentalsystem bilden, d. i. linear unabhängig sind über dem Körper der komplexen Zahlen, darin gelegen, daß die Determinante der Matrix $\mathfrak{q}$ von Null verschieden ist. Wie damals angegeben, ist

$$\frac{d}{dz}\operatorname{Det}\mathfrak{q} = (p_{11} + \cdots + p_{nn})\operatorname{Det}\mathfrak{q}. \tag{6.8.3}$$

Und daraus schließt man, daß ein Fundamentalsystem bei analytischer Fortsetzung Fundamentalsystem bleibt.

Nun werde ich mich mit der Integration von (6.8.2) zu befassen haben. Da (6.8.2) eine Zusammenfassung von Systemen (6.8.1) bedeutet, ist über die Existenz von Lösungen von (6.8.2) in der Umgebung regulärer Stellen nichts mehr zu sagen.

Falls $\mathfrak{p}$ in (6.8.2) durch eine konstante Zahl ersetzt wird und $\mathfrak{q}$ eine unbekannte Funktion von z bedeutet, ist

$$\mathfrak{q} = \exp[\mathfrak{p}(z - z_0)]\, \mathfrak{q}_0 \tag{6.8.4}$$

das allgemeine Integral von (6.8.2).

Daß (6.8.4) *bei* **konstanter Matrix** $\mathfrak{p}$ *das allgemeine Integral der Matrixdifferentialgleichung* (6.8.2) *ist, soll nun gezeigt werden.*

Man definiert für eine variable (n, n)-Matrix $\mathfrak{x}$

$$e^{\mathfrak{x}} = \exp(\mathfrak{x}) = \sum_0^\infty \frac{\mathfrak{x}^n}{n!}. \tag{6.8.5}$$

Hier setzt man wie üblich $\mathfrak{x}^0 = \mathfrak{E}$ und versteht unter $\mathfrak{E}$ die (n, n)-Einheitsmatrix. Um die zur Rechtfertigung der Definition (6.8.5) erforderlichen Konvergenzbetrachtungen durchzuführen, definiere man den **absoluten Betrag,** auch **Norm** genannt, **irgendeiner Matrix** als Summe der absoluten Beträge ihrer Elemente. Man bezeichne die Norm so:

$$\begin{aligned} |\mathfrak{w}| &= |w_1| + \cdots + |w_n|, \\ |\mathfrak{x}| &= \sum_{i,k}^{1,n} |x_{ik}|, \end{aligned} \qquad \mathfrak{w} = \begin{pmatrix} w_1 \\ \vdots \\ w_n \end{pmatrix}, \qquad \mathfrak{x} = \begin{pmatrix} x_{11} & \dots & x_{1n} \\ \vdots & & \vdots \\ x_{n1} & \dots & x_{nn} \end{pmatrix}. \tag{6.8.6}$$

Um die Bezeichnung der Norm mit senkrechten Strichen frei zu haben, soll weiterhin die Determinante einer quadratischen (n, n)-Matrix $\mathfrak{x}$ als $\operatorname{Det} \mathfrak{x}$ bezeichnet werden, nicht mit $|\mathfrak{x}|$, wie das oft üblich ist. Für die Norm gelten die Regeln

$$\left.\begin{aligned} |\mathfrak{x} + \mathfrak{y}| &\leqq |\mathfrak{x}| + |\mathfrak{y}|, \\ |\mathfrak{x}\,\mathfrak{y}| &\leqq |\mathfrak{x}|\,|\mathfrak{y}|, \\ |\mathfrak{x}\,\mathfrak{w}| &\leqq |\mathfrak{x}|\,|\mathfrak{w}|, \qquad |\mathfrak{w}\,\mathfrak{x}| \leqq |\mathfrak{w}|\,|\mathfrak{x}|, \\ |\mathfrak{x}\,z| &= |\mathfrak{x}|\,|z| \end{aligned}\right\} \tag{6.8.7}$$

$$|\mathfrak{x}| \geqq 0, \quad \text{aus } |\mathfrak{x}| = 0 \quad \text{folgt } \mathfrak{x} = \mathfrak{O}.$$

Hier bedeuten $\mathfrak{x}$, $\mathfrak{y}$ zwei (n, n)-Matrizen, $\mathfrak{w}$ eine $(n, 1)$- bzw. $(1, n)$-Matrix, d. i. einen Vektor und z eine komplexe Zahl. Hiernach stellt man unmittelbar fest, daß die in (6.8.5) stehende Reihe im Sinne dieser Definition des absoluten Betrages absolut und gleichmäßig konvergiert. Für jede (n, n)-Matrix $\mathfrak{x}$ gilt

$$|e^{\mathfrak{x}}| \leqq (n - 1) + e^{|\mathfrak{x}|}. \tag{6.8.8}$$

Auch die folgende Definition der Norm ist in Gebrauch: Für die Matrix

$$\mathfrak{x} = (x_{ik})$$

wird die Norm als die Matrix aus den absoluten Beträgen ihrer Elemente definiert:

$$|\mathfrak{x}| = (|x_{ik}|).$$

Sind $\mathfrak{x} = (x_{ik})$ und $\mathfrak{y} = (y_{ik})$ zwei Matrizen mit den gleichen Anzahlen von Zeilen und Spalten, so erkläre man

$$\mathfrak{x} \leqq \mathfrak{y} \quad \text{durch} \quad x_{ik} \leqq y_{ik} \quad \text{für alle } ik.$$

Ist dann z. B. $\operatorname{Max} |x_{ik}| \leqq M$, so ist

$$|\mathfrak{x}| \leqq (M).$$

(M) ist die Matrix, die in Zeilen- und Spaltenzahl mit $\mathfrak{x}$ übereinstimmt, und deren Elemente sämtlich M sind. Die Regeln (6.8.7) gelten auch bei dieser Erklärung der Norm mit Ausnahme der letzten Zeile. Da muß es jetzt heißen

$$|\mathfrak{x}| \geqq \mathfrak{O}, \quad \text{aus} \quad |\mathfrak{x}| = \mathfrak{O} \quad \text{folgt} \quad \mathfrak{x} = \mathfrak{O},$$

entsprechend dem Umstand, daß bei der neuen Erklärung die Norm selbst eine Matrix ist. An Stelle von (6.8.8) hat man jetzt

$$|e^{\mathfrak{x}}| \leqq e^{|\mathfrak{x}|}.$$

Sind $\mathfrak{x}$ und $\mathfrak{y}$ zwei vertauschbare (n, n)-Matrizen, d. h., gilt $\mathfrak{x}\mathfrak{y} = \mathfrak{y}\mathfrak{x}$, so ist auch

$$\exp(\mathfrak{x} + \mathfrak{y}) = \exp(\mathfrak{x}) \cdot \exp(\mathfrak{y}), \tag{6.8.9}$$

wie man durch Ausmultiplizieren der entsprechenden absolut konvergenten Reihen verifiziert. Für nicht vertauschbare Matrizen ist natürlich (6.8.9) nicht immer richtig. Aus (6.8.9) schließt man wie in der Lehre von den Funktionen einer komplexen Veränderlichen, daß

$$\exp(\mathfrak{x}) \neq \mathfrak{O}, \quad \text{ja sogar} \quad \operatorname{Det} \exp(\mathfrak{x}) \neq 0 \tag{6.8.10}$$

ist, wie man auch die (n, n)-Matrix $\mathfrak{x}$ wählen mag. Dabei ist $\mathfrak{O}$ die (n, n)-Nullmatrix. Da nämlich $-\mathfrak{x}$ mit $\mathfrak{x}$ vertauschbar ist, so wäre mit $\operatorname{Det} \exp(\mathfrak{x}) = 0$ auch

$$\operatorname{Det} \exp(\mathfrak{O}) = \operatorname{Det} \exp(\mathfrak{x} - \mathfrak{x}) = \operatorname{Det} \exp(\mathfrak{x}) \cdot \operatorname{Det} \exp(-\mathfrak{x}) = 0,$$

während doch nach (6.8.5)

$$\exp(\mathfrak{O}) = \mathfrak{E} \quad \text{und somit} \quad \operatorname{Det} \exp(\mathfrak{O}) = 1 \quad \text{ist.}$$

Als Übung in der Anwendung der Regeln führe man die Differentiation von

$$\exp[\mathfrak{p}(z - z_0)]\, \mathfrak{q}_0$$

sorgfältig durch. Dabei sollen $\mathfrak{p}$ und $\mathfrak{q}_0$ konstante (n, n)-Matrizen sein. Es wird

$$\begin{aligned}
&\exp[\mathfrak{p}(z - z_0 + \Delta z)]\, \mathfrak{q}_0 - \exp[\mathfrak{p}(z - z_0)]\, \mathfrak{q}_0 \\
&\quad = \exp[\mathfrak{p}\Delta z] \cdot \exp[\mathfrak{p}(z - z_0)]\, \mathfrak{q}_0 - \exp[\mathfrak{p}(z - z_0)]\, \mathfrak{q}_0 \\
&\quad = \{\exp(\mathfrak{p}\Delta z) - \mathfrak{E}\} \exp[\mathfrak{p}(z - z_0)]\, \mathfrak{q}_0 \\
&\quad = \left\{\mathfrak{p}\Delta z + \frac{\mathfrak{p}^2 \Delta z^2}{2} + \cdots\right\} \exp[\mathfrak{p}(z - z_0)]\, \mathfrak{q}_0 .
\end{aligned}$$

Nach Division durch Δz strebt das für $\Delta z \to 0$ gegen

$$\mathfrak{p} \exp[\mathfrak{p}(z - z_0)]\, \mathfrak{q}_0 .$$

Damit ist gezeigt, daß (6.8.4) für konstante (n, n)-Matrizen $\mathfrak{p}$ und $\mathfrak{q}_0$ tatsächlich das allgemeine Integral von (6.8.2) ist. Für $z = z_0$ ist $\mathfrak{q}(z_0) = \mathfrak{q}_0$.

Aus diesem Ergebnis schließt man in Verbindung mit (6.8.3) und (6.8.4), daß für jede quadratische Matrix $\mathfrak{p}$

$$\operatorname{Det} \exp(\mathfrak{p}) = \exp(p_{11} + \cdots + p_{nn}). \tag{6.8.11}$$

Natürlich stellt für konstante (n, n)-Matrix $\mathfrak{p}$

$$\mathfrak{w} = \exp[\mathfrak{p}(z - z_0)]\, \mathfrak{w}_0 \tag{6.8.12}$$

das allgemeine Integral von (6.8.1) dar, genauer denjenigen Lösungsvektor $\mathfrak{w}(z)$, der der Anfangsbedingung $\mathfrak{w}(z_0) = \mathfrak{w}_0$ genügt. Es ist aber besser, die Beweisführung auf die Fundamentalsysteme abzustellen, die (6.8.2) erfüllen. Denn

$$\exp[\mathfrak{p}(z - z_0)]$$

stellt doch nun einmal dasjenige Fundamentalsystem von (6.8.1) dar, das für $z = z_0$ der (n, n)-Einheitsmatrix $\mathfrak{E}$ gleich ist.

Ich merke noch das allgemeine Integral des inhomogenen Systems

$$\frac{d\mathfrak{w}}{dz} = \mathfrak{p}\, \mathfrak{w} + \mathfrak{p}_0(z), \qquad \mathfrak{p} \ \text{const} \tag{6.8.13}$$

an. Es ist

$$\mathfrak{w} = \exp[\mathfrak{p}(z - z_0)]\, \mathfrak{w}_0 + \int_{z_0}^{z} \exp[\mathfrak{p}(z - \mathfrak{z})]\, \mathfrak{p}_0(\mathfrak{z})\, d\mathfrak{z}, \tag{6.8.14}$$

wie man durch Differentiation verifizieren möge.

Es soll nun einiges Weitere über die Struktur von (6.8.4) gesagt werden. Dem werde eine Betrachtung über Funktionen von Matrizen, wie z. B. die hier auftretende Exponentialfunktion, vorangestellt.

Als erstes wird gezeigt, *daß jede (n, n)-Matrix $\mathfrak{a}$ der Gleichung*

$$D(\mathfrak{a}) = \mathfrak{O} \tag{6.8.15}$$

genügt, wenn $D(\lambda)$ das Polynom

$$D(\lambda) = \operatorname{Det}(\mathfrak{a} - \lambda\, \mathfrak{E}) = \sum_{0}^{n} a_\nu \lambda^\nu \tag{6.8.16}$$

ist. Dabei ist natürlich $\mathfrak{a}^0 = \mathfrak{E}$, wenn man λ in $\sum a_\nu \lambda^\nu$ durch $\mathfrak{a}$ ersetzt. Die Behauptung kann so formuliert werden:

$$\operatorname{Det}(a_{rs}\, \mathfrak{E} - \mathfrak{a}\, \varepsilon_{rs}) = \mathfrak{O} \tag{6.8.17}$$

$$\mathfrak{a} = (a_{rs}), \qquad \varepsilon_{rs} = 0, r \neq s, \qquad \varepsilon_{rs} = 1, r = s.$$

Hier tritt eine Matrix auf, deren Elemente (n, n)-Matrizen sind, und zwar solche mit kommutativer Multiplikation: $a_{rs}\mathfrak{E}$, $\mathfrak{a}\, \varepsilon_{rs}$. Diese

Matrizen bilden zwar keinen Körper, aber die folgenden in der Theorie der linearen Gleichungen über einem Körper geläufigen Überlegungen lassen sich auch hier anwenden.

Zum Beweis von (6.8.17) seien

$$\mathfrak{e}_j = \begin{pmatrix} \varepsilon_{j1} \\ \vdots \\ \varepsilon_{jn} \end{pmatrix}, \qquad j = 1, \ldots, n,$$

die Einheitsvektoren. Dann ist die s-te Spalte von $\mathfrak{a}$

$$\mathfrak{a}\,\mathfrak{e}_s = \sum_r a_{rs}\,\mathfrak{e}_r, \qquad s = 1, \ldots, n. \tag{6.8.18}$$

Dafür kann man schreiben

$$\sum_r (a_{rs}\,\mathfrak{E} - \mathfrak{a}\,\varepsilon_{rs})\,\mathfrak{e}_r = \mathfrak{O}, \qquad s = 1, \ldots, n. \tag{6.8.19}$$

Man multipliziere diese Gleichungen mit den algebraischen Minoren A_{st} der Matrix $(a_{rs}\,\mathfrak{E} - \mathfrak{a}\,\varepsilon_{rs})$ und summiere nach s. Das gibt

$$\sum_r \varepsilon_{tr}\,D(\mathfrak{a})\,\mathfrak{e}_r = \mathfrak{O}, \qquad t = 1, \ldots, n.$$

Das ist $D(\mathfrak{a})\,\mathfrak{e}_t = \mathfrak{O}$. Daher ist $D(\mathfrak{a}) = \mathfrak{O}$, wie bewiesen werden sollte.

Unter allen Polynomen $\Pi(\lambda) \not\equiv 0$, für die $\Pi(\mathfrak{a}) = \mathfrak{O}$ ist, gibt es eines von möglichst niedrigem Grad; nur eines, wenn man in ihm den Koeffizienten der höchsten Potenz von λ als 1 annimmt. Dies Polynom werde mit $\Delta(\lambda)$ bezeichnet und heiße **Minimalpolynom** von $\mathfrak{a}$.

$\Delta(\lambda)$ ist ein Teiler von $D(\lambda)$. Es ist nämlich

$$D(\lambda) = Q(\lambda)\,\Delta(\lambda) + \Delta_1(\lambda)$$

mit zwei weiteren Polynomen Q und Δ_1, deren zweites einen kleineren Grad als Δ hat. Setzt man für λ die Matrix $\mathfrak{a}$ ein, so folgt $\Delta_1(\mathfrak{a}) = \mathfrak{O}$. Da aber $\Delta(\lambda)$ das nichttriviale Polynom $\Pi(\lambda)$ niedrigsten Grades ist, für das $\Pi(\mathfrak{a}) = \mathfrak{O}$ ist, so folgt $\Delta_1(\lambda) \equiv 0$, so daß sich $\Delta(\lambda)$ als Teiler von $D(\lambda)$ erweist.

Jede Nullstelle von $\Delta(\lambda)$ ist demnach ein Eigenwert der Matrix $\mathfrak{a}$. Aber es ist auch $\Delta(\lambda_j) = 0$ für jeden Eigenwert der Matrix $\mathfrak{a}$. Denn falls λ_j ein Eigenwert von $\mathfrak{a}$ ist, so gibt es einen Vektor $\mathfrak{x} \neq \mathfrak{O}$, für den $\mathfrak{a}\,\mathfrak{x} = \lambda_j\,\mathfrak{x}$ ist. Daraus folgt $\mathfrak{a}^2\,\mathfrak{x} = \lambda_j\,\mathfrak{a}\,\mathfrak{x} = \lambda_j^2\,\mathfrak{x}$ und hieraus durch Wiederholung der Schlußweise $\mathfrak{a}^\nu\,\mathfrak{x} = \lambda_j^\nu\,\mathfrak{x}$ für jede Zahl $\nu = 0, 1, \ldots$. Daher ist auch

$$\Pi(\mathfrak{a})\,\mathfrak{x} = \Pi(\lambda_j)\,\mathfrak{x} \tag{6.8.20}$$

für jedes Polynom $\Pi(\lambda)$. Insbesondere ist daher

$$\Delta(\mathfrak{a})\,\mathfrak{x} = \Delta(\lambda_j)\,\mathfrak{x}.$$

Aus $\Delta(\mathfrak{a}) = \mathfrak{O}$ und $\mathfrak{x} \neq \mathfrak{O}$ folgt daher $\Delta(\lambda_j) = 0$, wie behauptet wurde.

Sind nun $\lambda_1, \ldots, \lambda_k$ die paarweise verschiedenen Eigenwerte von $\mathfrak{a}$, so hat man

$$\left.\begin{array}{c} D(\lambda) = (-1)^n (\lambda - \lambda_1)^{n_1} \ldots (\lambda - \lambda_k)^{n_k} \\ 1 \leqq n_j, \quad j = 1, \ldots, k; \quad n_1 + \cdots + n_k = n \end{array}\right\} \qquad (6.8.21)$$

und

$$\left.\begin{array}{c} \Delta(\lambda) = (\lambda - \lambda_1)^{m_1} \ldots (\lambda - \lambda_k)^{m_k} \\ 1 \leqq m_j \leqq n_j; \quad j = 1, \ldots, k. \end{array}\right\} \qquad (6.8.22)$$

$m = m_1 + \cdots + m_k$ ist der Grad von $\Delta(\lambda)$.

Sind nun zwei Polynome $p_1(\lambda)$ und $p_2(\lambda)$ kongruent $\bmod \Delta(\lambda)$, *so gilt $p_1(\mathfrak{a}) = p_2(\mathfrak{a})$ und umgekehrt.*

$$p_1(\lambda) \equiv p_2(\lambda) \bmod \Delta(\lambda)$$

bedeutet die Existenz eines Polynoms $q(\lambda)$ derart, daß identisch in λ

$$p_1(\lambda) = p_2(\lambda) + q(\lambda)\,\Delta(\lambda)$$

gilt. Setzt man hier statt λ die Matrix $\mathfrak{a}$ ein, so kommt

$$p_1(\mathfrak{a}) = p_2(\mathfrak{a})$$

wie behauptet wurde. Gilt umgekehrt $p_1(\mathfrak{a}) = p_2(\mathfrak{a})$ für zwei Polynome $p_1(\lambda)$ und $p_2(\lambda)$, so setze man

$$p_1(\lambda) - p_2(\lambda) = q(\lambda)\,\Delta(\lambda) + \Delta_1(\lambda)$$

mit einem $\Delta_1(\lambda)$, dessen Grad kleiner ist als der von $\Delta(\lambda)$. Setzt man $\mathfrak{a}$ statt λ ein, so erhält man

$$p_1(\mathfrak{a}) - p_2(\mathfrak{a}) = \mathfrak{O} = \Delta_1(\mathfrak{a}).$$

Also ist $\Delta_1(\lambda) \equiv 0$, weil $\Delta(\lambda)$ das Minimalpolynom von $\mathfrak{a}$ ist.

Zwei $\bmod \Delta(\lambda)$ kongruente Polynome nennt man auch **spektral gleich** und meint damit, daß

$$p_1^{(\nu)}(\lambda_j) = p_2^{(\nu)}(\lambda_j)$$

gilt für jeden der k Eigenwerte λ_j und die ν-ten Ableitungen von der nullten bis zur $m_j - 1$-ten Ordnung, wenn die beiden Polynome $p_1(\lambda)$ und $p_2(\lambda)$ $\bmod \Delta(\lambda)$ kongruent sind und umgekehrt. Diesen Begriff spektral gleich kann man offenbar nicht nur auf Polynome sondern auch auf beliebige für alle Eigenwerte erklärte und genügend oft differenzierbare Funktionen anwenden, z. B. also auf Funktionen, die in einem alle Eigenwerte enthaltenden Gebiete holomorph und eindeutig sind. Nach der Interpolationstheorie gibt es nun genau ein Polynom $p(\lambda)$ höchsten $m - 1$-ten Grades, das einer so gegebenen Funktion $f(\lambda)$ spektral gleich ist. Sind dann

$$\left.\begin{array}{c} f^{(l_j)}(\lambda_j), \quad (j, \lambda_j) \in \mathfrak{M}(k, m) \\ \mathfrak{M}(k, m) = \{j = 1, \ldots, k;\ l_j = 0, \ldots, m_j - 1\} \end{array}\right\} \qquad (6.8.23)$$

die vorgegebenen Werte, so führt die Aufgabe, ein Polynom $p(\lambda)$ höchstens vom Grad $m-1$ zu finden, das $f(\lambda)$ spektral gleich ist, auf die Gleichungen

$$f^{(l_j)}(\lambda_j) = p^{(l_j)}(\lambda_j), \quad (j, l_j) \in \mathfrak{M}(k, m). \tag{6.8.24}$$

Das sind m inhomogene Gleichungen für die m unbekannten Koeffizienten des Polynoms $p(\lambda)$, das höchstens den Grad $m-1$ haben soll. Diese inhomogenen Gleichungen sind genau dann mit einer eindeutig bestimmten Lösung versehen, wenn die zugehörigen homogenen Gleichungen nur die triviale Lösung besitzen. Das ist hier der Fall. Denn anderenfalls gäbe es ein nicht identisch verschwindendes Polynom von höchstens $m-1$-ten Grad, d. h. also von niedrigerem Grad als $\Delta(\lambda)$, das ebenso wie $\Delta(\lambda)$ spektral der 0 gleich wäre. Das ist aber mit der Gradzahl dieses Polynoms nicht verträglich. Man kann dies eindeutig bestimmte Polynom $p(\lambda)$, das der gegebenen Funktion $f(\lambda)$ spektral gleich ist, explizite angeben. Es ist

$$p(\lambda) = \sum_{j=1}^{k} \left(a_{0j} + a_{1j}(\lambda - \lambda_j) + \cdots + a_{m_j-1,j}(\lambda - \lambda_j)^{m_j-1}\right) \Delta_j(\lambda). \tag{6.8.25}$$

Hier ist

$$\Delta_j(\lambda) = \frac{\Delta(\lambda)}{(\lambda - \lambda_j)^{m_j}}$$

und sind

$$a_{0j} + \cdots + a_{m_j-1,j}(\lambda - \lambda_j)^{m_j-1}$$

die m_j ersten Glieder in der Taylorentwicklung von

$$\frac{f(\lambda)}{\Delta_j(\lambda)}.$$

Die $a_{i,j}$ sind lineare homogene Funktionen der Ableitungen

$$f^{(\nu)}(\lambda_j), \quad \nu = 0, \ldots, m_j - 1.$$

Daher kann man schreiben

$$p(\lambda) = \sum_{j=1}^{k} \sum_{l_j=0}^{m_j-1} f^{(l_j)}(\lambda_j)\, \varphi_{l_j,j}(\lambda). \tag{6.8.26}$$

Hier sind die $\varphi_{l_j,j}(\lambda)$ Polynome in λ, deren Grade kleiner als m sind und deren Koeffizienten nur von den k Eigenwerten nicht aber von f abhängen. Trägt man hier statt λ die Matrix $\mathfrak{a}$ ein, so hat man

$$f(\mathfrak{a}) = p(\mathfrak{a}) = \sum_{j=1}^{k} \sum_{l_j=0}^{m_j-1} f^{(l_j)}(\lambda_j)\, \varphi_{l_j,j}(\mathfrak{a}), \tag{6.8.27}$$

was man als Definition von $f(\mathfrak{a})$ ansehen mag.

Nun war oben z. B. die Exponentialfunktion schon anderweit durch eine überall konvergente Potenzreihe erklärt. Um die Übereinstimmung beider Definitionen zu erkennen, nehme man allgemein an, $f(\lambda)$ sei im

Sinne gleichmäßiger Konvergenz Grenzfunktion einer Folge von Polynomen in einem Gebiet, das sämtliche Eigenwerte von $\mathfrak{a}$ enthält. Dann konvergiert diese Polynomfolge $P_\nu(\lambda)$ auch, wenn man λ durch $\mathfrak{a}$ ersetzt. Man betrachte nämlich neben jedem der Näherungspolynome $P_\nu(\lambda)$ von $f(\lambda)$ auch das ihm spektral gleiche Interpolationspolynom $p_\nu(\lambda)$ höchstens $m-1$-ten Grades. Dann konvergieren diese Interpolationspolynome gegen ein $f(\lambda)$ spektral gleiches Polynom $p(\lambda)$ höchstens $m-1$-ten Grades. Ersetzt man in diesen Näherungsinterpolationspolynomen λ durch $\mathfrak{a}$, so konvergieren die so erhaltenen Matrixpolynome

$$p_\nu(\mathfrak{a}) \to p(\mathfrak{a}),$$

während die den $p_\nu(\lambda)$ spektralgleichen, also auch $\mathfrak{a}$-gleichen Polynome $P_\nu(\mathfrak{a})$ gegen das im Sinne der Reihenlehre definierte $f(\mathfrak{a})$ konvergieren. Diese Überlegung beweist die Übereinstimmung beider Definitionen von $f(\mathfrak{a})$.

Ich wende (6.8.27) nun insbesondere auf die in (6.8.4) vorkommende Funktion $\exp[(z-z_0)\lambda]$ an, in der λ durch die konstante Matrix $\mathfrak{p}$ statt des bislang immer benutzten $\mathfrak{a}$ zu ersetzen ist. Man hat somit in den vorausgegangenen Betrachtungen, insbesondere in (6.8.27) als λ_j die Eigenwerte von $\mathfrak{p}$ zu nehmen und die Betrachtung auf das Minimalpolynom von $\mathfrak{p}$ abzustellen. Aus (6.8.4) wird dann gemäß (6.8.27)

$$\mathfrak{q} = \sum_{j=1}^{k} \sum_{l_j=0}^{m_j-1} (z-z_0)^{l_j} \varphi_{l_j,j}(\mathfrak{p}) \exp[\lambda_j(z-z_0)]\, \mathfrak{q}_0 \tag{6.8.28}$$

das allgemeine Integral von (6.8.4).

Man erkennt darin die Verallgemeinerung dessen, was bei früheren Gelegenheiten in Spezialfällen angegeben wurde, sowie ein gegenüber (1.8.16) verbessertes Lösungsangebot, da ja nun die Polynome, die neben den Exponentialausdrücken auftreten, explizite bekannt sind, und auch die willkürlichen Integrationskonstanten in $\mathfrak{q}_0$ deutlich in Erscheinung treten. Damit ist freilich noch nicht die Einfachheit des Ergebnisses erreicht, das z. B. im Falle $n=2$ die Formeln (1.8.27) und (1.8.28) erkennen lassen. In (6.8.28) sind die einzelnen Spalten der (n, n)-Matrix rechts die konstituierenden Vektoren eines Fundamentalsystems. Um unter allen möglichen Fundamentalsystemen ein möglichst einfaches auszuzeichnen, muß man noch tiefer auf die Matrizentheorie eingehen. Ich werde im folgenden das Verfahren nur beschreiben. Wegen der Beweise möge der Leser das Standardwerk über Matrizen von F. R. Gantmacher konsultieren. Neben dem russischen Original gibt es eine deutsche und eine englische Ausgabe. Die letztgenannte ist deshalb besonders zu empfehlen, weil sie gegenüber den beiden anderen noch besondere Zusätze und Änderungen aus der Feder des Verfassers enthält. Auch L. S. Pontrjagin gibt in seiner vorzüglichen Einführung in die Theorie der Differentialgleichungen in einem Anhang einen sehr gut lesbaren Beweis für die nun zu schildernden Tatsachen der Matrizentheorie. H. WEYL (1923) war wohl der erste, der neue Ideen in diese alten Theorien hineingetragen hat. Man. vgl. die schönen Darlegungen in „Mathematische Analyse des Raumproblems", S. 88ff. Auch R. BELLMAN: Introduction to Matrix Analysis (1960) wird empfohlen.

Eine jede konstante (n, n)-Matrix ist einer gleich zu beschreibenden Matrix in Normalform ähnlich. Das heißt zu jeder konstanten (n, n)-Matrix $\mathfrak{p}$ gehören konstante (n, n)-Matrizen $\mathfrak{f}$ nicht verschwindender Determinante derart, daß $\mathfrak{f}^{-1}\mathfrak{p}\,\mathfrak{f}$ die zu beschreibende Normalform hat. Übergang von $\mathfrak{p}$ zu einer durch $\mathfrak{f}$ ähnlichen Matrix $\mathfrak{f}^{-1}\mathfrak{p}\,\mathfrak{f}$ bedeutet, daß man in (6.8.2) durch

$$\mathfrak{q} = \mathfrak{f}\,\mathfrak{q}^* \tag{6.8.29}$$

eine neue unbekannte Matrix $\mathfrak{q}^*$ einführt. Denn durch (6.8.29) geht (6.8.2) in

$$\frac{d\mathfrak{q}^*}{dt} = \mathfrak{f}^{-1}\mathfrak{p}\,\mathfrak{f}\cdot\mathfrak{q}^* \tag{6.8.30}$$

über. Kennt man eines ihrer Fundamentalsysteme, so kennt man aus (6.8.29) auch ein Fundamentalsystem von (6.8.2). Übrigens ist

$$\exp[\mathfrak{f}^{-1}\mathfrak{p}\,\mathfrak{f}(z-z_0)] = \mathfrak{f}^{-1}\exp[\mathfrak{p}(z-z_0)]\,\mathfrak{f},$$

wie man aus der Definition (6.8.5) abliest.

Die zu erzielende Normalform $\mathfrak{J}$ von $\mathfrak{p}$, die sog. obere JORDANsche Normalform, ist nach dem großen französischen Mathematiker CAMILLE JORDAN benannt. Sie hängt mit den Eigenwerten, genauer den Elementarteilern der Matrix $\mathfrak{p}$ zusammen. In der angestrebten oberen JORDANschen Normalform sind die einzigen von 0 verschiedenen Elemente in der Hauptdiagonalen und in der unmittelbar darüber befindlichen Parallelen, der ersten sog. Oberdiagonalen zu finden[1]. In der Hauptdiagonalen nehmen die Eigenwerte Platz. In der Oberdiagonalen stehen 0 oder 1. Unter den n Eigenwerten seien $\lambda_1, \ldots, \lambda_k$ die paarweise verschiedenen. n_j sei die aus (6.8.21) ersichtliche Vielfachheit des Eigenwertes λ_j. Ich beginne bei der Beschreibung des Aufbaus der Normalform $\mathfrak{J}$ mit λ_1 und besetze mit λ_1 die n_1 obersten Stellen der Hauptdiagonalen. Die n_2 folgenden Stellen nimmt λ_2 in der Hauptdiagonalen ein usw., bis alle n Stellen der Hauptdiagonalen besetzt sind. In der ersten anschließenden Oberdiagonalen werden die 0 und 1 nach folgender Vorschrift verteilt. Betrachten wir die n_1 Stellen der Hauptdiagonalen, an denen λ_1 steht. Über dem ersten Posten λ_1 ist in der Oberdiagonalen kein Platz. Senkrecht über die übrigen Stellen ist entweder 0 oder 1 zu schreiben. Und zwar werde mit den Stellen begonnen, über die 0 zu schreiben ist. Dann schließen sich diejenigen an, über die 1 zu setzen ist. Jede der beiden Sorten kann fehlen. Wie viele Einsen auftreten, hängt von den Elementar-

[1] Ganz analog wird die untere JORDANsche Normalform erklärt.

teilern ab und soll hier nicht angegeben werden. Dann kommt λ_2 an die Reihe. Über das oberste λ_2 ist jedenfalls 0 zu schreiben. Über die folgenden λ_2 entweder 0 oder 1, und zwar zu oberst wieder die Stellen, an die 0 kommt, dann die Stellen über die 1 zu stehen kommt. Analog geht es dann bei λ_3 weiter und so fort. Alle übrigen Stellen in $\mathfrak{J}$ sind mit 0 besetzt. Ein Beispiel wird die Gestalt einer Normalmatrix $\mathfrak{J}$ noch deutlicher machen.

$$\begin{matrix} \lambda_1 & 0 & 0 & 0 & 0 & 0 & 0 & 0 \\ 0 & \lambda_1 & 1 & 0 & 0 & 0 & 0 & 0 \\ 0 & 0 & \lambda_1 & 0 & 0 & 0 & 0 & 0 \\ 0 & 0 & 0 & \lambda_2 & 1 & 0 & 0 & 0 \\ 0 & 0 & 0 & 0 & \lambda_2 & 1 & 0 & 0 \\ 0 & 0 & 0 & 0 & 0 & \lambda_2 & 0 & 0 \\ 0 & 0 & 0 & 0 & 0 & 0 & \lambda_3 & 0 \\ 0 & 0 & 0 & 0 & 0 & 0 & 0 & \lambda_4 \end{matrix} \qquad (6.8.31)$$

Man kann sich $\mathfrak{J}$ aus quadratischen und rechteckigen Untermatrizen aufgebaut denken, derart, daß nur in denjenigen quadratischen Untermatrizen, die Teile der Hauptdiagonalen enthalten, von 0 verschiedene Elemente auftreten. In (6.8.31) sind von $\mathfrak{O}$ verschiedene quadratische Untermatrizen punktiert umrandet. Jede derselben kann nochmals in die Summe zweier quadratischer Matrizen zerlegt werden, von denen die eine nur in der Hauptdiagonalen von 0 verschiedene Elemente haben kann, die andere nur in der ersten Oberdiagonalen von 0 verschiedene Elemente aufweisen kann. Dementsprechend läßt sich $\mathfrak{J}$ als Summe paarweiser vertauschbarer (n, n)-Matrizen schreiben:

$$\mathfrak{J} = \sum \mathfrak{J}_\nu + \sum \mathfrak{H}_\nu. \qquad (6.8.32)$$

Dabei sind mit $\mathfrak{J}_\nu$ diejenigen (n, n)-Untermatrizen bezeichnet, bei denen in der Hauptdiagonalen eine Anzahl aufeinanderfolgender Stellen mit einem der λ_j besetzt sind, die sämtlichen übrigen Stellen aber die 0 tragen. Bei den $\mathfrak{H}_\nu$ sind nur in der ersten Oberdiagonalen eine Anzahl aufeinanderfolgender Stellen mit 1 besetzt. Alle anderen Stellen tragen die 0. Man überzeugt sich leicht, daß je zwei dieser Untermatrizen von $\mathfrak{J}$ in (6.8.32) vertauschbar sind. Daher wird

$$\exp[\mathfrak{J}(z - z_0)] = \prod_\nu \exp[\mathfrak{J}_\nu(z - z_0)] \prod_\nu \exp[\mathfrak{H}_\nu(z - z_0)].$$

Die einzelnen Faktoren sind leicht auszurechnen. So ist

$$\exp[\mathfrak{J}_\nu(z - z_0)]$$

diejenige (n, n)-Matrix, bei der in der Hauptdiagonalen lauter Einsen stehen mit Ausnahme der Stellen, an denen bei $\mathfrak{J}_j$ in der Hauptdiagonalen ein λ_j steht. Da steht bei $\exp[\mathfrak{J}_\nu(z - z_0)]$ ein $\exp[\lambda_\nu(z - z_0)]$. Bei den $\mathfrak{H}_\nu$ ist zu beachten, daß beim Potenzieren die Oberdiagonale auf der die Einsen stehen, jeweils um eine Nummer nach oben rückt. Dabei nimmt die Zahl der Einsen natürlich um je eine Einheit ab. Ist die Matrix z. B. mit j Einsen versehen, so ist die j-te Potenz die Nullmatrix. Zum Beispiel ist

$$\begin{pmatrix} 0 & 1 & 0 \\ 0 & 0 & 1 \\ 0 & 0 & 0 \end{pmatrix}^2 = \begin{pmatrix} 0 & 0 & 1 \\ 0 & 0 & 0 \\ 0 & 0 & 0 \end{pmatrix}, \qquad \begin{pmatrix} 0 & 1 & 0 \\ 0 & 0 & 1 \\ 0 & 0 & 0 \end{pmatrix}^3 = \begin{pmatrix} 0 & 0 & 0 \\ 0 & 0 & 0 \\ 0 & 0 & 0 \end{pmatrix}.$$

Beachtet man dies alles, so sieht man, daß z. B. für

$$\mathfrak{H} = \begin{pmatrix} 0 & 1 & 0 \\ 0 & 0 & 1 \\ 0 & 0 & 0 \end{pmatrix}$$

sich ergibt

$$\exp(\mathfrak{H}\mathfrak{z}) = \mathfrak{E} + \begin{pmatrix} 0 & 1 & 0 \\ 0 & 0 & 1 \\ 0 & 0 & 0 \end{pmatrix} \mathfrak{z} + \begin{pmatrix} 0 & 0 & 1 \\ 0 & 0 & 0 \\ 0 & 0 & 0 \end{pmatrix} \frac{\mathfrak{z}^2}{2} = \begin{pmatrix} 1 & \mathfrak{z} & \frac{\mathfrak{z}^2}{2} \\ 0 & 1 & \mathfrak{z} \\ 0 & 0 & 1 \end{pmatrix},$$

$$\mathfrak{z} = z - z_0.$$

Multipliziert man alle so erhaltenen Posten miteinander, so erhält man $\exp[\mathfrak{J}(z - z_0)]$. Im Beispiel (6.8.31) wird

$$\exp[\mathfrak{J}(z - z_0)] = \begin{pmatrix} e_1 & 0 & 0 & 0 & 0 & 0 & 0 & 0 \\ 0 & e_1 & \mathfrak{z} e_1 & 0 & 0 & 0 & 0 & 0 \\ 0 & 0 & e_1 & 0 & 0 & 0 & 0 & 0 \\ 0 & 0 & 0 & e_2 & \mathfrak{z} e_2 & \frac{\mathfrak{z}^2 e_2}{2} & 0 & 0 \\ 0 & 0 & 0 & 0 & e_2 & \mathfrak{z} e_2 & 0 & 0 \\ 0 & 0 & 0 & 0 & 0 & e_2 & 0 & 0 \\ 0 & 0 & 0 & 0 & 0 & 0 & e_3 & 0 \\ 0 & 0 & 0 & 0 & 0 & 0 & 0 & e_4 \end{pmatrix}$$

Hier bedeutet abkürzend

$$e_j = \exp[\lambda_j(z - z_0)], \qquad \mathfrak{z} = z - z_0.$$

Vergleicht man das so erhältliche Ergebnis mit (6.8.28), so sieht man, daß man jetzt ein Fundamentalsystem erhält, bei dem die Gradzahlen der Polynome die Vielfachheiten der Eigenwerte nicht übertreffen. Genauer gesagt sind es die Grade der Elementarteiler, die die Grade der Polynome bestimmen. Hiermit schließe ich die Betrachtungen über Differentialgleichungssysteme mit konstanten Koeffizienten ab.

Im nächsten Abschnitt § 6.**9.** wird die Umkehrfunktion von $\exp(\mathfrak{y}) = \mathfrak{x}$ benötigt. Sie werde mit $\mathfrak{y} = \log\mathfrak{x}$ bezeichnet. Da $\exp(\mathfrak{y}) = \mathfrak{x}$ für jede (n, n)-Matrix $\mathfrak{y}$ eine (n, n)-Matrix $\mathfrak{x}$ nicht verschwindender Determinante ist, werde jetzt gefragt, ob umgekehrt zu jedem vorgegebenen $\mathfrak{a}$ mit nicht verschwindender Determinante mindestens eine (n, n)-Matrix $\mathfrak{b}$ gehört, so daß

$$\exp(\mathfrak{b}) = \mathfrak{a} \tag{6.8.33}$$

gilt. Wir schreiben dann

$$\mathfrak{b} = \log\mathfrak{a}. \tag{6.8.34}$$

Da $\mathfrak{a}$ eine nicht verschwindende Determinante hat, ist keiner ihrer Eigenwerte 0. Zu jedem ihrer k paarweise verschiedenen Eigenwerte λ_j gehört daher ein $\mu_j = \log\lambda_j$, wobei man sich jeweils für irgendeinen der möglichen Werte des log entscheiden möge. Man betrachte nun

$$\exp(\mu) - \lambda = 0 \tag{6.8.35}$$

und ziehe die k Funktionselemente $f_j(\lambda)$ des $\log\lambda$ heran, für die jeweils

$$f_j(\lambda_j) = \mu_j$$

ausfällt. Aus der Beziehung (6.8.35), die in λ identisch erfüllt ist, wenn man eines der $f_j(\lambda)$ dort für μ einsetzt, erhält man unter anderem die folgenden Werte

$$f_j^{(l_j)}(\lambda_j), \quad (j, l_j) \in \mathfrak{M}(k, m). \tag{6.8.36}$$

Ich knüpfe an die Bezeichnungen und Begriffe an, die zwischen (6.8.15) und (6.8.27) eingeführt wurden. Nun bestimme man ein Polynom $p(\lambda)$ von höchstens $m-1$-tem Grad, für das

$$p^{(l_j)}(\lambda_j) = f_j^{(l_j)}(\lambda_j), \quad (j, l_j) \in \mathfrak{M}(k, m). \tag{6.8.37}$$

Das Nähere dazu wurde oben auseinandergesetzt. Nun betrachte man

$$E(\lambda) = \exp[p(\lambda)] - \lambda, \tag{6.8.38}$$

wo $p(\lambda)$ das eben eingeführte Polynom bedeutet. Wie die Definition von $p(\lambda)$ zeigt, gilt dann

$$E^{(l_j)}(\lambda_j) = 0, \quad (j, l_j) \in \mathfrak{M}(k, m). \tag{6.8.39}$$

Man entwickle $E(\lambda)$ nach Potenzen von λ und ziehe die Teilsummen $E_r(\lambda)$ der entstehenden Potenzreihe heran. Dann gilt

$$\lim_{r\to\infty} E_r^{(l_j)}(\lambda_j) = E^{(l_j)}(\lambda_j) = 0, \quad (j, l_j) \in \mathfrak{M}(k, m). \tag{6.8.40}$$

Nun konstruiere man Polynome $P_r(\lambda)$ von höchstens $m-1$-tem Grad, für die

$$P_r^{(l_j)}(\lambda_j) = E_r^{(l_j)}(\lambda_j), \quad (j, l_j) \in \mathfrak{M}(k, m) \tag{6.8.41}$$

ist, so daß also, wie das oben ausgedrückt wurde, $P_r(\lambda)$ dem $E_r(\lambda)$ spektral gleich ist. Für genügend kleine r ist natürlich $P_r(\lambda) \equiv E_r(\lambda)$. Dann ist auch

$$\lim_{r\to\infty} P_r^{(l_j)}(\lambda_j) = E^{(l_j)}(\lambda_j) = 0, \qquad (j, l_j) \in \mathfrak{M}(k, m). \qquad (6.8.42)$$

Nach (6.8.41) ist

$$P_r(\lambda) - E_r(\lambda)$$

spektral gleich 0. Daher ist, wie oben dargelegt wurde, auch

$$P_r(\mathfrak{a}) = E_r(\mathfrak{a}). \qquad (6.8.43)$$

Nun bedenke man, daß die $P_r(\lambda)$ stetig von den Interpolationswerten

$$E^{(l_j)}(\lambda_j), \qquad (j, l_j) \in \mathfrak{M}(k, m)$$

abhängen, wie sich das aus den linearen Gleichungen der Interpolationsaufgabe ergibt. Aus (6.8.42) folgt daher, daß

$$\lim_{r\to\infty} P_r(\lambda) \equiv 0$$

ist. Nach (6.8.33) und (6.8.34) ist daher

$$p(\mathfrak{a}) = \log \mathfrak{a}.$$

Der $\log \mathfrak{a}$ ist nur für Matrizen erklärt, deren Determinante nicht verschwindet. Alle anderen Matrizen sind singuläre Stellen für den Matrizenlogarithmus, so wie die Zahl 0 beim Logarithmus der Funktionentheorie.

9. Isolierte singuläre Stellen bei Systemen linearer Differentialgleichungen. In (6.8.1) und (6.8.2) sei jetzt $\mathfrak{p}$ eine (n, n)-Matrix, deren Elemente in einer gelochten Kreisscheibe $\dot{K}: 0 < |z - a| < r$ eindeutig und holomorph seien. Es werde nach dem Verhalten eines Fundamentalsystems bzw. der Lösungen in der Nähe der isolierten singulären Stelle a gefragt. Ich beginne mit dem folgenden Satz:

Unter den angegebenen Voraussetzungen hat das allgemeine Integral von (6.8.2) *die Gestalt*

$$\mathfrak{q}(z) = \mathfrak{L}(z) \exp[\mathfrak{a} \log(z - a)]\, \mathfrak{c}. \qquad (6.9.1)$$

Hier bedeutet $\mathfrak{L}(z)$ eine in $\dot{K}$ eindeutige und holomorphe (n, n)-Matrix nicht verschwindender Determinante und bedeuten $\mathfrak{a}$ und $\mathfrak{c}$ *konstante (n, n)-Matrizen, deren zweite eine nicht verschwindende Determinante hat, sonst aber beliebig gewählt werden kann.*

Der Einfachheit halber werde angenommen, daß $a = 0$ ist. Man denke sich eine Fundamentalmatrix, d. i. eine Lösung $\mathfrak{q}(z)$ von (6.8.2) mit $\operatorname{Det} \mathfrak{q}(z) \neq 0$ in einmaligem positivem Umlauf z. B. auf einem $\dot{K}$ angehörigen Kreis um $z = 0$ analytisch fortgesetzt. Dabei wird aus $\mathfrak{q}(z)$ eine weitere Fundamentalmatrix $\mathfrak{q}^*(z)$. Daher gibt es eine konstante (n, n)-Matrix nicht verschwindender Determinante $\mathfrak{A}$, so daß

$$\mathfrak{q}^*(z) = \mathfrak{q}(z)\,\mathfrak{A}$$

gilt. Nach § 6.**8.** gibt es daher eine (nicht eindeutig bestimmte) konstante (n, n)-Matrix $\mathfrak{a}$, so daß

$$\mathfrak{A} = \exp(2 i \pi \mathfrak{a})$$

ist. Ich entscheide mich für eine derselben und bestimme nun die (n, n)-Matrix $\mathfrak{L}(z)$ nicht verschwindender Determinante durch die Forderung

$$\mathfrak{q}(z) = \mathfrak{L}(z) \exp(\mathfrak{a} \log z).$$

Das ist möglich, weil nach § 6.**8.** $\exp[\mathfrak{a} \log z]$ in $\dot{K}$ eine (n, n)-Matrix nicht verschwindender Determinante ist. Dann wird bei analytischer Fortsetzung

$$\mathfrak{q}^*(z) = \mathfrak{L}^*(z) \exp(\mathfrak{a} \log z) \exp(2 i \pi \mathfrak{a}).$$

Es war aber

$$\mathfrak{q}^*(z) = \mathfrak{q}(z) \exp(2 i \pi \mathfrak{a})$$
$$= \mathfrak{L}(z) \exp(\mathfrak{a} \log z) \exp(2 i \pi \mathfrak{a}).$$

Also ist

$$\mathfrak{L}^*(z) = \mathfrak{L}(z).$$

Das beweist den ausgeprochenen Satz, bis auf den dort angegebenen willkürlichen Faktor $\mathfrak{c}$, der aber nur besagt, daß man aus einem speziellen Fundamentalsystem alle anderen durch Anbringung solcher Faktoren erhält[1].

Es bleibt die Struktur des Fundamentalsystems zu untersuchen. Auskunft darüber entnimmt man aus dem, was in § 6.**8.** über die Struktur der Fundamentalsysteme bei Systemen mit konstanten Koeffizienten ausgeführt wurde. Ein Fundamentalsystem von

$$\frac{d\mathfrak{w}}{d\mathfrak{z}} = \mathfrak{a}\,\mathfrak{w}$$

ist nämlich durch

$$\mathfrak{w}(\mathfrak{z}) = \exp[\mathfrak{a}(\mathfrak{z} - \mathfrak{z}_0)]$$

gegeben Macht man die Substitution

$$\mathfrak{z} - \mathfrak{z}_0 = \log(z - a),$$

so findet man, daß ein Fundamentalsystem von

$$\frac{d\mathfrak{w}}{dz} = \frac{\mathfrak{a}}{z - a}\,\mathfrak{w}$$

[1] Wer meint, hier sei eine Einladung zu einem logischen salto mortale erfolgt, der beachte:

$$\mathfrak{q}^*(z)\,\mathfrak{c} = \mathfrak{q}(z)\,\mathfrak{A}\,\mathfrak{c} = \mathfrak{q}(z)\,\mathfrak{c} \cdot \mathfrak{c}^{-1}\,\mathfrak{A}\,\mathfrak{c}$$

und

$$\mathfrak{c}^{-1}\,\mathfrak{A}\,\mathfrak{c} = \mathfrak{c}^{-1} \exp[2\pi i\,\mathfrak{a}]\,\mathfrak{c} = \exp[2\pi i\,\mathfrak{c}^{-1}\,\mathfrak{a}\,\mathfrak{c}].$$

durch
$$\mathfrak{w} = \exp(\mathfrak{a}\log(z-a)) \tag{6.9.2}$$
gegeben ist. Das ist aber gerade der Faktor, der in (6.9.1) auftritt. Man erhält also Aufschluß über seine Struktur, wenn man in den Ergebnissen von § 6.**8.** $z - z_0$ durch $\log(z-a)$ ersetzt. Maßgebend für die Struktur der Fundamentalsysteme ist demnach die Matrix $\mathfrak{a}$ in (6.9.1). Da sich bei analytischer Fortsetzung dieser Lösung auf einem positiven Umlauf um $z = a$ ergibt, daß
$$\mathfrak{q}^* = \mathfrak{q}(z)\exp(2i\pi\mathfrak{a})$$
ist, so nennt man
$$\mathfrak{A} = \exp(2i\pi\,\mathfrak{a}) \tag{6.9.3}$$
die **Matrix der Umlaufsubstitution,** deren wichtige Rolle bei der Untersuchung der singulären Stellen schon früher in diesem Paragraphen namentlich in § 6.**6.** sich zeigte.

Die Eigenwerte der Matrix (6.9.3) hängen eng mit den Eigenwerten von $\mathfrak{a}$ zusammen. Sind nämlich $\lambda_1, \ldots, \lambda_k$ die paarweise verschiedenen Eigenwerte von $\mathfrak{a}$, so sind
$$\mu_j = \exp(2\pi i\,\lambda_j), \quad j = 1, \ldots, k \tag{6.9.4}$$
Eigenwerte von $\exp(2\pi i\,\mathfrak{a})$. Die (6.9.4) sind natürlich nicht immer paarweise verschieden. Daß sie Eigenwerte sind, sieht man nach der Schlußweise, die oben zu (6.8.20) führte. Daß in (6.9.4) alle Eigenwerte von (6.9.3) stehen, lehrt der Schluß von
$$\mathfrak{b}\,\mathfrak{x} = \mu\,\mathfrak{x}, \qquad \mathfrak{x} \neq \mathfrak{O} \tag{6.9.5}$$
auf
$$\log\mathfrak{b}\,\mathfrak{x} = \log\mu\cdot\mathfrak{x}, \qquad \mathfrak{x} \neq \mathfrak{O} \tag{6.9.6}$$
falls $\mathfrak{b}$ wie (6.9.3) eine Matrix nicht verschwindender Determinante ist, und also auch $\mu \neq 0$ ist. Wir sahen nämlich in § 6.**8.**, daß es ein Polynom $p(\mathfrak{z})$ gibt, für das $\log\mathfrak{b} = p(\mathfrak{b})$ ist. Daher folgt aus (6.9.5), daß
$$p(\mathfrak{b})\,\mathfrak{x} = p(\mu)\,\mathfrak{x}, \qquad \mathfrak{x} \neq \mathfrak{O}$$
ist und daraus wieder
$$\exp[p(\mathfrak{b})]\,\mathfrak{x} = \exp[p(\mu)]\,\mathfrak{x}, \qquad \mathfrak{x} \neq \mathfrak{O},$$
d. i.
$$\mathfrak{b}\,\mathfrak{x} = \exp[p(\mu)]\,\mathfrak{x}, \qquad \mathfrak{x} \neq \mathfrak{O}.$$
Subtrahiert man das von (6.9.5), so folgt
$$\mathfrak{O} = (\exp(p(\mu)) - \mu)\,\mathfrak{x}, \qquad \mathfrak{x} \neq \mathfrak{O}$$
und daraus
$$p(\mu) = \log\mu.$$
Wenn also μ ein Eigenwert von $\exp(2\pi i\,\mathfrak{a})$ ist, so ist
$$\lambda = \frac{\log\mu}{2\pi i}$$
bei passender Wahl des log ein Eigenwert von $\mathfrak{a}$.

Das Ergebnis der Integration eines Systems (6.8.2) durch (6.9.1) soll nun auf die in § 6.**7.** behandelte Aufgabe angewandt werden, nämlich die, ein Fundamentalsystem von (6.7.1) in der Umgebung einer isolierten singulären Stelle a zu finden. Das Ergebnis war (6.7.28). Das liest man nun aber aus (6.9.1) ohne viel Mühe ab. Man transformiere $\mathfrak{a}$ auf die JORDANsche Normalform. Dann sei

$$\mathfrak{a} = \mathfrak{f}\,\mathfrak{J}\,\mathfrak{f}^{-1}.$$

Daraus folgt

$$\exp[\mathfrak{a}\log(z-a)] = \mathfrak{f}\exp[\mathfrak{J}\log(z-a)]\,\mathfrak{f}^{-1},$$

weil für jedes Glied der Potenzreihenentwicklung der Exponentialfunktion

$$(\mathfrak{f}\,\mathfrak{a}\,\mathfrak{f}^{-1})^k = \mathfrak{f}\,\mathfrak{a}\,\mathfrak{f}^{-1}\cdot\mathfrak{f}\,\mathfrak{a}\,\mathfrak{f}^{-1}\cdots = \mathfrak{f}\,\mathfrak{a}^k\,\mathfrak{f}^{-1}$$

gilt. Daher folgt aus (6.9.1), daß auch

$$\mathfrak{q}^*(z) = \mathfrak{L}^*(z)\exp(\mathfrak{J}\log(z-a)), \qquad \mathfrak{L}^* = \mathfrak{L}\,\mathfrak{f}$$

ein Fundamentalsystem von (6.8.2) ist. Unter Änderung der Bezeichnung kann man also sagen:

$$\mathfrak{q}(z) = \mathfrak{L}(z)\exp[\mathfrak{J}\log(z-a)]$$

ist ein Fundamentalsystem von (6.8.2) bei passender Wahl der in $\dot{K}$ holomorphen eindeutigen Matrix $\mathfrak{L}(z)$ nicht verschwindender Determinante. In dem eben erwähnten Fall (6.7.1) ist

$$\mathfrak{J} = \begin{pmatrix}\varrho_1 & 0\\ 0 & \varrho_2\end{pmatrix} \quad\text{oder}\quad \mathfrak{J} = \begin{pmatrix}\varrho_1 & 1\\ 0 & \varrho_2\end{pmatrix}$$

und

$$\mathfrak{q}(z) = \begin{pmatrix}s_{11} & s_{12}\\ s_{21} & s_{22}\end{pmatrix}\begin{pmatrix}e_1 & 0\\ 0 & e_2\end{pmatrix} \quad\text{oder}\quad \mathfrak{q}(z) = \begin{pmatrix}s_{11} & s_{12}\\ s_{21} & s_{22}\end{pmatrix}\begin{pmatrix}e_1 & \mathfrak{z}\,e_1\\ 0 & e_1\end{pmatrix}$$

mit

$$e_j = \exp(\varrho_j\log(z-a)), \qquad \mathfrak{z} = \log(z-a), \qquad j = 1, 2$$

ein Fundamentalsystem von (6.7.1). Das ist aber bis auf die Bezeichnungen genau (6.7.20) und (6.7.28). Der Vergleich beider Herleitungen mag dem Leser den Vorteil der neuen Methode vor Augen führen, zumal die neue Methode auch ohne weiteres für beliebige Systeme homogener linearer Differentialgleichung die Lösung der Aufgabe ergibt. Man nennt **kanonisch ein Fundamentalsystem** der besonderen eben hervorgetretenen sich an die JORDANsche Normalform der Umlaufsubstitution (6.9.3) anlehnenden Gestalt. Dann ergibt sich aus (6.9.1) eine Auskunft über ein kanonisches Fundamentalsystem eines jeden Systems (6.8.1), dessen Koeffizientenmatrix $\mathfrak{p}$ in $\dot{K}: 0 < |z-a| < r$ holomorph und eindeutig ist. Man kann das wie folgt formulieren:

Ein kanonisches Fundamentalsystem von (6.8.1) *kann in* $\dot{K}$ *stets aus einer Anzahl von Lösungsblocks der folgenden Art zusammengesetzt werden:*

$$\left.\begin{aligned} \mathfrak{w}_1 &= (z-a)^\varrho \mathfrak{L}_1 \\ \mathfrak{w}_2 &= (z-a)^\varrho \mathfrak{L}_2 + (z-a)^\varrho \mathfrak{L}_1 \log(z-a) \\ \mathfrak{w}_3 &= (z-a)^\varrho \mathfrak{L}_3 + 2(z-a)^\varrho \mathfrak{L}_2 \log(z-a) + (z-a)^\varrho \mathfrak{L}_1 \log^2(z-a) \\ &\vdots \\ \mathfrak{w}_k &= (z-a)^\varrho \mathfrak{L}_k + \binom{k-1}{1}(z-a)^\varrho \mathfrak{L}_{k-1} \log(z-a) + \cdots \\ &\qquad + (z-a)^\varrho \mathfrak{L}_1 \log^{k-1}(z-a). \end{aligned}\right\} \quad (6.9.7)$$

Dabei ist $\varrho = \frac{\log \lambda}{2\pi i}$, *ist* λ *ein Eigenwert der Matrix der Umlaufsubstitution, bedeuten die* $\mathfrak{L}_j$ *Laurentreihen in* $z - a$ *mit konstanten Vektoren als Koeffizienten und ist* $\log^k(z-a) = [\log(z-a)]^k$.

Als Gedächtnisstütze sei noch die folgende Bemerkung angefügt: *Man kann aus jeder Zeile des Blocks* (6.9.7) *die vorhergehenden Zeilen durch Differentiation nach* $\log(z-a)$ *gewinnen.* Das heißt: Man fasse eine Zeile des Blocks als ganze rationale Funktion von $\log(z-a)$ (mit von z abhängigen Koeffizienten) auf und differenziere partiell ein oder mehrmals nach $\log(z-a)$. So erhält man konstante Multipla der vorhergehenden Zeilen des gleichen Blocks. Die Verifizierung dieser Behauptung kann dem Leser überlassen bleiben. (6.9.7) ist die genaue Verallgemeinerung von (6.7.28) und von (6.5.7) von $n = 2$ auf beliebige n.

Mit diesem Satz ist auch die entsprechende Aufgabe für lineare Differentialgleichungen n-ter Ordnung

$$w^{(n)} + P_1(z)\, w^{(n-1)} + \cdots + P_n(z)\, w = 0 \qquad (6.9.8)$$

gelöst, wenn ihre Koeffizienten in $\dot{K}$ holomorph und eindeutig sind. Man kann doch mit der Bezeichnung $w = w_1$ (6.9.8) in folgendes System überführen

$$\begin{aligned} w_1' &= w_2 \\ w_2' &= \qquad w_3 \\ &\vdots \\ w_n' &= -P_n w_1 - P_{n-1} w_2 - \cdots - P_1 w_n. \end{aligned}$$

Die Berechnung der Lösung (6.9.1) kann unbeschadet einer Sonderregelung in Sonderfällen nach dem in § 6.**6.** angegebenen Verfahren von Meyer Hamburger geschehen, das den geführten Existenzbeweis glücklich ergänzt. Es erübrigt sich wohl das näher auszuführen. Stellen der Bestimmtheit wird der nun folgende Abschnitt § 6.**10.** behandeln.

10. Stellen der Bestimmtheit. Die **außerwesentlich singulären Stellen,** die auch **Stellen der Bestimmtheit** genannt werden, sind für lineare homogene Differentialgleichungen n-ter Ordnung und Systeme genau so definiert, wie das in § 6.**2.**d bei Differentialgleichungen zweiter Ordnung angegeben wurde: Eine isolierte singuläre Stellen, $z = a$, in deren bei $z = a$ gelochter Umgebung die Koeffizienten eindeutig und regulär analytisch sind, heißt eine Stelle der Bestimmtheit (oder außerwesentlich singuläre Stelle), wenn es eine Zahl k gibt, derart, daß für jedes Integral w der Differentialgleichung oder des Systems das Produkt

$$|z - a|^k \, |w(z)|$$

bei radialer Annäherung an die singuläre Stelle in jedem Winkelbereich gleichmäßig gegen 0 strebt.

Nach der in § 6.**3.** bei Differentialgleichungen zweiter Ordnung vorgeführten Schlußweise ist es auch hier, gemäß dem Aufbau der Lösungen aus Laurentreihen und Logarithmen mit dieser Definition gleichbedeutend, daß die in der Matrix $\mathfrak{L}(z)$ von (6.9.1) vorkommenden Laurentreihen sämtlich nur endlich viele Glieder negativer Ordnung enthalten.

Ich beginne mit dem folgenden Satz:

Dafür, daß $z = a$ für das Differentialgleichungssystem

$$\frac{d\mathfrak{w}}{dz} = \mathfrak{p}(z)\,\mathfrak{w} \tag{6.10.1}$$

eine Stelle der Bestimmtheit ist, ist hinreichend, daß die (n, n)-Matrix $\mathfrak{p}(z)$ an der Stelle $z = a$ die Gestalt

$$\mathfrak{p}(z) = \frac{1}{z - a}\,\mathfrak{p}_0(z) \tag{6.10.2}$$

hat. Hier ist $\mathfrak{p}_0(z)$ in einer Kreisscheibe $|z - a| < r$ eindeutig und holomorph und ist $\mathfrak{p}_0(a) \neq \mathfrak{O}$. Dafür, daß die Differentialgleichung n-ter Ordnung

$$w^{(n)} + P_1(z)\, w^{(n-1)} + \cdots + P_n(z)\, w = 0 \tag{6.10.3}$$

bei $z = a$ eine Stelle der Bestimmtheit hat, ist hinreichend, daß in

$$P_k(z) = \frac{p_k(z)}{(z-a)^k} \qquad k = 1, 2, \ldots, n \tag{6.10.4}$$

die $p_k(z)$ in einer Kreisscheibe $|z - a| < r$ holomorph und eindeutig sind, und mindestens ein $p_k(a) \neq 0$ ist.

Die Behauptung betr. (6.10.3) kann auf die betr. (6.10.1) zurückgeführt werden, wenn man durch

$$\mathfrak{w} = \begin{pmatrix} & w \\ (z-a) & w' \\ (z-a)^2 & w'' \\ & \vdots \\ (z-a)^{n-1} & w^{(n-1)} \end{pmatrix}$$

einen Vektor $\mathfrak{w}$ einführt. Dann wird aus (6.10.3)

$$\mathfrak{w}' = \frac{1}{z-a} \begin{pmatrix} 0 & 1 & 0 & 0 & 0 \ldots 0 & 0 \\ 0 & 1 & 1 & 0 & 0 \ldots 0 & 0 \\ 0 & 0 & 2 & 1 & 0 \ldots 0 & 0 \\ 0 & 0 & 0 & 3 & 1 \ldots 0 & 0 \\ \cdot & \cdot & \cdot & \cdot & \cdots & \cdot \\ 0 & 0 & 0 & 0 & 0 \ldots n-2 & 1 \\ -p_n & -p_{n-1} & \cdots & & \cdots -p_2 & (n-1)-p_1 \end{pmatrix} \mathfrak{w}.$$

Der Beweis dieses Satzes kann ohne weitere Komplikation nach dem in § 6.**4.** für $n = 2$ geschilderten Verfahren von BIRKHOFF erbracht werden. Dort wurde die Abschätzung der Lösungen durchgeführt und bemerkt, daß der dort für Differentialgleichungen zweiter Ordnung erbrachte Beweis für Differentialgleichungen höherer Ordnung und für Systeme erst beendet werden könne, wenn die entsprechenden Darstellungen der Lösungen bekannt seien. Das ist aber jetzt durch die Formeln (6.7.28), (6.9.1) und (6.9.7) der Fall.

Es erhebt sich nun weiter die Frage, ob die im eben bewiesenen Satz genannte hinreichende Bedingung auch notwendig ist. Das ist für Differentialgleichungen n-ter Ordnung in der Tat richtig. Es gilt nämlich für beliebige n der in § 6.**4.** für $n = 2$ bereits bewiesene **Satz von LAZARUS FUCHS,** dem Begründer der Theorie der linearen Differentialgleichungen:

Die notwendige und hinreichende Bedingung dafür, daß die Differentialgleichung (6.10.3) *an der Stelle $z = a$ eine singuläre Stelle der Bestimmtheit hat, ist die, daß die Koeffizienten an der Stelle $z = a$ die Gestalt*

$$P_j(z) = \frac{p_j(z)}{(z-a)^j}, \quad p_j(z) = \sum_0^\infty p_{j\nu}(z-a)^\nu, \quad j = 1, \ldots, n \tag{6.10.5}$$

haben; in Worten, daß der Koeffizient von $w^{(n-j)}$ einen Pol höchstens j-ter Ordnung an der Stelle $z = a$ hat, oder dort regulär ist, und daß wenigstens einer der Koeffizienten der Differentialgleichung (6.10.3) *an der Stelle $z = a$ eine Singularität hat.*

Daß die Bedingung des Satzes hinreichend ist, wurde wie gesagt mit dem vorigen Satz bereits bewiesen. Daß sie notwendig ist, sieht man wie folgt ein. Ich benutze vollständige Induktion, da der Satz ja für Differentialgleichungen erster und zweiter Ordnung bereits bewiesen wurde. Es sei

$$w_1 = (z-a)^\varrho \sum_0^\infty c_\nu (z-a)^\nu, \quad c_0 \neq 0 \tag{6.10.6}$$

ein multiplikatives Integral von (6.10.3). Man kann es an einer Stelle der Bestimmtheit stets in der Form (6.10.6) annehmen. Man geht mit dem oft benutzten Ansatz

$$w = w_1 W \tag{6.10.7}$$

in (6.10.3) hinein. Differentiation ergibt

$$\begin{array}{l|l}
P_n & w = w_1 W \\
P_{n-1} & w' = w_1' W + w_1 W' \\
P_{n-2} & w'' = w_1'' W + 2w_1' W' + w_1 W'' \\
\vdots & \vdots \\
P_1 & w^{(n-1)} = w_1^{(n-1)} W + \binom{n-1}{1} w_1^{(n-2)} W' + \binom{n-1}{2} w_1^{(n-3)} W'' + \cdots \\
 & \qquad\qquad + w_1 W^{(n-1)} \\
1 & w^{(n)} = w_1^{(n)} W + \binom{n}{1} w_1^{(n-1)} W' + \binom{n}{2} w_1^{(n-2)} W'' + \cdots \\
 & \qquad\qquad + \binom{n}{n-1} w_1' W^{(n-1)} + w_1 W^{(n)}.
\end{array}$$

Indem man mit den hier nebenan vermerkten Faktoren multipliziert und addiert, bewirkt man die Eintragung des Ansatzes (6.10.7) in (6.10.3). Da $w_1 \neq 0$ ein Integral von (6.10.3) ist, ergibt sich nach Division durch w_1

$$\left.\begin{aligned}
&W^{(n)} + W^{(n-1)}\left(\binom{n}{n-1}\frac{w_1'}{w_1} + P_1\right) + \\
&\quad + W^{(n-2)}\left(\binom{n}{n-2}\frac{w_1''}{w_1} + \binom{n-1}{n-2}\frac{w_1'}{w_1}P_1 + P_2\right) + \cdots \\
&\quad + W'\left(\binom{n}{1}\frac{w_1^{(n-1)}}{w_1} + \binom{n-1}{1}\frac{w_1^{(n-2)}}{w_1}P_1 + \cdots \right. \\
&\quad \left. + \binom{n-k}{k}\frac{w_1^{(n-k-1)}}{w_1}P_k + \cdots + P_{n-1}\right) = 0.
\end{aligned}\right\} \tag{6.10.8}$$

Das ist eine Differentialgleichung $n-1$-ter Ordnung für W'. Ich überzeuge mich davon, daß sie ihrerseits an der Stelle $z = a$ eine Stelle der Bestimmtheit aufweist. Da nämlich w_1 ein multiplikatives Integral ist, so ergibt sich aus (6.10.6), daß auch $1/w_1$ in der Form

$$\frac{1}{w_1} = (z-a)^{-\varrho} \sum_0^\infty C_\nu (z-a)^\nu, \qquad C_0 = \frac{1}{c_0} \neq 0 \tag{6.10.9}$$

angesetzt werden kann. Multipliziert man dies mit w, das nach (6.9.7) die Gestalt

$$\left.\begin{aligned}
w = (z-a)^\sigma \varphi_k + (z-a)^\sigma \varphi_{k-1} \log(z-a) + \cdots \\
+ (z-a)^\sigma \varphi_1 \log^{k-1}(z-a)
\end{aligned}\right\} \tag{6.10.10}$$

besitzt, in der jede Laurentreihe φ_j nach Voraussetzung nur endliche viele Glieder negativer Ordnung enthält, so ergibt sich, daß auch

$$W = \frac{w}{w_1}$$

diese Gestalt (6.10.10) hat. Daher gilt dies auch für die Ableitung W'. Demnach hat jedes Integral W' der Differentialgleichung $n-1$-ter Ordnung (6.10.8) für W' die für Stellen der Bestimmtheit charakteristische Gestalt. $z = a$ ist daher eine Stelle der Bestimmtheit von (6.10.8). Nach der Voraussetzung des Verfahrens der vollständigen Induktion hat daher der Koeffizient $W^{(n-j)}$ in (6.10.8) an der Stelle $z = a$ einen Pol höchstens j-ter Ordnung oder ist daselbst regulär. Nun aber hat nach (6.10.6)

$$\frac{w_1^{(j)}}{w_1} = \frac{\varrho(\varrho-1)\ldots(\varrho-j+1)c_0 + (\varrho+1)\varrho\ldots(\varrho-j+2)c_1(z-a)+\cdots}{(z-a)^j(c_0+c_1(z-a)+\cdots)} \qquad (6.10.11)$$

an der Stelle $z = a$ einen Pol höchstens j-ter Ordnung oder ist an dieser Stelle regulär. Daher liest man aus (6.10.8) ab, daß auch die Koeffizienten $P_1, P_2, \ldots, P_{n-1}$ von (6.10.3) an der Stelle $z = a$ die im Satz behauptete Form (6.10.4) haben. Es bleibt noch P_n. Nach (6.10.3) ist

$$w_1 P_n = -w_1^{(n)} - P_1 w_1^{(n-1)} - \cdots - P_{n-1} w_1'.$$

Hier bedeutet w_1 wieder das multiplikative Integral (6.10.5). Nach dem zu (6.10.11) Gesagten ist daher klar, daß P_n an der Stelle $z = a$ einen Pol höchstens n-ter Ordnung besitzt. Damit ist bewiesen, daß die im Satz für Stellen der Bestimmtheit ausgesprochene Bedingung notwendig ist.

Bei **Systemen,** für die ich (6.7.1) als Musterbeispiel betrachten will, ist das **notwendige Kriterium für Stellen der Bestimmtheit** lange nicht so übersichtlich.

Zunächst ist festzustellen, daß die als hinreichend bewiesene Bedingung nicht notwendig ist. Das lehrt das System

$$\left.\begin{aligned} \frac{dw_1}{dz} &= w_2 \\ \frac{dw_2}{dz} &= -p_2 w_1 - p_1 w_2, \end{aligned}\right\} \qquad (6.10.12)$$

welches der Differentialgleichung zweiter Ordnung

$$w'' + p_1 w' + p_2 w = 0 \qquad (6.10.13)$$

entspricht[1] ($w_1 = w$, $w_2 = w'$).

---

[1] Man kann freilich für jede einzelne Stelle der Bestimmtheit $z = a$ den Übergang zu einem System auch so einrichten, daß die Koeffizienten des Systems bei $z = a$ höchstens Pole erster Ordnung aufweisen. Das gelingt durch die Substitution

$$w_1 = w \quad w_2 = (z-a)\,w'.$$

Dann wird das (6.10.13) entsprechende System

$$\begin{aligned} w_1' &= \frac{1}{z-a} w_2 \\ w_2' &= -(z-a)\,p_2 w_1 + \left(\frac{1}{z-a} - p_1\right) w_2. \end{aligned}$$

Ich gebe nun eine notwendige Bedingung dafür an, daß $z = a$ eine Stelle der Bestimmtheit ist. Aus (6.7.6) ergibt sich als notwendige Bedingung dafür, daß $z = a$ eine Stelle der Bestimmtheit für (6.7.1) st, daß

$$p_{11} + p_{22}$$

an der Stelle $z = a$ einen Pol höchstens erster Ordnung hat oder regulär ist. Falls nämlich in (6.7.20) ff. die Laurentreihen nur endlich viele Glieder negativer Ordnung haben, kann man ϱ_1 und ϱ_2 so wählen, daß ein Fundamentalsystem so aussieht:

$$\left.\begin{aligned}
w_{11} &= (z-a)^{\varrho_1} \sum_0^\infty a'_\nu (z-a)^\nu, \qquad w_{12} = (z-a)^{\varrho_2} \sum_0^\infty a''_\nu (z-a)^\nu \\
w_{21} &= (z-a)^{\varrho_1} A \sum_0^\infty a'_\nu (z-a)^\nu \log(z-a) + (z-a)^{\varrho_2} \sum_0^\infty b'_\nu (z-a)^\nu \\
w_{22} &= (z-a)^{\varrho_1} A \sum_0^\infty a''_\nu (z-a)^\nu \log(z-a) + (z-a)^{\varrho_2} \sum_0^\infty b''_\nu (z-a)^\nu.
\end{aligned}\right\} \quad (6.10.14)$$

Dann wird nach (6.7.3)

$$\begin{aligned}
\Delta &= (z-a)^{2\varrho_1} A \log(z-a) \times \\
&\quad \times \left[\sum_0^\infty a'_\nu (z-a)^\nu \sum_0^\infty a''_\nu (z-a)^\nu - \sum_0^\infty a''_\nu (z-a)^\nu \sum_0^\infty a'_\nu (z-a)^\nu\right] + \\
&\quad + (z-a)^{\varrho_1+\varrho_2} \times \\
&\quad \times \left[\sum_0^\infty a'_\nu (z-a)^\nu \sum_0^\infty b''_\nu (z-a)^\nu - \sum_0^\infty a''_\nu (z-a)^\nu \sum_0^\infty b'_\nu (z-a)^\nu\right] \\
&= (z-a)^{\varrho_1+\varrho_2} [\ ],
\end{aligned}$$

das heißt aus Δ fallen die logarithmischen Glieder heraus. Dann ist

$$\Delta' = (\varrho_1 + \varrho_2)(z-a)^{\varrho_1+\varrho_2-1} [\ ] + (z-a)^{\varrho_1+\varrho_2} [\ ]'.$$

Daher hat $p_{11} + p_{22} = \Delta'/\Delta$ an der Stelle $z = a$ einen Pol höchstens erster Ordnung oder ist daselbst regulär. Diese Bedingung ist nicht hinreichend für eine Stelle der Bestimmtheit. Das lehrt wieder das Beispiel (6.10.12) und (6.10.13), weil nach dem Satz von Lazarus Fuchs noch eine Bedingung für p_2 hinzukommt.

Zur Erledigung der Frage nach Bedingungen für die Koeffizienten p_{ik} der Differentialgleichungen (6.7.1), die für das Vorliegen einer Stelle der Bestimmtheit bei $z = a$ zugleich notwendig und hinreichend sind, bemerkt man zunächst, daß jeder dieser Koeffizienten an der Stelle $z = a$ rationalen Charakter hat. Trägt man nämlich ein Fundamentalsystem (6.10.14) in (6.7.1) ein, so erhält man vier lineare Gleichungen für p_{ik}. Diese ergeben z. B.

$$p_{11} = \frac{w'_{11} w_{22} - w'_{21} w_{12}}{w_{11} w_{22} - w_{12} w_{21}}.$$

Ganz ähnlich wie vorhin bei der Betrachtung von Δ zeigt man, daß hier auch im Zähler die logarithmischen Glieder herausfallen und daß daher p_{11} an der Stelle $z=a$ einen Pol besitzt, über dessen Ordnung sich freilich keine allgemeingültige Aussage machen läßt. Ebenso schließt man bei den anderen Koeffizienten. Es erweist sich daher als eine notwendige Bedingung für eine Stelle der Bestimmtheit $z=a$, daß eine ganze positive Zahl h existiert, derart, daß das System mit bei $z=a$ regulären Koeffizienten P_{ik} so geschrieben werden kann:

$$\left.\begin{aligned}(z-a)^h w_1' &= P_{11} w_1 + P_{12} w_2\\ (z-a)^h w_2' &= P_{21} w_1 + P_{22} w_2.\end{aligned}\right\} \tag{6.10.15}$$

Wenn man nun in diesem System eine Substitution

$$\begin{aligned}w_1 &= a_{11} W_1 + a_{12} W_2\\ w_2 &= a_{21} W_1 + a_{22} W_2\end{aligned}$$

mit konstanten Koeffizienten macht, so geht es in ein System über, für das ebenfalls $z=a$ eine Stelle der Bestimmtheit ist. Macht man weiter in dem System (6.10.15), für das $z=a$ eine Stelle der Bestimmtheit ist, eine Substitution

$$w_1 = (z-a) W_1, \qquad w_2 = W_2,$$

so erhält man wieder ein System, für das $z=a$ eine Stelle der Bestimmtheit ist. Es sieht so aus

$$\begin{aligned}(z-a)^{h+1} W_1' &= \left(P_{11}(z-a) - (z-a)^h\right) W_1 + P_{12} W_2\\ (z-a)^{h+1} W_2' &= P_{21}(z-a)^2 W_1 + P_{22}(z-a) W_2.\end{aligned}$$

Jakob Horn hat 1892 in Mathematische Annalen, Bd. 40, bewiesen, daß man jedes System, für das $z=a$ eine Stelle der Bestimmtheit ist, durch eine Folge von Substitutionen der eben beschriebenen Art aus einem System (6.7.1) gewinnen kann, dessen Koeffizienten bei $z=a$ Pole höchstens erster Ordnung haben. Dies ist die Antwort Horns auf die Frage nach notwendigen und hinreichenden Bedingungen für die p_{ik} an einer Stelle der Bestimmtheit eines Systems (6.7.1).

Die Antwort Horns besteht in folgendem Satz: *Dafür, daß $z=a$ eine Stelle der Bestimmtheit für ein System*

$$\frac{d\mathfrak{w}}{dz} = \mathfrak{a}(z)\,\mathfrak{w} \tag{6.10.16}$$

ist, mit (n,n)-Matrix $\mathfrak{a}(z)$ meromorph bei $z=a$, ist die Existenz einer Transformation

$$\mathfrak{w} = \mathfrak{f}\,\mathfrak{y}, \qquad \mathfrak{f} = \sum_{\lambda}^{\mu} (z-a)^\nu \mathfrak{f}_\nu, \qquad \mathfrak{f}_\nu \text{ konstant}, \tag{6.10.17}$$

$$\operatorname{Det}\mathfrak{f} \neq 0,$$

die (6.10.16) *in ein System*

$$\frac{d\mathfrak{y}}{dz} = \mathfrak{b}\,\mathfrak{y}, \tag{6.10.18}$$

$$\mathfrak{b} = \mathfrak{f}^{-1}\mathfrak{a}\,\mathfrak{f} - \mathfrak{f}^{-1}\frac{d\mathfrak{f}}{dz} = \frac{1}{z-a}\,\mathfrak{b}_1, \qquad \mathfrak{b}_1 \text{ holomorph bei } z = a$$

überführt, notwendig und hinreichend.

JÜRGEN MOSER hat [Math. Z. 72 (1960)] dieses existenzielle Kriterium durch ein rekursives Verfahren ergänzt, das nicht nur ein Kriterium für die Stellen der Bestimmtheit liefert, sondern es auch erlaubt in endlich vielen Schritten die Transformation $\mathfrak{f}$ zu ermitteln. Das lokale Problem der Charakterisierung von Stellen der Bestimmtheit dürfte damit eine recht befriedigende Lösung gefunden haben. Für das globale Problem, das in § **7.** für Differentialgleichungen n-ter Ordnung zu den Differentialgleichungen der FUCHSschen Klasse mit rationalen Koeffizienten und lauter Stellen der Bestimmtheit führt, dürfte es bei Systemen mit rationalen Koeffizienten keine so in sich geschlossene Lösung geben. Vgl. auch § 6.**15.**

11. Berechnung der Fundamentalsysteme in der Umgebung einer singulären Stelle. Ihre allgemeine Form ist aus (6.9.7) bekannt. Die Überlegungen von § 6.**5.** und § 6.**6.** können übertragen werden. Insbesondere liefert der Gedankengang von LYRA aus § 6.**5.** im Falle von Differentialgleichungen n-ter Ordnung den Nachweis, daß man an Stellen der Bestimmtheit nach der Methode der unbestimmten Koeffizienten alle multiplikativen Lösungen berechnen kann. Bei Systemen (6.8.1) kommt die Methode jedenfalls bei denjenigen Systemen zum Zug, deren Koeffizienten an der betreffenden singulären Stelle höchstens Pole erster Ordnung haben. Auf solche kann man aber nach dem erwähnten Satz von HORN andere Systeme mit Stellen der Bestimmtheit zurückführen. Auch die in § 6.**6.** geschilderte Methode von MEYER HAMBURGER kommt, wie schon in § 6.**9.** erwähnt wurde, ohne weiteres bei wesentlich singulären Stellen zur Ermittlung multiplikativer Lösungen zum Zug. Sie ist natürlich auch bei Stellen der Bestimmtheit verwertbar, doch liefert hier die Methode der unbestimmten Koeffizienten einen beliebteren Zugang. Man vergleiche auch die am Ende von § 6.**5.** erwähnte Arbeit von QUADE, die sich mit Differentialgleichungen n-ter Ordnung befaßt.

Ich will nun die **Methode der unbestimmten Koeffizienten an Stellen der Bestimmtheit** für Systeme (6.8.1) durchführen. Das System (6.8.2), das von den Fundamentalsystemen von (6.8.1) erfüllt wird, sei von der Form

$$\frac{d\mathfrak{q}}{dz} = \mathfrak{p}(z)\,\mathfrak{q} \tag{6.11.1}$$

$$\mathfrak{p} = \sum_{-1}^{\infty} \mathfrak{p}_\nu z^\nu, \qquad \mathfrak{p}_{-1} \neq \mathfrak{O}.$$

Die Reihe

$$\sum_{0}^{\infty} \mathfrak{p}_\nu z^\nu$$

stelle eine in $|z| < r$ holomorphe (n, n)-Matrix dar. Das System hat dann bei $z = 0$ die für Stellen der Bestimmtheit normale Form. Darin sind, wie aus § 6.**10.** bekannt ist, auch die linearen Differentialgleichungen n-ter Ordnung enthalten, die bei $z = 0$ eine Stelle der Bestimmtheit haben. Die allgemeine Form der Lösung von (6.8.2) ist aus (6.9.1) bekannt:

$$\mathfrak{q}(z) = \mathfrak{L}(z) \exp(\mathfrak{a} \log z)\, \mathfrak{q}_0. \tag{6.11.2}$$

Hier darf aber

$$\mathfrak{L}(z) = \sum_{0}^{\infty} \mathfrak{L}_\nu z^\nu, \qquad \mathfrak{L}_0 \neq \mathfrak{O} \tag{6.11.3}$$

in $|z| < r$ holomorph angenommen werden. Zunächst ist ja in (6.11.2) $\mathfrak{L}(z)$ eine Laurentmatrix mit endlich vielen Gliedern negativer Ordnung. Durch passende Wahl von $\mathfrak{a}$ — indem man nämlich das ursprüngliche $\mathfrak{a}$ durch $\mathfrak{a} + k\mathfrak{E}$ mit passendem ganzzahligem k ersetzt —, darf aber $\mathfrak{L}(z)$ als holomorph bei $z = 0$ angenommen werden. Det $\mathfrak{L}_0 = 0$ muß freilich in Betracht gezogen werden. Nur $\mathfrak{L}_0 \neq \mathfrak{O}$ darf angenommen werden. Aber $\mathfrak{L}(z)$ ist aus (6.9.1) eine (n, n)-Matrix, deren Determinante in der gelochten Kreisscheibe $0 < |z| < r$ nirgends Null ist. Setzt man nun (6.11.2) mit (6.11.3) in (6.11.1) ein, so erhält man nach Beseitigung des Faktors

$$\exp(\mathfrak{a} \log z)\, \mathfrak{q}_0 \tag{6.11.4}$$

die Beziehung

$$\mathfrak{L}'(z) = -\mathfrak{L}(z)\frac{\mathfrak{a}}{z} + \mathfrak{p}(z)\,\mathfrak{L}(z). \tag{6.11.5}$$

Dies ist ein Differentialgleichungssystem für $\mathfrak{L}(z)$ von etwas ungewohnter Gestalt. Man kann aber daraus ein System der üblichen Normalform für die n^2-Elemente $L_{ik}(z)$ der Matrix $\mathfrak{L}(z)$ machen. Dieses schreibe man in der Form

$$\frac{d\mathfrak{v}}{dz} = \mathfrak{P}(z)\,\mathfrak{v}, \qquad \mathfrak{P}(z) = \sum_{-1}^{\infty} \mathfrak{P}_\nu z^\nu \tag{6.11.6}$$

an. Hier ist wieder $\sum_{0}^{\infty} \mathfrak{P}_\nu z^\nu$ in $|z| < r$ holomorph. Es wird nach der Berechnung von Lösungen gefragt, die bei $z = 0$ holomorph sind. In (6.11.6) sind die $\mathfrak{P}_\nu$ konstante (m, m)-Matrizen, wenn man zur Abkürzung $m = n^2$ setzt, und bedeutet $\mathfrak{v}$ eine Matrix von einer Spalte und m Zeilen, d.i. einen Vektor. Die Elemente von $\mathfrak{v}$ sind die $L_{ik}(z)$ in irgendeiner festgewählten Reihenfolge. Die $\mathfrak{P}_\nu$ sollen als bekannt angesehen werden. Das bedeutet, daß man $\mathfrak{a}$, dessen Existenz feststeht, schon als bekannt ansieht. Von seiner Berechnung wird später die Rede sein.

Um die Methode der unbestimmten Koeffizienten zur Lösung von (6.11.6) in Gang zu bringen, gehe man mit dem Ansatz

$$\mathfrak{v} = \sum_0^\infty \mathfrak{v}_\nu z^\nu, \qquad \mathfrak{v}_0 \neq \mathfrak{O} \tag{6.11.7}$$

in (6.11.6) hinein. Hier bedeuten die $\mathfrak{v}_\nu$ konstante zu bestimmende Vektoren. Koeffizientenvergleich führt dann zu Rekursionsformeln

$$\left.\begin{aligned} \mathfrak{P}_{-1}\,\mathfrak{v}_0 &= \mathfrak{O} \\ (\mathfrak{E} - \mathfrak{P}_{-1})\,\mathfrak{v}_1 &= \mathfrak{P}_0\,\mathfrak{v}_0 \\ (2\,\mathfrak{E} - \mathfrak{P}_{-1})\,\mathfrak{v}_2 &= \mathfrak{P}_0\,\mathfrak{v}_1 + \mathfrak{P}_1\,\mathfrak{v}_0 \\ &\;\vdots \\ (\nu\,\mathfrak{E} - \mathfrak{P}_{-1})\,\mathfrak{v}_\nu &= \mathfrak{P}_0\,\mathfrak{v}_{\nu-1} + \mathfrak{P}_1\,\mathfrak{v}_{\nu-2} + \cdots + \mathfrak{P}_{\nu-1}\,\mathfrak{v}_0. \end{aligned}\right\} \tag{6.11.8}$$

Es ist bekannt, daß diesen Rekursionsformeln in nichttrivialer Weise genügt werden kann, und zwar von denjenigen $\mathfrak{v}_\nu$, die die Lösung von (6.11.6) bestimmen, deren Existenz bekannt ist. Aber es ist nicht zu vermeiden, daß eventuell noch andere nichttriviale Lösungen von (6.11.8) vorhanden sind. Diese Schwierigkeit wird ausgeräumt, wenn man beweisen kann, daß jede Lösung von (6.11.8) zu einer konvergenten Reihe (6.11.7) führt.

Von einer gewissen Nummer ν an, sind die $\mathfrak{v}_\nu$ aus (6.11.8) eindeutig durch die schon gewählten $\mathfrak{v}_j$ kleinerer Nummer bestimmt. Denn für genügend großes ν ist

$$\operatorname{Det}\left(\mathfrak{E} - \frac{\mathfrak{P}_{-1}}{\nu}\right) \neq 0.$$

Ich werde das gleich begründen. Für die hierbei und auch sonst beim Beweisgang zu leistenden Abschätzungen werde die Norm einer Matrix $\mathfrak{x} = (x_{ik})$ durch $|\mathfrak{x}| = (|x_{ik}|)$ erklärt. Das ist schon in § 6.**8.** angegeben worden. Ich erinnere daran, daß jetzt $\mathfrak{x} \leqq \mathfrak{y}$ durch $x_{ik} \leqq y_{ik}$ für alle i, k erklärt wird, wenn $\mathfrak{x}$ und $\mathfrak{y}$ zwei Matrizen mit der gleichen Zeilen- und Spaltenzahl sind. Ferner werde jetzt noch unter $\mathfrak{J}$ die (m, m)-Matrix verstanden, bei der sämtliche Elemente 1 sind und unter $\mathfrak{i}$ derjenige Vektor, d. h. diejenige Matrix mit m Zeilen und einer Spalte, deren sämtliche Elemente 1 sind. Statt $|x_{ik}| \leqq M$ für alle i, k kann dann geschrieben werden $|\mathfrak{x}| \leqq M\,\mathfrak{J}$ und für einen Vektor $\mathfrak{w} = \begin{pmatrix} w_1 \\ \vdots \\ w_m \end{pmatrix}$ bedeutet $|\mathfrak{w}| \leqq M\,\mathfrak{i}$, daß alle $|w_j| \leqq M$ sind.

Ich zeige als erstes, daß, wie behauptet,

$$\operatorname{Det}\left(\mathfrak{E} - \frac{\mathfrak{P}_{-1}}{k}\right) \neq 0$$

ist, sobald $k > m\,p_{-1}$ ist, wenn $|\mathfrak{P}_{-1}| \leqq p_{-1}\,\mathfrak{J}$ angenommen wird. Dann ist $k > |\lambda_0|$, wenn λ_0 irgendeiner der Eigenwerte von $\mathfrak{P}_{-1}$ ist, so daß $\operatorname{Det}\left(\lambda \mathfrak{E} - \frac{\mathfrak{P}_{-1}}{k}\right) = 0$ lauter Wurzeln von einem absoluten Betrag kleiner als 1 hat. Ist nämlich $\mathfrak{a} = (a_{ik})$ irgendeine (m, m)-Matrix und λ_0 einer ihrer Eigenwerte, so ist $|\lambda_0| \leqq m \operatorname{Max} |a_{ik}|$. Denn es sei

$$\mathfrak{a}\,\mathfrak{x} = \lambda_0\,\mathfrak{x}, \quad \mathfrak{x} \neq \mathfrak{O}, \tag{6.11.9}$$

$$\mathfrak{x} = \begin{pmatrix} x_1 \\ \vdots \\ x_m \end{pmatrix}$$

und

$$|x_j| = \operatorname{Max}(|x_1|, \ldots, |x_m|).$$

Aus der j-ten Zeile von (6.11.9) folgt dann

$$|x_j| \cdot |\lambda_0| \leqq m \operatorname{Max} |a_{ik}| \cdot |x_j|.$$

Es sein nun μ so gewählt, daß

$$\operatorname{Det}\left(\mathfrak{E} - \frac{\mathfrak{P}_{-1}}{\nu}\right) \neq 0 \quad \text{für} \quad \nu \geqq \mu.$$

Dies μ halten wir fest und entnehmen den Rekursionsformeln (6.11.8) für $\nu \geqq \mu$

$$\mathfrak{v}_\nu = \frac{1}{\nu}\left(\mathfrak{E} - \frac{\mathfrak{P}_{-1}}{\nu}\right)^{-1} (\mathfrak{P}_0\,\mathfrak{v}_{\nu-1} + \cdots + \mathfrak{P}_{\nu-1}\,\mathfrak{v}_0). \tag{6.11.10}$$

Die $\mathfrak{v}_0, \ldots, \mathfrak{v}_{\mu-1}$ werden irgendwie den Rekursionsformeln (6.11.8) entsprechend gewählt und während der weiteren Betrachtung festgehalten. Dann zerlege man die Reihe (6.11.7), deren Konvergenz bewiesen werden soll, in zwei Teilsummen

$$\mathfrak{v}(z) = \mathfrak{s}_\mu(z) + \mathfrak{r}_\mu(z), \tag{6.11.11}$$

$$\mathfrak{s}_\mu(z) = \sum_0^{\mu-1} \mathfrak{v}_\nu\, z^\nu, \qquad \mathfrak{r}_\mu(z) = \sum_\mu^\infty \mathfrak{v}_\nu\, z^\nu.$$

Da μ festgewählt ist, soll die Konvergenz der Reihe $\mathfrak{r}_\mu(z)$ bewiesen werden. Sie genügt formal der Differentialgleichung, die sich aus (6.11.6) durch Einsetzen von (6.11.11) ergibt. Das ist

$$\frac{d\mathfrak{r}_\mu}{dz} = \mathfrak{P}\,\mathfrak{r}_\mu + \mathfrak{f}(z)$$

$$\mathfrak{f}(z) = \mathfrak{P}\,\mathfrak{s}_\mu - \mathfrak{s}'_\mu = \sum_{\mu-1}^\infty \mathfrak{f}_\nu\, z^\nu.$$

Die $\mu - 1$ ersten Rekursionsformeln (6.11.8) haben zur Folge, daß die Entwicklung der in $|z| \leqq r$ holomorphen Funktion $\mathfrak{f}(z)$ erst mit der $\mu - 1$-ten Potenz beginnt. Außerdem ist

$$\mathfrak{f}_{\nu-1} = \mathfrak{P}_{\nu-\mu}\,\mathfrak{v}_{\mu-1} + \cdots + \mathfrak{P}_{\nu-1}\,\mathfrak{v}_0, \qquad \nu \geqq \mu.$$

Daher kann man für (6.11.10) schreiben

$$\mathfrak{v}_\mu = \left(\frac{1}{\mu}\mathfrak{E} + \frac{1}{\mu^2}\mathfrak{P}_{-1} + \frac{1}{\mu^3}\mathfrak{P}_{-1}^2 + \cdots\right)\mathfrak{f}_{\mu-1} \tag{6.11.12}$$

und

$$\mathfrak{v}_\nu = \left(\frac{1}{\nu}\mathfrak{E} + \frac{1}{\nu^2}\mathfrak{P}_{-1} + \frac{1}{\nu^3}\mathfrak{P}_{-1}^2 + \cdots\right)(\mathfrak{f}_{\nu-1} + \mathfrak{P}_0\mathfrak{v}_{\nu-1} + \cdots + \mathfrak{P}_{\nu-\mu-1}\mathfrak{v}_\mu),$$
$$\nu > \mu.$$

Hier ist $\frac{1}{\nu}\left(\mathfrak{E} - \frac{\mathfrak{P}_{-1}}{\nu}\right)^{-1}$ bereits durch eine Potenzreihe ersetzt. Das kann nach den allgemeinen Betrachtungen des § 6.8. begründet werden, wenn man beachtet, daß alle Eigenwerte von $\frac{\mathfrak{P}^{-1}}{\nu}$, $\nu \geqq \mu$ einen absoluten Betrag kleiner als 1 haben, also alle dem Konvergenzkreis der binomischen Reihe angehören.

Um nun den Konvergenzbeweis für

$$\mathfrak{r}_\mu(z) = \sum_\mu^\infty \mathfrak{v}_\nu z^\nu$$

zu erbringen, geht man davon aus, daß es Zahlen p_{-1} und M gibt, derart, daß nach dem Cauchyschen Koeffizientensatz

$$|\mathfrak{P}_{-1}| \leqq p_{-1}\mathfrak{J}, \quad \mathfrak{P}_k \leqq \frac{M}{r^k}\mathfrak{J}, \quad k \geqq 0$$
$$|\mathfrak{f}_k| \leqq \frac{M}{r^k}\mathfrak{i}, \quad k \geqq \mu - 1$$

gilt. Ferner ist

$$\mathfrak{J}^2 = m\,\mathfrak{J}, \quad \mathfrak{J}\,\mathfrak{i} = m\,\mathfrak{i}.$$

Man hat dann allgemein

$$|\mathfrak{v}_\nu| \leqq v_\nu\,\mathfrak{i},$$

wenn man die v_ν aus den Rekursionen

$$v_\mu = \left(\frac{1}{\mu} + \frac{m}{\mu^2}p_{-1} + \frac{m^2}{\mu^3}p_{-1}^2 + \cdots\right)\frac{M}{r^{\mu-1}},$$
$$v_\nu = \left(\frac{1}{\nu} + \frac{m}{\nu^2}p_{-1} + \frac{m^2}{\nu^3}p_{-1}^2 + \cdots\right)\left(\frac{M}{r^{\nu-1}} + m\,M\,v_{\nu-1} + \cdots + \frac{M\,m}{r^{\nu-\mu-1}}v_\mu\right)$$
$$\nu > \mu$$

bestimmt. Diese treten aber genau dann auf, wenn man die Differentialgleichung

$$\frac{d r_\mu}{dz} = m\left(\frac{p_{-1}}{z} + \frac{M}{1 - \frac{z}{r}}\right)r_\mu + \frac{M\,z^{\mu-1}}{r^{\mu-1}\left(1 - \frac{z}{r}\right)} \qquad (6.11.13)$$

für eine unbekannte skalare Funktion r_μ mit dem Ansatz

$$r_\mu = \sum_\mu^\infty v_\nu z^\nu$$

begrüßt. (6.11.13) hat aber die Lösung

$$r_\mu = \frac{M}{r^{\mu-1}}\,\frac{z^{m p_{-1}}}{\left(1 - \frac{z}{r}\right)^{m M r}}\int_0^z \mathfrak{z}^{\mu - m p_{-1} - 1}\left(1 - \frac{\mathfrak{z}}{r}\right)^{m M r - 1} d\mathfrak{z}.$$

Sie ist bei $z = 0$ holomorph und hat da eine dem Ansatz entsprechende Potenzreihenentwicklung.

Die Rekursionsformeln (6.11.8) werden besonders übersichtlich, wenn man den Vektor $\mathfrak{v} = \begin{pmatrix} v_1 \\ \vdots \\ v_m \end{pmatrix}$ durch die Vorschrift $v_{(j-1)n+k} = L_{jk}$ einführt und wenn man außerdem $\mathfrak{p}_{-1}$ in unterer, $\mathfrak{a}$ in oberer Diagonalform annimmt. Das heißt

$$p_{-1,ik} = 0, \quad i < k; \quad a_{ik} = 0, \quad i > k.$$

Dann hat nämlich $\mathfrak{P}_{-1} = \{P_{-1,\alpha\beta}\}$ untere Diagonalform und stehen in der Hauptdiagonalen dieser Matrix die Differenzen

$$P_{-1,(i-1)n+k,(i-1)n+k} = a_{kk} - p_{ii}.$$

Die untere Diagonalform für $\mathfrak{p}_{-1}$ darf man annehmen, weil (6.11.1) durch eine konstante Transformation $\mathfrak{q} = \mathfrak{q}^* \mathfrak{f}$ in

$$\frac{d\mathfrak{q}^*}{dz} = \mathfrak{f}^{-1} \mathfrak{p} \mathfrak{f} \mathfrak{q}^* = \mathfrak{p}^* \mathfrak{q}^*$$

übergeht und $\mathfrak{f}$ entsprechend gewählt werden kann. Man kann z. B. die JORDANsche Normalform annehmen. Die obere Diagonalform für $\mathfrak{a}$ darf man annehmen, weil mit konstantem $\mathfrak{f}$ aus (6.11.2) wird:

$$\begin{aligned} &\mathfrak{L} \mathfrak{f} \left(\mathfrak{f}^{-1} [\exp(\mathfrak{a} \log z)] \mathfrak{f}\right) \mathfrak{f}^{-1} \mathfrak{q}_0 \\ &= \mathfrak{L} \mathfrak{f} \exp[\mathfrak{f}^{-1} \mathfrak{a} \mathfrak{f} \log z] \mathfrak{f}^{-1} \mathfrak{q}_0 \end{aligned}$$

und man $\mathfrak{f}$ entsprechend wählen kann. Die Behauptung über $\mathfrak{P}_{-1}$ leuchtet wie folgt ein: Aus (6.11.5) wird durch den Ansatz (6.11.3) nach Koeffizientenvergleich

$$\left.\begin{aligned} \mathfrak{L}_0 \mathfrak{a} - \mathfrak{p}_{-1} \mathfrak{L}_0 &= \mathfrak{O} \\ \mathfrak{L}_1 (\mathfrak{E} + \mathfrak{a}) - \mathfrak{p}_{-1} \mathfrak{L}_1 &= \mathfrak{p}_0 \mathfrak{L}_0 \\ &\vdots \\ \mathfrak{L}_\nu (\nu \mathfrak{E} + \mathfrak{a}) - \mathfrak{p}_{-1} \mathfrak{L}_\nu &= \mathfrak{p}_0 \mathfrak{L}_{\nu-1} + \cdots + \mathfrak{p}_{\nu-1} \mathfrak{L}_0. \end{aligned}\right\} \quad (6.11.14)$$

Aus $\mathfrak{L}_0 \mathfrak{a} - \mathfrak{p}_{-1} \mathfrak{L}_0 = \mathfrak{O}$ wird mit dem durch $\mathfrak{v}(z)$ eingeführten Vektor $\mathfrak{v}_0 = \mathfrak{v}(0)$ mit $v^0_{(j-1)n+k} = l_{jk}$

$$\begin{pmatrix} l_{11} \dots l_{1n} \\ \vdots \\ l_{n1} \dots l_{nn} \end{pmatrix} \begin{pmatrix} a_{11} a_{12} \dots a_{1n} \\ 0 \quad a_{22} \dots a_{2n} \\ \vdots \\ 0 \quad 0 \quad \dots a_{nn} \end{pmatrix} = \begin{pmatrix} p_{11} \, 0 \quad \dots 0 \\ p_{21} \, p_{22} \dots 0 \\ \vdots \\ p_{n1} \, p_{n2} \dots p_{nn} \end{pmatrix} \begin{pmatrix} l_{11} \dots l_{1n} \\ \vdots \qquad \vdots \\ l_{n1} \dots l_{nn} \end{pmatrix}.$$

Für $\mathfrak{L}_0 \mathfrak{a} - \mathfrak{p}_{-1} \mathfrak{L}_0$ wird $\mathfrak{P}_{-1} \mathfrak{v}_0$ geschrieben. Multipliziert man Zeile α von $\{l_{ik}\}$ mit Spalte β von $\{a_{ik}\}$, so kommen mit von 0 verschiedenen Koeffizienten nur solche l_{ik} vor, für die $i = \alpha$, $k \leqq \beta$ ist und erscheint $l_{\alpha\beta}$

mit $a_{\beta\beta}$ multipliziert. Multipliziert man Zeile α von $\{p_{ik}\}$ mit Spalte β von $\{l_{ik}\}$, so kommen mit von 0 verschiedenen Koeffizienten nur solche l_{ik} vor, für die $k = \beta$, $i \leqq \alpha$ ist, und erscheint $l_{\alpha\beta}$ mit $p_{\alpha\alpha}$ multipliziert. Das sind in beiden Fällen solche l_{ik}, für die

$$(i-1)\,n + k \leqq (\alpha - 1)\,n + \beta$$

ausfällt. Dies begründet die Behauptung betreffend $\mathfrak{P}_{-1}$.

Man erkennt hieraus, daß

$$\mathfrak{P}_{-1}\,\mathfrak{v}_0 = \mathfrak{O}, \qquad \mathfrak{v}_0 \neq \mathfrak{O}$$

verlangt, daß mindestens einer der Eigenwerte der noch unbekannten Matrix $\mathfrak{a}$ einem Eigenwert von $\mathfrak{p}_{-1}$ gleich ist.

Die Lösung der Rekursionsformeln (6.11.8) bzw. der damit gleichwertigen (6.11.14) wird besonders einfach, wenn die Differenz zweier Eigenwerte von $\mathfrak{p}_{-1}$ nie einer ganzen rationalen von 0 verschiedenen Zahl gleich wird. Man kann die untere für $\mathfrak{p}_{-1}$ angenommene JORDANsche Normalform durch eine lineare Transformation mit konstanter Matrix $\mathfrak{L}_0$ nicht verschwindender Determinante in eine obere JORDANsche Normalform überführen und die so gewonnene Matrix als $\mathfrak{L}_0$ annehmen:

$$\mathfrak{a} = \mathfrak{L}_0^{-1}\,\mathfrak{p}_{-1}\,\mathfrak{L}_0 .$$

Damit hat man dann $\mathfrak{a}$ und $\mathfrak{L}_0$ bestimmt. Dann ist aber auch die erste Rekursionsformel (6.11.14) und damit auch die erste Rekursionsformel (6.11.8) erfüllt. Dann sind aber auch die übrigen Rekursionsformeln eindeutig lösbar. Das sieht man besonders bequem an (6.11.8). Es gilt nämlich

$$\operatorname{Det}(\nu\,\mathfrak{E} + \mathfrak{P}_{-1}) \neq 0, \qquad \nu = 1, 2, \ldots .$$

Da nämlich die Eigenwerte von $\mathfrak{a}$ jetzt mit den Eigenwerten von $\mathfrak{p}_{-1}$ übereinstimmen, sind die Eigenwerte von $\nu\,\mathfrak{E} + \mathfrak{P}_{-1}$ durch $\nu + (p_{ii} - p_{kk})$ gegeben und keiner derselben ist 0. Es war ja vorhin schon bemerkt worden, daß $\mathfrak{P}_{-1}$ untere Diagonalform hat und daß in der Hauptdiagonalen die Differenzen der Eigenwerte von $\mathfrak{a}$ und $\mathfrak{p}_{-1}$ stehen.

Der Ausnahmefall, in dem es vorkommt, daß bei $\mathfrak{p}_{-1}$ Eigenwertdifferenzen auftreten, die ganzen rationalen von 0 verschiedenen Zahlen gleich sind, kann man nach einem von G. RASCH 1934 in CRELLES Journal Bd. 171 und 1938 von ADAM SCHMIDT in CRELLES Journal Bd. 179 weiterentwickelten Verfahren auf den gerade erledigten Normalfall zurückführen. Man macht dabei davon Gebrauch, daß man in mannigfacher, einer Umnumerierung der Zeilen und Spalten entsprechenden Weise die JORDANsche Normalform von $\mathfrak{p}_{-1}$ abändern kann. Man richte es dann so ein, daß die in einem ersten Block auftretenden einander gleichen Eigenwerte $p_{11}, \ldots, p_{\lambda\lambda}$ zu einem anderen Eigenwert $p_{\mu\mu}$ in der Beziehung

$$p_{11} = p_{22} = \cdots = p_{\lambda\lambda} = p_{\mu\mu} + g, \quad g > 0, \text{ ganz rational}$$

stehen. Dann mache man in (6.11.1) die Substitution

$$\mathfrak{q} = \begin{pmatrix} z\,\mathfrak{E}_\lambda & 0 \\ 0 & \mathfrak{E}_{n-\lambda} \end{pmatrix} \mathfrak{q}^*.$$

Dabei bedeutet $\mathfrak{E}_k$ allgemein die (k, k)-Einheitsmatrix und sind mit den 0 aus lauter Werten 0 aufgebaute $(\lambda, (n-\lambda))$- bzw. $((n-\lambda), \lambda)$-Matrizen, bezeichnet. Durch die angegebene Substitution geht (6.11.1) in eine andere

$$\frac{d\mathfrak{q}^*}{dz} = \mathfrak{p}^*(z)\,\mathfrak{q}^*, \quad \mathfrak{p}^*(z) = \sum_{-1}^{\infty} \mathfrak{p}_\nu^*\, z^\nu \tag{6.11.15}$$

über, bei der wieder die ersten λ Eigenwerte von $\mathfrak{p}_{-1}^*$ paarweise gleich, aber um je eine Einheit kleiner geworden sind, während die übrigen Eigenwerte unverändert geblieben sind. Durch Wiederholung einer solchen Substitution, nach eventuell vorausgegangener erneuter Herstellung der Normalform von $\mathfrak{p}_{-1}$ kann man den Ausnahmefall auf den erledigten Normalfall zurückführen.

Zur größeren Deutlichkeit sei ein Beispiel durchgerechnet. Es sei vorgelegt

$$\frac{d\mathfrak{q}}{dz} = \left[\frac{1}{z}\begin{pmatrix} \varrho_1 & 1 & 0 \\ 0 & \varrho_1 & 0 \\ 0 & 0 & \varrho_2 \end{pmatrix} + \sum_0^\infty \mathfrak{p}_\nu z^\nu\right]\mathfrak{q} \qquad \mathfrak{q} = \begin{pmatrix} z & 0 & 0 \\ 0 & z & 0 \\ 0 & 0 & 1 \end{pmatrix}\mathfrak{q}^*$$

$$\frac{d\mathfrak{q}}{dz} = \begin{pmatrix} 1 & 0 & 0 \\ 0 & 1 & 0 \\ 0 & 0 & 0 \end{pmatrix}\mathfrak{q}^* + \begin{pmatrix} z & 0 & 0 \\ 0 & z & 0 \\ 0 & 0 & 1 \end{pmatrix}\frac{d\mathfrak{q}^*}{dz}$$

$$\frac{d\mathfrak{q}^*}{dz} = \begin{pmatrix} \frac{1}{z} & 0 & 0 \\ 0 & \frac{1}{z} & 0 \\ 0 & 0 & 1 \end{pmatrix}\left[\frac{1}{z}\begin{pmatrix} \varrho_1 & 1 & 0 \\ 0 & \varrho_1 & 0 \\ 0 & 0 & \varrho_2 \end{pmatrix}\begin{pmatrix} z & 0 & 0 \\ 0 & z & 0 \\ 0 & 0 & 1 \end{pmatrix} - \begin{pmatrix} 1 & 0 & 0 \\ 0 & 1 & 0 \\ 0 & 0 & 0 \end{pmatrix}\right]\mathfrak{q}^*$$

$$+ \left[\sum_0^\infty \begin{pmatrix} \frac{1}{z} & 0 & 0 \\ 0 & \frac{1}{z} & 0 \\ 0 & 0 & 1 \end{pmatrix}\mathfrak{p}_\nu\begin{pmatrix} z & 0 & 0 \\ 0 & z & 0 \\ 0 & 0 & 1 \end{pmatrix} z^\nu\right]\mathfrak{q}^*$$

$$\frac{d\mathfrak{q}^*}{dz} = \frac{1}{z}\begin{pmatrix} \varrho_1 - 1 & 1 & p_{013} \\ 0 & \varrho_1 - 1 & p_{023} \\ 0 & 0 & \varrho_2 \end{pmatrix}\mathfrak{q}^* + \sum_0^\infty \mathfrak{p}_\nu^*\, z^\nu\, \mathfrak{q}^*$$

mit

$$\mathfrak{p}_0 = \begin{pmatrix} p_{011} & p_{012} & p_{013} \\ p_{021} & p_{022} & p_{023} \\ p_{031} & p_{032} & p_{033} \end{pmatrix}.$$

Die bei diesem Beweisgang erforderlichen Transformationen der Differentialgleichung sind oft als lästig empfunden worden. Daher haben GEORG EHLERS, Arch. Math. Bd. 3 (1952), und F. R. GANTMACHER in seinem mehrfach erwähnten Buch über Matrizen Beweisanordnungen gegeben, die ohne solche Transformationen auskommen und die überdies eine explizite Bestimmung der hier mit $\mathfrak{a}$ bezeichneten Matrix liefern.

Den Konvergenzbeweis habe ich in Anlehnung an GANTMACHER geführt. Andere Fassungen desselben finden sich bei H. KNESER, Arch. Math. Bd. 2 (1950), ADAM SCHMIDT a. a. O., und G. EHLERS a. a. O.

Es ist nützlich noch kurz auf die altübliche Handhabung der Methode der unbestimmten Koeffizienten bei Differentialgleichungen n-ter Ordnung an Stellen der Bestimmtheit einzugehen. Dabei wendet man auf die Differentialgleichung (6.10.3) mit den Koeffizienten (6.10.5) den Ansatz (6.10.6) mit unbestimmten Koeffizienten c_ν an. Das heißt, man stellt die Betrachtung auf die Aufsuchung multiplikativer Lösungen ab. Man führe die folgenden Abkürzungen ein:

$$\left.\begin{aligned} f_0(\varrho) &= \varrho(\varrho-1)\ldots(\varrho-n+1) \\ &\quad + p_{10}\,\varrho(\varrho-1)\ldots(\varrho-n+2) \\ &\quad + p_{20}\,\varrho(\varrho-1)\ldots(\varrho-n+3) \\ &\quad\;\vdots \\ &\quad + p_{n0} \\ f_\alpha(\varrho) &= p_{1\alpha}\,\varrho(\varrho-1)\ldots(\varrho-n+2) \\ &\quad + p_{2\alpha}\,\varrho(\varrho-1)\ldots(\varrho-n+3) \\ &\quad\;\vdots \\ &\quad + p_{n\alpha} \qquad\qquad \alpha > 0. \end{aligned}\right\} \tag{6.11.16}$$

Dann führt die Methode zu den folgenden Gleichungen für die c_ν:

$$\left.\begin{aligned} & c_0 f_0(\varrho) = 0 \\ & c_1 f_0(\varrho+1) + c_0 f_1(\varrho) = 0 \\ & \vdots \\ & c_k f_0(\varrho+k) + c_{k-1} f_1(\varrho+k-1) + \cdots + c_0 f_k(\varrho) = 0. \\ & \vdots \end{aligned}\right\} \tag{6.11.17}$$

Da $c_0 \neq 0$ sein soll, so erhält man für ϱ die *determinierende Gleichung*

$$f_0(\varrho) = 0. \tag{6.11.18}$$

Wie schon erwähnt, können die Überlegungen von § 6.**5.** übertragen werden. An sich erübrigt es sich, das näher auszuführen, da die erforderlichen Konvergenzbeweise durch die allgemeinen Betrachtungen über Systeme in diesem Abschnitt gedeckt sind. Man findet wieder, daß alle formal den Rekursionsformeln genügenden Lösungen zu konvergenten Reihen führen. Um einen Überblick über die Gesamtheit der Lösungen an einer Stelle der Bestimmtheit zu gewinnen, benutzt man dann gerne eine einzelne aufgefundene multiplikative Lösung, um die gegebene Differentialgleichung auf eine $n-1$-ter Ordnung zu reduzieren. Im Zuge eines Verfahrens der vollständigen Induktion gelangt man auch so schließlich zu einer Zuordnung der Lösungen zu den einzelnen Wurzeln der determinierenden Gleichung. In der ersten Auflage dieses Buches wurde das im einzelnen durchgeführt.

Auch mit Rücksicht auf eine Anwendung in § 10.**2.** erscheint es gleichwohl gut, noch einen anderen Beweis kennenzulernen, den man dem bewährten analytischen Geschick von F. W. SCHAEFKE, Math. Nachr. Bd. 6 (1951), verdankt. Er ist ungefähr gleichzeitig mit dem Beweis von G. LYRA aus § 6.**5.** Man darf ohne Beschränkung der Allgemeinheit annehmen, daß die in (6.10.3) eingehenden Funktionen $p_j(z)$ in $|z-a| \leqq 1$ holomorph sind. Es mag genügen, den Beweis für den Fall anzugeben, daß die in den Ansatz (6.10.6) eingehende Wurzel ϱ der determinierenden Gleichung (6.11.18) mit keiner anderen Wurzel $\varrho + k$ derselben mit natürlichem k vergesellschaftet ist. Es sei $M > 0$ eine Zahl, so daß

$$\sum_1^\infty |p_{j\nu}| \leqq M^j, \qquad j = 1, 2, \ldots, n \tag{6.11.19}$$

ist. Es gibt eine Zahl $\delta > 0$, so daß

$$|f_0(\varrho + k)| > \delta k^n, \qquad k = 1, 2, \ldots, n. \tag{6.11.20}$$

Man hat aus (6.11.17) für alle natürlichen $k \geqq 1$

$$|c_k f_0(\varrho + k)| \leqq (|f_1(\varrho + k - 1)| + \cdots + |f_k(\varrho)|) \operatorname*{Max}_{0 \leqq \nu < k} |c_\nu|.$$

Man kann eine Zahl $\gamma > 0$ so wählen, daß hier

$$|f_\alpha(\varrho + \mu)| \leqq |p_{1\alpha}| \gamma k^{n-1} + |p_{2\alpha}| \gamma k^{n-2} + \cdots + |p_{n\alpha}| \gamma$$

ist. Dann ist

$$\begin{aligned} &|f_1(\varrho + k - 1)| + \cdots + |f_k(\varrho)| \\ &\leqq (|p_{11}| + \cdots + |p_{1k}|) \gamma k^{n-1} \\ &+ (|p_{21}| + \cdots + |p_{2k}|) \gamma k^{n-2} \\ &\vdots \\ &+ (|p_{n1}| + \cdots + |p_{nk}|) \gamma \\ &\leqq \gamma (M k^{n-1} + M^2 k^{n-2} + \cdots + M^n). \end{aligned} \tag{6.11.21}$$

Daher ist nach (6.11.20)

$$|c_k| \leqq \frac{\gamma}{\delta}\left(\frac{M}{k} + \left(\frac{M}{k}\right)^2 + \cdots + \left(\frac{M}{k}\right)^n\right) \underset{0 \leqq \nu < k}{\mathrm{Max}} |c_\nu|. \qquad (6.11.22)$$

Von einer gewissen Nummer an nehmen daher die $|c_k|$ ab, was an sich schon den Konvergenzbeweis abschließt. Es ist aber mit Rücksicht auf die in § 10.**2.** beabsichtigte Anwendung gut, die Betrachtung noch etwas weiter zu führen. Man wähle eine Zahl $q > 0$ so, daß

$$\frac{\gamma}{\delta}\left(\frac{M}{qM} + \left(\frac{M}{qM}\right)^2 + \cdots + \left(\frac{M}{qM}\right)^n\right) = 1 \qquad (6.11.23)$$

ist. Dann ist

$$|c_k| \leqq \underset{0 \leqq \nu < k}{\mathrm{Max}} |c_\nu|, \qquad k \geqq q\,M. \qquad (6.11.24)$$

Für $k < qM$ ist

$$\begin{aligned} &\frac{\gamma}{\delta}\left(\frac{M}{k} + \left(\frac{M}{k}\right)^2 + \cdots + \left(\frac{M}{k}\right)^n\right) \\ &= \frac{\gamma}{\delta}\left(\frac{M}{k}\right)^n \left(1 + \frac{k}{M} + \cdots + \left(\frac{k}{M}\right)^{n-1}\right) \\ &\leqq \frac{\gamma}{\delta}\left(\frac{M}{k}\right)^n \left(1 + q + \cdots + q^{n-1}\right). \end{aligned}$$

Man setze

$$1 + q + \cdots + q^{n-1} = \beta.$$

Dann hat man nach (6.11.22)

$$|c_k| \leqq \frac{\gamma\beta}{\delta}\left(\frac{M}{k}\right)^n \underset{0 \leqq \nu < k}{\mathrm{Max}} |c_\nu|, \qquad k < q\,M. \qquad (6.11.25)$$

Nun nimmt

$$\frac{\gamma\beta}{\delta}\left(\frac{M}{k}\right)^n$$

ab, wenn k wächst, und es ist

$$\frac{\gamma\beta}{\delta}\left(\frac{M}{qM}\right)^n = 1$$

nach Definition von q und β. Daher ist

$$\frac{\gamma\beta}{\delta}\left(\frac{M}{k}\right)^n > 1, \qquad 0 \leqq k < q\,M.$$

Daraus folgt

$$|c_k| \leqq \left(\frac{\gamma\beta}{\delta} M^n\right)^P \left(\frac{1}{P!}\right)^n, \qquad P = [q\,M], \qquad 0 \leqq k < qM.$$

Daher ist nach (6.11.24) auch

$$|c_k| \leqq \left(\frac{\gamma\beta}{\delta} M^n\right)^P \left(\frac{1}{P!}\right)^n, \qquad P = [q\,M], \qquad k = 0, 1, \ldots.$$

Daraus folgt

$$|c_k| \leqq \exp\left\{n\left(\frac{\gamma\beta}{\delta}\right)^{1/n} M\right\}. \qquad (6.11.26)$$

Das ist das angestrebte Schlußergebnis, von dem in § 10.**2.** Gebrauch gemacht wird.

12. Integrale, die sich an wesentlich singulären Stellen bestimmt verhalten. Diese Frage ist wenigstens für den Fall von Koeffizienten, die sich an den singulären Stellen wie rationale Funktionen verhalten, durch OSKAR PERRON 1911, Math. Ann. Bd. 70, entschieden worden. Voraus gingen zahlreiche Arbeiten von LUDWIG WILHELM THOMÉ und eine Arbeit von HELGE VON KOCH, der den Fall erledigte, daß in der behandelten Differentialgleichung der Koeffizient der zweithöchsten Ableitung 0 ist. Zwar kann man das bei jeder linearen homogenen Differentialgleichung n-ter Ordnung (6.10.3) erreichen, indem man durch die Substitution

$$w = v \exp\left(-\frac{1}{n}\int^{z} P_1(z)\,dz\right)$$

eine neue unbekannte Funktion $v(z)$ einführt. Doch können dabei Integrale, die sich an einer singulären Stelle $z = a$ bestimmt verhalten, in solche übergehen, die diese Eigenschaft nicht besitzen. Es empfiehlt sich also, einen anderen Weg einzuschlagen.

Für singuläre Stellen, an denen die Koeffizienten andere Singularitäten als Pole besitzen, ist die Frage nach einzelnen Integralen, die sich an einer solchen Stelle bestimmt verhalten, noch ganz offen.

Wir wissen bereits, daß eine isolierte singuläre Stelle, an der sich sämtliche Integrale bestimmt verhalten, eine Stelle der Bestimmtheit ist. Ich beschränke die nachfolgende Betrachtung auf die zweite Ordnung. An einer Stelle der Unbestimmtheit kann sich dann, abgesehen von einem konstanten willkürlichen Faktor, nur höchstens eine Lösung bestimmt verhalten. Es handelt sich darum, Bedingungen dafür zu finden, wann dieser Fall eintritt.

Jede lineare homogene Differentialgleichung zweiter Ordnung

$$w'' + P_1(z)\,w' + P_2(z)\,w = 0,$$

deren Koeffizienten P_1 und P_2 bei $z = 0$ von rationalem Charakter sind, kann man durch Multiplikation mit einer geeigneten ganzen Potenz

$$z^{2+j}$$

auf die Form

$$z^{2+j}\,w'' + z\,p_1(z)\,w' + p_2(z)\,w = 0 \tag{6.12.1}$$

bringen, derart, daß p_1 und p_2 an der Stelle $z = 0$ regulär sind, und daß $p_1(0)$ und $p_2(0)$ nicht beide verschwinden. $z = 0$ ist im Falle $j \leqq 0$ eine außerwesentliche, im Falle $j > 0$ eine wesentlich singuläre Stelle der Differentialgleichung. Für p_1 und p_2 mögen die Entwicklungen

$$p_k(z) = p_{k0} + p_{k1}\,z + \cdots, \qquad k = 1, 2 \tag{6.12.2}$$

gelten. Wie schon gesagt, soll angenommen werden, daß p_{10} und p_{20} nicht gleichzeitig verschwinden. Sonst würde man j anders wählen. Ich bezeichne die linke Seite von (6.12.1) mit $L(w)$ und suche zunächst nach Lösungen von der Form

$$w = \sum_0^\infty D_\nu z^{\varrho+\nu}, \qquad D_0 \neq 0. \tag{6.12.3}$$

Dann wird

$$z w' = \sum_0^\infty (\varrho + \nu) D_\nu z^{\varrho+\nu}$$

$$z w' p_1 = \sum_0^\infty z^{\varrho+\nu}\big((\varrho+\nu) D_\nu p_{10} + (\varrho+\nu+1) D_{\nu-1} p_{11} + \cdots + \varrho D_0 p_{1\nu}\big)$$

$$p_2 w = \sum_0^\infty z^{\varrho+\nu} (D_\nu p_{20} + D_{\nu-1} p_{21} + \cdots + D_0 p_{2\nu})$$

$$z^{2+j} w'' = \sum_0^\infty (\varrho+\nu)(\varrho+\nu-1) D_\nu z^{\varrho+\nu+j}.$$

Also wird

$$\left.\begin{aligned} &z w' p_1 + p_2 w \\ &= \sum_0^\infty z^{\varrho+\nu}\big(D_\nu f_0(\varrho+\nu) + D_{\nu-1} f_1(\varrho+\nu-1) + \cdots + D_0 f_\nu(\varrho)\big) \end{aligned}\right\} \tag{6.12.4}$$

mit

$$f_k(\varrho) = \varrho\, p_{1k} + p_{2k}.$$

Nun ist noch $z^{2+j} w''$ zuzufügen, um $L(w)$ zu erhalten. Daher ist zu jedem Summanden von (6.12.4) noch ein Posten

$$z^{\varrho+\nu} D_{\nu-j}(\varrho+\nu-j)(\varrho+\nu-j-1), \qquad D_{\nu-j} = 0 \quad \text{für} \quad \nu - j < 0$$

zuzufügen. Also hat man

$$L(w) = \sum_0^\infty z^{\varrho+\nu}\big(D_\nu f_0(\varrho+\nu) + D_{\nu-1} f_1(\nu+\varrho-1) + \cdots + D_0 f_\nu(\varrho)\big), \tag{6.12.5}$$

wobei aber jetzt

$$f_k(\varrho) = \varrho\, p_{1k} + p_{2k} \tag{6.12.6}$$

nur für $k \neq j$ gilt und

$$f_j(\varrho) = \varrho\, p_{1j} + p_{2j} + \varrho(\varrho-1) \tag{6.12.7}$$

zu nehmen ist.

Die Forderung, daß (6.12.3) ein Integral von (6.12.1) sein soll, führt zu den unendlich vielen linearen Gleichungen

$$\left.\begin{aligned} D_\nu f_0(\varrho+\nu) + D_{\nu-1} f_1(\varrho+\nu-1) + \cdots + D_0 f_\nu(\varrho) = 0, \\ \nu = 0, 1, 2, \ldots \end{aligned}\right\} \tag{6.12.8}$$

für die Koeffizienten D_ν von (6.12.3). Sie lauten ausführlich geschrieben

$$\left.\begin{aligned} &D_0 f_0(\varrho) = 0 \\ &D_1 f_0(\varrho+1) + D_0 f_1(\varrho) = 0 \\ &D_2 f_0(\varrho+2) + D_1 f_1(\varrho+1) + D_0 f_2(\varrho) = 0. \\ &\dots\dots\dots\dots\dots\dots\dots\dots\dots\dots \end{aligned}\right\} \qquad (6.12.9)$$

Dabei sind die $f_i(\varrho)$ durch (6.12.6) bzw. (6.12.7) erklärt. Da wir eine wesentliche singuläre Stelle betrachten wollen, ist $j > 0$ anzunehmen, Daher ist

$$f_0(\varrho) = p_{10}\,\varrho + p_{20}. \qquad (6.12.10)$$

Da wir ϱ im Ansatz (6.12.3) so annehmen dürfen, daß $D_0 \neq 0$ ist, so ergibt sich als erste notwendige Bedingung für das Vorhandensein eines Integrals (6.12.3), daß

$$0 = f_0(\varrho) = p_{10}\,\varrho + p_{20} \qquad (6.12.11)$$

ist. Daraus schließt man zuerst, daß im Falle $p_{10} = 0$ kein Integral (6.12.3) vorhanden ist. Daher gibt es in diesem Falle überhaupt kein Integral, das sich bei $z = 0$ bestimmt verhält[1]. Denn die allgemeine Gestalt (6.3.22) der Integrale zeigt, daß ein logarithmenbehaftetes Integral, das nur Laurentreihen mit endlich vielen negativen Potenzen enthält, nur dann existieren kann, wenn auch ein multiplikatives Integral (6.12.3) existiert. Wir haben uns also weiter mit dem Fall $p_{10} \neq 0$ zu befassen. Alsdann gibt es genau einen Wert von ϱ, der der notwendigen Bedingung (6.12.11) genügt. Diesem gleich sei ϱ in der folgenden Betrachtung gewählt. Der Anblick der linearen Gln. (6.12.8) bzw. (6.12.9) lehrt, daß man diesen Gleichungen genügen kann, indem man $D_0 \neq 0$ willkürlich annimmt. Dann sind die $D_1, D_2, \dots$ aus den folgenden Gln. (6.12.9) rekursiv eindeutig bestimmt.

Ich betrachte nun zunächst die Gln. (6.12.8) hoher Nummer, weil von ihnen die angestrebte Konvergenz von (6.12.3) abhängt. Ich dividiere durch $f_0(\varrho+\nu)$ und schreibe sie so an

$$\left.\begin{aligned} &D_\nu + a_1^{(\nu)} D_{\nu-1} + \cdots + a_\nu^{(\nu)} D_0 = 0, \qquad \nu \geqq \mathsf{N} \\ &a_{\nu-\lambda}^{(\nu)} = \frac{f_{\nu-\lambda}(\varrho+\lambda)}{f_0(\varrho+\nu)}, \qquad \lambda = 0, 1, \dots, \nu-1. \end{aligned}\right\} \qquad (6.12.12)$$

Dabei ist N eine Zahl, über die noch verfügt werden wird. Ich forme nun (6.12.12) nach Emil Hilb, Math. Ann. 82 (1920), in ein Gleichungssystem mit konvergenter Quadratsumme der Koeffizienten um. Dazu stelle ich in jeder der Gln. (6.12.12) das Glied mit der Unbekannten $D_{\nu-j}$

[1] Es sei daran erinnert, daß an einer wesentlich singulären Stelle die Anzahl der linear unabhängigen sich bestimmt verhaltenden Integrale höchstens Eins sein kann. Auch nahmen wir an, daß p_{10} und p_{20} nicht beide verschwinden.

an den Anfang:

$$a_j^\nu D_{\nu-j} + \sum_{\substack{\lambda=\mathsf{N}-j \\ \lambda \neq \nu-j}}^{\nu} a_{\nu-\lambda}^{(\nu)} D_\lambda = -\sum_{\lambda=0}^{\mathsf{N}-j-1} a_{\nu-\lambda}^{(\nu)} D_\lambda, \quad a_0^{(\nu)} = 1, \quad \nu \geqq \mathsf{N} > j. \tag{6.12.13}$$

Nun setze ich $\nu = \mathsf{N} + \mu$, $\mu = 0, 1, \ldots$ und habe

$$a_j^{(N+\mu)} D_{\mathsf{N}+\mu-j} + \sum_{\substack{\lambda=\mathsf{N}-j \\ \lambda \neq \mathsf{N}+\mu-j}}^{\mathsf{N}+\mu} a_{\mathsf{N}+\mu-\lambda}^{(\mathsf{N}+\mu)} D_\lambda = -\sum_{\lambda=0}^{\mathsf{N}-j-1} a_{\mathsf{N}+\mu-\lambda}^{(\mathsf{N}+\mu)} D_\lambda,$$

$$a_0^{(\mathsf{N}+\mu)} = 1, \quad \mu = 0, 1, \ldots$$

oder etwas anders geschrieben

$$\left.\begin{aligned} a_j^{(\mathsf{N}+\mu)} D_{\mathsf{N}+\mu-j} + \sum_{\substack{\lambda=0 \\ \lambda \neq \mu}}^{\mu+j} a_{\mu+j-\lambda}^{(\mathsf{N}+\mu)} D_{\mathsf{N}-j+\lambda} &= -\sum_{\lambda=0}^{\mathsf{N}-j-1} a_{\mathsf{N}+\mu-\lambda}^{(\mathsf{N}+\mu)} D_\lambda, \\ a_0^{(\mathsf{N}+\mu)} = 1, \quad \mu = 0, 1, \ldots . \end{aligned}\right\} \tag{6.12.14}$$

Nun führe man durch

$$D_{\sigma-j} = \beta^{\sigma-\mathsf{N}} \zeta_{\sigma-\mathsf{N}}, \quad \sigma \geqq \mathsf{N} \tag{6.12.15}$$

neue Unbekannte ζ_k ein. β ist dabei eine Zahl, über die noch verfügt werden wird. Dann hat man aus (6.12.14)

$$\left.\begin{aligned} a_j^{(\mathsf{N}+\mu)} \beta^\mu \zeta_\mu + \sum_{\substack{\lambda=0 \\ \lambda \neq \mu}}^{\mu+j} a_{\mu+j-\lambda}^{(\mathsf{N}+\mu)} \beta^\lambda \zeta_\lambda &= -\sum_{\lambda=0}^{\mathsf{N}-j-1} a_{\mathsf{N}+\mu-\lambda}^{(\mathsf{N}+\mu)} D_\lambda, \\ a_0^{(\mathsf{N}+\mu)} = 1, \quad \mu = 0, 1, \ldots . \end{aligned}\right\} \tag{6.12.16}$$

Nun dividiert man noch durch $a_j^{(\mathsf{N}+\mu)} \beta^\mu$ und erhält

$$\zeta_\mu + \sum_{\substack{\lambda=0 \\ \lambda \neq \mu}}^{\mu+j} \alpha_{\mu\lambda} \zeta_\lambda = \eta_\mu, \quad \mu = 0, 1, \ldots \tag{6.12.17}$$

mit

$$\left.\begin{aligned} \alpha_{\mu\lambda} &= \frac{a_{\mu+j-\lambda}^{(\mathsf{N}+\mu)} \beta^{\lambda-\mu}}{a_j^{(\mathsf{N}+\mu)}}, \quad \mu = 0, 1, \ldots, \quad \lambda = 0, 1, \ldots, \mu + j, \quad \lambda \neq \mu \\ \eta_\mu &= -\sum_{\lambda=0}^{\mathsf{N}-j-1} \frac{a_{\mathsf{N}+\mu-\lambda}^{(\mathsf{N}+\mu)} D_\lambda}{a_j^{(\mathsf{N}+\mu)} \beta^\mu}, \quad \mu = 0, 1, \ldots . \end{aligned}\right\} \tag{6.12.18}$$

Ich schreite zur Abschätzung der $\alpha_{\mu\lambda}$ und η_μ. Es ist

$$a_{\nu-\tau}^{(\nu)} = \frac{f_{\nu-\tau}(\varrho+\tau)}{f_0(\varrho+\nu)}, \quad \tau = 0, 1, \ldots, \nu - 1,$$

$$|a_{\nu-\tau}^{(\nu)}| = \left| \frac{(\varrho+\tau)\, p_{1,\nu-\tau} + p_{2,\nu-\tau}}{p_{10}(\varrho+\nu) + p_{20}} \right|, \quad \tau = 0, 1, \ldots, \nu - 1, \quad \nu - \tau \neq j,$$

$$|a_{\nu-\tau}^{(\nu)}| = 1, \quad \tau = \nu,$$

$$|a_j^{(\nu)}| = \left| \frac{(\varrho+\nu-j)\, p_{1j} + p_{2j} + (\varrho+\nu-j)(\varrho+\nu-j-1)}{p_{10}(\varrho+\nu) + p_{20}} \right|.$$

Nun wähle man $R > 0$, so daß p_1 und p_2 in $|z| \leqq R$ regulär sind. Dann gibt es ein M so, daß

$$|p_{km}| \leqq \frac{M}{R^m}, \qquad k = 1, 2; \; m = 0, 1, \ldots .$$

Daher gibt es ein N und ein G, so daß für $\nu \geqq \mathsf{N}$ gilt

$$|a_{\nu-\tau}^{(\nu)}| < \frac{G(\tau+1)}{R^{\nu-\tau}\nu}, \qquad \tau = 0, 1, \ldots, \nu, \qquad \nu - \tau \neq j$$

$$|a_j^{(\nu)}| > \frac{1}{G}(\nu+1).$$

Daraus folgt

$$|\alpha_{\mu\lambda}| < \frac{G^2(\mathsf{N} - j + \lambda + 1)\,\beta^{\lambda-\mu}}{R^{\mu+j-\lambda}(\mathsf{N}+\mu)(\mathsf{N}+\mu+1)},$$

$$\mu = 0, 1, \ldots, \qquad \lambda = 0, 1, \ldots, \mu + j, \qquad \lambda \neq \mu$$

$$< \frac{G^2\beta^j}{(R\beta)^{\mu+j-\lambda}(\mathsf{N}+\mu)},$$

$$\mu = 0, 1, \ldots, \qquad \lambda = 0, 1, \ldots, \mu + j, \qquad \lambda \neq \mu.$$

Wählt man nun β so, daß $\beta R > 1$ ist, so ist

$$\sum_{\mu=0}^{\infty} \sum_{\substack{\lambda=0 \\ \lambda \neq \mu}}^{\lambda=\mu+j} |\alpha_{\mu\lambda}|^2$$

konvergent, und man kann sogar N so groß wählen, daß

$$\sum_{\mu=0}^{\infty} \sum_{\substack{\lambda=0 \\ \lambda \neq \mu}}^{\lambda=\mu+j} |\alpha_{\mu\lambda}|^2 < 1$$

ist. Denn es ist

$$\sum_{\substack{\lambda=0 \\ \lambda \neq \mu}}^{\mu+j} \left(\frac{1}{R\beta}\right)^{\mu+j-\lambda} < \frac{1 - \left(\frac{1}{R\beta}\right)^{\mu+j+1}}{1 - \frac{1}{R\beta}} < \frac{1}{1 - \frac{1}{R\beta}}.$$

Daher ist

$$\sum_{\mu=0}^{\infty} \sum_{\substack{\lambda=0 \\ \lambda \neq \mu}}^{\lambda=\mu+j} |\alpha_{\mu\lambda}|^2 < \frac{G^2\beta^{2j}}{\left(1 - \frac{1}{R\beta}\right)^2} \sum_{\mu=0}^{\infty} \frac{1}{(\mathsf{N}+\mu)^2}.$$

Die Konvergenz von $\sum \eta_\mu^2$ folgt aus

$$\left|\frac{a_{\mathsf{N}+\mu-\lambda}^{(\mathsf{N}+\mu)}}{a_j^{(\mathsf{N}+\mu)}\beta^\mu}\right| < \frac{G^2(\lambda+1)}{R^{\mathsf{N}+\mu-\lambda}(\mathsf{N}+\mu)^2\beta^\mu} = \frac{G^2(\lambda+1)}{R^{\mathsf{N}-\lambda}(\beta R)^\mu(\mathsf{N}+\mu)^2}.$$

Beachtet man noch, daß nach (6.12.18) $0 \leqq \lambda \leqq \mathsf{N} - j - 1$ ist, so ist

$$\left|\frac{a_{\mathsf{N}+\mu-\lambda}^{(\mathsf{N}+\mu)}}{a_j^{(\mathsf{N}+\mu)}\beta^\mu}\right| < \frac{G^2(\mathsf{N}-j)}{R^{\mathsf{N}-\lambda}(\beta R)^\mu(\mathsf{N}+\mu)^2},$$

und daher folgt

$$|\eta_\mu| < \operatorname*{Max}_{\lambda=0,1,\ldots,\mathsf{N}-j-1} \frac{|D_\lambda|}{R^{\mathsf{N}-\lambda}} G^2(\mathsf{N}-j)\frac{1}{(\beta R)^\mu (\mathsf{N}+\mu)^2}\,.$$

Die Konvergenz von $\sum \eta_\mu^2$ steht daher fest, wie auch $D_0, \ldots, D_{\mathsf{N}-j-1}$ gewählt werden mögen.

Nun besteht in der Theorie der linearen Gleichungen mit unendlich vielen Unbekannten der folgende Satz:

Ist

$$\sum_{i=0}^{\infty} \sum_{k=0}^{\infty} |\alpha_{ik}|^2 < 1$$

und $\sum_{i=0}^{\infty} |y_i|^2$ *konvergent, so hat das Gleichungssystem*

$$x_i + \sum_{k=0}^{\infty} \alpha_{ik}\, x_k = y_i, \quad i = 0, 1, \ldots$$

genau ein Lösungssystem, für das $\sum_{i=0}^{\infty} |x_i|^2$ *konvergiert.*

Beweis. Man schreibe nach den Regeln der Matrizenrechnung, das aufzulösende Gleichungssystem in der Form

$$\mathfrak{x} = \mathfrak{a}\,\mathfrak{x} + \mathfrak{y}$$

an. Dann ist

$$\mathfrak{x} = \mathfrak{y} + \mathfrak{a}\,\mathfrak{y} + \mathfrak{a}^2\,\mathfrak{y} + \cdots$$

eine formale Lösung. Dabei bedeutet

$$\mathfrak{a} = -(\alpha_{ik})$$

eine Matrix von unendlichen vielen Zeilen und Spalten; $\mathfrak{x}$ und $\mathfrak{y}$ sind einspaltige Matrizen. Einspaltige Matrizen faßt man auch als Vektoren auf und bedient sich für das Rechnen mit denselben der Schreibweise der Vektorrechnung, wie sie auch in dem komplexen HILBERTschen Raum der Vektoren

$$\mathfrak{v} = (v_1, v_2, \ldots)$$

endlicher Länge üblich ist. Dabei versteht man unter der Länge eines Vektors die durch

$$|\mathfrak{v}|^2 = v_1\,\overline{v}_1 + v_2\,\overline{v}_2 + \cdots$$

definierte Zahl $|\mathfrak{v}|$, setzt also für jeden Vektor diese Quadratsumme als konvergent voraus. Durch Überstreichen sind dabei die konjugiert komplexen Zahlen kenntlich gemacht. Unter dem inneren Produkt zweier Vektoren $\mathfrak{v}$ und $\mathfrak{w}$ sei

$$\mathfrak{v}\,\overline{\mathfrak{w}} = v_1\,\overline{w}_1 + v_2\,\overline{w}_2 + \cdots$$

verstanden[1]. Dann gilt wie im Reellen die SCHWARZsche Ungleichung

$$|\mathfrak{v}\,\overline{\mathfrak{w}}|^2 \leqq |\mathfrak{v}|^2\,|\mathfrak{w}|^2.$$

Denn es ist nach der SCHWARZschen Ungleichung

$$|\mathfrak{v}\,\overline{\mathfrak{w}}|^2 = |\sum v_k\,\overline{w}_k|^2 \leqq (\sum |v_k|\,|w_k|)^2 \leqq \sum |v_k|^2 \sum |w_k|^2 = |\mathfrak{v}|^2\,|\mathfrak{w}|^2.$$

[Wegen

$$\sum (|v_k| + \lambda\,|w_k|)^2 \geqq 0$$

für alle reellen λ, womit der Beweis der SCHWARZschen Ungleichung angedeutet sei.] Daher gilt auch im komplexen HILBERTschen Raum für irgendeine endliche Anzahl von Vektoren die Regel, daß die Länge der Summe höchstens so groß ist wie die Summe der Länge der Summanden. Das heißt, es gilt

$$|\mathfrak{v}_1 + \cdots + \mathfrak{v}_n|^2 \leqq (|\mathfrak{v}_1| + \cdots + |\mathfrak{v}_n|)^2.$$

Es ist nämlich

$$|\mathfrak{v}_1 + \cdots + \mathfrak{v}_n|^2 = (\mathfrak{v}_1 + \cdots + \mathfrak{v}_n)\,(\overline{\mathfrak{v}}_1 + \cdots + \overline{\mathfrak{v}}_n) = \sum_{j,k} \mathfrak{v}_j\,\overline{\mathfrak{v}}_k$$
$$\leqq \sum_{j,k} |\mathfrak{v}_j|\,|\mathfrak{v}_k| = (|\mathfrak{v}_1| + \cdots + |\mathfrak{v}_n|)^2.$$

Nun sind wir gerüstet, um die Konvergenz der in der formalen Lösung unseres Gleichungssystems vorkommenden unendlichen Reihe von Matrizen zu beweisen. Setzen wir dazu

$$\mathfrak{a}^j = (A_{ik}^{(j)}), \qquad (A_{ik}^{(1)}) = -(\alpha_{ik}), \qquad j = 1, 2, \ldots.$$

Es sei, wie in der Formulierung des Satzes vorausgesetzt wurde,

$$\sum_{ik} |A_{ik}^{(1)}|^2 = \alpha^2 < 1.$$

Dann ist, wie ich behaupte,

$$\sum_{ik} |A_{ik}^{(j)}|^2 \leqq \alpha^{2j}.$$

Es ist nämlich

$$A_{ik}^{(j)} = \sum_{\lambda} A_{i\lambda}^{(1)}\,A_{\lambda k}^{(j-1)},$$

---

[1] Bekanntlich ist

$$\Sigma\,|v_k|\,|w_k|$$

konvergent, wenn

$$\Sigma\,|v_k|^2 \quad \text{und} \quad \Sigma\,|w_k|^2$$

konvergieren. Denn es ist

$$|v_k|\,|w_k| \leqq \frac{|v_k|^2 + |w_k|^2}{2}.$$

Da nach der Voraussetzung für die Matrix $\mathfrak{a}$ unter anderem für jede Zeile und für jede Spalte die Quadratsumme der absoluten Beträge konvergiert, ist durch diese Bemerkung auch die Existenz der Potenzen von $\mathfrak{a}$ gesichert.

und daher nach der SCHWARZschen Ungleichung

$$|A_{ik}^{(j)}|^2 \leqq \sum_\lambda |A_{i\lambda}^{(1)}|^2 \sum_\lambda |A_{\lambda k}^{(j-1)}|^2.$$

Daher ist weiter im Sinne des Beweises durch vollständige Induktion

$$\sum_{ik} |A_{ik}^{(j)}|^2 \leqq \sum_{i\lambda} |A_{i\lambda}^{(1)}|^2 \sum_{k\lambda} |A_{\lambda k}^{(j-1)}|^2 \leqq \alpha^2 \alpha^{2(j-1)} = \alpha^{2j}.$$

Daher ist

$$|\mathfrak{a}^j \mathfrak{y}|^2 = \sum_i \Big|\sum_k A_{ik}^{(j)} y_k\Big|^2 \leqq \sum_i \sum_k |A_{ik}^{(j)}|^2 \sum_k |y_k|^2 \leqq \alpha^{2j} |\mathfrak{y}|^2.$$

Folglich ist

$$|\mathfrak{y} + \mathfrak{a}\,\mathfrak{y} + \cdots + \mathfrak{a}^n \mathfrak{y}|^2 \leqq |\mathfrak{y}|^2 + \alpha^2 |\mathfrak{y}|^2 + \cdots + \alpha^{2n} |\mathfrak{y}|^2 < \frac{1}{1-\alpha^2} |\mathfrak{y}|^2.$$

Somit ist die angeschriebene unendliche Reihe von Matrizen konvergent und liefert eine Lösung im HILBERTschen Raum. Denn es ist auch durch Grenzübergang

$$|\mathfrak{x}|^2 \leqq \frac{1}{1-\alpha^2} |\mathfrak{y}|^2.$$

Es bleibt noch zu zeigen, daß unser Gleichungssystem nicht mehr als eine Lösung haben kann. Gäbe es zwei verschiedene Lösungen, so wäre die Differenz wieder ein Vektor des HILBERTschen Raumes, der aber nun dem homogenen Gleichungssystem

$$\mathfrak{x} = \mathfrak{a}\,\mathfrak{x}$$

genügen muß. Dies hat aber keine nichttriviale Lösung. Denn es ist doch für jeden vom Nullvektor verschiedenen Vektor

$$|\mathfrak{a}\,\mathfrak{x}| \leqq \alpha |\mathfrak{x}| < |\mathfrak{x}|,$$

während nach dem homogenen Gleichungssystem

$$|\mathfrak{a}\,\mathfrak{x}| = |\mathfrak{x}|$$

sein muß.

Den damit bewiesenen Satz über lineare Gleichungen mit unendlich vielen Unbekannten, wendet man nun auf (6.12.17) und (6.12.18) an. Man kann demnach zu willkürlich gebliebenen $D_0, D_1, \ldots, D_{\mathsf{N}-j-1}$ die ζ_μ auf genau eine Weise so ermitteln, daß

$$\sum |\zeta_\mu|^2$$

konvergiert. Zu diesen ζ_μ gehören durch (6.12.15) Werte D_ν, $\nu \geqq \mathsf{N}-j$, welche den Gln. (6.12.12) genügen. Ich beweise, daß die mit diesen D_ν gebildete Reihe

$$\sum_{\nu=\mathsf{N}-j}^{\infty} D_\nu z^{\varrho+\nu}$$

in $|z| < R$ konvergiert. Ich setze in (6.12.15) $\sigma - \mathsf{N} = \mu$ und erhalte

$$D_{\mathsf{N}+\mu-j} = \beta^\mu \zeta_\mu, \qquad \mu = 0, 1, \ldots.$$

Nun ist

$$\sum \left| \frac{D_{N+\mu-j}}{\beta^\mu} \right|^2 = \sum |\zeta_\mu|^2$$

konvergent. Daher ist

$$\limsup \sqrt[\mu]{\left| \frac{D_{N+\mu-j}}{\beta^\mu} \right|} \leqq 1, \quad \text{also} \quad \limsup \sqrt[\mu]{|D_{N+\mu-j}|} \leqq \beta,$$

d. h.

$$\limsup \sqrt[\nu]{|D_\nu|} \leqq \beta.$$

Nun ist

$$\sum D_\nu z^{\varrho+\nu} \tag{6.12.19}$$

zugleich mit

$$\sum D_\nu z^\nu$$

konvergent. Dies ist der Fall, wenn

$$\limsup \sqrt[\nu]{|D_\nu|}\, |z| < 1$$

ist, d. h. für

$$|z| < 1/\limsup \sqrt[\nu]{|D_\nu|}.$$

Da aber $1/\limsup \sqrt[\nu]{|D_\nu|} \geqq 1/\beta$ ist, so ist (6.12.19) für $|z| < 1/\beta$ konvergent. Nun konnte β irgendwie so gewählt werden, daß $\beta R > 1$ ist. Daher ist (6.12.19) in $|z| < R$ konvergent. Man erhält also durch das eingeschlagene Verfahren Reihen (6.12.19), die in $|z| < R$ konvergieren, und deren Koeffizienten den Gln. (6.12.12) genügen. Ich zeige noch, daß man auf dem eingeschlagenen Weg alle Reihen (6.12.19) erhält, die in einer Kreisscheibe um $z = 0$ konvergieren, und deren Koeffizienten Rekursionsformeln (6.12.12) genügen. Wenn nämlich eine solche Reihe (6.12.19) in einer Kreisscheibe $|z| \leqq R$ konvergiert, dann wähle man β so, daß $\beta R > 1$ ist, und führe durch (6.12.15) die ζ_μ ein. Nun ist für passendes M noch

$$|D_\nu| \leqq M/R^\nu.$$

Daher ist

$$|\zeta_{\sigma-N}| < R^{j-N}\, M/(\beta R)^{\sigma-N},$$

und daher ist

$$\sum_{\sigma \geqq N} |\zeta_{\sigma-N}|^2$$

konvergent.

Um nun aber Lösungen der Differentialgleichung (6.12.1) zu erhalten, müssen nicht nur die Gln. (6.12.12) erfüllt sein, sondern es müssen auch die Gln. (6.12.8) sämtlich gelten. Es müssen also noch die Gleichungen

$$\left.\begin{aligned} &D_0 f_0(\varrho) = 0 \\ &D_1 f_0(\varrho+1) + D_0 f_1(\varrho) = 0 \\ &\dots\dots\dots\dots\dots\dots\dots\dots \\ &D_{N-1} f_0(\varrho+N-1) + \cdots + D_0 f_{N-1}(\varrho) = 0 \end{aligned}\right\} \tag{6.12.20}$$

befriedigt werden. Das sind N Gleichungen. Zur Verfügung stehen noch die willkürlich gebliebenen $D_0, D_1, \ldots, D_{\mathsf{N}-j-1}$, durch die sich gemäß der Auflösung der Gln. (6.12.12) oder was dasselbe ist (6.12.14) oder (6.12.17) die D_ν mit höherer Nummer linear und homogen ausdrücken. Trägt man diese Ausdrücke in die (6.12.20) ein, so werden das N lineare homogene Gleichungen für die $\mathsf{N}-j$ unbekannten $D_0, \ldots, D_{\mathsf{N}-j-1}$. Die erste dieser Gln. (6.12.20) legt, wie ich vorhin schon ausführte, ϱ fest. D_0 bleibt willkürlich. Es wird für die Lösbarkeit auf den Rang der Gln. (6.12.20) ankommen. Ist dieser Rang r, so erhalten wir $\mathsf{N}-j-r$ linear unabhängige Lösungen. Im Falle einer wesentlich singulären Stelle ist aber die Anzahl der linear unabhängigen sich bestimmt verhaltenden Integrale 0 oder 1. *Daher ist die notwendige und hinreichende Bedingung dafür, daß an der wesentlich singulären Stelle* $z=0$ *von* (6.12.1) *ein sich bestimmt verhaltendes Integral existiert die, daß der Rang des Gleichungssystems* (6.12.20) *den Wert* $\mathsf{N}-j-1$ *hat.* Es wurde ja oben schon hervorgehoben, daß bei Gleichungen zweiter Ordnung die Frage nur nach multiplikativen Lösungen zu stellen ist. Bei Gleichungen höherer Ordnung, für die O. PERRON die Aufgabe ebenfalls gelöst hat, verlangt die Untersuchung der logarithmenbehafteten Integrale eine weitergreifende Betrachtung. Für singuläre Stellen nicht rationalen Charakters ist das Problem noch völlig unerörtert.

Durch das PERRONsche in einem Punkt von E. HILB vereinfachte Verfahren wird nach Auflösung eines Systems von unendlich vielen linearen Gleichungen mit unendlich vielen Unbekannten die Entscheidung der Frage nach bestimmt sich verhaltenden Integralen ein algebraisches Problem. Aber zwischen der Differentialgleichung und dieser algebraischen Aufgabe steht die Auflösung dieser linearen Gleichungen mit unendlich vielen Unbekannten. PERRON hat noch bemerkt, daß man auf rein algebraischem Weg bei Differentialgleichungen von höherer als der zweiten Ordnung doch wenigstens eine hinreichende Bedingung für das Auftreten eines sich bestimmt verhaltenden Integrals angeben kann. Der Rang des Gleichungssystems, das man aus (6.12.20) erhält[1], wenn man die Unbekannten $D_{\mathsf{N}-j}, \ldots, D_{\mathsf{N}-1}$ vermittelst der Gln. (6.12.12) durch die $D_0, \ldots, D_{\mathsf{N}-j-1}$ ausdrückt, ist jedenfalls nicht größer als der Rang des Gleichungssystems (6.12.20) für die sämtlichen Unbekannten $D_0, \ldots, D_{\mathsf{N}-1}$. Ist dieser Rang r', so ist also jedenfalls $r \leqq r'$. Daher ist die Anzahl der linear unabhängigen sich bestimmt bei $z=0$ verhaltenden Integrale $\geqq \mathsf{N}-j-r'$. Für das Vorhandensein mindestens eines sich bei $z=0$ bestimmt verhaltenden Integrals ist demnach

[1] Die Gleichungen wurden hier nur für $n=2$, d. i. (6.12.1) hergeleitet. Man bekommt aber für Differentialgleichungen höherer Ordnung (6.12.22) ganz analoge Beziehungen, wenn man nach multiplikativen Lösungen (6.12.3) fragt.

hinreichend, daß der Rang r' der Gln. (6.12.20) für die Unbekannten $D_0, \ldots, D_{\mathsf{N}-1}$ den Wert $\mathsf{N}-j-1$ hat.

Bei Gleichungen zweiter Ordnung ist diese hinreichende Bedingung leer. Denn dann ist $r' = \mathsf{N} - 1$, was nur mit $j = 0$ verträglich wäre.

Als **Folgerung** aus den eben gegebenen hinreichenden Bedingungen führe ich einen Satz von O. PERRON an:

Wenn die Koeffizienten $P_k(z)$ der Differentialgleichung

$$z^s w^{(n)} + P_1(z)\, w^{(n-1)} + \cdots + P_n(z)\, w = 0 \tag{6.12.21}$$

bei $z=0$ regulär sind, dann hat diese Differentialgleichung mindestens $n-s$ linear unabhängige bei $z=0$ reguläre Integrale.

Den Spezialfall $s = 1$ dieses Satzes hat schon LEO POCHHAMMER [J. reine angew. Math. Bd. 73 (1871)].

Damit der Satz nicht leer ist, dürfen wir $s<n$ annehmen. Für $n=2$ hat der Satz demnach nur für $s = 0$ und für $s = 1$ einen Inhalt. Im Fall $s = 0$ ist die Stelle $z = 0$ eine reguläre Stelle der Differentialgleichung und alle Lösungen sind bei $z = 0$ regulär. Im Falle $s = 1$ ist $z = 0$ eine Stelle der Bestimmtheit mit der determinierenden Gleichung

$$\varrho(\varrho - 1) + \varrho P_1(0) = 0.$$

Da eine Wurzel derselben $\varrho = 0$ ist, hat die Differentialgleichung mindestens ein bei $z = 0$ reguläres Integral.

Im Falle $n>2$ bekommt der Satz einen nichttrivialen Inhalt. Man beweist ihn nach O. PERRON wie folgt: Zunächst werde (6.12.21) auf die in diesem Abschnitt zugrunde gelegte (6.12.1) entsprechende Normalform gebracht. Es sei

$$P_k(z) = a_{k0}\, z^{s_k} + a_{k1}\, z^{s_k+1} + \cdots, \quad s_k \geqq 0, \quad a_{k0} \neq 0, \quad k = 1, 2, \ldots, n.$$

Dann setze man

$$-j = \mathrm{Min}\,(s_1 - s + 1, \ldots, s_n - s + n)$$

und multipliziere (6.12.21) mit

$$z^{n+j-s}.$$

Dann erhält diese Differentialgleichung die Normalform

$$z^{n+j}\, w^{(n)} + z^{n-1}\, p_1(z)\, w^{(n-1)} + \cdots + p_n(z)\, w = 0 \tag{6.12.22}$$

mit

$$p_k(z) = a_{k0}\, z^{s_k-s+k+j} + a_{k1}\, z^{s_k-s+k+j+1} + \cdots, \qquad k = 1, 2, \ldots, n. \tag{6.12.23}$$

Wegen

$$-j \leqq s_k - s + k, \qquad k = 1, 2, \ldots, n$$

ist

$$s_k - s + k + j \geqq 0, \qquad k = 1, 2, \ldots, n,$$

so daß alle $p_k(z)$ bei $z = 0$ regulär sind. Es steht aber auch für mindestens ein k das Gleichheitszeichen, so daß nicht alle $p_k(0) = 0$ sind.

Ist in (6.12.22) $j \leqq 0$, so ist $z = 0$ eine Stelle der Bestimmtheit. Nach dem, was in §. 6.**10.** über Stellen der Bestimmtheit ausgeführt wurde, ist dann jedenfalls

$$\frac{P_k(z)}{z^s} = \frac{p_k^*(z)}{z^k}$$

mit bei $z = 0$ regulären

$$p_k^*(z) = P_{k0} + P_{k1} z + \cdots.$$

Es ist daher

$$P_k(z) = z^{s-k}(P_{k0} + P_{k1} z + \cdots).$$

Da die $P_k(z)$ bei $z = 0$ regulär sind, folgt

$$P_{k0} = 0 \quad \text{für} \quad k = s + 1, \qquad s = 2, \ldots, n.$$

Die determinierende Gleichung wird daher

$$\begin{aligned} \varrho(\varrho - 1) \ldots (\varrho - n + 1) + P_{10}\, \varrho(\varrho - 1) \ldots (\varrho - n + 2) \\ + \cdots\cdots\cdots\cdots\cdots\cdots \\ \vdots \\ + P_{s0}\, \varrho(\varrho - 1) \ldots (\varrho - n + s + 1) = 0. \end{aligned}$$

Sie hat unter anderem die Wurzeln

$$\varrho = 0, 1, \ldots, n - s - 1.$$

Das sind $n - s$ verschiedene nichtnegative ganze Zahlen. Sie liefern $n - s$ linear unabhängige bei $z = 0$ reguläre Lösungen. Denn logarithmische Lösungen treten für diese Exponenten nicht auf.

Ich setze weiter $j > 0$ voraus. Setzt man in (6.12.22)

$$p_k(z) = p_{k0} + p_{k1} z + \cdots,$$

so werden die (6.12.6) und (6.12.7) bei $n > 2$ entsprechenden Funktionen

$$\begin{aligned} f_\lambda(\varrho) &= p_{1\lambda}\, \varrho(\varrho - 1) \ldots (\varrho - n + 2) \\ &\quad + p_{2\lambda}\, \varrho(\varrho - 1) \ldots (\varrho - n + 3) \\ &\quad + \cdots\cdots\cdots\cdots\cdots\cdots \\ &\quad \vdots \\ &\quad + p_{n\lambda}, \qquad \lambda \neq j \\ f_j(\varrho) &= \varrho(\varrho - 1) \ldots (\varrho - n + 1) + p_{1j}\, \varrho(\varrho - 1) \ldots (\varrho - n + 2) \\ &\quad + p_{2j}\, \varrho(\varrho - 1) \ldots (\varrho - n + 3) \\ &\quad \vdots \\ &\quad + p_{nj}. \end{aligned}$$

Nach (6.12.23) ist aber

$$p_{k\mu} = 0 \quad \text{für} \quad \mu < s_k - s + k + j.$$

Erst recht ist daher wegen $s_k \geqq 0$

$$p_{k\mu} = 0 \quad \text{für} \quad \mu < k + j - s.$$

Es wird daher

$$\begin{aligned} f_\lambda(\varrho) &= p_{1\lambda}\,\varrho(\varrho-1)\dots(\varrho-n+2) \\ &\quad + p_{2\lambda}\,\varrho(\varrho-1)\dots(\varrho-n+3) \\ &\quad\ \vdots \\ &\quad + p_{\lambda-j+s,\lambda}\,\varrho(\varrho-1)\dots(\varrho-n+\lambda-j+s+1), \qquad \lambda \neq j \end{aligned}$$

und

$$\begin{aligned} f_j(\varrho) = \varrho(\varrho-1)\dots(\varrho-n+1) &+ p_{1j}\,\varrho(\varrho-1)\dots(\varrho-n+2) \\ &+ p_{2j}\,\varrho(\varrho-1)\dots(\varrho-n+3) \\ &\ \vdots \\ &+ p_{sj}\,\varrho(\varrho-1)\dots(\varrho-n+s+1). \end{aligned}$$

Insbesondere ist daher

$$f_a(b) = 0 \quad \text{für} \quad a + b < n + j - s,$$

wenn a und b nichtnegative ganze Zahlen bedeuten. Trägt man daher in (6.12.20) $\varrho = 0$ ein, so erhalten die $n+j-s$ ersten Zeilen lauter verschwindende Koeffizienten der D. Eine von 0 verschiedene Unterdeterminante der Koeffizienten dieser Gleichungen kann daher höchstens $\mathsf{N}-n-j+s$ Zeilen haben. Daher ist der Rang dieser Gleichungen

$$r' \leqq \mathsf{N} - n - j + s.$$

Daher ist die Zahl der linear unabhängigen bei $z = 0$ regulären Lösungen

$$\geqq \mathsf{N} - r' \geqq n - s + j > n - s.$$

Das sollte bewiesen werden. (Die sich ergebenden Lösungen sind alle bei $z = 0$ regulär, weil sie zum Exponenten $\varrho = 0$ gehören.) Ich breche diese für $n > 2$ nur sehr skizzenhaften Betrachtungen ab und verweise wegen alles Weiteren auf die erwähnte Arbeit von O. Perron, Math. Ann. 70.

Ich führe noch eines der beiden von O. Perron ersonnenen **Beispiele** an. Die Differentialgleichung

$$2z^2 w'' - (2k - 5z + 2z^2)\, w' + (1 - 4z)\, w = 0, \qquad k \text{ eine Zahl}$$

hat für alle $k \neq 0$ bei $z = 0$ eine Stelle der Unbestimmtheit. Nur für die Zahlen

$$k = \frac{(2\nu+1)^2 \pi^2}{16}, \qquad \nu = 0, \ \pm 1, \ \pm 2, \dots$$

besitzt sie ein bei $z = 0$ reguläres Integral

$$w = D_0 + D_1 z + \cdots.$$

Für seine Koeffizienten gilt

$$D_\mu = D_0 \sum_{\lambda=0}^{\infty} \frac{(-k)^\lambda \Gamma(\frac{1}{2})}{\lambda!\, \Gamma(\mu + \frac{3}{2} + \lambda)}, \qquad \mu = 1, 2, \ldots$$

mit willkürlichem D_0. Der Beweis soll hier nicht reproduziert werden. Ich verweise auf die Arbeit von O. PERRON in Acta mathematica, Bd. 48 (1926).

PERRONS Satz über reguläre Lösungen an Unbestimmtheitsstellen haben F. LETTENMEYER (Sitz.-Ber. Bayr. Akad. der Wiss. 1926) und HERMANN SCHMIDT (ebenda 1931) auf Systeme verallgemeinert.

13. THOMÉS Normalreihen. Der Umstand, daß es einigermaßen unbequem ist, z. B. nach dem Verfahren von MEYER HAMBURGER (§ 6.**6.**) die Laurentreihen zu finden, die ein Fundamentalsystem in der Umgebung eines wesentlich singulären Punktes darstellen, und der Umstand, daß der Versuch, diese Reihen nach der Methode der unbestimmten Koeffizienten zu ermitteln, auf lineare Gleichungen mit unendlich vielen Unbekannten führt, hat schon früh THOMÉ veranlaßt nach andersartigen Reihendarstellungen für die Lösungen zu suchen. Dabei tritt eine Beschränkung auf solche singuläre Stellen ein, an denen die Koeffizienten der Differentialgleichung bis auf Pole regulär sind. Um THOMÉS Ansatz zu beschreiben, ist es zweckmäßig, den singulären Punkt ins Unendliche zu legen und die Differentialgleichung in der folgenden Form anzunehmen:

$$\left.\begin{aligned} &w'' + p_1(z)\, w' + p_2(z)\, w = 0 \\ &p_1(z) = z^k \left(p_{10} + \frac{p_{11}}{z} + \cdots\right) \\ &p_2(z) = z^{2k} \left(p_{20} + \frac{p_{21}}{z} + \cdots\right). \end{aligned}\right\} \qquad (6.13.1)$$

Dabei ist k eine passende ganze Zahl; die Differentialgleichungen werden nach dem Wert von k eingeteilt. Es ist klar, daß man mit Rücksicht auf die Möglichkeit, daß angeschriebene Koeffizienten verschwinden, eine Differentialgleichung, deren Koeffizienten bei $z = \infty$ von rationalem Charakter sind, stets in der Form (6.13.1) annehmen kann. $k = -1$ ist der Fall der Stelle der Bestimmtheit, wie auch aus § 7.**1.** ersichtlich ist. Man nennt nach POINCARÉ $k+1$ den **Rang** der singulären Stelle. THOMÉ sucht der Differentialgleichung durch den Ansatz

$$w = e^{g(z)} z^\varrho \left(C_0 + \frac{C_1}{z} + \cdots\right) \qquad (6.13.2)$$

zu genügen. Hier ist $g(z)$ ein Polynom vom Grad $k+1$, ϱ eine passende Zahl und die $C_0, C_1, \ldots$ zu bestimmende Koeffizienten.

Ich will die Auffindung der Reihen (6.13.2) am einfachsten Fall $k = 0$ erläutern. Wir gehen in die Differentialgleichung

$$\left.\begin{aligned} &w'' + p_1(z)\, w' + p_2(z)\, w = 0 \\ &p_1(z) = p_{10} + \frac{p_{11}}{z} + \cdots \\ &p_2(z) = p_{20} + \frac{p_{21}}{z} + \cdots \end{aligned}\right\} \tag{6.13.3}$$

mit dem Ansatz

$$w = e^{\alpha z}\, v, \tag{6.13.4}$$

$$v = z^{\varrho}\left(C_0 + \frac{C_1}{z} + \cdots\right) \tag{6.13.5}$$

hinein. (6.13.4) führt zu

$$w' = \left(\alpha + \frac{v'}{v}\right) w, \qquad w'' = \left(\left(\frac{v'}{v}\right)' + \left(\alpha + \frac{v'}{v}\right)^2\right) w,$$

$$\alpha^2 + 2\alpha \frac{v'}{v} + \frac{v''}{v} + p_{10}\alpha + p_{20} + [p_1(z) - p_{10}]\,\alpha$$
$$+ p_1(z)\frac{v'}{v} + p_2(z) - p_{20} = 0.$$

Wir fordern das Bestehen der **charakteristischen Gleichung**

$$\alpha^2 + p_{10}\alpha + p_{20} = 0 \tag{6.13.6}$$

für α. Gibt man α einen ihr genügenden Wert, so erhält man für v die Differentialgleichung

$$v'' + [2\alpha + p_1(z)]\, v' + v[(p_1(z) - p_{10})\,\alpha + p_2(z) - p_{20}] = 0,$$

die wir so notieren

$$\left.\begin{aligned} &v'' + P_1(z)\, v' + P_2(z)\, v = 0 \\ &P_1 = P_{10} + \frac{P_{11}}{z} + \cdots \\ &P_2 = \frac{P_{21}}{z} + \cdots. \end{aligned}\right\} \tag{6.13.7}$$

Ich hebe noch hervor

$$P_{10} = 2\alpha + p_{10}. \tag{6.13.8}$$

Wenn die charakteristische Gl. (6.13.6) nur einfache Wurzeln hat, so ist demnach $P_{10} \neq 0$. Das sei weiterhin angenommen. In (6.13.7) setzen wir nun (6.13.5) ein. Das liefert

$$C_0\,\varrho(\varrho - 1)\, z^{\varrho-2} + C_1(\varrho - 1)(\varrho - 2)\, z^{\varrho-3} + \cdots$$
$$+ (C_0\,\varrho\, z^{\varrho-1} + C_1(\varrho - 1)\, z^{\varrho-2} + \cdots)\left(P_{10} + \frac{P_{11}}{z} + \cdots\right)$$
$$+ (C_0 z^{\varrho} + C_1 z^{\varrho-1} + \cdots)\left(\frac{P_{21}}{z} + \frac{P_{22}}{z^2} + \cdots\right) = 0.$$

Koeffizientenvergleich führt daher zu Gleichungen von der Form

$$\left.\begin{aligned} &C_0(\varrho P_{10} + P_{21}) = 0 \\ &C_1\big((\varrho - 1) P_{10} + P_{21}\big) + C_0 A = 0 \\ &C_2\big((\varrho - 2) P_{10} + P_{21}\big) + C_1 B + C_0 C = 0 \\ &\cdots\cdots\cdots\cdots\cdots\cdots\cdots\cdots \end{aligned}\right\} \tag{6.13.9}$$

Man setze

$$\varrho P_{10} + P_{21} = 0, \tag{6.13.10}$$

was wegen $P_{10} \neq 0$ geht. Setzt man den (6.13.10) genügenden Wert ϱ in die anderen Gln. (6.13.9) ein, so werden diese

$$\begin{aligned} C_1 P_{10} &= A\, C_0 \\ 2C_2 P_{10} &= B\, C_1 + C\, C_0 \\ &\cdots\cdots\cdots\cdots \end{aligned}$$

Es bleibt also C_0 willkürlich und sind wegen $P_{10} \neq 0$ die anderen Koeffizienten durch C_0 eindeutig bestimmt.

Nunmehr zeigt sich aber, daß *die so gefundenen Reihen nicht immer konvergieren.* Ich übernehme das Beispiel von INCE

$$w'' - w' + \frac{1}{z^2} w = 0.$$

Hier führt unser Ansatz zur charakteristischen Gleichung

$$\alpha^2 - \alpha = 0,$$

und für $\alpha = 0$ zu $\varrho = 0$ und zu

$$C_1 = -C_0, \quad C_2 = -\left(1 + \frac{1}{2}\right) C_1, \ldots, \quad C_{n+1} = -\left(n + \frac{1}{n+1}\right) C_n, \ldots.$$

Daher findet man für die Reihe

$$C_0 + \frac{C_1}{z} + \cdots \tag{6.13.11}$$

als Quotient zweier aufeinanderfolgender Glieder

$$C_{n+1}/C_n z = -\frac{1}{z}\left(n + \frac{1}{n+1}\right).$$

Daher kann (6.13.11) für kein z konvergieren.

THOMÉ hat viel Mühe darauf verwandt, Fälle zu ermitteln, in denen seine Normalreihen konvergieren. Die Aufklärung der allgemeinen Bedeutung der Normalreihen hat erst POINCARÉ gefunden. *Sie stellen Integrale der Differentialgleichung asymptotisch dar.* Zu jeder der Differentialgleichung (6.13.1) formal genügenden Reihe (6.13.2) gehört ein Integral w von (6.13.1), so daß für natürliche n

$$w = e^{g(z)} z^{\varrho} \left(C_0 + \frac{C_1}{z} + \cdots + \frac{C_n}{z^n} + o\left(\frac{1}{z^n}\right)\right)$$

ist, und zwar bei radialer Annäherung, d. h. festem Argument von z. Bei Wechsel des Argumentes stellt die Reihe gewöhnlich wechselnde Integrale asymptotisch dar.

Hat die charakteristische Gleichung eine Doppelwurzel, so findet man eine formal der Differentialgleichung genügende Reihe

$$e^{g(z)} z^{\varrho} \left(\left[C_0 + \frac{C_1}{z} + \cdots \right] \log z + D_0 + \frac{D_1}{z} + \cdots \right).$$

Ich begnüge mich mit diesen Andeutungen, da ein anderer Band dieser Sammlung den asymptotischen Entwicklungen gewidmet werden soll. Es sei auch auf die zusammenfassende und abschließende Darstellung von WOLFGANG STERNBERG im Bd. 81, 1919, der Mathematischen Annalen verwiesen.

Am Beispiel der BESSELschen Differentialgleichung wird die Bedeutung der Normalreihen für die asymptotische Darstellung der Integrale in § 9 geschildet werden.

H. L. TURRITIN hat 1955 (Acta Math. 93) in einer groß angelegten Arbeit die Integration eines beliebigen linearen Systems

$$\frac{d\mathfrak{w}}{dz} = \mathfrak{p}(z)\, \mathfrak{w}$$

in der Nähe einer singulären Stelle, an der die Koeffizientenmatrix $\mathfrak{p}$ einen Pol hat, erneut vorgenommen. $\mathfrak{w}$ und $\mathfrak{p}$ bedeuten (n, n)-Matrizen. Es ist ihm an ältere Arbeiten anknüpfend gelungen, in vielen Fällen die asymptotischen Reihen durch konvergente Fakultätenreihen zu ersetzen. Während asymptotische Reihen an jeder Stelle nur eine begrenzte Genauigkeit in der Annäherung an die Lösungen gewähren, erlauben die Summierungsverfahren eine beliebige Genauigkeit zu erzielen. Wegen der Einzelheiten und der älteren einschlägigen Arbeiten sei nachdrücklich auf die erwähnte bedeutende Arbeit von TURRITIN verwiesen.

14. Die Wachstumsordnung der Integrale. HELGE VON KOCH, im Arkiv för Mat., Astr. och Fysik, Bd. 13, 1918, und daran anschließend OSKAR PERRON, Math. Z. Bd. 3, 1919, haben obere Schranken für das Wachstum der Integrale linearer Differentialgleichungen n-ter Ordnung in der Umgebung solcher singulärer Stellen angegeben, an denen die Koeffizienten der Differentialgleichung nur höchstens Pole besitzen. Unter Verwendung der PERRONschen Methode sei hier die Verallgemeinerung auf Systeme n-ter Ordnung angegeben. Da gilt folgender Satz:

In

$$(z-a)\frac{d\mathfrak{w}}{dz} = \mathfrak{p}(z)\, \mathfrak{w} \tag{6.14.1}$$

sei $\mathfrak{w}$ eine $(n, 1)$-Matrix und $\mathfrak{p}$ eine (n, n)-Matrix, deren Elemente an der Stelle $z = a$ bis auf Pole höchstens k-ter Ordnung regulär seien. Dann *gibt es zu jedem festen Intervall von* $\vartheta = \arg(z-a)$ *eine Zahl* $K > 0$, *so daß*

$$|\mathfrak{w}| < \exp\left(K \frac{1}{|z-a|^k}\right) \tag{6.14.2}$$

in der Umgebung von $z = a$ *für jedes Integral* $\mathfrak{w}$ *von* (6.14.1) *gilt. Hier ist* $k > 0$ *angenommen.*

Zum Beweis mache man in (6.14.1) mit der im Satz erklärten Zahl k die Substitution

$$(z-a)^k = \frac{1}{\mathfrak{z}}.$$

Dann erhält man

$$\frac{d\mathfrak{w}}{d\mathfrak{z}} = -\frac{\mathfrak{p}(z)}{k\,\mathfrak{z}}\,\mathfrak{w}. \tag{6.14.3}$$

Hier ist die Koeffizientenmatrix

$$-\frac{\mathfrak{p}(z)}{k\,\mathfrak{z}} = \mathfrak{P}\left(\frac{1}{\sqrt[k]{\mathfrak{z}}}\right) = -\frac{\mathfrak{p}(z)}{k}(z-a)^k = \left(P_{\lambda\mu}(z)\right)$$

zwar an der Stelle $\mathfrak{z} = \infty$ nicht eindeutig, aber sie ist nach der Definition der Zahl k in der Umgebung der Stelle $\mathfrak{z} = \infty$ beschränkt:

$$|P_{\lambda\mu}(z)| \leqq M, \quad |\mathfrak{z}| \geqq \mathfrak{z}_0, \quad (z-a)^k = \frac{1}{\mathfrak{z}}, \quad \left.\begin{matrix}\lambda\\ \mu\end{matrix}\right\} = 1, \ldots, n$$

für passende $M > 0, \mathfrak{z}_0$. Man setze

$$\mathfrak{z} = |\mathfrak{z}|\, e^{i\vartheta}$$

und betrachte (6.14.3) für festes ϑ. Es wird

$$\frac{d\mathfrak{w}}{d|\mathfrak{z}|} = \mathfrak{P}\left(\frac{1}{\sqrt[k]{\mathfrak{z}}}\right) e^{i\vartheta}\,\mathfrak{w}. \tag{6.14.4}$$

Man schreibe (6.14.4) für die Komponenten w_λ von $\mathfrak{w}$ an:

$$\frac{dw_\lambda}{d|\mathfrak{z}|} = \sum_{\mu=1}^{n} P^*_{\lambda\mu}(z)\, w_\mu, \qquad \lambda = 1, \ldots n, \qquad P^*_{\lambda\mu} = P_{\lambda\mu}\, e^{i\vartheta}.$$

und multipliziere die λ-te Zeile mit dem konjugiert komplexe $\overline{w}_\lambda$ und addiere dazu die konjugiert komplexe Gleichung. So erhält man

$$\frac{1}{2}\,\frac{d|w_\lambda|^2}{d|\mathfrak{z}|} = \sum_{\mu=1}^{n}\left(P^*_{\lambda\mu}(z)\,\overline{w}_\lambda\, w_\mu + \overline{P}^*_{\lambda\mu}(z)\, w_\lambda\, \overline{w}_\mu\right).$$

Summation nach λ und Abschätzung ergibt

$$\frac{d|\mathfrak{w}|^2}{d|\mathfrak{z}|} \leqq 2M\sum_{\lambda\,\mu} 2|w_\lambda\, w_\mu| \leqq 2M \sum_{\lambda\,\mu}\left(|w_\lambda|^2 + |w_\mu|^2\right) \leqq 4Mn\,|\mathfrak{w}|^2,$$

$$|\mathfrak{w}|^2 = \sum_{1}^{n} |w_\lambda|^2.$$

Hieraus folgt durch Integration

$$|\mathfrak{w}|^2 \leqq |\mathfrak{w}_0|^2 \exp\{4Mn(|\mathfrak{z}| - \mathfrak{z}_0)\}.$$

Das ist (6.14.2) für passendes $K > 0$, wenn man noch folgendes beachtet. Da offenbar die Schranken M, $\mathfrak{z}_0$ für alle ϑ gleichmäßig gelten und da weiter $|\mathfrak{w}_0|$ für ein festes Intervall der ϑ unter einer nur von diesem Intervall abhängigen Schranke bleibt, so ergibt sich die Behauptung des Satzes.

Für Stellen der Bestimmtheit, die nach § 6.**10.** trotz $k > 0$ bei $z = a$ auftreten können, liefert der bewiesene Satz nichts Brauchbares. Der Satz ist nur für Stellen der Unbestimmtheit wertvoll.

Da für lineare Differentialgleichungen n-ter Ordnung die Stellen der Bestimmtheit leichter charakterisiert werden können, als für beliebige Systeme n-ter Ordnung, ist zu erwarten, daß für lineare Differentialgleichungen n-ter Ordnung auch bei Stellen der Unbestimmtheit eine noch bessere Abschätzung des Wachstums der Integrale gewonnen werden kann. Dazu gelangt man nach PERRON a. a. O., wenn man in

$$w^{(n)} + \frac{P_1(z)}{z-a} w^{(n-1)} + \cdots + \frac{P_n(z)}{(z-a)^n} w = 0$$

von vorherein eine Substitution

$$(z-a)^k = \frac{1}{\mathfrak{z}}$$

mit einem passenden $k > 0$ macht und dann erst in üblicher Weise zu einem System übergeht. Ist dann ν_λ die Ordnung des Poles von $P_\lambda(z)$ bei $z = a$, so kann man

$$k = \operatorname{Max}\left(\nu_1, \frac{\nu_2}{2}, \ldots, \frac{\nu_n}{n}\right)$$

wählen, da bei einer Stelle der Unbestimmtheit dies $k > 0$ ausfällt. PERRON hat a. a. O. noch überdies gezeigt, daß man

$$K = \frac{s}{k} + \varepsilon \qquad \text{(mit beliebigem } \varepsilon > 0)$$

wählen kann, wenn s der größte absolute Betrag ist, der bei den Wurzeln von

$$\sigma^n + p_1 \sigma^{n-1} + \cdots + p_n \sigma = 0$$

vorkommt und dabei

$$\lim_{z \to 0} (z-a)^\lambda P_\lambda(z) = p_\lambda, \qquad \lambda = 1, \ldots, n$$

gesetzt wird.

Bei linearen Differentialgleichungen n-ter Ordnung kann die vorstehend gegebene Abschätzung der Integrale nach oben in gewissen Fällen durch eine Abschätzung nach unten ergänzt werden. Manchmal können sogar die überhaupt möglichen Wachstumsordnungen aufgezählt werden. Darüber wird einiges in § 12.**4.** angegeben werden.

Als besondere Anwendung werde noch der Fall betrachtet, daß in

$$\frac{d\mathfrak{w}}{dz} + \mathfrak{q}(z)\,\mathfrak{w} = 0 \qquad (6.14.5)$$

$\mathfrak{q}(z)$ ein Polynom q-ten Grades in z ist. Damit ist gemeint, daß die Elemente der Matrix $\mathfrak{q}$ Polynome sind. Um den zu Beginn dieses Abschnittes § 6.**14.** angegebenen Satz anwenden zu können, führe man durch $z = 1/\mathfrak{z}$ den Punkt $z = \infty$ in $\mathfrak{z} = 0$ über. Man erhält

$$\mathfrak{z}\frac{d\mathfrak{w}}{d\mathfrak{z}} = \frac{\mathfrak{q}\left(\frac{1}{\mathfrak{z}}\right)}{\mathfrak{z}}\mathfrak{w}. \tag{6.14.6}$$

Daher sind die Lösungen von (6.14.5) ganze transzendente Funktionen, deren Ordnung höchstens $q + 1$ ist.

Dies kann man auf die Differentialgleichung n-ter Ordnung

$$w^{(n)} + P_1(z)\,w^{(n-1)} + \cdots + P_n(z)\,w = 0 \tag{6.14.7}$$

anwenden. Die Koeffizienten seien Polynome und n_λ sei der Grad von $P_\lambda(z)$. Es sei $n_\lambda \leqq q$ für alle λ. Geht man dann in üblicher Weise durch

$$\mathfrak{w} = \begin{pmatrix} w \\ w' \\ \vdots \\ w^{(n-1)} \end{pmatrix}$$

zu einem System (6.14.5) über, so erkennt man aus den eben für Systeme angestellten Betrachtungen, daß die Lösungen von (6.14.7) ganze transzendente Funktionen sind, deren Ordnung höchstens $q + 1$ ist. Zu einer besseren Abschätzung gelangt man, wenn man den vorhin vorgestellten Satz von PERRON in Anwendung bringt. Ich betrachte z. B.

$$w'' + Q(z)\,w = 0. \tag{6.14.8}$$

Hier sei $Q(z)$ ein Polynom vom Grad q. Durch $z = 1/\mathfrak{z}$ gelangt man zu

$$\frac{d^2 w}{d\mathfrak{z}^2} + \frac{2}{\mathfrak{z}}\frac{dw}{d\mathfrak{z}} + \frac{1}{\mathfrak{z}^4}Q\left(\frac{1}{\mathfrak{z}}\right)w = 0. \tag{6.14.9}$$

Die PERRONsche Ordnungsschätzung lehrt dann, daß die ganzen transzendenten Lösungen von (6.14.8) höchstens die Ordnung $\frac{q}{2} + 1$ haben.

15. Äquivalente singuläre Punkte. Vorgelegt sei ein System

$$z^q\frac{d\mathfrak{w}}{dz} = \mathfrak{p}(z)\,\mathfrak{w}, \qquad \mathfrak{p}(z) = \sum_0^\infty \mathfrak{p}_\nu z^\nu, \qquad \mathfrak{p}_0 \neq \mathfrak{O}. \tag{6.15.1}$$

Hier bedeuten $\mathfrak{w}$ und $\mathfrak{p}$ quadratische (n, n)-Matrizen. $\mathfrak{p}(z)$ ist gegeben und für passendes $R > 0$ in $|z| < R$ holomorph und eindeutig. Man nennt $q - 1$ den **Rang** des Systems (6.15.1) an der Stelle $z = 0$. $q = 0$ ist eine reguläre Stelle, $q = 1$ eine Stelle der Bestimmtheit. Der Rang bleibt invariant bei linearen Transformationen

$$\mathfrak{w} = \mathfrak{t}(z)\,\mathfrak{w}^*, \qquad \mathfrak{t}(z) = \sum_0^\infty \mathfrak{t}_\nu z^\nu, \qquad \operatorname{Det}\mathfrak{t}_0 \neq 0. \tag{6.15.2}$$

Dabei sei wieder $\mathfrak{t}(z)$ in $|z| < R$ holomorph und eindeutig. Das transformierte System ist nämlich

$$z^q \frac{d\mathfrak{w}^*}{dz} = \left[-z^q\, \mathfrak{t}^{-1}(z) \frac{d\mathfrak{t}}{dz} + \mathfrak{t}^{-1}(z)\, \mathfrak{p}(z)\, \mathfrak{t}(z)\right] \mathfrak{w}^*. \qquad (6.15.3)$$

Daher kann der Rang von (6.15.3) nicht größer sein als der von (6.15.1). Da aber (6.15.2) in einer Umgebung von $z = 0$ eine Inverse besitzt, die (6.15.3) wieder in (6.15.1) überführt, kann der Rang von (6.15.3) auch nicht kleiner sein als der von (6.15.1). Daher ist der Rang von (6.15.1) tatsächlich bei Transformationen (6.15.2) invariant. G. D. Birkhoff hat 1909, Trans. Amer. Math. Soc. 10, und 1913, Math. Ann. 74, wiederholt behauptet, daß man die Transformation (6.15.2) so wählen kann, daß (6.15.3) die Form

$$z^q \frac{d\mathfrak{w}^*}{dz} = \mathfrak{p}^*(z)\, \mathfrak{w}^*, \qquad \mathfrak{p}^* = \sum_0^{q-1} \mathfrak{p}_\nu^*\, z^\nu \qquad (6.15.4)$$

bekommt. Hier ist $\mathfrak{p}^*(z)$ ein Polynom, dessen Grad höchstens $q - 1$ ist.

Diese schöne von G. D. Birkhoff für eine bei $z = \infty$ gelegene Singularität formulierte Feststellung ist leider 1959 gleichzeitig von F. R. Gantmacher, in seinem mehr erwähnten Buch über Matrizen, und P. Masani, Proc. Amer. Math. Soc. 10, widerlegt worden. An die von beiden Verfassern gegebenen Beispiele anknüpfend, hat H. L. Turritin, Trans. Amer. Math. Soc. 107, 1963, den Fehlschluß in der Birkhoffschen Beweisskizze ermittelt und das mit der Birkhoffschen Behauptung gestellte Problem der Überführung von (6.15.1) durch Transformationen (6.15.2) in Normalformen in Sonderfällen einer Lösung zugeführt. Für Stellen der Bestimmtheit ist ihm dabei F. R. Gantmacher in seinem genannten Buch vorausgegangen. Beide Verfasser beweisen, daß man *im Falle einer Stelle der Bestimmtheit* — $q = 1$ — *das System* (6.15.1) *durch eine passende Transformation* (6.15.2) *in ein*

$$z \frac{d\mathfrak{w}^*}{dz} = (\mathfrak{p}_0^* + \mathfrak{p}_1^*\, z)\, \mathfrak{w}^*, \qquad \mathfrak{p}_0^*, \mathfrak{p}_1^* \text{ konstant} \qquad (6.15.5)$$

überführen kann. [Das ist (6.15.4) mit Grad $\mathfrak{p}^* = q$ statt $q - 1$ im Sonderfall $q = 1$.] Turritin hat weiter an der eben angegebenen Stelle gezeigt, *daß man bei beliebigem q stets* (6.15.1) *durch eine passende Transformation* (6.15.2) *in*

$$z^q \frac{d\mathfrak{w}^*}{dz} = \mathfrak{p}^*(z)\, \mathfrak{w}^*, \qquad \mathfrak{p}^*(z) = \sum_0^{s} \mathfrak{p}_\nu^*\, z^\nu \qquad (6.15.6)$$

überführen kann. Da bleibt die Gradzahl s, die Birkhoff in (6.15.4) als $q - 1$ annehmen wollte, ein Maß für die Kompliziertheit der vorgegebenen Singularität von (6.15.1).

TURRITIN hat a. a. O. BIRKHOFFS Vorschlag von 1909 folgend noch allgemeinere Transformationen

$$\begin{gathered}\mathfrak{w} = \mathfrak{t}(z)\,\mathfrak{w}^*, \quad \mathfrak{t}(z) = \sum_{-k}^{\infty} \mathfrak{t}_\nu z^\nu, \quad \mathfrak{t}_{-k} \neq \mathfrak{O}, \quad k \text{ endlich} \\ \operatorname{Det}\mathfrak{t}(z) \neq 0, \quad 0 < |z| < R\end{gathered} \tag{6.15.7}$$

in Betracht gezogen. So hat TURRITIN gezeigt, *daß man* (6.15.1) *durch passende Transformationen* (6.15.7) *in eine Normalform* (6.15.4) *überführen kann, wenn man noch zusätzlich annimmt, daß die Eigenwerte von* $\mathfrak{p}_0$ *paarweise verschieden sind.* Das ist somit die Bestätigung von BIRKHOFFS verallgemeinerter Behauptung in einem Sonderfall.

H. L. TURRITIN hat 1963, Duke Math. J. 30, ein einfaches Verfahren angegeben, durch das der Rang von (6.15.1) für $q > 2$ auf $q = 2$ reduziert werden kann, freilich unter Erhöhung der Ordnung des Systems. Man verstehe in (6.15.1) unter $\mathfrak{w}$ einen Vektor von n Komponenten. Man setze

$$\mathfrak{w} = \sum_{1}^{q} z^{j-1}\,\mathfrak{w}_j$$

in (6.15.1) ein und spalte das Einsetzungsergebnis in q Gleichungen auf nach folgender Vorschrift. Man behalte in jeder einzelnen der q Gleichungen nur solche Potenzen von z, deren Exponenten mod q kongruent sind. Dabei werden die $\mathfrak{w}_j$ und $z\,\mathfrak{w}_j'$ wie Konstanten behandelt. In jeder der sich so ergebenden q Gleichungen werden gemeinsame Potenzen von z gestrichen und dann in jeder $\mathfrak{z} = z^q$ als neue unabhängige Variable eingeführt. Schließlich wird ein neuer Vektor von nq Komponenten aus den sämtlichen Komponenten der q Vektoren $\mathfrak{w}_j$ gebildet. Die neue Gleichung hat die Form

$$\mathfrak{z}^2 \frac{d\mathfrak{W}}{d\mathfrak{z}} = \mathfrak{P}(\mathfrak{z})\,\mathfrak{W}.$$

§ 7. Differentialgleichungen der FUCHSschen Klasse

1. Begriffsbestimmung. Die Koeffizienten der Differentialgleichung

$$w'' + p_1(z)\,w' + p_2(z)\,w = 0 \tag{7.1.1}$$

seien in der RIEMANNschen Zahlenebene eindeutig und bis auf endlich viele singuläre Stellen regulär. Sie heißt **Differentialgleichung der FUCHSschen Klasse,** wenn jede dieser singulären Stellen eine Stelle der Bestimmtheit ist. Dann sind nach § 6.**4.** die im Endlichen gelegenen singulären Stellen Pole oder reguläre Stellen der Koeffizienten. Und zwar kann $p_1(z)$ an der betreffenden singulären Stelle höchstens einen Pol erster und $p_2(z)$ höchstens einen Pol zweiter Ordnung haben. Natürlich ist keine singuläre Stelle eine reguläre Stelle beider Koeffizienten. Sind dann $a_1, \ldots, a_n$ die sämtlichen im Endlichen gelegenen singulären

Stellen, so müssen folgendes die Partialbruchzerlegungen der Koeffzienten $p_1(z)$ und $p_2(z)$ sein:

$$p_1(z) = \sum_1^n \frac{A_k}{z - a_k} + g_1(z), \quad p_2(z) = \sum_1^n \left\{\frac{B_k}{(z - a_k)^2} + \frac{C_k}{z - a_k}\right\} + g_2(z).$$

Die A_k, B_k, C_k sind Zahlen, $g_1(z)$ und $g_2(z)$ ganze Funktionen. Nun muß aber noch die Bedingung erfüllt werden, daß auch der Punkt $z = \infty$ eine Stelle der Bestimmtheit oder eine reguläre Stelle der Differentialgleichung ist. Die Bedingung dafür lautet dahin, daß die durch die Stürzung $z = 1/\mathfrak{z}$ aus (7.1.1) hervorgehende Differentialgleichung (7.1.1)

$$\frac{d^2 w}{d\mathfrak{z}^2} + \frac{dw}{d\mathfrak{z}}\left[\frac{2}{\mathfrak{z}} - \frac{1}{\mathfrak{z}^2} p_1\left(\frac{1}{\mathfrak{z}}\right)\right] + w \frac{1}{\mathfrak{z}^4} p_2\left(\frac{1}{\mathfrak{z}}\right) = 0 \tag{7.1.2}$$

bei $\mathfrak{z} = 0$ eine reguläre Stelle oder eine Stelle der Bestimmtheit hat. Das bedeutet, daß

$$\frac{2}{\mathfrak{z}} - \frac{1}{\mathfrak{z}^2} p_1\left(\frac{1}{\mathfrak{z}}\right)$$

bei $\mathfrak{z} = 0$ höchstens einen Pol erster Ordnung und

$$\frac{1}{\mathfrak{z}^4} p_2\left(\frac{1}{\mathfrak{z}}\right)$$

bei $\mathfrak{z} = 0$ höchstens einen Pol zweiter Ordnung haben darf. Dafür ist aber notwendig und hinreichend, daß

$$\lim_{z\to\infty} p_1(z) = 0, \quad \lim_{z\to\infty} z\, p_2(z) = 0$$

ist. Dafür aber ist wieder notwendig und hinreichend, daß

$$g_1(z) \equiv 0, \quad g_2(z) \equiv 0, \quad \sum_1^n C_k = 0$$

ist.

Notwendig und hinreichend dafür, daß eine Differentialgleichung (7.1.1) *der* FUCHS*schen Klasse angehört, und daß sie nur an den Stellen a_1, $a_2, \ldots, a_n$ im Endlichen und bei $z = \infty$ Singularitäten aufweist, ist, daß dies die Partialbruchzerlegungen ihrer Koeffizienten sind:*

$$p_1(z) = \sum_1^n \frac{A_k}{z - a_k}, \quad p_2(z) = \sum_1^n \left\{\frac{B_k}{(z - a_k)^2} + \frac{C_k}{z - a_k}\right\}, \quad \sum_1^n C_k = 0. \tag{7.1.3}$$

Diese Fassung der Bedingung bringt nach ihrer Herleitung noch nicht zum Ausdruck, daß jede dieser Stellen eine singuläre Stelle ist, sie kann auch eine reguläre Stelle sein, da ja in der Bedingung nicht zum Ausdruck kommt, welche der A_k, B_k, C_k von Null verschieden sind.

Soll insbesondere der Punkt $z = \infty$ ein regulärer Punkt der Differentialgleichung sein, so ist dafür notwendig und hinreichend, daß

$$\frac{2}{\mathfrak{z}} - \frac{1}{\mathfrak{z}^2} p_1\left(\frac{1}{\mathfrak{z}}\right) \quad \text{und} \quad \frac{1}{\mathfrak{z}^4} p_2\left(\frac{1}{\mathfrak{z}}\right)$$

bei $\mathfrak{z} = 0$ regulär sind. Das bedeutet nach (7.1.3), daß

$$\frac{2}{\mathfrak{z}} - \frac{1}{\mathfrak{z}} \sum_1^n \frac{A_k}{1 - a_k \mathfrak{z}} \quad \text{und} \quad \frac{1}{\mathfrak{z}^3} \sum_1^n \left(\frac{B_k \mathfrak{z}}{(1 - a_k \mathfrak{z})^2} + \frac{C_k}{1 - a_k \mathfrak{z}} \right)$$

bei $\mathfrak{z} = 0$ regulär sind. Dafür ist notwendig und hinreichend, daß

$$\sum_1^n A_k = 2, \quad \sum_1^n C_k = 0, \quad \sum_1^n (B_k + C_k a_k) = 0, \qquad (7.1.4)$$
$$\sum_1^n (2 B_k a_k + C_k a_k^2) = 0$$

ist.

Alles in allem heißt eine (endliche) Stelle $z = a$ singuläre Stelle der Differentialgleichung (7.1.1), wenn wenigstens einer der Koeffizienten p_1, p_2 bei $z = a$ singulär ist, und heißt $z = \infty$ singuläre Stelle von (7.1.1), wenn $\mathfrak{z} = 0$ singuläre Stelle von (7.1.2) ist. Eine singuläre Stelle der Differentialgleichung ist nicht notwendig eine singuläre Stelle einer jeden Lösung. Zum Beispiel ist ja trivialerweise $w \equiv 0$ Lösung von jeder (7.1.1). Aber es kann auch vorkommen, daß an einer singulären Stelle der Differentialgleichung (7.1.1) sämtliche Lösungen regulär sind. Zum Beispiel sind $w_1 = z$ und $w_2 = z^2$ zwei linear unabhängige Lösungen von

$$w'' - \frac{2}{z} w' + \frac{2}{z^2} w = 0. \qquad (7.1.5)$$

Eine singuläre Stelle von (7.1.1), an der sämtliche Lösungen regulär sind, heißt ein **Nebenpunkt** oder auch eine **scheinbare Singularität** der Differentialgleichung. Vgl. auch § 5.1.

2. Die determinierenden Gleichungen. Ich schreibe nun die determinierenden Gln. (6.5.5) für die sämtlichen singulären Stellen und für $z = \infty$ an. Sie lauten

$$\varrho(\varrho - 1) + A_k \varrho + B_k = 0 \quad \text{bei} \quad z = a_k, \qquad (7.2.1)$$

$$\varrho(\varrho - 1) + \left(2 - \sum_1^n A_k\right) \varrho + \sum_1^n (B_k + C_k a_k) = 0 \quad \text{bei} \quad z = \infty. \qquad (7.2.2)$$

Man sieht hieraus, *daß die Summe der Wurzeln aller dieser determinierenden Gleichungen $n - 1$ ist, wenn n die Anzahl der im Endlichen gelegenen singulären Stellen ist.* Falls insbesondere der uneigentliche Punkt regulärer Punkt der Differentialgleichung ist, so reduziert sich nach (7.1.4) die Gl. (7.2.2) auf

$$\varrho(\varrho - 1) = 0.$$

Die Summe ihrer Wurzeln ist 1. Daher ist im Falle, daß im Endlichen n singuläre Stellen liegen, der uneigentliche Punkt aber eine reguläre Stelle der Differentialgleichung ist, die Summe der Wurzeln der determinierenden Gleichungen der n im Endlichen gelegenen singulären Stellen $n-2$.

3. Differentialgleichungen mit ein oder zwei singulären Stellen. Unter den Differentialgleichungen (7.1.1) mit der einzigen singulären Stelle $z=\infty$ gehört allein

$$w''=0$$

zur Fuchsschen Klasse. Das ergibt sich aus (7.1.3). Durch Stürzung folgt daraus, daß

$$w''+\frac{2}{z-a}w'=0$$

die einzige Differentialgleichung der Fuchsschen Klasse ist, deren einzige singuläre Stelle $z=a$ ist.

Nach (7.1.3) sind durch

$$w''+\frac{p_1}{z-a}w'+\frac{p_2}{(z-a)^2}w=0,\qquad p_1,p_2,\ \text{konstant} \tag{7.3.1}$$

alle Differentialgleichungen der Fuchsschen Klasse gegeben, die eine singuläre Stelle bei $z=a$ und eine bei $z=\infty$ haben.

Fragen wir endlich nach den Differentialgleichungen der Fuchsschen Klasse, die zwei singuläre Stellen im Endlichen haben, bei $z=\infty$ aber regulär sind. Sie sind nach (7.1.3) unter den (7.1.1) mit

$$p_1=\frac{A_1}{z-a_1}+\frac{A_2}{z-a_2},\qquad p_2=\frac{B_1}{(z-a_1)^2}+\frac{C}{z-a_1}+\frac{B_2}{(z-a_2)^2}-\frac{C}{z-a_2}$$

zu suchen. Damit aber $z=\infty$ eine reguläre Stelle ist, müssen nach (7.1.3) noch die folgenden Bedingungen erfüllt sein:

$$A_1+A_2=2,\qquad B_1+B_2+C(a_1-a_2)=0,$$
$$2(B_1a_1+B_2a_2)+C(a_1^2-a_2^2)=0.$$

Man kann diese Differentialgleichungen natürlich auch durch die Bemerkung charakterisieren, daß sie durch gebrochene lineare Transformationen aus (7.3.1) hervorgehen müssen. Damit ist nach § 6.**2.**d auch ihre elementare Integration geleistet.

4. Differentialgleichungen mit drei singulären Punkten. Bei linearer Transformation gehen Stellen der Bestimmtheit in Stellen der Bestimmtheit über, und es bleiben die determinierenden Gleichungen invariant. Wenn man sich zum Beweis nicht mit der Bemerkung begnügen will, daß die Ordnung des Verschwindens oder Unendlichwerdens einer Funktion bei linearer Transformation der unabhängigen Variablen ungeändert bleibt, kann man den Beweis leicht durch Vorrechnen führen. Man beachte dabei, daß jede lineare Transformation sich als Produkt von ganzen linearen Transformationen und Stürzungen darstellen läßt. Es genügt daher den Beweis für diese Sonderfälle zu führen. Durch die ganze lineare Transformation

$$z = \alpha \mathfrak{z} + \beta$$

geht nun

$$\frac{d^2 w}{dz^2} + \frac{p_1(z)}{z-a}\,\frac{dw}{dz} + \frac{p_2(z)}{(z-a)^2}\,w = 0, \quad p_1, p_2 \text{ bei } z = a \text{ regulär} \tag{7.4.1}$$

in

$$\frac{d^2 w}{d\mathfrak{z}^2} + \frac{p_1(\alpha\mathfrak{z}+\beta)}{\mathfrak{z}+(\beta-a)/\alpha}\,\frac{dw}{d\mathfrak{z}} + \frac{p_2(\alpha\mathfrak{z}+\beta)}{[\mathfrak{z}+(\beta-a)/\alpha]^2}\,w = 0 \tag{7.4.2}$$

über. Die determinierende Gleichung von (7.4.1) an der Stelle a ist aber dieselbe wie die von (7.4.2) an der entsprechenden Stelle $(a-\beta)/\alpha$. Auch die determinierende Gleichung für $z=\infty$ von (7.4.1) ist die gleiche wie bei (7.4.2). Man muß dazu nur beachten, daß die determinierende Gleichung in $z=\infty$ bei (7.4.1) nach Definition die determinierende Gleichung von

$$\frac{d^2 w}{d\mathfrak{z}^2} + \left(\frac{2}{\mathfrak{z}} - \frac{1}{\mathfrak{z}^2}\,\frac{p_1(1/\mathfrak{z})}{1/\mathfrak{z}-a}\right)\frac{dw}{d\mathfrak{z}} + \frac{p_2(1/\mathfrak{z})}{\mathfrak{z}^4(1/\mathfrak{z}-a)^2}\,w = 0 \tag{7.4.3}$$

bei $\mathfrak{z}=0$ ist und entsprechend bei (7.4.2). Der Vergleich von (7.4.1) mit (7.4.3) läßt auch erkennen, daß die determinierende Gleichung von (7.4.1) bei $z=a$ die gleiche ist, wie die von (7.4.3) bei $\mathfrak{z}=1/a$.

Nach dieser Vorbemerkung ist es zur Untersuchung der FUCHSschen Differentialgleichungen mit drei singulären Stellen bequem, durch lineare Transformation die singulären Stellen nach 0, 1 und ∞ zu verlegen. Dann sieht eine FUCHSsche Differentialgleichung mit diesen drei singulären Punkten so aus

$$\frac{d^2 w}{dz^2} + \frac{dw}{dz}\left(\frac{A_0}{z} + \frac{A_1}{z-1}\right) + w\left(\frac{B_0}{z^2} + \frac{B_1}{(z-1)^2} + \frac{C}{z} - \frac{C}{z-1}\right) = 0. \tag{7.4.4}$$

Man betrachte die determinierenden Gln. (7.2.1) und (7.2.2) der drei singulären Punkte. Man bezeichne in leicht verständlicher Weise ihre Wurzeln mit $\varrho_{01}, \varrho_{02}, \varrho_{11}, \varrho_{12}; \varrho_{\infty 1}, \varrho_{\infty 2}$. Ihre Summe ist 1 nach § 7.2. Dann ist aber leicht ersichtlich, daß nicht nur die ϱ sich mittels (7.2.1) und (7.2.2) eindeutig aus den fünf Zahlen A_0, A_1, B_0, B_1, C von (7.4.4) berechnen lassen, sondern daß man umgekehrt die Zahlen $\varrho_{01}, \ldots, \varrho_{\infty 2}$ auch beliebig (mit der Summe 1) vorgeben und eindeutig zugehörige Zahlen $A_0, \ldots, C$ bestimmen kann. Das lehrt ein Blick auf die genannten determinierenden Gleichungen.

Sind a, b, c drei im Endlichen gelegene singuläre Punkte und verlangt man eine Differentialgleichung der FUCHSschen Klasse, die bei a als Wurzeln der determinierenden Fundamentalgleichung α' und α'' hat, bei b aber β' und β'' und bei c endlich γ' und γ'', dann liefert die Rechnung[1]

$$\left.\begin{aligned} w'' &+ \left\{\frac{1-\alpha'-\alpha''}{z-a} + \frac{1-\beta'-\beta''}{z-b} + \frac{1-\gamma'-\gamma''}{z-c}\right\} w' + \\ &+ \left\{\frac{\alpha'\alpha''(a-b)(a-c)}{z-a} + \frac{\beta'\beta''(b-c)(b-a)}{z-b} + \frac{\gamma'\gamma''(c-a)(c-b)}{z-c}\right\} \times \\ &\times \frac{w}{(z-a)(z-b)(z-c)} = 0. \end{aligned}\right\} \quad (7.4.5)$$

Dabei ist nach § 7.2.

$$\alpha' + \alpha'' + \beta' + \beta'' + \gamma' + \gamma'' = 1$$

anzunehmen, damit $z = \infty$ ein regulärer Punkt bleibt. Das allgemeine Integral der Differentialgleichung (7.4.5) bezeichnet man nach RIEMANN (1857) mit

$$P\begin{pmatrix} a & b & c & \\ \alpha' & \beta' & \gamma' & z \\ \alpha'' & \beta'' & \gamma'' & \end{pmatrix}. \quad (7.4.6)$$

Entsprechend findet man

$$\left.\begin{aligned} w'' &+ \left\{\frac{1-\alpha'-\alpha''}{z-a} + \frac{1-\beta'-\beta''}{z-b}\right\} w' + \\ &+ \left\{\frac{\alpha'\alpha''(a-b)}{z-a} + \frac{\beta'\beta''(b-a)}{z-b} + \gamma'\gamma''\right\} \frac{w}{(z-a)(z-b)} = 0 \end{aligned}\right\} \quad (7.4.7)$$

mit

$$\alpha' + \alpha'' + \beta' + \beta'' + \gamma' + \gamma'' = 1$$

als Differentialgleichung mit drei singulären Punkten bei a, b, ∞ und mit dem allgemeinen Integral

$$P\begin{pmatrix} a & b & \infty & \\ \alpha' & \beta' & \gamma' & z \\ \alpha'' & \beta'' & \gamma'' & \end{pmatrix}. \quad (7.4.8)$$

Im Falle von drei singulären Punkten bei 0, 1, ∞ führe man in (7.4.4) oder in dem für $a = 0$, $b = 1$ angeschriebenen (7.4.7) durch eine Transformation

$$w = z^{\lambda}(z-1)^{\mu}\, W \quad (7.4.9)$$

eine neue unbekannte Funktion W so ein, daß bei 0 und 1 je eine der Wurzeln der determinierenden Gleichung zu 0 wird. Man muß dazu λ gleich einer der Zahlen α', α'' und μ gleich einer der Zahlen β', β'' wählen. Man erhält dann für W offenbar wieder eine Differentialgleichung der FUCHSschen Klasse mit drei singulären Stellen der Bestimmtheit bei 0, 1, ∞. Bezeichnet man die Wurzeln der determinierenden Gleichungen der neuen Differentialgleichung bei ∞ mit α und β, und die bei der

[1] E. PAPPERITZ: Math. Ann. 25 (1885).

singulären Stelle 0, wie üblich, mit 0 und $1-\gamma$, so werden die Wurzeln der zu 1 gehörigen determinierenden Gleichung 0 und $\gamma-\alpha-\beta$, weil die Summe aller sechs 1 sein muß[1]. Die neue Differentialgleichung für W ist daher

$$W'' + \frac{-\gamma + (1+\alpha+\beta)z}{z(z-1)} W' + \frac{\alpha\beta}{z(z-1)} W = 0, \qquad (7.4.10)$$

und ihr allgemeines Integral ist mit

$$P\begin{pmatrix} 0 & 1 & \infty & \\ 0 & 1 & \alpha & z \\ 1-\gamma & \gamma-\alpha-\beta & \beta & \end{pmatrix} \qquad (7.4.11)$$

zu bezeichnen. (7.4.10) heißt die **hypergeometrische Differentialgleichung.** Man nennt sie auch die **KUMMERsche Differentialgleichung** nach ERNST EDUARD KUMMER, der sie 1836 eingehend untersucht hat. Wegen der vielfältigen Beziehungen, die sie besitzt, wird ihr ein besonderer Paragraph gewidmet werden.

5. Differentialgleichungen mit vier singulären Punkten. Jetzt ist die Differentialgleichung nicht mehr eindeutig durch die Wurzeln der determinierenden Gleichungen aller singulären Punkte bestimmt. Es mögen drei singuläre Punkte bei a_1, a_2, a_3 im Endlichen und einer im Unendlichen liegen. Ich schreibe der Kürze halber die Differentialgleichung für den Fall an, daß die Wurzeln der vier determinierenden Gleichungen in folgender Tabelle[2] vorliegen:

$$\left.\begin{matrix} a_1 & a_2 & a_3 & \infty \\ 0 & 0 & 0 & \delta_1 \\ \alpha & \beta & \gamma & \delta_2 \end{matrix}\right\} \qquad (7.5.1)$$

Dann ist noch

$$\alpha+\beta+\gamma+\delta_1+\delta_2 = 2 \qquad (7.5.2)$$

zu fordern, wie dies in § 7.**2.** begründet wurde. Setzt man noch

$$\delta_1\delta_2 = A, \qquad (7.5.3)$$

so wird die Differentialgleichung

$$w'' + w'\left(\frac{1-\alpha}{z-a_1} + \frac{1-\beta}{z-a_2} + \frac{1-\gamma}{z-a_3}\right) + \frac{w(Az+B)}{(z-a_1)(z-a_2)(z-a_3)} = 0. \quad (7.5.4)$$

Hier ist B eine willkürlich bleibende Konstante.

---

[1] Die determinierenden Exponenten bei 0 werden durch (7.4.9) um λ verringert die bei 1 um μ verringert, die bei ∞ aber beide um $\lambda+\mu$ vermehrt, weil bei ∞ Exponenten von $1/z$ notiert werden.

[2] Das kann man stets durch eine Substitution analog der in (7.4.9) angegebenen erreichen.

Die Richtigkeit der Behauptung folgt aus (7.1.3) an Hand von (7.2.1) und (7.2.2). Zunächst folgt aus (7.5.1) und (7.2.1), daß alle $B_k = 0$ sind und daß die A_k die Werte $1-\alpha$, $1-\beta$, $1-\gamma$ haben. Es ist dann

$$p_2(z) = \frac{C_1}{z-a_1} + \frac{C_2}{z-a_2} + \frac{C_3}{z-a_3} = \frac{A\,z+B}{(z-a_1)(z-a_2)(z-a_3)},$$

da wegen $\sum C_k = 0$ das Glied z^2 im Zähler fehlt. Und es ist

$$\begin{aligned} A &= -C_1(a_2+a_3) - C_2(a_3+a_1) - C_3(a_1+a_2) \\ &= -C_1(a_2+a_3) - C_2(a_3+a_1) + (C_1+C_2)(a_1+a_2) \\ &= C_1(a_1-a_3) + C_2(a_2-a_3) \\ &= C_1\,a_1 + C_2\,a_2 + C_3\,a_3 = \delta_1\,\delta_2 \end{aligned}$$

nach (7.2.2).

In der determinierenden Gl. (7.2.2) des Punktes ∞ kommt B nicht vor. B bleibt willkürlich bei gegebenen Exponenten (7.5.1). In der Tat sind das wegen (7.5.2) vier Parameter, während in der Differentialgleichung (7.5.4) deren fünf, nämlich α, β, γ, A, B vorkommen. Da A durch (7.5.1) bestimmt ist, und B willkürlich bleibt, nennt man B einen **akzessorischen Parameter.**

Wollte man Differentialgleichungen mit n singulären Punkten und $n \geqq 4$ betrachten, so würde man analog auf $n-3$ akzessorische Parameter stoßen. Nur bei $n=2$ und $n=3$ ist die Differentialgleichung durch Angabe der Wurzeln der determinierenden Gleichungen bestimmt,

Ich gebe noch die Form der Differentialgleichungen an, die man erhält wenn man statt (7.5.1) die folgende Tafel der Wurzeln der determinierenden Gleichungen annimmt:

$$\left.\begin{matrix} a_1 & a_2 & a_3 & \infty \\ \frac{1+\alpha_1}{2} & \frac{1+\alpha_2}{2} & \frac{1+\alpha_3}{2} & \frac{\alpha_4-1}{2} \\ \frac{1-\alpha_1}{2} & \frac{1-\alpha_2}{2} & \frac{1-\alpha_3}{2} & \frac{-\alpha_4-1}{2}. \end{matrix}\right\} \qquad (7.5.5)$$

Durch diesen Ansatz ist (7.5.2), das ist die aus § 7.**2.** sich ergebende Bedingung, daß die Summe aller Wurzeln aller determinierenden Gleichungen 2 sein muß, von selbst erfüllt. Es bleiben jetzt die vier Zahlen α_1, α_2, α_3, α_4 willkürlich. Nach (7.2.1) werden in (7.1.3) alle $A_k = 0$. Die Differentialgleichung wird

$$w'' + \frac{A(z)+B}{4f(z)}\,w = 0, \qquad f(z) = (z-a_1)(z-a_2)(z-a_3), \qquad (7.5.6)$$

mit

$$A(z) = (1-\alpha_1^2)\frac{f'(a_1)}{z-a_1} + (1-\alpha_2^2)\frac{f'(a_2)}{z-a_2} + (1-\alpha_3^2)\frac{f'(a_3)}{z-a_3} + \\ + (1-\alpha_4^2)\left(z - \frac{a_1+a_2+a_3}{3}\right).$$

B ist wieder der akzessorische Parameter, der weder auf die B_k noch auf $\sum C_k a_k$ Einfluß hat, weil $\sum_1^3 \frac{a_k}{f'(a_k)} = 0$ ist als Summe der Residuen von $\frac{z}{f(z)}$.

Noch sei bemerkt: Man kann eine Differentialgleichung

$$w'' + p_1(z)\, w' + p_2(z)\, w = 0 \tag{7.5.7}$$

durch die Substitution

$$w = u\, \mathfrak{w}, \quad u = \exp\left(-\tfrac{1}{2}\int p_1\, dz\right) \tag{7.5.8}$$

stets auf die Form

$$\mathfrak{w}'' + P(z)\, \mathfrak{w} = 0 \tag{7.5.9}$$

mit

$$P(z) = \frac{u'' + p_1 u' + p_2 u}{u} = -\frac{1}{2} p_1' - \frac{1}{4} p_1^2 + p_2$$

bringen.

Es ist klar, daß durch die Substitution (7.5.8) jede Differentialgleichung der Fuchsschen Klasse (7.5.7) in eine Differentialgleichung der Fuchsschen Klasse (7.5.9) mit den gleichen singulären Stellen übergeht. Hat aber eine solche Differentialgleichung die Form (7.5.9), so sind nach (7.1.1) alle $A_k = 0$ und ist daher nach (7.2.1) an jeder Stelle a_k die Summe der Wurzeln der determinierenden Gleichung 1 und ist nach (7.2.2) an der Stelle ∞ die Summe der Wurzeln der determinierenden Gleichung -1. Somit sird man in diesem Falle notwendig auf den Ansatz (7.5.5) geführt.

§ 8. Die hypergeometrische Differentialgleichung

1. Die hypergeometrische Reihe. Ich beginne mit der Ermittlung des zur singulären Stelle $z = 0$ gehörigen kanonischen Fundamentalsystems der hypergeometrischen Differentialgleichung (7.4.10), das ist

$$w'' + \frac{z(1 + \alpha + \beta) - \gamma}{z(z-1)} w' + \frac{\alpha\beta}{z(z-1)} w = 0. \tag{8.1.1}$$

Die allgemeine Theorie lehrt, daß (8.1.1) an der Stelle $z = 0$ zwei logarithmenfreie linear unabhängige Lösungen besitzt, falls γ keine ganze Zahl ist. Ist aber γ eine ganze Zahl, so gibt es mindestens eine bei $z = 0$ logarithmenfreie Lösung. Es steht aber noch dahin, ob dies logarithmenfreie Integral zu der Wurzel 0 oder zu der Wurzel $1 - \gamma$ der determinierenden Gleichung gehört. Darüber werden wir Aufschluß gewinnen, wenn wir zunächst nach der Methode der unbestimmten Koeffizienten nachsehen, ob zum Exponenten 0 ein dann reguläres logarithmenfreies Integral gehört. Da dieses bei $z = 0$ einen von Null verschiedenen Wert hat, genügt es durch den Ansatz

$$w = \zeta_0 + \sum_1^\infty \zeta_\nu z^\nu, \qquad \zeta_0 \neq 0 \tag{8.1.2}$$

mit unbestimmten Koeffizienten ζ_ν die Differentialgleichung zu begrüßen. Man findet dann

$$w' = \sum_1^\infty \nu\, \zeta_\nu z^{\nu-1}$$

$$w'' = \sum_1^\infty \nu(\nu-1)\, \zeta_\nu z^{\nu-2}$$

$$z(z-1)\, w'' = \sum_1^\infty \nu(\nu-1)\, \zeta_\nu z^\nu - \sum_1^\infty \nu(\nu-1)\, \zeta_\nu z^{\nu-1}$$

$$\big(-\gamma + (1+\alpha+\beta)\, z\big)\, w' = \sum_1^\infty \nu(1+\alpha+\beta)\, \zeta_\nu z^\nu - \sum_1^\infty \nu\gamma\, \zeta_\nu z^{\nu-1}$$

$$\alpha\beta\, w = \sum_1^\infty \alpha\beta\, \zeta_\nu z^\nu + \alpha\beta\, \zeta_0$$

$$\sum_1^\infty z^\nu[\zeta_\nu\{\alpha\beta + \nu(1+\alpha+\beta) + \nu(\nu-1)\} - \\ - \zeta_{\nu+1}\{\nu(\nu+1) + (\nu+1)\gamma\}] + \alpha\beta\,\zeta_0 - \gamma\,\zeta_1 = 0$$

$$\sum_1^\infty z^\nu[\zeta_\nu(\alpha+\nu)(\beta+\nu) - \zeta_{\nu+1}(\nu+1)(\nu+\gamma)] + \alpha\beta\,\zeta_0 - \gamma\,\zeta_1 = 0.$$

Das führt zu den Rekursionsformeln[1]

$$\zeta_0\,\alpha\beta - \gamma\,\zeta_1 = 0, \quad \zeta_\nu(\alpha+\nu)(\beta+\nu) - \zeta_{\nu+1}(\nu+1)(\nu+\gamma) = 0, \\ \nu = 1, 2, \ldots \tag{8.1.3}$$

Und hieraus erhält man, wenn γ weder 0 noch eine negative ganze Zahl ist,

$$\zeta_1 = \frac{\alpha\beta}{\gamma}\,\zeta_0, \qquad \zeta_{\nu+1} = \frac{(\alpha+\nu)(\beta+\nu)}{(1+\nu)(\gamma+\nu)}\,\zeta_\nu. \tag{8.1.4}$$

So entsteht als Lösung (8.1.2) für $\zeta_0 = 1$ die Reihe

$$F(\alpha,\beta,\gamma;z) = 1 + \frac{\alpha\cdot\beta}{1\cdot\gamma}\,z + \frac{\alpha(\alpha+1)\,\beta(\beta+1)}{1\cdot 2\gamma(\gamma+1)}\,z^2 + \cdots. \tag{8.1.5}$$

Sie heißt die **hypergeometrische Reihe.** Man nennt sie auch die **Gausssche Reihe** nach Carl Friedrich Gauss, der sie zuerst 1812 eingehend untersucht hat. Sie kommt freilich schon bei Wallis 1656

---

[1] Es fällt auf, daß die Rekursionsformeln (8.1.3) zweigliedrig sind, d. h. nur je zwei Koeffizienten miteinander verbinden. Der gleichen Erscheinung wird man auch in § 9.1, begegnen. Von anderen Gelegenheiten, z. B. von 6.5 her, ist man an mehrgliedrige Rekursionen gewöhnt. H. Scheffé hat 1942 im J. Math. Phys. Bd. 21 die Bedingungen festgestellt, unter denen eine lineare Differentialgleichung beliebiger endlicher Ordnung an einer oder vor allem an mehreren Stellen die Erscheinung zweigliedriger Rekursionen zeigt.

und bei EULER 1794 vor. Auch JOHANN FRIEDRICH PFAFF hat sich 1797 mit ihr beschäftigt. Die durch (8.1.5) definierte analytische Funktion heißt **hypergeometrische Funktion.** Nach der allgemeinen Theorie muß die Reihe (8.1.5) in $|z| < 1$ oder einem größeren konzentrischen Kreis konvergieren. Man sieht aber, daß der Konvergenzkreis von (8.1.5) nicht größer als der Einheitskreis sein kann, wenn die durch (8.1.5) dargestellte Reihe nicht abbricht, d. h. wenn nicht α oder β Null oder eine negative ganze Zahl ist. Denn nach (8.1.4) gilt dann für den Quotienten zweier aufeinanderfolgender Glieder von (8.1.5)

$$\left|\frac{(\alpha+\nu)(\beta+\nu)}{(1+\nu)(\gamma+\nu)} z\right| \to |z| > 1 \quad \text{für} \quad |z| > 1 \text{ und große } \nu.$$

Die Reihe (8.1.5) heißt hypergeometrisch, weil sie für $\alpha = 1$, $\beta = \gamma$ in die geometrische Reihe übergeht. Überhaupt enthält sie als Spezialfälle eine Menge anderweit bekannter Funktionen. Zum Beispiel ist

$$(1-z)^n = F(-n, 1, 1; z)$$

$$\log(1-z) = -z F(1, 1, 2; z)$$

$$\log\frac{1+z}{1-z} = 2z F\left(\frac{1}{2}, 1, \frac{3}{2}; z^2\right)$$

$$\operatorname{arc}\sin z = z F\left(\frac{1}{2}, \frac{1}{2}, \frac{3}{2}; z^2\right)$$

$$\operatorname{arc}\operatorname{tg} z = z F\left(\frac{1}{2}, 1, \frac{3}{2}; -z^2\right)$$

$$K(z) = \int_0^{\pi/2} \frac{d\varphi}{\sqrt{1 - z\sin^2\varphi}} = \frac{\pi}{2} F\left(\frac{1}{2}, \frac{1}{2}, 1; z\right)$$

$$E(z) = \int_0^{\pi/2} \sqrt{1 - z\sin^2\varphi}\, d\varphi = \frac{\pi}{2} F\left(\frac{1}{2}, -\frac{1}{2}, 1; z\right).$$

Ist $\gamma = 0$ oder gleich einer negativen ganzen Zahl, so führt der Ansatz (8.1.2) nur für gewisse spezielle Werte von α oder β zu einer Lösung. Davon wird noch die Rede sein. Ein bei $z = 0$ logarithmenfreies Integral bekommt man aber jedenfalls durch den Ansatz

$$w = z^{1-\gamma}\left(1 + \sum_1^\infty \zeta_\nu z^\nu\right)$$

oder, was auf dasselbe herauskommt, indem man durch

$$w = z^{1-\gamma} W$$

im Sinne von § 7.**4.** die Differentialgleichung (8.1.1) mit dem allgemeinen Integral (7.4.11) in

$$W'' + W'\frac{\gamma - 2 + (3 + \alpha + \beta - 2\gamma) z}{z(z-1)} + \frac{(\alpha - \gamma + 1)(\beta - \gamma + 1)}{z(z-1)} W = 0 \qquad (8.1.6)$$

mit dem allgemeinen Integral

$$W = P\begin{pmatrix} 0 & 1 & \infty & \\ 0 & 0 & \alpha - \gamma + 1 & z \\ \gamma - 1 & \gamma - \alpha - \beta & \beta - \gamma + 1 & \end{pmatrix}$$

überführt, wobei zu beachten ist, daß bei $z = 0$ Potenzen von z, bei $z = \infty$ Potenzen von $1/z$ angedeutet werden. Jetzt ist die bei $z = 0$ reguläre Lösung

$$W = F(\alpha - \gamma + 1, \beta - \gamma + 1, 2 - \gamma; z).$$

Daher wird für $\gamma = 0, -1, -2, \ldots$

$$w = z^{1-\gamma} F(\alpha - \gamma + 1, \beta - \gamma + 1, 2 - \gamma; z) \tag{8.1.7}$$

eine bei $z = 0$ logarithmenfreie Lösung.

2. Logarithmenfreies kanonisches Fundamentalsystem bei $z = 0$.

Man bemerkt, daß man die eben angestellte Überlegung auch für beliebige γ anwenden kann, also auch dann, wenn (8.1.5) schon eine bei $z = 0$ logarithmenfreie Lösung angibt. Dann ist (8.1.7) eine zum Exponenten $1 - \gamma$ gehörige logarithmenfreie Lösung von (8.1.1). (8.1.5) versagt für $\gamma = 0, -1, -2, \ldots$; (8.1.7) versagt für $\gamma = 2, 3, 4, \ldots$, fällt aber für $\gamma = 1$ mit (8.1.5) zusammen. Mit anderen Worten: (8.1.5) *und* (8.1.7) *stellen für alle nicht ganzzahligen* γ *zwei linear unabhängige logarithmenfreie Lösungen von* (8.1.1) *dar.*

Sie sind linear unabhängig, weil (8.1.5) bei $z = 0$ regulär ist, während (8.1.7) dort jedenfalls ein anderes Verhalten zeigt.

Wenn indessen γ eine ganze Zahl ist, so haben wir bis jetzt nur eine Lösung für die Umgebung von $z = 0$ gefunden. Sie wird für $\gamma = 1, 2, 3, \ldots$ durch (8.1.5), für $\gamma = 0, -1, -2, \ldots$ durch (8.1.7) dargestellt. Die zweite Lösung eines kanonischen Fundamentalsystems bei $z = 0$ soll nun auch in diesen Ausnahmefällen ermittelt werden. Den Weg dazu bietet die Formel (6.1.7). In ihr setze man für w_1 die eine schon bekannte Lösung ein und ermittle daraus eine zweite w_2.

So erhält man für $\gamma = 1, 2, 3, \ldots$ und $w_1 = F(\alpha, \beta, \gamma; z)$ aus (6.1.7)

$$w_1 w_2' - w_2 w_1' = C \exp\left(-\int \frac{-\gamma + (1 + \alpha + \beta) z}{z(z-1)}\, dz\right) = C z^{-\gamma} (z-1)^{\gamma - \alpha - \beta - 1}.$$

Dafür kann man schreiben

$$\frac{d}{dz}\left(\frac{w_2}{w_1}\right) = \frac{C (z-1)^{\gamma - \alpha - \beta - 1}}{z^{\gamma} w_1^2}. \tag{8.2.1}$$

Entwickelt man dann rechts nach Potenzen von z, so sieht man, daß für positive ganzzahlige Werte von γ Anlaß zum Auftreten eines logarithmischen Gliedes sein kann. Man findet eine Lösung von der Gestalt

$$w_2(z) = F(\alpha, \beta, \gamma; z)\, A \log z + \sum_{-\gamma+1}^{\infty} c_\nu z^\nu, \quad A, c_\nu \quad \text{konstant.} \tag{8.2.2}$$

Im Falle $\gamma = 0, -1, -2, \ldots$ trägt man in (6.1.7)

$$w_1 = z^{1-\gamma} F(\alpha - \gamma + 1, \beta - \gamma + 1, 2 - \gamma; z)$$

ein. Dann erhält man aus (8.2.1)

$$\frac{d}{dz}\left(\frac{w_2}{w_1}\right) = C \frac{(z-1)^{\gamma-\alpha-\beta-1}}{z^{2-\gamma}[F(\alpha-\gamma+1, \beta-\gamma+1, 2-\gamma; z)]^2}$$

und durch Integration eine Lösung von der Gestalt

$$\left.\begin{aligned} w_2 = z^{1-\gamma} F(\alpha - \gamma + 1, \beta - \gamma + 1, 2 - \gamma; z)\, A \log z + \sum_0^\infty c_\nu z^\nu, \\ A, c_\nu \text{ konstant.} \end{aligned}\right\} \tag{8.2.3}$$

Auch die Bedingung dafür, daß diese zweite Lösung logarithmenfrei ist, ist aus dem Gang der Betrachtung ersichtlich. Man erfährt indessen noch näheres darüber, wenn man beachtet, daß z. B. für $\gamma = 0, -1, -2, \ldots$ nach (8.2.3) die zweite bei $z = 0$ logarithmenfreie Lösung, ebenso wie (8.1.7) bei $z = 0$ regulär ist. Man muß dann die logarithmenfreien Lösungen für $\gamma = 0, -1, -2, \ldots$ durch den Ansatz (8.1.2) finden können, obwohl dieser bei allgemeiner Wahl der α und β versagt. Das lehrt der Beweis von G. Lyra in § 6.5.

Studieren wir z. B. die Frage, wann der Ansatz (8.1.2) im Falle $\gamma = 0$ zu Lösungen führt. Die Rekursionsformel (8.1.3) kann man bei $\gamma = 0$ nur dann erfüllen, wenn entweder $\alpha = 0$ oder $\beta = 0$ oder $\zeta_0 = 0$ angenommen wird. Im Falle $\zeta_0 = 0$ bleibt ζ_1 willkürlich, und es können dann die übrigen ζ_ν eindeutig aus den Rekursionsformeln (8.1.3) entnommen werden. Dies führt dann für $\zeta_1 = 1$ genau zu der schon durch (8.1.7) dargestellten Lösung. Es bleibt also $\alpha = 0$ und $\beta = 0$ zu erörtern. Es genügt $\alpha = 0$ zu betrachten, da die Differentialgleichung (8.1.1) in α und β symmetrisch ist. Man kann ζ_0 und ζ_1 beliebig annehmen und dann die übrigen ζ_ν eindeutig aus den Rekursionsformeln (8.1.3) entnehmen. Man findet z. B. im Falle $\alpha = \gamma = 0$

$$\zeta_2 = \frac{\beta+1}{2}\zeta_1, \quad \zeta_3 = \frac{\beta+2}{3}\zeta_2 = \frac{(\beta+1)(\beta+2)}{2\cdot 3}\zeta_1, \ldots.$$

Man erhält so als Lösung

$$\zeta_0 + \zeta_1 z F(1, \beta + 1, 2; z).$$

Dies Ergebnis kann nicht überraschen. Denn man übersieht doch unmittelbar, daß im Falle $\alpha = \gamma = 0$ neben (8.1.7) auch $w \equiv 1$ eine Lösung von (8.1.1) ist. Sämtliche Lösungen sind im Falle $\alpha = \gamma = 0$ bei $z = 0$ regulär.

Ganz analog kann man auch für $\gamma = -n$, $n = 1, 2, \ldots$ verfahren. Jetzt werden die Rekursionsformeln (8.1.3) bis zu derjenigen, die ζ_{n-1} und ζ_n verbindet, brauchbar bleiben, um $\zeta_1, \ldots, \zeta_n$ durch das willkürlich bleibende ζ_0 auszudrücken. Für $\nu = n$ erhält man aber in (8.1.3) eine ζ_n und ζ_{n+1} verbindende Beziehung, in der ζ_{n+1} mit 0 multipliziert erscheint. Damit sie richtig bleibt, muß daher mindestens eine der Gleichungen

$$\alpha = \gamma = -n, \qquad \beta = \gamma = -n \quad \text{oder} \quad \zeta_n = 0$$

bestehen. Gibt man dann ζ_{n+1} beliebig vor, so liefern die übrigen Rekursionsformeln (8.1.3) wieder eindeutig $\zeta_{n+2}, \zeta_{n+3}, \ldots$. Der letzte Fall $\zeta_n = 0$ tritt aber mit Rücksicht auf die vorausgehenden Rekursionsformeln (8.1.3) nur ein, wenn entweder $\zeta_0 = 0$ angenommen wird oder aber α oder β einen der ganzzahligen Werte $0, -1, \ldots, 1-n$ haben. Der Fall $\zeta_0 = 0$ zieht $\zeta_0 = \zeta_1 = \cdots = \zeta_n = 0$ nach sich. Man bekommt dann, wenn man noch $\zeta_{n+1} = 1$ wählt, genau die durch (8.1.7) dargestellte Lösung

$$z^{1+n} F(\alpha + n + 1, \beta + n + 1, 2 + n; z). \tag{8.2.4}$$

Zu weiteren Lösungen kann nur die Annahme

$$\alpha = 0, -1, \ldots, -n \quad \text{oder} \quad \beta = 0, -1, \ldots, -n$$

führen. Falls nur eine der beiden Zahlen α, β dieser Folge angehört, bezeichne man die der Folge angehörige mit α. Wenn beide Zahlen der Folge angehören, so bezeichne man mit α die absolut kleinere der beiden. Falls beide der Folge angehören und einander gleich sind, sei α irgendeine derselben. Es sei also weiterhin

$$\gamma = -n, \qquad \alpha = -k, \qquad k = 0, 1, 2, \ldots, n$$

angenommen, und es sei β entweder keine negative ganze Zahl, oder es habe β einen absoluten Betrag, der nicht kleiner ist als der von α. Dann kann man die Rekursionsformeln (8.1.3) erfüllen, wenn man

$$\zeta_{n+\lambda} = 0, \qquad \lambda = 1, 2, 3, \ldots$$

annimmt, und $\zeta_0, \zeta_1, \ldots, \zeta_n$ aus den n ersten Rekursionsformeln bestimmt. Man erhält so für $\zeta_0 = 1$ das Polynom k-ten Grades

$$w_2 = F(-k, \beta, -n; z), \qquad k = 0, 1, \ldots, n. \tag{8.2.5}$$

Diese Formel ist nach ihrer Herleitung so zu verstehen: Man setze in $F(\alpha, \beta, \gamma; z)$ mit unbestimmten α, β, γ erst $\alpha = -k$, $k = 0, 1, \ldots, n$ ein, wodurch ein Polynom k-ten Grades entsteht. In diesem trage man dann für die unbestimmten β und γ die vorgesehenen Werte β und $\gamma = -n$ ein. Man ist versucht, dies Ergebnis auch ohne die gegebene Herleitung als plausibel zu akzeptieren. Das Polynom (8.2.5) bildet dann zusammen mit der aus (8.1.7) sich ergebenden Funktion

$$w_1 = z^{1+n} F(-k+n+1, \beta+n+1, 2+n; z)$$

das kanonische Fundamentalsystem des Punktes $z = 0$.

Nun werde noch die Frage nach logarithmenfreien Integralen für die Fälle $\gamma = 1, 2, \ldots$ erledigt. Zunächst sieht man bei $\gamma = 1$ schon aus (8.2.1), daß das zweite Integral w_2 des kanonischen Fundamentalsystems nicht logarithmenfrei sein kann. Denn im Falle $\gamma = 1$ ergibt die Integration von (8.2.1) den Wert

$$A = C(-1)^{-\alpha-\beta} \neq 0,$$

da $C = 0$ auf das unbrauchbare $w_2 = c \cdot w_1$ führen würde.

Studieren wir die weiteren Fälle $\gamma = 2, 3, \ldots$. Im Anschluß an (8.2.2) wird man in die Differentialgleichung (8.1.1) mit dem Ansatz

$$w = z^{1-\gamma} \sum_0^\infty C_\nu z^\nu = z^{1-\gamma} W$$

hineingehen. Das entspricht aber der Frage nach den bei $z = 0$ regulären Integralen der Differentialgleichung (8.1.6). Diese hat aber die Form von (8.1.1), d. h., sie ist

$$W'' + \frac{-\gamma_1 + (1+\alpha_1+\beta_1)z}{z(z-1)} W' + \frac{\alpha_1\beta_1}{z(z-1)} W = 0$$

mit

$$\alpha_1 = \alpha - \gamma + 1, \quad \beta_1 = \beta - \gamma + 1, \quad \gamma_1 = 2 - \gamma.$$

Sie fällt also für $\gamma = 2, 3, 4, \ldots$ unter den schon behandelten Fall $\gamma_1 = 0, -1, \ldots$. Daher entnimmt man den vorausgegangenen Betrachtungen das Ergebnis, daß im Falle $\gamma_1 = 0$, das ist $\gamma = 2$, ein zweites logarithmenfreies von $F(\alpha, \beta, \gamma; z)$ linear unabhängiges Integral dann und nur dann existiert, wenn $\alpha_1 = 0$ oder $\beta_1 = 0$, d. h. wenn $\alpha = 1$ oder $\beta = 1$ ist. Es ist dann ersichtlich durch

$$w = \frac{1}{z}$$

gegeben, so daß im Falle $\alpha = 1$, $\gamma = 2$, β beliebig das allgemeine Integral von (8.1.1)

$$w = c_1 F(1, \beta, 2; z) + \frac{c_2}{z}$$

ist. Dies Ergebnis verifiziert man natürlich auch unmittelbar.

Analoge Überlegungen führen $\gamma = 3, 4, \ldots$ zu dem folgenden Resultat: Für $\gamma = n$, $n = 3, 4, \ldots$ existieren zwei linear unabhängige logarithmenfreie Integrale dann und nur dann, wenn α_1 oder β_1 einen der Werte $0, -1, \ldots, 2-n$ besitzen. Falls α_1 und β_1 beide dieser Folge entstammen, verstehe man unter α_1 den absolut kleineren oder, falls beide gleich sind, irgendeinen derselben. Man nehme also weiter an, daß α_1 dieser Folge angehört und daß β_1, falls es auch dieser Folge angehört, einen absoluten Betrag hat, der nicht kleiner ist als der von α_1. Dann hat α einen der Werte $\alpha_1 + \gamma - 1 = k$ mit $k = n - 1$, $n - 2, \ldots, 1$. Die beiden logarithmenfreie Lösungen sind dann

$$w_1 = F(k, \beta, n; z)$$

und

$$w_2 = z^{1-n} F(k - n + 1, \beta - n + 1, 2 - n; z).$$

Dabei ist die Schreibweise des in w_2 auftretenden Polynoms wieder so zu verstehen, daß man in $F(\alpha_1, \beta_1, \gamma_1; z)$ erst $\alpha_1 = k - n + 1$ einsetzt und in dem so entstehenden Polynom dann die vorgesehenen Werte von β_1 und γ_1 einträgt.

Zu der hier gestreiften Frage nach Polynomen, die einer hypergeometrischen Differentialgleichung genügen, vgl. man auch § 8.**14.**

3. Logarithmenhaltiges kanonisches Fundamentalsystem bei $z = 0$. Es wird genügen, den Fall $\gamma = -n$, $n = 0, 1, \ldots$ zu betrachten. Dann bleibt

$$w_1 = z^{1+n} F(\alpha + n + 1, \beta + n + 1, 2 + n; z) \quad (n = 0, 1, 2, \ldots) \tag{8.3.1}$$

eine Lösung. Es handelt sich darum, eine zweite sie zum Fundamentalsystem ergänzende zu finden. Die in § 8.**2.** dargelegte Methode, die zu der Formel (8.2.3) führte, gibt zwar rasch eine grundsätzliche Einsicht, ist aber zur tatsächlichen Berechnung der zweiten Lösung wenig vorteilhaft. Es ist besser, wie folgt zu verfahren. Zunächst bemerkt man, daß

$$\left.\begin{aligned} &\lim_{\gamma \to -n} (\gamma + n) F(\alpha, \beta, \gamma; z) \\ &\qquad = z^{n+1} A F(\alpha + n + 1, \beta + n + 1, 2 + n; z) \end{aligned}\right\} \tag{8.3.2}$$

ist, und zwar gleichmäßig in $|z| \leqq R < 1$ bei passender Wahl von $R > 0$ und bei festen α und β. Dabei ist

$$A = \frac{\alpha(\alpha+1)\ldots(\alpha+n)\beta(\beta+1)\ldots(\beta+n)}{(n+1)(n!)^2(-1)^n}. \tag{8.3.3}$$

Es ist nämlich

$$\begin{aligned} &(\gamma + n) F(\alpha, \beta, \gamma; z) \\ &= (\gamma + n)\left(1 + \frac{\alpha\beta}{1\gamma} z + \cdots + \frac{\alpha\ldots(\alpha+n-1)\beta\ldots(\beta+n-1)}{1\cdot 2\ldots n\,\gamma(\gamma+1)\ldots(\gamma+n-1)} z^n\right) + \\ &+ \frac{\alpha(\alpha+1)\ldots(\alpha+n)\beta(\beta+1)\ldots(\beta+n)}{1\cdot 2\ldots(n+1)\,\gamma(\gamma+1)\ldots(\gamma+n-1)} z^{n+1}\left(1 + \frac{(\alpha+n+1)(\beta+n+1)}{(n+2)(\gamma+n+1)} z + \cdots\right). \end{aligned}$$

Zu beweisen bleibt nur, daß die Reihe in der letzten Klammer im angegebenen Sinn gleichmäßig konvergiert. Das liegt aber in der in § 6.**5.** gegebenen LYRAschen Beweisführung, die ohne weiteres erkennen läßt, daß die Reihe $F(\alpha, \beta, \gamma; z)$ absolut und gleichmäßig konvergiert, wenn $|z| \leqq R < 1$ ist, und wenn α, β, γ einem beliebigen Bereich angehören, der weder $\gamma = 0$, noch einen negativen ganzzahligen Wert von γ enthält. Die in der letzten Klammer stehende Reihe bedarf nämlich allein einer Betrachtung beim Grenzübergang. Ihre Glieder sind absolut kleiner als die Glieder der hypergeometrischen Reihe

$$F(|\alpha| + n + 1, |\beta| + n + 1, -|\gamma| + n + 1; z),$$

so daß die Beweisführung von G. LYRA jeglichen Aufschluß verbürgt.

Um nun zu einer zweiten Lösung zu gelangen, betrachte man

$$\left.\begin{aligned} w(z,\gamma) = A\, z^{1-\gamma} F(\alpha-\gamma+1, \beta-\gamma+1, 2-\gamma; z) - \\ -(\gamma+n) F(\alpha,\beta,\gamma; z). \end{aligned}\right\} \quad (8.3.4)$$

Dabei ist A in (8.3.3) erklärt. Dann ist für jedes γ

$$w''(z,\gamma) + \frac{-\gamma + (1+\alpha+\beta) z}{z(z-1)} w'(z,\gamma) + \frac{\alpha\beta}{z(z-1)} w(z,\gamma) = 0. \quad (8.3.5)$$

Da aber wegen der erwähnten gleichmäßigen Konvergenz $w(z,\gamma)$ eine analytische Funktion von γ ist, bleibt auch die Gleichung richtig, die entsteht, wenn man (8.3.5) nach γ differenziert. Das liefert, indem man die Ableitung nach γ durch einen aufgesetzten Punkt bezeichnet,

$$\dot{w}''(z,\gamma) + \frac{-\gamma+(1+\alpha+\beta)z}{z(z-1)} \dot{w}'(z,\gamma) + \frac{\alpha\beta}{z(z-1)} \dot{w}(z,\gamma) = \frac{w'(z,\gamma)}{z(z-1)}. \quad (8.3.6)$$

Da aber nun, wie bewiesen wurde,

$$\lim_{\gamma\to -n} w(z,\gamma) = 0$$

gleichmäßig richtig ist in $|z| \leqq R < 1$, so ist auch

$$\lim_{\gamma\to -n} w'(z,\gamma) = 0$$

gleichmäßig richtig in $|z| \leqq R < 1$. Da aber auch auf der linken Seite von (8.3.6) eine analytische bei $\gamma = -n$ reguläre Funktion von γ steht, so kann man auch da zu $\gamma \to -n$ übergehen. Es müssen auch in der Grenze die rechte und die linke Seite übereinstimmen. Das heißt, es ist

$$w_2(z) = \dot{w}(z, -n) \quad (8.3.7)$$

eine Lösung von

$$w'' + \frac{n + (1+\alpha+\beta) z}{z(z-1)} w' + \frac{\alpha\beta}{z(z-1)} w = 0. \quad (8.3.8)$$

Es gilt, sie zu berechnen. Es ist

$$\begin{aligned} \dot{w}(z,\gamma) = & -A\, z^{1-\gamma} \log z\, F(\alpha-\gamma+1, \beta-\gamma+1, 2-\gamma; z) \\ & + A\, z^{1-\gamma} \dot{F}(\alpha-\gamma+1, \beta-\gamma+1, 2-\gamma; z) \\ & - F(\alpha,\beta,\gamma; z) - (\gamma+n) \dot{F}(\alpha,\beta,\gamma; z). \end{aligned}$$

Da alle vorkommenden Reihen in γ gleichmäßig konvergieren, können die Differentiationen nach γ gliedweise ausgeführt werden. Dabei macht man die Beobachtung, daß die in den beiden letzten Posten auftretenden bei $\gamma = -n$ polhaltigen Glieder sich richtig gerade wegheben, so daß man nach Beseitigung dieser Glieder $\gamma = -n$ einsetzen darf. Somit erhält man als zweite Lösung des Fundamentalsystems

$$\left.\begin{aligned} \dot{w}(z, -n) &= -A\, z^{n+1} \log z\, F(\alpha + n + 1, \beta + n + 1, 2 + n; z) \\ &+ \frac{\partial}{\partial \gamma} \left(A\, z^{n+1} F(\alpha - \gamma + 1, \beta - \gamma + 1, 2 - \gamma; z)\right)_{\gamma=-n} \\ &- \frac{\partial}{\partial \gamma} \left((\gamma + n) F(\alpha, \beta, \gamma; z)\right)_{\gamma=-n}. \end{aligned}\right\} \quad (8.3.9)$$

Man findet auch erneut bestätigt, daß $w_2(z)$ logarithmenfrei wird, wenn $A = 0$ ist, d. h. wenn α oder β einen der Werte $0, -1, \ldots, -n$ haben.

Übrigens pflegt man im logarithmischen Fall nicht die durch (8.3.9) gegebene Funktion, sondern die daraus durch Multiplikation mit $-1/A$ hervorgehende

$$\left.\begin{aligned} w_2(z) &= z^{n+1} \log z\, F(\alpha + n + 1, \beta + n + 1, 2 + n; z) + \\ &+ F_1(\alpha + n + 1, \beta + n + 1, 2 + n; z) \end{aligned}\right\} \quad (8.3.10)$$

mit

$$F_1(\alpha + n + 1, \beta + n + 1, 2 + n; z) = \frac{1}{A} \frac{\partial}{\partial \gamma} [(\gamma + n) F(\alpha, \beta, \gamma; z)$$
$$- A\, z^{n+1} F(\alpha - \gamma + 1, \beta - \gamma + 1, 2 - \gamma; z)]_{\gamma=-n}$$

als zweite Lösung des Fundamentalsystems hervorzuheben.

Den Fall, daß $\gamma = n$ eine natürliche Zahl ist, kann man, wie oben schon einmal geschehen, auf den behandelten zurückführen. Bequemer ist es, die zur Herleitung von (8.3.10) benutzte Schlußweise zu wiederholen. Man findet dann als die beiden Lösungen eines Fundamentalsystems

$$\left.\begin{aligned} w_1 &= F(\alpha, \beta, n; z) \\ w_2 &= F(\alpha, \beta, n; z) \log z + F_2(\alpha, \beta, n; z) \end{aligned}\right\} \quad (8.3.11)$$

mit

$$F_2(\alpha, \beta, n; z) = \frac{1}{B} \frac{\partial}{\partial \gamma} [-z^{1-n} (\gamma - n) F(\alpha - \gamma + 1, \beta - \gamma + 1, 2 - \gamma; z) +$$
$$+ B F(\alpha, \beta, \gamma; z)]_{\gamma=n}$$

$$B = \frac{(\alpha - n + 1)(\alpha - n + 2) \ldots (\alpha - 1)(\beta - n + 1)(\beta - n + 2) \ldots (\beta - 1)}{[(n-2)!]^2 (n-1)(-1)^{n-1}} \quad \text{für } n \geqq 2$$

und

$$F_2(\alpha, \beta, 1; z) = \frac{\partial}{\partial \gamma} [-F(\alpha - \gamma + 1, \beta - \gamma + 1, 2 - \gamma; z) + F(\alpha, \beta, \gamma; z)]_{\gamma=1}.$$

4. Kanonische Fundamentalsysteme für $z = 1$ und $z = \infty$. Durch die Substitution $\mathfrak{z} = 1 - z$ geht, wie wir aus § 7.4. wissen, jede Funktion (7.4.11) in eine

$$P\begin{pmatrix} 0 & 1 & \infty & \\ 0 & 0 & \alpha & \mathfrak{z} \\ \gamma - \alpha - \beta & 1 - \gamma & \beta & \end{pmatrix} \quad (8.4.1)$$

über. Die Differentialgleichung, deren allgemeines Integral (8.4.1) ist, geht daher aus (7.4.10), deren allgemeines Integral (7.4.11) ist, hervor, indem man das Tripel (α, β, γ) durch $(\alpha, \beta, \alpha+\beta-\gamma+1)$ ersetzt. Man erhält daher aus den verschiedenen bei $z=0$ angegebenen Fundamentalsystemen von (8.1.1) die zu $z=1$ gehörigen, indem man darin z durch $1-z$ und das Tripel (α, β, γ) durch das Tripel $(\alpha, \beta, \alpha+\beta-\gamma+1)$ ersetzt. Im Falle eines nichtganzzahligen $\alpha+\beta-\gamma$ ist daher

$$\left.\begin{array}{r} F(\alpha, \beta, \alpha+\beta-\gamma+1; 1-z) \\ (1-z)^{\gamma-\alpha-\beta} F(\gamma-\beta, \gamma-\alpha, \gamma-\alpha-\beta+1; 1-z) \end{array}\right\} \tag{8.4.2}$$

ein Fundamentalsystem. Entsprechendes gilt auch für die übrigen Fundamentalsysteme, die bei ganzzahligem $\alpha+\beta-\gamma$ statthaben.

Analog geht durch die Substitution $\mathfrak{z} = 1/z$ die Funktion (7.4.11) in

$$P\begin{pmatrix} 0 & 1 & \infty & \\ \alpha & 0 & 0 & \mathfrak{z} \\ \beta & \gamma-\alpha-\beta & 1-\gamma & \end{pmatrix} \tag{8.4.3}$$

über. Dafür kann man schreiben

$$\mathfrak{z}^{\alpha} P\begin{pmatrix} 0 & 1 & \infty & \\ 0 & 0 & \alpha & \mathfrak{z} \\ \beta-\alpha & \gamma-\alpha-\beta & 1+\alpha-\gamma & \end{pmatrix}. \tag{8.4.4}$$

Für die in (8.4.4) stehende P-Funktion sind nun wieder die Fundamentalsysteme bekannt. Man erhält sie aus den § 8.**1.**, **2.**, **3.** angegebenen, indem man dort das Tripel (α, β, γ) durch das Tripel $(\alpha, 1+\alpha-\gamma, 1+\alpha-\beta)$ ersetzt. Im Falle eines nichtganzzahligen $\alpha-\beta$ ist daher

$$\left.\begin{array}{r} \left(\frac{1}{z}\right)^{\alpha} F\left(\alpha, 1+\alpha-\gamma, 1-\beta+\alpha; \frac{1}{z}\right) \\ \left(\frac{1}{z}\right)^{\beta} F\left(\beta, \beta-\gamma+1, 1-\alpha+\beta; \frac{1}{z}\right) \end{array}\right\} \tag{8.4.5}$$

ein Fundamentalsystem von (8.1.1) bei $z=\infty$. Entsprechendes gilt bei ganzzahligem $\alpha-\beta$.

5. Funktionalgleichungen für die hypergeometrische Funktion. Es sei wie in (7.4.7)

$$\left.\begin{array}{l} w'' + \left\{\frac{1-\alpha-\alpha'}{z} + \frac{1-\beta-\beta'}{z-1}\right\} w' + \\ \qquad + \left\{\frac{-\alpha\alpha'}{z} + \frac{\beta\beta'}{z-1} + \gamma\gamma'\right\} \frac{w}{z(z-1)} = 0 \end{array}\right\} \tag{8.5.1}$$

eine Riemannsche Differentialgleichung mit dem allgemeinen Integral

$$P\begin{pmatrix} 0 & 1 & \infty & \\ \alpha & \beta & \gamma & z \\ \alpha' & \beta' & \gamma' & \end{pmatrix}, \quad \alpha+\alpha'+\beta+\beta'+\gamma+\gamma' = 1. \tag{8.5.2}$$

Dann kann man nach (7.4.9) auf vier verschiedene Weisen zu einer hypergeometrischen Differentialgleichung übergehen, indem man in der Substitution

$$w = z^{\lambda}(1-z)^{\mu}\, W \tag{8.5.3}$$

für λ einen der Werte α oder α', für μ einen der Werte β oder β' nimmt. Außerdem kann man noch in (8.5.1) durch die sechs aus der Lehre vom Doppelverhältnis bekannten linearen Transformationen eine Permutation der Punkte $0, 1, \infty$ bewirken und dann erst die Transformation (8.5.3) zum Übergang zu einer hypergeometrischen Differentialgleichung ansetzen. Es sind dies die Substitutionen

$$\mathfrak{z} = z,\quad \mathfrak{z} = \frac{1}{z},\quad \mathfrak{z} = 1-z,\quad \mathfrak{z} = \frac{1}{1-z},\quad \mathfrak{z} = \frac{z}{z-1},\quad \mathfrak{z} = \frac{z-1}{z}. \tag{8.5.4}$$

So erhält man im ganzen 24 Umformungen der Ausgangsdifferentialgleichung in eine hypergeometrische Differentialgleichung und damit 24 Möglichkeiten, die Integrale von (8.5.1) durch hypergeometrische Funktionen darzustellen.

Man kann nun insbesondere als Ausgangsdifferentialgleichung statt der allgemeinen (8.5.1) gleich die hypergeometrische Differentialgleichung (7.4.10), das ist

$$w'' + \frac{-\gamma + (1+\alpha+\beta)\,z}{z(z-1)}\, w' + \frac{\alpha\beta}{z(z-1)}\, w = 0 \tag{8.5.5}$$

selbst wählen, deren allgemeines Integral

$$P\begin{pmatrix} 0 & 1 & \infty & \\ 0 & 0 & \alpha & \mathfrak{z} \\ 1-\gamma & \gamma-\alpha-\beta & \beta & \end{pmatrix},\quad \mathfrak{z} = z \tag{8.5.6}$$

ist. So erhält man 24 Darstellungen ihrer Integrale durch hypergeometrische Reihen. Zu ihrer Herleitung beachte man, daß jede der sechs Substitutionen (8.5.4) eine Permutation der singulären Stellen unter Mitführung der determinierenden Exponenten α, α' usw. bewirkt, wie das in § 7.**4.** schon näher begründet wurde. So kommen zu (8.5.5) noch fünf weitere Differentialgleichungen hinzu, die zu folgenden fünf weiteren Darstellungen des allgemeinen Integrals (8.5.6) von (8.5.5) führen:

$$P\begin{pmatrix} 0 & 1 & \infty & \\ \alpha & 0 & 0 & \mathfrak{z} \\ \beta & \gamma-\alpha-\beta & 1-\gamma & \end{pmatrix},\quad \mathfrak{z} = \frac{1}{z}, \tag{8.5.7}$$

$$P\begin{pmatrix} 0 & 1 & \infty & \\ 0 & 0 & \alpha & \mathfrak{z} \\ \gamma-\alpha-\beta & 1-\gamma & \beta & \end{pmatrix},\quad \mathfrak{z} = 1-z, \tag{8.5.8}$$

$$P\begin{pmatrix} 0 & 1 & \infty & \\ \alpha & 0 & 0 & \mathfrak{z} \\ \beta & 1-\gamma & \gamma-\alpha-\beta & \end{pmatrix}, \quad \mathfrak{z} = \frac{1}{1-z}, \tag{8.5.9}$$

$$P\begin{pmatrix} 0 & 1 & \infty & \\ 0 & \alpha & 0 & \mathfrak{z} \\ 1-\gamma & \beta & \gamma-\alpha-\beta & \end{pmatrix}, \quad \mathfrak{z} = \frac{z}{z-1}, \tag{8.5.10}$$

$$P\begin{pmatrix} 0 & 1 & \infty & \\ 0 & \alpha & 0 & \mathfrak{z} \\ \gamma-\alpha-\beta & \beta & 1-\gamma & \end{pmatrix}, \quad \mathfrak{z} = \frac{z-1}{z}. \tag{8.5.11}$$

Jede dieser sechs P-Funktionen ist allgemeines Integral einer RIEMANNschen Differentialgleichung (8.5.1), deren Parameter α, α' man aus dem Schema der P-Funktion abliest. Von einer jeden dieser sechs RIEMANNschen Differentialgleichungen kann man auf vier verschiedene Weisen gemäß (8.5.3) zu einer KUMMERschen übergehen. Das geschieht nach dem folgenden Schema:

$$P\begin{pmatrix} 0 & 1 & \infty & \\ \alpha_1 & \beta_1 & \gamma_1 & \mathfrak{z} \\ \alpha_2 & \beta_2 & \gamma_2 & \end{pmatrix} = \mathfrak{z}^{\lambda}(1-\mathfrak{z})^{\mu} P\begin{pmatrix} 0 & 1 & \infty & \\ 0 & 0 & \gamma_1+\lambda+\mu & \mathfrak{z} \\ \alpha_j-\lambda & \beta_k-\mu & \gamma_2+\lambda+\mu & \end{pmatrix}.$$

$$\alpha = \gamma_1+\lambda+\mu, \qquad \beta = \gamma_2+\lambda+\mu, \qquad \gamma = 1+\lambda-\alpha_j.$$

Dies Schema kann man auf jede der sechs P-Funktionen (8.5.6) bis (8.5.11) anwenden, indem man für α_j, β_k, γ_l die dort stehenden Zahlen nimmt. Für λ und μ ist jeweils der in der Nummer von α_j bzw. β_k verschiedene Wert zu nehmen. Mit den angeschriebenen α, β, γ hat man dann (8.5.5) mit $\mathfrak{z}$ statt z zu bilden. In den Integralen dieser hypergeometrischen Differentialgleichungen hat man dann $\mathfrak{z}$ durch den neben der benutzten P-Funktion (8.5.6) bis (8.5.11) stehenden Wert von $\mathfrak{z}$ zu ersetzen, um so immer wieder Integrale der Ausgangsdifferentialgleichung (8.5.5) zu gewinnen.

So erhält man z. B. aus (8.5.6) die folgenden in der Umgebung von $z = 0$ erklärten Integrale:

$$F(\alpha,\beta,\gamma;z) = (1-z)^{\gamma-\alpha-\beta} F(\gamma-\alpha,\gamma-\beta,\gamma;z). \tag{8.5.12}$$

und

$$z^{1-\gamma} F(\alpha-\gamma+1,\beta-\gamma+1,2-\gamma;z)$$
$$= z^{1-\gamma}(1-z)^{\gamma-\alpha-\beta} F(1-\alpha,1-\beta,2-\gamma;z). \tag{8.5.13}$$

Ich habe sie gleich paarweise durch Gleichheitszeichen verbunden. Denn man erkennt leicht, daß die vier Integrale in dieser Weise paarweise gleich sind, wenn man noch verabredet, den Zweig von $(1-z)^{\gamma-\alpha-\beta}$ zu nehmen, der bei $z = 0$ den Wert 1 hat. Die paarweise Gleichheit folgt daraus, daß es bei $z = 0$ nur ein dort reguläres Integral gibt, das dort den Wert 1 hat, und daß es auch bis auf einen konstanten Faktor nur ein Integral gibt, das zum Exponenten $1-\gamma$ gehört. Dabei ist freilich anzunehmen, daß γ keine ganze Zahl ist. Überhaupt wollen wir weiterhin immer, wenn nichts anderes bemerkt wird, die Annahme machen, daß die unter dem Funktionszeichen F an dritter Stelle stehenden Ausdrücke und die unter dem Zeichen Γ stehenden Ausdrücke nicht der 0 oder einer negativen ganzen Zahl gleich sind. Dies sehen wir als den Normalfall an, jeden anderen als Ausnahmefall. Für einen Teil der abzuleitenden Formeln genügen freilich geringere Beschränkungen. Der Leser wird selber leicht übersehen, wann ein Ausdruck einen Sinn behält und wann er sinnlos wird. Wie in den Ausnahmefällen zu verfahren ist, ergibt sich aus § 8.**3.** Ich verzichte darauf die betreffenden Rechnungen vorzuführen, da sich grundsätzlich nichts Neues ergibt und es nicht beabsichtigt ist, eine Formelsammlung oder eine Spezialtheorie der hypergeometrischen Funktionen zu geben.

Übrigens findet man hier auch wieder erneut die in (8.4.2) und (8.4.5) angegebenen Fundamentalsysteme von (8.5.5) bei $z=1$ und bei $z=\infty$, wie denn auch die Überlegungen, die wir augenblicklich anstellen, eine Verallgemeinerung der damaligen sind. Achten wird nun auch bei den übrigen P-Funktionen (8.5.7) bis (8.5.11) auf die bei $z=0$ erklärten Integrale. Dazu müßten wir bei (8.5.7) die bei $\mathfrak{z}=\infty$ erklärten nehmen, finden dabei aber offenbar nichts Neues. Ähnlich müßten wir bei (8.5.8) die bei $\mathfrak{z}=1$ erklärten verwenden, und finden wieder nichts Neues. Nur bei (8.5.10) kommen wir zu neuen Einsichten. Wir müssen die bei $\mathfrak{z}=0$ erklärten Integrale nehmen. Wir können schreiben:

$$P\begin{pmatrix} 0 & 1 & \infty & \\ 0 & \alpha & 0 & \mathfrak{z} \\ 1-\gamma & \beta & \gamma-\alpha-\beta & \end{pmatrix}$$

$$= (1-\mathfrak{z})^{\alpha}\, P\begin{pmatrix} 0 & 1 & \infty & \\ 0 & 0 & \alpha & \mathfrak{z} \\ 1-\gamma & \beta-\alpha & \gamma-\beta & \end{pmatrix}$$

$$= (1-\mathfrak{z})^{\beta}\, P\begin{pmatrix} 0 & 1 & \infty & \\ 0 & 0 & \beta & \mathfrak{z} \\ 1-\gamma & \alpha-\beta & \gamma-\alpha & \end{pmatrix}$$

$$= \mathfrak{z}^{1-\gamma}(1-\mathfrak{z})^{\alpha}\, P\begin{pmatrix} 0 & 1 & \infty & \\ 0 & 0 & \alpha+1-\gamma & \mathfrak{z} \\ \gamma-1 & \beta-\alpha & 1-\beta & \end{pmatrix}$$

$$= \mathfrak{z}^{1-\gamma}(1-\mathfrak{z})^{\beta}\, P\begin{pmatrix} 0 & 1 & \infty & \\ 0 & 0 & \beta+1-\gamma & \mathfrak{z} \\ \gamma-1 & \alpha-\beta & 1-\alpha & \end{pmatrix}.$$

Wegen $\mathfrak{z} = \frac{z}{z-1}$ und $1 - \mathfrak{z} = \frac{1}{1-z}$ findet man daraus als bei $z = 0$ erklärte Integrale von (8.5.5): 1. das bei $z = 0$ holomorphe

$$\left.\begin{aligned} &(1-z)^{-\alpha} F\left(\alpha, \gamma - \beta, \gamma; \frac{z}{z-1}\right) \\ &\quad = (1-z)^{-\beta} F\left(\beta, \gamma - \alpha, \gamma; \frac{z}{z-1}\right) = F(\alpha, \beta, \gamma; z) \end{aligned}\right\} \tag{8.5.14}$$

und 2. das bei $z = 0$ verzweigte

$$\left.\begin{aligned} &z^{1-\gamma}(1-z)^{\gamma-1-\alpha} F\left(\alpha + 1 - \gamma, 1 - \beta, 2 - \gamma; \frac{z}{z-1}\right) \\ &\quad = z^{1-\gamma}(1-z)^{\gamma-1-\beta} F\left(\beta + 1 - \gamma, 1 - \alpha, 2 - \gamma; \frac{z}{z-1}\right) \\ &\quad = z^{1-\gamma} F(\alpha - \gamma + 1, \beta - \gamma + 1, 2 - \gamma; z). \end{aligned}\right\} \tag{8.5.15}$$

Ich habe sie schon gleich durch Gleichheitszeichen verbunden. Zur Rechtfertigung gilt das gleiche wie vorhin bei (8.5.12). In der Tat steht auch in (8.5.14) wieder das Integral $F(\alpha, \beta, \gamma; z)$. Während aber $F(\alpha, \beta, \gamma; z)$ in $|z| < 1$ konvergiert, konvergieren die Reihen in (8.5.14) in $\left|\frac{z}{z-1}\right| < 1$, d. h. in der Halbebene $\Re z < \frac{1}{2}$. Denn diese geht durch die Abbildung $\mathfrak{z} = \frac{z}{z-1}$ aus $|\mathfrak{z}| < 1$ hervor. Demnach ist in (8.5.14) die analytische Fortsetzung von $F(\alpha, \beta, \gamma; z)$ in die genannte Halbebene hinein geleistet.

Auf dem eingeschlagenen Weg ergeben sich noch zahlreiche ebenfalls von E. E. KUMMER herrührende Beziehungen. Der Leser wird sie nach der gegebenen Anleitung selber niederschreiben können. Ich verzichte darauf, sie hier abdrucken zu lassen. Sie sind z. B. bei C. CARATHÉODORY, Funktionentheorie Bd. 2, zusammengestellt.

6. Analytische Fortsetzung von $F(\alpha, \beta, \gamma; z)$. Die hypergeometrische Funktion $F(\alpha, \beta, \gamma; z)$ ist auf jedem $z = 1$ und $z = \infty$ und in ihrem weiteren Verlauf auch eine zweite Begegnung mit $z = 0$ meidenden Weg analytisch fortsetzbar. Wie kann diese Fortsetzung ermittelt werden? Ich beginne mit einer heuristischen Betrachtung. Man käme jedenfalls dann unmittelbar zur analytischen Fortsetzung, wenn die Summe der Residuen der analytischen Funktion

$$f(s) = g(s)\frac{\pi}{\sin\pi s}(-z)^s \quad \text{mit} \quad g(s) = \frac{\Gamma(\alpha+s)\,\Gamma(\beta+s)}{\Gamma(\gamma+s)\,\Gamma(1+s)} \tag{8.6.1}$$

Null wäre. Dabei ist z auf $|\arg(-z)| < \pi$ beschränkt und ist $(-z)^s$ in diesem Gebiet durch

$$\left.\begin{aligned} (-z)^s = \exp\{s \log(-z)\}, \quad \log(-z) = \log|z| + i \arg(-z), \\ |\arg(-z)| < \pi \end{aligned}\right\} \tag{8.6.2}$$

eindeutig erklärt. Zur Motivierung dieser Heranziehung der Gammafunktion[1] sei bemerkt, daß nach der Grundeigenschaft

$$\Gamma(w+1) = w\,\Gamma(w) \tag{8.6.3}$$

dieser Funktion sich

$$\frac{\Gamma(\alpha)\,\Gamma(\beta)}{\Gamma(\gamma)} F(\alpha, \beta, \gamma; z) = \sum_0^\infty \frac{\Gamma(\alpha+\nu)\,\Gamma(\beta+\nu)}{\Gamma(1+\nu)\,\Gamma(\gamma+\nu)} z^\nu = \sum_0^\infty g(\nu)\, z^\nu \tag{8.6.4}$$

ergibt. Dabei sei γ weder 0 noch einer negativen ganzen Zahl gleich. Das darf man nach den Ausführungen von § 8.**1.** ohne Beschränkung der Allgemeinheit annehmen. Falls die Summe der Residuen der Funktion (8.6.1) verschwindet, so ergibt sich daraus wie folgt die analytische Fortsetzung von $F(\alpha, \beta, \gamma; z)$ über den Einheitskreis hinaus in den Bereich $|\arg(-z)| < \pi$.

$f(s)$ kann Pole an den folgenden Stellen haben

$$\nu, \quad -\alpha-\nu, \quad -\beta-\nu, \quad (\nu = 0, 1, 2, \ldots). \tag{8.6.5}$$

Daß nicht auch Pole an den Stellen $s = -1, -2, \ldots$ liegen können, zeigt sich, wenn man $f(s)$ durch

$$\Gamma(-s)\,\Gamma(1+s) = -\frac{\pi}{\sin \pi s} \tag{8.6.6}$$

in

$$f(s) = -\frac{\Gamma(\alpha+s)\,\Gamma(\beta+s)\,\Gamma(-s)}{\Gamma(\gamma+s)} (-z)^s \tag{8.6.7}$$

umformt. Die Pole an den Stellen $s = 0, +1, +2, \ldots$ aber sind vorhanden, wenn nicht γ eine der Zahlen $0, -1, -2, \ldots$ ist. Diese Annahme wurde schon deshalb gemacht, weil sonst $F(\alpha, \beta, \gamma; z)$ keinen Sinn hat. Außerdem wollen wir annehmen, daß weder α noch β oder 0 oder einer negativen ganzen Zahl gleich ist, weil sonst die hypergeometrische Reihe abbricht und daher kein Problem der analytischen Fortsetzung zu lösen ist. Durch diese Annahme wird auch erreicht, daß die von den Nullstellen von $\sin \pi s$ herrührenden Pole von den aus $\Gamma(\alpha+s)$ und $\Gamma(\beta+s)$ sich ergebenden verschieden sind. Endlich wollen wir annehmen, daß $\alpha-\beta$ keine ganze Zahl ist. Das bewirkt, daß auch die von $\Gamma(\alpha+s)$ herrührenden Pole von den sich aus $\Gamma(\beta+s)$ ergebenden verschieden sind. Zudem bedeutet diese Annahme, daß ein Fundamentalsystem des Punktes ∞ die Gestalt (8.4.5) hat. Unter diesen *Voraussetzungen, daß weder* α *noch* β *noch* γ *gleich* 0 *oder gleich einer negativen ganzen Zahl ist, und daß überdies* $\alpha-\beta$ *keine ganze Zahl ist,* sind alle

[1] Vgl. z. B. L. BIEBERBACH: Lehrbuch der Funktionentheorie. Bd. I. Leipzig 1934; oder H. BEHNKE und F. SOMMER: Theorie der analytischen Funktionen einer komplexen Veränderlichen. 2. Aufl. Berlin 1961; oder A. DINGHAS: Vorlesungen über Funktionentheorie. Berlin 1961.

Polstellen (8.6.5) verschieden und berechnen sich entsprechend einfach die Residuen von $f(s)$ an diesen Stellen. Man findet

$$\operatorname*{Res}_{s=\nu} f(s) = g(\nu)\, z^{\nu}, \quad \text{wegen } \pi(s-\nu)/\sin\pi s \to (-1)^{\nu} \text{ für } s\to\nu, \tag{8.6.8}$$

$$\operatorname*{Res}_{s=-\alpha-\nu} f(s) = -\frac{\Gamma(\beta-\alpha-\nu)\,\Gamma(\alpha+\nu)}{\Gamma(1+\nu)\,\Gamma(\gamma-\alpha-\nu)} z^{-\nu}(-z)^{-\alpha}, \tag{8.6.9}$$

$$\operatorname*{Res}_{s=-\beta-\nu} f(s) = -\frac{\Gamma(\alpha-\beta-\nu)\,\Gamma(\beta+\nu)}{\Gamma(1+\nu)\,\Gamma(\gamma-\beta-\nu)} z^{-\nu}(-z)^{-\beta}. \tag{8.6.10}$$

Es mag einen Moment stören, daß im Falle, daß $\gamma-\alpha$ oder $\gamma-\beta$ ganzzahlig ist, im Nenner Sinnloses stehen kann. Indessen wird dies durch den Hinweis behoben, daß in diesen Fällen das betreffende Residuum Null ist. Die Schreibweise wird dann legal durch die Bemerkung, daß $1/\Gamma(w)$ eine ganze Funktion ist, und daß statt der Division durch $\Gamma(w)$ die Multiplikation mit $1/\Gamma(w)$ genommen werden kann.

Um nun den Zusammenhang mit der analytischen Fortsetzung klar herauszubekommen, sollen die Residuen (8.6.9) und (8.6.10) noch ein wenig umgeformt werden. Dazu ist wieder die Beziehung

$$\Gamma(w)\,\Gamma(1-w) = \frac{\pi}{\sin\pi w} \tag{8.6.11}$$

dienlich, aus der sich schon (8.6.6) ergibt. Jetzt benutzen wir die daraus fließende Relation

$$\Gamma(w-\nu)\,\Gamma(1-w+\nu) = \frac{\pi}{\sin\pi(w-\nu)} = \frac{\pi(-1)^{\nu}}{\sin\pi w} = (-1)^{\nu}\,\Gamma(w)\,\Gamma(1-w),$$

die wir für $w=\beta-\alpha, \gamma-\alpha, \alpha-\beta, \gamma-\beta$ anwenden. Damit kann man die genannten beiden Residuen so schreiben:

$$\left.\begin{aligned}&\operatorname*{Res}_{s=-\alpha-\nu} f(s)\\ &= -\frac{\Gamma(\beta-\alpha)\,\Gamma(1-\beta+\alpha)\,\Gamma(1-\gamma+\alpha+\nu)\,\Gamma(\alpha+\nu)}{\Gamma(1-\beta+\alpha+\nu)\,\Gamma(\gamma-\alpha)\,\Gamma(1-\gamma+\alpha)\,\Gamma(1+\nu)} z^{-\nu}(-z)^{-\alpha},\end{aligned}\right\} \tag{8.6.12}$$

$$\left.\begin{aligned}&\operatorname*{Res}_{s=-\beta-\nu} f(s)\\ &= -\frac{\Gamma(\alpha-\beta)\,\Gamma(1-\alpha+\beta)\,\Gamma(1-\gamma+\beta+\nu)\,\Gamma(\beta+\nu)}{\Gamma(1-\alpha+\beta+\nu)\,\Gamma(\gamma-\beta)\,\Gamma(1-\gamma+\beta)\,\Gamma(1+\nu)} z^{-\nu}(-z)^{-\beta}.\end{aligned}\right\} \tag{8.6.13}$$

Wenn dann die Summe aller Residuen (8.6.8), (8.6.12), (8.6.13) Null ist, so folgt aus (8.6.4) die Relation

$$\left.\begin{aligned}&\frac{\Gamma(\alpha)\,\Gamma(\beta)}{\Gamma(\gamma)} F(\alpha,\beta,\gamma;z)\\ &\quad= \frac{\Gamma(\alpha)\,\Gamma(\beta-\alpha)}{\Gamma(\gamma-\alpha)} (-z)^{-\alpha} F\left(\alpha, 1+\alpha-\gamma, 1+\alpha-\beta; \frac{1}{z}\right)\\ &\quad+ \frac{\Gamma(\beta)\,\Gamma(\alpha-\beta)}{\Gamma(\gamma-\beta)} (-z)^{-\beta} F\left(\beta, 1+\beta-\gamma, 1+\beta-\alpha; \frac{1}{z}\right).\end{aligned}\right\} \tag{8.6.14}$$

Sie bringt unter den über α, β, γ gemachten Voraussetzungen die analytische Fortsetztung von $F(\alpha, \beta, \gamma; z)$ in das Äußere des Einheitskreises zum Ausdruck und stellt diese Fortsetzung in $|z| < 1$, $|\arg(-z)| < \pi$ durch ein Fundamentalsysem des Punktes $z = \infty$ dar.

Nun aber ist zu bemerken, daß diese ganze schöne Überlegung in der Luft schwebt. Sie ist in dieser Form nicht einmal richtig. Denn links in (8.6.14) steht eine in $|z| < 1$ konvergente Reihe und rechts stehen Reihen, die in $|z| > 1$ konvergieren und ein gemeinsamer Konvergenzbereich ist im allgemeinen nicht vorhanden. Gleichwohl bekommt (8.6.14) einen Sinn, wenn man unter den darin vorkommenden Funktionszeichen F nicht die Reihen, sondern die durch sie in $|\arg(-z)| < \pi$ definierten analytischen Funktionen versteht (d. h. die Fortsetzung der betreffenden Funktionselemente). In der Tat gilt der folgende **Satz:** *Durch*

$$\frac{1}{2\pi i} \int\limits_{\lambda - i\infty}^{\lambda + i\infty} g(s) \frac{\pi}{\sin \pi s} (-z)^s \, ds, \qquad g(s) = \frac{\Gamma(\alpha + s)\,\Gamma(\beta + s)}{\Gamma(\gamma + s)\,\Gamma(1 + s)} \tag{8.6.15}$$

mit (8.6.2) *und* $s = \sigma + i\,t$ *ist eine für alle* z *aus* $|\arg(-z)| < \pi$ *eindeutige und reguläre analytische Funktion erklärt. Dabei ist angenommen, daß auf dem Integrationsweg, der sich parallel zur imaginären s-Achse beiderseits ins Unendliche erstreckt, keine Pole des Integranden liegen. Für* $|z| < 1$ *ist die durch* (8.6.15) *erklärte Funktion gleich der negativen Summe der Residuen an den rechts vom Integrationsweg gelegenen Polen des Integranden und für* $|z| > 1$ *ist sie gleich der Summe der Residuen an den links vom Integrationsweg gelegenen Polen des Integranden.* Aus diesem Satz folgt natürlich die Richtigkeit von (8.6.14) in dem eben interpretierten Sinn, so daß also (8.6.14) tatsächlich über die Fortsetzung von $F(\alpha, \beta, \gamma; z)$ in das Gebiet $|\arg(-z)| < \pi$ Auskunft gibt. Ich werde den ausgesprochenen Satz in dem folgenden Abschnitt beweisen. Die Methode rührt von E. W. Barnes [Proc. Lond. Math. Soc. (2), 6 (1908)] her.

Eine leichte **Folgerung** aus diesem Satz sei noch hervorgehoben: *Wenn weder* α *noch* β *noch* γ *der* 0 *oder einer negativen ganzen Zahl gleich sind und auch* $\alpha - \beta$ *nicht ganzzahlig ist, so gilt*

$$\left.\begin{aligned} \frac{\Gamma(\alpha)\,\Gamma(\beta)}{\Gamma(\gamma)} F(\alpha, \beta, \gamma; z) &= -\frac{1}{2\pi i} \int\limits_{-i\infty}^{+i\infty} g(s) \frac{\pi}{\sin \pi s} (-z)^s \, ds, \\ &|\arg(-z)| < \pi, \end{aligned}\right\} \tag{8.6.16}$$

so daß das Integral also eine Lösung der hypergeometrischen Differentialgleichung darstellt. Dabei verläuft der Integrationsweg für $|t| > t_0 = \operatorname{Max}\{|\Im(\alpha)|, |\Im(\beta)|\}$ auf $\sigma = 0$ und wird zwischen $-i\,t_0$ und $+i\,t_0$ so verlagert, daß die von $\sin \pi s$ herrührenden Pole des Integranden zu seiner Rechten, die übrigen zu seiner Linken liegen. Dies ist möglich, weil gemäß der über α und β gemachten Voraussetzung die beiden genannten Polsorten keine Stelle gemeinsam haben.

7. Beweise zur analytischen Fortsetzung. Dem Beweis des in § 8.**6.** formulierten Satzes schicke ich einige Hilfsbetrachtungen voraus. Vor allem benötigt man die STIRLINGsche Formel. Es gilt

$$\Gamma(w) \sim \sqrt{2\pi}\, e^{-w}\, w^{w-\frac{1}{2}} \tag{8.7.1}$$

für jedes feste $\delta > 0$ gleichmäßig in dem Winkelraum $|\arg w| \leqq \pi - \delta$. Dabei ist

$$w^{w-\frac{1}{2}} = \exp\{(w-\tfrac{1}{2})\log w\}, \quad \log w = \log|w| + i\arg w, \quad |\arg w| \leqq \pi - \delta.$$

Ich wende (8.7.1) auf die in (8.6.15) erklärte Funktion $g(s)$ an. Es zeigt sich, daß für jedes feste $\delta > 0$

$$g(s) \sim s^{\alpha+\beta-\gamma-1} \tag{8.7.2}$$

gleichmäßig gilt in $|\arg s| \leqq \pi - \delta$. Dabei ist

$$s^{\alpha+\beta-\gamma-1} = \exp\{(\alpha+\beta-\gamma-1)\log s\}, \quad \log s = \log|s| + i\arg s,$$
$$|\arg s| \leqq \pi - \delta.$$

(8.7.2) ergibt sich so: Aus (8.7.1) folgt für jedes a

$$\frac{\Gamma(a+s)}{\Gamma(s)} \sim s^a.$$

Denn es ist

$$\frac{\Gamma(a+s)}{\Gamma(s)\, s^a} \sim \frac{e^{-a-s}(a+s)^{a+s-\frac{1}{2}}}{e^{-s} s^{a+s-\frac{1}{2}}} = e^{-a}\left(1+\frac{a}{s}\right)^s \left(1+\frac{a}{s}\right)^{a-\frac{1}{2}} \sim e^{-a} e^a = 1.$$

Daraus folgt aber durch viermalige Anwendung sofort (8.7.2). Man muß nur nacheinander $a = \alpha, \beta, \gamma, 1$ setzen.

Aus (8.7.2) folgt insbesondere die Existenz einer von s unabhängigen Zahl M und einer Zahl $R \geqq 1$, so daß

$$|g(s)| < M(1+|s|)^{|\Re(\alpha+\beta-\gamma-1)|} \quad \text{in} \quad |s| \geqq R, \quad |\arg s| \leqq \pi - \delta. \tag{8.7.3}$$

Es ist nämlich

$$|s^{\alpha+\beta-\gamma-1}| = \exp\{\Re(\alpha+\beta-\gamma-1)\log|s| - \Im(\alpha+\beta-\gamma-1)\arg s\}.$$

Daher ist für $|s| \geqq 1$, $|\arg s| \leqq \pi - \delta$

$$\left.\begin{aligned} |s^{\alpha+\beta-\gamma-1}| &\leqq \exp\{|\Re(\alpha+\beta-\gamma-1)|\log|s| + \\ &+ (\pi-\delta)|\Im(\alpha+\beta-\gamma-1)|\} < M|s|^{|\Re(\alpha+\beta-\gamma-1)|}. \end{aligned}\right\} \tag{8.7.4}$$

Dabei ist M von s unabhängig. Nun gibt es nach (8.7.2) ein $R \geqq 1$ so, daß

$$|g(s)| < 2\,|s^{\alpha+\beta-\gamma-1}| \quad \text{für} \quad |s| \geqq R, \quad |\arg s| \leqq \pi - \delta. \tag{8.7.5}$$

Nach (8.7.4) und (8.7.5) ist daher

$$|g(s)| < 2M|s|^{|\Re(\alpha+\beta-\gamma-1)|} \quad \text{für} \quad |s| \geqq R, \qquad |\arg s| \leqq \pi - \delta. \tag{8.7.6}$$

Aus (8.7.6) folgt (8.7.3) mit einem anderen M.

Weiter ist für jedes z aus $|z| > 0$, $|\arg(-z)| \leqq \pi - \delta$ und für jedes $s = \sigma + i\,t$ aus $|\arg s| \leqq \pi - \delta$

$$\left.\begin{aligned} |(-z)^s| &= |\exp\{(\sigma + i\,t)\log(-z)\}| \\ &= \exp\{\sigma \log|z| - t\arg(-z)\} \leqq |z|^\sigma \exp\{(\pi - \delta)|t|\}. \end{aligned}\right\} \tag{8.7.7}$$

Endlich ist für $s = \sigma + i\,t$ und für jedes $t \neq 0$

$$\left|\frac{\pi}{\sin\pi s}\right| = \frac{2\pi}{|\exp(i\,\pi\,\sigma - \pi\,t) - \exp(-i\,\pi\,\sigma + \pi\,t)|} < \frac{2\pi}{\exp\pi|t| - \exp(-\pi|t|)}.$$

Daher gibt es zu jeder Zahl $t_0 > 0$ ein M, so daß

$$\left|\frac{\pi}{\sin\pi s}\right| < M\,e^{-\pi|t|} \quad \text{für} \quad |t| > t_0. \tag{8.7.8}$$

Nun seien T_1 und T_2 zwei Zahlen, für die entweder $T_1 > t_0$ und $T_2 > t_0$ oder $T_1 < -t_0$ und $T_2 < -t_0$ gilt. Außerdem sei jetzt t_0 noch so groß gewählt, daß für $\sigma = \lambda$ und $|t| > t_0$ die Abschätzung (8.7.3) gilt. Dann gibt es nach (8.7.3), (8.7.7) und (8.7.8) bei festem λ eine von z und s unabhängige Zahl M, so daß für $|z| > 0$, $|\arg(-z)| \leqq \pi - \delta$

$$\left|\frac{1}{2\pi i}\int\limits_{\lambda+iT_1}^{\lambda+iT_2} g(s)\frac{\pi}{\sin\pi s}(-z)^s\,ds\right| < M\left|\int\limits_{T_1}^{T_2}(1 + |s|)^{|\Re(\alpha+\beta-\gamma-1)|}|z|^\lambda e^{-\delta|t|}\,dt\right| \tag{8.7.9}$$

ist. Da aber das Integral

$$\int\limits_{-\infty}^{+\infty}(1 + |s|)^{|\Re(\alpha+\beta-\gamma-1)|}e^{-\delta|t|}\,dt$$

konvergiert, so gehört zu gegebenen $\varepsilon > 0$, $\mathsf{P} > \varrho > 0$ bei festem λ ein T_0, so daß

$$\left.\begin{aligned} \left|\frac{1}{2\pi i}\int\limits_{\lambda+iT_1}^{\lambda+iT_2} g(s)\frac{\pi}{\sin\pi s}(-z)^s\,ds\right| < \varepsilon \quad \text{in} \quad \varrho \leqq |z| \leqq \mathsf{P}, \\ |\arg(-z)| \leqq \pi - \delta \end{aligned}\right\} \tag{8.7.10}$$

ausfällt, sobald entweder $T_1 > T_0$ und $T_2 > T_0$ ist, oder wenn $T_1 < -T_0$ und $T_2 < -T_0$ erfüllt ist.

Nach diesen Vorbereitungen beweise ich zunächst:

Wählt man die reelle Zahl λ so, daß auf dem Integrationsweg, das ist die Gerade $\sigma = \lambda$, kein Pol des Integranden liegt, so stellt das in (8.6.15) erklärte Integral

$$\frac{1}{2\pi i}\int\limits_{\lambda-i\infty}^{\lambda+i\infty} g(s)\frac{\pi}{\sin\pi s}(-z)^s\,ds \tag{8.7.11}$$

eine in $|z| > 0$, $|\arg(-z)| < \pi$ reguläre eindeutige analytische Funktion dar. Es ist bekannt, daß

$$\frac{1}{2\pi i} \int\limits_{\lambda - i T_0}^{\lambda + i T_0} g(s) \frac{\pi}{\sin \pi s} (-z)^s \, ds \tag{8.7.12}$$

für jedes endliche T_0 eine in $|z| > 0$, $|\arg(-z)| < \pi$ reguläre analytische Funktion darstellt. Nach (8.7.10) folgt daraus, daß auch (8.7.11) im gleichen Gebiet eine reguläre analytische Funktion darstellt. Denn (8.7.12) konvergiert für $T_0 \to \infty$ gleichmäßig in $\varrho \leqq |z| \leqq \mathrm{P}$, $|\arg(-z)| \leqq \pi - \delta$ für jedes $\varrho > 0$, $\mathrm{P} > \varrho$, $\delta > 0$.

Damit ist der am Ende von § 8.**6.** formulierte Satz bis auf die Aussage bewiesen, welche den Integralwert mit der Summe der Residuen in Zusammenhang bringt. Um auch diese Behauptung noch als richtig zu erkennen, betrachte ich den Unterschied zweier Integrale

$$\frac{1}{2\pi i} \int\limits_{\mu - i\infty}^{\mu + i\infty} g(s) \frac{\pi}{\sin \pi s} (-z)^s \, ds - \frac{1}{2\pi i} \int\limits_{\nu - i\infty}^{\nu + i\infty} g(s) \frac{\pi}{\sin \pi s} (-z)^s \, ds, \quad \mu > \nu. \tag{8.7.13}$$

Dabei sollen μ und ν so gewählt sein, daß weder auf $\sigma = \mu$ noch auf $\sigma = \nu$ Pole des Integranden liegen. Es wird sich zeigen, daß diese Integraldifferenz gleich der Summe der Residuen an denjenigen Polstellen ist, die zwischen den beiden Integrationswegen liegen. Nach der in (8.7.10) gegebenen Abschätzung ist dazu nur noch zu beweisen, daß zu jedem gegebenen $\varepsilon > 0$ ein $T(\varepsilon)$ gehört, so daß bei festgehaltenen μ und ν

$$\left| \int\limits_{\nu + iT}^{\mu + iT} g(s) \frac{\pi}{\sin \pi s} (-z)^s \, d\sigma \right| < \varepsilon \quad \text{für} \quad |T| > T(\varepsilon) \tag{8.7.14}$$

ist. Denn dann ergibt sich aus der für $\lambda = \mu$ und $\lambda = \nu$ angewandten Abschätzung (8.7.10) und aus (8.7.14), daß die Differenz (8.7.13) von dem über den Rand des Rechtecks mit den Ecken $\nu - iT$, $\mu - iT$, $\mu + iT$, $\nu + iT$ erstreckten Integral über den gleichen Integranden für genügend große T beliebig wenig verschieden ist. Da aber das Integral über das Rechteck immer gleich der Summe der Residuen an den in seinem Inneren gelegenen Polstellen des Integranden ist, und da sich von einer gewissen Größe von T an diese Polstellen nicht mehr ändern (ihre Imaginärteile stimmen ja mit denen von α und β bzw. mit 0 überein), so ist damit bewiesen, daß die Differenz (8.7.13) tatsächlich gleich der Summe der Residuen an den zwischen beiden Integrationswegen gelegenen Polstellen des Integranden ist.

Der Beweis von (8.7.14) ergibt sich aus (8.7.3), (8.7.7) und (8.7.8). Denn danach ist mit einer gewissen von z und s unabhängigen Zahl M

$$\left|\int_{\nu+iT}^{\mu+iT} g(s)\frac{\pi}{\sin\pi s}(-z)^s\,d\sigma\right| < M\int_\nu^\mu (1+|s|)^{|\Re(\alpha+\beta-\gamma-1)|}|z|^\sigma e^{-\delta|T|}\,d\sigma$$

$$< M(1+|\mu|+|\nu|+|T|)^{|\Re(\alpha+\beta+\gamma-1)|}R^{|\mu|+|\nu|}e^{-\delta|T|}(\mu-\nu)$$

$$< \varepsilon \quad \text{für} \quad |T|>T(\varepsilon) \quad \text{in} \quad \varrho \leqq |z| \leqq \mathsf{P}, \quad |\arg(-z)| \leqq \pi-\delta.$$

Zum völligen Beweis des Satzes am Ende von § 8.**6.** ist nun noch zu zeigen, daß

$$\lim_{k\uparrow\infty}\int_{k-i\infty}^{k+i\infty} g(s)\frac{\pi}{\sin\pi s}(-z)^s\,ds = 0 \quad \text{für} \quad |z|<1, \ |\arg(-z)|<\pi \tag{8.7.15}$$

und

$$\lim_{l\uparrow\infty}\int_{-l-i\infty}^{-l+i\infty} g(s)\frac{\pi}{\sin\pi s}(-z)^s\,ds = 0 \quad \text{für} \quad |z|>1, \ |\arg(-z)|<\pi. \tag{8.7.16}$$

k und l müssen natürlich so gewählt werden, daß auf den Integrationswegen keine Pole des Integranden liegen. Dazu genügt es für große natürliche n zu setzen: $k=\frac{1}{2}+n$ und $l=-\lambda+n$, wenn noch $\lambda>0$ so gewählt ist, daß auf $\sigma=\lambda$ keine Pole des Integranden liegen.

(8.7.15) ergibt sich unmittelbar aus (8.7.3), (8.7.7) und (8.7.8). Denn darnach ist für $|z|<1$, $|\arg(-z)| \leqq \pi-\delta$, $\delta>0$

$$\left|\int_{k-i\infty}^{k+i\infty} g(s)\frac{\pi}{\sin\pi s}(-z)^s\,ds\right| < M\int_{-\infty}^{+\infty}(1+|s|)^{|\Re(\alpha+\beta-\gamma-1)|}|z|^k e^{-\delta|t|}\,dt$$

$$< M|z|^k\int_{-\infty}^{+\infty}(1+k+|t|)^{|\Re(\alpha+\beta-\gamma-1)|}e^{-\delta|t|}\,dt$$

$$< M|z|^k k^{|\Re(\alpha+\beta-\gamma-1)|}\int_{-\infty}^{+\infty}(1+|t|)^{|\Re(\alpha+\beta-\gamma-1)|}e^{-\delta|t|}\,dt.$$

Und daraus ergibt sich wegen der Konvergenz des Integrals die Behauptung.

Um die Abschätzung (8.7.3) auch zum Beweis von (8.7.16) benutzen zu können, muß dies Integral erst durch die Substitution $s/s-n$ umgeformt werden, weil sonst der Integrationsweg nicht ganz in dem Bereich der s-Ebene liegt, auf den sich (8.7.3) bezieht. Durch die angegebene Substitution wird das erreicht. Die Behauptung (8.7.16) geht dabei über in

$$\left.\begin{aligned} &\lim_{n\to\infty}\int_{\lambda-i\infty}^{\lambda+i\infty} g(s-n)\frac{\pi}{\sin\pi s}(-z)^{s-n}\,ds = 0 \\ &\qquad\qquad \text{in} \quad |z|>1, \ |\arg(-z)|<\pi. \end{aligned}\right\} \tag{8.7.17}$$

Nach (8.6.11) ist

$$g(s-n)=\frac{\Gamma(\alpha+s-n)\,\Gamma(\beta+s-n)}{\Gamma(\gamma+s-n)\,\Gamma(1+s-n)}$$
$$=\frac{\Gamma(n-s)\,\Gamma(1+n-\gamma-s)}{\Gamma(1+n-\alpha-s)\,\Gamma(1+n-\beta-s)}\;\frac{\sin\pi(1+s)\sin\pi(\gamma+s)}{\sin\pi(\alpha+s)\sin\pi(\beta+s)}\,.$$

Wieder ist nach der STIRLINGschen Formel (8.7.1)

$$\frac{\Gamma(n-s)\,\Gamma(1+n-\gamma-s)}{\Gamma(1+n-\alpha-s)\,\Gamma(1+n-\beta-s)}\sim(n-s)^{\alpha+\beta-\gamma-1}.$$

Man sieht dies ein, indem man die für (8.7.2) gegebene Herleitung wiederholt. Daraus folgt wieder analog zu (8.7.3)

$$\left|\frac{\Gamma(n-s)\,\Gamma(1+n-\gamma-s)}{\Gamma(1+n-\alpha-s)\,\Gamma(1+n-\beta-s)}\right|<M\,(1+|n-s|)^{|\Re(\alpha+\beta-\gamma-1)|}$$

mit einem von n und s unabhängigen M in $|\arg s|\leqq\pi-\delta$. Daher kann man auf $\sigma=\lambda$ weiterschreiben

$$\left|\frac{\Gamma(n-s)\,\Gamma(1+n-\gamma-s)}{\Gamma(1+n-\alpha-s)\,\Gamma(1+n-\beta-s)}\right|<M\,n^{|\Re(\alpha+\beta-\gamma-1)|}\,(1+|t|)^{|\Re(\alpha+\beta-\gamma-1)|}$$

mit einem neuen von n und t unabhängigen M. Ferner ist offenbar

$$\frac{\sin\pi(1+s)\cdot\sin\pi(\gamma+s)}{\sin\pi(\alpha+s)\cdot\sin\pi(\beta+s)}$$

auf $\sigma=\lambda$ beschränkt: Es gibt eine von t unabhängige Zahl M, so daß auf $\sigma=\lambda$

$$\left|\frac{\sin\pi s\cdot\sin\pi(\gamma+s)}{\sin\pi(\alpha+s)\cdot\sin\pi(\beta+s)}\right|<M$$

gilt. Weiter ist auf $\sigma=\lambda$ für ein passendes von t unabhängiges M

$$\left|\frac{\pi}{\sin\pi s}\right|<M\,e^{-\pi|t|}.$$

Endlich ist wieder auf $\sigma=\lambda$

$$|(-z)^{s-n}|\leqq|z|^{\lambda-n}\exp\{(\pi-\delta)\,|t|\}$$
$$\text{für}\quad|z|>1,\quad|\arg(-z)|\leqq\pi-\delta,\quad\delta>0.$$

Daher wird im ganzen

$$\left|\int\limits_{\lambda-i\infty}^{\lambda+i\infty}g(s-n)\,\frac{\pi}{\sin\pi s}\,(-z)^{s-n}\,ds\right|$$
$$<M\,n^{|\Re(\alpha+\beta-\gamma-1)|}\,|z|^{\lambda-n}\int\limits_{-\infty}^{+\infty}(1+|t|)^{|\Re(\alpha+\beta-\gamma-1)|}\,e^{-\delta|t|}\,dt.$$

Das hier stehende Integral konvergiert, und es ist für jedes z aus $|z|>1$, $|\arg(-z)|\leqq\pi-\delta$

$$\lim_{n\to\infty}n^{|\Re(\alpha+\beta-\gamma-1)|}|z|^{-n}=\lim_{n\to\infty}\exp\{|\Re(\alpha+\beta-\gamma-1)|\log n-n\log|z|\}=0.$$

So ist (8.7.17) und damit auch der am Ende von § 8.**6.** ausgesprochene Satz restlos bewiesen. Die analytische Fortsetzung von $F(\alpha, \beta, \gamma; z)$ in $|\arg(-z)| < \pi$ wird durch (8.6.14) unter den damals für α, β, γ gegebenen Voraussetzungen geliefert, wenn man unter den in dieser Formel vorkommenden Funktionszeichen, wie schon gesagt, die analytischen Fortsetzungen der gleichbezeichneten Reihen in den Bereich $|\arg(-z)| < \pi$ versteht.

8. Analytische Fortsetzung der übrigen Lösungen der hypergeometrischen Differentialgleichung. Setzt man weiter voraus, daß γ keine ganze Zahl ist, so ist nach (8.1.7)

$$w_2 = z^{1-\gamma} F(\alpha - \gamma + 1, \beta - \gamma + 1, 2 - \gamma; z)$$

eine zweite mit $w_1 = F(\alpha, \beta, \gamma; z)$ zusammen ein Fundamentalsystem bei $z = 0$ bildende Lösung. Ihre analytische Fortsezung in den Bereich $|\arg(-z)| < \pi$ kann man aus (8.6.14) ablesen, wenn die den damals genannten entsprechenden Voraussetzungen erfüllt sind. Es sind jetzt diese: Weder $\alpha - \gamma + 1$ noch $\beta - \gamma + 1$ noch $2 - \gamma$ darf gleich 0 oder gleich einer negativen ganzen Zahl sein. Diese Voraussetzungen kann man unbesorgt machen. Denn wäre $\alpha - \gamma + 1$ oder $\beta - \gamma + 1$ Null oder eine negative ganze Zahl, so würde die Reihe w_2 abbrechen, und es wäre kein Problem der Fortsetzung zu lösen. Und wenn $2 - \gamma$ gleich Null oder gleich einer negativen ganzen Zahl wäre, so wäre jene Reihe sinnlos. Außerdem ist wieder vorauszusetzen, daß $\alpha - \beta$ keine ganze Zahl ist. Das Ergebnis, das man dann aus (8.6.14) abliest, ist dieses:

$$\left.\begin{aligned} &\frac{\Gamma(\alpha-\gamma+1)\Gamma(\beta-\gamma+1)}{\Gamma(2-\gamma)}(-z)^{1-\gamma} F(\alpha-\gamma+1, \beta-\gamma+1, 2-\gamma; z) \\ &= \frac{\Gamma(\alpha-\gamma+1)\Gamma(\beta-\alpha)}{\Gamma(1-\alpha)}(-z)^{-\alpha} F\left(\alpha-\gamma+1, \alpha, \alpha+1-\beta; \frac{1}{z}\right) + \\ &+ \frac{\Gamma(\beta-\gamma+1)\Gamma(\alpha-\beta)}{\Gamma(1-\beta)}(-z)^{-\beta} F\left(\beta-\gamma+1, \beta, \beta+1-\alpha; \frac{1}{z}\right). \end{aligned}\right\} \quad (8.8.1)$$

Es interessiert nun weiter der Ausdruck der analytischen Fortsetzung des zu $z=0$ gehörigen Fundamentalsystems von (8.5.5) in den $|z-1|<1$ und die Darstellung dieser analytischen Fortsetzung durch das zu $z=1$ gehörige Fundamentalsystem (8.4.2) von (8.5.5). Dazu gelangt man am bequemsten auf Grund der in § 8.**5.** angegebenen Überlegungen. Wir müssen im Sinne jenes Abschnittes nur 0 festhalten und 1 mit ∞ durch eine der damals angegebenen linearen Transformationen vertauschen. Natürlich leistet dies die Abbildung $\mathfrak{z} = \frac{z}{z-1}$. Wir knüpfen daher an (8.5.10) an und setzen das bei $\mathfrak{z}=0$ erklärte Fundamentalsystem einer zugehörigen hypergeometrischen Differentialgleichung in das bei $\mathfrak{z}=\infty$ erklärte der gleichen Differentialgleichung fort, so wie dies in § 8.**6.**

gelehrt wurde. Wir haben im Anschluß an (8.5.10)

$$P\begin{pmatrix} 0 & 1 & \infty & \\ 0 & \alpha & 0 & \mathfrak{z} \\ 1-\gamma & \beta & \gamma-\alpha-\beta & \end{pmatrix} = (1-\mathfrak{z})^{\alpha} P\begin{pmatrix} 0 & 1 & \infty & \\ 0 & 0 & \alpha & \mathfrak{z} \\ 1-\gamma & \beta-\alpha & \gamma-\beta & \end{pmatrix}. \qquad (8.8.2)$$

Nach (8.6.14) ist

$$\frac{\Gamma(\alpha)\Gamma(\gamma-\beta)}{\Gamma(\gamma)}(1-\mathfrak{z})^{\alpha} F(\alpha,\gamma-\beta,\gamma;\mathfrak{z})$$
$$= \frac{\Gamma(\alpha)\Gamma(\gamma-\beta-\alpha)}{\Gamma(\gamma-\alpha)}(-\mathfrak{z})^{-\alpha}(1-\mathfrak{z})^{\alpha} F\left(\alpha, 1+\alpha-\gamma, 1+\alpha+\beta-\gamma; \frac{1}{\mathfrak{z}}\right) +$$
$$+ \frac{\Gamma(\gamma-\beta)\Gamma(\alpha+\beta-\gamma)}{\Gamma(\beta)}(-\mathfrak{z})^{\beta-\gamma}(1-\mathfrak{z})^{\alpha} F\left(\gamma-\beta, 1-\beta, 1+\gamma-\beta-\alpha; \frac{1}{\mathfrak{z}}\right).$$

Hier ist $\mathfrak{z} = \frac{z}{z-1}$ einzusetzen. Dann gilt dies in der von 0 über die negativ reelle Achse nach ∞ und von da über die positiv reelle Achse bis 1 aufgeschnittenen z-Ebene. Denn aus dem bei (8.6.14) vorkommenden, jetzt in der $\mathfrak{z}$-Ebene gelegenen Einschnitt geht der eben genannte durch die Abbildung $\mathfrak{z} = z/(z-1)$ hervor. In (8.8.2) war noch mit $(1-\mathfrak{z})^{\alpha}$ zu multiplizieren und ist zu beachten, daß nach (8.5.14)

$$(1-\mathfrak{z})^{\alpha} F(\alpha,\gamma-\beta,\gamma;\mathfrak{z}) = (1-z)^{-\alpha} F\left(\alpha,\gamma-\beta,\gamma;\frac{z}{z-1}\right) = F(\alpha,\beta,\gamma;z)$$

das bei $z = 0$ reguläre Integral von (8.5.5) ist. Ersetzt man hier z durch $1-z$ und γ durch $\alpha+\beta-\gamma+1$, so erhält man in

$$\left(\frac{\mathfrak{z}}{\mathfrak{z}-1}\right)^{-\alpha} F\left(\alpha, 1+\alpha-\gamma, 1+\alpha+\beta-\gamma; \frac{1}{\mathfrak{z}}\right)$$
$$= z^{-\alpha} F\left(\alpha, 1+\alpha-\gamma, 1+\alpha+\beta-\gamma; \frac{z-1}{z}\right)$$
$$= F(\alpha,\beta,\alpha+\beta-\gamma+1; 1-z)$$

das bei $z = 1$ reguläre Integral von (8.5.5), wenn man unter $z^{-\alpha} = \big(1-(1-z)\big)^{-\alpha}$ den Zweig versteht, der bei $z = 1$ den Wert 1 hat. Ebenso ist

$$(-\mathfrak{z})^{\beta-\gamma}(1-\mathfrak{z})^{\alpha} F\left(\gamma-\beta, 1-\beta, 1+\gamma-\beta-\alpha; \frac{1}{\mathfrak{z}}\right)$$
$$= z^{\beta-\gamma}(1-z)^{\gamma-\alpha-\beta} F\left(\gamma-\beta, 1-\beta, 1+\gamma-\beta-\alpha; \frac{z-1}{z}\right)$$
$$= (1-z)^{\gamma-\alpha-\beta} F(\gamma-\beta, \gamma-\alpha, \gamma-\alpha-\beta+1; 1-z).$$

Man erhält diese beiden letzten Zeilen aus den beiden letzten Zeilen der vorigen Relation, wenn man dort α durch $\gamma-\beta$, β durch $\gamma-\alpha$ und γ durch γ ersetzt. So hat man schließlich

$$\left.\begin{aligned} \frac{\Gamma(\alpha)\Gamma(\gamma-\beta)}{\Gamma(\gamma)} F(\alpha,\beta,\gamma;z) &= \frac{\Gamma(\alpha)\Gamma(\gamma-\beta-\alpha)}{\Gamma(\gamma-\alpha)} F(\alpha,\beta,\alpha+\beta-\gamma+1; 1-z) + \\ &+ \frac{\Gamma(\gamma-\beta)\Gamma(\alpha+\beta-\gamma)}{\Gamma(\beta)}(1-z)^{\gamma-\alpha-\beta} F(\gamma-\beta,\gamma-\alpha,\gamma-\alpha-\beta+1; 1-z). \end{aligned}\right\} \qquad (8.8.3)$$

Also

$$\left.\begin{aligned} F(\alpha,\beta,\gamma;z) &= \frac{\Gamma(\gamma)\Gamma(\gamma-\alpha-\beta)}{\Gamma(\gamma-\alpha)\Gamma(\gamma-\beta)} F(\alpha,\beta,\alpha+\beta-\gamma+1;1-z)+\\ &+\frac{\Gamma(\gamma)\Gamma(\alpha+\beta-\gamma)}{\Gamma(\alpha)\Gamma(\beta)}(1-z)^{\gamma-\alpha-\beta}F(\gamma-\alpha,\gamma-\beta,\gamma-\alpha-\beta+1;1-z).\end{aligned}\right\}\quad(8.8.4)$$

Dabei bedeuten die Funktionszeichen wieder die analytischen Fortsetzungen der durch die gleich bezeichneten Reihen definierten analytischen Funktionen. Die Darstellung (8.8.3) gilt nach ihrer Herleitung in dem Durchschnitt der beiden aufgeschnittenen Ebenen $|\arg z| < \pi$ und $|\arg(1-z)| < \pi$. Dabei ist

$$(1-z)^{\gamma-\alpha-\beta} = \exp\{(\gamma-\alpha-\beta)\log(1-z)\}, \qquad |\Im\log(1-z)| < \pi$$

zu nehmen. Da aber die linke Seite von (8.8.3) bei $z = 0$ regulär ist, so gilt das auch für die rechte Seite und somit gilt die Darstellung (8.8.3) sogar in der ganzen aufgeschnittenen Ebene $|\arg(1-z)| < \pi$. Versteht man unter den F in (8.8.3) allerdings die gleich bezeichneten Potenzreihen, so gilt (8.8.3) nur im Durchschnitt der beiden Kreisscheiben $|z| < 1$ und $|z-1| < 1$.

Ganz entsprechend findet man aus (8.8.3)

$$\begin{aligned} &\frac{\Gamma(\alpha-\gamma+1)\Gamma(1-\beta)}{\Gamma(2-\gamma)} z^{1-\gamma} F(\alpha-\gamma+1,\beta-\gamma+1,2-\gamma;z)\\ &=\frac{\Gamma(\alpha-\gamma+1)\Gamma(\gamma-\alpha-\beta)}{\Gamma(1-\alpha)} z^{1-\gamma}F(\alpha-\gamma+1,\beta-\gamma+1,\alpha+\beta-\gamma+1;1-z)+\\ &+\frac{\Gamma(1-\beta)\Gamma(\alpha+\beta-\gamma)}{\Gamma(\beta-\gamma+1)} z^{1-\gamma}(1-z)^{\gamma-\alpha-\beta}F(1-\beta,1-\alpha,-\alpha-\beta+\gamma+1;1-z)\\ &=\frac{\Gamma(\alpha-\gamma+1)\Gamma(\gamma-\alpha-\beta)}{\Gamma(1-\alpha)} = F(\alpha,\beta,\alpha+\beta-\gamma+1;1-z)+\\ &+\frac{\Gamma(1-\beta)\Gamma(\alpha+\beta-\gamma)}{\Gamma(\beta-\gamma+1)}(1-z)^{\gamma-\alpha-\beta}F(\gamma-\beta,\gamma-\alpha,\gamma-\alpha-\beta+1;1-z).\end{aligned}$$

Die letzte Umformung ergibt sich aus (8.5.12) und (8.5.13). Daher ist schließlich

$$\left.\begin{aligned} &z^{1-\gamma}F(\alpha-\gamma+1,\beta-\gamma+1,2-\gamma;z)\\ &\quad=\frac{\Gamma(\gamma-\alpha-\beta)\Gamma(2-\gamma)}{\Gamma(1-\alpha)\Gamma(1-\beta)}F(\alpha,\beta,\alpha+\beta-\gamma+1;1-z)+\\ &\quad+\frac{\Gamma(\alpha+\beta-\gamma)\Gamma(2-\gamma)}{\Gamma(\alpha-\gamma+1)\Gamma(\beta-\gamma+1)}(1-z)^{\gamma-\alpha-\beta}\times\\ &\quad\times F(\gamma-\alpha,\gamma-\beta,\gamma-\alpha-\beta+1;1-z).\end{aligned}\right\}\quad(8.8.5)$$

Einige **Folgerungen** aus (8.8.4) mögen noch Platz finden. Setzt man voraus, daß $\Re(\gamma-\alpha-\beta) > 0$ ist, so hat die rechte Seite von (8.8.4) für $z \to 1$ den Grenzwert

$$\frac{\Gamma(\gamma)\Gamma(\gamma-\alpha-\beta)}{\Gamma(\gamma-\alpha)\Gamma(\gamma-\beta)}.$$

Daher existiert auch der Grenzwert $\lim_{z\to 1} F(\alpha,\beta,\gamma;z)$. Wir verabreden die Bezeichnung

$$F(\alpha,\beta,\gamma;1) = \lim_{z\to 1} F(\alpha,\beta,\gamma;z).$$

Dann folgt aus (8.8.4) die von GAUSS (1812) herrührende Formel:

$$F(\alpha,\beta,\gamma;1) = \frac{\Gamma(\gamma)\,\Gamma(\gamma-\beta-\alpha)}{\Gamma(\beta-\alpha)\,\Gamma(\gamma-\beta)}. \tag{8.8.6}$$

Zu den in § 8.**5.** erwähnten Voraussetzungen über die α, β, γ kommt hier noch $\Re(\gamma-\alpha-\beta) > 0$ hinzu. Freilich wird von den Voraussetzungen in § 8.**5.** hier nur benötigt, daß $\alpha, \beta, \gamma-\alpha, \gamma-\beta, \gamma-\beta-\alpha \neq 0, -1, -2, \ldots$ sind.

Es ist hübsch noch zu bemerken, daß unter diesen Annahmen die hypergeometrische Reihe $F(\alpha,\beta,\gamma;z)$ für $z=1$ konvergiert, und daher nach dem ABELschen Grenzwertsatz $F(\alpha,\beta,\gamma;1)$ zur Summe hat. In der Tat ist nach (8.7.2)

$$\frac{\Gamma(\alpha+n)\,\Gamma(\beta+n)}{\Gamma(\gamma+n)\,\Gamma(1+n)} \sim \frac{1}{n^{\gamma-\alpha-\beta+1}}.$$

Daraus folgt, daß die Reihe

$$\frac{\Gamma(\alpha)\,\Gamma(\beta)}{\Gamma(\gamma)} F(\alpha,\beta,\gamma;z)_{z=1} = \sum_0^\infty \frac{\Gamma(\alpha+n)\,\Gamma(\beta+n)}{\Gamma(\gamma+n)\,\Gamma(1+n)}$$

und daher auch die Reihe

$$F(\alpha,\beta,\gamma;z)_{z=1}$$

konvergiert, wenn $\Re(\gamma-\alpha-\beta) > 0$ ist.

Hat man sich die Formel (8.8.6) auf irgendeinem anderen — z. B. dem von GAUSS selbst eingeschlagenen — Weg verschafft, so kann man sie benutzen, um aus ihr wieder (8.8.4) zu folgern. Man setzt zunächst (8.8.4) mit unbestimmten Koeffizienten A und B an, da man ja weiß, daß es eine solche Formel geben muß, wenn die rechts stehenden F-Funktionen linear unabhängig sind.

$$\left.\begin{aligned} F(\alpha,\beta,\gamma;z) &= A\,F(\alpha,\beta,\alpha+\beta-\gamma+1;1-z) + \\ &+ B(1-z)^{\gamma-\alpha-\beta} F(\gamma-\beta,\gamma-\alpha,\gamma-\alpha-\beta+1;1-z).\end{aligned}\right\} \tag{8.8.7}$$

Dann trägt man in (8.8.7) einmal $z=0$, ein zweites Mal $z=1$ ein, und erhält so zwei lineare Gleichungen, aus denen man A und B berechnen kann. Die gefundenen Werte kann man dann auf die in (8.8.4) angegebene Gestalt umformen. Freilich sind bei diesem Beweisgang über die α, β, γ noch Voraussetzungen zu machen, die über den Gültigkeitsbereich von (8.8.4) hinausgehen. Diese Zusatzannahmen kann man dann wieder auf dem Wege der analytischen Fortsetzung beseitigen, da doch alle in (8.8.4) vorkommenden Posten analytische Funktionen von α, β, γ, z sind. Hat man (8.8.4) bewiesen, so kann man daraus mit Hilfe der Prinzipien von § 8.**5.** auch wieder (8.6.14) erschließen.

Als **zweite Folgerung** aus (8.8.4) soll noch eine weitere Integraldarstellung für $F(\alpha,\beta,\gamma;z)$ hergeleitet werden. Es liegt nahe, auch die rechte Seite von (8.8.4) als eine Summe von Residuen aufzufassen. Nach den Erfahrungen aus § 8.**6.** erscheint es zweckmäßig, dabei das Integral

$$\left.\begin{aligned} &\frac{1}{2\pi i}\int\limits_{-i\infty}^{+i\infty}\frac{\Gamma(\alpha+s)\,\Gamma(\beta+s)}{\Gamma(1+\alpha+\beta-\gamma+s)\,\Gamma(1+s)}\times \\ &\times\frac{\pi^2}{\sin\pi s\cdot\sin\pi(\alpha+\beta-\gamma+s)}(1-z)^s\,ds, \qquad |\arg(1-z)|<\pi \end{aligned}\right\} \tag{8.8.8}$$

zu betrachten. Der eine Summand von (8.8.4) rechts wird dann von den Nullstellen von $\sin\pi s$ herrühren, der andere sich aus denen von $\sin\pi(\alpha+\beta-\gamma+s)$ ergeben. Der Integrationsweg soll für $|t|>|t_0|=\operatorname{Max}\{|\Im(\alpha)|,|\Im(\beta)|,|\Im(\alpha+\beta-\gamma)|\}$ auf $\sigma=0$ fallen, zwischen $-i\,t_0$ und $+i\,t_0$ aber so gewählt werden, daß er die eben genannten Polstellen, d. h. also

$$s=\nu,\qquad s=\gamma-\alpha-\beta+\nu,\qquad \nu=0,1,2,\ldots$$

zur Rechten, die Stellen $s=-\alpha+\nu$, $s=-\beta+\nu$, $\nu=0,1,2,\ldots$ dagegen zur Linken hat. Wegen der für die α, β, γ geltenden Voraussetzungen ist das möglich. Daß dann das Integral (8.8.8) gleich der negativen Summe der Residuen an den genannten Polstellen rechts vom Integrationsweg ist, beweist man in genau der gleichen Weise wie in § 8.**7.** Die Einzeldurchführung kann dem Leser überlassen bleiben. Man findet als Residuen bei $s=\nu$, $\nu=0,1,2,\ldots$

$$\frac{\Gamma(\alpha+\nu)\,\Gamma(\beta+\nu)}{\Gamma(1+\alpha+\beta-\gamma+\nu)\,\Gamma(1+\nu)}\,\frac{\pi}{\sin\pi(\alpha+\beta-\gamma)}(1-z)^\nu$$

$$=-\frac{\Gamma(\alpha+\nu)\,\Gamma(\beta+\nu)\,\Gamma(1+\alpha+\beta-\gamma)\,\Gamma(\gamma-\alpha-\beta)}{\Gamma(1+\alpha+\beta-\gamma+\nu)\,\Gamma(1+\nu)}(1-z)^\nu, \quad \text{wegen (8.6.6)}$$

$$=\frac{\Gamma(\alpha)\,\Gamma(\beta)\,\Gamma(\gamma-\alpha-\beta)\,(1-z)^\nu\,\alpha(\alpha+1)\ldots(\alpha+\nu-1)\,\beta(\beta+1)\ldots(\beta+\nu-1)}{(1+\alpha+\beta-\gamma)\,(1+\alpha+\beta-\gamma+1)\ldots(1+\alpha+\beta-\gamma+\nu-1)\,\Gamma(1+\nu)}$$

$$\text{für}\quad \nu\geqq 1.$$

Also wird die negative Summe der Residuen an den Stellen $s=\nu$, $\nu=0,1,2,\ldots$

$$\Gamma(\alpha)\,\Gamma(\beta)\,\Gamma(\gamma-\alpha-\beta)\,F(\alpha,\beta,\alpha+\beta-\gamma+1;1-z).$$

Als Residuen an den Stellen $s=\gamma-\alpha-\beta+\nu$, $\nu=0,1,\ldots$ ergeben sich

$$\frac{\Gamma(\gamma-\beta+\nu)\,\Gamma(\gamma-\alpha+\nu)}{\Gamma(1+\nu)\,\Gamma(1+\gamma-\alpha-\beta+\nu)}\,\frac{\pi}{\sin\pi(\gamma-\alpha-\beta)}(1-z)^{\gamma-\alpha-\beta+\nu}$$

$$=-\frac{\Gamma(\gamma-\alpha+\nu)\,\Gamma(\gamma-\beta+\nu)\,\Gamma(\alpha+\beta-\gamma)\,\Gamma(1+\gamma-\alpha-\beta)}{\Gamma(1+\nu)\,\Gamma(1+\gamma-\alpha-\beta+\nu)}(1-z)^{\gamma-\alpha-\beta+\nu},$$

wegen (8.6.6)

$$= -\frac{\Gamma(\gamma-\alpha)\,\Gamma(\gamma-\beta)\,\Gamma(\alpha+\beta-\gamma)\,(\gamma-\alpha)\,(\gamma-\alpha+1)\ldots}{\Gamma(1+\nu)\,(1+\gamma-\alpha-\beta)\,(1+\gamma-\alpha-\beta+1)\ldots}$$

$$\frac{\ldots(\gamma-\alpha+\nu-1)\,(\gamma-\beta)\,(\gamma-\beta+1)\ldots(\gamma-\beta+\nu-1)}{\ldots(1+\gamma-\alpha-\beta+\nu-1)}\,(1-z)^{\gamma-\alpha-\beta+\nu}$$

für $\nu \geqq 1$.

Daher wird die negative Summe der Residuen an den Stellen $s=\gamma-\alpha-\beta+\nu$, $\nu=0,1,\ldots$

$$\Gamma(\gamma-\alpha)\,\Gamma(\gamma-\beta)\,\Gamma(\alpha+\beta-\gamma)\,(1-z)^{\gamma-\alpha-\beta}\times$$
$$\times F(\gamma-\alpha,\gamma-\beta,\gamma-\alpha-\beta+1;1-z).$$

Nach (8.8.4) ist daher

$$\left.\begin{aligned} &F(\alpha,\beta,\gamma;z)\\ &\quad=\frac{\Gamma(\gamma)}{\Gamma(\alpha)\Gamma(\beta)\Gamma(\gamma-\alpha)\Gamma(\gamma-\beta)}\,\frac{1}{2\pi i}\int_{-i\infty}^{+i\infty} G(s)\,\frac{\pi^2(1-z)^s\,ds}{\sin\pi s\cdot\sin\pi(\alpha+\beta-\gamma+s)}\\ &G(s)=\frac{\Gamma(\alpha+s)\,\Gamma(\beta+s)}{\Gamma(1+\alpha+\beta-\gamma+s)\,\Gamma(1+s)}\end{aligned}\right\}\quad(8.8.9)$$

oder auch

$$\frac{\Gamma(\alpha)\,\Gamma(\beta)\,\Gamma(\gamma-\alpha)\,\Gamma(\gamma-\beta)}{\Gamma(\gamma)}\,F(\alpha,\beta,\gamma;z)=\frac{1}{2\pi i}\int_{-i\infty}^{+i\infty} H(s)\,(1-z)^s\,ds$$

$$H(s)=\Gamma(\alpha+s)\,\Gamma(\beta+s)\,\Gamma(-s)\,\Gamma(\gamma-\alpha-\beta-s).$$

Diese Integraldarstellung tritt neben (8.6.16). Sie gilt in $|\arg(1-z)|<\pi$. Sie ist der Darstellung (8.6.16) vorzuziehen, da sie auch in $|z|<1$ gilt, wo $F(\alpha,\beta,\gamma;z)$ schon kraft der Reihe regulär ist.

Es liegt der Gedanke nahe, nach dem Vorgang in § 8.**6.** auch die Summe der Residuen an den übrigen Polstellen des Integranden in (8.8.8) zu betrachten. Man kann das durchführen. Dann findet man eine Darstellung von $F(\alpha,\beta,\gamma;z)$ in $|z-1|>1$ durch ein Fundamentalsystem des Punktes $z=\infty$. Dafür haben wir im Augenblick kein Interesse.

Bei der Herleitung von (8.8.9) ist die Annahme verwendet worden, daß weder α noch β noch γ noch $\gamma-\alpha$ noch $\gamma-\beta$ noch $\alpha+\beta-\gamma$ der Null oder einer negativen ganzen Zahl gleich ist. Da aber links und rechts in (8.8.9) analytische Funktionen von α, β, γ stehen, bleibt (8.8.9) richtig, wenn sie überhaupt sinnvoll ist. Insbesondere gilt also z. B. auch

$$\pi^2 F\left(\frac{1}{2},\frac{1}{2},1;z\right)=\frac{1}{2\pi i}\int_{-i\infty}^{+i\infty}\left\{\frac{\Gamma(\frac{1}{2}+s)}{\Gamma(1+s)}\right\}^2\frac{\pi^2}{\sin^2\pi s}\,(1-z)^s\,ds,\qquad(8.8.10)$$

d. h. auch

$$\pi^2 F\left(\frac{1}{2}, \frac{1}{2}, 1; z\right) = \frac{1}{2\pi i} \int_{-i\infty}^{+i\infty} \left\{\Gamma\left(\frac{1}{2} + s\right)\Gamma(-s)\right\}^2 (1-z)^s\, ds$$

$$\text{in} \quad |\arg(1-z)| < \pi.$$

9. Analytische Fortsetzung in den Ausnahmefällen. Es wurde schon in § 8.**6.** angedeutet, daß die benutzte Methode der analytischen Fortsetzung ohne jede Beschränkung für alle Werte der α, β, γ verwendbar ist. Insbesondere stellt das Integral (8.6.16) stets eine Lösung der hypergeometrischen Differentialgleichung in dem ganzen Bereich $|\arg(-z)| < \pi$ dar. Von ihm aus gelangt man durch Residuenberechnung in der in § 8.**7.** beschriebenen Weise zu einer analytischen Fortsetzung, und zwar unmittelbar immer zur Fortsetzung einer in $|z| < 1$ erklärten Lösung in den $|z| > 1$ und zur Darstellung dieser Fortsetzung durch ein Fundamentalsystem von $z = \infty$. Mit Hilfe von § 8.**5.** kann man dann weiter auch zu den übrigen **Übergangssubstitutionen** kommen, die angeben, wie ein in der Umgebung irgendeiner singulären Stelle erklärtes Fundamentalsystem sich durch die zu den anderen singulären Stellen gehörigen Fundamentalsysteme bei analytischer Fortsetzung darstellen läßt. Das gilt auch für die Ausnahmefälle. Indessen kann man diese auch durch Grenzübergang aus den Normalfällen erledigen, ähnlich wie dies in § 8.**3.** bei der Ermittlung der Fundamentalsysteme geschah. Das mag nun an einem konkreten Beispiel auseinandergesetzt werden. Ich wähle das schon in § 8.**1.** erwähnte vollständige elliptische Integral erster Gattung

$$K(z) = \int_0^{\pi/2} \frac{d\varphi}{\sqrt{1 - z\sin^2\varphi}} = \frac{\pi}{2} F\left(\frac{1}{2}, \frac{1}{2}, 1; z\right). \tag{8.9.1}$$

Es genügt der Differentialgleichung

$$w'' + \frac{2z-1}{z(z-1)} w' + \frac{w}{4z(z-1)} = 0. \tag{8.9.2}$$

Ich berechne zunächst die zu den drei singulären Stellen 0, 1, ∞ gehörigen kanonischen Fundamentalsysteme und gebe dann die Übergangssubstitutionen an. Zunächst ergänze ich $w_{01} = F(\frac{1}{2}, \frac{1}{2}, 1; z)$ zum kanonischen Fundamentalsystem. Im allgemeinen Fall der Differentialgleichung (8.1.1) bilden

$$F(\alpha, \beta, \gamma; z) \quad \text{und} \quad z^{1-\gamma} F(\alpha - \gamma + 1, \beta - \gamma + 1, 2 - \gamma; z)$$

ein Fundamentalsystem. Im vorliegenden Fall (8.9.1) ist $\alpha = \frac{1}{2}$, $\beta = \frac{1}{2}$, $\gamma = 1$, so daß die beiden Lösungen zusammenfallen. Nach dem Verfahren von § 8.**3.** bildet man daher

$$w(z, \gamma) = F(\tfrac{1}{2}, \tfrac{1}{2}, \gamma; z) - z^{1-\gamma} F(\tfrac{1}{2} - \gamma + 1, \tfrac{1}{2} - \gamma + 1, 2 - \gamma; z)$$

und erkennt, daß

$$\left.\frac{\partial w(z,\gamma)}{\partial\gamma}\right|_{\gamma=1} = \dot{w}(z,1) = w_{02}(z)$$

die Funktion $w_{01}(z) = F(\frac{1}{2}, \frac{1}{2}, 1; z)$ zum Fundamentalsystem ergänzt. Man berechnet

$$\left.\begin{aligned} w_{01} &= F\left(\frac{1}{2}, \frac{1}{2}, 1; z\right) = 1 + \sum_1^\infty \left(\frac{1\cdot 3\ldots 2n-1}{2\cdot 4\ldots 2n}\right)^2 z^n \\ w_{02} &= F_1\left(\frac{1}{2}, \frac{1}{2}, 1; z\right) + F\left(\frac{1}{2}, \frac{1}{2}, 1, z\right)\log z \end{aligned}\right\} \quad (8.9.3)$$

mit

$$\left.\begin{aligned} &F_1\left(\frac{1}{2}, \frac{1}{2}, 1; z\right) \\ &= \left(\frac{\partial F(\alpha,\beta,\gamma;z)}{\partial\alpha} + \frac{\partial F(\alpha,\beta,\gamma;z)}{\partial\beta} + 2\frac{\partial F(\alpha,\beta,\gamma;z)}{\partial\gamma}\right)_{\substack{\alpha=\frac12\\ \beta=\frac12\\ \gamma=1}} \\ &= 4\sum_1^\infty \left(\frac{1\cdot 3\ldots 2n-1}{2\cdot 4\ldots 2n}\right)^2 \left(1 - \frac{1}{2} + \frac{1}{3} - \frac{1}{4}\cdots + \frac{1}{2n-1} - \frac{1}{2n}\right) z^n. \end{aligned}\right\} \quad (8.9.4)$$

Es ist nämlich

$$\left(\frac{\partial}{\partial\alpha} + \frac{\partial}{\partial\beta} + 2\frac{\partial}{\partial\gamma}\right)\left(\frac{\alpha(\alpha+1)\ldots(\alpha+n-1)\,\beta(\beta+1)\ldots(\beta+n-1)}{1\cdot 2\ldots\quad n\quad \gamma(\gamma+1)\ldots(\gamma+n-1)}\right)$$

$$= \frac{\alpha\ldots(\alpha+n-1)\,\beta\ldots(\beta+n-1)}{1\ldots\quad n\quad \gamma\ldots(\gamma+n-1)} \times$$

$$\times\left(\frac{1}{\alpha} + \cdots + \frac{1}{\alpha+n-1} + \frac{1}{\beta} + \cdots + \frac{1}{\beta+n-1} - \frac{2}{\gamma} - \cdots - \frac{2}{\gamma+n-1}\right)$$

$$= \frac{\alpha\ldots(\alpha+n-1)\,\beta\ldots(\beta+n-1)}{1\ldots\quad n\quad \gamma\ldots(\gamma+n-1)} \times$$

$$\times\left(\frac{\gamma-\alpha}{\alpha\gamma} + \cdots + \frac{\gamma-\alpha}{(\alpha+n-1)(\gamma+n-1)} + \frac{\gamma-\beta}{\beta\gamma} + \cdots + \frac{\gamma-\beta}{(\beta+n-1)(\gamma+n-1)}\right).$$

Das ist für $\alpha = \frac{1}{2}$, $\beta = \frac{1}{2}$, $\gamma = 1$

$$= \left(\frac{1\cdot 3\ldots 2n-1}{2\cdot 4\ldots 2n}\right)^2 2\left(\frac{\frac12}{\frac12\cdot 1} + \cdots + \frac{\frac12}{(\frac12+n-1)(1+n-1)}\right)$$

$$= \left(\frac{1\cdot 3\ldots 2n-1}{2\cdot 4\ldots 2n}\right)^2 4\left(\frac{1}{1\cdot 2} + \cdots + \frac{1}{(2n-1)\,2n}\right)$$

$$= \left(\frac{1\cdot 3\ldots 2n-1}{2\cdot 4\ldots 2n}\right)^2 4\left(1 - \frac{1}{2} + \cdots + \frac{1}{2n-1} - \frac{1}{2n}\right).$$

Ein Fundamentalsystem bei $z = 1$ ist selbstverständlich

$$\left.\begin{aligned} w_{11} &= F\left(\frac{1}{2}, \frac{1}{2}, 1; 1-z\right) \\ w_{12} &= F_1\left(\frac{1}{2}, \frac{1}{2}, 1; 1-z\right) + F\left(\frac{1}{2}, \frac{1}{2}, 1; 1-z\right)\log(1-z), \end{aligned}\right\} \quad (8.9.5)$$

wobei wieder F_1 durch (8.9.4) erklärt ist. Bei $z = \infty$ findet man als Fundamentalsystem

$$\left.\begin{aligned} w_{\infty 1} &= \frac{1}{\sqrt{z}} F\left(\frac{1}{2}, \frac{1}{2}, 1; \frac{1}{z}\right) \\ w_{\infty 2} &= \frac{1}{\sqrt{z}}\left(F_1\left(\frac{1}{2}, \frac{1}{2}, 1; \frac{1}{z}\right) + F\left(\frac{1}{2}, \frac{1}{2}, 1; \frac{1}{z}\right)\log\frac{1}{z}\right). \end{aligned}\right\} \quad (8.9.6)$$

Nun zu den **Übergangssubstitutionen.** Ich beginne mit der analytischen Fortsetzung von $F(\frac{1}{2}, \frac{1}{2}, 1; z)$ in den $|z-1| < 1$. Diese gewinne ich aus (8.8.3) durch Grenzübergang. Ich schreibe (8.8.3) für $\alpha = \frac{1}{2}$, $\beta = \frac{1}{2}$ und zunächst beliebiges γ an. Das ist

$$\left.\begin{aligned} &\frac{\Gamma(\frac{1}{2})\,\Gamma(\gamma-\frac{1}{2})}{\Gamma(\gamma)} F\left(\frac{1}{2}, \frac{1}{2}, \gamma; z\right) \\ &= \frac{\Gamma(\frac{1}{2})\,\Gamma(\gamma-1)}{\Gamma(\gamma-\frac{1}{2})} F\left(\frac{1}{2}, \frac{1}{2}, 2-\gamma; 1-z\right) \\ &+ \frac{\Gamma(\gamma-\frac{1}{2})\,\Gamma(1-\gamma)}{\Gamma(\frac{1}{2})}(1-z)^{\gamma-1} F\left(\gamma-\frac{1}{2}, \gamma-\frac{1}{2}, \gamma; 1-z\right). \end{aligned}\right\} \quad (8.9.7)$$

Der Grenzübergang zu $\gamma \to 1$ ist auf der linken Seite dieser Gleichung ohne weiteres zu bewerkstelligen. Auf der rechten Seite erscheint zunächst ein unbestimmter Ausdruck von der Form $\infty - \infty$. Um seinen Wert zu ermitteln, entwickle ich alle Posten nach Potenzen von $\gamma - 1$. Das liefert

$$\Gamma(\gamma-1) = \frac{1}{\gamma-1} + c_0 + c_1(\gamma-1) + \cdots. \quad (8.9.8)$$

Ich schiebe die Berechnung von c_0 auf und finde zunächst weiter

$$\left.\begin{aligned} &\frac{\Gamma(\frac{1}{2})}{\Gamma(\gamma-\frac{1}{2})} = 1 - \frac{\Gamma'(\frac{1}{2})}{\Gamma(\frac{1}{2})}(\gamma-1) + \cdots \\ &\frac{\Gamma(\frac{1}{2})\,\Gamma(\gamma-1)}{\Gamma(\gamma-\frac{1}{2})} = \frac{1}{\gamma-1} + \left(c_0 - \frac{\Gamma'(\frac{1}{2})}{\Gamma(\frac{1}{2})}\right) + \cdots \\ &F\left(\frac{1}{2}, \frac{1}{2}, 2-\gamma; 1-z\right) \\ &= F\left(\frac{1}{2}, \frac{1}{2}, 1; 1-z\right) - \frac{\partial F}{\partial \gamma}\left(\frac{1}{2}, \frac{1}{2}, 1; 1-z\right)(\gamma-1) + \cdots \\ &\frac{\Gamma(\frac{1}{2})\,\Gamma(\gamma-1)}{\Gamma(\gamma-\frac{1}{2})} F\left(\frac{1}{2}, \frac{1}{2}, 2-\gamma; 1-z\right) \\ &= \frac{1}{\gamma-1} F\left(\frac{1}{2}, \frac{1}{2}, 1; 1-z\right) + \left(c_0 - \frac{\Gamma'(\frac{1}{2})}{\Gamma(\frac{1}{2})}\right) F\left(\frac{1}{2}, \frac{1}{2}, 1; 1-z\right) - \\ &\qquad - \frac{\partial F}{\partial \gamma}\left(\frac{1}{2}, \frac{1}{2}, 1; 1-z\right) + \cdots. \\ &\frac{\Gamma(\gamma-\frac{1}{2})}{\Gamma(\frac{1}{2})} = 1 + \frac{\Gamma'(\frac{1}{2})}{\Gamma(\frac{1}{2})}(\gamma-1) + \cdots. \end{aligned}\right\} \quad (8.9.9)$$

$$\left.\begin{aligned}
\frac{\Gamma(\gamma-\frac{1}{2})\,\Gamma(1-\gamma)}{\Gamma(\frac{1}{2})} &= \left(1+\frac{\Gamma'(\frac{1}{2})}{\Gamma(\frac{1}{2})}(\gamma-1)+\cdots\right)\times\\
&\quad\times\left(\frac{1}{1-\gamma}+c_0+c_1(1-\gamma)+\cdots\right)\\
&=\frac{1}{1-\gamma}+\left(c_0-\frac{\Gamma'(\frac{1}{2})}{\Gamma(\frac{1}{2})}\right)+\cdots\\
(1-z)^{\gamma-1} &= 1+(\gamma-1)\log(1-z)+\cdots\\
F\left(\gamma-\frac{1}{2},\gamma-\frac{1}{2},\gamma;1-z\right)&\\
=F\left(\frac{1}{2},\frac{1}{2},1;1-z\right)&+\{F_\alpha+F_\beta+F_\gamma\}\left(\frac{1}{2},\frac{1}{2},1;1-z\right)(\gamma-1)+\cdots\\
\frac{\Gamma(\gamma-\frac{1}{2})\,\Gamma(1-\gamma)}{\Gamma(\frac{1}{2})}&(1-z)^{\gamma-1}F\left(\gamma-\frac{1}{2},\gamma-\frac{1}{2},\gamma;1-z\right)\\
=\left[\frac{1}{1-\gamma}+\left(c_0-\frac{\Gamma'(\frac{1}{2})}{\Gamma(\frac{1}{2})}\right)+\cdots\right]&[1+(\gamma-1)\log(1-z)]\times\\
\times[F+\{F_\alpha+F_\beta+F_\gamma\}(\gamma-1)+\cdots]&\\
=\frac{1}{1-\gamma}F\left(\frac{1}{2},\frac{1}{2},1;1-z\right)&+\left(c_0-\frac{\Gamma'(\frac{1}{2})}{\Gamma(\frac{1}{2})}\right)F\left(\frac{1}{2},\frac{1}{2},1;1-z\right)-\\
-\{F_\alpha+F_\beta+F_\gamma\}-F\left(\frac{1}{2},\frac{1}{2},1;1-z\right)&\log(1-z)+\cdots.
\end{aligned}\right\}\quad(8.9.10)$$

Setzt man (8.9.9) und (8.9.10) in (8.9.7) ein, so kommt für $\gamma\to 1$

$$\begin{aligned}
\pi F\left(\frac{1}{2},\frac{1}{2},1;z\right) &= 2\left(c_0-\frac{\Gamma'(\frac{1}{2})}{\Gamma(\frac{1}{2})}\right)F\left(\frac{1}{2},\frac{1}{2},1;1-z\right)-\\
&-\{F_\alpha+F_\beta+2F_\gamma\}\left(\frac{1}{2},\frac{1}{2},1;1-z\right)-F\left(\frac{1}{2},\frac{1}{2},1;1-z\right)\log(1-z)\\
&=2\left(c_0-\frac{\Gamma'(\frac{1}{2})}{\Gamma(\frac{1}{2})}\right)w_{11}-w_{12}
\end{aligned}$$

nach (8.9.5).

Es bleibt nun noch c_0 bzws. $c_0-\frac{\Gamma'(\frac{1}{2})}{\Gamma(\frac{1}{2})}$ zu berechnen. c_0 war durch (8.9.8) erklärt. Das heißt, es ist

$$c_0=\lim_{\gamma\to 1}\left(\Gamma(\gamma-1)-\frac{1}{\gamma-1}\right)=\Gamma'(1).$$

Denn es ist

$$\lim_{\gamma\to 1}\left(\Gamma(\gamma-1)-\frac{1}{\gamma-1}\right)=\lim_{\gamma\to 1}\frac{(\gamma-1)\Gamma(\gamma-1)-1}{\gamma-1}=\lim_{\gamma\to 1}\frac{\Gamma(\gamma)-1}{\gamma-1}=\Gamma'(1).$$

Es bleibt nun endlich noch $\Gamma'(1)-\frac{\Gamma'(\frac{1}{2})}{\Gamma(\frac{1}{2})}$ zu berechnen. Aus der WEIERSTRASSschen Produktdarstellung folgt

$$\frac{\Gamma'(z)}{\Gamma(z)}=-C+\left(1-\frac{1}{z}\right)+\left(\frac{1}{2}-\frac{1}{z+1}\right)+\cdots+\left(\frac{1}{n}-\frac{1}{z+n-1}\right)+\cdots.$$

Daher ist

$$\Gamma'(1) - \frac{\Gamma'(\frac{1}{2})}{\Gamma(\frac{1}{2})} = (2-1) + \left(\frac{2}{3} - \frac{1}{2}\right) + \cdots + \frac{2}{2n-1} - \frac{1}{n}\Big) + \cdots$$

$$= 2\left(1 - \frac{1}{2}\right) + 2\left(\frac{1}{3} - \frac{1}{4}\right) + \cdots + 2\left(\frac{1}{2n-1} - \frac{1}{2n}\right) + \cdots$$

$$= 2\log 2.$$

Es ist somit endgültig

$$\pi F\left(\frac{1}{2}, \frac{1}{2}, 1; z\right) = \log 16 \cdot w_{11} - w_{12}. \tag{8.9.11}$$

Diese Beziehung gilt nach ihrer Herleitung aus (8.8.3) in der aufgeschnittenen Ebene $|\arg(1-z)| < \pi$. Es ist $\log 16 > 0$, und es ist in dem $\log(1-z)$, der in w_{12} vorkommt, $|\Im \log(1-z)| < \pi$ zu nehmen.

Zur analytischen Fortsetzung der zweiten durch (8.9.3) und (8.9.4) erklärten Lösung des Punktes $z = 0$ gelangt man nun besonders bequem, wenn man beachtet, daß die Differentialgleichung (8.9.2) wegen $\alpha = \beta = \frac{1}{2}, \gamma = 1$ durch die Substitution $z|1-z$ in sich übergeht. Daher ist neben

$$2K(z) \equiv \pi w_{01} \tag{8.9.12}$$

auch $2K_1(z) = 2K(1-z)$ ein Integral von (8.9.2). Es besitzt in der Umgebung von $z = 0$ die sich aus (8.9.11) durch die gleiche Substitution ergebende Darstellung

$$2K_1(z) = \log 16 \cdot w_{01} - w_{02}. \tag{8.9.13}$$

Daher ist $2K_1(z)$ von $2K(z)$ linear unabhängig und bildet zusammen mit $2K(z)$ ein Fundamentalsystem des Punktes $z = 0$. Die analytische Fortsetzung dieses neu ausgewählten Fundamentalsystems gestaltet sich nun besonders einfach. Denn für die Umgebung von $z = 1$ ist

$$2K_1(z) = 2K(1-z) = \pi F\left(\frac{1}{2}, \frac{1}{2}, 1; 1-z\right) = \pi w_{11} \tag{8.9.14}$$

die bei $z = 1$ reguläre Lösung und ist nach (8.9.11)

$$2K(z) = 2K_1(1-z) = \log 16 \cdot w_{11} - w_{12} \tag{8.9.15}$$

von $2K_1(z)$ linear unabhängig, so daß $2K_1(z)$ und $2K(z)$ ein Fundamentalsystem bei $z = 1$ bilden. Wir nehmen also nun insgesamt

$$\left.\begin{aligned} W_{01} &= \pi w_{01} = 2K(z) \\ W_{02} &= \log 16 \cdot w_{01} - w_{02} = 2K_1(z) \end{aligned}\right\} \tag{8.9.16}$$

als Fundamentalsystem bei $z = 0$ und nehmen

$$\left.\begin{aligned} W_{11} &= \log 16 \cdot w_{11} - w_{12} = 2K(z) = 2K_1(1-z) \\ W_{12} &= \pi w_{11} = 2K_1(z) = 2K(1-z) \end{aligned}\right\} \tag{8.9.17}$$

als Fundamentalsystem bei $z = 1$. In diesen Fundamentalsystemen lautet demnach die Übergangssubstitution sehr einfach

$$W_{01} = W_{11} \qquad W_{02} = W_{12}. \tag{8.9.18}$$

Daraus kann man die für die w_{01}, w_{02}, w_{11}, w_{12} geltende Übergangssubstitution wegen (8.9.16) und (8.9.17) berechnen. Darnach ist nämlich

$$\pi\, w_{01} = \log 16 \cdot w_{11} - w_{12} \qquad \log 16 \cdot w_{01} - w_{02} = \pi\, w_{11}.$$

Daraus berechnet man als Übergangssubstitution

$$\left.\begin{aligned} \pi\, w_{01} &= \log 16 \cdot w_{11} - w_{12} \\ \pi\, w_{02} &= \{(\log 16)^2 - \pi^2\}\, w_{11} - \log 16 \cdot w_{12}. \end{aligned}\right\} \tag{8.9.19}$$

Diese Übergangssubstitutionen gelten in dem Durchschnitt der beiden aufgeschnittenen Ebenen $|\arg z| < \pi$ und $|\arg(1 - z)| < \pi$. Wir kennen auch Darstellungen der beiden benutzten Funktionen $K(z)$ und $K_1(z)$ in diesem Bereich. Es sind dies nach (8.8.10) die Integraldarstellungen

$$2\pi\, K(z) = \frac{1}{2\pi i} \int_{-i\infty}^{+i\infty} \left\{\frac{\Gamma(\frac{1}{2} + s)}{\Gamma(1 + s)}\right\}^2 \frac{\pi^2}{\sin^2 \pi s} (1 - z)^s\, ds, \quad |\arg(1 - z)| < \pi, \tag{8.9.20}$$

$$2\pi\, K_1(z) = \frac{1}{2\pi i} \int_{-i\infty}^{+i\infty} \left\{\frac{\Gamma(\frac{1}{2} + s)}{\Gamma(1 + s)}\right\}^2 \frac{\pi^2}{\sin^2 \pi s} z^s\, ds, \qquad |\arg z| < \pi. \tag{8.9.21}$$

Wählt man $K(z)$ und $K_1(z)$ als Funktionen eines Fundamentalsystems, so hat die Frage nach Übergangssubstitutionen kaum noch einen Sinn, da sie ja die triviale Gestalt (8.9.18) bekommen. Wir haben ja auch in den Integralen Darstellungen der Funktionen, die in der Umgebung einer jeden der drei singulären Stellen gelten. Einen Sinn hat es aber wohl noch, nach der Darstellung durch hypergeometrische Reihen zu fragen, die in der Umgebung der einzelnen singulären Stellen konvergieren, weil damit die Natur der Singularität der beiden Funktionen $K(z)$ und $K_1(z)$ an jeder der drei singulären Stellen geklärt wird. Diese Frage wollen wir nun auch noch für $z = \infty$ erledigen. Am einfachsten, d. h. mit geringstem Rechenaufwand, kommt man wohl beim Stand unserer Überlegungen zu dieser Einsicht durch Grenzübergang aus (8.6.14). Wir nehmen dort $\alpha = \frac{1}{2}$, $\gamma = 1$ und lassen zunächst β noch variabel, wollen dann aber zur Grenze $\beta \to \frac{1}{2}$ übergehen. Ich gehe also aus von

$$\left.\begin{aligned} &\Gamma\Big(\frac{1}{2}\Big)\Gamma(\beta)\, F\Big(\frac{1}{2}, \beta, 1; z\Big) \\ &\qquad = \Gamma\Big(\beta - \frac{1}{2}\Big)(-z)^{-\frac{1}{2}} F\Big(\frac{1}{2}, \frac{1}{2}, \frac{3}{2} - \beta; \frac{1}{z}\Big) + \\ &\qquad\quad + \frac{\Gamma(\beta)\,\Gamma(\frac{1}{2} - \beta)}{\Gamma(1 - \beta)} (-z)^{-\beta} F\Big(\beta, \beta, \frac{1}{2} + \beta; \frac{1}{z}\Big). \end{aligned}\right\} \tag{8.9.22}$$

Es ist
$$\Gamma\left(\beta-\frac{1}{2}\right)=\frac{2}{2\beta-1}+c_0+\cdots \qquad (\text{vgl. } (8.9.8))$$
$$F\left(\frac{1}{2},\frac{1}{2},\frac{3}{2}-\beta;\frac{1}{z}\right)=F\left(\frac{1}{2},\frac{1}{2},1;\frac{1}{z}\right)-F_\gamma\left(\frac{1}{2},\frac{1}{2},1;\frac{1}{z}\right)\left(\beta-\frac{1}{2}\right)+\cdots$$
$$\Gamma(\beta)=\Gamma\left(\frac{1}{2}\right)+\Gamma'\left(\frac{1}{2}\right)\left(\beta-\frac{1}{2}\right)+\cdots$$
$$\Gamma\left(\frac{1}{2}-\beta\right)=-\frac{2}{2\beta-1}+c_0+\cdots$$
$$\frac{1}{\Gamma(1-\beta)}=\frac{1}{\Gamma(\frac{1}{2})}+\frac{\Gamma'(\frac{1}{2})}{\Gamma^2(\frac{1}{2})}\left(\beta-\frac{1}{2}\right)+\cdots$$
$$F\left(\beta,\beta,\frac{1}{2}+\beta;\frac{1}{z}\right)=F\left(\frac{1}{2},\frac{1}{2},1;\frac{1}{z}\right)+(F_\alpha+F_\beta+F_\gamma)\left(\beta-\frac{1}{2}\right)+\cdots$$
$$(-z)^{-\beta}=(-z)^{-\frac{1}{2}}-(-z)^{-\frac{1}{2}}\log(-z)\left(\beta-\frac{1}{2}\right)+\cdots.$$

Setzt man das alles in (8.9.22) ein, so erhält man
$$\pi F\left(\frac{1}{2},\frac{1}{2},1;z\right)$$
$$=(-z)^{-\frac{1}{2}}\left[\log(-z)\,F+2\left(c_0-\frac{\Gamma'(\frac{1}{2})}{\Gamma(\frac{1}{2})}\right)F-(F_\alpha+F_\beta+2F_\gamma)\right].$$

Hier sind alle Ausdrücke rechts an der Stelle $\frac{1}{2},\frac{1}{2},1;\frac{1}{z}$ zu nehmen. Daraus folgt wegen der schon vor (8.9.11) erledigten Berechnung von $c_0-\frac{\Gamma'(\frac{1}{2})}{\Gamma(\frac{1}{2})}$
$$2K(z)=(-z)^{-\frac{1}{2}}\left(\log(-z)F-(F_\alpha+F_\beta+2F_\gamma)+\log 16\cdot F\right)_{\left(\frac{1}{2},\frac{1}{2},1;\frac{1}{z}\right)}. \tag{8.9.23}$$

Diese Darstellung gilt wie (8.6.14) in $|\arg(-z)|<\pi$, $|z|>1$, und es ist
$$\log(-z)=\log|z|+i\arg(-z),\qquad |\arg(-z)|<\pi$$
und
$$(-z)^{-\frac{1}{2}}=\exp\left(-\tfrac{1}{2}\log(-z)\right)$$
zu nehmen. Man kann auf der rechten Seite in (8.9.22) unter gehöriger Berücksichtigung des Vorzeichens von $\mathfrak{J}z$ auch $K(1/z)$ und $K_1(1/z)$ einführen. Diese Schreibarbeit kann dem Leser überlassen bleiben. Aus (8.9.23) erhält man noch
$$2K_1(z)=(z-1)^{-\frac{1}{2}}\times$$
$$\times\left(\log(z-1)\,F-(F_\alpha+F_\beta+2F_\gamma)+\log 16\cdot F\right)_{\left(\frac{1}{2},\frac{1}{2},1;\frac{1}{1-z}\right)}. \tag{8.9.24}$$

Das gilt in
$$|\arg(z-1)|<\pi,\qquad \left|\frac{z}{z-1}\right|<1,$$
und es ist
$$\log(z-1)=\log|z-1|+i\arg(z-1),\qquad |\arg(z-1)|<\pi$$

und
$$(z-1)^{-\frac{1}{2}} = \exp\left(-\tfrac{1}{2}\log(z-1)\right)$$
zu nehmen. Auch dies kann man durch Einführung von $K(1/z)$ und $K_1(1/z)$ umschreiben. Das will ich indessen nicht weiter verfolgen. Wichtiger sind die Konsequenzen, die sich für den Verlauf der Lösungen im großen ergeben.

10. Die Monodromiegruppe. Schneidet man die z-Ebene von 0 nach ∞ längs der negativen reellen Achse und von 1 bis ∞ längs der positiven reellen Achse auf, so entsteht ein Gebiet B, in dem gemäß den Integraldarstellungen (8.9.20) und (8.9.21) die beiden Funktionen $K(z)$ und $K_1(z)$ regulär und eindeutig sind. Wir fragen, wie sich diese Funktionen bei analytischer Fortsetzung über B hinaus verhalten. Dazu stellen wir fest, wie sie sich bei einmaligen positiven Umläufen um die Stellen $z=0$ und $z=1$ ändern, oder mit anderen Worten, in welcher Beziehung ihre Werte in gegenüberliegenden Punkten der beiden eben erwähnten Einschnitte der z-Ebene stehen. Dazu knüpft man an die Darstellungen (8.9.12, (8.9.13), (8.9.14) und (8.9.15) an, die wegen (8.9.3) und (8.9.5) den erwünschten Aufschluß geben. Bei positivem Umlauf um $z=0$ bleibt w_{01} ungeändert und w_{02} nimmt um $2i\pi w_{01}$ zu. Das gilt zunächst für eine genügend kleine Umgebung von $z=0$. Da aber w_{01} längs des von 0 ausgehenden Einschnittes regulär und eindeutig ist, gilt die eben genannte Beziehung längs des ganzen Einschnittes. Wandert man in B von einem Punkt des unteren Ufers des von 0 ausgehenden Einschnittes zu einem Punkt des oberen Ufers, so erhält man dort den gleichen Wert von w_{01} wie im unteren Punkt, aber einen um $2\pi i w_{01}$ vermehrten Wert von w_{02}. Für K und K_1 heißt das: Das Funktionenpaar (K, iK_1) geht bei positivem Umlauf um $z=0$ in das Paar (K, iK_1+2K) über. Analog schließt man für den von $z=1$ ausgehenden Einschnitt, indem man $z=1$ im positiven Sinn umwandert und (8.9.5) verwendet. Man erkennt, daß w_{11} ungeändert bleibt, während sich w_{12} in $w_{12}+2i\pi w_{11}$ verwandelt. Daher geht jetzt das Paar (K, iK_1) in $(K+2iK_1, iK_1)$ über. Da jetzt K_1 auf dem von 1 ausgehenden Einschnitt regulär ist, hat man damit die Einsicht in die Beziehung zwischen den Werten von K und K_1 auf beiden Ufern des von 1 ausgehenden Einschnittes. Die beiden linearen Transformationen mit den Matrizen
$$S=\begin{pmatrix}1 & 0\\ 2 & 1\end{pmatrix} \quad \text{und} \quad T=\begin{pmatrix}1 & 2\\ 0 & 1\end{pmatrix} \tag{8.10.1}$$
geben somit das Verhalten der beiden Funktionen K und iK_1 bei positiven Umläufen um $z=0$ und um $z=1$ an. Die inversen Matrizen entsprechen negativen Umläufen, Ist
$$\mathfrak{w}=\begin{pmatrix}w_1\\ w_2\end{pmatrix}=\begin{pmatrix}aK+biK_1\\ cK+diK_2\end{pmatrix}=\mathfrak{a}\begin{pmatrix}K\\ iK_1\end{pmatrix}=\mathfrak{a}\,\mathfrak{K}, \quad |\mathfrak{a}|\neq 0 \tag{8.10.2}$$

irgendeine lineare Verbindung von K und $i\,K_1$ zu zwei linear unabhängigen Lösungen und geht bei irgendeinem Umlauf das Paar $\mathfrak{K}$ in $\mathfrak{A}\,\mathfrak{K}$ über, so geht bei dem gleichen Umlauf das Paar $\mathfrak{w}$ in $\mathfrak{a}\,\mathfrak{A}\,\mathfrak{a}^{-1}\,\mathfrak{w}$ über. Insbesondere erfährt daher das Paar $\mathfrak{K}$ bei beliebig wiederholten Umläufen um $z = 0$ und $z = 1$ nach und nach alle linearen Transformationen der aus S und T erzeugten Gruppe linearer Transformationen, d. h. alle linearen Transformationen mit den Matrizen

$$S^{\alpha_1} T^{\beta_1} \ldots S^{\alpha_\nu} T^{\beta_\nu} \ldots, \qquad (8.10.3)$$

wobei α_σ, β_ϱ irgendwelche positiven oder negativen ganzen Zahlen oder die Null bedeuten. (8.10.3) gibt die Änderung, die das Paar $\mathfrak{K}$ erfährt, wenn man erst α_1 mal um 0, dann β_1 um 1, dann α_2 mal um 0 und so weiter läuft. Hiermit erhält man die **Monodromiegruppe der Differentialgleichung.** Bezeichnet man die Gruppe der Matrizen (8.10.3) mit $\mathfrak{G}$ und wird durch (8.10.2) irgendein anderes Fundamentalsystem eingeführt, so erfährt dies bei allen Umläufen die Gruppe $\mathfrak{a}\,\mathfrak{G}\,\mathfrak{a}^{-1}$, also abstrakt die gleiche Gruppe, nur transformiert in den zu ihrer Darstellung verwendeten Matrizen[1].

Die Monodromiegruppe gibt an, wie die verschiedenen Zweige der beiden Funktionen $(K, i K_1)$ aus einem derselben erhalten werden oder mit anderen Worten, wie die RIEMANN*sche Fläche, auf der das allgemeine Integral der Differentialgleichung eindeutig ist, aus einem ihrer Blätter sich aufbaut.*

Man kann jeder Differentialgleichung der FUCHSschen Klasse, ja auch allgemeineren Differentialgleichungen, eine solche Monodromiegruppe nach folgender Vorschrift zuordnen: Es seien $a_1, a_2, \ldots, a_n$ die n im Endlichen gelegenen singulären Punkte z. B. einer Differentialgleichung der FUCHSschen Klasse. Man verbinde sie mit $z = \infty$ durch punktfremde doppelpunktfreie Kurven (Einschnitte), die außer bei $z = \infty$ sich nicht treffen. Dadurch erhält man aus der Ebene ein durch diese Einschnitte begrenztes Gebiet G, in dem jeder Zweig jeder Lösung der Differentialgleichung eindeutig und regulär ist. Bei positivem Umlauf um eine singuläre Stelle a_j erfährt ein in G erklärtes Fundamentalsystem eine lineare Transformation S_j nichtverschwindender Determinante. Die durch beliebig iterierte Zusammensetzung der S_j entstehende Gruppe ist die Monodromiegruppe der Differentialgleichung, aus der sich der Aufbau der RIEMANNschen Fläche des allgemeinen Integrals der Differentialgleichung aus Blättern G ablesen läßt. Ins-

[1] Monodromiegruppe der Differentialgleichung heißt die abstrakte Gruppe. Jeder Wahl des Fundamentalsystems entspricht eine Darstellung derselben durch lineare Transformationen. Diese heißt die Monodromiegruppe des Fundamentalsystems. Bei Änderung des Fundamensalsystems erhält man eine äquivalente Gruppe linearer Transformationen. Analoge Erklärungen gibt es auch in allgemeineren Fällen, auch bei Differentialgleichungen höherer Ordnung und bei Systemen.

besondere ist das Produkt $S_1 S_2, \ldots, S_n$ gleich der identischen linearen Transformation, wenn $z = \infty$ ein regulärer Punkt der Differentialgleichung ist, wofern man die singulären Punkte in der Reihenfolge numeriert, in der ihre Einschnitte bei einem Umlauf um $z = \infty$ angetroffen werden. Von der Monodromiegruppe im allgemeinen wird später noch die Rede sein.

Jetzt wollen wir als Beispiel die zur Differentialgleichung (8.9.2) gehörige näher betrachten. Sie ist von den beiden linearen Transformationen (8.10.1) erzeugt. Diese haben die gemeinsame Eigenschaft, daß ihre Matrizen der Einheitsmatrix $\begin{pmatrix} 1 & 0 \\ 0 & 1 \end{pmatrix}$ modulo 2 kongruent sind, während die Determinante einer jeden der beiden gleich 1 ist.

Ich beweise, daß die von S und T und $\begin{pmatrix} -1 & 0 \\ 0 & -1 \end{pmatrix}$ erzeugte Gruppe genau die Gruppe derjenigen unimodularen ganzzahligen Matrizen ist, die der Einheitsmatrix modulo 2 kongruent sind.

Unimodular heißen Matrizen der Determinante 1.

Ist

$$\begin{pmatrix} a & b \\ c & d \end{pmatrix} \tag{8.10.4}$$

irgendeine der Einheitsmatrix modulo 2 kongruente ganzzahlige unimodulare Matrix, so ist

$$\begin{pmatrix} a & b \\ c & d \end{pmatrix} S^m = \begin{pmatrix} a & b \\ c & d \end{pmatrix} \begin{pmatrix} 1 & 0 \\ 2m & 1 \end{pmatrix} = \begin{pmatrix} a + b\,2m & b \\ c + d\,2m & d \end{pmatrix}, \tag{8.10.5}$$

$$\begin{pmatrix} a & b \\ c & d \end{pmatrix} T^n = \begin{pmatrix} a & b \\ c & d \end{pmatrix} \begin{pmatrix} 1 & 2n \\ 0 & 1 \end{pmatrix} = \begin{pmatrix} a & b + 2n\,a \\ c & d + 2n\,c \end{pmatrix}. \tag{8.10.6}$$

Die vier Grundrechnungsarten lehren zunächst, daß diejenigen unimodularen ganzzahligen Transformationen, deren Matrizen modulo 2 der Einheitsmatrix kongruent sind, eine Gruppe bilden. Ebenso bilden die in der Form (8.10.3) aus S und T erzeugten Matrizen eine Gruppe. Ist dann in (8.10.4) z. B. $b = 0$, so folgt, daß entweder $a = d = 1$ oder $a = d = -1$ ist, weil die Determinante $a\,d = 1$ ist. Ist $b \neq 0$ in (8.10.4) so bilde man (8.10.5) und wähle m so, daß $|a + b\,2m| < |b|$ ist. Zunächst kann man nur $|a + b\,2m| \leqq |b|$ erreichen, da aber b gerade und a ungerade ist, kann hier das Gleichheitszeichen nicht stehen. Man erhält also durch diesen ersten Schritt eine neue Matrix

$$\begin{pmatrix} a & b \\ c & d \end{pmatrix} \quad \text{mit} \quad |a| < |b|.$$

Auf diese wende man die Operation (8.10.6) an und wähle dort n so, daß $|b + 2n\,a| < |a|$ ist. Diese beiden Operationen wende man so lange abwechselnd an, bis man eine Matrix

$$\begin{pmatrix} \pm 1 & 0 \\ c & \pm 1 \end{pmatrix}$$

erhalten hat. Auf diese wende man nochmals die Operation (8.10.5) an, und wähle m so, daß $c \pm 2m = 0$ ist. Dann hat man schließlich eine der beiden Matrizen

$$\begin{pmatrix} 1 & 0 \\ 0 & 1 \end{pmatrix} \quad \text{oder} \quad \begin{pmatrix} -1 & 0 \\ 0 & -1 \end{pmatrix} \tag{8.10.7}$$

erhalten. Wir haben also das Ergebnis, daß jede Matrix (8.10.4) durch Multiplikation mit einer passenden (8.10.3) entweder in $\begin{pmatrix} 1 & 0 \\ 0 & 1 \end{pmatrix}$ oder in $\begin{pmatrix} -1 & 0 \\ 0 & -1 \end{pmatrix}$ übergeführt werden kann. Die Gruppe aller linearen unimodularen ganzzahligen Transformationen, deren Matrizen der Einheitsmatrix modulo 2 kongruent sind können demnach aus den Operationen, S, T und $\begin{pmatrix} -1 & 0 \\ 0 & -1 \end{pmatrix}$ erzeugt werden. Eine Untergruppe dieser Gruppe ist die von S und T erzeugte Gruppe. Durch analytische Fortsetzung kann man das Paar (K, iK_1) nicht in $(-K, -iK_1)$ überführen[1].

[1] Man betrachte, um das einzusehen, die S^n und T^n entsprechenden linearen Transformationen

$$\omega_1 = \omega + 2n, \qquad \omega_1 = \frac{\omega}{2n\omega + 1}$$

in der oberen Halbebene $\tau > 0$ $(\omega = \sigma + i\tau)$. Während der Imaginärteil $\tau > 0$ durch

$$\omega + 2n$$

nicht verändert wird, wird er durch

$$\frac{\omega}{2n\omega + 1}$$

verkleinert, sobald

$$(2n\sigma + 1)^2 + 4n^2\tau^2 > 1$$

ist. Angenommen nun, es gäbe eine nichttriviale Darstellung der identischen Substitution

$$S^{n_\nu} T^{n_{\nu-1}} \ldots S^{n_2} T^{n_1}.$$

Man zeichne die beiden Kreise vom Durchmesser 1

$$(2\sigma \pm 1)^2 + 4\tau^2 = 1.$$

Ein außerhalb beider gelegener Punkt von $\tau > 0$ wird durch

$$T^k, \quad k \neq 0$$

in einen inneren Punkt eines der beiden übergeführt, während ein innerer Punkt eines derselben durch S^k, $k \neq 0$ in einen äußeren Punkt übergeht. Daher wird durch die nach Annahme der Identität gleiche Substitution jeder Punkt aus dem Äußeren der beiden Kreise in einen anderen mit kleinerem Imaginärteil übergeführt, falls in der angenommenen Substitution $n_1 \neq 0$ ist. Anderenfalls wende man sie auf einen Punkt aus dem Inneren eines der beiden Kreise ein, um zur gleichen Einsicht zu gelangen.

Man nennt die Gruppe aller linearen ganzzahligen Transformationen der Determinante 1 die **elliptische Modulgruppe.** Die hier betrachtete aus S und T erzeugte Untergruppe derselben, ist ihre **Hauptkongruenzuntergruppe zweiter Stufe.** Der Unterschied zwischen zwei linearen Transformationen mit den Matrizen $\begin{pmatrix} a & b \\ c & d \end{pmatrix}$ und $\begin{pmatrix} -a & -b \\ -c & -d \end{pmatrix}$ entfällt, wenn man den Quotienten

$$\frac{K}{i\,K_1} = \omega(z) \tag{8.10.8}$$

betrachtet. Er erfährt bei analytischer Fortsetzung lineare gebrochene Transformationen, welche die eben betrachtete Gruppe bilden. Da es aber bei linearen gebrochenen Transformationen auf einen gemeinsamen Faktor aller Koeffizienten nicht ankommt, so entfällt der eben erwähnte Unterschied. Man nennt eine analytische Funktion, deren verschiedene Zweige sich aus einem derselben durch lineare Transformation ergeben, eine **linear polymorphe Funktion.** Die hier näher betrachtete Funktion (8.10.8) ist insbesondere eine **elliptische Modulfunktion.** K und iK_1 sind nämlich zwei Perioden eines elliptischen Integrals erster Gattung, und es wird hier der Periodenquotient (8.10.8) als Funktion des Doppelverhältnisses z der Verzweigungspunkte der zweiblättrigen RIEMANNschen Fläche des Integrals erster Gattung betrachtet.

Zur Begründung des eben behaupteten Zusammenhangs sei nur folgendes bemerkt. In der RIEMANNschen Normalform

$$\int \frac{dx}{\sqrt{x(1-x)(1-zx)}} \tag{8.10.9}$$

des elliptischen Integrals erster Gattung ist z das Doppelverhältnis der vier Verzweigungspunkte $(0, \infty, z, 1)$. Zwei primitive Halbperioden des Integrals sind

$$\omega_1(z) = \int_0^1 \frac{dx}{\sqrt{x(1-x)(1-zx)}} \quad \text{und} \quad \omega_2(z) = \int_0^\infty \frac{dx}{\sqrt{x(1-x)(1-zx)}}. \tag{8.10.10}$$

Das zweite Integral forme man durch die Substitution $x = \zeta/(\zeta - 1)$ um in

$$\omega_2(z) = i\int_0^1 \frac{d\zeta}{\sqrt{\zeta(1-\zeta)(1-(1-z)\zeta)}} = i\,\omega_1(1-z). \tag{8.10.11}$$

In dem ersten Integral (8.10.10) mache man die Substitution $x = y^2$. Dann erhält es die LEGENDREsche Normalform

$$\omega_1(z) = 2\int_0^1 \frac{dy}{\sqrt{(1-y^2)(1-zy^2)}}. \tag{8.10.12}$$

Substituiert man in (8.10.12) endlich $y = \sin\varphi$, so erhält man

$$\omega_1(z) = 2\int_0^{\pi/2} \frac{d\varphi}{\sqrt{1 - z\sin^2\varphi}} = 2K(z). \qquad (8.10.13)$$

Daher ist auch wegen (8.10.11)

$$\omega_2(z) = i\,2K(1-z) = i\,2K_1(z). \qquad (8.10.14)$$

Und damit ist die Behauptung über die Bedeutung von (8.10.8) als Quotient zweier primitiven Perioden eines elliptischen Integrals erster Gattung begründet. K und K_1 sind natürlich nichts anderes als die vollständigen elliptischen Integrale von Carl Gustav Jacob Jacobi (1829). Man schreibe nur $z = k^2$ und $1 - z = k_1^2$.

11. Riemanns Integraldarstellung der hypergeometrischen Funktion. Die aus (8.10.9) und (8.10.13) fließende Darstellung

$$2K(z) = \int_0^1 x^{-\frac{1}{2}}(1-x)^{-\frac{1}{2}}(1-xz)^{-\frac{1}{2}}\,dx$$

legt eine Verallgemeinerung nahe. Es ist dies die von Riemann angegebene und von ihm und seit ihm mit großem Erfolg benutzte Integraldarstellung

$$\frac{\Gamma(\beta)\,\Gamma(\gamma-\beta)}{\Gamma(\gamma)} F(\alpha,\beta,\gamma;z) = \int_0^1 x^{\beta-1}(1-x)^{\gamma-\beta-1}(1-xz)^{-\alpha}\,dx. \qquad (8.11.1)$$

Dabei ist

$$x^{\beta-1} = \exp\{(\beta-1)\log x\}, \quad (1-x)^{\gamma-\beta-1} = \exp\{(\gamma-\beta-1)\log(1-x)\}$$

und werden hier die reellen Werte von $\log x$ und von $\log(1-x)$ genommen. Ferner wird $(1-xz)^{-\alpha}$ durch die Forderung von $(1-xz)^{-\alpha} \to 1$ für $x \to 0$ fixiert. Endlich wird $\Re(\gamma) > \Re(\beta) > 0$ angenommen, um der Konvergenz des Integrals sicher zu sein. Der Beweis wird zunächst für $|z| < 1$ geführt, indem man $(1-xz)^{-\alpha}$ nach Potenzen von z entwickelt. Dann macht man von der Eulerschen Betafunktion Gebrauch

$$\mathrm{B}(p,q) = \int_0^1 x^{p-1}(1-x)^{q-1}\,dx, \quad \Re p > 0, \quad \Re q > 0$$

und benutzt ihren Zusammenhang mit der Gammafunktion

$$\mathrm{B}(p,q) = \frac{\Gamma(p)\,\Gamma(q)}{\Gamma(p+q)}.$$

Als Integrationsweg wird immer das Stück der reellen Achse zwischen 0 und 1 gewählt. Die zunächst für $|z| < 1$ bewiesene Darstellung (8.11.1) gilt dann durch analytische Fortsetzung in $|\arg(1-z)| < \pi$ und kann unter Verlagerung des Integrationsweges sogar auch weiter noch verwendet werden.

12. Die SCHWARZsche Differentialgleichung. Der Quotient $s = w_1/w_2$ zweier linear unabhängiger Lösungen w_1 und w_2 irgendeiner homogenen linearen Differentialgleichung zweiter Ordnung

$$w'' + p_1(z)\, w' + p_2(z)\, w = 0 \tag{8.12.1}$$

ist eine linear polymorphe Funktion. Denn bei analytischer Fortsetzung längs irgendeinem geschlossenen Weg gehen w_1 und w_2 in $a w_1 + b w_2$ und $c w_1 + d w_2$ mit vom Weg abhängigen konstanten Koeffizienten a, b, c, d über. Aus s wird daher bei analytischer Fortsetzung längs irgendeinem geschlossenen Weg $\sigma = \dfrac{a s + b}{c s + d}$. HERMANN AMANDUS SCHWARZ hat 1872 darauf aufmerksam gemacht, daß linear polymorphe Funktionen Lösungen gewisser Differentialgleichungen dritter Ordnung sind. Man findet sie, wenn man nach einer Differentialinvariante der Gruppe

$$\sigma = \frac{a s + b}{c s + d} \tag{8.12.2}$$

aller linearen Transformationen sucht. Man findet aus (8.12.2)

$$\sigma' = \frac{(a d - b c)\, s'}{(c s + d)^2}$$

$$\frac{d \log \sigma'}{d z} = \frac{d \log s'}{d z} - 2 \frac{c s'}{c s + d}$$

$$\frac{d^2 \log \sigma'}{d z^2} = \frac{d^2 \log s'}{d z^2} - 2 \frac{c s''}{c s + d} + \frac{2 c^2 (s')^2}{(c s + d)^2}$$

$$\frac{d^2 \log \sigma'}{d z^2} - \frac{1}{2} \left(\frac{d \log \sigma'}{d z} \right)^2 = \frac{d^2 \log s'}{d z^2} - \frac{1}{2} \left(\frac{d \log s'}{d z} \right)^2.$$

Das heißt:

$$\{s, z\} = \frac{d^2 \log s'}{d z^2} - \frac{1}{2} \left(\frac{d \log s'}{d z} \right)^2 = \frac{2 s' s''' - 3 (s'')^2}{2 (s')^2} \tag{8.12.3}$$

ist die **SCHWARZsche Differentialinvariante** der Gruppe der linearen Transformationen (8.12.2).

Ich berechne diese Differentialinvariante nun für den Quotienten zweier Lösungen von (8.12.1). Man findet

$$s = \frac{w_1}{w_2}, \qquad s' = \frac{w_2 w_1' - w_1 w_2'}{w_2^2}$$

$$\frac{d \log s'}{d z} = \frac{w_2 w_1'' - w_1 w_2''}{w_2 w_1' - w_1 w_2'} - 2 \frac{w_2'}{w_2}$$

$$= \frac{- w_2 (p_1 w_1' + p_2 w_1) + w_1 (p_1 w_2' + p_2 w_2)}{w_2 w_1' - w_1 w_2'} - 2 \frac{w_2'}{w_2}$$

$$= - p_1 - 2 \frac{w_2'}{w_2}$$

$$\frac{d^2 \log s'}{d z^2} = - p_1' + 2 \frac{p_1 w_2 w_2' + p_2 w_2^2 + (w_2')^2}{w_2^2}$$

$$- \frac{1}{2} \left(p_1 + 2 \frac{w_2'}{w_2} \right)^2 = - \frac{1}{2} p_1^2 - 2 p_1 \frac{w_2'}{w_2} - 2 \left(\frac{w_2'}{w_2} \right)^2$$

$$\{s, z\} = - p_1' - \frac{1}{2} p_1^2 + 2 p_2. \tag{8.12.4}$$

Natürlich ist auch umgekehrt jede Lösung jeder Differentialgleichung (8.12.4) mit gegebener rechter Seite Quotient zweier Lösungen einer passend gewählten Differentialgleichung (8.12.1). Man kann ja z. B. p_1 beliebig annehmen und dann p_2 so bestimmen, daß die rechte Seite von (8.12.4) eine gegebene Funktion wird. Man nennt

$$I = p_2 - \tfrac{1}{2}p_1' - \tfrac{1}{4}p_1^2$$

die **Invariante** der Differentialgleichung (8.12.1). Alle Differentialgleichungen (8.12.1) mit dem gleichen I führen zur selben SCHWARZschen Differentialgleichung (8.12.4). Wählt man z. B. $p_1 = 0$, so ist

$$w'' + I\,w = 0$$

die zugehörige lineare homogene Differentialgleichung (8.12.1). In der Tat geht die allgemeine Differentialgleichung (8.12.1) mit beliebigem p_1 durch die Substitution

$$w = v \exp\left(-\tfrac{1}{2}\int p_1\,dz\right)$$

in die speziellere

$$v'' + I\,v = 0$$

über.

Will man aus einem Integral s von (8.12.4) ein Fundamentalsystem einer zugeordneten homogenen linearen Differentialgleichung (8.12.1) gewinnen, so hat man sich der Beziehung (6.1.7), das ist

$$w_1' w_2 - w_2' w_1 = \exp\left(-\int p_1\,dz\right),$$

zu erinnern. Aus ihr und

$$\frac{w_1}{w_2} = s$$

gewinnt man dann

$$w_1 = s\,w_2, \qquad w_2 = \sqrt{\frac{1}{s'}}\exp\left(-\frac{1}{2}\int p_1\,dz\right) \tag{8.12.5}$$

als Fundamentalsystem von (8.12.1) mit dem Quotienten $s = w_1/w_2$.

Für den Quotienten zweier Lösungen der **hypergeometrischen Differentialgleichung** (8.5.5) findet man insbesondere

$$\{s, z\} = \frac{1-\lambda^2}{2z^2} + \frac{1-\mu^2}{2(1-z)^2} + \frac{1-\lambda^2-\mu^2+\nu^2}{2z(1-z)}. \tag{8.12.6}$$

Hier wurde gesetzt

$$\lambda = 1-\gamma, \qquad \mu = \gamma - \alpha - \beta, \qquad \nu = \alpha - \beta. \tag{8.12.7}$$

Ich merke noch umgekehrt den Ausdruck der α, β, γ durch die λ, μ, ν an: Es ist

$$\left.\begin{aligned} \alpha &= \tfrac{1}{2}(1-\lambda-\mu+\nu)\\ \beta &= \tfrac{1}{2}(1-\lambda-\mu-\nu)\\ \gamma &= 1-\lambda. \end{aligned}\right\} \tag{8.12.8}$$

Für die elliptische Modulfunktion ist $\alpha = \beta = \frac{1}{2}, \gamma = 1, \lambda = \mu = \nu = 0$. Also wird

$$\{s, z\} = \frac{1}{2z^2} + \frac{1}{2(1-z)^2} + \frac{1}{2z(1-z)} \tag{8.12.9}$$

die **SCHWARZsche Differentialgleichung für die elliptische Modulfunktion**[1].

13. Konforme Abbildung. Es ist vorteilhaft, die konforme Abbildung durch den Quotienten zweier Lösungen der hypergeometrischen Differentialgleichung zu betrachten. Man nennt diese Quotienten SCHWARZsche s-Funktionen, nach HERMANN AMANDUS SCHWARZ, der 1872 ihre Theorie begründet hat. Insbesondere bezeichnet man den Quotienten zweier linear unabhängiger Lösungen von (8.5.5), d. h. eine nicht konstante Lösung von (8.12.6) mit $s(\lambda, \mu, \nu; z)$.

Es sei $s = w_1/w_2$; dann ist $s' = (w_2 w_1' - w_1 w_2')/w_2^2$ nach (6.1.7) an allen regulären Stellen der Differentialgleichung von Null verschieden. Daher ist die durch $s(z)$ vermittelte Abbildung an allen regulären Stellen der z-Ebene schlicht. Schneidet man die z-Ebene wieder längs der negativen reellen Achse von 0 nach ∞ und längs der positiven reellen Achse von 1 bis ∞ auf, so erhält man ein Gebiet G, in dem jeder Zweig von $s(z)$ regulär ist. Sein durch $s(z)$ über der s-Ebene geliefertes Bild weist daher nur über den Bildpunkten von 0, 1 und ∞ Windungspunkte auf, verläuft aber über jeder anderen Stelle des Bildgebietes schlicht. Da die singulären Stellen der Differentialgleichung (8.5.5) Stellen der Bestimmtheit sind, so hat $s(z)$ bei Annäherung an eine jede dieser Stellen einen endlichen und unendlichen Grenzwert. Jeder in G eindeutige Zweig von $s(z)$ bildet daher die obere Hälfte von G auf ein von drei analytischen Jordankurven begrenztes Dreieck ab. Man kann die Ecken bei 0, 1 und ∞ annehmen. Denn das kann man durch gebrochene lineare Transformationen von s erreichen und eine solche bedeutet nur die Bildung des Quotienten aus einem passenden anderen Fundamentalsystem von (8.5.5).

Ein besonders einfaches Ergebnis erhält man, wenn man die λ, μ, ν und damit nach (8.12.8) auch die α, β, γ reell annimmt. Dann hat auch die Differentialgleichung (8.5.5) reelle Koeffizienten. Ist dann a ein regulärer Punkt der reellen Achse der z und wählt man auch $w(a)$ und $w'(a)$ reell, so ist die durch diese Anfangsbedingungen bestimmte Lösung auf der a enthaltenden Strecke regulärer Punkte der reellen z-Achse durchweg reell. Der Quotient $s(z)$ zweier solcher reellen Lösungen von (8.5.5) bildet daher diese Strecke der reellen z-Achse auf eine Strecke der reellen s-Achse ab. Da aber alle Zweige aller s-Funktionen, die aus der

---

[1] Es mag noch erwähnt werden, daß alle Lösungen einer SCHWARZschen Differentialgleichung als lineare Funktionen mit konstanten Koeffizienten einer derselben dargestellt werden.

gleichen Differentialgleichung (8.5.5) entspringen, durch gebrochene lineare Transformationen auseinander hervorgehen, so ergibt sich, daß jede von zwei singulären Punkten der reellen z-Achse begrenzte Strecke aus regulären Punkten der Differentialgleichung (8.5.5) durch jeden Zweig der zugehörigen s-Funktion auf einen Kreisbogen abgebildet wird. Insbesondere wird also jede der beiden durch die reelle z-Achse bestimmten Halbebenen auf ein **Kreisbogendreieck** abgebildet. Seine Winkel sind offenbar $\lambda\pi$, $\mu\pi$, $\nu\pi$. Es ist schlicht, d. h. bedeckt keinen Teil der s-Ebene mehrfach, wenn $0 \leqq (\lambda, \mu, \nu) < 1$ ist. Der aus zwei Halbebenen bestehende Bereich B wird also nach dem SCHWARZschen Spiegelungsprinzip durch jeden Zweig von $s(z)$ auf ein aus zwei solchen spiegelbildlichen Dreiecken bestehendes Viereck abgebildet.

Insbesondere feiert man im Falle $\lambda = \mu = \nu = 0$ Wiedersehen mit dem aus der Theorie der elliptischen Modulfunktion bekannten Kreisbogendreieck mit drei Winkeln Null. Im Falle $\lambda = \frac{1}{2}$, $\mu = \frac{1}{3}$, $\nu = 0$ erhält man ein anderes seit GAUSS in der Theorie der elliptischen Modulfunktion bekanntes Dreieck. Es ist der Fundamentalbereich der Gruppe *aller* unimodularen ganzzahligen linearen Transformationen.

Es ist nun nicht die Aufgabe dieses der Theorie der Differentialgleichungen gewidmeten Buches eine Theorie der s-Funktionen zu bieten. Wohl aber gehört es in dieses Buch, die Fragestellung zu behandeln, welche H. A. SCHWARZ den Anlaß zu seiner Untersuchung gegeben hat. Es ist die Frage nach denjenigen hypergeometrischen Differentialgleichungen, welche algebraische Integrale besitzen. Ihr wenden wir uns nun zu.

14. Algebraische Integrale linearer Differentialgleichungen zweiter Ordnung mit rationalen Koeffizienten. Ich untersuche zunächst die algebraischen Integrale der hypergeometrischen Differentialgleichung. Hier sind zwei Fälle zu unterscheiden. Im ersten ist ein partikuläres Integral algebraisch, im zweiten ist das allgemeine Integral algebraisch. Die beiden Fälle können offenbar wie folgt charakterisiert werden. Im ersten sind irgend zwei zum gleichen Entwicklungsmittelpunkt gehörige Funktionselemente algebraischer Integrale der Differentialgleichung linear abhängig. Im zweiten gibt es im gleichen Entwicklungsmittelpunkt linear unabhängige algebraische Integralelemente. Ich studiere den ersten Fall.

Ich nehme an, es sei $w(z)$ ein algebraisches Integral der hypergeometrischen Differentialgleichung

$$w'' + \frac{-\gamma + (1 + \alpha + \beta)z}{z(z-1)} w' + \frac{\alpha\beta}{z(z-1)} w = 0, \qquad (8.14.1)$$

und es habe dies Integral überdies die Eigenschaft, daß irgend zwei seiner zum gleichen Entwicklungsmittelpunkt gehörigen Funktionselemente einen konstanten Quotienten haben. Darin ist z. B. auch der Fall einzelner rationaler Integrale von (8.14.1) inbegriffen. Man kann solche Lösungen auch durch die Eigenschaft charakterisieren, daß ihre logarithmische Ableitung als eindeutige algebraische Funktion rational ist. Unsere Frage geht also jetzt nach algebraischen Integralen von (8.14.1) mit rationaler logarithmischer Ableitung. Für welche Wahl α, β, γ kann das vorkommen?

Da außerdem ein algebraisches Integral von (8.14.1) an jeder der drei singulären Stellen logarithmenfrei ist, so muß seine Entwicklung an jeder der drei Stellen nach § 8.**1.** und § 8.**4.** folgendes Aussehen haben[1]

bei 0:	$\mathfrak{P}(z)$	oder	$z^{1-\gamma}\,\mathfrak{P}(z)$
bei 1:	$\mathfrak{P}(1-z)$	oder	$(1-z)^{\gamma-\alpha-\beta}\,\mathfrak{P}(1-z)$
bei ∞:	$\left(\frac{1}{z}\right)^{\alpha}\mathfrak{P}\left(\frac{1}{z}\right)$	oder	$\left(\frac{1}{z}\right)^{\beta}\mathfrak{P}\left(\frac{1}{z}\right)$.

Hier bedeutet $\mathfrak{P}$ jedesmal eine nach positiven ganzen Potenzen ihres Argumentes fortschreitende Potenzreihe. Es muß daher bei passender Wahl der Exponenten a und b

$$w(z)\,z^{-a}(1-z)^{-b} = g(z)$$

für alle endlichen z regulär ausfallen[2] und daher eine ganze Funktion sein. Da aber auch $z=\infty$ eine Stelle der Bestimmtheit ist, kann $g(z)$ keine ganze transzendente Funktion sein. $g(z)$ muß vielmehr ein Polynom sein. Als erstes Ergebnis notieren wir: *Ist $w(z)$ ein algebraisches Integral einer Differentialgleichung* (8.14.1) *mit rationaler logarithmischer Ableitung, so hat es die Gestalt*

$$w(z) = z^{a}(1-z)^{b}\,g(z)\,. \tag{8.14.2}$$

Hier bedeutet $g(z)$ ein Polynom und sind a und b rationale Zahlen. Und zwar ist entweder $a=0$ oder $a=1-\gamma$ und ist entweder $b=0$ oder $b=\gamma-\alpha-\beta$.

[1] Man denke daran, daß die logarithmische Ableitung rational ist.

[2] Man muß zu einem bündigen Beweis dieser Behauptung in zweckmäßiger Weise vom Monodromiesatz Gebrauch machen. Man denke sich erst die z-Ebene längs der positiven reellen Achse von 0 nach ∞ aufgeschnitten. Dann ist jeder Zweig von $g(z)$ nach dem Monodromiesatz in dieser aufgeschnittenen Ebene regulär und eindeutig. Nun ist aber bei richtiger Wahl von a die Funktion $g(z)$ auch in dem um $z=0$ gelegten Einheitskreis eindeutig und besitzt daher auf beiden Ufern des zwischen 0 und 1 gelegenen Einschnittes die gleichen Werte. Es wurde doch angenommen, daß alle zur Stelle $z=0$ gehörigen Zweige von $w(z)$ Multipla voneinander sein sollen. Es multipliziert sich also beim Umlauf um $z=0$ innerhalb des $|z|<1$ jeder Zweig von $w(z)$ mit dem gleichen Faktor wie z^{a}, so daß bei Multiplikation von $w(z)$ mit z^{-a} jeder Zweig eindeutig wird. Das gleiche gilt auch für die Umgebung von $z=1$ und daher durch analytische Fortsetzung längs der positiven reellen Achse überall.

Daß a und b rational sein müssen, folgt natürlich daraus, daß $w(z)$ eine algebraische Funktion sein soll. Ist n der Grad des Polynoms $g(z)$, so muß entweder $\alpha = -a-b-n$ oder $\beta = -a-b-n$ sein. Da α und β symmetrisch in (8.14.1) eingehen, genügt es den Fall $\alpha = -a-b-n$ weiter zu betrachten. Die hiernach bei einer hypergeometrischen Differentialgleichung unter der Annahme einer algebraischen Lösung mit rationaler logarithmischer Ableitung möglichen Werte für a, b, α, β, γ sind nach H. A. SCHWARZ aus der folgenden Tabelle zu entnehmen.

	a	b	α	β	γ
1	0	0	$-n$	β	γ
2	0	$\gamma-\alpha-\beta$	$-b-n$	$\gamma+n$	γ
3	$1-\gamma$	0	$-n-a$	β	$1-a$
4	$1-\gamma$	$\gamma-\alpha-\beta$	$-n-a-b$	$n+1$	$1-a$

(8.14.3)

Dabei bleiben die in den mit α, β, γ bezeichneten Spalten aufgeführten Zahlen n, a, b, β, γ willkürlich, jedoch mit der Maßgabe, daß n eine der Zahlen $0, 1, 2, \ldots$ ist, und daß a und b rationale Zahlen sind.

Man kann sich mit H. A. SCHWARZ überzeugen, daß auch umgekehrt in jedem der in der Tabelle aufgeführten Fälle algebraische Integrale mit rationaler logarithmischer Ableitung vorhanden sind. Ich beschränke mich darauf, das in einigen Beispielen zu erläutern. So ist im Falle der ersten Zeile von (8.14.3)

$$F(-n, \beta, \gamma; z) \tag{8.14.4}$$

eine ganze rationale Funktion n-ten Grades immer dann, wenn γ nicht aus der Folge der Zahlen $0, -1, -2, \ldots, -n+1$ entnommen ist[1]. Dahin gehören als Sonderfall die LEGENDREschen Polynome, die der Differentialgleichung

$$(1-x^2)\,P_n''(x) - 2x\,P_n'(x) + n(n+1)\,P_n(x) = 0 \tag{8.14.5}$$

genügen. Hier sind in üblicher Weise die singulären Stellen nach -1, $+1$, ∞ verlegt. Macht man aber die Substitution

$$z = \frac{1-x}{2}, \qquad x = -2z+1,$$

so fallen sie nach 0, 1, ∞ und man erhält die Differentialgleichung

$$\frac{d^2 P_n}{dz^2} + \frac{-1+2z}{z(z-1)}\frac{dP_n}{dz} + \frac{-n(n+1)}{z(z-1)} P_n = 0. \tag{8.14.6}$$

Das heißt, es ist

$$P_n(x) = F\left(-n, n+1, 1; \frac{1-x}{2}\right). \tag{8.14.7}$$

[1] Vgl. auch § 8.2.

Daß hier auch das an sich noch freie konstante Multiplum richtig gewählt ist, erkennt man z. B. daran, daß bekanntlich $P_n(1) = 1$ ist.

Übrigens sind die sog. LEGENDREschen Funktionen zweiter Art weiter nichts als die logarithmenbehafteten Integrale von (8.14.5), welche $P_n(x)$ zum Fundamentalsystem ergänzen.

Eine Verallgemeinerung der LEGENDREschen Polynome sind die JACOBIschen, die im Anschluß an die Polynome

$$F\left(-n, p+n, q; \frac{1-x}{2}\right) \tag{8.14.8}$$

definiert werden können. Auch sie fallen unter die erste Zeile der Tabelle (8.14.3). Die LEGENDREschen Polynome sind der Spezialfall $p=q=1$ der JACOBIschen. Mit $p = 0$, $q = \frac{1}{2}$ ergeben sich aus den JACOBIschen die TSCHEBYSCHEFschen Polynome

$$T_n(x) = \frac{1}{2^{n-1}} F\left(-n, n, \frac{1}{2}; \frac{1-x}{2}\right). \tag{8.14.9}$$

$F(-n, \beta, \gamma, z)$ wird sinnlos, wenn γ eine der Zahlen $0, -1, -2, \ldots, -n+1$ ist, es sei denn, daß im Falle $\gamma = -\nu$ die Zahl β aus der Folge $0, -1, \ldots, -\nu+1$ entnommen wird. Setzt man in den Ausnahmefällen

$$\beta = -n_1, \quad \gamma = 1 - n_2, \quad n_1 \geqq n_2,$$

so ist

$$z^{1-\gamma} F(\alpha-\gamma+1, \beta-\gamma+1, 2-\gamma; z) = z^{n_2} F(-n+n_2, -n_1+n_2, 1+n_2; z)$$

eine polynomiale Lösung von (8.14.1).

Ist insbesondere

$$\alpha = -n, \beta = -n_1, 0 \leqq n_1 < n_2, \gamma = 1 - n_2, 1 \leqq n_2 \leqq n, \tag{8.14.10}$$

so stellt sowohl

$$F(-n, -n_1, 1-n_2; z) \tag{8.14.11}$$

wie

$$z^{n_2} F(-n+n_2, -n_1+n_2, 1+n_2; z) \tag{8.14.12}$$

eine polynomiale Lösung der gleichen hypergeometrischen Differentialgleichung dar. Beide Lösungen sind linear unabhängig. Daher ist in diesem Fall jede Lösung der hypergeometrischen Differentialgleichung ein Polynom. Es ist dies auch der einzige Fall dieser Art. Das kann man aus § 8.**2.** ablesen, wenn man die dort angegebenen logarithmenfreien Fundamentalsysteme bei $z = 0$ ansieht. Im übrigen gehört dieses Vorkommen linear unabhängiger algebraischer Integrale schon unter den hernach ausführlich an Hand der SCHWARZschen Differentialgleichung zu untersuchenden Fall.

Entsprechende Überlegungen gelten auch für die Zeilen 2, 3, 4 der Tabelle (8.14.3). Sie können dem Leser überlassen bleiben.

Ich betrachte nun den zweiten Fall, in dem **das allgemeine Integral** einer hypergeometrischen Differentialgleichung (8.14.1) **algebraisch** ist. Jetzt wird (8.14.1) durch zwei linear unabhängige Pozenzreihen $w_1(z)$ und $w_2(z)$ mit dem gleichen Entwicklungsmittelpunkt befriedigt, deren jede eine algebraische Funktion definiert. Dann liefert der Quotient $s = w_1/w_2$ ein algebraisches Integral der zu (8.14.1) zugeordneten SCHWARZschen Differentialgleichung dritter Ordnung (8.12.6). Ihr allgemeines Integral ist dann natürlich algebraisch. Auch umgekehrt führt jedes algebraische Integral von (8.12.6) durch (8.12.5) zu einem algebraischen Fundamentalsystem von (8.14.1), wenn noch die Bedingung erfüllt ist, daß $\int p_1\,dz$ d. h. hier

$$\int \frac{(1+\alpha+\beta)z-\gamma}{z(z-1)}\,dz \tag{8.14.13}$$

der Logarithmus einer algebraischen Funktion ist.

Die verschiedenen Zweige eines Integrals von (8.12.6) gehen aus einem derselben durch die Operationen der Monodromiegruppe hervor. Daher ist *die notwendige und hinreichende Bedingung dafür, daß das allgemeine Integral von* (8.12.6) *algebraisch ist, die, daß die Monodromiegruppe endlich ist.* Endliche Gruppen linearer Transformationen sind bekanntlich[1] über die stereographische Projektion als Gruppen von Kugeldrehungen darstellbar. Daher sind diese Gruppen durch die Gruppe, die nur die identische Operation enthält, die zyklischen Gruppen, die Diedergruppen, die Tetraedergruppe, die Oktaedergruppe und die Ikosaedergruppe erschöpft.

Nun erhebt sich aber die Frage nach **Kriterien für die Endlichkeit der Monodromiegruppe** der hypergeometrischen Differentialgleichung. Da nämlich diese Differentialgleichung durch die α, β, γ völlig bestimmt ist, müssen sich Bedingungen für die α, β, γ ergeben, die die Endlichkeit der Monodromiegruppe charakterisieren. Es soll skiziert werden, wie man diese Bedingungen findet.

Zunächst ist klar, daß jeder der drei singulären Punkte ein logarithmenfreies Fundamentalsystem besitzen muß. Denn sonst kann der Quotient der beiden Lösungen des Fundamentalsystems keine algebraische Funktion sein. Daher kann auch keine der drei Zahlen $1-\gamma$, $\gamma-\alpha-\beta$, $\alpha-\beta$ Null sein (§ 8.**2.**)[2]. Weiter aber müssen diese drei Zahlen rational sein, weil der Quotient zweier Lösungen algebraisch

[1] Die nachfolgenden Ausführungen enthalten implizite einen Beweis auch für diese Behauptung.

[2] Was dort für $z = 0$ bewiesen wurde, gilt natürlich auch für die beiden anderen singulären Punkte. Man sieht das ein, wenn man bedenkt, daß man die drei singulären Punkte der hypergeometrischen Differentialgleichung durch lineare Transformation miteinander vertauschen und dann durch eine Operation (7.4.9) wieder eine hypergeometrische Differentialgleichung herstellen kann.

sein soll. Daher müssen die α, β, γ selbst rationale Zahlen sein[1]. Daher sind weiter die λ, μ, ν in (8.12.6) rationale Zahlen. Nun sahen wir in § 8.**13.**, daß im Falle reeller α, β, γ der Quotient s der beiden Lösungen eines Fundamentalsystems die obere Halbebene der z auf ein Kreisbogendreieck abbildet, dessen Winkel in den drei Ecken $\lambda\pi$, $\mu\pi$, $\nu\pi$ sind. Die Monodromiegruppe kann daher als Gruppe derjenigen linearen Transformationen beschrieben werden, die sich aus einer geraden Zahl von Spiegelungen an den drei diese Kreisbogen tragenden Kreisen darstellen lassen. Dabei wird der Fall, daß die drei Kreise in einen zusammenfallen, zur Gruppe führen, die nur die identische Operation enthält, weil sich aus den Spiegelungen an einem Kreis keine anderen linearen Transformationen aufbauen lassen. Auch der Fall, daß zwei der drei Kreise zusammenfallen, der dritte aber davon verschieden ist, wird sich leicht erledigen. Richten wir unser Augenmerk erst auf den Normalfall, daß wir es mit drei verschiedenen Kreisen zu tun haben.

Man denke sich die Ebene stereographisch auf eine Kugeloberfläche projiziert. Dann gehen die drei Kreise der Ebene in drei Kreise auf der Kugeloberfläche über, und aus der Monodromiegruppe wird eine Gruppe von Kollineationen der Kugel in sich. Man hat drei Fälle zu unterscheiden, je nachdem ob der gemeinsame Punkt der Ebenen der drei Kreise ein Punkt des Kugeläußeren, der Kugeloberfläche oder des Kugelinneren ist. Der erste Fall ist der eines gemeinsamen Orthogonalkreises der drei Kreise, der dann bei sämtlichen Operationen der Monodromiegruppe in sich übergeht. So erscheint diese im ersten Fall als Bewegungsgruppe der LOBATSCHEFSKIJschen Ebene. Im zweiten Fall kann man den gemeinsamen Punkt der drei Kreise durch lineare Transformation nach ∞ bringen. Die Monodromiegruppe erscheint dann als Bewegungsgruppe der Euklidischen Ebene. Im letzten Fall kann man durch eine Kollineation den gemeinsamen Punkt der drei Kreise in den Kugelmittelpunkt überführen. Die Monodromiegruppe erscheint dann als eine Gruppe von Drehungen der Kugel in sich. Diesem letzten Fall können auch die beiden Ausnahmefälle eingegliedert werden. Denn die identische Operation gehört zu den Kugeldrehungen. Wenn man im anderen Ausnahmefall die gemeinsame Sehne der beiden Kreise der Kugeloberfläche durch Kollineation in einen Kugeldurchmesser überführt, so erscheint auch hier die Monodromiegruppe als Gruppe von Kugeldrehungen. In diesem Fall der Kugeldrehungen sind die endlichen Gruppen bekannt. Sie sind entweder zyklisch oder die Deckdrehungen des Dieders oder eines der regulären Körper. In den beiden anderen

[1] Damit ist auch die vorhin bezeichnete Bedingung, daß (8.14.13) der Logarithmus einer algebraischen Funktion ist, erfüllt, und man kann somit aus der Existenz eines algebraischen Integrals von (8.12.6) schließen, daß das allgemeine Integral von (8.14.1) algebraisch ist.

Fällen läßt sich zeigen, daß die endlichen Gruppen zyklisch sein müssen Dann sind sie bei den Gruppen aus Kugeldrehungen mit erfaßt.

Daß die endlichen Bewegungsgruppen der LOBATSCHEFSKIJschen Ebene zyklisch sind, sieht man so ein: Sie erscheinen ja als endliche Gruppen von linearen Transformationen eines Kreises, z. B. des Einheitskreises in sich. Nehmen wir eine elliptische Transformation einer als endlich angenommenen Bewegungsgruppe als Drehung D um den Mittelpunkt des Einheitskreises an. Wäre die Gruppe nicht zyklisch, so sei S eine nicht mit D vertauschbare elliptische Bewegung derselben. Dann hat, wie ich zeigen will, $T = DSD^{-1}S^{-1}$ einen Fixpunkt auf der Peripherie des Einheitskreises und ist daher hyperbolisch oder parabolisch, was der Endlichkeit der Gruppe widerspricht. Das sieht man so ein: Es sei σ die Länge der Sehne zwischen zwei durch D äquivalenten Punkten auf der Peripherie des Einheitskreises. Bei SDS^{-1} ist die Länge der Sehne zwischen zwei äquivalenten Punkten auf der Peripherie variabel, nämlich kleiner bzw. größer als σ in den beiden Endpunkten des Kreisdurchmessers, auf dem die Fixpunkte von SDS^{-1} liegen. Daher gibt es aus Stetigkeitsgründen mindestens einen Peripheriepunkt, für den die Länge der Sehne zu seinem durch SDS^{-1} äquivalenten Punkt gleich σ ist. Dieser Punkt ist dann ein Fixpunkt von $T = DSD^{-1}S^{-1}$. Analog schließt man im Falle der Euklidischen Ebene, daß $T = DSD^{-1}S^{-1}$ eine Translation ist. Das widerlegt wieder die Annahme der Endlichkeit einer jeden nicht zyklischen Gruppe von Bewegungen.

Ich nehme es nun als bekannt an, daß die endlichen Gruppen von Kugeldrehungen die vorhin schon aufgezählten sind. Die Abbildung der z-Ebene auf die s-Ebene wurde durch analytische Fortsetzung gemäß dem Spiegelungsprinzip aus der Abbildung der oberen Halbebene auf ein Kreisbogendreieck gewonnen. Dem entspricht der Übergang von der Monodromiegruppe zu einer Gruppe doppelter Ordnung, die aus den Spiegelungen an den Seiten dieses Kreisbogendreiecks aufgebaut ist. Diese erweiterten endlichen Monodromiegruppen sind ebenfalls bekannt. Es sind die aus Drehungen und Spiegelungen aufgebauten endlichen Transformationsgruppen der Kugel in sich. Also die Gruppen aus Spiegelungen und Drehungen, die Dieder, Tetraeder, Oktaeder oder Ikosaeder in sich überführen, die erweiterten zyklischen Gruppen und die identische Gruppe. Man wird somit alle in Betracht kommenden Tripel von Spiegelkreisen erhalten, wenn man je drei Spiegelungen aus einer dieser Gruppen herausgreift und die von solchen drei Ebenen auf der Kugel bestimmten sphärischen Dreiecke betrachtet. Es kommen dabei aber nicht nur die sphärischen Dreiecke der Elementarmathematik in Frage, sondern auch deren Erweiterungen durch angehängte Kreisscheiben. Jedes solche Dreieck ist dann aus einer Anzahl von Elementardreiecken aufgebaut. Diese Elementardreiecke sind die Fundamentalbereiche der betreffenden erweiterten Gruppen. Man hat also nur zuzusehen, wie man aus solchen Elementardreiecken andere sphärische Dreiecke aufbauen kann. Die Winkel $\lambda\pi$, $\mu\pi$, $\nu\pi$ desselben geben dann eine bei der betreffenden Monodromiegruppe mögliche Differentialgleichung an. Die Zahl der benutzten Elementardreiecke gibt an, wie oft der von dem betreffenden $s(z)$ gelieferte Bildbereich der z-Ebene die s-Ebene bedeckt. Und damit bekommt man auch einen Zugang zu Untersuchungen über die Anzahl der Nullstellen der hypergeometrischen Funktion, da diese offensichtlich mit dieser Bedeckungszahl zusammenhängt.

So zerfallen die zu endlicher Monodromiegruppe gehörigen s-Funktionen in solche mit eindeutiger und solche mit mehrdeutiger Umkehrung. Die mit eindeutiger Umkehrung sind aus der Uniformisierungstheorie bekannt. Die eindeutige Umkehrungsfunktion ist eine rationale automorphe Funktion der betreffenden Gruppe. Ich gebe nun für jede Gruppe Werte der λ, μ, ν an. Ihre Ermittlung ist eine elementargeometrische Aufgabe, da es sich lediglich darum handelt, die Winkel des sphärischen Fundamentalbereiches der betreffenden endlichen Gruppe von Kugeldrehungen anzugeben. Dies ist die tabellarische Zusammenstellung:

λ	μ	ν	
1	1	1	identische Gruppe
1	$1/n$	$1/n$	zyklisch, n natürliche Zahl
$1/2$	$1/2$	$1/n$	Dieder, n natürliche Zahl
$1/2$	$1/3$	$1/3$	Tetraeder
$1/2$	$1/3$	$1/4$	Würfel (Oktaeder)
$1/2$	$1/3$	$1/5$	Ikosaeder (Dodekaeder)

Aus der Differentialgleichung (8.12.6) mit eindeutiger Umkehrung ihres algebraischen Integrals, das ist mit λ, μ, ν-Werten der vorstehenden Tabelle, lassen sich alle anderen algebraisch integrierbaren Differentialgleichungen (8.12.6) durch die nachstehenden Überlegungen gewinnen. Ich stelle die Betrachtung gleich auf eine allgemeinere Basis, da sie geeignet ist sämtliche homogene lineare Differentialgleichungen zweiter Ordnung

$$w'' + p_1 w' + p_2 = 0 \tag{8.14.14}$$

mit rationalen Koeffizienten zu ermitteln, deren allgemeines Integral algebraisch ist. Ich ziehe die zugehörige SCHWARZsche Differentialgleichung

$$\{s, Z\} = R(Z) \tag{8.14.15}$$

mit rationaler rechter Seite heran. Ihr Integral ist algebraisch, wenn das allgemeine Integral von (8.14.14) algebraisch ist. Umgekehrt ist auch das allgemeine Integral von (8.14.14) algebraisch, wenn (8.14.15) algebraisch integrierbar ist, und wenn noch

$$\int p_1\, dZ$$

gleich dem Logarithmus einer algebraischen Funktion ist. Das folgt wieder aus (8.12.5). Da man aber beim Übergang von der Differentialgleichung dritter Ordnung zu der zweiten Ordnung ohnedies p_1 beliebig wählen darf, können wir diese Bedingung als erfüllt ansehen. Im Falle, daß (8.14.14) hypergeometrisch sein soll, ist sie ja, wie wir schon sahen, erfüllt, da die α, β, γ rational sein müssen. Ich frage demnach jetzt nach den Differentialgleichungen (8.14.15) mit algebraischem Integral. Es sei

$$s = a(Z) \tag{8.14.16}$$

eine algebraische Lösung einer Differentialgleichung (8.14.15). Dann betrachte man daneben eine SCHWARZsche Differentialgleichung (8.12.6) kurz

$$\{s, z\} = r(z), \tag{8.14.17}$$

die zur gleichen Gruppe gehört, und die aus einer hypergeometrischen Differentialgleichung mit den tabellarisch angegebenen Werten der λ, μ, ν hervorgegangen ist. Sie besitzt ein algebraisches Integral mit eindeutiger rationaler Umkehrung

$$z = z(s). \tag{8.14.18}$$

Hier ist $z(s)$ eine automorphe Funktion der Monodromiegruppe von (8.14.16). Dann ist

$$z = z(a(Z)) = \mathsf{P}(Z) \tag{8.14.19}$$

eine algebraische eindeutige Funktion. Daher ist $\mathsf{P}(Z)$ eine rationale Funktion. Man erhält daher die Differentialgleichung (8.14.14) aus der Differentialgleichung (8.14.17), indem man in der letzteren die Substitution (8.14.19) macht.

Nun bemerkt man aber, daß bei beliebiger Wahl der rationalen Funktion $\mathsf{P}(Z)$ die Differentialgleichung (8.14.17) durch die Substitution (8.14.19) in eine Differentialgleichung (8.14.15) mit rationaler rechter Seite übergeht und daß sie ein algebraisches Integral besitzt, wenn dies für (8.14.17) zutrifft. Das Ergebnis ist also dieses: *Man gewinnt alle algebraisch integrierbaren Differentialgleichungen* (8.14.15) *mit rationaler rechter Seite aus den speziellen algebraisch integrierbaren* (8.12.6) *mit* λ, μ, ν-Werten *aus der Tabelle, indem man in* (8.12.6) *eine Substitution* (8.14.19) *mit einer beliebigen rationalen Funktion* $\mathsf{P}(Z)$ *macht.*

Ich kann mich mit dieser summarischen Übersicht begnügen; da ein anderes Werk dieser gelben Sammlung aus berufenster Feder der hypergeometrischen Funktion gewidmet ist (FELIX KLEIN, Vorlesungen über die hypergeometrische Funktion). Die vorstehenden Darlegungen sind kein Auszug aus diesem Buch. Es handelt sich hier darum, die für die Theorie der Differentialgleichungen wesentlichsten Gesichtspunkte zu behandeln. Die zuletzt erörterte Frage nach algebraischen Integralen sowie nach Integralen der SCHWARZschen Differentialgleichungen mit endlichvieldeutiger insbesondere eindeutiger Umkehrung gehört dahin. Dieses letztere Problem ist mit dem im Anschluß an die algebraischen Integrale Gesagten nicht erschöpft. Denn sie erhebt sich auch bei unendlicher Monodromiegruppe. Man kennt für den Fall eindeutiger Umkehrung aus der Uniformisierungstheorie die Antwort. Es handelt sich um diejenigen Gruppen linearer Transformationen, die einen Fundamentalbereich besitzen. Im Falle der hypergeometrischen Differentialgleichung sind es neben den endlichen Gruppen die Bewegungsgruppen der LOBATSCHEFSKIJschen und der Euklidischen Ebene, die nach Erweiterung durch Spiegelungen ein Kreisbogendreieck als Fundamentalbereich haben, sog. Dreiecksgruppen, Dreiecksfunktionen. Die elliptische Modulgruppe gehört dahin, über die schon einiges gesagt wurde. FELIX KLEIN hat ihr ein umfassendes Werk gewidmet. Die Uniformisierungstheorie selbst ist Gegenstand eines anderen Buches dieser Sammlung: ROLF NEVANLINNA, Uniformisierung[1].

15. Das RIEMANNsche Problem. Jede homogene lineare Differentialgleichung, z. B. zweiter Ordnung, der FUCHSschen Klasse besitzt eine Monodromiegruppe. Diese ist durch die Differentialgleichung eindeutig bestimmt, und zwar im folgenden Sinn. Bei Vorgabe eines Fundamentalsystems liegt die Gruppe linearer Substitutionen, die die verschiedenen Zweige des Fundamentalsystems bei analytischer Fortsetzung durch einen der Zweige ausdrücken, eindeutig fest. Ändert man das Fundamentalsystem, so erhält man eine äquivalente Gruppe. Beim RIEMANNschen Problem handelt es sich nun um die umgekehrte Frage, ob jede beliebig gegebene Monodromiegruppe bei einzelnen Differentialgleichungen oder bei Systemen der FUCHSschen Klasse auftritt.

Eine gewisse einschlägige Auskunft geben schon die vorausgegangenen Darlegungen. Sie lassen deutlich erkennen, daß die Differentialgleichung durch die Monodromiegruppe nicht eindeutig bestimmt sein kann. Es gibt viele Differentialgleichungen mit der gleichen Monodromiegruppe. Zum Beispiel gehörten in § 8.**14.** selbst zu vorgegebenen drei Spiegelkreisen noch viele Differentialgleichungen, da es viele Kreisbogendreiecke gibt, deren Ecken in die Schnittpunkte der drei Kreise fallen und deren Seiten Bogen jener Kreise sind.

[1] Einen Forschungsbericht gibt J. KAMPÉ DE FÉRIET: La fonction hypergéométrique. Mém. Sc. math. 85 (1937).

Machen wir uns das Problem völlig klar. Zunächst darf die Frage nicht mit der verwechselt werden, zu gegebenen charakteristischen Exponenten (Wurzeln der determinierenden Gleichungen der drei singulären Stellen) $\alpha', \alpha'', \beta', \beta'', \gamma', \gamma''$ mit der Summe 1 eine RIEMANNsche Differentialgleichung (7.4.5) zu finden. Denn das ist kein Problem, sondern ein ins Gebiet der vier Grundrechnungsarten gehörige Aufgabe. Verwandt damit ist die Aufgabe zu gegebenen Umlaufsubstitutionen eines jeden der drei singulären Punkten zugeordneten kanonischen Fundamentalsysteme des § 8.**1.** bzw. § 8.**4.** zugehörige Differentialgleichungen der P-Funktion zu finden. Aber hierbei wird man nicht erwarten dürfen, daß man z. B. im Falle $\alpha' = \alpha''$ ohne Rücksicht auf die $\beta', \beta'', \gamma', \gamma''$ vorschreiben kann, ob bei $z=0$ logarithmische Glieder auftreten oder nicht, weil dies ja erst durch die Differentialgleichung, das ist durch die Werte der α, β, γ bestimmt ist.

Beim RIEMANN*schen Problem handelt es sich im Gegensatz hierzu darum, daß für ein — gesuchtes — in* $|\arg z|<\pi$, $|\arg(1-z)|<\pi$ *reguläres Fundamentalsysten bei* 0 *und* 1 *die Umlaufsubstitutionen vorgeschrieben sind. Es wird eine Differentialgleichung*

$$\left.\begin{aligned} w'' + \left(\frac{1-\alpha'-\alpha''}{z} + \frac{1-\beta'-\beta''}{z-1}\right) w' + {} \\ + \left(\frac{-\alpha'\alpha''}{z} + \frac{\beta'\beta''}{z-1} + \gamma'\gamma''\right)\frac{w}{z(z-1)} = 0 \end{aligned}\right\} \quad (8.15.1)$$

(*das ist die Werte* $\alpha', \alpha'', \beta', \beta'', \gamma', \gamma''$ *mit der Summe* 1) *gesucht, die ein Fundamentalsystem der gewünschten Art besitzt.*

Stellen wir zunächst durch eine Abzählung der Parameter die Möglichkeiten der Aufgabe fest. Die Differentialgleichung (8.15.1) enthält wegen der vorgeschriebenen Summe der $\alpha'+\alpha''+\beta'+\beta''+\gamma'+\gamma''=1$ fünf komplexe Parameter. Die bei $z=0$ und bei $z=1$ vorgeschriebenen Umlaufsubstitutionen haben zunächst in ihren Koeffizienten acht Parameter. Da man aber das Fundamentalsystem einer linearen Transformation unterwerfen kann ohne die Differentialgleichung zu ändern, und da die Multiplikation beider Lösungen mit der gleichen Zahl die Umlaufsubstitutionen nicht ändert, sind von den acht Parametern noch drei abzuziehen, so daß auch die Umlaufsubstitutionen bei geeigneter Normierung fünf Parameter enthalten. Man kann also die Frage getrost so stellen: Gegeben sind zwei Umlaufsubstitutionen bei $z=0$ und bei $z=1$. Gesucht werden Differentialgleichungen (8.15.1) der FUCHSschen Klasse, die bei 0 und 1 ein Fundamentalsystem mit den vorgegebenen Umlaufsubstitutionen besitzen.

Ich gehe von (8.15.1) in der nach (7.4.9) üblichen Weise zu einer hypergeometrischen Differentialgleichung

$$w'' + \frac{-\gamma+(1-\alpha+\beta)z}{z(z-1)}w' + \frac{\alpha\beta}{z(z-1)}w = 0 \qquad (8.15.2)$$

über, um für diese die gestellte Frage zu erledigen. Dazu ermittle ich zunächst die für diese möglichen Formen der Umlaufsubstitutionen. Als Fundamentalsystem wähle ich die durch analytische Fortsetzung aus den beiden gleich bezeichneten Reihen in $|\arg z| < \pi$, $|\arg(1-z)| < \pi$ erklärten beiden Funktionen

$$K_1 = \frac{F(\alpha,\beta,\gamma;z)}{\Gamma(\gamma)}, \qquad K_2 = \frac{F(\alpha,\beta,\alpha+\beta-\gamma+1;\,1-z)}{\Gamma(\alpha+\beta-\gamma+1)}. \tag{8.15.3}$$

Das sind stets, auch für Werte von γ oder $\alpha+\beta-\gamma+1$, die der 0 oder negativen ganzen Zahlen gleich sind, bei $z=0$ bzw. bei $z=1$ reguläre Lösungen von (8.15.2). Sie können nur dann linear abhängig sein, wenn K_1 auch bei $z=1$ und wenn K_2 auch bei $z=0$ regulär ist, d.h. nur dann, wenn α oder β der 0 oder einer negativen ganzen Zahl gleich ist. Diesen Fall wollen wir einstweilen zurückstellen und zunächst die Umlaufsubstitutionen des Fundamentalsystems (8.15.3) bestimmen, falls weder α noch β der 0 oder einer negativen ganzen Zahl gleich sind. Dazu gehen wir von (8.8.3) aus. Daraus entnimmt man

$$\left.\begin{aligned} K_1 &= \frac{\Gamma(\alpha+\beta-\gamma+1)\,\Gamma(\gamma-\alpha-\beta)}{\Gamma(\gamma-\alpha)\,\Gamma(\gamma-\beta)} K_2 + \\ &+ \frac{\Gamma(\alpha+\beta-\gamma)}{\Gamma(\alpha)\,\Gamma(\beta)}(1-z)^{\gamma-\alpha-\beta} F(\gamma-\alpha,\gamma-\beta,\gamma-\alpha-\beta+1;\,1-z). \end{aligned}\right\} \tag{8.15.4}$$

Ersetzt man hier γ durch $\alpha+\beta-\gamma+1$ und z durch $1-z$, so entnimmt man daraus weiter

$$\left.\begin{aligned} K_2 &= \frac{\Gamma(1-\gamma)\,\Gamma(\gamma)}{\Gamma(\alpha-\gamma+1)\,\Gamma(\beta-\gamma+1)} K_1 + \\ &+ \frac{\Gamma(\gamma-1)}{\Gamma(\alpha)\,\Gamma(\beta)} z^{1-\gamma} F(\beta-\gamma+1,\alpha-\gamma+1,2-\gamma;\,z). \end{aligned}\right\} \tag{8.15.5}$$

Die Gültigkeit dieser Formeln verlangt zunächst, daß keine der vorkommenden Verbindungen der α, β, γ ganzzahlig ist. Da aber alles analytische Funktionen sind, so sind die Formeln (8.15.4) und (8.15.5) richtig, so lange sie überhaupt einen Sinn haben, und sind brauchbar, sobald die K_1, K_2 linear unabhängig sind. Dazu war vorausgesetzt, daß weder α noch β der 0 oder einer negativen ganzen Zahl gleich ist.

Aus (8.15.4) liest man das Verhalten von K_1 bei einem Umlauf um $z=1$ ab. Denn wegen der Regularität von $F(\gamma-\alpha,\gamma-\beta,\gamma-\alpha-\beta+1;\,1-z)$ bei $z=1$ multipliziert sich bei positivem Umlauf um $z=1$

$$K_1 - \frac{\Gamma(\alpha+\beta-\gamma+1)\,\Gamma(\gamma-\alpha-\beta)}{\Gamma(\gamma-\alpha)\,\Gamma(\gamma-\beta)} K_2 \quad \text{mit} \quad e^{2i\pi(\gamma-\alpha-\beta)}.$$

Also haben wir bei $z=1$ diese Umlaufssubstitution des Fundamentalsystems: Es geht

$$\left.\begin{matrix} K_1 \\ K_2 \end{matrix}\right\} \begin{matrix} \text{über} \\ \text{in} \end{matrix} \left\{\begin{matrix} \dfrac{\Gamma(\alpha+\beta-\gamma+1)\,\Gamma(\gamma-\alpha-\beta)}{\Gamma(\gamma-\alpha)\,\Gamma(\gamma-\beta)} K_2 + e^{2i\pi(\gamma-\alpha-\beta)}\left(K_1 - \dfrac{\Gamma(\alpha+\beta-\gamma+1)\,\Gamma(\gamma-\alpha-\beta)}{\Gamma(\gamma-\alpha)\,\Gamma(\gamma-\beta)} K\right. \\ K_2 \end{matrix}\right.$$

oder anders geschrieben

$$\left.\begin{matrix} K_1 \\ K_2 \end{matrix}\right\} \text{ in } \left\{\begin{matrix} e^{2i\pi(\gamma-\alpha-\beta)} K_1 + K_2 \dfrac{\Gamma(\alpha+\beta-\gamma+1)\,\Gamma(\gamma-\alpha-\beta)}{\Gamma(\gamma-\alpha)\,\Gamma(\gamma-\beta)} \left(1 - e^{2i\pi(\gamma-\alpha-\beta)}\right) \\ K_2 \end{matrix}\right.$$

oder noch anders geschrieben

$$\left.\begin{matrix} K_1 \\ K_2 \end{matrix}\right\} \text{ in } \left\{\begin{matrix} e^{2i\pi(\gamma-\alpha-\beta)} K_1 - \dfrac{2\pi i\, e^{\pi i(\gamma-\alpha-\beta)}}{\Gamma(\gamma-\alpha)\,\Gamma(\gamma-\beta)} K_2 . \\ K_2 \end{matrix}\right.$$

Aus (8.15.5) entnimmt man die Änderung des Fundamentalsystems K_1, K_2 bei Umlauf um $z=0$, weil dort $F(\alpha-\gamma+1, \beta-\gamma+1, 2-\gamma; z)$ regulär ist. Es geht dann

$$\left.\begin{matrix} K_1 \\ K_2 \end{matrix}\right\} \begin{matrix} \text{über} \\ \text{in} \end{matrix} \left\{\begin{matrix} K_1 \\ \dfrac{\Gamma(1-\gamma)\,\Gamma(\gamma)}{\Gamma(\alpha-\gamma+1)\,\Gamma(\beta-\gamma+1)} K_1 + e^{2i\pi(1-\gamma)} \left(K_2 - \dfrac{\Gamma(1-\gamma)\,\Gamma(\gamma)}{\Gamma(\alpha-\gamma+1)\,\Gamma(\beta-\gamma+1)} K_1\right) \end{matrix}\right.$$

oder anders geschrieben

$$\left.\begin{matrix} K_1 \\ K_2 \end{matrix}\right\} \text{ in } \left\{\begin{matrix} K_1 \\ K_1 \dfrac{\Gamma(1-\gamma)\,\Gamma(\gamma)}{\Gamma(\alpha-\gamma+1)\,\Gamma(\beta-\gamma+1)} \left(1 - e^{2i\pi(1-\gamma)}\right) + e^{2i\pi(1-\gamma)} K_2 \end{matrix}\right.$$

oder noch anders geschrieben

$$\left.\begin{matrix} K_1 \\ K_2 \end{matrix}\right\} \text{ in } \left\{\begin{matrix} K_1 \\ K_1 \dfrac{2\pi i\, e^{-\pi i\gamma}}{\Gamma(\alpha-\gamma+1)\,\Gamma(\beta-\gamma+1)} + e^{-2i\pi\gamma} K_2 . \end{matrix}\right.$$

Wir haben also im ganzen diese beiden Matrizen von Umlaufsubstitutionen: Bei $z = 0$

$$\begin{pmatrix} 1 & 0 \\ \dfrac{2\pi i\, e^{-i\pi\gamma}}{\Gamma(\alpha-\gamma+1)\,\Gamma(\beta-\gamma+1)} & e^{-2i\pi\gamma} \end{pmatrix}. \tag{8.15.6}$$

Bei $z = 1$

$$\begin{pmatrix} e^{2i\pi(\gamma-\alpha-\beta)} & \dfrac{-2\pi i\, e^{\pi i(\gamma-\alpha-\beta)}}{\Gamma(\gamma-\alpha)\,\Gamma(\gamma-\beta)} \\ 0 & 1 \end{pmatrix}. \tag{8.15.7}$$

Als kennzeichnendes Merkmal dieser Umlaufsubstitutionen fallen die beiden Nullen und die beiden Einsen auf. Sie rühren daher, daß bei $z=0$ und bei $z=1$ je eine der beiden Lösungen regulär ist. Für jede der beiden Matrizen ist einer der beiden Eigenwerte 1, im Einklang mit dem, was sich aus dem in § 6.**3.** über die Fundamentalgleichung der singulären Punkte Gesagten ergibt. Aber in (8.15.6) stehen nicht die allgemeinsten Matrizen mit diesen Eigenschaften. Wir erhalten sie, wenn wir von K_1, K_2 mit Hilfe zweier beliebigen Zahlen ϱ, σ mit $\varrho\sigma \neq 0$ zu ϱK_1, σK_2

übergehen. Diese erfahren dann Umlaufsubstitutionen mit den Matrizen

$$\left.\begin{aligned}&\begin{pmatrix}1 & 0\\ \sigma\,\varrho^{-1}\dfrac{2\pi i\,e^{-i\pi\gamma}}{\Gamma(\alpha-\gamma+1)\,\Gamma(\beta-\gamma+1)} & e^{-2i\pi\gamma}\end{pmatrix}\\ \text{und}\quad&\begin{pmatrix}e^{2i\pi(\gamma-\alpha-\beta)} & -\varrho\,\sigma^{-1}\dfrac{2\pi i\,e^{\pi i(\gamma-\alpha-\beta)}}{\Gamma(\gamma-\alpha)\,\Gamma(\gamma-\beta)}\\ 0 & 1\end{pmatrix}.\end{aligned}\right\}\tag{8.15.8}$$

Das sind nun u. a. die allgemeinsten Matrizen von der Form

$$\begin{pmatrix}1 & 0\\ a & b\end{pmatrix}\quad\text{und}\quad\begin{pmatrix}c & d\\ 0 & 1\end{pmatrix},\qquad b\,c \neq 0,\; a\,d \neq 0. \tag{8.15.9}$$

Um das einzusehen, sehen wir die a, b, c, d mit $b \neq 0$, $c \neq 0$ als gegeben an, und suchen die $\alpha, \beta, \gamma, \varrho, \sigma$ in (8.15.8) so zu bestimmen, daß Gleichheit mit den Matrizen (8.15.9) eintritt. Dazu entnehmen wir γ und $\alpha+\beta$ aus

$$b = e^{-2i\pi\gamma} \quad\text{und}\quad c = e^{2\pi i(\gamma-\alpha-\beta)}, \tag{8.15.10}$$

was wegen $bc \neq 0$ auf viele Weisen geht. Ist das geschehen, so halten wir $\alpha+\beta$ und γ fest und ermitteln $\alpha-\beta, \varrho, \sigma$ aus

$$\left.\begin{aligned}a &= \sigma\,\varrho^{-1}\frac{2\pi i\,e^{-i\pi\gamma}}{\Gamma(\alpha-\gamma+1)\,\Gamma(\beta-\gamma+1)}\\ d &= -\varrho\,\sigma^{-1}\,2\pi i\,\frac{e^{\pi i(\gamma-\alpha-\beta)}}{\Gamma(\gamma-\alpha)\,\Gamma(\gamma-\beta)}.\end{aligned}\right\}\tag{8.15.11}$$

Dazu multiplizieren wir beide Gleichungen miteinander. Das ergibt

$$\begin{aligned}a\,d &= \frac{4\pi^2\,e^{-\pi i(\alpha+\beta)}}{\Gamma(\gamma-\alpha)\,\Gamma(\alpha-\gamma+1)\,\Gamma(\gamma-\beta)\,\Gamma(\beta-\gamma+1)}\\ &= 4e^{-\pi i(\alpha+\beta)}\sin\pi(\gamma-\alpha)\,\sin\pi(\gamma-\beta)\\ &= 2e^{-\pi i(\alpha+\beta)}\big(\cos\pi(\alpha-\beta)-\cos\pi(2\gamma-\alpha-\beta)\big).\end{aligned}\tag{8.15.12}$$

Also schließlich

$$\cos\pi(\alpha-\beta) = \cos\pi(2\gamma-\alpha-\beta) + \frac{a\,d}{2}\,e^{\pi i(\alpha+\beta)}.$$

Daraus ergibt sich bei passender Wahl von A

$$\alpha-\beta = \pm\mathsf{A}+2h,\qquad h \text{ ganz}. \tag{8.15.13}$$

Da wir eingangs die Annahme machten, daß weder α noch β der 0 oder einer negativen ganzen Zahl gleich sind, müssen wir zum Schluß noch zusehen, ob die gefundenen Lösungen dieser Bedingung genügen. Das ist aber klar, da doch durch (8.15.10) und (8.15.13) die α, β, γ nur modulo 1 bestimmt sind. Zudem zeigt die Herleitung durch (8.15.12), daß wegen $a\,d \neq 0$ weder $\gamma-\alpha$ noch $\gamma-\beta$ ganzzahlig ist. Daher sind ϱ und σ aus (8.15.11) bis auf einen beiden gemeinsamen willkürlich bleibenden Faktor zu entnehmen. Man kann nämlich, da $a \neq 0$ ist, $\sigma\,\varrho^{-1}$ aus der ersten der beiden Gln. (8.15.11) ablesen.

Damit ist ein guter Teil des RIEMANNschen Problems für die hypergeometrische Differentialgleichung (8.15.2) erledigt. Es ist nämlich bewiesen, daß man bei beliebiger Wahl der Umlaufsubstitutionen (8.15.9) bei $z=0$ und bei $z=1$ stets α, β, γ, d. h. die Differentialgleichung (8.15.2) so bestimmen kann, daß sie bei 0 und 1 die vorgegebenen Umlaufsubstitutionen eines passend gewählten Fundamentalsystems besitzt. Wir haben auch einen vollen Überblick über alle Lösungen des Problems. Aber es gibt noch andere Matrizenpaare außer den (8.15.9).

Die Funktionen (8.15.3) sind als Fundamentalsystem nur dann unbrauchbar, wenn α oder β der 0 oder einer negativen ganzen Zahl gleich sind. Dann sind beide nach § 8.**4.** linear abhängige Polynome. Man nehme z. B. $\alpha = -n$, $n = 0, 1, \ldots$ an, und wähle als Fundamentalsystem

$$K_1 = \frac{F(-n, \beta, \gamma; z)}{\Gamma(\gamma)}, \quad K_3 = \frac{z^{1-\gamma} F(-n-\gamma+1, \beta-\gamma+1, 2-\gamma; z)}{\Gamma(2-\gamma)}. \tag{8.15.14}$$

Diese Funktionen sind für alle nicht ganzzahligen γ als Fundamentalsystem brauchbar, während sie nach § 8.**2.** für ganzzahlige γ linear abhängig werden. Für nicht ganze γ ist nach (8.8.5)

$$\begin{aligned} &z^{1-\gamma} F(\alpha-\gamma+1, \beta-\gamma+1, 2-\gamma; z) \\ &= \frac{\Gamma(\gamma-\alpha-\beta)\,\Gamma(2-\gamma)}{\Gamma(1-\alpha)\,\Gamma(1-\beta)} F(\alpha, \beta, \alpha+\beta-\gamma+1; 1-z) + \\ &+ \frac{\Gamma(\alpha+\beta-\gamma)\,\Gamma(2-\gamma)}{\Gamma(\alpha-\gamma+1)\,\Gamma(\beta-\gamma+1)} (1-z)^{\gamma-\alpha-\beta} F(\gamma-\alpha, \gamma-\beta, \gamma-\alpha-\beta+1; 1-z). \end{aligned}$$

Nun ist aber nach (8.8.4) im Falle $\alpha = -n$ wegen $1/\Gamma(-n) = 0$

$$F(-n, \beta, -n+\beta-\gamma+1; 1-z) = K_1 \frac{\Gamma(\gamma+n)\,\Gamma(\gamma-\beta)}{\Gamma(\gamma+n-\beta)}.$$

Also folgt

$$\begin{aligned} &\frac{z^{1-\gamma} F(-n-\gamma+1, \beta-\gamma+1, 2-\gamma; z)}{\Gamma(2-\gamma)} = K_1 \frac{\Gamma(\gamma+n)\,\Gamma(\gamma-\beta)}{\Gamma(1+n)\,\Gamma(1-\beta)} + \\ &+ \frac{\Gamma(-n+\beta-\gamma)}{\Gamma(-n-\gamma+1)\Gamma(\beta-\gamma+1)} (1-z)^{\gamma+n-\beta} F(\gamma+n, \gamma-\beta, \gamma+n-\beta+1; 1-z). \end{aligned}$$

Daraus entnimmt man die Umlaufsubstitution für $z = 1$. Es gehen bei einmaligem positivem Umlauf um $z = 1$

$$\left.\begin{matrix} K_1 \\ K_3 \end{matrix}\right\} \begin{matrix} \text{über} \\ \text{in} \end{matrix} \left\{\begin{matrix} K_1 \\ K_1 \dfrac{\Gamma(\gamma+n)\,\Gamma(\gamma+\beta)}{\Gamma(1+n)\,\Gamma(1-\beta)} + e^{2i\pi(\gamma+n-\beta)} \left(K_3 - K_1 \dfrac{\Gamma(\gamma+n)\,\Gamma(\gamma-\beta)}{\Gamma(1+n)\,\Gamma(1-\beta)}\right) \end{matrix}\right.$$

oder anders geschrieben

$$\left.\begin{matrix} K_1 \\ K_3 \end{matrix}\right\} \text{ in } \left\{\begin{matrix} K_1 \\ K_1 \dfrac{\Gamma(\gamma+n)\,\Gamma(\gamma-\beta)}{\Gamma(1+n)\,\Gamma(1-\beta)} (1 - e^{2i\pi(\gamma+n-\beta)}) + K_3\, e^{2i\pi(\gamma+n-\beta)} \end{matrix}\right\} \tag{8.15.15}$$

Bei $z = 0$ aber gilt, daß

$$\left.\begin{matrix} K_1 \\ K_3 \end{matrix}\right\} \text{ in } \left\{\begin{matrix} K_1 \\ e^{2i\pi(1-\gamma)} K_3 \end{matrix}\right\} \tag{8.15.16}$$

übergeht. Dabei darf γ keine ganze Zahl sein. Die Frage ist nun: Sind (8.15.16) und (8.15.15) die allgemeinsten Substitutionen von der Form

$$\begin{pmatrix} 1 & 0 \\ 0 & a \end{pmatrix} \quad \text{mit} \quad a \neq 1 \quad \text{und} \quad \begin{pmatrix} 1 & 0 \\ b & c \end{pmatrix} \tag{8.15.17}$$

oder nicht? Im Falle $b \neq 0$ kann man noch durch Multiplikation von K_1 und K_3 mit passenden Zahlen ϱ und σ den Wert $b = 1$ bewirken. Um nun zu sehen, inwieweit die Substitutionen (8.15.17) als Umlaufsubstitutionen auftreten können, bestimme man γ in (8.15.16) durch die Forderung $e^{2i\pi(1-\gamma)} = a$; nachdem so γ gewählt ist, bestimme man in (8.15.15) β durch die Forderung $e^{2i\pi(\gamma+n-\beta)} = c$ oder was dasselbe ist $e^{-2i\pi\beta} = ac$. Den Fall $b = 0$ in (8.15.15) kann man somit nur dann erreichen, wenn entweder $1/\Gamma(1-\beta) = 0$ oder $1 - e^{2i\pi(\gamma+n-\beta)} = 0$ ist, d. h. jedenfalls nur dann, wenn β oder $\gamma + n - \beta$ ganzzahlig ist. Im Falle $c \neq 1$ und $ac \neq 1$ kann man daher $b = 0$ in (8.15.15) nicht erreichen. *Das Paar der Umlaufsubstitutionen*

$$\begin{pmatrix} 1 & 0 \\ 0 & a \end{pmatrix}, \quad a \neq 1 \quad \text{und} \quad \begin{pmatrix} 1 & 0 \\ 0 & c \end{pmatrix}, \quad ac \neq 1, \quad c \neq 1 \tag{8.15.18}$$

kommt sonach bei *hypergeometrischen Differentialgleichungen nicht vor.* Es könnte nämlich nur dann auftreten, wenn man als erste Lösung des Fundamentalsystems ein Polynom nimmt, d. h. wenn $\alpha = -n$ (oder $\beta = -n$), $n = 0, 1, 2, \ldots$ ist. Dann muß aber die zweite Lösung, die bei 0 und 1 multiplikativ sein soll, K_3 sein. Diese ist aber nach (8.15.15) im Falle $c \neq 1$, $ac \neq 1$ bei $z = 1$ nicht multiplikativ.

Es muß überdies betont werden, daß die (8.15.18) *nicht nur bei der hypergeometrischen Differentialgleichung, sondern auch bei der* RIEMANN*schen Differentialgleichung* (8.15.1) *fehlen.* Denn sollen bei dieser (8.15.18) Umlaufsubstitutionen sein, so müßte zunächst die erste Lösung des Fundamentalsystems bei 0 und 1 regulär, also ein Polynom sein. Dann kann man aber nach (7.4.9) mit ganzen positiven λ und μ zu einer hypergeometrischen Differentialgleichung übergehen, bei der die Umlaufsubstitutionen die gleichen (8.15.18) sein müßten. Das wurde aber als unmöglich erkannt.

Übrigens kommen die Umlaufsubstitutionen (8.15.18) bei dem System

$$\left.\begin{aligned} w_1' &= \left(\frac{1}{z} + \frac{1}{z-1}\right) w_1 \\ w_2' &= \frac{w_2}{2\pi i}\left(\frac{\log a}{z} + \frac{\log c}{z-1}\right) \end{aligned}\right\} \tag{8.15.19}$$

mit dem Fundamentalsystem

$$w_{11} = z(z-1), \qquad w_{12} = 0$$
$$w_{21} = 0, \qquad w_{22} = \exp\left(\frac{\log a}{2\pi i}\log z + \frac{\log c}{2\pi i}\log(z-1)\right)$$

vor. Außerdem ist zu bemerken, daß das Funktionenpaar

$$w_1 = w_{11}, \quad w_2 = w_{22} \tag{8.15.20}$$

die Umlaufsubstitutionen (8.15.18) hat. Dies Funktionenpaar ist Fundamentalsystem[1] der Differentialgleichung

$$\begin{vmatrix} w'' & w' & w \\ w_1'' & w_1' & w_1 \\ w_2'' & w_2' & w_2 \end{vmatrix} = 0 .$$

Diese hat natürlich bei 0, 1, ∞ Stellen der Bestimmtheit, hat aber außerdem noch einen Nebenpunkt, eine scheinbare Singularität, da wo

$$w_1' w_2 - w_2' w_1 = 0$$

ist, d. h. da wo

$$2z - 1 - \frac{\log a}{2\pi i}(z-1) - \frac{\log c}{2\pi i} z = 0 . \tag{8.15.21}$$

Es treten somit die (8.15.18) zwar nicht als Umlaufsubstitutionen bei Differentialgleichungen zweiter Ordnung der FUCHSschen Klasse mit drei Stellen der Bestimmtheit bei 0, 1, ∞ auf, wohl aber bei solchen mit vier Stellen der Bestimmtheit, indem zu 0, 1, ∞ noch eine weitere scheinbare singuläre Stelle tritt, deren Lage von den Umlaufsubstitutionen (8.15.18) abhängt.

Das RIEMANNsche Problem ist durch diese Betrachtungen für Paare von Umlaufsubstitutionen noch nicht gelöst. Denn es ist u. a. nicht klar, ob es nicht noch andere Paare von Umlaufsubstitutionen gibt, die bei der hypergeometrischen Differentialgleichung fehlen. Der Hauptteil der Betrachtung bezog sich nämlich auf Umlaufsubstitutionen (8.15.9). Das RIEMANNsche Problem fragt aber nach dem Auftreten zweier beliebig vorgegebener Umlaufsubstitutionen. Es wird sich daher u. a. darum handeln, festzustellen, inwieweit man durch Wahl des Fundamental-

[1] Der Ausnahmefall

$$\log a = \log c = 2\pi i$$

erledigt sich durch den Hinweis, daß dann die Umlaufsubstitutionen beide der Identität gleich sind. Sie treten z. B. bei

$$w'' z(z-1) - w'(2z-1) + 2w = 0$$

mit dem Fundamentalsystem

$$w_1 = z^2, \quad w_2 = (z-1)^2$$

auf. Sie gehört der FUCHSschen Klasse an. $z = 0$ und $z = 1$ sind scheinbare Singularitäten.

systems zwei beliebig gegebene Umlaufsubstitutionen auf die Form (8.15.9) bringen kann[1].

Vorab soll festgestellt werden, daß der in (8.15.9) bei beiden Umlaufsubstitutionen ausgewiesene Eigenwert 1 der Transformation (7.4.9) zu verdanken ist, durch die eine beliebige RIEMANNsche Differentialgleichung (7.4.8) in eine hypergeometrische (7.4.10) übergeführt wurde. Geht man wieder zur RIEMANNschen Differentialgleichung zurück, so kann man feststellen, daß bei solchen beliebige Umlaufsubstitutionen mit den Matrizen

$$\begin{pmatrix} \lambda_1 & 0 \\ \lambda & \lambda_2 \end{pmatrix} \quad \text{und} \quad \begin{pmatrix} \mu_1 & \mu \\ 0 & \mu_2 \end{pmatrix}, \quad \lambda\mu \neq 0 \tag{8.15.22}$$

bei 0 bzw. 1 auftreten.

So wende ich mich denn der Frage zu, wann ein beliebiges Paar von Umlaufsubstitutionen

$$\begin{pmatrix} a & b \\ c & d \end{pmatrix} \quad \text{und} \quad \begin{pmatrix} \alpha & \beta \\ \gamma & \delta \end{pmatrix} \tag{8.15.23}$$

einem Paar von der Form (8.15.22) ähnlich ist, wie das ja einer Änderung des ursprünglichen gewählten Fundamentalsystems entspricht. Dazu bemerke man, daß der Ansatz

$$\begin{pmatrix} r & s \\ t & u \end{pmatrix} \begin{pmatrix} a & b \\ c & d \end{pmatrix} \begin{pmatrix} u & -s \\ -t & r \end{pmatrix} = \begin{pmatrix} A & B \\ C & D \end{pmatrix}$$

zu

$$B = -a r s + b r^2 - c s^2 + d r s$$
$$C = a t u - b t^2 + c u^2 - d t u$$

führt. Hat man nun zwei Umlaufmatrizen (8.15.23) und wendet auf sie die gleiche Transformation wie eben an, so führt die Frage nach der Form (8.15.22) auf die beiden Gleichungen

$$\left.\begin{aligned} (a-d)\, r s - b r^2 + c s^2 &= 0 \\ (\alpha-\delta)\, t u - \beta t^2 + \gamma u^2 &= 0. \end{aligned}\right\} \tag{8.15.24}$$

Diese führen bei passender Wahl der Wurzeln dieser beiden quadratischen Gleichungen zur Lösung der Aufgabe durch eine Matrix

$$\begin{pmatrix} r & s \\ t & u \end{pmatrix}$$

nichtverschwindender Determinante immer dann, wenn diese beiden Gleichungen nicht sowohl identisch sind, als auch Doppelwurzeln haben. Die Übereinstimmung beider Gleichungen ist aber damit gleichbedeu-

[1] Diese Frage ist im Grunde durch die Einführung der Funktionen K_1, K_2, K_3 erledigt. Sie mag aber noch auf einem anderen Weg behandelt werden.

tend, daß die beiden Matrizen (8.15.23) vertauschbar sind. Die Vertauschbarkeit verlangt nämlich

$$\begin{pmatrix} a\alpha + b\gamma & a\beta + b\delta \\ c\alpha + d\gamma & c\beta + d\delta \end{pmatrix} = \begin{pmatrix} \alpha a + \beta c & \alpha b + \beta d \\ \gamma a + \delta c & \gamma b + \delta d \end{pmatrix}.$$

Und das wieder verlangt

$$b\gamma - c\beta = 0$$
$$(a - d)\beta + b(\delta - \alpha) = 0$$
$$(a - d)\gamma + c(\delta - \alpha) = 0.$$

Das sind aber gerade Gleichungen, die angeben, daß die beiden quadratischen Gleichungen (8.15.24) übereinstimmen. Für vertauschbare Umlaufmatrizen wird das Problem etwas weiter unten erledigt werden. Jetzt sei festgehalten, daß man zwei nichtvertauschbare Matrizen (8.15.23) simultan, d. h. durch Änderung des Fundamentalsystems in ähnliche Matrizen (8.15.22), verwandeln kann. Mit anderen Worten: Zu zwei beliebig gegebenen nichtvertauschbaren Umlaufsubstitutionen gehören stets RIEMANNsche Differentialgleichungen, die die beiden gegebenen Umlaufsubstitutionen bei 0 und 1 aufweisen. Weiter unten wird gezeigt werden, daß es stets Systeme mit zwei Unbekannten und drei Stellen der Bestimmtheit bei 0, 1, ∞ gibt, die bei 0 und 1 die beiden gegebenen vertauschbaren Umlaufsubstitutionen haben. Da die RIEMANNschen Differentialgleichungen spezielle Systeme sind, so ist dann damit das RIEMANNsche Problem im positiven Sinn gelöst. Dann ist bewiesen:

Zu einem beliebig gegebenen geordneten, den beiden Punkten 0 *und* 1 *zugeordneten Paar von Umlaufsubstitutionen gehören stets lineare homogene Systeme mit zwei Unbekannten und drei Stellen der Bestimmtheit bei* 0, 1, ∞

$$\frac{d\mathfrak{w}}{dz} = \mathfrak{p}\,\mathfrak{w},$$

die bei 0 *und* 1 *die vorgegebenen Umlaufsubstitutionen haben.* $\mathfrak{p}$ *ist dabei eine rationale Matrix, die nur bei* 0, 1 *und* ∞ *Pole hat.*

Man darf wohl annehmen, daß FELIX KLEIN Überlegungen wie die vorstehenden im Sinne hatte, als er in seinem erwähnten Buch auf S. 132 sie direkte Nachprüfung der Behauptungen des RIEMANNschen Problems für die hypergeometrische Differentialgleichung vorschlug. Das hat niemand getan. Wohl aber hat die trügerische eingangs erwähnte Konstantenzählung und die von KLEIN beharrlich vertretene Meinung dazu geführt, daß sich wohl hie und da die Ansicht festgesetzt hat, man könne bei RIEMANNschen Differentialgleichungen (mit drei singulären Stellen) zwei Umlaufsubstitutionen beliebig vorschreiben. Das haben die vorstehenden Erörterungen widerlegt.

Hiernach bedarf auch die bis in die neueste Zeit[1] immer wieder ausgesprochene Behauptung, RIEMANN habe bereits das Problem gelöst, der Korrektur. RIEMANN hat sich, wie schon der Titel seiner Arbeit von 1857 zeigt, auf den Fall der durch die hypergeometrische Reihe darstellbaren Funktionen beschränkt. RIEMANN hat überdies noch die Annahme gemacht, daß bei den Wurzeln der determinierenden Fundamentalgleichungen keine ganzzahligen Differenzen vorkommen. Die Behauptung, RIEMANN habe sein Problem gelöst, ist demnach schlechterdings unverständlich[2].

Es darf aber hervorgehoben werden, daß z. B. weder HILBERT noch J. PLEMELJ in ihren Beweisen zum RIEMANNschen Problem dieser irrigen Auffassung Vorschub geleistet haben. Beide Verfasser haben bewiesen, daß es Paare linear polymorpher Funktionen gibt mit zwei vorgeschriebenen Umlaufsubstitutionen; und betreffs der Beziehung zur Theorie der Differentialgleichungen hat sich bei beiden Verfassern ergeben, daß es ein System von zwei Differentialgleichungen erster Ordnung mit drei Stellen der Bestimmtheit gibt, dem ein solches Paar linear polymorpher Funktionen genügt. Ich weiß nicht, wer die Auffassung aufgebracht hat, das sei eine Verallgemeinerung der Behauptung des RIEMANNschen Problems. Es ist vielmehr die richtige, zunächst freilich nicht sehr befriedigende Formulierung derselben. Nicht sehr befriedigend, weil die Systeme von zwei Differentialgleichungen der FUCHSschen Klasse nach § 6.**7.** keine so einfache Kennzeichnung besitzen, wie das bei Differentialgleichungen zweiter und höherer Ordnung der FUCHSschen Klasse der Fall ist. Daher beschränkt sich bereits PLEMELJ auf Systeme der FUCHSschen Klasse, deren Koeffizienten an den singulären Stellen bis auf Pole erster Ordnung regulär sind. Das ist die bereits in § 6.**7.** erwähnte Normalform. PLEMELJs Arbeit steht in Mh. Math. Phys. Bd. 19 (1910). Etwas jünger ist die Arbeit von G. D. BIRKHOFF [Proc. Amer. Act. Arts and Sci. 49 (1913)]. Dort wird eine wesentlich vereinfachte Beweisführung gegeben, die sich aber auf den Fall beschränkt, daß die determinierenden Gleichungen der singulären Punkte verschiedene Wurzeln haben. Die Beschränkung auf Systeme in der Normalform ist dagegen keine Einschränkung für die Lösbarkeit des RIEMANNschen Problems, falls sich ergibt, daß man schon bei diesen Systemen die Monodromiegruppe beliebig vorschreiben kann. Das lehren aber jene Arbeiten wenigstens für den Sonderfall der Monodromiegruppen, den sie behandeln.

---

[1] Math. Ann. Bd. 133, 1957, S. 1.

[2] Daran ändern auch die aus dem Nachlaß RIEMANNS veröffentlichten Ausführungen nichts. Sie enthalten zwar eine Formulierung des Problems, aber außer Konstantenzählungen keinen Ansatz zum Existenzbeweis. Die Notwendigkeit der Einführung von Nebenpunkten erkennt RIEMANN. Systeme werden nicht betrachtet.

Während in diesem Buch eine Lösung des RIEMANNschen Problems nur für Systeme von zwei Differentialgleichungen mit zwei Unbekannten und drei Stellen der Bestimmtheit auf rein funktionentheoretischem Weg gegeben wird, beziehen sich die Beweise von HILBERT, PLEMELJ und BIRKHOFF auf eine beliebige Zahl n von Differentialgleichungen mit n Unbekannten und einer beliebigen endlichen Zahl von Stellen der Bestimmtheit. Alle diese Methoden führen die Aufgabe auf ein Problem aus der Theorie der FREDHOLMschen Integralgleichungen zurück. Neuerdings hat HELMUT RÖHRL [Math. Ann. 133 (1957)] eine Lösung des allgemeinen Problems sogar auf beliebigen RIEMANNschen Flächen mit rein funktionentheoretischen Methoden gegeben. Er stützt sich dabei auf tiefliegende Sätze aus der Theorie der analytischen Funktionen von mehreren komplexen Veränderlichen.

Methodisch andere Wege geht das Beweisverfahren von I. A. LAPPO-DANILEWSKIJ im J. Soc. math. de Leningrade Bd. 2 (1928), das nun noch kurz geschildert werden soll. Ich betrachte jetzt Systeme der FUCHSschen Klasse mit drei singulären Punkten bei 0, 1, ∞ in der Normalform. In Matrizenschreibweise kann man die Differentialgleichungen so annehmen:

$$\frac{d\mathfrak{q}}{dz} = \left(\frac{\mathfrak{u}_1}{z} + \frac{\mathfrak{u}_2}{z-1}\right)\mathfrak{q}. \tag{8.15.25}$$

Hier bedeutet wie in § 6.**8.**, an den hier methodisch angeknüpft wird, $\mathfrak{q}$ die aus zwei linear unabhängigen Lösungen als Spalten aufgebaute Fundamentalmatrix und sind $\mathfrak{u}_1$ und $\mathfrak{u}_2$ quadratische zweireihige Matrizen mit konstanten Elementen. Die Behauptung des RIEMANNschen Problems lautet dann:

Man kann an den Stellen 0 *und* 1 *die Umlaufsubstitutionen eines Fundamentalsystems beliebig vorschreiben. Das heißt, man kann zu zwei gegebenen Umlaufsubstitutionen* $\mathfrak{v}_1$ *und* $\mathfrak{v}_2$ *nichtverschwindender Determinante stets Differentialgleichungen* (8.15.25) *mit drei Stellen der Bestimmtheit bei* 0, 1, ∞ *angeben, die ein Fundamentalsystem besitzen, das an den Stellen* 0 *und* 1 *bezüglich die gegebenen Umlaufsubstitutionen erfährt.*

Nach dem Verfahren von LAPPO-DANILEWSKIJ bestimmt man zunächst diejenige Lösung von (8.15.25), die an einer gegebenen regulären Stelle $z = a$ der Differentialgleichung der Einheitsmatrix $\mathfrak{e}$ gleich ist. Setzt man

$$\mathfrak{a} = \frac{\mathfrak{u}_1}{z} + \frac{\mathfrak{u}_2}{z-1}$$

$$\mathfrak{a}_1 = \int_a^z \mathfrak{a}\, dz$$

$$\vdots$$

$$\mathfrak{a}_k = \int_a^z \mathfrak{a}\, \mathfrak{a}_{k-1}\, dz,$$

$$\cdots\cdots\cdots\cdots$$

so ist diese Lösung

$$\mathfrak{w} = \mathfrak{e} + \mathfrak{a}_1 + \mathfrak{a}_2 + \cdots. \tag{8.15.26}$$

Man erhält aus (8.15.26) die Umlaufsubstitutionen der Punkte 0 und 1, wenn man als Integrationsweg in den $\mathfrak{a}_k$ einen positiven einmaligen Umlauf um 0 oder 1 wählt, der jeweils den anderen singulären Punkt 0 mal umläuft. Man kann (8.15.26) etwas anders schreiben, wenn man die Funktionen

$$\begin{aligned} L_a(a_j; z) &= \int_a^z \frac{dz}{z - a_j} \\ &\vdots \\ L_a(a_1, \ldots, a_n; z) &= \int_a^z \frac{L_a(a_1, \ldots, a_{n-1}; z)}{z - a_n}\, dz \end{aligned}$$

einführt. Dabei bedeutet ein jedes a_j entweder 0 oder 1. Dann wird nach kurzer Rechnung die Lösung (8.15.26)

$$\mathfrak{w} = \mathfrak{e} + \sum_{n=1}^{\infty} \sum_{(j_1, \ldots, j_n)} \mathfrak{u}_{j_1} \mathfrak{u}_{j_2} \ldots \mathfrak{u}_{j_n} L_a(a_{j_n}, \ldots, a_{j_1}; z). \tag{8.15.27}$$

Man erhält aus (8.15.27) die Umlaufsubstitutionen $\mathfrak{v}_1$ und $\mathfrak{v}_2$, wenn man in den Funktionen $L_a(a_{j_n}, \ldots, a_{j_1}; z)$ für z denjenigen Punkt auf der RIEMANNschen Fläche der elliptischen Modulfunktion einsetzt, der aus a bei einmaligem Umlauf um 0 oder 1 entsteht. Sind diese Punkte a' und a'', so hat man als Umlaufsubstitutionen um 0 und 1

$$\left.\begin{aligned} \mathfrak{v}_1 &= \mathfrak{e} + \sum_{n=1}^{\infty} \sum_{(j_1, \ldots, j_n)} \mathfrak{u}_{j_1} \ldots \mathfrak{u}_{j_n} L_a(a_{j_n}, \ldots, a_{j_1}; a') \\ \mathfrak{v}_2 &= \mathfrak{e} + \sum_{n=1}^{\infty} \sum_{(j_1, \ldots, j_n)} \mathfrak{u}_{j_1} \ldots \mathfrak{u}_{j_n} L_a(a_{j_n}, \ldots, a_{j_1}; a''). \end{aligned}\right\} \tag{8.15.28}$$

Das RIEMANNsche Problem stellt nun die Aufgabe, diese beiden Gln. (8.15.28) bei gegebenen $\mathfrak{v}_1$ und $\mathfrak{v}_2$ nach $\mathfrak{u}_1$ und $\mathfrak{u}_2$ aufzulösen. Da offenbar $\mathfrak{v}_1$ und $\mathfrak{v}_2$ die Form

$$\mathfrak{v}_1 = \mathfrak{e} + 2\pi i\, \mathfrak{u}_1 + \sum_{n=2}^{\infty} \sum_{(j_1, \ldots, j_n)} \mathfrak{u}_{j_1} \ldots \mathfrak{u}_{j_n} L_a(a_{j_n}, \ldots, a_{j_1}; a')$$

$$\mathfrak{v}_2 = \mathfrak{e} + 2\pi i\, \mathfrak{u}_2 + \sum_{n=2}^{\infty} \sum_{(j_1, \ldots, j_n)} \mathfrak{u}_{j_1} \ldots \mathfrak{u}_{j_n} L_a(a_{j_n}, \ldots, a_{j_1}; a'')$$

haben, so ist diese Auflösung ohne weiteres möglich, wenn $\mathfrak{v}_1$ und $\mathfrak{v}_2$ aus einer genügend kleinen Umgebung von $\mathfrak{e}$ genommen werden, und wenn man für $\mathfrak{v}_1 = \mathfrak{v}_2 = \mathfrak{e}$ von der Lösung $\mathfrak{u}_1 = \mathfrak{u}_2 = \mathfrak{O}$ der beiden Gleichungen ausgeht.

Bei dem derzeit noch niedrigen Stand unserer Kenntnisse über analytische Matrizenfunktionen (8.15.28) hat LAPPO-DANILEWSKIJ recht mühsame Überlegungen anstellen müssen, um zu erkennen, daß man die Gleichungen (8.15.28) bei beliebig gegebenen $\mathfrak{v}_1$ und $\mathfrak{v}_2$ nach $\mathfrak{u}_1$ und $\mathfrak{u}_2$ auflösen kann. Ich muß mich daher in diesem Lehrbuch mit dieser Skizze begnügen. Es darf aber bemerkt werden, daß sich die im vorstehenden unterdrückten Konvergenzbeweise leicht nachholen lassen. Man darf vermuten, daß dieser einfache und natürliche Ansatz bei genügender Weiterentwicklung der Lehre von den analytischen Matrizenfunktionen einmal zu einem durchsichtigen Beweis der Behauptung des RIEMANNschen Problems in aller Allgemeinheit führen wird.

Es gibt einen Spezialfall, der sich leicht explizite erledigen läßt. Falls in (8.15.25) die Matrizen $\mathfrak{u}_1$ und $\mathfrak{u}_2$ vertauschbar sind, findet man als Lösung

$$\mathfrak{q} = \exp[\mathfrak{u}_1 \log z + \mathfrak{u}_2 \log(z-1)]\,\mathfrak{c}, \qquad \mathfrak{c} \text{ konstant,}$$

und als Matrizen der Umlaufsubstitutionen

$$\mathfrak{v}_1 = e^{2\pi i \mathfrak{u}_1}, \qquad \mathfrak{v}_2 = e^{2\pi i \mathfrak{u}_2}, \tag{8.15.29}$$

d. h. zwei ebenfalls vertauschbare Matrizen. Dabei bedeutet wie in § 6.8.

$$e^{\mathfrak{x}} = \mathfrak{e} + \mathfrak{x} + \frac{1}{2!}\mathfrak{x}^2 + \frac{1}{3!}\mathfrak{x}^3 + \cdots.$$

Sind $\mathfrak{x}$ und $\mathfrak{y}$ vertauschbar und nur dann ist

$$e^{\mathfrak{x}+\mathfrak{y}} = e^{\mathfrak{x}}\, e^{\mathfrak{y}}.$$

Denn für vertauschbare $\mathfrak{x}$ und $\mathfrak{y}$ gilt z. B.

$$(\mathfrak{x}+\mathfrak{y})^2 = \mathfrak{x}^2 + 2\mathfrak{x}\,\mathfrak{y} + \mathfrak{y}^2.$$

Sind $\mathfrak{u}_1$ und $\mathfrak{u}_2$ vertauschbar, so ist

$$\mathfrak{q} = \left(\frac{z}{a}\right)^{\mathfrak{u}_1}\left(\frac{z-1}{a-1}\right)^{\mathfrak{u}_2} = \exp\left\{\mathfrak{u}_1 \log\frac{z}{a} + \mathfrak{u}_2 \log\frac{z-1}{a-1}\right\}$$

diejenige Lösung von (8.15.25), für die $\mathfrak{q}(a) = \mathfrak{e}$ ist. Dabei ist

$$z^{\mathfrak{u}} = \exp(\mathfrak{u}\log z)$$

gesetzt. Daraus ergibt sich unmittelbar die Angabe betreffs der Umlaufsubstitutionen.

Es soll nun gezeigt werden, daß sich aus den Gln. (8.15.29) bei gegebenen vertauschbaren $\mathfrak{v}_1$ und $\mathfrak{v}_2$ nicht verschwindender Determinante zwei vertauschbare $\mathfrak{u}_1$ und $\mathfrak{u}_2$ ermitteln lassen.

Diese Aufgabe wurde schon in § 6.8. ganz allgemein gelöst. Dort wurde gezeigt, daß es Polynome $p_1(\mathfrak{v}_1)$ und $p_2(\mathfrak{v}_2)$ gibt, so daß

$$\mathfrak{v}_1 = \exp[2\pi i\, p_1(\mathfrak{v}_1)], \qquad \mathfrak{v}_2 = \exp[2\pi i\, p_2(\mathfrak{v}_2)]$$

erfüllt sind. Dann gilt natürlich

$$p_1(\mathfrak{v}_1)\, p_2(\mathfrak{v}_2) = p_2(\mathfrak{v}_2)\, p_1(\mathfrak{v}_1),$$

wenn $\mathfrak{v}_1$ und $\mathfrak{v}_2$ vertauschbar sind.

Damit ist nun auch die Lücke ausgefüllt, die vorhin bei der Lösung des RIEMANNschen Problems für zwei Differentialgleichungen mit zwei Unbekannten noch geblieben war, sowie man sich noch überzeugt hat, daß die (8.15.25) bei konstanten Matrizen $\mathfrak{u}_1$ und $\mathfrak{u}_2$ auch im Unendlichen eine Stelle der Bestimmtheit hat. Um das zu prüfen, hat man die Stürzung $z = 1/\mathfrak{z}$ vorzunehmen und das Verhalten der neuen Differentialgleichungen bei $\mathfrak{z} = 0$ zu prüfen. Durch Stürzung aber geht (8.15.25) in

$$\frac{d\mathfrak{q}}{d\mathfrak{z}} = -\left(\frac{\mathfrak{u}_1}{\mathfrak{z}} + \frac{\mathfrak{u}_2}{\mathfrak{z}(1-\mathfrak{z})}\right)\mathfrak{q}$$

über, und man erkennt, daß bei $\mathfrak{z} = 0$ ein Pol höchstens erster Ordnung, d. h. eine Stelle der Bestimmtheit, vorliegt.

Vielleicht ist es nützlich, die Gln. (8.15.29) noch ohne die allgemeine Theorie von § 6.**8.** direkt zu lösen. Das geht wie folgt:

Man darf zunächst das Fundamentalsystem so wählen, daß

$$\mathfrak{v}_1 = \begin{pmatrix} \lambda_1 & \alpha \\ 0 & \lambda_2 \end{pmatrix} \quad \text{mit} \quad \alpha = 0 \text{ im Falle } \lambda_1 \neq \lambda_2$$

ist. Dann sind folgende Fälle zu unterscheiden:

$$1.\quad \mathfrak{v}_1 = \begin{pmatrix} \lambda_1 & 0 \\ 0 & \lambda_2 \end{pmatrix}, \quad \lambda_1 \neq \lambda_2, \quad \mathfrak{v}_2 = \begin{pmatrix} \mu_1 & 0 \\ 0 & \mu_2 \end{pmatrix}$$

$$2.\quad \mathfrak{v}_1 = \begin{pmatrix} \lambda & 0 \\ 0 & \lambda \end{pmatrix}, \quad \mathfrak{v}_2 = \begin{pmatrix} \alpha & \beta \\ \gamma & \delta \end{pmatrix}$$

$$3.\quad \mathfrak{v}_1 = \begin{pmatrix} \lambda & \alpha \\ 0 & \lambda \end{pmatrix}, \quad \alpha \neq 0, \quad \mathfrak{v}_2 = \begin{pmatrix} \mu & \beta \\ 0 & \mu \end{pmatrix}.$$

Im Falle 1. setze man

$$2\pi i\, \mathfrak{u}_1 = \begin{pmatrix} \log\lambda_1 & 0 \\ 0 & \log\lambda_2 \end{pmatrix}, \quad 2\pi i\, \mathfrak{u}_2 = \begin{pmatrix} \log\mu_1 & 0 \\ 0 & \log\mu_2 \end{pmatrix}.$$

Man darf dabei beliebige Bestimmungsweisen der Logarithmen nehmen.

Im Falle 2. setze man

$$2\pi i\, \mathfrak{u}_1 = \begin{pmatrix} \log\lambda & 0 \\ 0 & \log\lambda \end{pmatrix}$$

und nehme beide Male die gleiche Bestimmung der Logarithmen. Dann ist mit $\mathfrak{u}_1$ wieder jede beliebige quadratische Matrix vertauschbar, und es bleibt nur zu zeigen, daß man bei beliebig gegebenem

$$\mathfrak{v}_2 = \begin{pmatrix} \alpha & \beta \\ \gamma & \delta \end{pmatrix}$$

mit nicht verschwindender Determinante die Gleichung

$$\mathfrak{v}_2 = e^{2\pi i \mathfrak{u}_2}$$

lösen kann. Da aber im Falle 2. mit $\mathfrak{v}_1$ jede beliebige quadratische Matrix vertauschbar ist, kann man das Fundamentalsystem so wählen, daß

$$\mathfrak{v}_2 = \begin{pmatrix} \mu_1 & \beta \\ 0 & \mu_2 \end{pmatrix} \quad \text{mit} \quad \beta = 0 \text{ im Falle } \mu_1 \neq \mu_2 \text{ ist.}$$

Daß man im Falle $\beta = 0$ ein $\mathfrak{u}_2$ aus

$$\mathfrak{v}_2 = e^{2\pi i \mathfrak{u}_2}$$

bestimmen kann, ergibt sich aus dem zu 1. Gesagten. Im Falle $\beta \neq 0$ aber ergibt es sich aus dem zu Fall 3. Auszuführenden.

Im Falle 3. ist ja

$$\begin{pmatrix} \lambda & \alpha \\ 0 & \lambda \end{pmatrix} = e^{2\pi i \mathfrak{u}_1}, \quad \alpha \neq 0,$$

nach $\mathfrak{u}_1$ zu lösen. Das führt aber mit

$$2\pi i\, \mathfrak{u}_1 = \begin{pmatrix} x & y \\ 0 & x \end{pmatrix}$$

zu

$$\begin{pmatrix} \lambda & \alpha \\ 0 & \lambda \end{pmatrix} = \begin{pmatrix} 1 & 0 \\ 0 & 1 \end{pmatrix} + \begin{pmatrix} x & y \\ 0 & x \end{pmatrix} + \frac{1}{2!}\begin{pmatrix} x^2 & 2xy \\ 0 & x^2 \end{pmatrix} + \frac{1}{3!}\begin{pmatrix} x^3 & 3x^2 y \\ 0 & x^3 \end{pmatrix} + \cdots$$

$$= \begin{pmatrix} e^x & y\,e^x \\ 0 & e^x \end{pmatrix}.$$

Daher legt

$$\lambda = e^x$$

den Wert von x fest und ergibt sich dann y aus

$$\alpha = y\,e^x.$$

Analog findet man $\mathfrak{u}_2$ aus

$$\mathfrak{v}_2 = e^{2\pi i \mathfrak{u}_2}.$$

Es sind somit zu beliebig gegebenen vertauschbaren $\mathfrak{v}_1$ und $\mathfrak{v}_2$ nicht verschwindender Determinante solche vertauschbaren $\mathfrak{u}_1$ und $\mathfrak{u}_2$ gefunden, daß die mit ihnen gebildete Differentialgleichung (8.15.25) die gegebenen Umlaufsubstitutionen $\mathfrak{v}_1$ und $\mathfrak{v}_2$ hat. Dabei fällt auf, daß unsere Konstruktion stets zu Matrizen $\mathfrak{u}_1$ und $\mathfrak{u}_2$ mit nicht verschwindender Determinante führt. Schon darin liegt, daß die gefundenen nicht die einzigen Lösungen des Problems sind. Dafür bietet auch unsere

Konstruktion selbst Anhaltspunkte: Nicht einmal dann sind die Matrizen $\mathfrak{u}_1$, $\mathfrak{u}_2$ bei gegebenen $\mathfrak{v}_1$ und $\mathfrak{v}_2$ eindeutig bestimmt, wenn man noch zusätzlich fordert, daß auch die $\mathfrak{u}_1$, $\mathfrak{u}_2$ nicht verschwindende Determinante haben sollen.

Übrigens gilt auch hier eine Bemerkung ähnlich der bei (8.15.19) mit (8.15.18). Die bei (8.15.25), wofür ich abkürzend

$$\mathfrak{q}' = \mathfrak{p}\,\mathfrak{q}, \qquad \mathfrak{p} = \begin{pmatrix} p_{11} & p_{12} \\ p_{21} & p_{22} \end{pmatrix}$$

schreiben will, auftretenden Umlaufsubstitutionen, treten auch bei Differentialgleichungen zweiter Ordnung der FUCHSschen Klasse mit drei Stellen der Bestimmtheit $0, 1, \infty$ auf, wenn man noch Nebenpunkte zuläßt. Zu dieser Einsicht ist u. a. die Bemerkung dienlich, daß die ersten Komponenten der Lösungsvektoren ihrerseits ein Funktionenpaar mit den gewünschten Umlaufsubstitutionen bilden, und daß diese, falls sie linear unabhängig sind, ein Fundamentalsystem von

$$w'' - w'\left(\frac{p'_{12}}{p_{12}} + p_{11} + p_{22}\right) - w\left(p'_{11} - \frac{p'_{12}\,p_{11}}{p_{12}} + p_{12}\,p_{21} - p_{11}\,p_{22}\right) = 0$$

ausmachen. Diese Differentialgleichung hat aber noch Nebenstellen da, wo $p_{12} = 0$ ist. Bei dieser Überlegung ist $p_{12} \not\equiv 0$ angenommen. Ist anderenfalls $p_{21} \not\equiv 0$, so hat man eine analoge Überlegung mit den zweiten Komponenten. Sind aber p_{12} und p_{21} beide identisch Null, so kommt man auf eine Überlegung zurück, wie sie oben gelegentlich von (8.15.18) angestellt wurde. Man kann also sagen:

Zwei beliebige für die singulären Stellen 0 *und* 1 *vorgeschriebene Umlaufsubstitutionen treten bei Differentialgleichungen zweiter Ordnung der* FUCHS*schen Klasse auf, wenn man zu den drei bei* $0, 1, \infty$ *vorgeschriebenen Stellen der Bestimmtheit noch scheinbare singuläre Stellen in Kauf nimmt. Deren Lage hängt von den vorgeschriebenen Umlaufsubstitutionen in explizit angebbarer Weise ab.*

§ 9. Die BESSELsche Differentialgleichung

1. Fundamentalsystem bei $z = 0$. Die BESSELsche Differentialgleichung

$$w'' + \frac{1}{z}\,w' + \frac{z^2 - n^2}{z^2}\,w = 0 \tag{9.1.1}$$

besitzt bei $z = 0$ eine außerwesentliche singuläre Stelle. Die determinierende Gleichung dieses singulären Punktes ist nach (6.5.4) und (6.5.5)

$$\varrho^2 - n^2 = 0. \tag{9.1.2}$$

Die charakteristischen Exponenten sind demnach

$$\varrho_1 = n, \quad \varrho_2 = -n. \tag{9.1.3}$$

Der Ansatz

$$w = z^n v \tag{9.1.4}$$

liefert für v die Differentialgleichung

$$z v'' + (2n+1) v' + z v = 0. \tag{9.1.5}$$

Hier mache man den Ansatz

$$v = c_0 + c_1 z + \cdots. \tag{9.1.6}$$

Dieser liefert

$$\begin{aligned}
z v &= \quad c_0 z \quad + \quad c_1 z^2 \quad + \cdots \\
(2n+1) v' &= (2n+1) c_1 + 2(2n+1) c_2 z + 3(2n+1) c_3 z^2 + \cdots \\
z v'' &= \quad 2c_2 z \quad + \quad 6c_3 z^2 \quad + \cdots \\
&\qquad + \quad c_k z^{k+1} \quad + \cdots \\
&\qquad + (2n+1)(k+2) c_{k+2} z^{k+1} + \cdots \\
&\qquad + (k+2)(k+1) c_{k+2} z^{k+1} \quad + \cdots
\end{aligned}$$

und führt daher zu den folgenden Gleichungen für die Koeffizienten:

$$\begin{aligned}
(2n+1) c_1 &= 0 \\
(n+1) 4c_2 + c_0 &= 0 \\
3(2n+3) c_3 + c_1 &= 0 \\
\cdots\cdots\cdots&\cdots\cdots \\
(k+2)(2n+k+2) c_{k+2} + c_k &= 0 \\
\cdots\cdots\cdots&\cdots\cdots
\end{aligned}$$

Ihre Auflösung ergibt

$$\begin{aligned}
c_1 &= c_3 = c_5 = \cdots = c_{2m+1} = \cdots = 0 \\
c_2 &= -\frac{1}{4}\,\frac{c_0}{n+1} \\
\cdots&\cdots\cdots \\
c_{2m} &= -\frac{c_{2(m-1)}}{4m(m+n)} \\
\cdots&\cdots\cdots
\end{aligned}$$

Daher hat man nach (9.1.6)

$$v = v_n = c_0 \sum_{m=0}^{\infty} (-1)^m \frac{1}{2^{2m}}\,\frac{1}{m!}\,\frac{1}{(n+1)(n+2)\ldots(n+m)}\, z^{2m}. \tag{9.1.7}$$

Setzt man hier in üblicher Weise

$$c_0 = \frac{1}{2^n}\,\frac{1}{\Gamma(n+1)}; \qquad 2^n = \exp(n \log 2), \qquad \log 2 \text{ reell},$$

so erhält man nach (9.1.4) als eine Lösung bei $z = 0$ in üblicher Bezeichnungsweise

$$J_n(z) = \sum_{m=0}^{\infty} (-1)^m \frac{1}{2^{n+2m}}\,\frac{1}{\Gamma(m+1)}\,\frac{1}{\Gamma(n+m+1)}\, z^{n+2m}. \quad (9.1.8)$$

Man nennt diese Funktion die **BESSELsche Funktion n-ter Ordnung.** Da (9.1.7) zweifellos eine ganze transzendente Funktion ist, ist jedenfalls der unendlichferne Punkt keine außerwesentliche singuläre Stelle der BESSELschen Differentialgleichung. Diese besitzt im Endlichen keine von $z = 0$ verschiedene singuläre Stelle.

Für nicht ganzzahlige n ist $J_{-n}(z)$ eine von $J_n(z)$ linear unabhängige Lösung, die mit $J_n(z)$ zusammen ein kanonisches Fundamentalsystem bei $z = 0$ bildet. Ist aber n eine negative ganze Zahl, so wird $J_n(z) = (-1)^n J_{-n}(z)$, weil die ganze Funktion $1/\Gamma(z)$ für $z = 0, -1, -2, \ldots$ verschwindet. Man muß dann nach den in § 6 angegebenen Verfahrensweisen, die zweite Lösung des Fundamentalsystems ermitteln. Man findet, wie ohne Vorrechnung angegeben sei, als eine zweite von $J_n(z)$ linear unabhängige Lösung

$$\left.\begin{aligned} Y_n(z) &= \lim_{h\to 0} \frac{J_{n+h}(z) - (-1)^n J_{-n-h}(z)}{h} \\ &= \left[\frac{\partial}{\partial \nu} J_\nu(z) - (-1)^n \frac{\partial}{\partial \nu} J_{-\nu}(z)\right]_{\nu=n} = J_n(z)\cdot 2\left[c + \log\left(\frac{1}{2} z\right)\right] - \\ &\quad - \sum_{m=0}^{\infty} \frac{(-1)^m}{2^{n+2m}}\,\frac{1}{\Gamma(m+1)}\,\frac{1}{\Gamma(n+m+1)} \left\{\sum_1^{n+m} \frac{1}{k} + \sum_1^{m} \frac{1}{k}\right\} z^{n+2m} - \\ &\quad - \sum_{m=0}^{n-1} \left(\frac{1}{2} z\right)^{-n+2m} \frac{\Gamma(n-m)}{\Gamma(m+1)}, \qquad n \geqq 0. \end{aligned}\right\} \quad (9.1.9)$$

Hier fällt natürlich der letzte Posten für $n = 0$ weg und bedeutet c die EULER-MASCHERONIsche Konstante.

Als Fundamentalsystem kann man auch die folgenden beiden HANKELschen Funktionen nehmen. Sie sind für nicht ganze n durch

$$\left.\begin{aligned} H_n^{(1)} &= \frac{J_{-n}(z) - e^{-n\pi i} J_n(z)}{i \sin n\pi} \\ H_n^{(2)} &= \frac{J_{-n}(z) - e^{n\pi i} J_n(z)}{-i \sin n\pi} \end{aligned}\right\} \quad (9.1.10)$$

definiert. Daraus ergibt sich durch Grenzübergang zu ganzzahligem $n \geqq 0$

$$H_n^{(1)} = J_n(z) + \frac{i\,Y_n(z)}{\pi}, \qquad H_n^{(2)} = J_n(z) - \frac{i\,Y_n(z)}{\pi}, \quad (9.1.11)$$

wobei $Y_n(z)$ durch (9.1.9) erklärt ist. Statt der $Y_n(z)$ werden meist die durch

$$N_n(z) = \frac{1}{\pi} Y_n(z)$$

definierten (CARL) NEUMANNschen Funktionen $N_n(z)$ benutzt. Dann hat man

$$H_n^{(1)}(z) = J_n(z) + i\,N_n(z), \qquad H_n^{(2)}(z) = J_n(z) - i\,N_n(z), \tag{9.1.12}$$

was auch für nicht ganzzahlige n die Definition der NEUMANNschen Funktionen enthält.

2. Die BESSELsche Differentialgleichung als Grenzfall der RIEMANNschen. Ich betrachte die BESSELsche Differentialgleichung unmittelbar nach der hypergeometrischen, weil sie als Grenzfall einer RIEMANNschen Differentialgleichung mit drei singulären Punkten aufgefaßt werden kann. Setzt man z. B. in (7.4.7)

$$\left.\begin{array}{llll} a = 0, & \alpha' = n, & \alpha'' = -n, & \beta' + \beta'' = 1, \\ \beta'\beta'' = b^2, & \gamma' + \gamma'' = 0, & \gamma'\gamma'' = b^2, & \end{array}\right\} \tag{9.2.1}$$

wodurch

$$\alpha' + \alpha'' + \beta' + \beta'' + \gamma' + \gamma'' = 1$$

gewährleistet ist, betrachtet man also

$$P\begin{pmatrix} 0 & b & \infty & \\ n & \beta' & \gamma' & z \\ -n & \beta'' & \gamma'' & \end{pmatrix} \tag{9.2.2}$$

mit diesen β', β'', γ', γ'' aus (9.2.1), so erhält man dafür die Differentialgleichung

$$w'' + \frac{1}{z} w' + \left(\frac{b\,n^2}{z^2(z-b)} + \frac{b^3}{z(z-b)^2} + \frac{b^2}{z(z-b)}\right) w = 0, \tag{9.2.3}$$

d. h.

$$w'' + \frac{1}{z} w' + \left(\frac{b\,n^2}{z^2(z-b)} + \frac{b^2}{(z-b)^2}\right) w = 0. \tag{9.2.4}$$

Für $b \to \infty$ entsteht daraus die BESSELsche Differentialgleichung (9.1.1). Zu den Lösungen von Differentialgleichungen, die aus einer RIEMANNschen mit drei singulären Punkten durch Grenzübergänge beim Zusammenrücken der singulären Punkte entstehen, gehören vor allem die **konfluente RIEMANNsche** oder auch **konfluente hypergeometrische Funktion.** Die allgemeine Theorie der konfluenten hypergeometrischen Funktion ist Gegenstand eines Heftes der „Ergebnisse der angewandten Mathematik“, das H. BUCHHOLZ verfaßt hat.

3. Asymptotisches Verhalten der Funktion $J_n(z)$ für $z \to \infty$. Wie schon hervorgehoben wurde, ist $z = \infty$ eine wesentlich singuläre Stelle der BESSELschen Differentialgleichung (9.1.1). Daher ist es natürlich zu fragen, wie sich $J_n(z)$ für $z \to \infty$ verhält. Die Theorie der ganzen Funktionen gibt darüber eine etwas dürftige Auskunft. Sie lehrt, daß die in (9.1.7) erklärte ganze Funktion v_n vom Typus 1 der Ordnung 1 ist. Damit ist folgendes gemeint: Es sei $f(z)$ eine ganze Funktion. Es sei wie üblich

$$M(r) = \operatorname*{Max}_{|z|=r} |f(z)|$$

gesetzt. Die ganze Funktion $f(z)$ heißt vom Typus 1 der Ordnung 1, wenn

$$1 = \limsup_{r \to \infty} \frac{\log M(r)}{r}$$

ist. In der Funktionentheorie[1] wird gezeigt: Ist

$$f(z) = \sum_0^\infty c_k z^k$$

die TAYLOR-Entwicklung der ganzen Funktion $f(z)$, so ist $f(z)$ dann und nur dann von Typus 1 der Ordnung 1, wenn

$$e = \limsup_{k \to \infty} k \sqrt[k]{|c_k|}$$

ist. Man beweist aber leicht mit Hilfe der STIRLINGschen Formel, daß für die durch (9.1.8) erklärte Funktion J_n diese Bedingung erfüllt ist.

Die Eigenschaft vom Typus 1 der Ordnung 1 zu sein, hat J_n mit den Funktionen $\cos z$ und $\sin z$ gemein. Die Beziehung zu diesen Funktionen ist aber für $z \to \infty$ noch eine viel engere. Dies werden wir einsehen, wenn wir nun das asymptotische Verhalten von $J_n(z)$ für $z \to \infty$ untersuchen. Der Weg dazu führt am bequemsten über die LAPLACEsche Transformation.

$$v = \int_{\mathfrak{C}} e^{zt} f(t)\, dt, \tag{9.3.1}$$

mit deren Hilfe die Differentialgleichung (9.1.5) durch zweckmäßige Wahl von $f(t)$ integriert werden soll. Dabei bedeutet $f(t)$ eine analytische Funktion und ist $\mathfrak{C}$ ein geeigneter noch anzugebender Integrationsweg. Um $f(t)$ so zu bestimmen, daß die Differentialgleichung (9.1.5) erfüllt ist, tragen wir (9.3.1) in (9.1.5) ein. Dann finden wir

$$z v'' + (2n+1) v' + z v = \int_{\mathfrak{C}} e^{zt} \big(z t^2 + (2n+1) t + z\big) f(t)\, dt$$

$$= e^{zt} f(t)\, (t^2+1)\, \big|_{\mathfrak{C}} - \int_{\mathfrak{C}} e^{zt} \left[(t^2+1) f'(t) + 2t f(t) - (2n+1) t f(t)\right] dt$$

$$= e^{zt} f(t)\, (t^2+1)\, \big|_{\mathfrak{C}} - \int_{\mathfrak{C}} e^{zt} \left[(t^2+1) f'(t) - (2n-1) t f(t)\right] dt.$$

[1] Siehe z. B. L. BIEBERBACH, Lehrbuch der Funktionentheorie, Bd. II.

Die Differentialgleichung (9.1.5) wird daher befriedigt sein, wenn 1. $f(t)$ so gewählt wird, daß der in der Klammer unter dem Integralzeichen stehende Ausdruck verschwindet und wenn 2. der Weg $\mathfrak{C}$ so eingerichtet wird, daß die Funktion $e^{zt} f(t)\,(t^2+1)$ bei Durchlaufung von $\mathfrak{C}$ sich nicht ändert. Die erste Bedingung ist erfüllt, wenn man

$$f(t) = (t^2+1)^{\frac{2n-1}{2}}$$

wählt, und die zweite verlangt, daß sich

$$e^{zt}(t^2+1)^{\frac{2n+1}{2}}$$

bei Durchlaufung von $\mathfrak{C}$ nicht ändert. Diese letztere Bedingung ist erfüllt, wenn man als Integrationsweg z. B. die gerade Strecke von $-i$ bis $+i$ wählt. Denn in beiden Endpunkten derselben verschwindet

$$(t^2+1)^{\frac{2n+1}{2}},$$

wenn man $\Re n \geqq 0$ annimmt. Daher ist alles in allem

$$v(z) = \int_{-i}^{+i} e^{zt}(t^2+1)^{\frac{2n-1}{2}}\,dt, \qquad \Re n \geqq 0 \tag{9.3.2}$$

ein Integral der Differentialgleichung (9.1.5) und ist daher

$$w(z) = z^n \int_{-i}^{+i} e^{zt}(t^2+1)^{\frac{2n-1}{2}}\,dt, \qquad \Re n \geqq 0 \tag{9.3.3}$$

ein Integral der BESSELschen Differentialgleichung (9.1.1).

Es fragt sich aber nun, welches Integral derselben hier vorliegt. Man übersieht sofort, daß $v(z)$ in (9.3.2) bei $z=0$ regulär ist, und daß daher (9.3.3) ein Integral von (9.1.1) ist, das sich bei $z=0$ in der gleichen Weise multiplikativ verhält wie $J_n(z)$ mit $\Re n \geqq 0$, falls es nicht identisch verschwindet. Auf alle Fälle gibt es daher eine Konstante C, so daß

$$w(z) = C\,J_n(z), \qquad \Re n \geqq 0 \tag{9.3.4}$$

gilt. Um diese Konstante zu ermitteln, berechnen wir aus (9.3.2)

$$v(0) = \int_{-i}^{+i} (t^2+1)^{\frac{2n-1}{2}}\,dt. \tag{9.3.5}$$

Man übersieht sofort, daß diese Zahl nicht verschwinden kann. Daher ist jedenfalls $w(z)$ nicht identisch Null. Zur Berechnung von $v(0)$ verfährt man wie folgt:

Zunächst werde noch festgesetzt, daß unter

$$(t^2+1)^{\frac{2n-1}{2}}$$

derjenige Zweig dieser Funktion verstanden werden soll, der bei $t=0$ den Wert $+1$ hat. Man schneide, wie für nachher noch vermerkt sei, die t-Ebene längs der positiv imaginären Achse von $+i$ bis ∞ und längs der negativ imaginären Achse von $-i$ bis ∞ auf. In dem so berandeten Gebiet B ist dann der genannte Zweig des Integranden regulär und eindeutig. Man hat dann[1]

$$\left.\begin{aligned} v(0) &= \int_{-i}^{+i} (1+t^2)^{\frac{2n-1}{2}}\,dt = 2\int_0^i (1+t^2)^{\frac{2n-1}{2}}\,dt \\ &= i\int_0^1 \tau^{\frac{1}{2}-1}(1-\tau)^{\frac{2n-1}{2}}\,d\tau, \qquad t = i\sqrt{\tau} \\ &= i\,\mathrm{B}\left(\frac{1}{2}, n+\frac{1}{2}\right) = i\,\frac{\Gamma(\frac{1}{2})\,\Gamma(n+\frac{1}{2})}{\Gamma(n+1)} \\ &= i\sqrt{\pi}\,\frac{\Gamma(n+\frac{1}{2})}{\Gamma(n+1)}\,. \end{aligned}\right\} \tag{9.3.6}$$

Wegen

$$\left.\frac{J_n(z)}{z^n}\right|_{z=0} = \frac{1}{2^n}\,\frac{1}{\Gamma(n+1)}$$

folgt aus (9.3.6)

$$J_n(z) = \frac{z^n}{2^n\Gamma(n+1)}\,\frac{v(z)}{v(0)}\,,$$

d. h.

$$J_n(z) = \frac{-i\,z^n}{2^n\sqrt{\pi}\,\Gamma(n+\frac{1}{2})}\int_{-i}^{+i} e^{zt}(1+t^2)^{\frac{2n-1}{2}}\,dt, \qquad \Re n \geqq 0. \tag{9.3.7}$$

Von der Integraldarstellung (9.3.7) gelangt man durch folgende Überlegungen zum asymptotischen Verhalten von $J_n(z)$ für $z\to\infty$. In (9.3.7)

[1] Die einige Zeilen später vorkommende durch

$$\mathrm{B}(a,b) = \int_0^1 \tau^{a-1}(1-\tau)^{b-1}\,d\tau$$

definierte Eulersche Betafunktion und ihr durch

$$\mathrm{B}(a,b) = \frac{\Gamma(a)\,\Gamma(b)}{\Gamma(a+b)}$$

ausgedrückter Zusammenhang mit der Gammafunktion sind aus der Theorie der bestimmten Integrale bekannt.

ist der Integrationsweg die geradlinige dem oben erwähnten Gebiet B angehörige Verbindung von $-i$ und $+i$. Daneben ziehen wir für jedes feste z, $|z| > 0$ noch zwei weitere einander parallele Integrationswege heran. Sie sind durch

$$t = i - \frac{\tau}{z} \quad \text{und} \quad t = -i - \frac{\tau}{z}, \qquad \tau \geqq 0, \qquad |z| > 0 \qquad (9.3.8)$$

erklärt. Sie ziehen unter dem Winkel $\pi - \arg z$ von i bzw. $-i$ für $\tau = 0$ beginnend ins Unendliche. Dabei sei

$$-\pi < \arg z < \pi$$

angenommen. Die beiden Integrationswege (9.3.8) gehören außer für rein imaginäre z dem Inneren des Gebietes B an. Für rein imaginäre z fallen sie auf die imaginäre t-Achse. Ich werde nun zeigen, daß

$$\int_{-i}^{+i} e^{zt}(1+t^2)^{\frac{2n-1}{2}}\,dt = \int_{-i}^{\infty} e^{zt}(1+t^2)^{\frac{2n-1}{2}}\,dt - \int_{i}^{\infty} e^{zt}(1+t^2)^{\frac{2n-1}{2}}\,dt \quad (9.3.9)$$

gilt, wenn die beiden Integrale rechts über die genannten Wege erstreckt werden. Dabei ist natürlich für

$$(1+t^2)^{\frac{2n-1}{2}}$$

der oben erwähnte in B eindeutig erklärte Zweig zu nehmen. Für rein imaginäre z ist (9.3.9) ohne weiteres als richtig einzusehen, da sich dann die beiden Integrationswege rechts teilweise decken. Es ist dabei gleichgültig, welche der beiden Bestimmungsweisen des Integranden man dabei am Rande von B verwendet; nur muß man natürlich in beiden Integralen die gleichen Werte benutzen. Die Richtigkeit von (9.3.9) für die übrigen nicht rein imaginären z folgt aus der CAUCHYschen Integralformel. Man ziehe nur in üblicher Weise eine die beiden Integrationswege verbindende der imaginären Achse parallele Strecke der Länge 2 heran:

$$t = -i - \frac{\tau_0}{z} + iy, \qquad 0 \leqq y \leqq 2.$$

Auf ihr gilt

$$e^{tz} = e^{-iz}\, e^{-\tau_0}\, e^{iy}.$$

Bei festem z geht daher $|e^{tz}|$ für $\tau_0 \to \infty$ exponentiell gegen 0, während der andere Faktor des Integranden höchstens wie ein Polynom in τ_0 anwächst. Da der Integrationsweg die Länge 2 hat, geht das Integral über das vertikale Verbindungsstück der beiden in (9.3.9) rechts vorkommenden Integrationswege für $\tau_0 \to \infty$ gegen 0. Das beweist nach üblicher Schlußweise die Richtigkeit von (9.3.9). Die beiden darin rechts stehenden Integrale werden nun einzeln untersucht. Ich bezeichne sie durch[1]

$$\mathsf{H}_1 = \int_i^\infty e^{zt}(1+t^2)^{\frac{2n-1}{2}}\,dt \quad \text{und} \quad \mathsf{H}_2 = \int_{-i}^\infty e^{zt}(1+t^2)^{\frac{2n-1}{2}}\,dt. \tag{9.3.10}$$

Zunächst untersuche ich H_1. Vor allem muß festgestellt werden, welche Werte der Integrand auf dem Integrationsweg

$$t = i - \frac{\tau}{z}, \qquad \tau > 0, \qquad z \text{ fest}, \tag{9.3.11}$$

annimmt[2]. Es ist dann

$$\left.\begin{aligned}(1+t^2)^{\frac{2n-1}{2}} &= (1+it)^{\frac{2n-1}{2}}(1-it)^{\frac{2n-1}{2}}\\ &= \left(\frac{-2i\tau}{z}\right)^{\frac{2n-1}{2}}\left(1+\frac{i\tau}{2z}\right)^{\frac{2n-1}{2}}.\end{aligned}\right\} \tag{9.3.12}$$

Es erscheint zweckmäßig den Zweig des zweiten Faktors zu nehmen, der für $\tau = 0$ positiv ausfällt. Dieser ist dann auch noch für $z = -i$, $\tau = 1$, die nach (9.3.11) $t = 0$ entsprechen, positiv. Denn für $z = -i$, $0 \leqq \tau \leqq 1$ gilt

$$1 + \frac{i\tau}{2z} = 1 - \frac{\tau}{2} > 0,$$

und das Argument ändert sich stetig mit $\tau = 0$ beginnend. Durch diese

---

[1] Übrigens sind die Funktionen

$$H_n^{(1)}(z) = \frac{2i\,z^n}{2^n\sqrt{\pi}\,\Gamma(n+\frac{1}{2})}\,\mathsf{H}_1 \quad \text{und} \quad H_n^{(2)}(z) = \frac{-2i\,z^n}{2^n\sqrt{\pi}\,\Gamma(n+\frac{1}{2})}\,\mathsf{H}_2$$

die unter dem Namen HANKELsche Funktionen bekannten linear unabhängigen Lösungen (9.1.10) der BESSELschen Differentialgleichung. Daß die Integrale H_1 und H_2 Lösungen darstellen, ergibt sich ohne weiteres aus dem zu Beginn dieses Abschnittes gelegentlich der LAPLACEschen Transformation Gesagten, wenn man beachtet, daß der damals benutzte Integrationsweg nicht der einzige ist, der den dort gestellten Anforderungen entspricht. Das trifft vielmehr auch für die in den Integralen H_1 und H_2 benutzten Wege zu. Daß die in dieser Fußnote als HANKELsche Funktionen angesprochenen Funktionen mit den in (9.1.10) definierten identisch sind, soll hier nicht bewiesen werden. Es ergibt sich aus einer weiteren Vertiefung in die gemäß der LAPLACEschen Transformation möglichen Integraldarstellungen von BESSELschen Funktionen.

Es mag noch auffallen, daß in den Integralen dieser Fußnote die Integrationswege von $\arg z$ abhängen. Das ist für die Zwecke der asymptotischen Entwicklung völlig sachgemäß, da es sich dabei um das Verhalten der Lösungen bei radialer Annäherung an ∞ handelt. Man übersieht aber, daß bei festgehaltenem Integrationsweg, die beiden Integrale stets in einer Halbebene der z konvergieren und dort analytische Funktionen darstellen.

[2] Ich beschränke dabei zur Vermeidung rein rechnerischer Komplikationen, die die Einfachheit des Grundgedankens verdunkeln könnten, die Betrachtung auf reelle nicht negative n und auf $-\frac{\pi}{2} < \arg z < \frac{\pi}{2}$.

Forderung

$$\left(1+\frac{i\tau}{2z}\right)^{\frac{2n-1}{2}} > 0 \quad \text{für} \quad \tau = 0$$

ist die Funktion

$$\left(1+\frac{i\tau}{2z}\right)^{\frac{2n-1}{2}}$$

für alle Integrationswege

$$t = i - \frac{\tau}{z}, \qquad \tau > 0, \qquad -\frac{\pi}{2} < \arg z < \frac{\pi}{2}, \qquad |z| > 0$$

eindeutig festgelegt. Denn eine Verzweigung tritt nur für $\tau = 2iz$ auf, und diese Stelle liegt für kein z auf dem Integrationsweg, weil auf diesem $\tau > 0$, $-\frac{\pi}{2} < \arg z < \frac{\pi}{2}$ angenommen wurde[1]. Weil nun im Integral der für $t = 0$ positive Zweig von (9.3.12) genommen werden sollte, muß nach der angestellten Betrachtung für

$$\left(\frac{-2i\tau}{z}\right)^{\frac{2n-1}{2}}$$

in (9.3.12) der Zweig genommen werden, der für $z = -i$, $\tau > 0$ positiv ausfällt. Seinen Wert längs des Integrationsweges bestimmt man durch die folgende Überlegung: Für festes $\tau > 0$ vermittelt

$$\mathsf{T} = \frac{-2i\tau}{z}$$

eine Abbildung zwischen z und T, bei der die negativ imaginäre z-Achse in die Achse der positiven T übergeht. Da aber $z = \infty$ in $\mathsf{T} = 0$ übergeht, entspricht einer Drehung um $z = 0$ im positiven Drehsinn eine Drehung um $\mathsf{T} = 0$ im negativen Drehsinn. Man muß daher die Richtung der positiven T im negativen Drehsinn um $\arg z + \frac{\pi}{2}$ drehen, um $\arg \mathsf{T}$ zu erhalten. Da nun aber

$$\left(\frac{-2i\tau}{z}\right)^{\frac{2n-1}{2}} > 0 \quad \text{für} \quad \arg z = -\frac{\pi}{2}, \quad \tau > 0$$

ist, so ist

$$\arg\left(\frac{-2i\tau}{z}\right)^{\frac{2n-1}{2}} = -\frac{2n-1}{2}\left(\frac{\pi}{2} + \arg z\right) \quad \text{für} \quad -\frac{\pi}{2} < \arg z < \frac{\pi}{2},$$

---

[1] Der Schluß gilt auch für rein imaginäre z mit positivem Realteil. Für rein imaginäre z mit negativem Imaginärteil und sonstige z muß man die Betrachtung ein wenig abändern, indem man nach HERMANN HANKEL, von dem diese Herleitung stammt, statt (9.3.11) die Substitution $t = i - \frac{\tau e^{i\lambda}}{z}$, $\tau > 0$ mit passendem reellen λ verwendet. Ich gehe auf diese rein rechnerische Modifikation nicht ein und beschränke mich daher auf $-\frac{\pi}{2} < \arg z < \frac{\pi}{2}$.

und daher ist

$$\left(\frac{-2i\tau}{z}\right)^{\frac{2n-1}{2}} = e^{-i\frac{\pi}{4}(2n-1)}\left(\frac{2\tau}{z}\right)^{\frac{2n-1}{2}} \quad \text{für} \quad -\frac{\pi}{2} < \arg z < \frac{\pi}{2}.$$

Das ist der Wert, den man in (9.3.12) braucht. Daher wird aus (9.3.10)

$$\mathsf{H}_1 = -\frac{2^{\frac{2n-1}{2}} e^{-\frac{i\pi}{4}(2n-1)}}{z\, z^{\frac{2n-1}{2}}} e^{iz} \int_0^\infty e^{-\tau} \tau^{\frac{2n-1}{2}} \left(1 + \frac{i\tau}{2z}\right)^{\frac{2n-1}{2}} d\tau. \quad (9.3.13)$$

Da nun

$$\left(1 + \frac{i\tau}{2z}\right)^{\frac{2n-1}{2}}$$

für $\tau > 0$, $-\frac{\pi}{2} < \arg z < \frac{\pi}{2}$ beliebig oft nach τ differenzierbar ist, wendet man darauf die Taylorsche Formel mit Restglied an. Man macht von ihr für Real- und Imaginärteil Gebrauch und findet

$$\left(1 + \frac{i\tau}{2z}\right)^{\frac{2n-1}{2}} = \sum_{\mu=0}^{k-1} \left(\frac{i\tau}{2z}\right)^{\mu} \frac{\Gamma(n+\frac{1}{2})}{\Gamma(\mu+1)\,\Gamma(n-\mu+\frac{1}{2})} + R_k. \quad (9.3.14)$$

Für den Rest R_k gilt die Abschätzung[1]

$$|R_k| \leqq \left|\frac{i\tau}{2z}\right|^k \frac{\Gamma(n+\frac{1}{2})}{\Gamma(k+1)\,\Gamma(n-k+\frac{1}{2})} \sqrt{2}\,\mathrm{Max} \left|1 + \frac{i\tau}{2z}\right|^{\frac{2n-1}{2}-k}.$$

Nun ist

$$x + iy = 1 + \frac{i\tau}{2z}$$

bei festem $z = \varrho\, e^{i\vartheta}$ und reellem Parameter τ eine Gerade der (x, y)-Ebene. Es ist für sie

$$x = 1 + \frac{\tau}{2\varrho}\sin\vartheta, \qquad y = \frac{\tau}{2\varrho}\cos\vartheta,$$

und daher ist

$$x\cos\vartheta - y\sin\vartheta - \cos\vartheta = 0$$

ihre Gleichung in Hessescher Normalform. Demnach ist $|\cos\vartheta|$ ihr Abstand vom Ursprung. Daher[2] ist für reelle τ

$$\left|1 + \frac{i\tau}{2z}\right|^{n-\frac{1}{2}-k} < |\cos\vartheta|^{k-n+\frac{1}{2}}, \qquad k > n - \frac{1}{2}.$$

Und daher gilt

$$|R_k| < \left|\frac{\tau}{2z}\right|^k \frac{\Gamma(n+\frac{1}{2})\sqrt{2}}{\Gamma(k+1)\,\Gamma(n-k+\frac{1}{2})} |\cos\vartheta|^{k-n+\frac{1}{2}} \quad \text{für} \quad k > n - \frac{1}{2}. \quad (9.3.15)$$

[1] In dem Sonderfall, daß sich n von einer natürlichen Zahl um $\frac{1}{2}$ unterscheidet, kann in (9.3.14) die endliche binomische Reihe genommen werden und erübrigt sich die Untersuchung des Restgliedes. In diesem Fall gelingt also die explizite Integration der Besselschen Differentialgleichung durch elementare Funktionen von z, da dann auch in (9.3.16) das Restglied überflüssig wird. Näheres in § 9.5.

[2] Ich erinnere an die Annahme, welche in der Fußnote zu (9.3.11) angegeben wurde.

Setzt man (9.3.14) in das Integral von (9.3.13) ein, so erhält man

$$\left.\begin{aligned}&\int\limits_0^\infty e^{-\tau}\,\tau^{n-\frac{1}{2}}\left(1+\frac{i\tau}{2z}\right)^{n-\frac{1}{2}}d\tau\\ &\quad=\sum_{\mu=0}^{k-1}\frac{\Gamma(n+\frac{1}{2})}{\Gamma(\mu+1)\,\Gamma(n-\mu+\frac{1}{2})}\left(\frac{i}{2z}\right)^{\mu}\int\limits_0^\infty e^{-\tau}\,\tau^{\mu+n-\frac{1}{2}}\,d\tau+\mathsf{P}_k\\ &\quad=\sum_{\mu=0}^{k-1}\frac{\Gamma(n+\frac{1}{2})\,\Gamma(n+\mu+\frac{1}{2})}{\Gamma(\mu+1)\,\Gamma(n-\mu+\frac{1}{2})}\left(\frac{i}{2z}\right)^{\mu}+\mathsf{P}_k\end{aligned}\right\}\quad(9.3.16)$$

mit

$$\mathsf{P}_k=\int\limits_0^\infty e^{-\tau}\,\tau^{n-\frac{1}{2}}\,R_k\,d\tau.$$

Für P_k hat man nach (9.3.15) die Abschätzung

$$\left.\begin{aligned}|\mathsf{P}_k|&<\frac{\Gamma(n+\frac{1}{2})\sqrt{2}}{\Gamma(k+1)\,\Gamma(n-k+\frac{1}{2})}\,|\cos\vartheta|^{k-n+\frac{1}{2}}\left|\frac{1}{2z}\right|^k\int\limits_0^\infty e^{-\tau}\,\tau^{k+n-\frac{1}{2}}\,d\tau\\ &=\frac{\Gamma(n+\frac{1}{2})\,\Gamma(n+k+\frac{1}{2})\sqrt{2}}{\Gamma(k+1)\,\Gamma(n-k+\frac{1}{2})}\,|\cos\vartheta|^{k-n+\frac{1}{2}}\left|\frac{1}{2z}\right|^k.\end{aligned}\right\}\quad(9.3.17)$$

In (9.3.16) hat man nun nicht etwa eine Formel vor sich, die für $k\to\infty$ in eine Auswertung des Integrals durch eine konvergente Reihe übergeht, es sei denn es liege der oben schon erwähnte Ausnahmefall vor, daß sich n von einer natürlichen Zahl um $\frac{1}{2}$ unterscheidet. Dann bricht die Reihe ab. Anderenfalls aber hat P_k keineswegs für $k\to\infty$ bei festem z den Grenzwert 0. Das liegt daran, daß bekanntlich $\Gamma(n+\mu+\frac{1}{2})$ für $\mu\to\infty$ stark anwächst, während

$$\frac{1}{\Gamma(\mu+1)\,\Gamma(n-\mu+\frac{1}{2})}$$

für $\mu\to\infty$ nicht gegen 0 strebt. Es ist nämlich nach der Formel

$$\Gamma(x)\,\Gamma(1-x)=\frac{\pi}{\sin\pi x}$$

für n-Werte, die nicht unter den Ausnahmefall gehören

$$\Gamma\left(n-\mu+\frac{1}{2}\right)\Gamma\left(1-n+\mu-\frac{1}{2}\right)=\frac{\pi}{\sin\pi(n-\mu+\frac{1}{2})}=\frac{\pi(-1)^\mu}{\sin\pi(n+\frac{1}{2})}$$

$$\frac{1}{\Gamma(\mu+1)\,\Gamma(n-\mu+\frac{1}{2})}=\frac{\Gamma(\mu-n+\frac{1}{2})}{\Gamma(\mu+1)}\,\frac{\sin\pi(n+\frac{1}{2})}{\pi(-1)^\mu}.$$

Und es ist nach der STIRLINGschen Formel

$$\frac{\Gamma(\mu-n+\frac{1}{2})}{\Gamma(\mu+1)}\to 1\quad\text{für}\quad\mu\to\infty.$$

Die Reihenglieder in (9.3.16) haben also bei festem z für $\mu\to\infty$ nicht den Grenzwert 0. Trotzdem kann, wie man das z. B. von der EULERschen

Summenformel[1] her kennt, die Formel (9.3.16) zur numerischen Berechnung benützt werden, indem nämlich nach (9.3.17) der Rest bei festgewähltem k für $z \to \infty$ gegen 0 strebt. Man kann daher die Formel (9.3.16) für jedes k und genügend große z zur numerischen Rechnung bis zu einer gewissen Genauigkeit brauchen. Man spricht dann von einer **asymptotischen Darstellung** der durch das Integral definierten Funktion von z für $z \to \infty$.

Ganz analoge Überlegungen führen bei dem durch (9.3.10) erklärten Integral H_2 zu

$$\mathsf{H}_2 = -\frac{2^{n-\frac{1}{2}} e^{i\frac{\pi}{4}(2n-1)}}{z\, z^{n-\frac{1}{2}}} e^{-iz} \int_0^\infty e^{-\tau} \tau^{n-\frac{1}{2}} \left(1 - \frac{i\tau}{2z}\right)^{n-\frac{1}{2}} d\tau, \tag{9.3.18}$$

$$\int_0^\infty e^{-\tau} \tau^{n-\frac{1}{2}} \left(1 - \frac{i\tau}{2z}\right)^{n-\frac{1}{2}} d\tau = \sum_{\mu=0}^{k-1} \frac{\Gamma(n+\frac{1}{2})\,\Gamma(n+\mu+\frac{1}{2})}{\Gamma(\mu+1)\,\Gamma(n-\mu+\frac{1}{2})} \left(\frac{-i}{2z}\right)^{\mu} + \mathsf{P}_k'. \tag{9.3.19}$$

Für P_k' gilt wieder die Abschätzung (9.3.17).

Nun war nach (9.3.7), (9.3.9), (9.3.10)

$$J_n(z) = \frac{-i\, z^n}{2^n \sqrt{\pi}\, \Gamma(n+\frac{1}{2})} (\mathsf{H}_2 - \mathsf{H}_1).$$

Die asymptotischen Entwicklungen für H_1 und H_2 liefern demnach

$$J_n(z) = \frac{-i\, z^n}{2^n \sqrt{\pi}\, \Gamma(n+\frac{1}{2})} \left\{ \frac{2^{n-\frac{1}{2}} e^{-i\frac{\pi}{4}(2n-1)}}{z\, z^{n-\frac{1}{2}}} e^{iz} \sum_{\mu=0}^{k-1} \frac{\Gamma(n+\frac{1}{2})\,\Gamma(n+\mu+\frac{1}{2})}{\Gamma(\mu+1)\,\Gamma(n-\mu+\frac{1}{2})} \left(\frac{i}{2z}\right)^{\mu} - \right.$$
$$\left. - \frac{2^{n-\frac{1}{2}} e^{i\frac{\pi}{4}(2n-1)}}{z\, z^{n-\frac{1}{2}}} e^{-iz} \sum_{\mu=0}^{k-1} \frac{\Gamma(n+\frac{1}{2})\,\Gamma(n+\mu+\frac{1}{2})}{\Gamma(\mu+1)\,\Gamma(n-\mu+\frac{1}{2})} \left(\frac{-i}{2z}\right)^{\mu} \right\} + \mathsf{P}_k^*.$$

Ich unterscheide nun $\mu = 2\nu$ und $\mu = 2\nu + 1$. Für $\mu = 2\nu$ erhält man den Posten

$$\frac{-i}{\sqrt{2\pi z}} \frac{\Gamma(n+\mu+\frac{1}{2})}{\Gamma(\mu+1)\,\Gamma(n-\mu+\frac{1}{2})} \frac{(-1)^{\nu}}{(2z)^{\mu}} 2i \sin\left(z - \frac{\pi(2n-1)}{4}\right).$$

Für $\mu = 2\nu + 1$ erhält man

$$\frac{-i}{\sqrt{2\pi z}} \frac{\Gamma(n+\mu+\frac{1}{2})}{\Gamma(\mu+1)\,\Gamma(n-\mu+\frac{1}{2})} \frac{i(-1)^{\nu}}{(2z)^{\mu}} 2 \cos\left(z - \frac{\pi(2n-1)}{4}\right).$$

---

[1] Siehe z. B. L. BIEBERBACH, Lehrbuch der Funktionentheorie, Bd. I.

Im ganzen ist also

$$J_n(z) = \frac{-i}{\sqrt{2\pi z}}\left\{2i\sin\left(z - \frac{\pi(2n-1)}{4}\right)\sum_{\nu=0}^{(k-1)/2}\frac{\Gamma(n+2\nu+\frac{1}{2})}{\Gamma(2\nu+1)\Gamma(n-2\nu+\frac{1}{2})}\frac{(-1)^\nu}{(2z)^{2\nu}} + \right.$$

$$\left. + 2i\cos\left(z - \frac{\pi(2n-1)}{4}\right)\sum_{\nu=0}^{(k-2)/2}\frac{\Gamma(n+2\nu+\frac{3}{2})}{\Gamma(2\nu+2)\Gamma(n-2\nu-\frac{1}{2})}\frac{(-1)^\nu}{(2z)^{2\nu+1}}\right\} + \mathrm{P}_k^*.$$

Also schließlich

$$\left.\begin{aligned} J_n(z) = \sqrt{\frac{2}{\pi z}}\left\{\cos\left(z - \frac{\pi(2n+1)}{4}\right)\sum_{0\leqq 2\nu\leqq k-1}\frac{\Gamma(n+2\nu+\frac{1}{2})}{\Gamma(2\nu+1)\Gamma(n-2\nu+\frac{1}{2})}\frac{(-1)^\nu}{(2z)^{2\nu}} - \right.\\ \left. - \sin\left(z - \frac{\pi(2n+1)}{4}\right)\sum_{0<2\nu+1\leqq k-1}\frac{\Gamma(n+2\nu+\frac{3}{2})}{\Gamma(2\nu+2)\Gamma(n-2\nu-\frac{1}{2})}\frac{(-1)^\nu}{(2z)^{2\nu+1}}\right\} + \mathrm{P}_k^*. \end{aligned}\right\} \quad (9.3.20)$$

Hier gilt für den Rest P_k^* die Abschätzung

$$|\mathrm{P}_k^*| < \frac{2}{\sqrt{\pi|z|}}\frac{\Gamma(n+k+\frac{1}{2})}{\Gamma(k+1)\Gamma(n-k+\frac{1}{2})}|\cos\vartheta|^{k-n+\frac{1}{2}}\left|\frac{1}{2z}\right|^k, \quad k > n - \frac{1}{2}. \quad (9.3.21)$$

(9.3.20) gilt für $-\frac{\pi}{2} < \vartheta = \arg z < \frac{\pi}{2}$, $n \geqq 0$, und es ist derjenige Zweig von $\sqrt{z}$ zu nehmen, der für $z > 0$ positiv ist. Unter $\sqrt{2/\pi}$ ist der positive Wert verstanden.

4. Zusammenhang mit THOMÉs Normalreihen. Die in § 9.**3.** erhaltenen divergenten Reihen sind genau die Reihen, auf die der in § 6.**13.** beschriebene Ansatz von THOMÉ führt. Geht man nämlich in die BESSELsche Differentialgleichung

$$w'' + \frac{1}{z}w' + \left(1 - \frac{n^2}{z^2}\right)w = 0 \quad (9.4.1)$$

mit dem Ansatz

$$w = e^{\alpha z}v, \quad v = z^\varrho u, \quad u = c_0 + c_1\frac{1}{z} + \cdots, \quad c_0 \neq 0 \quad (9.4.2)$$

hinein, so erhält man

$$w' = \alpha e^{\alpha z}v + e^{\alpha z}v', \qquad w'' = \alpha^2 e^{\alpha z}v + 2\alpha e^{\alpha z}v' + e^{\alpha z}v'',$$

und aus (9.4.1) wird

$$v'' + v'\left(2\alpha + \frac{1}{z}\right) + v\left(\alpha^2 + 1 + \frac{\alpha}{z} - \frac{n^2}{z^2}\right) = 0. \quad (9.4.3)$$

Denkt man sich die linke Seite von (9.4.3) gemäß dem Ansatz (9.4.2) nach Potenzen von z geordnet, so übersieht man, daß der Koeffizient von z^ϱ den Wert $c_0(\alpha^2+1)$ hat, während als Koeffizient von $z^{\varrho-1}$ sich $c_0\alpha(1+2\varrho) + c_1(\alpha^2+1)$ ergibt. Daher ist $\alpha = \pm i$ und $\varrho = -\frac{1}{2}$. Entscheidet man sich für $\alpha = i$ und nimmt in (9.4.2) $\alpha = i$ und $\varrho = -\frac{1}{2}$, so findet man für u die Differentialgleichung

$$u'' + 2i\,u' + u\left(\frac{1}{4} - n^2\right)\frac{1}{z^2} = 0, \quad (9.4.4)$$

die mit dem Ansatz

$$u = c_0 + \frac{c_1}{z} + \cdots, \qquad c_0 \neq 0$$

zu behandeln ist. Das führt zu

$$-2i\,c_1 + \left(\frac{1}{4} - n^2\right)c_0 + \left[-2\cdot 2i\,c_2 + \left(\frac{1}{4} - n^2 + 2\right)c_1\right]\frac{1}{z} + \cdots$$
$$+ \left[-(k+1)\,2i\,c_{k+1} + \left(\frac{1}{4} - n^2 + k(k+1)\right)c_k\right]\frac{1}{z^k} + \cdots = 0.$$

Also hat man die Rekursionsformeln

$$-2i\,c_1 + (\tfrac{1}{4} - n^2)\,c_0 = 0, \qquad -2\cdot 2i\,c_2 + (\tfrac{1}{4} - n^2 + 2)\,c_1 = 0\ldots$$
$$\cdots\cdots\cdots\cdots\cdots\cdots\cdots\cdots$$
$$-(k+1)\cdot 2i\,c_{k+1} + \left(\tfrac{1}{4} - n^2 + k(k+1)\right)c_k = 0.$$
$$\cdots\cdots\cdots\cdots\cdots\cdots\cdots\cdots$$

c_0 bleibt willkürlich, und es wird

$$\frac{c_{k+1}}{c_k} = \frac{\frac{1}{4} - n^2 + k(k+1)}{(k+1)\,2i}.$$

Genau diesen Quotienten haben aber auch die Koeffizienten der Reihe (9.3.16). Bei dieser Reihe ist nämlich der entsprechende Quotient

$$\frac{\Gamma(n+\frac{1}{2})\,\Gamma(n+k+1+\frac{1}{2})\,\Gamma(k+1)\,\Gamma(n-k+\frac{1}{2})}{\Gamma(k+2)\,\Gamma(n-k-1+\frac{1}{2})\,\Gamma(n+\frac{1}{2})\,\Gamma(n+k+\frac{1}{2})}\,\frac{i}{2}$$
$$= \frac{i}{2}\,\frac{(n+k+\frac{1}{2})\,(n-k-\frac{1}{2})}{k+1} = \frac{1}{2i}\,\frac{(\frac{1}{2}+k)^2 - n^2}{k+1}.$$

Daher führt tatsächlich THOMÉs Ansatz genau auf die gleiche Reihe, die mit Hilfe der LAPLACEschen Transformation gefunden wurde. In § 6.**13.** war der Beweis für den asymptotischen Charakter dieser Reihen offengelassen worden und war in Aussicht genommen, ihn am Beispiel der BESSELschen Differentialgleichung zu führen. Auch im allgemeinen Fall handelt es sich darum, ein Integral zu finden, das der THOMÉschen Normalreihe so zugeordnet werden kann, daß diese eine asymptotische Darstellung desselben liefert. Auch hier kann der Beweis mit Hilfe der LAPLACEschen Transformation geführt werden. Die asymptotische Darstellung gilt dann stets bei radialer Annäherung an $z = \infty$. Aber es ist nicht gesagt, daß eine Normalreihe in einem Winkelraum dasselbe Integral darstellt. Dies kann von Radius zu Radius sich ändern. Eine Andeutung dieser Sachverhalte geben auch die hier vorgebrachten Überlegungen und Ergebnisse. Die gefundene asymptotische Entwicklung wurde für eine Halbebene der z hergeleitet. Es wurde oben gelegentlich erwähnt, wie die Betrachtung abzuändern ist, wenn man für andere z eine asymptotische Entwicklung wünscht. Keinesfalls kann aber eine asymptotische Entwicklung wie (9.3.20) für einen vollen Umlauf um $z = \infty$ gleichmäßig gelten. Denn ihr Hauptglied multipliziert sich bei einem vollen Umlauf um $z = \infty$ mit -1, während, nach der Darstellung (9.1.8) der BESSELschen Funktion $J_n(z)$ als Produkt von z^n mit einer ganzen transzendenten Funktion, $J_n(z)$ sich bei einem vollen Umlauf um $z = \infty$ mit $\exp 2i\pi n$ multipliziert. Man wird also bei den asymptotischen Entwicklungen für andere Halbebenen Unstetigkeiten in den Formelkonstanten in Kauf nehmen müssen. Man nennt diese Erscheinung nach GEORGE GABRIEL STOKES, der wohl zuerst darauf aufmerksam gemacht hat, auch STOKESsches Phänomen. Es ist vom allgemeinen Standpunkt der asymptotischen Entwicklungen und nach den eben angeführten Bemerkungen verständlich. Man mag auch bemerken, daß ja schließlich die Formel (9.3.20) erst einschließlich des Restgliedes einen Sinn hat, so daß also nicht allein das Hauptglied maßgeblich ist.

Ein besonderer Band dieser Sammlung soll diese Fragen ausführlicher behandeln. Inzwischen vgl. man auch die Darstellung in meinem als Band 6 dieser Sammlung erschienenen Buch sowie das berühmte Buch von E. L. INCE, Ordinary differential equations.

5. Elementare Integrale der BESSELschen Differentialgleichung. Schon in der Fußnote zu (9.3.14) wurde erwähnt, daß für $n = k + \frac{1}{2}$ (k ganz rational) die BESSELsche Differentialgleichung elementar integriert werden kann. In der Tat sieht man ja auch den beiden HANKELschen Integralen

$$H^{(1)}_{k+\frac{1}{2}}(z) = \frac{i\, z^{k+\frac{1}{2}}}{2^{k-\frac{1}{2}}\sqrt{\pi}\, k!} \int_i^\infty e^{zt}(1+t^2)^k\, dt, \qquad k = 0, 1, 2, \ldots, \tag{9.5.1}$$

$$H^{(2)}_{k+\frac{1}{2}}(z) = \frac{-i\, z^{k+\frac{1}{2}}}{2^{k-\frac{1}{2}}\sqrt{\pi}\, k!} \int_{-i}^\infty e^{zt}(1+t^2)^k\, dt, \qquad k = 0, 1, 2, \ldots \tag{9.5.2}$$

an, daß sie elementar ausgewertet werden können. Es wurden auch explizite geschlossene Ausdrücke für diese beiden Funktionen gefunden, nämlich

$$H^{(1)}_{k+\frac{1}{2}}(z) = -i\sqrt{\frac{2}{\pi z}}\, e^{-\frac{i\pi k}{2}}\, e^{iz} \sum_{\mu=0}^{k} \frac{(k+\mu)!}{\mu!\,(k-\mu)!}\left(\frac{i}{2z}\right)^{\mu} \tag{9.5.3}$$

$$H^{(2)}_{k+\frac{1}{2}}(z) = i\sqrt{\frac{2}{\pi z}}\, e^{\frac{i\pi k}{2}}\, e^{-iz} \sum_{\mu=0}^{k} \frac{(k+\mu)!}{\mu!\,(k-\mu)!}\left(\frac{-i}{2z}\right)^{\mu}. \tag{9.5.4}$$

Man kann diese elementaren Integrale noch etwas anders schreiben. Man differenziere für $\Re n \geqq 0$ und integriere dann partiell

$$\frac{d}{dz}\left(\frac{H_n^{(1)}}{z^n}\right) = \frac{d}{dz}\frac{i}{2^{n-1}\sqrt{\pi}\,\Gamma(n+\frac{1}{2})}\int_i^\infty e^{zt}(1+t^2)^{n-\frac{1}{2}}\,dt$$

$$= \frac{i}{2^{n-1}\sqrt{\pi}\,\Gamma(n+\frac{1}{2})}\frac{1}{2(n+\frac{1}{2})}e^{zt}(1+t^2)^{n+\frac{1}{2}}\Big|_i^\infty -$$

$$-\frac{i}{2^{n-1}\sqrt{\pi}\,\Gamma(n+\frac{1}{2})}\frac{1}{2(n+\frac{1}{2})}\int_i^\infty z\,e^{zt}(1+t^2)^{n+\frac{1}{2}}\,dt$$

$$=^{\dagger}\frac{-iz}{2^n\sqrt{\pi}\,\Gamma(n+\frac{3}{2})}\int_i^\infty e^{zt}(1+t^2)^{n+\frac{1}{2}}\,dt.$$

Daher ist

$$H_{n+1}^{(1)}(z) = -z^n\frac{d}{dz}\left(\frac{H_n^{(1)}}{z^n}\right).$$

Insbesondere wird für $n = k - \frac{1}{2}$

$$H_{k+\frac{1}{2}}^{(1)}(z) = -z^{k-\frac{1}{2}}\frac{d}{dz}\left(\frac{H_{k-\frac{1}{2}}^{(1)}(z)}{z^{k-\frac{1}{2}}}\right) = -(2z)^{k+\frac{1}{2}}\frac{d}{d(z^2)}\left(\frac{H_{k-\frac{1}{2}}^{(1)}(z)}{(2z)^{k-\frac{1}{2}}}\right),$$

oder etwas anders geschrieben,

$$\frac{H_{k+\frac{1}{2}}^{(1)}(z)}{(2z)^{k+\frac{1}{2}}} = -\frac{d}{dz^2}\left(\frac{H_{k-\frac{1}{2}}^{(1)}(z)}{(2z)^{k-\frac{1}{2}}}\right).$$

Daher ist für natürliche k

$$H_{k+\frac{1}{2}}^{(1)}(z) = (-1)^k(2z)^{k+\frac{1}{2}}\frac{d^k}{d(z^2)^k}\left(\frac{H_{\frac{1}{2}}^{(1)}(z)}{\sqrt{2z}}\right).$$

Nun ist

$$H_{\frac{1}{2}}^{(1)}(z) = \frac{2i\sqrt{z}}{\sqrt{2\pi}}\int_i^\infty e^{zt}\,dt = \sqrt{\frac{2z}{\pi}}\,\frac{e^{iz}}{iz}.$$

Also wird

$$H_{k+\frac{1}{2}}^{(1)}(z) = (-1)^k\frac{(2z)^{k+\frac{1}{2}}}{\sqrt{\pi}}\frac{d^k}{d(z^2)^k}\left(\frac{e^{iz}}{iz}\right). \qquad (9.5.5)$$

Ebenso findet man

$$H_{k+\frac{1}{2}}^{(2)}(z) = (-1)^k\frac{(2z)^{k+\frac{1}{2}}}{\sqrt{\pi}}\frac{d^k}{d(z^2)^k}\left(\frac{e^{-iz}}{-iz}\right). \qquad (9.5.6)$$

Diese Formeln geben die elementaren Integrale der Besselschen Differentialgleichung in besonders übersichtlicher Form an.

† Das Verschwinden des ausintegrierten Bestandteiles folgt daraus, daß t längs der Geraden (9.3.8) ins Unendliche geht.

Es soll nun gezeigt werden, daß für kein

$$n \neq \pm(k + \tfrac{1}{2}), \quad k = 0, 1, \ldots$$

die BESSEL*sche Differentialgleichung*

$$w'' + \frac{1}{z} w' + \left(1 - \frac{n^2}{z^2}\right) w = 0 \tag{9.5.7}$$

ein nichttriviales (d h. nicht identisch verschwindendes) *elementares Integral besitzen kann.*

Zum Beweis ist es zweckmäßig, sich vor allem der schon in § 5.2. erwähnten Beziehung zwischen den RICCATIschen Differentialgleichungen und den homogenen linearen Differentialgleichungen zweiter Ordnung zu erinnern.

Macht man in (9.5.7) die Substitution

$$w = \exp\left(\int \mathfrak{w}\, dz\right),$$

so gelangt man nach leichter Umrechnung zu

$$\mathfrak{w}' + \mathfrak{w}^2 + \frac{1}{z} \mathfrak{w} + \left(1 - \frac{n^2}{z^2}\right) = 0. \tag{9.5.8}$$

Das ist eine RICCATIsche Differentialgleichung vom allgemeinen Typus.

Man gelangt zu einer RICCATIschen Differentialgleichung von einem spezielleren Typus, wenn man in (9.5.7) erst die Substitution

$$w = \frac{1}{\sqrt{z}} v, \quad z = i x, \quad \nu = n - \frac{1}{2}$$

vornimmt. Dadurch erhält man als umgeformte BESSELsche Differentialgleichung

$$\frac{d^2 v}{d x^2} = \left(1 + \frac{\nu(\nu + 1)}{x^2}\right) v. \tag{9.5.9}$$

Setzt man nun

$$v = \exp\left(\int y\, dx\right),$$

so erhält man die spezielle RICCATIsche Differentialgleichung

$$y' + y^2 = 1 + \frac{\nu(\nu + 1)}{x^2}. \tag{9.5.10}$$

Endlich mag man (9.5.9) noch der folgenden Substitution unterwerfen:

$$v = u\, x^{-\nu}, \quad x = \frac{\zeta^\mu}{\mu}, \quad \mu = \frac{1}{2\nu + 1}, \quad \left(\nu \neq -\frac{1}{2}\right).$$

Dann erhält man folgende neue Umformung der BESSELschen Differentialgleichung

$$\frac{d^2 u}{d \zeta^2} = \zeta^{2\mu - 2} u. \tag{9.5.11}$$

Setzt man hier jetzt

$$u = \exp\left(\int \eta\, d\zeta\right),$$

so erhält man eine weitere RICCATIsche Differentialgleichung:

$$\eta' + \eta^2 = \zeta^{2\mu-2}. \tag{9.5.12}$$

Nun gilt der **Satz:** *Alle Differentialgleichungen* (9.5.7), (9.5.8), (9.5.9), (9.5.10), (9.5.11), (9.5.12) *besitzen gleichzeitig elementare nichttriviale Lösungen.* Denn sie gehen auseinander durch elementare Umformungen hervor.

Es ist aber nun an der Zeit, den hier gemeinten Begriff **„elementare Funktion"** präzis zu definieren, damit die Aussagen ihres schwebenden Charakters entkleidet werden. Ich nenne eine Funktion elementar, wenn sie aus einer Variablen z und beliebigen konstanten Zahlen durch die folgenden Operationen in endlicher Wiederholung derselben gewonnen werden kann: Algebraische Funktion von . . ., Exponentialfunktion von . . ., Logarithmus von . . ., Integral von . . . nach z, Ableitung von . . . nach z. An Stelle der Punkte, die das Argument der Funktionen andeuten, können also nach dieser Definition z oder beliebige schon durch die Operationen konstruierte Funktionen von z gesetzt werden. Die angegebenen Operationen dürfen in beliebiger Folge und Wiederholung je endlich oft angewandt werden. Der so entstehende Operationsbereich von Funktionen ist gegenüber den angegebenen Operationen abgeschlossen, d. h. die Anwendung der Operationen auf Elemente des Bereichs führt immer wieder zu Elementen des Bereichs. Die algebraischen Funktionen dürfen algebraische Funktionen von einer beliebigen Anzahl von Variablen sein; für jede einzelne ist z oder eine schon konstruierte Funktion von z einzusetzen.

Man kennt noch einen engeren Begriff der elementaren Funktion. Er unterscheidet sich von dem hier benutzten dadurch, daß der Prozeß „Integral von . . ." nicht mitgenommen wird. Das wären dann elementare Funktionen im engeren Sinn, während wir hier elementare Funktionen im weiteren Sinn betrachten. Als algebraische Funktionen werden nicht nur Wurzelbeziehungen sondern die Lösungen beliebiger algebraischer Gleichungen mit bereits konstruierten Koeffizienten zugelassen. Auf die Erwähnung des Prozesses „Ableitung von . . ." kann man verzichten, da, wie man leicht sieht, dieser Prozeß durch die übrigen im engeren Sinn elementaren Operationen ersetzt werden kann. Das wird sich gleich ergeben, wenn wir zu einer Einteilung der elementaren Funktionen in Stufen schreiten. Vorab sei bemerkt, daß nach dieser Definition der vorhin ausgesprochene Satz einleuchtet, da die Lösungen der verschiedenen angeschriebenen Differentialgleichungen tatsächlich auseinander durch die angegebenen elementaren Operationen hervorgehen.

Zum Beispiel kann ja

$$z^\alpha = \exp(\alpha \log z)$$

gesetzt werden, auch wenn α irgendeine komplexe Zahl ist.

Nun zur Einteilung der elementaren Funktionen in Stufen, wobei wir die Operation „Ableitung von" weglassen, um dann gleich zu sehen, daß sie durch die anderen ausgedrückt werden kann. Die Stufe 0 wird von den algebraischen Funktionen von z gebildet. Monome erster Stufe heißen die Exponentialfunktion, der Logarithmus und das Integral einer Funktion nullter Stufe, wofern dieselben nicht Funktionen nullter Stufe gleich sind. Funktionen erster Stufe heißen die algebraischen Funktionen von Funktionen nullter Stufe und von Monomen erster Stufe, wofern dieselben nicht Funktionen nullter Stufe gleich sind. Monom zweiter Stufe nennt man die Exponentialfunktion, den Logarithmus und das Integral einer Funktion erster Stufe, wofern dieselben nicht Funktionen erster oder nullter Stufe gleich sind. Funktionen zweiter Stufe nennt man die algebraischen Funktionen von Funktionen erster Stufe und von Monomen zweiter Stufe, sofern dieselben nicht Funktionen erster oder nullter Stufe gleich sind usw. Man macht bei jeder Stufendefinition noch den Zusatz „sofern die Funktion nicht einer Funktion niedrigerer Stufe gleich ist", um den Satz zu begründen, daß es Funktionen einer jeden Stufe gibt. Doch werden wir davon weiterhin keinen Gebrauch machen.

Es soll nun als eine kleine Übung die Behauptung begründet werden, daß die Operation „Ableitung von" durch die übrigen im engeren Sinn elementaren Operationen ausgedrückt werden kann. Handelt es sich z. B. um die Ableitung eines Monoms erster Stufe, so ist z. B. die Ableitung des Integrals der Integrand, d. h. eine Funktion nullter Stufe, und ist die Ableitung des Logarithmus das Reziproke des Logarithmanden multipliziert mit der Ableitung der algebraischen Logarithmanden, also eine algebraische Funktion und ist endlich die Ableitung eines exponentiellen Monoms erster Stufe gleich diesem Monom multipliziert mit der Ableitung des algebraischen Exponenten, also selbst eine Funktion erster Stufe. Nach der Kettenregel ist somit ersichtlich, daß die Ableitung einer Funktion erster Stufe selbst von erster oder nullter Stufe ist. Nach diesem Muster kann man allgemein die Richtigkeit der Behauptung von der Ausdrückbarkeit des Prozesses „Ableitung von" durch die anderen elementaren Operationen einsehen. Mit anderen Worten: Durch die Operation „Ableitung von ..." wird die Stufe nicht erhöht.

Nach den vorstehenden Darlegungen ist klar, daß jede elementare Funktion einer bestimmten Stufe angehört. Denn eine jede elementare Funktion entsteht ja durch endlich oftmalige Anwendung der geschilderten Operationen.

Ich bemerke endlich noch, daß nach den vorstehenden Ausführungen auch die Operation „Logarithmus von“ durch die anderen Operationen ausgedrückt werden kann. Denn ist $w = \log v$ und ist v eine Funktion n-ter Stufe, so ist auch

$$w = \int \frac{v'}{v}\, dx,$$

und dabei ist v'/v eine Funktion höchstens n-ter Stufe.

Das Kernstück unserer Betrachtung ist nun der Beweis des **Satzes von JOSEPH LIOUVILLE** [J. math. pur. et appl. 6 (1841)]: *Wenn die* RICCATI*sche Differentialgleichung*

$$y' + y^2 = P(x) \tag{9.5.13}$$

eine elementare Lösung besitzt, und $P(x)$ eine algebraische Funktion ist, so besitzt diese Differentialgleichung auch eine algebraische Lösung.

Der Satz ist jedenfalls richtig, wenn $P(x) \equiv 0$ ist. Denn dann ist $y = 0$ eine algebraische Lösung. Ich darf also weiterhin beim Beweis annehmen, daß $P(x) \not\equiv 0$ ist.

Ich reproduziere die Fassung des Beweises, die JOSEPH FELS RITT in Anlehnung an ältere Ansätze von LIOUVILLE gefunden hat, und die eine beträchtliche Vereinfachung derselben bedeutet[1]. Es sei

$$y = F(\Theta, x) \tag{9.5.14}$$

eine elementare Lösung n-ter Stufe von (9.5.13). Hier sei $F(\Theta, x)$ eine algebraische Funktion eines Monoms Θ von n-ter Stufe, die außerdem noch von anderen Monomen abhängt, was durch den Buchstaben x angedeutet sei. Genauer: $y = F(\Theta, x)$ ist Lösung einer algebraischen Gleichung

$$A_0(\Theta, x)\, y^\mu + A_1(\Theta, x)\, y^{\mu-1} + \cdots + A_\mu(\Theta, x) = 0. \tag{9.5.15}$$

Hier sind $A_\lambda(\Theta, x)$ Polynome in Θ, deren Koeffizienten elementare Funktionen höchstens n-ter Stufe sind, in welchen Θ nicht vorkommt. Man kann sich $F(\Theta, x)$ in der Umgebung irgendeiner passenden Stelle Θ_0 nach Potenzen von $\Theta - \Theta_0$ entwickelt denken. Der elementare Charakter dieser Funktion bringt es mit sich, daß man sie auf einem geeigneten Weg bis ins Äußere eines beliebig großen Kreises analytisch fortsetzen kann. Es besteht nämlich der folgende **Satz über Polynome**, dessen Beweis auf das Ende des Abschnittes verschoben sei:

Es sei

$$\Phi(y, \Theta) = A_0(\Theta)\, y^k + A_1(\Theta)\, y^{k-1} + \cdots + A_k(\Theta) \tag{9.5.16}$$

ein Polynom in y und Θ. Die $A_\alpha(\Theta)$ sind selbst Polynome in Θ, deren Koeffizienten $A_{\alpha\beta}$ heißen sollen. Dann gibt es eine natürliche Zahl q derart,

---

[1] J. F. RITT, Integration in finite terms. 1948.

daß sich $\Phi(y, \Theta)$ in k Linearfaktoren zerlegen läßt:

$$\Phi(y, \Theta) = A_0(\Theta)\,(y - f_1(\Theta)) \ldots (y - f_k(\Theta)).$$

Hier sind $f_j(\Theta)$ Potenzreihen in $\Theta^{1/q}$ mit nur endlich vielen Gliedern positiver Ordnung, deren Koeffizienten algebraische Funktionen der $A_{\alpha\beta}$ sind.

Nach diesem Satz darf man die elementare Lösung (9.5.14) der Differentialgleichung (9.5.13) in der Form einer unendlichen Reihe annehmen

$$y = F(\Theta, x) = c_1\,\Theta^{p_1} + c_2\,\Theta^{p_2} + \cdots, \qquad p_1 > p_2 > \cdots, \tag{9.5.17}$$

deren Glieder in absteigender Folge der Exponenten geordnet sind, und deren Koeffizienten als algebraische Funktionen der $A_{\lambda\mu}$ von Θ freie Funktionen höchstens n-ter Stufe sind.

Nun tragen wir (9.5.14) in (9.5.13) ein. Es ist

$$y' = \frac{\partial F}{\partial \Theta}\,\Theta' + \frac{\partial F}{\partial x}$$

und daher finden wir

$$\frac{\partial F}{\partial \Theta}\,\Theta' + \frac{\partial F}{\partial x} + F^2 = P(x). \tag{9.5.18}$$

Ist

$$\Theta = \exp(v),$$

so bedeutet dabei v eine Funktion $n-1$-ter Stufe. Und es ist

$$\Theta' = \Theta \cdot v'.$$

So wird aus (9.5.18)

$$\Theta\,\frac{\partial F}{\partial \Theta}\,v' + \frac{\partial F}{\partial x} + F^2 = P. \tag{9.5.19}$$

Ist aber

$$\Theta = \int v\,dx,$$

so bedeutet wieder v eine Funktion $n-1$-ter Stufe, und es ist

$$\Theta' = v.$$

Daher wird jetzt (9.5.18) zu

$$\frac{\partial F}{\partial \Theta}\,v + \frac{\partial F}{\partial x} + F^2 = P. \tag{9.5.20}$$

Nach dem oben Dargelegten brauchen nur diese beiden Prozesse „Exponentialfunktion von ...“ und „Integral von ...“ zur Erzeugung von Monomen n-ter Stufe in Betracht gezogen zu werden.

Nun müssen (9.5.19) bzw. (9.5.20) Identitäten in Θ und x sein, da wir annehmen dürfen, daß das Monom Θ so gewählt ist, daß es nicht eine algebraische Funktion von anderen Monomen gleicher oder niedrigerer Stufe ist. Nun ziehen wir die Reihenentwicklung (9.5.17) heran. Dann wird aus (9.5.19)

$$(c_1' + p_1\,c_1\,v')\,\Theta^{p_1} + c_1^2\,\Theta^{2p_1} + \cdots = P(x). \tag{9.5.21}$$

Und es wird aus (9.5.20)

$$c_1' \Theta^{p_1} + c_1^2 \Theta^{2p_1} + \cdots = P(x). \qquad (9.5.22)$$

Alle in (9.5.21) und (9.5.22) nicht hingeschriebenen Glieder haben jedenfalls niedrigere Ordnung in Θ als die hingeschriebenen, falls $p_1 \geqq 0$ ist. Wir erinnern uns wieder, daß (9.5.21) bzw. (9.5.22) Identitäten in Θ und x sind. Daher müssen, wenn man nach Potenzen von Θ geordnet denkt, alle Koeffizienten der Θ-Potenzen einzeln Null sein. Da nun aber in beiden Identitäten die rechte Seite von Θ frei ist, muß das für die linke Seite auch zutreffen. Daher kann keinesfalls $p_1 < 0$ sein. Denn alle Posten links in (9.5.21) und (9.5.22) hätten dann eine Ordnung $\leqq p_1 < 0$. Da ihre Koeffizienten wie gesagt alle Null sein müssen, wäre auch $P(x) \equiv 0$. Wir nahmen aber an, daß das nicht der Fall ist.

Nun darf man weiter annehmen, daß $c_1 \neq 0$ ist. Denn sonst hätten wir den betreffenden Posten in (9.5.17) nicht hinzuschreiben brauchen. Wäre dann $p_1 > 0$, so könnte sich der Posten $c^2 \Theta^{2p_1}$ auf der linken Seite nicht wegheben. Da nämlich alle anderen Posten eine kleinere Ordnung haben, hat er keinen Partner. Daher bleibt nur $p_1 = 0$ als einzige Möglichkeit übrig. Dann aber folgt sowohl aus (9.5.21) wie aus (9.5.22)

$$c_1' + c_1^2 = P. \qquad (9.5.23)$$

Also ist auch c_1 eine Lösung der RICCATIschen Differentialgleichung (9.5.13). Es gibt daher auch eine Lösung, die das Monom Θ nicht enthält. Denn c_1 hängt nur von den übrigen Monomen ab. Nun darf man aber annehmen, daß die Lösung $y = F(\Theta, x)$ so gewählt ist, daß sie möglichst wenig Monome enthält. Daher folgt, daß y eine Funktion nullter Stufe, d. h. eine algebraische Funktion ist. Damit ist der Satz von LIOUVILLE bewiesen.

Bevor wir nun zur Ermittlung der algebraisch integrierbaren RICCATIschen Differentialgleichungen kommen, soll der **Beweis des Satzes über Polynome** nachgetragen werden. Er stützt sich auf den **WEIERSTRASSschen Vorbereitungssatz.** Dieser lautet mit einer für unsere Zwecke wichtigen Ergänzung:

Es sei

$$P(w, z) = p_0(z)\, w^k + \cdots + p_k(z)$$

ein Polynom in w mit Koeffizienten, die bei $z = 0$ reguläre Potenzreihen in z sind. Für $z = 0$ möge $P(w, 0)$ mit dem Glied $b_0 w^\nu$, $b_0 \neq 0$, $\nu > 0$ als Glied niedrigster Ordnung beginnen. Dann ist

$$P(w, z) = \left(w^\nu + q_1(z)\, w^{\nu-1} + \cdots + q_\nu(z)\right) Q(w, z).$$

Hier bedeuten die $q_j(z)$ bei $z = 0$ reguläre in $z = 0$ verschwindende Potenzreihen und ist $Q(0, 0) = b_0 \neq 0$. Es ist $Q(w, z)$ ein Polynom $k - \nu$-ten Grades in w, dessen Koeffizienten $Q_l(z)$ bei $z = 0$ reguläre Potenzreihen sind. Die Koeffizienten der Potenzreihen $q_j(z)$ und $Q_l(z)$ sind rationale

Funktionen von je endlich vielen unter den Koeffizienten der Potenzreihen $p_i(z)$.

Ich gehe den auch in Band I meines Lehrbuchs der Funktionentheorie wiedergegebenen funktionentheoretischen Beweis durch, um die hier benötigte Ergänzung hervortreten zu lassen. Es ist

$$P(w, 0) = b_0 w^\nu + b_1 w^{\nu+1} + \cdots + b_{k-\nu} w^k, \qquad b_0 \neq 0.$$

Man wähle $\varrho > 0$ so, daß

$$P(w, 0) \neq 0 \quad \text{in} \quad 0 < |w| \leqq \varrho.$$

Dann sei

$$\operatorname*{Min}_{|w|=\varrho} |P(w, 0)| = m > 0.$$

Man wähle $\delta > 0$ so, daß

$$|P(w, z) - P(w, 0)| < m \quad \text{für} \quad |w| = \varrho \quad \text{in} \quad |z| \leqq \delta.$$

Dann hat nach dem Satz von ROUCHÉ $P(w, z)$ in $|z| < \delta$ genau so viele Nullstellen aus $|w| < \varrho$ wie $P(w, 0)$, d. h. genau ν Stück. Sie seien

$$w_1(z), \ldots, w_\nu(z).$$

Dann ist für jedes natürliche σ

$$w_1^\sigma + \cdots + w_\nu^\sigma = \frac{1}{2\pi i} \int_{|w|=\varrho} w^\sigma \frac{P_w(w, z)}{P(w, z)} dw.$$

Nun ist

$$\frac{P_w(w, z)}{P(w, z)} = \frac{k p_0 w^{k-1} + \cdots + p_{k-1}}{p_0 w^k + \cdots + p_k}$$

für $|w| = \varrho$ in $|z| \leqq \delta$ regulär. Die Entwicklung nach Potenzen von z lehrt, daß jeder Koeffizient der Entwicklung eine rationale Funktion von endlich vielen Koeffizienten der $p_j(z)$ ist. Die Integration nach w ändert daran nichts. Daher sind die σ-ten Potenzsummen der $w_i(z)$ ebenfalls bei $z = 0$ reguläre Potenzreihen in z, deren Koeffizienten rationale Funktionen von endlich vielen Koeffizienten der $p_i(z)$ sind. Nach dem Satz über elementarsymmetrische Funktionen gilt daher das gleiche für die Koeffizienten $q_i(z)$ von

$$(w - w_1)(w - w_2) \ldots (w - w_\nu) = w^\nu + q_1(z) w^{\nu-1} + \cdots + q_\nu(z).$$

Nun ist

$$Q(w, z) = \frac{P(w, z)}{(w - w_1) \ldots (w - w_\nu)}$$

für jedes einzelne z aus $|z| < \delta$ in $|w| \leqq \varrho$ regulär. Denn an jeder Stelle z sind entweder Zähler und Nenner regulär und der Nenner von 0 verschieden oder es verschwinden Zähler und Nenner in gleicher Vielfachheit. Daher ist

$$Q(w, z) = \frac{1}{2\pi i} \int_{|\mathfrak{w}|=\varrho} \frac{Q(\mathfrak{w}, z)}{\mathfrak{w} - w} d\mathfrak{w}$$

für jedes einzelne z aus $|z| < \delta$ richtig. Nun ist aber $Q(\mathfrak{w}, z)$ auf $|\mathfrak{w}| = \varrho$ in $|z| < \delta$ regulär. Daher ist $Q(w, z)$ für jedes einzelne w aus $|w| < \varrho$ in

$|z| < \delta$ regulär. [Beides zusammen lehrt bekanntlich, daß $Q(w, z)$ eine analytische Funktion der beiden Variablen ist, die in $|z| < \delta$, $|w| < \varrho$ regulär ist.] Entwickelt man nach Potenzen von w, so erhält man für die Koeffizienten $Q_j(z)$ von

$$Q(w, z) = \sum_{j=0,1,\ldots} Q_j(z)\, w^j$$

die Darstellung

$$Q_j(z) = \frac{1}{2\pi i} \int_{|\mathfrak{w}|=\varrho} \frac{Q(\mathfrak{w}, z)}{\mathfrak{w}^{j+1}}\, d\mathfrak{w}.$$

Entwickelt man aber $Q(\mathfrak{w}, z)$ auf $|\mathfrak{w}| = \varrho$ nach Potenzen von z, so sind die Koeffizienten der entstehenden Potenzreihe rationale Funktionen von je endlich vielen Koeffizienten der $p_j(z)$, weil dies nach der Erklärung

$$Q(w, z) = \frac{p_0(z)\, w^k + \cdots + p_k(z)}{w^\nu + \cdots + q_\nu(z)}$$

für die in Zähler und Nenner stehenden Potenzreihen so ist. Da Integration nach $\mathfrak{w}$ hieran nichts ändert, so gilt dies auch für die Koeffizienten der Reihen $Q_j(z)$. Endlich ist $Q(0, 0) = b_0 \neq 0$. Damit ist der Vorbereitungssatz bis auf den Zusatz bewiesen, daß $Q(w, z)$ ein Polynom $k-\nu$-ten Grades in w ist. Dies wird sich gelegentlich des Beweises des oben formulierten Satzes über Polynome ergeben, den man nach OSTROWSKI wie folgt führt[1]. Man gibt dazu dem Satz am bequemsten die folgende Fassung:

Es sei

$$F(v, u) = v^k + F_1(u)\, v^{k-1} + \cdots + F_k(u)$$

ein Polynom k-ten Grades mit Koeffizienten $F_j(u)$, die bei $u = 0$ Potenzreihen mit nur endlich vielen Gliedern negativer Ordnung in u sind. Dann gibt es eine natürliche Zahl q derart, daß sich $F(v, u)$ in Linearfaktoren

$$F(v, u) = \prod_1^k \left(v - v_j(u)\right)$$

zerlegen läßt. Hier sind die $v_j(u)$ Potenzreihen in $u^{1/q}$ mit nur endlich vielen Gliedern negativer Ordnung, die in der Umgebung von $u = 0$ konvergieren. Die Koeffizienten derselben sind algebraische Funktionen von je endlich vielen Koeffizienten der Potenzreihen $F_i(u)$.

Der weiter oben formulierte Satz über Polynome geht in den eben ausgesprochenen über, indem man $v = y$, $u = 1/\Theta$ nimmt, und

$$F(v, u) = \frac{\Phi(v, 1/u)}{A_0(1/u)}$$

setzt. Dann ist jeder Koeffizient der $F_i(u)$ eine rationale Funktion von endlich vielen Koeffizienten der $A_j(\Theta)$, d. h. also eine (von Θ freie)

[1] Math. Z. Bd. 37 (1933).

elementare Funktion n-ter Stufe, wenn dies für die Koeffizienten der $A_i(\Theta)$ so ist. Der OSTROWSKIsche Beweis geht vom Körper $\mathfrak{K}(u)$ aller der Potenzreihen in u mit nur endlich vielen Gliedern negativer Ordnung aus, deren Koeffizienten algebraische Funktionen von je endlich vielen Koeffizienten der Reihen $F_j(u)$ sind. Diesem Körper gehören die Koeffizienten $F_j(u)$ von $F(v, u)$ an. Adjungiert man dem Körper $\mathfrak{K}(u)$ eine $u^{1/\omega}$ mit natürlichem ω, so geht er in den Körper $\mathfrak{K}(u^{1/\omega})$ der Potenzreihen in $u^{1/\omega}$ mit nur endlich vielen Gliedern negativer Ordnung und mit Koeffizienten über, die algebraische Funktionen von je endlich vielen Koeffizienten der Reihen $F_j(u)$ sind.

Man darf annehmen, daß $F_1 \equiv 0$ ist. Denn man kann dies stets erreichen, indem man für v die neue Variable $v + \frac{F_1(u)}{k}$ einführt. Damit verläßt man den Körper $\mathfrak{K}(u)$ nicht. Sind nun alle $F_i(u) \equiv 0$, so ist $F(v, u)$ bereits in Linearfaktoren zerlegt. Ist anderenfalls $F_i(u) \not\equiv 0$, so sei $a_i \cdot u^{\varrho_i}$, $a_i \neq 0$ das Glied niedrigster Ordnung in der Potenzreihe $F_i(u)$. Es sei $\varkappa$ die kleinste unter den Zahlen ϱ_i/i. Es sei $\varrho_i/i = \varkappa$ für $i = i_1, i_2, \ldots, i_e$ mit $i_1 < i_2 < \cdots < i_e$. Dann ist durchweg

$$\varrho_i - i\varkappa \geqq 0,$$

und steht hier das Gleichheitszeichen nur für $i = i_1, i_2, \ldots, i_e$. Nun setze man

$$v = \eta\, u^{\varkappa}.$$

Dann wird

$$F(v, u) = u^{\varkappa k}\left(\eta^k + F_1(u)\, u^{-\varkappa}\, \eta^{k-1} + \cdots + F_k(u)\, u^{-\varkappa k}\right).$$

Ist $\varkappa = r/s$, $s \geqq 1$, $(r, s) = 1$, so setze man $z = u^{1/s}$. Dann wird

$$F(v, u) = u^{\varkappa k}\, \Phi(\eta, z), \qquad \Phi(\eta, z) = \eta^k + B_1(z)\, \eta^{k-1} + \cdots + B_k(z).$$

Hier ist $B_1(z) \equiv 0$ und sind die $B_i(z)$ Potenzreihen aus $\mathfrak{K}(z)$. Sie sind zudem bei $z = 0$ regulär. Denn das Glied niedrigster Ordnung in $B_i(z)$ ist

$$a_i\, z^{s(\varrho_i - i\varkappa)} = a_i\, z^{s\varrho_i - ri}.$$

Hier ist der Exponent $\geqq 0$ und $= 0$ nur für $i = i_1, i_2, \ldots, i_e$. Daher ist

$$\Phi(\eta, z) = \eta^k + a_{i_1}\eta^{k-i_1} + \cdots + a_{i_e}\eta^{k-i_e} + z\, \Phi^*(\eta, z).$$

Hier ist $\Phi^*(\eta, z)$ wieder ein Polynom in η mit Koeffizienten aus $\mathfrak{K}(z)$, die bei $z = 0$ regulär sind. Das Polynom

$$\varphi(\eta) = \eta^k + a_{i_1}\eta^{k-i_1} + \cdots + a_{i_e}\eta^{k-i_e}$$

besitzt mindestens zwei nicht identisch verschwindende Glieder. Da aber der Koeffizient von η^{k-1} Null ist, ist $\varphi(\eta)$ nicht die Potenz eines Linearfaktors. Daher hat $\varphi(\eta)$ mindestens zwei verschiedene Wurzeln. Es sei α eine derselben mit einer Multiplizität $\nu < k$. Man setze

$$\eta - \alpha = w.$$

Dann ist

$$\varphi(\eta) = w^\nu (b_0 + \cdots + b_{k-\nu} w^{k-\nu}), \qquad b_0 \neq 0, \qquad \nu < k.$$

Die b_j sind Konstanten aus $\mathfrak{K}(u)$. Daher ist

$$\Phi(\eta, z) = P(w, z) = w^\nu (b_0 + \cdots + b_{k-\nu} w^{k-\nu}) + z\,\Phi^{**}(w, z).$$

Die Koeffizienten des Polynoms $\Phi^{**}(w, z)$ in w sind wieder Elemente des Körpers $\mathfrak{K}(z)$, und bei $z = 0$ regulär.

Nun wende man den WEIERSTRASSschen Vorbereitungssatz auf $P(w, z)$ an. Danach ist

$$P(w, z) = \big(w^\nu + q_1(z)\, w^{\nu-1} + \cdots + q_\nu(z)\big)\, Q(w, z),$$

und es bedeuten die $q_j(z)$ bei $z = 0$ reguläre und dort verschwindende Potenzreihen aus $\mathfrak{K}(z)$. Es ist nach dem bisherigen Stand unseres Beweises des Vorbereitungssatzes $Q(w, z)$ eine bei $w = z = 0$ reguläre Potenzreihe. Es ist $Q(0, 0) = b_0 \neq 0$ und sind in

$$Q(w, z) = \sum_0^\infty Q_j(z)\, w^j$$

die Koeffizienten $Q_j(z)$ bei $z = 0$ reguläre Elemente von $\mathfrak{K}(z)$. Es wird nun vollständige Induktion angewendet. Es wird also angenommen, daß der für $k = 1$ triviale Satz von der Zerlegung in Linearfaktoren für Polynome eines Grades unter k richtig ist. Da $\nu < k$ ist, gibt es also eine natürliche Zahl t und Potenzreihen

$$w_1, \ldots, w_\nu \quad \text{aus} \quad \mathfrak{K}(z^{1/t}),$$

so daß

$$w^\nu + q_1(z)\, w^{\nu-1} + \cdots + q_\nu(z) = \prod_1^\nu (w - w_j)$$

ist. Man hat daher

$$P(w, z) = \prod_1^\nu (w - w_j)\, Q(w, z).$$

Dividiert[1] man im Körper $\mathfrak{K}(z^{1/t})$ beiderseits durch das Polynom $\prod_1^\nu (w - w_j)$, das ja Koeffizienten aus $\mathfrak{K}(z^{1/t})$ besitzt, so bleibt links ein Polynom $k-\nu$-ten Grades aus $\mathfrak{K}(z^{1/t})$ stehen, das der rechts stehenbleibenden Funktion $Q(w, z)$ gleich ist. Daher ist auch diese ein Polynom in w, und zwar vom Grad $k-\nu$ mit Koeffizienten aus $\mathfrak{K}(z^{1/t})$. Daher kann man im Sinne der vollständigen Induktion auch dies Polynom

---

[1] Dabei hat man zu bedenken, daß die Nullstellen des Produktes sämtlich Nullstellen gleicher Vielfachheit von $P(w, z)$ sind, ein Umstand, dem man am besten Rechnung trägt, indem man durch die ν Linearfaktoren nacheinander dividiert.

in einem Körper $\mathfrak{K}(z^{1/\tau})$ mit einer neuen natürlichen Zahl τ in Linearfaktoren zerlegen. Es ist also auch $P(w, z)$ in Linearfaktoren zerlegt, und zwar in einem Körper, der aus $\mathfrak{K}(u)$ durch mehrmalige Adjunktion von Wurzelgrößen sich ergibt. Diese mehrmalige Adjunktion ist aber doch offenbar gleichwertig mit einer einmaligen Adjunktion einer $u^{1/q}$ mit passendem natürlichem q. Damit ist der Satz über Polynome, den man in der Theorie der algebraischen Funktionen auch als Satz von NEWTON und PUISEUX bezeichnet, bewiesen, wobei allerdings diese Benennung die hier gegebene Ergänzung betreffend der Koeffizientenkörper nicht einschließt. Zugleich ist auch die beim Beweis des Vorbereitungssatzes noch offene Behauptung bewiesen, was ebenfalls einen Vorzug der OSTROWSKIschen Beweisanordnung bedeutet.

Der Satz von LIOUVILLE ist nun restlos bewiesen. Ich kehre jetzt zu der Frage nach den elementar integrierbaren BESSELschen Differentialgleichungen zurück. Ihr Zusammenhang mit der RICCATIschen Differentialgleichung (9.5.10), das ist

$$y' + y^2 = P(x), \quad P(x) = 1 + \frac{\nu(\nu+1)}{x^2}, \quad \nu = n - \frac{1}{2}, \tag{9.5.24}$$

lehrt als Folge des Satzes von LIOUVILLE, daß eine BESSELsche Differentialgleichung (9.5.7), das ist

$$w'' + \frac{1}{z} w' + \left(1 - \frac{n^2}{z^2}\right) w = 0, \quad \frac{w'}{w} = y - \frac{1}{2}\frac{1}{z}, \tag{9.5.25}$$

dann und nur dann ein nichttriviales elementares Integral besitzt, wenn (9.5.24) ein algebraisches Integral aufweist. Es soll nun weiter gezeigt werden: *Wenn* (9.5.24) *ein algebraisches Integral hat, so ist dies Integral eine rationale Funktion.*

Man schließt hier nach J. F. RITT am raschesten so: Ich zeige erst, daß kein Verzweigungspunkt des algebraischen Integrals im Unendlichen liegen kann. Zu dem Zwecke entwickle ich irgendeinen Zweig des algebraischen Integrals in der Umgebung des uneigentlichen Punktes, indem ich ansetze

$$y = a_1 x^{p_1} + a_2 x^{p_2} + \cdots, \quad p_1 > p_2 > \cdots, \quad a_1 \neq 0, \quad a_2 \neq 0, \ldots. \tag{9.5.26}$$

Dann führt der Einsatz in (9.5.24) zu

$$p_1 a_1 x^{p_1 - 1} + \cdots + a_1^2 x^{2p_1} + \cdots = P(x). \tag{9.5.27}$$

Wäre $p_1 > 0$, so müßte wegen $a_1 \neq 0$ auch $P(x)$ für $x \to \infty$ über alle Grenzen wachsen. Wäre $p_1 < 0$, so müßte $P(x)$ für $x \to \infty$ gegen Null streben. Also ist $p_1 = 0$. Es sei nun p_j der größte nicht ganzzahlige Exponent in (9.5.26). (Falls kein solcher vorkommt, liegt im Unendlichen kein Verzweigungspunkt und unsere Behauptung ist schon erwiesen.)

Dann wird das Glied mit dem größten nicht ganzzahligen Exponenten in y^2
$$2a_1\, a_j \cdot x^{p_j}.$$

Dies Glied hätte aber dann in (9.5.27) weder rechts noch links einen Partner. Das lehrt, daß in (9.5.26) keine gebrochenen Exponenten vorkommen. Der uneigentliche Punkt kann also kein Verzweigungspunkt einer algebraischen Lösung von (9.5.24) sein. Er ist vielmehr nach (9.5.26) mit $p_1 = 0$ eine reguläre Stelle.

Da eine Lösung w der BESSELschen Differentialgleichung (9.5.25) nur bei $z = 0$ und $z = \infty$ verzweigt sein kann, so kann auch eine Lösung y von (9.5.24) nach dem bei (9.5.25) angegebenen Zusammenhang mit (9.5.25) nur bei $z = 0$ und $z = \infty$ verzweigt sein. Da aber, wie schon gezeigt, alle Zweige bei $z = \infty$ meromorph sind, müßten eventuelle Verzweigungspunkte der algebraischen Funktion y sämtlich über $w = 0$ liegen. Eine solche algebraische Funktion ist aber rational.. Das folgt aus dem Monodromiesatz der Funktionentheorie. Bringt man nämlich durch eine Stürzung die einzige mögliche Verzweigungsstelle in den uneigentlichen Punkt, so wird jeder Zweig der algebraischen Funktion in der einfach zusammenhängenden GAUSSschen Ebene im kleinen eindeutig und ist auf jedem Weg derselben analytisch fortsetzbar. Daher ist nach dem Monodromiesatz jeder Zweig der algebraischen Funktion eindeutig, d. h., die Funktion ist rational.

Nachdem wir nun also eingesehen haben, daß jede algebraische Lösung von (9.5.24) rational ist, erhebt sich weiter die Frage nach denjenigen Werten von ν, für die (9.5.24) rationale Lösungen besitzt. Es wird behauptet:

Falls (9.5.24) *eine rationale Lösung besitzt, so ist ν eine ganze rationale Zahl.*

Es ist bereits bekannt, daß y bei $z = \infty$ holomorph ist. Ferner kann y an endlichen Stellen a höchstens Pole erster Ordnung haben. Denn liegt bei $a \neq 0$ ein Pol der Ordnung p, so hat dort y' einen Pol der Ordnung $p+1$, und hat y^2 einen der Ordnung $2p$, während $P(x)$ dort regulär ist. Daher ist $p+1=2p$, d.h. $p=1$. Hat y an der Stelle $x = 0$ einen Pol, so kann seine Ordnung nur Eins sein, weil $P(x)$ dort einen Pol höchstens zweiter Ordnung hat, und sich sonst der gleiche Widerspruch ergäbe. Ferner muß y an der Stelle $x = 0$ tatsächlich einen Pol haben, weil sonst die linke Seite der Differentialgleichung nach Einsetzen von y an der Stelle $x=0$ regulär wäre, während die rechte Seite dort einen Pol hat, falls nicht $\nu = 0$ oder $\nu = -1$ ist. Dann ist aber unsere Behauptung, daß im Falle einer rationalen Lösung ν eine ganze Zahl ist, in Ordnung. Wir brauchen also nur nach ν-Werten $\neq 0$ und $\neq -1$ zu suchen, für die rationale Lösungen vorhanden sind. Ist dann r das Residuum des Poles an der Stelle $x = 0$, so ergibt sich dafür

die Gleichung
$$-r + r^2 = \nu(\nu + 1).$$

Das heißt, es ist entweder $r = -\nu$ oder $r = \nu + 1$. An einer Polstelle $a \neq 0$ ergibt sich entsprechend für das Residuum r_a die Gleichung $-r_a + r_a^2 = 0$. Und daher ist $r_a = 1$. Dementsprechend gehen wir nun mit dem Ansatz

$$y = y_0 + \frac{r}{x} + \frac{1}{x - p_1} + \cdots + \frac{1}{x - p_k} \tag{9.5.28}$$

in die Differentialgleichung hinein. Hier ist jedenfalls $y_0 \neq 0$, weil sonst für $x \to \infty$ die linke Seite $y' + y^2$ gegen Null, die rechte Seite $P(x) \to 1$ streben würde. Entwickelt man nun (9.5.28) nach Potenzen von $1/x$, so hat man
$$y = y_0 + \frac{k + r}{x} + \cdots.$$

Daher ist $k + r = 0$, sonst wäre beim Einsetzen in die Differentialgleichung das Glied
$$\frac{2y_0(k + r)}{x}$$

ohne Partner. Da k ganz ist, so ist auch r ganz. Da aber $r = -\nu$ oder $r = \nu + 1$ schon gefunden wurde, so ist ν ganz, wie behauptet wurde.

Nun sind aber endlich auch umgekehrt die Differentialgleichungen (9.5.24) bei ganzzahligem ν mit rationalen Lösungen versehen. Dazu gehören nämlich BESSELsche Differentialgleichungen (9.5.25) mit $n = \nu - \frac{1}{2}$. Ihre elementaren Integrale (9.5.5), (9.5.6) sind bekannt. Es wurde außerdem betont, daß BESSELsche und zugehörige RICCATIsche Differentialgleichungen gleichzeitig elementare Integrale besitzen. Bei den RICCATIschen müssen sie eben rational sein. Die formelmäßigen Zusammenhänge zwischen beiden Differentialgleichungen liefern also auch eine explizite rationale Integration der RICCATIschen Differentialgleichung (9.5.10).

Ich erwähne noch, daß wir damit auch alle die Fälle kennen, in denen (9.5.12) ein rationales Integral besitzt. Diese Differentialgleichung hängt nämlich durch die Substitution $\mu = 1/(2\nu + 1)$ über die BESSELsche Differentialgleichung mit einer RICCATIschen (9.5.10) elementar zusammen. Nur im Falle $\mu = 0$, d. h., für die Differentialgleichung

$$\eta' + \eta^2 = \zeta^{-2} \tag{9.5.29}$$

findet man so keinen Aufschluß. Hier aber führt die Substitution
$$\eta = \frac{1}{\xi}$$

zu der homogenen Differentialgleichung
$$\xi' = 1 - \left(\frac{\xi}{\zeta}\right)^2,$$

in der man durch die neue Substitution

$$\xi = \vartheta\zeta$$

die Variablen trennt:

$$\frac{\vartheta'}{1-\vartheta-\vartheta^2} = \frac{1}{\zeta}.$$

Auch diese RICCATIsche Differentialgleichung (9.5.29) ist also elementar integrierbar. Nur für (9.5.10) gilt die Aussage, daß die elementaren Integrale stets rational sind. Hier fanden wir sogar zusätzlich, daß *sämtliche* Integrale rational sind, wenn eines derselben diese Eigenschaft hat. Denn für die zugehörige BESSELsche Differentialgleichung ist das allgemeine Integral elementar. Für die RICCATIsche Differentialgleichungen (9.5.12) gilt aber die Aussage, daß entweder kein elementares Integral vorhanden ist, oder aber alle Integrale elementar sind. Im Grunde sind das alles Ergebnisse, die JOSEPH LIOUVILLE schon vor reichlich 100 Jahren gewonnen hat. Sie wurden hier in etwas modernisierter Beweisführung hergeleitet. Daß (9.5.11) für $\mu = 0$ und für $\mu = 1/(2\nu+1)$, ν ganz, d. h. also für

$$2\mu - 2 = -4\nu/(2\nu+1), \quad \nu \text{ ganz} \quad \text{und für} \quad 2\mu - 2 = -2$$

elementar integrierbar ist, fand DANIEL BERNOULLI im Jahre 1724.

CARL LUDWIG SIEGEL hat in seiner berühmten Arbeit über DIOPHANTische Approximationen (Abh. preuß. Akad. Wiss. 1930, Nr. 1) folgende Verallgemeinerung bewiesen: *Eine Lösung einer* BESSEL*schen Differentialgleichung* (9.1.1) *genügt dann und nur dann einer algebraischen Differentialgleichung erster Ordnung, wenn n die Hälfte einer ungeraden Zahl ist.* In diesem Ausnahmefall, dem gleichen, auf den sich die Betrachtungen dieses Abschnittes bezogen, genügt *jedes* Integral der BESSELschen Differentialgleichung einer algebraischen Differentialgleichung erster Ordnung der Gestalt

$$P_1(z)\,y'^2 + P_2(z)\,y\,y' + P_3(z)\,y^2 + P_4(z) = 0.$$

Die P_j sind Polynome in z.

Der Beweis stützt sich auf den allgemeineren Satz, daß eine Differentialgleichung

$$w'' + a(z)\,w' + b(z)\,w = 0$$

mit Koeffizienten aus einem gegenüber der Differentiation abgeschlossenen Körper L nur dann ein Integral besitzen kann, das einer algebraischen Differentialgleichung erster Ordnung

$$P(z, w, w') = 0 \quad (P \text{ Polynom in seinen drei Veränderlichen})$$

genügt, wenn sie auch ein Integral besitzt, dessen logarithmische Ableitung eine algebraische Funktion über L ist.

§ 10. Differentialgleichungen der FUCHSschen Klasse mit vier singulären Punkten

1. Uniformisierung. Ich knüpfe an das in § 7.**5.** über die Form der Differentialgleichungen Gesagte an. Es zeigte sich damals, daß nach Vorgabe der Wurzeln der determinierenden Gleichung noch ein akzessorischer Parameter in der Differentialgleichung willkürlich bleibt, mit anderen Worten, daß es eine einparametrige Schar von Differentialgleichungen der FUCHSschen Klasse mit den gleichen vier singulären Stellen und den gleichen Wurzeln der determinierenden Gleichungen gibt. Es erhebt sich die Frage, durch welche Eigenschaften der Lösungen man den Wert des akzessorischen Parameters bestimmen kann, eine Frage also, die kein Analogon bei Differentialgleichungen der FUCHSschen Klasse mit weniger singulären Stellen besitzt. Wie in § 8.**12.** betrachte man den Quotienten zweier linear unabhängiger Lösungen. Es ist dabei einerlei, ob man die Differentialgleichung zweiter Ordnung in der Form (7.5.4) oder in der Form (7.5.6) annimmt, da in den Quotienten zweier Lösungen ohnedies der Wert des Koeffizienten p_1 von w' in der Differentialgleichung nicht eingeht. In der Tat wurde ja in § 8.**12.** hervorgehoben, daß man nach Vorgabe des Quotienten $s = w_1/w_2$ bzw. der SCHWARZschen Differentialgleichung dritter Ordnung (8.12.4), der er genügt, noch das p_1 der Differentialgleichung zweiter Ordnung vorschreiben kann, der w_1 und w_2 genügen sollen. In § 8.**12.** wurde für eine beliebige Differentialgleichung zweiter Ordnung (8.12.1) die SCHWARZsche Differentialgleichung (8.12.4) angegeben, der der Quotient zweier linear unabhängiger Lösungen von (8.12.1) genügt. Die rechte Seite derselben ist wieder eine rationale Funktion mit vier singulären Stellen bei a_1, a_2, a_3, ∞, die höchstens Pole zweiter Ordnung sein können. Am einfachsten ist es, an Differentialgleichungen (8.12.1) mit $p_1 = 0$ zu denken. Dann wird

$$\{s, z\} = 2p_2 \tag{10.1.1}$$

die zu

$$w'' + p_2 w = 0 \tag{10.1.2}$$

gehörige SCHWARZsche Differentialgleichung.

Es ist an der Zeit, auf den Zusammenhang dieser Differentialgleichung mit den Theorien der Uniformisierung hinzuweisen. Stellt man z. B. die Aufgabe, eine Funktion $s(z)$ so zu bestimmen, daß alle bei 0 und ∞ irgendwie verzweigten, an allen anderen Stellen regulären Funktionen von z eindeutige in der ganzen GAUSSschen s-Ebene reguläre Funktionen von s werden, so hat man in

$$s(z) = \log z$$

eine Lösung der Aufgabe vor sich. Für diese Funktion wird nach (8.12.3)

$$\{s, z\} = \frac{1}{2} \frac{1}{z^2}.$$

Daher wird

$$w'' + \frac{1}{4} \frac{1}{z^2} w = 0$$

eine Differentialgleichung der FUCHSschen Klasse mit den beiden singulären Stellen $0, \infty$. Die Funktionen

$$w_1 = \sqrt{z} \log z, \qquad w_2 = \sqrt{z}$$

bilden ein Fundamentalsystem derselben, dessen Quotient eben der $\log z$ ist.

Analog führt die entsprechende Aufgabe für drei singuläre Punkte $0, 1, \infty$ auf die elliptische Modulfunktion statt des Logarithmus: Alle in der z-Ebene außer bei $0, 1, \infty$ regulären, an diesen drei Stellen irgendwie verzweigten analytischen Funktionen sind eindeutige in $\mathfrak{J}\, s > 0$ reguläre Funktionen der elliptischen Modulfunktion $s(z)$, die bei $0, 1, \infty$ logarithmische Verzweigungen hat. Die elliptische Modulfunktion wurde in § 8.**9.** und § 8.**10.** als Quotient zweier linear unabhängiger Lösungen der hypergeometrischen Differentialgleichung mit $\alpha = \frac{1}{2}, \beta = \frac{1}{2}, \gamma = 1$ dargestellt.

Auch für vier singuläre Punkte a_1, a_2, a_3, ∞ führt die entsprechenden Uniformisierungsaufgabe auf eine Differentialgleichung der FUCHSschen Klasse mit diesen vier singulären Punkten. Ich will die Aufgabe gleich etwas allgemeiner stellen, was analog auch bei 2, 3 oder n singulären Stellen geschehen kann: Man betrachte die Menge aller analytischen Funktionen, die bei a_k $(k = 1, 2, 3)$ eine n_k-blättrige Verzweigung, bei ∞ eine n_∞-blättrige Verzweigung haben, und sonst überall regulär sind. Man stelle die Frage, ob es in dieser Menge eine Funktion $s(z)$ gibt, derart, daß alle Funktionen der Menge eindeutige in $|s| < 1$ reguläre Funktionen von $s(z)$ werden. In der Theorie der Uniformisierung wird gezeigt, daß die Aufgabe genau eine bis auf lineare Transformationen eindeutig bestimmte Lösung besitzt. Es wird gezeigt, daß diese Funktion $s(z)$ die Umgebung einer jeden von den vier Singularitäten verschiedenen Stelle schlicht abbildet und daß ihre verschiedenen Zweige durch lineare Transformationen des $|s| < 1$ in sich miteinander zusammenhängen. Es soll sich nun darum handeln, festzustellen, daß dies $s(z)$ einer Differentialgleichung

$$\{s, z\} = 2 p_2(z)$$

genügt, mit einem rationalen p_2, das bis auf Pole höchstens zweiter Ordnung an den Stellen a_1, a_2, a_3 überall regulär ist, im Unendlichen aber von mindestens zweiter Ordnung verschwindet. $s(z)$ ist, wenn das bewiesen ist, als Quotient zweier linear unabhängiger Lösungen einer Differentialgleichung der FUCHSschen Klasse mit vier singulären Stellen bei a_1, a_2, a_3, ∞ erkannt.

Zunächst ist nach den Grundeigenschaften von $\{s, z\}$ klar, daß $\{s, z\}$ gleich einer eindeutigen Funktion von z sein muß. Da aber $s(z)$ überall außer bei a_1, a_2, a_3, ∞ regulär ist, und da es eine schlichte Abbildung in der Umgebung jeder von diesen vier Singularitäten verschiedenen Stellen liefert, ist an allen diesen Stellen auch $s'(z) \neq 0$ und daher an allen diesen Stellen $\{s, z\}$ nach (8.12.3) gleich einer regulären Funktion. Daß $\{s, z\}$ an den singulären Stellen a_1, a_2, a_3 höchstens Pole zweiter Ordnung besitzt, und daß es bei $z = \infty$ eine Nullstelle mindestens zweiter Ordnung aufweist, folgt aus einer kleinen Rechnung, die ich im Falle eines endlichen n_1 durchführen will. Dann ist $s(z)$ bei $z = a_1$ gleich einer Potenzreihe von $\sqrt[n_1]{z - a_1}$ nämlich

$$s(z) = s_0 + s_1 \sqrt[n_1]{z - a_1} + \cdots, \qquad s_1 \neq 0.$$

Dann errechnet man

$$s'(z) = \frac{s_1}{n_1}(z - a_1)^{\frac{1}{n_1} - 1} + \cdots,$$

$$\log s'(z) = \log \frac{s_1}{n_1} + \left(\frac{1}{n_1} - 1\right) \log(z - a_1) + \text{reguläre Funktion},$$

$$\frac{d \log s'(z)}{dz} = \left(\frac{1}{n_1} - 1\right) \frac{1}{z - a_1} + \text{reguläre Funktion},$$

$$\frac{d^2 \log s'(z)}{dz^2} = -\left(\frac{1}{n_1} - 1\right) \frac{1}{(z - a_1)^2} + \text{reguläre Funktion},$$

$$\{s, z\} = a \frac{1}{(z - a_1)^2} + b \frac{1}{z - a_1} + \text{reguläre Funktion}.$$

Die regulären Funktionen der vorstehenden vier Zeilen sind durchweg Potenzreihen in $\sqrt[n_1]{z - a_1}$ mit lauter nichtnegativen ganzen Exponenten. Die letzte derselben ist nach dem, was über $\{s, z\}$ bereits ausgeführt wurde, in der Umgebung von $z = a_1$ eindeutig und daher eine Potenzreihe in $z - a_1$ mit lauter nichtnegativen ganzen Exponenten.

Analog auch bei den anderen Stellen, so daß in

$$\{s, z\} = 2p_2$$

die Funktion p_2 überall außer an den Stellen a_1, a_2, a_3 regulär ist, während sie bei $z = \infty$ eine Nullstelle besitzt. Sie ist daher eine rationale Funktion. Sie muß nach allem die in (7.5.6) angegebene Gestalt haben, mit passenden $\alpha_1, \alpha_2, \alpha_3$ und passendem B. Man kann die Werte $\alpha_1, \alpha_2, \alpha_3$

angeben. Nach § 7.**5.** verhält sich nämlich der Quotient zweier linear unabhängiger Lösungen von (7.5.6) bei $z = a_1$ wie

$$a\frac{(z-a_1)^{\frac{1+\alpha_1}{2}}\,(1+\text{reguläre Funktion})}{(z-a_1)^{\frac{1-\alpha_1}{2}}\,(1+\text{reguläre Funktion})} = a\,(z-a_1)^{\alpha_1}\,(1+\text{reguläre Funktion}).$$

Hier sind Funktionen gemeint, die in der Umgebung von $z = a_1$ regulär sind und die für $z = a_1$ verschwinden. Also hat man $\alpha_1 = 1/n_1$ zu nehmen. Analog an den anderen singulären Stellen. Es sind daher die $\alpha_1, \alpha_2, \alpha_3, \alpha_4$ durch die Uniformisierungsaufgabe ohne weiteres gegeben. Frei bleibt der akzessorische Parameter B, der auf genau eine Weise so gewählt werden kann, daß der Quotient zweier linear unabhängigen Lösungen von (7.5.6) die Uniformisierungsaufgabe löst. Auf genau eine Weise deshalb, weil die Uniformisierungsaufgabe abgesehen von linearen Transformationen nur eine Lösung besitzt. Bei linearen Transformationen von s bleibt aber $\{s, z\}$ invariant, und daher ist p_2 für alle Lösungen der Aufgabe das gleiche. Wir haben also den **Satz:** *Man kann in* (7.5.6) *mit* $\alpha_k = 1/n_k$ *den akzessorischen Parameter B auf genau eine Weise so wählen, daß der Quotient zweier Lösungen von* (7.5.6) *die gestellte Uniformisierungsaufgabe löst, d. h. daß alle* n_k*-blättrig bei* a_k, n_∞*-blättrig bei* $z=\infty$ *verzweigten sonst überall regulären Funktionen eindeutige in* $|s|<1$ *reguläre Funktionen des Quotienten* $s(z)$ *zweier linear unabhängigen Lösungen dieser Differentialgleichung* (7.5.6) *sind.*

2. Ein Satz von PLEMELJ. Mindestens seit HENRI POINCARÉS Méthodes nouvelles de mécanique céleste (1892) weiß man, daß die Lösungen gewöhnlicher linearer Differentialgleichungen ganze analytische Funktionen solcher Parameter sind, von denen ihre Koeffizienten ganze analytische Funktionen sind[1]. JOSEF PLEMELJ hat diesen Satz 2 im Jahre 1923 (Akad. Zagreb Bd. 228) durch eine wichtige Bemerkung über das Wachstum dieser ganzen Funktionen ergänzt. Insbesondere hat PLEMELJ 1938 (Mh. Math. Phys. Bd. 43) den folgenden **Satz 1** gefunden:

Jede Lösung der Differentialgleichung (7.5.6) *mit festen Anfangsbedingungen ist eine ganze transzendente Funktion des akzessorischen Parameters B* (*sowie auch einer jeden der Größen* $\alpha_1^2, \alpha_2^2, \alpha_3^2, \alpha_4^2$), *deren Ordnung höchstens* $\frac{1}{2}$ *ist. Hat man weiter ein Fundamentalsystem, dessen Anfangsbedingungen vom akzessorischen Parameter unabhängig sind, so sind die Koeffizienten seiner Umlaufsubstitutionen ebenfalls ganze Funktionen des akzessorischen Parameters, deren Wachstumsordnung* $\frac{1}{2}$ *nicht übersteigt.*

---

[1] Vgl. § 1.**5.**

Dieser Satz 1 ergibt sich aus dem folgenden wesentlich allgemeineren **Satz 2.** *In der Differentialgleichung*

$$w'' = p(z, \lambda)\, w \tag{10.2.1}$$

sei $p(z, \lambda)$ eine in einem Gebiet der z-Ebene eindeutige und bis auf endlich viele isolierte singuläre Stellen reguläre analytische Funktion von z und eine ganze lineare Funktion eines Parameters λ. Dann ist die durch die Anfangsbedingungen

$$w(z_0) = w_0, \quad w'(z_0) = w_0', \quad w_0, w_0' \text{ von } \lambda \textit{ unabhängig}, \tag{10.2.2}$$

festgelegte Lösung von (10.2.1) *eine ganze transzendente Funktion von λ, deren Ordnung höchstens $\frac{1}{2}$ ist*[1].

Ich beweise erst Satz 2 und zeige dann, wie Satz 1 daraus folgt. Der Beweis von Satz 2 beruht auf einer Konstruktion der Lösung durch das Verfahren der sukzessiven Approximationen. Man setze

$$l_0(z) = w_0 + w_0'(z - z_0). \tag{10.2.3}$$

Dann folgt aus (10.2.1) für die durch (10.2.2) festgelegte Lösung die Integralgleichung

$$w(z) = l_0(z) + \int_{z_0}^{z} (z - \mathfrak{z})\, p(\mathfrak{z}, \lambda)\, w(\mathfrak{z})\, d\mathfrak{z}. \tag{10.2.4}$$

Durch sukzessives Einsetzen dieses Integralausdruckes von $w(z)$ unter dem Integralzeichen wird man auf eine unendliche Reihe geführt:

$$w(z) = l_0(z) + l_1(z) + \cdots + l_n(z) + \cdots \tag{10.2.5}$$

mit

$$\left.\begin{aligned} l_1(z) &= \int_{z_0}^{z} (z - \mathfrak{z})\, p(\mathfrak{z}, \lambda)\, l_0(\mathfrak{z})\, d\mathfrak{z}, \ldots, \\ l_n(z) &= \int_{z_0}^{z} (z - \mathfrak{z})\, p(\mathfrak{z}, \lambda)\, l_{n-1}(\mathfrak{z})\, d\mathfrak{z}, \ldots . \end{aligned}\right\} \tag{10.2.6}$$

Daß die Reihe formal der Differentialgleichung genügt, und die Anfangsbedingung (10.2.2) erfüllt, sieht man unmittelbar. Denn es ist

$$l_1''(z) = l_0(z)\, p(z, \lambda), \ldots, \quad l_n''(z) = l_{n-1}(z)\, p(z, \lambda), \ldots .$$

Die gleichmäßige Konvergenz der Reihe (10.2.5) längs einem beliebigen, keinen singulären Punkt von $p(z, \lambda)$ treffenden Integrationsweg ergibt sich wie folgt. Es seien die Zahlen L_0, P, R so gewählt, daß in einem den Integrationsweg enthaltenden Gebiet B und für $|\lambda| \leqq R$ die Abschätzungen

$$|l_0(z)| \leqq L_0, \quad |p(z, \lambda)| \leqq P$$

---

[1] Übrigens bleibt die Behauptung des Satzes auch richtig, wenn man betreffs z nur die Stetigkeit von $p(z, \lambda)$ längs des weiterhin benutzten Integrationsweges z. B. der reellen Achse voraussetzt. Das zeigt eine geringfügige Änderung des nun folgenden Beweises.

gelten. Es sei

$$\sigma = \int_{z_0}^{z} |d\mathfrak{z}|$$

die Bogenlänge des Integrationsweges. Dann wird

$$|l_1(z)| \leqq P L_0 \int_0^{\sigma} (\sigma - \sigma_1)\, d\sigma_1 = L_1 = P L_0 \frac{\sigma^2}{2}$$

$$\vdots$$

$$|l_n(z)| \leqq P \int_0^{\sigma} (\sigma - \sigma_1)\, L_{n-1}\, d\sigma_1 = L_n = P^n L_0 \frac{\sigma^{2n}}{(2n)!}.$$

. . . .

Diese Abschätzungen sichern bereits die gleichmäßige Konvergenz der Reihe und lehren, daß sie für alle z aus B eine ganze Funktion von λ darstellt. Man bemerkt aber weiter, daß man die leichte Berechnung der Integrale sparen kann, wenn man folgendes beachtet: Auf die majorante Reihe

$$L_0 + L_1 + \cdots + L_n + \cdots$$

wird man geführt, wenn man die Differentialgleichung

$$\frac{d^2 W}{d\sigma^2} = P W$$

mit der Anfangsbedingung

$$W(0) = L_0, \qquad W'(0) = 0$$

integriert. Ihr durch diese Anfangsbedingung festgelegtes Integral ist aber

$$W = \frac{L_0}{2}\left(e^{\sqrt{P}\sigma} + e^{-\sqrt{P}\sigma}\right).$$

Daraus ergibt sich für w die Abschätzung

$$|w(z)| < L_0\, e^{\sqrt{P}\sigma}. \tag{10.2.7}$$

Und dieses ergibt die Behauptung von Satz 2. Denn ist

$$p(z, \lambda) = a(z)\,\lambda + b(z),$$

so gibt es eine Zahl $\mu > 0$, so daß in ganz B für große $|\lambda|$ die Abschätzung

$$|p(z, \lambda)| \leqq \mu^2 |\lambda|$$

gilt. Und daher ist

$$|w(z)| < L_0\, e^{\mu \sqrt{|\lambda|}\,\sigma} \tag{10.2.8}$$

mit passender Zahl $\mu > 0$ für alle großen $|\lambda|$ für jedes z in B, das mit z_0 durch einen Integrationsweg der Länge σ sich verbinden läßt.

Damit ist erkannt, daß $w(z)$ eine ganze Funktion von λ ist, deren Wachstumsordnung $\frac{1}{2}$ nicht übersteigt. Setzt man in (10.2.1) $p(z, \lambda) := \lambda$, so sieht man, daß die Abschätzung (10.2.7) durch den Normaltypus der Ordnung $\frac{1}{2}$ die bestmögliche ist.

Es bleibt noch zu zeigen, daß es sich um eine *transzendente* Funktion handelt, wie Satz 2 behauptet. Angenommen, es sei

$$w(z) = a_0(z)\,\lambda^n + a_1(z)\,\lambda^{n-1} + \cdots + a_n(z) \tag{10.2.9}$$

eine in λ ganze rationale Lösung von (10.2.1), das ist hier von

$$w'' = [a(z)\,\lambda + b(z)]\,w. \tag{10.2.10}$$

Dann sieht man beim Einsetzen von (10.2.9) in (10.2.10), daß rechts ein Glied $n+1$-ter Ordnung in λ auftritt, das keinen Partner linker Hand hat.

Aus Satz 2 ergibt sich Satz 1 hinsichtlich seiner Behauptung über die Lösungen von (7.5.6) als Funktionen des akzessorischen Parameters B bzw. eines jeden der α_k^2 unmittelbar. Um auch die auf die Umlaufsubstitutionen bezügliche Behauptung von Satz 1 zu beweisen, wende man Satz 2 auf zwei ein Fundamentalsystem bildende Lösungen an und wähle als Integrationsweg eine in z_0 beginnende *geschlossene* Kurve. Das Fundamentalsystem lege man durch die Anfangsbedingungen

$$\left.\begin{aligned} w_1(z_0) &= 1, \quad & w_1'(z_0) &= 0 \\ w_2(z_0) &= 0, \quad & w_2'(z_0) &= 1 \end{aligned}\right\} \tag{10.2.11}$$

fest. Dann bilden die durch Integration längs des geschlossenen Weges erhaltenen Werte

$$\left.\begin{aligned} w_1(z_0), \quad & w_1'(z_0) \\ w_2(z_0), \quad & w_2'(z_0) \end{aligned}\right\} \tag{10.2.12}$$

die Matrix der dem geschlossenen Weg entsprechenden Umlaufsubstitution. Daher sind die Elemente dieser Umlaufsubstitutionsmatrix jedenfalls ganze Funktionen einer $\frac{1}{2}$ nicht übersteigenden Wachstumsordnung des akzessorischen Parameters.

Nun betrachte man irgendein Fundamentalsystem von (7.5.6), das durch Anfangsbedingungen festgelegt sei, welche vom akzessorischen Paramater unabhängig sind. Da dieses aus dem durch (10.2.11) bestimmten durch eine lineare Transformation hervorgeht, die vom akzessorischen Parameter unabhängig ist, so gilt auch für dieses die Aussage von Satz 1. Sie bleibt auch richtig für die kanonischen Fundamentalsysteme der singulären Punkte von (7.5.6). Ich zeige das im Anschluß an § 6.**3.** für den Fall, daß die Wurzeln der Fundamentalgleichung (6.3.7) verschieden sind. Diese Wurzeln sind die Multiplikatoren der multiplikativen Lösungen des singulären Punktes und sind daher vom akzessorischen Parameter unabhängig, da die α_j der Tabelle (7.5.5) diese

Eigenschaft haben. Daher haben auch die linearen Gln. (6.3.6) mit deren Hilfe man das kanonische, das ist das aus zwei multiplikativen Lösungen bestehende Fundamentalsystem aus dem anderen ermittelt, dessen Anfangsbedingungen vom akzessorischen Parameter unabhängig sind, Lösungen, die vom akzessorischen Parameter unabhängig sind.

Übrigens haben die Umlaufsubstitutionen aller Fundamentalsysteme von (7.5.6) die Determinante 1. Denn nach (6.1.7) ist die WRONSKIsche Determinante eines jeden Fundamentalsystems wegen Verschwindens des Koeffizienten von w' in (7.5.6) konstant. Insbesondere ist aber die Determinante der Matrix (10.2.12) gleich 1, weil dies Fundamentalsystem durch die Anfangsbedingung (10.2.11) festgelegt ist.

Schließlich sei noch hervorgehoben, daß die Aussagen des Satzes 1 betreffs die Abhängigkeit vom akzessorischen Parameter auch für die Differentialgleichung (7.5.4) richtig sind. Denn ihre Lösungen gehen in die von (7.5.6) nach (7.5.8) durch Multiplikation mit einem Faktor über, der vom akzessorischen Parameter unabhängig ist.

Schließlich noch einige ergänzende Bemerkungen zum Satz 2.

Bei der Herleitung von (10.2.7) wurde kein Gebrauch davon gemacht, daß $p(z, \lambda)$ ganz linear von λ abhängt. (10.2.7) gilt auch dann, wenn z. B. *$p(z, \lambda)$ ein Polynom vom Grad k in λ ist.* (10.2.7) *lehrt dann, daß die Lösung eine ganze Funktion von λ ist, die höchstens dem Normaltypus der Ordnung $k/2$ angehört.*

Weiter ist die Beschränkung der Überlegungen auf Differentialgleichungen (10.2.1) keine Beschränkung der Allgemeinheit. Denn eine jede Differentialgleichung

$$u'' + p_1(z, \lambda)\, u' + p_2(z, \lambda)\, u = 0 \tag{10.2.13}$$

wird durch die schon benutzte Transformation

$$u = w \exp\left(-\tfrac{1}{2}\int p_1\, dz\right)$$

auf

$$w'' + p(z, \lambda)\, w = 0$$

mit

$$p = p_2 - \tfrac{1}{2} p_1' - \tfrac{1}{4} p_1^2$$

umgeformt. Wenn p_1 ein Polynom in λ vom Grad m_1 und p_2 ein Polynom in λ vom Grad m_2 ist, so wird p ein Polynom vom Grad $m \leqq \operatorname{Max}(m_2, 2m_1)$. Da $\exp\left(-\tfrac{1}{2}\int p_1\, dz\right)$ bekanntlich höchstens dem Normaltypus der Ordnung m_1 angehört, so lehrt PLEMELJs Abschätzung (10.2.7), daß jede Lösung von (10.2.13) höchstens dem Normaltypus der Ordnung $\varrho = \operatorname{Max}\left(\frac{m_2}{2}, m_1\right)$ angehört. Dabei ist stets an Lösungen mit von λ unabhängiger Anfangsbedingung gedacht.

F. W. SCHAEFKE hat 1949 in Math. Nachr. Bd. 3 das Ergebnis von PLEMELJ auf Differentialgleichungen n-ter Ordnung ausgedehnt. Sein

Ergebnis ist **Satz 3.** *In*

$$w^{(n)} = p_1(z,\lambda)\, w^{(n-1)} + \cdots + p_n(z,\lambda)\, w \equiv D\big(w(z), z\big) \qquad (10.2.14)$$

seien die $p_j(z,\lambda)$ *Polynome in* λ, *deren Koeffizienten in einem Gebiet G der z-Ebene eindeutig und holomorph sind.* n_k *sei die höchste Ableitungsordnung, in deren Koeffizient* λ^k *eingeht. Die Lösungen von* (10.2.14) *sind bei von* λ *unabhängiger Anfangsbedingung ganze Funktionen von* λ, *deren Wachstumsordnung höchstens dem Normaltypus der Ordnung*

$$\varrho = \operatorname{Max}\left(\frac{k}{n - n_k}\right)$$

angehört.

SCHAEFKE bedient sich beim Beweis einer Abwandlung des Ansatzes von PLEMELJ, deren Durchführung eingehende Abschätzungen erfordert. Solche sind indessen entbehrlich, wenn man zum Beweis von Satz 3 bei dem Ansatz von PLEMELJ bleibt. Setzt man

$$l_0(z) = w_0 + w_0'(z - z_0) + \cdots + w_0^{(n-1)} \frac{(z - z_0)^{n-1}}{(n-1)!}, \qquad (10.2.15)$$

so kann die Lösung von (10.2.14) mit der von λ unabhängigen Anfangsbedingung

$$w(z_0) = w_0, \quad w'(z_0) = w_0', \ldots, w^{(n-1)}(z_0) = w_0^{(n-1)}$$

auf Grund der Taylorschen Formel so geschrieben werden:

$$w(z) = l_0(z) + \int_{z_0}^{z} \frac{(z - \mathfrak{z})^{n-1}}{(n-1)!}\, w^{(n)}(\mathfrak{z})\, d\mathfrak{z}.$$

Ersetzt man hier $w^{(n)}(\mathfrak{z})$ durch den aus der Differentialgleichung (10.2.14) ersichtlichen Differentialausdruck $D\big(w(\mathfrak{z}), \mathfrak{z}\big)$, so erhält man die genaue Verallgemeinerung von PLEMELJs Formel (10.2.4), nämlich

$$w(z) = l_0(z) + \int_{z_0}^{z} \frac{(z - \mathfrak{z})^{n-1}}{(n-1)!}\, D\big(w(\mathfrak{z}), \mathfrak{z}\big)\, d\mathfrak{z}. \qquad (10.2.16)$$

Man benutzt sie, um genau wie PLEMELJ im Zuge der Methode der sukzessiven Approximationen aus der ersten Näherung $l_0(z)$ weitere Näherungen durch die Rekursion

$$l_\mu(z) = \int_{z_0}^{z} \frac{(z - \mathfrak{z})^{n-1}}{(n-1)!}\, D\big(l_{\mu-1}(\mathfrak{z}), \mathfrak{z}\big)\, d\mathfrak{z}, \qquad \mu = 1, 2, \ldots \qquad (10.2.17)$$

zu erhalten. Dann ist

$$w(z) = l_0(z) + l_1(z) + \cdots + \qquad (10.2.18)$$

die Lösung von (10.2.14) mit der gewünschten Anfangsbedingung. Die Konvergenz ist durch die Ausführungen von § 1 zur Methode der sukzessiven Approximationen gesichert[1]. Die Abschätzung für große $|\lambda|$ gewinnt man nach PLEMELJ durch Vergleich mit einer bekannten Lösung einer majoranten Differentialgleichung. Es sei

$$|p_j(z, \lambda)| \leqq P_j(|\lambda|), \quad j = 1, 2, \ldots, n.$$

Hier sind die P_j Polynome in λ mit konstanten positiven Koeffizienten, deren Grad jeweils mit dem von p_j übereinstimmt. Ferner seien die Integrale in (10.2.16) und (10.2.17) längs eines in G verlaufenden Weges mit der Bogenlänge

$$\sigma = \int_{z_0}^{z} |dt|$$

erstreckt. Man hat dann

$$|z - z_0| \leqq \sigma, \quad |z - \mathfrak{z}| \leqq \sigma - \sigma_1 \quad \text{mit} \quad \sigma_1 = \int_{z_0}^{\mathfrak{z}} |dt|.$$

Endlich sei

$$|l_0(z)| \leqq |w_0| + |w_0'|\, \sigma + \cdots + |w_0^{(n-1)}| \frac{\sigma^{n-1}}{(n-1)!} = L_0(\sigma)$$

gesetzt. Dann ist auch

$$|l_0^{(\nu)}(z)| \leqq L_0^{(\nu)}(\sigma), \quad \nu = 1, 2, \ldots, n-1.$$

Nun werden die $L_\mu(\sigma)$ durch die sich bei der majoranten Differentialgleichung

$$\frac{d^n W}{d\sigma^n} = P_1(|\lambda|)\, W^{(n-1)} + \cdots + P_n(|\lambda|)\, W = D_1(W(\sigma), \sigma) \quad (10.2.18)$$

ergebenden (10.2.17) entsprechenden Rekursionen erklärt:

$$L_\mu(\sigma) = \int_0^{\sigma} \frac{(\sigma - \sigma_1)^{n-1}}{(n-1)!} D_1(L_{\mu-1}(\sigma_1), \sigma_1)\, d\sigma_1, \quad \mu = 1, 2, \ldots.$$

Dann ist

$$W(\sigma) = L_0(\sigma) + L_1(\sigma) + \cdots$$

Lösung der majoranten Differentialgleichung (10.2.18) mit den hinsichtlich σ konstanten Koeffizienten P_j. Es gilt

$$|w(z)| \leqq W(\sigma).$$

Die Lösung von (10.2.18) ist nun in bekannter Weise aus Exponentialausdrücken aufgebaut, die für das Wachstum der Lösung für große $|\lambda|$ maßgebend sind. Die Exponenten der Differentialausdrücke ergeben sich aus der charakteristischen Gleichung

$$x^n = P_1 x^{n-1} + \cdots + P_n$$

als Funktionen von λ. Es interessiert ihr Verhalten, insbesondere ihr Maximum, für große $|\lambda|$. Darüber erhält man unmittelbaren Aufschluß,

[1] Man vergleiche übrigens auch die Ausführungen beim Beweis des hernach folgenden Satzes 4.

wenn man sich an das aus der elementaren Theorie der algebraischen Funktionen bekannte NEWTONsche Diagramm[1] erinnert. Man wird darauf geführt, wenn man die Zweige der algebraischen Funktionen $x(\lambda)$ in der Umgebung von $\lambda = \infty$ nach — gebrochenen — Potenzen von λ zu entwickeln sucht. Daraus ergibt sich mühelos die Aussage von Satz 3.

Einen weiteren, dem von Satz 5 nachgebildeten Beweis gibt F. W. SCHAEFKE in: J. MEIXNER und F. W. SCHAEFKE, Mathieusche Funktionen und Sphäroidfunktionen, Berlin 1954.

Es bereitet auch keine Schwierigkeit, das Ergebnis von PLEMELJ auf Systeme linearer Differentialgleichungen zu verallgemeinern.

Satz 4. *In*

$$\frac{d\mathfrak{w}}{dz} = \mathfrak{p}(z, \lambda)\, \mathfrak{w} \tag{10.2.19}$$

sei die (n, n)*-Matrix* $\mathfrak{p}(z, \lambda)$ *ein Polynom von* λ, *dessen Koeffizienten in einem Gebiet der z-Ebene eindeutig und holomorph sind. k sei der Grad von* $\mathfrak{p}(z, \lambda)$ *als Polynom von* λ. *Dann gehören sämtliche Lösungen von* (10.2.19) *bei von* λ *unabhängiger Anfangsbedingung höchstens dem Normaltypus der Ordnung k an.*

Wie das Beispiel

$$\frac{d\mathfrak{w}}{dz} = \lambda^k\, \mathfrak{w} \tag{10.2.20}$$

mit dem allgemeinen Integral

$$\mathfrak{w} = \exp(\lambda^k z)\, \mathfrak{w}_0 \tag{10.2.21}$$

lehrt, kann die im Satz 4 genannte Abschätzung der Wachstumsordnung nicht verbessert werden. Daß bei Differentialgleichungen zweiter und höherer Ordnung bessere Abschätzungen möglich sind, beruht auf der besonderen Natur derselben.

Der Beweis von Satz 4 wird nach der beim Beweis von Satz 2 benutzten Methode von PLEMELJ geführt. Für die Lösung von (10.2.19) mit der Anfangsbedingung $\mathfrak{w}(z_0) = \mathfrak{w}_0$ hat man analog zu (10.2.4)

$$\mathfrak{w}(z) = \mathfrak{w}_0 + \int_{z_0}^{z} \mathfrak{p}(\mathfrak{z}, \lambda)\, \mathfrak{w}(\mathfrak{z})\, d\mathfrak{z}. \tag{10.2.22}$$

Dann bilde man die Glieder der unendlichen Reihe

$$\mathfrak{w} = \mathfrak{w}_0 + \mathfrak{w}_1 + \cdots \tag{10.2.23}$$

nach der Rekursion

$$\mathfrak{w}_\mu(z) = \int_{z_0}^{z} \mathfrak{p}(\mathfrak{z}, \lambda)\, \mathfrak{w}_{\mu-1}(\mathfrak{z})\, d\mathfrak{z}, \qquad \mu = 1, 2, \ldots. \tag{10.2.24}$$

---

[1] Vgl. z. B. W. BURAU, Algebraische Kurven und Flächen, Bd. I, Berlin 1962, S. 114ff. Vgl. auch § 4.7.

(10.2.23) ist dann die Lösung von (10.2.19) mit der angenommenen von λ unabhängigen Anfangsbedingung $\mathfrak{w}(z_0) = \mathfrak{w}_0$. Wenn die Konvergenz auch durch die Ausführungen von § 1 zur Methode der sukzessiven Approximationen gesichert ist, so sei doch zum Überfluß noch ein Beweis angegeben, aus dem sich auch zugleich die Abschätzung des Wachstums für große $|\lambda|$ ergibt. Man schätze wie in § 6.**8.** und § 6.**11.** ab:

$$|\mathfrak{p}(z, \lambda)| \leqq P\mathfrak{J}, \quad |\mathfrak{w}_0| \leqq \alpha\,\mathfrak{i}.$$

Hier bezeichnet wieder $\mathfrak{J}$ die (n, n)-Matrix aus lauter Einsen, $\mathfrak{i}$ die $(n, 1)$-Matrix aus lauter Einsen, P ein skalares Polynom von $|\lambda|$ vom Grad k und mit positiven Koeffizienten, α eine positive Zahl. Dann hat man

$$|\mathfrak{w}_\mu(z)| \leqq P^\mu n^\mu \frac{\sigma^\mu}{\mu!} \alpha\,\mathfrak{i},$$

wie man durch vollständige Induktion beweist. σ ist wieder die Bogenlänge des in G gelegenen Integrationsweges in den Rekursionen (10.2.24). Daraus folgt die Konvergenz, aber auch die Abschätzung

$$|\mathfrak{w}(z)| \leqq \alpha \exp(P\, n\, \sigma)\, \mathfrak{i}$$

und damit der Beweis für die Aussage von Satz 4.

Wie die Sätze 2 und 3 zeigen, gibt es spezielle Systeme, nämlich die Differentialgleichungen zweiter und höherer Ordnung, bei welchen von sämtlichen Lösungen die in Satz 4 ausgewiesene Höchstordnung des Wachstums in λ unterschritten wird. Dieser Umstand legt die Frage nahe, ob es Unterklassen der Differentialgleichungen zweiter und höherer Ordnung gibt, bei welchen **sämtliche** Lösungen eine schwächere Wachstumsordnung in λ besitzen, als die in den Sätzen 2 und 3 angegebenen Höchstordnungen. Bei Differentialgleichungen mit hinsichtlich z konstanten Koeffizienten ist dies nicht der Fall. Das lehrt der Zusammenhang mit dem Newtonschen Diagramm. Im übrigen scheint die aufgeworfene Frage noch keine Behandlung gefunden zu haben.

F. W. Schaefke hat 1951 (Math. Nachr. Bd. 6) mit bewährtem analytischem Geschick seinen Satz 3 auf Lösungen von Differentialgleichungen n-ter Ordnung ausgedehnt, welche durch ihr Verhalten an einer Stelle der Bestimmtheit festgelegt sind (statt der vom Parameter unabhängigen Anfangsbedingung an einer regulären Stelle).

Satz 5 (Schaefke). *Die Behauptung des Satzes 3 gilt auch für multiplikative Lösungen*

$$w(z) = (z-a)^r \sum_0^\infty c_\nu (z-a)^\nu, \qquad c_0 = 1$$

an einer Stelle der Bestimmtheit $z = a$, falls die determinierende Gleichung der Stelle $z = a$ vom Parameter λ unabhängig ist und keine Wurzel aufweist, die um eine natürliche Zahl größer ist als r.

Der Beweis ergibt sich aus der Abschätzung (6.11.26). Dort sind β, γ, δ von λ unabhängig, und es ist

$$M = (\mu|\lambda|)^{\varrho}, \qquad \varrho = \operatorname{Max} \frac{k}{n - n_k}$$

zu nehmen, wenn $\mu > 0$ eine passende von λ unabhängige Zahl ist, um (6.11.19) zu erfüllen.

Ich schließe noch folgenden Satz 6. an.

Satz 6. *Das System* (10.2.19) *habe bei* $z = 0$ *eine Stelle der Bestimmtheit in Normalform:*

$$\mathfrak{p}(z, \lambda) = \frac{\mathfrak{p}_{-1}}{z} + \sum_{0}^{\infty} \mathfrak{p}_{\nu}(\lambda)\, z^{\nu}.$$

Es sei $\mathfrak{p}_{-1}$ *von* λ *unabhängig. Die* $\mathfrak{p}_{\nu}$ *seien Polynome in* λ *von höchstens* k*-tem Grad und* $\sum_{1}^{\infty} \mathfrak{p}_{\nu} z^{\nu}$ *in* $|z| < r$ *holomorph.* r *sei von* λ *unabhängig.* $\mathfrak{p}_{-1}$ *habe kein Paar von Eigenwerten mit ganzrationalzahliger Differenz. Dann sind die sämtlichen in* (6.11.2) *angegebenen Lösungen mit von* λ *unabhängigem* $\mathfrak{L}_0$ *ganze Funktionen von* λ*, deren Wachstum den Normaltypus der Ordnung* k *nicht übertrifft.*

Der Beweis ergibt sich aus den Betrachtungen von § 6.**11.** insbesondere aus der Formel (6.11.14).

Auch für allgemeinere von λ unabhängige $\mathfrak{p}_{-1}$ kann man im Zug der Ausführungen von § 6.**11.** zu einem dem Satz 6 entsprechenden Ergebnis gelangen, wenn man noch weitere Koeffizienten $\mathfrak{p}_{\nu}$ von λ unabhängig annimmt. Es genügt aber, diese Annahme für $\mathfrak{p}_0, \ldots, \mathfrak{p}_{n-2}$ zu machen, um schließen zu können, daß die Lösungen (6.11.2) bei von λ unabhängigem $\mathfrak{L}_0$ ganze Funktionen von λ sind, deren Wachstum in λ höchstens dem Normaltypus der Ordnung k angehört, wenn die $\mathfrak{p}_{\nu}$ Polynome in λ sind, deren Grad k oder kleiner als k ist. Eine entsprechende Bemerkung gilt auch zu Satz 5.

3. Randwertaufgaben. Stellt man sich die Aufgabe, eine Lösung von (10.2.10) so zu bestimmen, daß ihre Werte und die Werte ihrer Ableitung in zwei regulären Punkten z_0 und z_1 gewissen Bedingungen genügen, so hat man bekanntlich eine Randwertaufgabe vor sich, deren Lösung im allgemeinen nur möglich ist, wenn der akzessorische Parameter λ gewissen Bedingungen genügt. Als konkrete Aufgabe behandele ich die: Es sollen

$$w(z_0), \qquad w'(z_0), \qquad w(z_1), \qquad z_0 \neq z_1,$$

gegebene Werte haben. Zu dem Zweck betrachte man diejenige Lösung von (10.2.10), die durch die Bedingungen

$$w(z_0) = w_0, \qquad w'(z) = w_0'$$

als Anfangsbedingung festgelegt ist. Sie existiert für beliebige λ und ist nach § 10.**2.** eine ganze transzendente Funktion von λ, deren Ordnung höchstens $\frac{1}{2}$ ist: $w(z, \lambda)$. Die Forderung

$$w(z_1, \lambda) = w_1 \tag{10.3.1}$$

bedeutet eine Gleichung für λ. Die linke Seite ist eine ganze Funktion von λ, deren Wachstumsordnung $\frac{1}{2}$ nicht übersteigt. Da sie transzendent ist, so hat (10.3.1) unendlich viele (komplexe) Lösungen. Die Wurzeln λ_k von (10.3.1) heißen die Eigenwerte der Randwertaufgabe, und die zugehörigen Lösungen der Differentialgleichung heißen die Eigenfunktionen der Randwertaufgabe. Ist w_1, w_2 ein Fundamentalsystem von (10.2.10), so kann die eben behandelte Aufgabe auch dahin beschrieben werden, daß α, β, λ so bestimmt werden sollen, daß die drei Gleichungen

$$\left.\begin{aligned} \alpha\, w_1(z_0, \lambda) + \beta\, w_2(z_0, \lambda) &= w_0 \\ \alpha\, w_1(z_1, \lambda) + \beta\, w_2(z_1, \lambda) &= w_1 \\ \alpha\, w_1'(z_0, \lambda) + \beta\, w_2'(z_0, \lambda) &= w_0' \end{aligned}\right\} \tag{10.3.2}$$

erfüllt sind.

Bekannter ist die folgende Randwertaufgabe: Bei gegebenem λ sollen α und β so bestimmt werden, daß die beiden ersten dieser drei Gleichungen (10.3.2) erfüllt sind. Dies geht immer dann, wenn λ nicht eine Wurzel von

$$w_1(z_0, \lambda)\, w_2(z_1, \lambda) - w_1(z_1, \lambda)\, w_2(z_0, \lambda) = 0 \tag{10.3.3}$$

ist. Jetzt genügen die Ausnahmewerte einer im allgemeinen transzendenten Gl. (12.3.3).

Ein wichtiger Sonderfall ist die homogene *erste Randwertaufgabe* für (10.2.10), die

$$w(z_0) = 0, \qquad w(z_1) = 0, \qquad w(z) \not\equiv 0$$

fordert. Man löst sie durch Bezugnahme auf (10.3.3) oder auch, indem man bei variablem λ diejenige Lösung betrachtet, für die

$$w(z_0) = 0, \qquad w'(z_0) = 1$$

ist. Die Forderung $w(z_1, \lambda) = 0$ legt dann die Eigenwerte fest, d. h. diejenigen Werte von λ, für die die Aufgabe lösbar ist. Man beweist in üblicher Weise, daß die Eigenfunktionen zueinander orthogonal sind. Sind nämlich $\lambda_1, \lambda_2, \lambda_1 \neq \lambda_2$ zwei Eigenwerte und $w_1(z)$, $w_2(z)$ zugehörige Eigenfunktionen, so gilt

$$\begin{aligned} w_1'' - b\, w_1 &= a\, \lambda_1\, w_1 \\ w_2'' - b\, w_2 &= a\, \lambda_2\, w_2 . \end{aligned}$$

Daraus ergibt sich weiter bei Benützung irgendeines Integrationsweges, der keinen singulären Punkt trifft, und für den die Randbedingungen erfüllt sind

$$\lambda_1 \int_{z_0}^{z_1} a\, w_1\, w_2\, dz = \int_{z_0}^{z_1} (w_1'' - b\, w_1)\, w_2\, dz = \int_{z_0}^{z_1} w_1''\, w_2\, dz - \int_{z_0}^{z_1} b\, w_1\, w_2\, dz$$

$$= -\int_{z_0}^{z_1} w_1'\, w_2'\, dz - \int_{z_0}^{z_1} b\, w_1\, w_2\, dz = \int_{z_0}^{z_1} w_1\, w_2''\, dz - \int_{z_0}^{z_1} b\, w_1\, w_2\, dz$$

$$= \int_{z_0}^{z_1} w_1 (b\, w_2 + a\, \lambda_2\, w_2)\, dz - \int_{z_0}^{z_1} b\, w_1\, w_2\, dz = \lambda_2 \int_{z_0}^{z_1} a\, w_1\, w_2\, dz.$$

Wegen $\lambda_1 \neq \lambda_2$ ist daher

$$\int_{z_0}^{z_1} a\, w_1\, w_2\, dz = 0$$

für irgendzwei zu verschiedenen Eigenwerten gehörige Eigenfunktionen. Sind insbesondere $a(z)$ und $b(z)$ für reelle z reell, ist (z_0, z_1) ein reelles Intervall, in dem kein singulärer Punkt liegt, so ergibt sich noch die Realität der Eigenwerte, wenn man noch geeignete Zusatzannahmen über $a(z)$ macht, wie z. B. die, daß $a(z) \geqq 0$, $a(z) \not\equiv 0$ ist in (z_0, z_1). Denn wäre λ_1 ein komplexer Eigenwert, der nicht reell ist, und w_1 die zugehörige Eigenfunktion, so wäre auch die konjugiert imaginäre Zahl $\lambda_2 = \overline{\lambda}_1$ ein Eigenwert und eine zugehörige Eigenfunktion wäre $w_2 = \overline{w}_1$. Dann würde aber aus

$$\int_{z_0}^{z_1} a\, w_1\, \overline{w}_1\, dz = 0, \qquad a(z) \geqq 0, \qquad |a(z)| \not\equiv 0$$

folgen, daß $w_1 \equiv 0$ ist[1].

In der Theorie der ersten Randwertaufgabe im Reellen zeigt man weiter, daß die verschiedenen Eigenfunktionen durch die Anzahl der Nullstellen charakterisiert werden können, welche sie in dem Intervall (z_0, z_1) besitzen (Oszillationstheorem). Dies und der Zusammenhang mit der Theorie der Integralgleichungen wird in den der Theorie der Differentialgleichungen im reellen Gebiet gewidmeten Büchern ausführlich behandelt, und soll daher hier nicht verfolgt werden[2]. Es lag mir nur daran, aufzuweisen, wie auch die Theorie der Randwertaufgaben ein Beitrag zu der Frage ist, wie die akzessorischen Parameter durch zusätzliche Forderungen an die Lösung festgelegt werden können. Auch lag mir daran, zu zeigen, inwieweit funktionentheoretische Methoden die Existenz der Eigenwerte erkennen lassen. Natürlich bezieht sich das über Randwertaufgaben Gesagte nicht nur auf Differentialgleichungen

---

[1] Für die e Schlüsse kommt man mit der Stetigkeit von $a(z)$ und $b(z)$ statt der sonst immer vorausgesetzten Analytizität aus.

[2] Vgl. z. B. mein als Bd. 83 dieser gelben Sammlung erschienenes Buch.

der FUCHSschen Klasse mit vier singulären Punkten und einem akzessorischen Parameter. Es mag noch darauf hingewiesen werden, daß auch die in § 10.**2.** erwähnten Arbeiten von F. W. SCHAEFKE hierher gehören; einiges Weitere über Randwertaufgaben bringt § 12.**7.**

4. Obertheoreme. Zu einer Verallgemeinerung des in § 10.**1.** Dargelegten gelangt man, wenn man lediglich verlangt, daß die Monodromiegruppe von $s(z)$ einen Kreis festlassen soll, dabei aber auf die Forderung verzichtet, daß $s(z)$ eine schlichte Abbildung (Uniformisierung) liefert. Sätze, die die Existenz derartiger Funktionen behaupten, nennt man nach FELIX KLEIN Obertheoreme des Uniformisierungssatzes, der dabei selbst als Grundtheorem der Satzgruppe gilt. In einer Satzgruppe faßt man dabei die Lösungen solcher Differentialgleichungen (7.5.6) bzw. (7.5.4) zusammen, die gleiche a_k und gleiche α_k^2 bzw. gleiche α, β, γ haben, sich also nur im Wert des akzessorischen Parameters unterscheiden.

EMIL HILB hat sich mit diesen KLEINschen Problemen in zwei Arbeiten in Math. Ann. 66 und 68 (1908/09) eingehend befaßt. Er bedient sich dabei der KLEINschen Anregung entsprechend geometrischer Methoden. Diese hängen teils mit dem Oszillationstheorem des Reellen zusammen, teils beruhen sie auf der Deutung der Monodromiegruppe als Gruppe projektiver Abbildungen einer Kugel in sich. Die Forderung, daß die Gruppe einen Kreis festlassen soll, spricht sich dann in Eigenschaften der Drehachsen und der Drehwinkel der die Gruppe erzeugenden projektiven Transformationen aus. Ich will ein von HILB durchgeführtes Beispiel angeben. Man wähle für (7.5.4) als Tabelle (7.5.1) die folgende

a_1	a_2	a_3	∞
0	0	0	0
$\frac{1}{2}$	$\frac{1}{2}$	$\frac{1}{2}$	$\frac{1}{2}$

betrachte also die spezielle LAMÉsche Differentialgleichung

$$w'' + \frac{1}{2}\left(\frac{1}{z-a_1} + \frac{1}{z-a_2} + \frac{1}{z-a_3}\right)w' + \frac{B\,w}{(z-a_1)(z-a_2)(z-a_3)} = 0. \qquad (10.4.1)$$

Sie geht durch die Substitution

$$t = \int \frac{dz}{\sqrt{(z-a_1)(z-a_2)(z-a_3)}} \qquad (10.4.2)$$

in

$$\ddot{w} + B\,w = 0 \qquad (10.4.3)$$

über. Man kann so die Lösungen sozusagen explizite angeben und die Diskussion vollständig durchführen. HILBs Ergebnis kann so ausgesprochen werden: Dafür, daß die Monodromiegruppe von (10.4.1) einen Kreis invariant läßt, ist notwendig und hinreichend, daß der akzessorische Parameter

$$B = \left(\frac{k_1 \pi}{2\omega_1} + \frac{i\,k_2 \pi}{2\omega_2}\right)^2, \quad k_1, k_2 \text{ ganz rational} \tag{10.4.4}$$

ist. Dabei sind $2\omega_1$, $2\omega_2$ die Perioden, des durch (10.4.2) erklärten elliptischen Integrals erster Gattung. Auf die Überlegungen, welche die verschiedenen Werte B mit geometrischen Eigenschaften der durch den Quotienten $s = w_2/w_1$ zweier linear unabhängigen Lösungen von (10.4.1) vermittelten Abbildung in Zusammenhang bringt, kann ich hier nicht eingehen.

J. Plemelj hat in Mh. Math. Phys. Bd. 43 (1936) eine andere Kette von Obertheoremen studiert und daran eine auch für verwandte Probleme aussichtsreiche Methode auseinandergesetzt. Wieder seien in der Differentialgleichung (7.5.6) die α_k^2 gewissen notwendigen Bedingungen entsprechend gegeben. Es soll der akzessorische Parameter B so bestimmt werden, daß der Quotient $s = w_2/w_1$ zweier linear unabhängiger Lösungen von (7.5.6) der folgenden Bedingung genügt: Man verbinde a_1 und a_2 sowie a_3 und ∞ durch je eine einfach geschlossene Kurve derart, daß beide Kurven punktfremd sind. Man verlange, daß s in der so aufgeschnittenen Ebene eindeutig ist. Sind S_1 und S_2 die Matrizen der Umlaufssubstitutionen eines Fundamentalsystems um a_1 und a_2, so ist die Bedingung die, daß $S_1 S_2$ die positive oder negative Einheitsmatrix ist. Diese Bedingung führt nach Plemelj auf eine ganze transzendente Funktion einer Ordnung höchstens $\frac{1}{2}$, deren Nullstelle der akzessorische Parameter sein muß. Eine Lösung des Problems ist natürlich die zugehörige Uniformisierungsaufgabe. Es wird aber auch nach den Obertheoremen gefragt.

Bei seinen Untersuchungen stützt sich Plemelj auf den von ihm eingeführten Begriff der Drehzahl eines geschlossenen Weges. Ist

$$S = \begin{pmatrix} \alpha & \beta \\ \gamma & \delta \end{pmatrix}, \quad \alpha\delta - \beta\gamma = 1$$

die Matrix der diesem Wege entsprechenden Umlaufsubstitution eines Fundamentalsystems (w_1, w_2) und sind $\lambda_1, \lambda_2 = \lambda_1^{-1}$ die Wurzeln der Fundamentalgleichung $\lambda^2 - (\alpha + \delta)\lambda + 1 = 0$

des Weges, dann heißt

$$\frac{1}{i} \log\left(\frac{\lambda_1^{-1}}{\lambda_1}\right),$$

das ist genau der Zuwachs von

$$\frac{1}{i} \log s(z) = \frac{1}{i} \log \frac{w_2}{w_1}$$

auf dem geschlossenen Weg, die Drehzahl des Weges. Die verschiedenen Lösungen des Plemeljschen Problems, das sind die zugehörigen Werte des akzessorischen Parameters, können durch die Werte solcher Drehzahlen gekennzeichnet werden. PLEMELJ hat auch aufgewiesen, wie seine Drehzahl mit den Nullstellenzahlen zusammenhängen, die bei den Oszillationsproblemen im Reellen studiert werden. Ich muß mich mit diesem knappen Hinweis auf ein noch wenig erschlossenes aber vielversprechendes Gebiet begnügen.

PLEMELJs Ansätze, namentlich sein Begriff der Drehzahl eines geschlossenen Weges (in bezug auf die Differentialgleichung) wird sicher auch für die von HILB in Angriff genommenen Probleme nützlich sein. Doch scheint das oben erwähnte HILBsche Beispiel der Vermutung PLEMELJs zu widersprechen, daß die akzessorischen Parameter der Obertheoreme stets als Nullstellen ganzer transzendenter Funktionen der Ordnung höchstens $\frac{1}{2}$ gekennzeichnet werden können. Denn im HILBschen Beispiel liegen sie im allgemeinen überall dicht (und sind alle reell).

5. Die LAMÉsche Differentialgleichung. Auf diese führt die Frage nach den ellipsoidal harmonics in der räumlichen Potentialtheorie. Man fragt dabei nach Polynomen der rechtwinkligen Raumkoordinaten ξ, η, ζ, welche der Potentialgleichung genügen und sucht diese durch elliptische Koordinaten auszudrücken. Dazu führt man in der LAPLACEschen Differentialgleichung durch die Schar konfokaler Mittelpunktsflächen

$$\frac{\xi^2}{\lambda + a^2} + \frac{\eta^2}{\lambda + b^2} + \frac{\zeta^2}{\lambda + c^2} = 1$$

elliptische Koordinaten λ, μ, ν ein und sucht der Differentialgleichung dann nach der Methode der Trennung der Variablen durch ein Produkt $f(\lambda)\, g(\mu)\, h(\nu)$ zu genügen. Das führt auf eine gewöhnliche Differentialgleichung zweiter Ordnung der FUCHSschen Klasse mit vier singulären Punkten, die man LAMÉsche Differentialgleichung nennt. Man kann diese in der folgenden Form schreiben:

$$w'' = \{n(n+1)\,\wp(z) + B\}\, w. \tag{10.5.1}$$

Hier ist n eine nichtnegative ganze rationale Zahl und bedeutet $\wp(z)$ die $\wp$-Funktion der WEIERSTRASSschen Theorie der elliptischen Funktionen. Sie ist so gewählt, daß

$$4(\lambda + \alpha^2)(\lambda + b^2)(\lambda + c^2) = 4\wp^3 - g_2\wp - g_3 = 4(\wp - e_1)(\wp - e_2)(\wp - e_3)$$

ist. B ist ein noch zu bestimmender Parameter. Die Forderung, daß die Lösung zu einem Polynom in ξ, η, ζ führen soll, bedingt nicht nur die in der Differentialgleichung vorkommende ganze Zahl n, sondern führt auch zu der Forderung, daß die Differentialgleichung (10.5.1) durch eine doppelperiodische Funktion $w(z)$ gelöst werden soll, deren Perioden mit denen von $\wp(z)$ übereinstimmen. Das ist, wie sich zeigt, nur für gewisse Werte des akzessorischen Parameters möglich. Führt man in (10.5.1) $\wp$

als unabhängige Variable ein, so wird die Differentialgleichung

$$\frac{d^2 w}{d\wp^2} + \frac{1}{2}\left(\frac{1}{\wp - e_1} + \frac{1}{\wp - e_2} + \frac{1}{\wp - e_3}\right) \times$$
$$\times \frac{dw}{d\wp} - \frac{\{n(n+1)\wp + B\} w}{4(\wp - e_1)(\wp - e_2)(\wp - e_3)} = 0. \tag{10.5.2}$$

Man erkennt, daß doppelperiodische Lösungen die Form

$$(\wp - e_1)^{\alpha_1} (\wp - e_2)^{\alpha_2} (\wp - e_3)^{\alpha_3} F(\wp) \tag{10.5.3}$$

haben müssen. Hier bedeutet jedes der α_k eine der Zahlen 0 oder $\frac{1}{2}$; das sind nämlich die Lösungen der determinierenden Fundamentalgleichung der singulären Punkte e_1, e_2, e_3 von (10.5.2). Und es bedeutet weiter $F(\wp)$ ein Polynom in $\wp$. Macht man in (10.5.2) einen (10.5.3) entsprechenden Ansatz und sucht das Polynom nach der Methode der unbestimmten Koeffizienten zu ermitteln, so wird man auf eine algebraische Gleichung für den akzessorischen Parameter B geführt. Sie hat wegen der Realität der e_1, e_2, e_3 nur reelle Wurzeln. Die Polynome, auf die die Aufgabe führt, heißen LAMÉsche Polynome.

Die Anwendung des Satzes von PLEMELJ aus § 10.**2.** hätte auf zwei transzendente Gleichungen für B geführt. Die hier skizzierte übliche direkte Behandlung führt unmittelbar zur Einsicht in die endliche Anzahl der möglichen Lösungen des Problems. Ich begnüge mich mit diesem kurzen Hinweis, als einem weiteren Beispiel zu einer noch andersartigen Festlegung des akzessorischen Parameters durch Anforderungen an die Lösungen der Differentialgleichung.

§ 11. Differentialgleichungen mit periodischen Koeffizienten

1. Periodische Lösungen. Bis jetzt sind global nur Differentialgleichungen mit eindeutigen Koeffizienten betrachtet worden, insbesondere solche, deren Koeffizienten in der vollen RIEMANNschen Zahlenebene bis auf isolierte singuläre Stellen, z. B. solche der Bestimmtheit, regulär waren. Darunter fällt als Spezialfall auch die LAMÉsche Differentialgleichung in ihrer Schreibweise (10.5.1) mit doppelperiodischen Koeffizienten. Das legt die Frage nach Differentialgleichungen mit periodischen Koeffizienten im allgemeinen nahe. Man kann sie als Sonderfall der bisher betrachteten ansehen, indem eben neben die Regularitätsbedingungen als weitere Forderung noch die der Periodizität tritt, und in dem damit auch eine Häufung der Singularitäten im Unendlichen zugelassen wird.

Man kann aber zu dieser Besonderung auch gelangen, wenn man nach Differentialgleichungen fragt, deren Koeffizienten auf mehrblättrigen RIEMANNschen Flächen eindeutig und bis auf isolierte singuläre

Stellen regulär sind. Ist diese RIEMANNsche Fläche z. B. eine algebraische RIEMANNsche Fläche vom Geschlecht 0, d. h. die RIEMANNsche Fläche einer algebraischen Funktion $f(y, z) = 0$ mit rationaler Parameterdarstellung $y = y(t)$, $z = z(t)$, so führt die Einführung von t statt z als unabhängiger Variabler in die Differentialgleichung

$$w'' + p_1(z)\, w' + p_2(z)\, w = 0, \tag{11.1.1}$$

deren Koeffizienten auf der RIEMANNschen Fläche bis auf isolierte singuläre Stellen regulär und dazu im großen eindeutig sind, zu einer Differentialgleichung

$$\ddot{w} + P_1(t)\, \dot{w} + P_2(t)\, w = 0, \tag{11.1.2}$$

deren Koeffizienten in der schlichten t-Ebene im großen eindeutig und bis auf isolierte singuläre Stellen regulär sind. Aus Stellen der Bestimmtheit von (11.1.1) auf der RIEMANNschen Fläche werden Stellen der Bestimmtheit von (11.1.2) in der t-Ebene.

Ist weiter $f(y, z) = 0$ eine algebraische RIEMANNsche Fläche vom Geschlecht 1, so besitzt sie eine Parameterdarstellung $y = y(t)$, $z = z(t)$ durch doppelperiodische Funktionen und die Einführung von t statt z als unabhängiger Variabler in (11.1.1) führt zu einer Differentialgleichung (11.1.2) mit doppelperiodischen Koeffizienten, die in der t-Ebene im großen eindeutig sind und in der GAUSSschen t-Ebene nur isolierte singuläre Stellen besitzen, die sich gegen $t = \infty$ häufen können.

Dem ordnet sich als Beispiel auch der Übergang von (10.5.2) zu (10.5.1) unter. Der Witz ist dabei der, daß die Koeffizienten von (10.5.2) auf der zweiblättrigen RIEMANNschen Fläche von $\wp'^2 = 4\wp^3 - g_2\wp - g_3$ als Funktionen von $\wp$ allein eindeutig und bis auf die Stellen e_1, e_2, e_3, ∞ regulär sind. Daher kann die Uniformisierung dieser RIEMANNschen Fläche durch $\wp$ und $\wp'$ zur Umformung der Differentialgleichung (10.5.2) in die (10.5.1) mit doppelperiodischen Koeffizienten verwendet werden. Daß dabei die Wurzeln der determinierenden Gleichungen von (10.5.2) alle 0 oder $\frac{1}{2}$ sind, läßt diese Umformung besonders zweckmäßig erscheinen. Daß dann in (10.5.1) nur $\wp$, nicht auch $\wp'$ vorkommt, schreibt sich daher, daß die Koeffizienten von (10.5.2) nicht nur auf der RIEMANNschen Fläche, sondern schon in der $\wp$-Ebene eindeutig sind.

Ein weiteres Beispiel: Ist die RIEMANNsche Fläche die schlichte z-Ebene, werden aber Koeffizienten zugelassen, die abgesehen von isolierten Polen noch bei $z = 0$ und bei $z = \infty$ beliebige singuläre Stellen haben dürfen, so führt die Einführung von t durch $\exp(t) = z$ zu einer Differentialgleichung mit einfach periodischen Koeffizienten, die alle im Endlichen lediglich Pole aufweisen. Läßt man bei 0 und ∞ beliebige Verzweigungen der Koeffizienten zu, so führt die gleiche Substitution immer noch zu einer Differentialgleichung mit eindeutigen aber nicht mehr periodischen Koeffizienten.

Als schönes Beispiel gehört hierher die von FERDINAND LINDEMANN mit der MATHIEUschen Differentialgleichung in Zusammenhang gebrachte Differentialgleichung

$$4z(1-z)\,w'' + 2(1-2z)\,w' + (a - 16q + 32q\,z)\,w = 0. \qquad (11.1.3)$$

Sie hat bei 0 und 1 singuläre Stellen der Bestimmtheit mit den Exponenten 0 und $\frac{1}{2}$ und hat bei $z = \infty$ eine wesentlich singuläre Stelle. Die Substitution

$$\cos^2 t = z$$

wird durch diesen Hinweis nahegelegt, da sie auf die möglichen Singularitäten der Lösungen Bezug hat. Sie führt die Differentialgleichung (11.1.3) in die MATHIEUsche Differentialgleichung

$$\frac{d^2 w}{dt^2} + (a + 16q\cos 2t)\,w = 0 \qquad (11.1.4)$$

über. Auf diese wird man bei vielen Aufgaben der mathematischen Physik geführt. Sie tritt z. B. auf, wenn man in die Gleichung der ebenen Wellenbewegung

$$\Delta u = \frac{1}{c^2}\,\frac{\partial^2 u}{\partial \tau^2}$$

elliptische Koordinaten λ, μ einführt, und die entstehende Gleichung dann nach der Methode der Trennung der Variablen durch den Ansatz

$$u = f(\lambda)\,g(\mu)\,e^{i\varkappa\tau}$$

zu integrieren sucht. Dann gelangt man nach einer geringfügigen Bezeichnungsänderung zur MATHIEUschen Differentialgleichung (11.1.4) für die beiden noch unbekannten Funktionen. In einer berühmten Arbeit hat weiter GEORG HAMEL gezeigt, daß man auf diese MATHIEUsche Differentialgleichung geführt wird, wenn man die Leistung zweier Artisten mathematisch verfolgt, von denen der eine auf einer Kugel steht, während der andere sich an einer vom ersten senkrecht gehaltenen Stange produziert. Diese Artisten sind, wie HAMEL gezeigt hat, Virtuosen in der praktischen Ermittlung von periodischen Lösungen der MATHIEUschen Differentialgleichung. Solche verlangt auch die ersterwähnte Beziehung zur Wellengleichung.

Ich wende mich jetzt der Frage nach periodischen Lösungen der Differentialgleichungen mit periodischen Koeffizienten zu. Ich betrachte zur ersten Orientierung die Differentialgleichung erster Ordnung

$$w' + p(z)\,w = 0. \qquad (11.1.5)$$

Hier sei $p(z)$ in der z-Ebene eindeutig, im Endlichen bis auf isolierte singuläre Stellen regulär und außerdem periodisch

$$p(z+\omega) = p(z).$$

Integration liefert bei Verwendung einer regulären Stelle $z = a$

$$w(z) = c \exp\left(-\int_a^z p(z)\, dz\right).$$

Daher ist

$$w(z+\omega) = w(z) \exp\left(-\int_a^{a+\omega} p(z)\, dz\right). \qquad (11.1.6)$$

Eine nicht identisch verschwindende Lösung ist somit dann und nur dann periodisch, wenn bei geeigneter Wahl des Integrationsweges

$$\int_a^{a+\omega} p(z)\, dz = 2h\pi i, \quad h \text{ ganz rational}$$

ist. Ist z. B.

$$p(z) = a(z)\lambda + b(z),$$

so ergeben sich die λ-Werte, für die periodische Lösungen existieren, aus der Gleichung

$$\lambda \int_a^{a+\omega} a(z)\, dz + \int_a^{a+\omega} b(z)\, dz = 2h\pi i, \quad h \text{ ganz rational.}$$

Bei dieser Überlegung ist zunächst an periodische Lösungen gedacht, deren Periode die gleiche ist, wie die von $p(z)$. Die Gl. (11.1.6) bleibt auch richtig, wenn darin ω ein ganzes rationales Vielfaches der Periode von $p(z)$ bedeutet. Die an (11.1.6) anschließende Überlegung gibt daher auch Aufschluß über das Auftreten periodischer Lösungen, deren Periode ein Multiplum der Periode von $p(z)$ ist.

Ich betrachte weiter die homogene Differentialgleichung zweiter Ordnung

$$w'' + \big(a(z)\lambda + b(z)\big)\, w = 0, \qquad (11.1.7)$$

deren Koeffizienten in der Gaussschen Ebene eindeutig, bis auf isolierte singuläre Stellen regulär und periodisch mit der Periode ω sein mögen. Nach § 10.**2.** sind die Lösungen ganze transzendente Funktionen einer $\frac{1}{2}$ nicht übersteigenden Ordnung des Parameters λ. Die folgende Bemerkung führt zu der Gleichung für diejenigen Werte λ, für die (11.1.7) periodische Lösungen mit der Periode ω besitzt. Man betrachte das durch die Anfangsbedingungen

$$w_1(\alpha) = 1, \quad w_1'(\alpha) = 0,$$

$$w_2(\alpha) = 0, \quad w_2'(\alpha) = 1, \quad \alpha \text{ reguläre Stelle von (11.1.7)}$$

festgelegte Fundamentalsystem dieser Differentialgleichung. Seine Wronskische Determinante ist nach (6.1.7) konstant und hat wegen der Wahl der Anfangsbedingungen den Wert 1. Ist nun

$$w(z) = c_1 w_1(z) + c_2 w_2(z)$$

die gesuchte periodische Lösung mit der Periode ω, so ist

$$w(\alpha) = c_1, \quad w'(\alpha) = c_2, \quad w(\alpha+\omega) = c_1 w_1(\alpha+\omega) + c_2 w_2(\alpha+\omega),$$
$$w'(\alpha+\omega) = c_1 w_1'(\alpha+\omega) + c_2 w_2'(\alpha+\omega).$$

Die Forderung, daß $w(\alpha+\omega) = w(\alpha)$, $w'(\alpha+\omega) = w'(\alpha)$ sein soll, führt daher zu den beiden linearen Gleichungen

$$c_1\{w_1(\alpha+\omega) - 1\} + c_2 w_2(\alpha+\omega) = 0$$
$$c_1 w_1'(\alpha+\omega) + c_2\{w_2'(\alpha+\omega) - 1\} = 0$$

für λ. Da nur eine nichttriviale Lösung derselben interessiert, so muß

$$\begin{vmatrix} w_1(\alpha+\omega) - 1 & w_2(\alpha+\omega) \\ w_1'(\alpha+\omega) & w_2'(\alpha+\omega) - 1 \end{vmatrix} = 0$$

sein. Wegen der Bemerkung über die Wronskische Determinante ist daher

$$w_1(\alpha+\omega) + w_2'(\alpha+\omega) - 2 = 0 \tag{11.1.8}$$

eine notwendige Bedingung für diejenigen Werte von λ, für die (11.1.7) periodische Lösungen mit der Periode ω besitzt. Diese Bedingung ist aber auch hinreichend. Denn ist für eine Lösung

$$w(\alpha+\omega) = w(\alpha), \quad w'(\alpha+\omega) = w'(\alpha),$$

so ist für alle z auch

$$w(z+\omega) = w(z).$$

Denn die Substitution $z_1 = z + \omega$ führt die Differentialgleichung wegen der Periodizität ihrer Koeffizienten in sich über, und führt die Anfangswerte bei α in die gleichen Anfangswerte bei $\alpha+\omega$ über.

Die Gl. (11.1.8) wird im allgemeinen eine transzendente Gleichung für λ sein. Die Frage, ob sie in Ausnahmefällen in eine algebraische Gleichung entarten kann, scheint freilich noch offen zu sein. Ist sie transzendent, so hat sie wegen der Ordnung der auf der linken Seite stehenden Funktion unendlich viele komplexe Lösungen.

Die Anwendung auf die Mathieusche Gl. (11.1.4) würde lehren, daß bei beliebiger Wahl des einen der beiden Parameter a und q stets unendlich viele Werte des anderen Parameters existieren, so daß die Differentialgleichung eine periodische Lösung hat. In den erwähnten Anwendungen interessieren nun freilich reelle Werte der Parameter und reelle Lösungen, und ihre Ermittlung ist ein wesentlicher Teil der Theorie der Mathieuschen Differentialgleichung. Sie zu entwickeln ist hier nicht der Ort. Darüber ist ein Spezialwerk in dieser gelben Sammlung erschienen: J. Meixner und F. W. Schaefke, Mathieusche Funktionen und Sphäroidfunktionen (1954).

2. Das allgemeine Integral. In der Differentialgleichung

$$w'' + p_1(z)\, w' + p_2(z)\, w = 0 \tag{11.2.1}$$

seien die Koeffizienten in der GAUSSschen Zahlenebene eindeutig und bis auf isolierte singuläre Stellen regulär. Außerdem seien sie periodisch mit der Periode ω. Das in § 11.**1.** betrachtete Beispiel der linearen homogenen Differentialgleichung erster Ordnung legt die Frage nach multiplikativen Lösungen

$$w(z+\omega) = \varrho\, w(z), \quad \varrho \text{ konstant} \tag{11.2.2}$$

nahe. Daß solche existieren, lehrt eine Theorie, die GASTON FLOQUET 1883 in Anlehnung an die FUCHSsche Theorie der singulären Punkte entwickelt hat. So werden die nun folgenden Ausführungen Anklänge an das in § 6.**3.** Vorgetragene besitzen.

Man gehe von irgendeinem Fundamentalsystem $\mathfrak{w}(z) = \begin{pmatrix} w_1(z) \\ w_2(z) \end{pmatrix}$ von (11.2.1) aus. Dann bilden auch die Funktionen $\mathfrak{w}(z+\omega)$ ein Fundamentalsystem. Daher gibt es eine konstante (2, 2)-Matrix $\mathfrak{a}$, so daß

$$\mathfrak{w}(z+\omega) = \mathfrak{a}\, \mathfrak{w}(z) \tag{11.2.3}$$

gilt. Offenbar ist

$$\operatorname{Det}\big(\mathfrak{w}(z+\omega), \mathfrak{w}'(z+\omega)\big) = \operatorname{Det}(\mathfrak{a}) \operatorname{Det}\big(\mathfrak{w}(z), \mathfrak{w}'(z)\big). \tag{11.2.4}$$

Ferner ist nach § 6.**1.**

$$\operatorname{Det}\big(\mathfrak{w}(z), \mathfrak{w}'(z)\big) = c \exp\left(-\int_a^z p_1\, dz\right), \tag{11.2.5}$$

wenn a ein regulärer Punkt und c eine Konstante ist. Daher ist

$$\operatorname{Det}\big(\mathfrak{w}(z+\omega), \mathfrak{w}'(z+\omega)\big) = c \exp\left(-\int_a^{z+\omega} p_1\, dz\right). \tag{11.2.6}$$

Aus diesen letzten drei Beziehungen folgt

$$\operatorname{Det}(\mathfrak{a}) = \exp\left(-\int_a^{a+\omega} p_1\, dz\right). \tag{11.2.7}$$

Ist dann mit konstantem $\mathfrak{c} = (c_1, c_2)$

$$w(z) = \mathfrak{c}\, \mathfrak{w}(z) \tag{11.2.8}$$

irgendeine weitere Lösung, so ist

$$w(z+\omega) = \mathfrak{c}\, \mathfrak{a}\, \mathfrak{w}(z). \tag{11.2.9}$$

Ist diese Lösung multiplikativ, d. h. gilt

$$w(z+\omega) = \varrho\, w(z), \quad \varrho \text{ konstant}, \tag{11.2.10}$$

so folgt

$$\mathfrak{c}\,\mathfrak{a}\,\mathfrak{w}(z) = \varrho\,\mathfrak{c}\,\mathfrak{w}(z) = \mathfrak{c}\,\varrho\,\mathfrak{E}\,\mathfrak{w}(z),$$

und daher, weil w_1, w_2 linear unabhängig sind,

$$\mathfrak{c}(\mathfrak{a} - \varrho\,\mathfrak{E}) = \mathfrak{O}. \tag{11.2.11}$$

Da nur nichttriviale Lösungen (11.2.8) interessieren, so ergibt sich für ϱ die **charakteristische Gleichung**[1]

$$\operatorname{Det}(\mathfrak{a} - \varrho\,\mathfrak{E}) = 0. \tag{11.2.12}$$

Sind ϱ_1, ϱ_2 ihre beiden Wurzeln, so heißen die sich aus

$$\varrho_k = e^{\alpha_k \omega}, \qquad k = 1, 2 \tag{11.2.13}$$

ergebenden (nicht eindeutig bestimmten) Zahlen α_k die **charakteristischen Exponenten.**

Ist $\varrho_1 \neq \varrho_2$, so ergeben sich zwei multiplikative Lösungen

$$\left.\begin{aligned} v_1(z+\omega) &= \varrho_1 v_1(z) \\ v_2(z+\omega) &= \varrho_2 v_2(z). \end{aligned}\right\} \tag{11.2.14}$$

Wegen der Verschiedenheit der Multiplikatoren sind sie linear unabhängig. Man nennt sie das **kanonische Lösungssystem.** Man bemerkt, daß auch

$$e^{\alpha_k(z+\omega)} = \varrho_k\, e^{\alpha_k z}, \qquad k = 1, 2$$

ist. Daher sind die Funktionen

$$v_k(z)/e^{\alpha_k z} = \varphi_k(z), \qquad k = 1, 2$$

periodisch mit der Periode ω. Ein aus zwei multiplikativen Lösungen bestehendes kanonisches Fundamentalsystem hat also die Gestalt

$$\left.\begin{aligned} v_1(z) &= e^{\alpha_1 z}\varphi_1(z) \\ v_2(z) &= e^{\alpha_2 z}\varphi_2(z) \end{aligned}\right\} \tag{11.2.15}$$

mit periodischen $\varphi_k(z)$. So für $\varrho_1 \neq \varrho_2$.

Ist aber $\varrho_2 = \varrho_1$, so gelangt man wie folgt zu einem kanonischen Fundamentalsystem. Man bemerkt, daß nach (11.2.7) und (11.2.12)

$$\exp\left(-\int_a^{a+\omega} p_1\,dz\right) = \operatorname{Det}(\mathfrak{a}) = \varrho_1\,\varrho_2 \tag{11.2.16}$$

ist. Im Falle der Doppelwurzel ist daher

$$\varrho_1^2 = \exp\left(-\int_a^{a+\omega} p_1\,dz\right). \tag{11.2.17}$$

---

[1] Sie ist offenbar von der Wahl des zu ihrer Herleitung benutzten Fundamentalsystems unabhängig.

Man gehe mit dem Ansatz

$$v_2 = v_1 W \tag{11.2.18}$$

in (11.2.1) ein. Dann findet man

$$W'' + W'\left(p_1 + \frac{2v_1'}{v_1}\right) = 0.$$

Das heißt

$$W' = \exp\left(-\int_a^z p_1\, dz\right)\Big/ v_1^2(z).$$

Daher ist

$$W'(z+\omega) = \exp\left(-\int_a^{z+\omega} p_1\, dz\right)\Big/ v_1^2(z+\omega)$$

$$= W'(z) \exp\left(-\int_a^{a+\omega} p_1\, dz\right)\Big/ \varrho_1^2 = W'(z)$$

nach (11.2.17). Da hiernach $W'(z)$ periodisch ist, so folgt

$$W(z+\omega) = W(z) + \sigma, \quad \sigma \text{ konstant.} \tag{11.2.19}$$

Daher gilt nach (11.2.18)

$$\left.\begin{aligned} v_2(z+\omega) &= v_1(z+\omega)\, W(z+\omega) = \varrho_1\, v_1(z)\, (W(z) + \sigma) \\ &= \varrho_1 (v_2(z) + \sigma\, v_1(z)). \end{aligned}\right\} \tag{11.2.20}$$

Für $\sigma = 0$ ist auch die zweite Lösung multiplikativ, und ein kanonisches Fundamentalsystem hat wieder die Gestalt (11.2.15) mit $\varrho_2 = \varrho_1$. Ist $\sigma \neq 0$, so kann man ohne Schaden der Allgemeinheit $\sigma = 1$ nehmen, da man ja v_1 durch $\sigma\, v_1$ ersetzen kann. Dann genügt das kanonische Fundamentalsystem der folgenden Funktionalgleichung

$$\left.\begin{aligned} v_1(z+\omega) &= \varrho_1\, v_1(z) \\ v_2(z+\omega) &= \varrho_1 (v_2(z) + v_1(z)). \end{aligned}\right\} \tag{11.2.21}$$

Im Falle $\sigma = 1$ hat man nach (11.2.19)

$$W(z+\omega) = W(z) + 1.$$

Auch

$$f(z) = \frac{z}{\omega}$$

genügt der Funktionalgleichung

$$f(z+\omega) = f(z) + 1.$$

Daher ist

$$W(z) - \frac{z}{\omega} = \psi(z)$$

periodisch mit der Periode ω. Man hat daher

$$v_2(z) = v_1\left(\psi(z) + \frac{z}{\omega}\right) = e^{\alpha_1 z}\left(\varphi_2(z) + \frac{z}{\omega}\, \varphi_1(z)\right)$$

mit periodischen φ_1 und φ_2. Im Falle $\sigma = 1$ tritt an Stelle von (11.2.15) als kanonisches Fundamentalsystem

$$\left.\begin{aligned} v_1(z) &= e^{\alpha_1 z}\varphi_1(z)\\ v_2(z) &= e^{\alpha_1 z}\left(\frac{z}{\omega}\varphi_1(z) + \varphi_2(z)\right)\end{aligned}\right\} \tag{11.2.22}$$

mit periodischen φ_1 und φ_2.

Ich merke noch an, daß ähnlich wie in § 6.**7.** bei linearen homogenen Differentialgleichungen n-ter Ordnung mit periodischen Koeffizienten ein kanonisches Fundamentalsystem aus Lösungsblocks der folgenden Gestalt aufgebaut werden kann:

$$\left.\begin{aligned} v_1(z) &= e^{\alpha z}\varphi_1(z)\\ v_2(z) &= e^{\alpha z}(P_1(z)\,\varphi_1(z) + \varphi_2(z))\\ &\;\vdots\\ v_k(z) &= e^{\alpha z}(P_{k-1}(z)\,\varphi_1(z) + \cdots + P_1(z)\,\varphi_{k-1}(z) + \varphi_k(z)).\end{aligned}\right\} \tag{11.2.23}$$

Hier sind die $\varphi_\nu(z)$ periodische Funktionen mit der Periode ω und sind die $P_\nu(z)$ Polynome

$$P_\nu(z) = \frac{z(z-\omega)\dots(z-(\nu-1)\,\omega)}{\omega^\nu\,\nu!}.$$

Eine entsprechende Aussage gilt auch bei Systemen von linearen Differentialgleichungen erster Ordnung mit periodischen Koeffizienten[1].

3. Stabilität und Instabilität. Für die Anwendungen hat nicht nur ein Verfahren zur Berechnung der charakteristischen Exponenten Interesse, sondern sind vor allem Kriterien wichtig, die erkennen lassen, ob die Wurzeln der charakteristischen Gleichung komplex sind oder nicht. Der erste Fall bedeutet die Stabilität der von der Differentialgleichung beherrschten Erscheinung, der zweite die Instabilität. Auch den Fall gleicher Wurzeln rechnet man der Stabilität zu.

Zunächst ein Verfahren zur Berechnung der charakteristischen Exponenten. Man denke sich die Differentialgleichung auf die Form

$$w'' - p(z)\,w = 0 \tag{11.3.1}$$

gebracht. Hier sei $p(z)$ in der Gaussschen Ebene eindeutig und bis auf endlich viele singuläre Stellen regulär und periodisch mit der Periode ω. Man bestimme nach dem in § 10.**2.** beschriebenen Verfahren sukzessiver Approximationen die durch die Anfangsbedingungen

$$\left.\begin{aligned} w_1(0) &= 1, & w_1'(0) &= 0\\ w_2(0) &= 0, & w_2'(0) &= 1\end{aligned}\right\} \tag{11.3.2}$$

[1] Näheres und Literaturangaben findet man bei L. Cesari, Asymptotic behaviour and stability problems in ordinary differential equations. Ergebn. Math. Bd. 16 (1963).

festgelegten Lösungen, wobei man $z = 0$ als regulären Punkt annehme. Die Lösungen sehen so aus:

$$\left.\begin{aligned} w_1 &= f_0(z) + f_1(z) + \cdots \\ w_2 &= g_0(z) + g_1(z) + \cdots \end{aligned}\right\} \qquad (11.3.3)$$

mit

$$\left.\begin{aligned} &f_0(z) = 1, && g_0(z) = z \\ &f_n(z) = \int_0^z (z-\mathfrak{z})\, p(\mathfrak{z})\, f_{n-1}(\mathfrak{z})\, d\mathfrak{z}, && g_n(z) = \int_0^z (z-\mathfrak{z})\, p(\mathfrak{z})\, g_{n-1}(\mathfrak{z})\, d\mathfrak{z}. \end{aligned}\right\} \qquad (11.3.4)$$

Setzt man

$$\left.\begin{aligned} w_1(z+\omega) &= a_{11}\, w_1(z) + a_{12}\, w_2(z) \\ w_2(z+\omega) &= a_{21}\, w_1(z) + a_{22}\, w_2(z), \end{aligned}\right\} \qquad (11.3.5)$$

so ist nach (11.2.7)

$$a_{11}\, a_{22} - a_{12}\, a_{21} = 1,$$

und daher wird die charaktersitische Gleichung[1]

$$\varrho^2 - (a_{11} + a_{22})\, \varrho + 1 = 0. \qquad (11.3.6)$$

Nun ist aber nach (11.3.5)

$$a_{11} = w_1(\omega), \qquad a_{22} = w_2'(\omega),$$

so daß es auf

$$a_{11} + a_{22} = w_1(\omega) + w_2'(\omega) \qquad (11.3.7)$$

ankommt. Diesen Wert liest man aus den obigen Reihen (11.3.3) für $z = \omega$ ab. Man findet

$$\left.\begin{aligned} &f_0(\omega) + g_0'(\omega) = 2 \\ &f_1(\omega) + g_1'(\omega) = \int_0^\omega (\omega - \mathfrak{z})\, p(\mathfrak{z})\, d\mathfrak{z} + \int_0^\omega \mathfrak{z}\, p(\mathfrak{z})\, d\mathfrak{z} = \omega \int_0^\omega p(\mathfrak{z})\, d\mathfrak{z} \\ &f_n(\omega) + g_n'(\omega) = \int_0^\omega (\omega - \mathfrak{z})\, p(\mathfrak{z})\, f_{n-1}(\mathfrak{z})\, d\mathfrak{z} + \int_0^\omega p(\mathfrak{z})\, g_{n-1}(\mathfrak{z})\, d\mathfrak{z}. \end{aligned}\right\} \qquad (11.3.8)$$

Wieder kann man bemerken, daß diese Überlegungen wie in § 10.**2.** auch richtig bleiben, wenn man $p(z)$ nur als stetig auf der reellen Achse annimmt.

---

[1] Für $\varrho = 1$ liefert sie bei (11.1.7) das in § 11.**1.** festgestellte Kriterium für periodische Lösungen, nämlich $a_{11} + a_{22} = 2$. Entsprechend werden die halbperiodischen Lösungen ($\varrho = -1$) durch $a_{11} + a_{22} = -2$ gekennzeichnet. Beide Gleichungen liefern diejenigen reellen Werte von λ, für die periodische oder halbperiodische Lösungen auftreten: periodische und halbperiodische Eigenwerte. Wie Otto Haupt (Math. Anz. 79, 1918) erkannt hat, verteilen sich diejenigen Werte von λ, für die stabile oder instabile Lösungen auftreten, auf die Intervalle, welche die beiden Sorten von Eigenwerten auf der reellen λ-Achse bestimmen; und zwar liegt Stabilität dann und nur dann vor, wenn λ einem offenen von Eigenwerten freien Intervall angehört, dessen beide Endpunkte ungleichartige Eigenwerte sind, oder wenn λ ein zweifacher Eigenwert ist.

Ist nun z. B.
$$p(z) > 0 \quad \text{für alle reellen } z \tag{11.3.9}$$
und $\omega > 0$ eine reelle Periode von $p(z)$, so sind nach (11.3.8) alle
$$f_n(\omega) + g_n'(\omega) > 0, \quad n > 0$$
und
$$f_0(\omega) + g_0'(\omega) = 2.$$
Daher ist
$$a_{11} + a_{22} > 2,$$
und die charakteristische Gl. (11.3.6) hat zwei reelle Wurzeln. Wir haben einen Fall der Instabilität.

Nun sei in (11.3.1)
$$p(z) \leqq 0, \quad p(z) \not\equiv 0 \quad \text{für alle reellen } z \tag{11.3.10}$$
angenommen und werde eine reelle Periode $\omega > 0$ von $p(z)$ betrachtet. A. M. LIAPOUNOFF hat 1892 in einer berühmten Arbeit[1] über die Stabilität von Bewegungen unter anderen den folgenden Satz bewiesen: *Unter der Annahme* (11.3.10) *liegt Stabilität, d. h.*
$$(a_{11} + a_{22})^2 < 4 \tag{11.3.11}$$
sicher dann vor, wenn
$$0 < \omega \left| \int_0^\omega p(z)\, dz \right| \leqq 4 \tag{11.3.12}$$
gilt.

E. R. VAN KAMPEN und A. WINTNER haben 1937 gezeigt, daß diese Schranke *nicht verbessert* werden kann, d. h., es gibt instabile in der Menge derjenigen Differentialgleichungen (11.3.1), für die
$$\omega \left| \int_0^\omega p(z)\, dz \right| > 4$$
ist. Dabei soll (11.3.10) nach wie vor gelten. [Am. J. math. 59.]

Bevor ich den Beweis des Satzes von LIAPOUNOFF wiedergebe, sei noch bemerkt: Die Überlegungen dieses Abschnittes führen auch zu solchen periodischen Lösungen, deren *Periode ein Multiplum von* ω ist. Es gilt nämlich jedenfalls dann
$$w(z + n\,\omega) = w(z), \quad n \text{ natürliche Zahl},$$
falls es eine n-te Einheitswurzel ϱ gibt, für die bei passender Wahl des Weges der analytischen Fortsetzung
$$w(z + \omega) = \varrho\, w(z)$$
gilt. Trägt man eine solche n-te Einheitswurzel für ϱ in (11.3.6) ein, so erhält man eine Bedingung, die die Existenz einer solchen periodischen Lösung gewährleistet.

[1] Eine französische Übersetzung von 1907 in den Annales de la faculté des Sciences de Toulouse ser. II tome IX ist relativ bequem zugänglich.

Nun der **Beweis des Satzes von LIAPOUNOFF.** Nach (11.3.7) und (11.3.3) ist

$$a_{11} + a_{22} = \sum_{0}^{\infty} \left(f_n(\omega) + g'_n(\omega) \right). \tag{11.3.13}$$

Nun gilt, wie weiter unten bewiesen werden soll, für alle $z > 0$

$$(-1)^n \left(f_n(z) + g'_n(z) \right) > 0, \tag{11.3.14}$$

$$f_0 + g'_0 = 2, \tag{11.3.15}$$

$$f_1(z) + g'_1(z) = \frac{z \int_0^z p(\mathfrak{z})\, d\mathfrak{z}}{2} (f_0 + g'_0), \tag{11.3.16}$$

$$|f_n(z) + g'_n(z)| < \frac{z \left| \int_0^z p(\mathfrak{z})\, d\mathfrak{z} \right|}{2n} |f_{n-1}(z) + g'_{n-1}(z)|, \qquad n \geqq 2. \tag{11.3.17}$$

Aus diesen Eigenschaften folgt

$$0 \leqq a_{11} + a_{22} < 2$$

und damit (11.3.11). Denn nach (11.3.17) und (11.3.12) ist

$$|f_n(\omega) + g'_n(\omega)| < |f_{n-1}(\omega) + g'_n(\omega)|, \qquad n \geqq 2, \tag{11.3.18}$$

und daher ist wegen (11.3.14) die Reihe (11.3.13) vom zweiten Glied an eine alternierende. Ihre Summe ist also zwar größer als die Summe ihrer beiden ersten Glieder, aber höchstens so groß wie das erste Glied. Es gilt aber (11.3.15) und nach (11.3.16) mit (11.3.12)

$$|f_1(\omega) + g'_1(\omega)| \leqq f_0 + g'_0 = 2.$$

Wegen (11.3.14) ist daher

$$-2 \leqq f_1(\omega) + g'_1(\omega) < 0$$

und somit

$$0 \leqq f_0 + g'_0 + f_1(\omega) + g'_1(\omega) < 2. \tag{11.3.19}$$

Wegen des hervorgehobenen alternierenden Charakters der Reihe (11.3.13) ist daher für ihre Summe

$$0 \leqq a_{11} + a_{22} < 2, \tag{11.3.20}$$

und das bedeutet (11.3.11). Ich komme zum Beweis der hervorgehobenen Beziehungen (11.3.14) bis (11.3.17). (11.3.15) ist nach (11.3.4) klar. Aus (11.3.4) folgt durch vollständige Induktion

$$(-1)^n f_n(z) > 0, \qquad (-1)^n g_n(z) > 0$$

und auch

$$(-1)^n f'_n(z) > 0, \qquad (-1)^n g'_n(z) > 0.$$

Es ist nämlich

$$g'_n(z) = \int_0^z p(\mathfrak{z})\, g_{n-1}(\mathfrak{z})\, d\mathfrak{z}.$$

Daraus folgt (11.3.14). Für $n = 1$ ist insbesondere

$$f_1(z) + g(z) = z\int_0^z p(\mathfrak{z})\,d\mathfrak{z} = \frac{z\int_0^z p(\mathfrak{z})\,d\mathfrak{z}}{2}(f_0 + g_0'),$$

und das ist (11.3.16). Endlich folgt (11.3.17) wegen (11.3.14) aus der Relation

$$\left.\begin{aligned} F(z) \equiv (-1)^n\left[\{f_{n-1}(z) + g_{n-1}'(z)\}z\int_0^z p(\mathfrak{z})d\mathfrak{z} - 2n\{f_n(z) + g_n'(z)\}\right] > 0, \\ z > 0, \quad n \geqq 2, \end{aligned}\right\} \tag{11.3.21}$$

die nun bewiesen werden soll. Ich nehme den Fall $n = 2$ vorweg. Hier ist die Behauptung

$$F(z) = \{f_1 + g_1'\}\,z\int_0^z p(\mathfrak{z})\,d\mathfrak{z} - 4(f_2 + g_2') > 0, \qquad z > 0. \tag{11.3.22}$$

Da $F(0) = 0$ ist, so folgt (11.3.22) aus $F'(z) > 0$. Es ist aber

$$\begin{aligned} F'(z) &= \{f_1' + p g_0\}z\int_0^z p(\mathfrak{z})d\mathfrak{z} + \{f_1 + g_1'\}\int_0^z p(\mathfrak{z})d\mathfrak{z} + \{f_1 + g_1'\}z p(z) - 4f_2' - 4g_1 p \\ &= \{f_1' z + f_1 + g_1'\}\int_0^z p(\mathfrak{z})\,d\mathfrak{z} - 4f_2' + p\left[g_0 z\int_0^z p(\mathfrak{z})\,d\mathfrak{z} + z(f_1 + g_1') - 4g_1\right]. \\ &= F_2 + pG_2. \end{aligned}$$

Ich beweise $F_2 > 0$ und $G_2 < 0$. Wegen $F_2(0) = 0$ und $G_2(0) = 0$ folgt dies wieder aus $F_2' > 0$ und $G_2' < 0$. Es ist

$$\begin{aligned} F_2'(z) &= \{f_0 p z + 2f_1' + p g_0\}\int_0^z p(\mathfrak{z})\,d\mathfrak{z} + \{f_1' z + f_1 + g_1'\}p - 4p f_1 \\ &= 2f_1'\int_0^z p(\mathfrak{z})\,d\mathfrak{z} + p\left[(f_0 z + g_0)\int_0^z p(\mathfrak{z})\,d\mathfrak{z} + f_1' z + f_1 + g_1' - 4f_1\right]. \end{aligned}$$

Da $2f_1'\int_0^z p(\mathfrak{z})\,d\mathfrak{z} = 2\left[\int_0^z p(\mathfrak{z})\,d\mathfrak{z}\right]^2 > 0$ ist, beweise ich

$$u = (f_0 z + g_0)\int_0^z p(\mathfrak{z})\,d\mathfrak{z} + f_1' z + f_1 + g_1' - 4f_1 < 0.$$

Wegen $u(0) = 0$ folgt dies aus $u'(z) < 0$. Es ist aber

$$\begin{aligned} u'(z) &= 2\int_0^z p(\mathfrak{z})\,d\mathfrak{z} + 2zp + p f_0 z + p g_0 - 2f_1' \\ &= 2\int_0^z p(\mathfrak{z})\,d\mathfrak{z} + 4z p(z) - 2\int_0^z p(\mathfrak{z})\,d\mathfrak{z} = 4z p(z) < 0, \quad z > 0. \end{aligned}$$

Ähnlich beweist man
$$G_2(z) < 0, \qquad z > 0.$$
Da $G_2(0) = 0$ ist, beweise ich $G_2'(z) < 0$. Es ist

$$\begin{aligned} G_2'(z) &= 2z\int_0^z p(\mathfrak{z})\,d\mathfrak{z} + z^2 p + f_1 + g_1' + z(f_1' + g_0 p) - 4g_1' \\ &= 2z\int_0^z p(\mathfrak{z})\,d\mathfrak{z} + f_1 + z f_1' - 3g_1' + p\cdot 2z^2 \\ &= v(z) + p\cdot 2z^2. \end{aligned}$$

Es bleibt $v(z) < 0$ zu zeigen. Es ist $v(0) = 0$. Daher zeige ich $v'(z) < 0$. Es ist

$$\begin{aligned} v'(z) &= 2\int_0^z p(\mathfrak{z})\,d\mathfrak{z} + 2zp + 2f_1' + zp - 3pz \\ &= 2\int_0^z p(\mathfrak{z})\,d\mathfrak{z} + 2f_1' = 4\int_0^z p(\mathfrak{z})\,d\mathfrak{z} < 0, \qquad z > 0. \end{aligned}$$

Durch ganz ähnliche Schlüsse beweist man (11.3.21) auch für $n > 2$. Es ist wegen $F(0) = 0$ wieder $F'(z) > 0$ zu zeigen. Man findet

$$\begin{aligned} F'(z) &= (-1)^n\Big[\{f_{n-1}' + p g_{n-2}\} z\int_0^z p(\mathfrak{z})\,d\mathfrak{z} + \{f_{n-1} + g_{n-1}'\}\int_0^z p(\mathfrak{z})\,d\mathfrak{z} + \\ &\quad + \{f_{n-1} + g_{n-1}'\} z p - 2n\{f_n' + p g_{n-1}\}\Big] \\ &= (-1)^n\Big[\{f_{n-1}' z + f_{n-1} + g_{n-1}'\}\int_0^z p(\mathfrak{z})\,d\mathfrak{z} - 2n f_n'\Big] + \\ &\quad + p(-1)^n\Big[g_{n-2} z\int_0^z p(\mathfrak{z})\,d\mathfrak{z} + \{f_{n-1} + g_{n-1}'\} z - 2n g_{n-1}\Big] \\ &= F_n + p\,G_n. \end{aligned}$$

Ich beweise nach dem Prinzip der vollständigen Induktion $F_n > 0$ und $G_n < 0$. Wegen $F_n(0) = G_n(0) = 0$ genügt es $F_n' > 0$, $G_n' < 0$ zu beweisen. Es ist

$$\begin{aligned} F_n'(z) &= (-1)^n\Big[\{f_{n-2} z p + 2f_{n-1}' + g_{n-2} p\}\int_0^z p(\mathfrak{z})\,d\mathfrak{z} + \\ &\quad + \{f_{n-1}' z + f_{n-1} + g_{n-1}'\} p - 2n f_{n-1} p\Big] \\ &= (-1)^n\Big[2f_{n-1}'\int_0^z p(\mathfrak{z})\,d\mathfrak{z} + p\Big\{(f_{n-2} z + g_{n-2})\int_0^z p(\mathfrak{z})\,d\mathfrak{z} + \\ &\quad + f_{n-1}' z + g_{n-1}' - (2n-1) f_{n-1}\Big\}\Big]. \end{aligned}$$

Wegen $(-1)^{n-1} f'_{n-1} > 0$ bleibt

$$u_n = (-1)^n \left[(f_{n-2} z + g_{n-2}) \int_0^z p(\mathfrak{z})\, d\mathfrak{z} + f'_{n-1} z + g'_{n-1} - (2n-1) f_{n-1} \right] < 0$$

zu beweisen. Es ist $u_n(0) = 0$; also zeige ich $u'_n(z) < 0$. Es ist

$$u'_n(z) = (-1)^n \left[(f'_{n-2} z + f_{n-2} + g'_{n-2}) \int_0^z p(\mathfrak{z})\, d\mathfrak{z} + (f_{n-2} z + g_{n-2}) p + \right.$$
$$\left. + f_{n-2} z p + g_{n-2} p - (2n-2) f'_{n-1} \right]$$
$$= -F_{n-1} + 2p(-1)^n (f_{n-2} z + g_{n-2}) < 0.$$

Denn es ist im Sinne der vollständigen Induktion $F_{n-1} > 0$ und außerdem für alle $n \geqq 2$ noch $(-1)^{n-2} f_{n-2} > 0$, $(-1)^{n-2} g_{n-2} > 0$.

Ähnlich beweist man auch $G'(z) < 0$. Es ist

$$G'_n(z) = (-1)^n \left[(g'_{n-2} z + g_{n-2}) \int_0^z p(\mathfrak{z})\, d\mathfrak{z} + g_{n-2} z p + \right.$$
$$\left. + \{f'_{n-1} + g_{n-2} p\} z + f_{n-1} - (2n-1) g'_{n-1} \right]$$
$$= (-1)^n \left[(g'_{n-2} z + g_{n-2}) \int_0^z p(\mathfrak{z})\, d\mathfrak{z} + f'_{n-1} z + \right.$$
$$\left. + f_{n-1} - (2n-1) g'_{n-1} + 2p z g_{n-2} \right]$$
$$= v_n(z) + (-1)^n p\, 2z g_{n-2}.$$

Wegen $(-1)^{n-2} g_{n-2} > 0$ bleibt $v_n < 0$ zu zeigen. Es ist $v_n(0) = 0$. Daher zeige ich $v'_n(z) < 0$. Es ist

$$v'_n(z) = (-1)^n \left[(g_{n-3} z p + 2g'_{n-2}) \int_0^z p(\mathfrak{z})\, d\mathfrak{z} + (g'_{n-2} z + g_{n-2}) p + \right.$$
$$\left. + 2f'_{n-1} + f_{n-2} z p - (2n-1) g_{n-2} p \right]$$
$$= (-1)^n \left[2g'_{n-2} \int_0^z p(\mathfrak{z})\, d\mathfrak{z} + 2f'_{n-1} + \right.$$
$$\left. + p \left\{ g_{n-3} z \int_0^z p(\mathfrak{z})\, d\mathfrak{z} + (g'_{n-2} + f_{n-2}) z - 2(n-1) g_{n-2} \right\} \right]$$
$$= (-1)^n \left[2g'_{n-2} \int_0^z p(\mathfrak{z})\, d\mathfrak{z} + 2f'_{n-1} \right] - p\, G_{n-1}.$$

Wegen $(-1)^{n-2} g'_{n-2} > 0$, $(-1)^{n-1} f'_{n-1} > 0$, $G_{n-1} < 0$ ist daher $v'_n(z) < 0$.

4. Doppelperiodische Koeffizienten. In

$$w'' + p(z)\, w = 0 \tag{11.4.1}$$

sei $p(z)$ doppelperiodisch mit den Perioden $2\omega_1$, $2\omega_2$, und $p(z)$ im Periodenparallelogramm bis auf endlich viele Pole regulär. Außerdem werde vorausgesetzt, daß das allgemeine Integral von (11.4.1) im kleinen, d. h. in der Umgebung einer jeden singulären Stelle eindeutig ist. Diese Annahme ist z. B. bei der LAMÉschen Differentialgleichung (10.5.1), d. i.

$$w'' - \{n(n+1)\,\wp(z) + B\}\, w = 0, \qquad n = 0, 1, \ldots \tag{11.4.2}$$

erfüllt[1]. Sie hat nämlich im Periodenparallelogramm nur einen singulären Punkt bei $z = 0$. Dieser ist wie alle seine äquivalenten in den anderen Periodenparallelogrammen eine Stelle der Bestimmtheit mit der determinierenden Gleichung

$$\varrho(\varrho - 1) - n(n+1) = 0.$$

Diese hat die Wurzeln $-n$ und $n+1$. Es gibt daher eine bei $z = 0$ reguläre Lösung

$$w_1(z) = z^{n+1}\, \mathfrak{P}(z), \qquad \mathfrak{P}(0) \neq 0.$$

Wegen $\wp(-z) = \wp(z)$ ist aber auch $w_1(-z)$ eine bei $z = 0$ reguläre Lösung. Da diese bis auf einen konstanten Faktor bestimmt ist, so folgt $w_1(-z) = (-1)^{n+1} w_1(z)$. Für die andere Lösung $w_2(z)$ eines kanonischen Fundamentalsystems dieses singulären Punktes folgt wegen

$$w_2' w_1 - w_1' w_2 = C \text{ (konstant)}$$

$$w_2 = C\, w_1 \int \frac{dz}{[w_1(z)]^2}.$$

Da aber $[w_1(-z)]^2 = [w_1(z)]^2$ ist, so ist das Integral frei von Logarithmen und daher in der Umgebung von $z = 0$ eindeutig. Daher sind w_1 und w_2 in der Umgebung einer jeden singulären Stelle eindeutig. Sie sind daher auch im großen in der z-Ebene eindeutig, wie der Monodromiesatz der Funktionentheorie erkennen läßt. Betrachtet man die Differentialgleichung in der Form (10.5.2) auf der zweiblättrigen RIEMANNschen Fläche, so wird ihre Monodromiegruppe demnach von denjenigen Substitutionen erzeugt, die ein Fundamentalsystem bei Vermehrung von z um Perioden erleidet. Diese Gruppe ist kommutativ, weil $w_1(z)$ und $w_2(z)$ eindeutige Funktionen von z sind. Analog im Fall der allgemeinen Differentialgleichung (11.4.1).

Für (11.4.1) hat man statt (11.2.3) jetzt zwei Gleichungen

$$\mathfrak{w}(z + 2\omega_k) = \mathfrak{a}_k\, \mathfrak{w}(z), \qquad k = 1, 2.$$

[1] Sie ist auch für $n = -1, -2, \ldots$ richtig. Man ersetze dann nur n durch $-n-1$.

Die charakteristischen Gleichungen

$$\operatorname{Det}(\mathfrak{a}_k - \varrho\,\mathfrak{E}) = 0, \qquad k = 1, 2$$

sind wie in § 11.**2.** von der Wahl des Fundamentalsystems unabhängig. Nach (11.2.7) ist auch

$$\operatorname{Det}(\mathfrak{a}_k) = 1, \qquad k = 1, 2.$$

Die Wurzeln seien $\varrho_1^{(k)}$, $\varrho_2^{(k)}$, $k = 1, 2$. Insbesondere ist der Multiplikator $\varrho^{(1)}$ bzw. $\varrho^{(2)}$ einer jeden multiplikativen Lösung

$$w(z + 2\omega_1) = \varrho^{(1)}\, w(z) \quad \text{bzw.} \quad w(z + 2\omega_2) = \varrho^{(2)}\, w(z)$$

eine Wurzel der zur Periode gehörigen charakteristischen Gleichung. Man erkennt dies, wenn man die betreffende einfach oder doppelt multiplikative Lösung als Glied eines Fundamentalsystems nimmt.

Genau wie im Falle der Differentialgleichungen mit einfach periodischen Koeffizienten erkennt man, daß es mindestens eine zunächst einfach multiplikative Lösung gibt, d. h. eine Lösung

$$v_1(z) \not\equiv 0,$$

für die

$$v_1(z + 2\omega_1) = \varrho_1^{(1)}\, v_1(z)$$

gilt. $\varrho_1^{(1)}$ ist dabei eine Wurzel der charakteristischen Gleichung der Periode $2\omega_1$. Nun betrachte man die Lösungen

$$v_1(z), \quad v_1(z + 2\omega_2), \quad v_1(z + 4\omega_2).$$

Sind $v_1(z)$ und $v_1(z+2\omega_2)$ linear abhängig, so gibt es eine Zahl $\varrho_1^{(2)}$, so daß

$$v_1(z + 2\omega_2) = \varrho_1^{(2)}\, v_1(z)$$

ist. $\varrho_1^{(2)}$ ist eine der Wurzeln der charakteristischen Gleichung der Periode $2\omega_2$. Sind aber $v_1(z)$ und $v_1(z+2\omega_2)$ linear unabhängig, so besteht jedenfalls eine Relation

$$a\, v_1(z) + b\, v_1(z + 2\omega_2) + c\, v_1(z + 4\omega_2) = 0 \tag{11.4.3}$$

mit konstanten Koeffizienten, in der $a \neq 0$ und $c \neq 0$ ist. Man setze

$$v_1(z + 2\omega_2) = v_2(z).$$

Dann ist

$$v_2(z + 2\omega_2) = v_1(z + 4\omega_2),$$

und man hat daher nach (11.4.3) eine Relation

$$\left.\begin{aligned} v_1(z + 2\omega_2) &= v_2(z) \\ v_2(z + 2\omega_2) &= \alpha\, v_1(z) + \beta\, v_2(z), \qquad \alpha \neq 0, \end{aligned}\right\} \tag{11.4.4}$$

und es ist

$$\left.\begin{aligned} v_1(z + 2\omega_1) &= \varrho_1^{(1)}\, v_1(z) \\ v_2(z + 2\omega_1) &= \varrho_1^{(1)}\, v_2(z), \end{aligned}\right\} \tag{11.4.5}$$

was nebenbei bemerkt bedeutet, daß in diesem Falle die betreffende charakteristische Gleichung eine Doppelwurzel hat, weil zwei linear unabhängige Lösungen für die betreffende Periode multiplikativ sind. Aus (11.4.4) schließt man nach der bei den Differentialgleichungen mit einfach periodischen Koeffizienten zur Aufsuchung multiplikativer Lösungen benutzten Methode, daß es eine lineare Kombination $V(z)$ von v_1 und v_2 gibt, die auch für die Periode $2\omega_2$ multiplikativ ist:

$$V(z + 2\omega_2) = \varrho_1^{(2)} V(z).$$

Da aber wegen (11.4.4) und der linearen Unabhängigkeit von v_1 und v_2 alle Lösungen für die Periode $2\omega_1$ mit dem Multiplikator $\varrho_1^{(1)}$ multiplikativ sind, so haben wir nun das Ergebnis, daß es auf alle Fälle eine Lösung gibt, die für beide Perioden multiplikativ ist. Ich nenne sie wieder $w_1(z)$, und ihre Multiplikatoren $\varrho_1^{(1)}$ und $\varrho_1^{(2)}$, so daß also gilt

$$\left.\begin{aligned} w_1(z + 2\omega_1) &= \varrho_1^{(1)} w_1(z) \\ w_1(z + 2\omega_2) &= \varrho_1^{(2)} w_1(z). \end{aligned}\right\} \qquad (11.4.6)$$

Zu einer zweiten davon linear unabhängigen Lösung gelangt man durch den Ansatz:

$$w_2 = w_1 W.$$

Für W besteht daher die Differentialgleichung

$$W'' + \frac{2w_1'}{w_1} W' = 0$$

mit doppelperiodischem Koeffizienten. Hiernach ist

$$W' = \frac{1}{w_1^2}$$

in jeder der beiden Perioden multiplikativ mit den Multiplikatoren $\varrho_2^{(1)}/\varrho_1^{(1)}$ bzw. $\varrho_2^{(2)}/\varrho_1^{(2)}$. Hier ist $\operatorname{Det}(\mathfrak{a}_k) = 1$, $k = 1, 2$ berücksichtigt. Daher gibt es noch zwei Konstanten c_1 und c_2, so daß

$$\begin{aligned} W(z + 2\omega_1) &= r^{(1)} W(z) + c_1, & r^{(1)} &= \varrho_2^{(1)}/\varrho_1^{(1)} \\ W(z + 2\omega_2) &= r^{(2)} W(z) + c_2, & r^{(2)} &= \varrho_2^{(2)}/\varrho_1^{(2)} \end{aligned}$$

ist. Daher ist für

$$w_2 = w_1 W$$

$$\left.\begin{aligned} w_2(z + 2\omega_1) &= \varrho_2^{(1)} w_2(z) + \varrho_1^{(1)} c_1 w_1(z) \\ w_2(z + 2\omega_2) &= \varrho_2^{(2)} w_2(z) + \varrho_1^{(2)} c_2 w_1(z). \end{aligned}\right\} \qquad (11.4.7)$$

Dies und (11.4.6) sind nun die Funktionalgleichungen für das Fundamentalsystem, das kanonisch heißen soll.

Ähnlich wie in § 11.2. im einfach periodischen Fall die multiplikativen Lösungen mit den periodischen in Zusammenhang gebracht wurden, können sie hier an die elliptischen Funktionen angeschlossen werden, handelt es sich doch durchweg um eindeutige Funktionen.

Betrachtet man

$$f(z) = e^{\lambda_1 z} \frac{\sigma(z-\mu_1)}{\sigma(z)}, \qquad \lambda_1, \mu_1 \text{ konstant,}$$

so ist mit den in der Theorie der elliptischen Funktionen üblichen Bezeichnungen

$$f(z+2\omega_k) = \exp(2\lambda_1\omega_k - 2\eta_k\mu_1) f(z), \quad k = 1, 2.$$

Daher ist

$$\frac{w_1(z)}{f(z)}$$

doppelperiodisch, wenn

$$\varrho_1^{(k)} = \exp(2\lambda_1\omega_k - 2\mu_1\eta_k), \quad k = 1, 2 \tag{11.4.8}$$

ist. Das führt zu zwei linearen Gleichungen

$$2\lambda_1\omega_1 - 2\mu_1\eta_1 = \log\varrho_1^{(1)}$$
$$2\lambda_1\omega_2 - 2\mu_1\eta_2 = \log\varrho_1^{(2)}.$$

Ihre Determinante ist wegen der LEGENDREschen Relation

$$\omega_1\eta_2 - \omega_2\eta_1 \equiv \frac{\pi i}{2} \quad \mathrm{mod}\, 2\pi i$$

aus der Theorie der elliptischen Funktionen von Null verschieden. Daher können die λ_1, μ_1 (11.4.8) entsprechend bestimmt werden. Also ist

$$w_1(z) = e^{\lambda_1 z}\frac{\sigma(z-\mu_1)}{\sigma(z)}\varphi_1(z) \tag{11.4.9}$$

mit doppelperiodischem $\varphi_1(z)$.

Ich beschäftige mich nun mit $w_2(z)$. Die beiden erzeugenden Matrizen der Monodromiegruppe sind nach (11.4.6) und 11.4.7)

$$\begin{pmatrix} \varrho_1^{(1)} & 0 \\ \varrho_1^{(1)} c_1 & \varrho_2^{(1)} \end{pmatrix} \quad \text{und} \quad \begin{pmatrix} \varrho_1^{(2)} & 0 \\ \varrho_1^{(2)} c_2 & \varrho_2^{(2)} \end{pmatrix}. \tag{11.4.10}$$

Nach einer oben angeführten Bemerkung sind sie kommutativ. Das führt zu der Gleichung

$$\varrho_1^{(1)} c_1 (\varrho_1^{(2)} - \varrho_2^{(2)}) + \varrho_1^{(2)} c_2 (\varrho_2^{(1)} - \varrho_1^{(1)}) = 0. \tag{11.4.11}$$

Nun sind mehrere Fälle zu unterscheiden. Ist

$$\varrho_1^{(1)} \neq \varrho_2^{(1)} \quad \text{und} \quad \varrho_1^{(2)} \neq \varrho_2^{(2)},$$

so kann man nach dem in § 11.**2.** im einfach periodischen Fall Ausgeführten jedenfalls unter Festhaltung von w_1 die Funktion w_2 durch lineare Kombination mit w_1 so abändern, daß $c_1 = 0$ wird, d. h. daß beide Funktionen des abgeänderten Fundamentalsystems hinsichtlich der ersten Periode $2\omega_1$ multiplikativ sind, während w_1 hinsichtlich der zweiten Periode $2\omega_2$ multiplikativ bleibt. Da aber nach wie vor (11.4.11) mit einem neuen c_2 gelten muß, folgt wegen $\varrho_2^{(1)} - \varrho_1^{(1)} \neq 0$, daß auch dieses neue $c_2 = 0$ ist. Es sind also beide Funktionen hinsichtlich beider Perioden multiplikativ. Und daher hat auch das neue $w_2(z)$ nach der oben angestellten Überlegung die Gestalt

$$w_2(z) = e^{\lambda_2 z} \frac{\sigma(z-\mu_2)}{\sigma(z)} \varphi_2(z) \tag{11.4.12}$$

analog zu (11.4.9) mit doppelperiodischem $\varphi_2(z)$.

Ist
$$\varrho_1^{(1)} = \varrho_2^{(1)} \quad \text{und} \quad \varrho_1^{(2)} \neq \varrho_2^{(2)},$$

so folgt aus (11.4.11), daß $c_1 = 0$ ist. Daher sind jetzt alle Lösungen hinsichtlich $2\omega_1$ multiplikativ. So kann man nach dem in § 11.**2.** im einfachperiodischen Fall Ausgeführten $w_2(z)$ durch lineare Kombination mit $w_1(z)$ so abändern, daß auch $c_2 = 0$ wird. Wieder sind beide Lösungen des neuen Fundamentalsystems multiplikativ. Ebenso schließt man, wenn
$$\varrho_1^{(1)} \neq \varrho_2^{(1)} \quad \text{und} \quad \varrho_1^{(2)} = \varrho_2^{(2)}$$

ist. In diesen beiden Fällen haben $w_1(z)$ und $w_2(z)$ wieder die in (11.4.9) und (11.4.12) angegebene Gestalt mit doppelperiodischen φ_1 und φ_2. Nun bleibt noch der Fall

$$\varrho_1^{(1)} = \varrho_2^{(1)} \quad \text{und} \quad \varrho_1^{(2)} = \varrho_2^{(2)}$$

zu erörtern. Dann bedeutet (11.4.11) keine Bedingung für c_1 und c_2. Aber an Stelle von (11.4.7) tritt jetzt

$$\left.\begin{aligned} w_2(z+2\omega_1) &= \varrho_1^{(1)}(w_2(z) + c_1\, w_1(z)) \\ w_2(z+2\omega_2) &= \varrho_1^{(2)}(w_2(z) + c_2\, w_1(z)). \end{aligned}\right\} \tag{11.4.13}$$

Jetzt gelten daher für $F(z) = w_2/w_1$ die Funktionalgleichungen

$$F(z+2\omega_k) = F(z) + c_k, \qquad k = 1, 2.$$

Man setze
$$G(z) = A\,\zeta(z) + B\,z, \qquad \text{mit Konstanten } A, B.$$

Dann wird

$$G(z+2\omega_k) = G(z) + 2A\,\eta_k + 2B\,\omega_k, \qquad k = 1, 2.$$

Man bestimme A und B aus den Gleichungen

$$2A\,\eta_1 + 2B\,\omega_1 = c_1$$
$$2A\,\eta_2 + 2B\,\omega_2 = c_2.$$

Das geht wegen $\eta_1\,\omega_2 - \eta_2\,\omega_1 \neq 0$ wie vorhin. Daher ist

$$F(z) - A\,\zeta(z) - B\,z = \Phi(z)$$

doppelperiodisch, und jetzt ist

$$\left.\begin{aligned} w_2(z) &= w_1(z)\,(A\,\zeta(z) + B + \Phi(z)) \\ &= e^{\lambda_1 z} \frac{\sigma(z-\mu_1)}{\sigma(z)} (\varphi_2(z) + \varphi_1(z)\,[A\,\zeta(z) + B]) \end{aligned}\right\} \tag{11.4.14}$$

mit doppelperiodischen φ_1 und φ_2, während für w_1 die Darstellung (11.4.9) mit demselben λ_1, μ_1, φ_1 gilt.

Als Beispiel sei noch die LAMÉsche Differentialgleichung (11.4.2) erwähnt. Im Spezialfall $n = 1$, d. h. für

$$w'' - \{2\wp(z) + B\} w = 0$$

bestimme man a aus $\wp(a) = B$. Dann wird

$$w_1(z) = e^{-z\zeta(a)} \frac{\sigma(z+a)}{\sigma(z)}, \qquad w_2(z) = e^{z\zeta(a)} \frac{\sigma(z-a)}{\sigma(z)}.$$

Die beiden Lösungen sind linear unabhängig, wenn $B \neq e_\lambda$, $\lambda = 1, 2, 3$. Ist aber $B = e_\lambda$, so behalte man $w_1(z)$ bei, und ersetze $w_2(z)$ durch

$$w_2(z) = e^{-\eta_\lambda z} \frac{\sigma(z+\omega_\lambda)}{\sigma(z)} \{\zeta(z+\omega_\lambda) + e_\lambda z\}.$$

So hat man auch in diesen Fällen zwei linear unabhängige Integrale. Die Rechnungen sind z. B. bei E. L. INCE, Ordinary differential equations durchgeführt. Im Falle $n = 2$, d. h. für die LAMÉsche Differentialgleichung

$$w'' - \{6\wp(z) + B\} w = 0 \tag{11.4.15}$$

bestimme man a_1 und a_2 aus den beiden Gleichungen

$$\wp'(a_1) + \wp'(a_2) = 0$$
$$\wp(a_1) + \wp(a_2) = \tfrac{1}{3}B.$$

Dann sind

$$w_1(z) = \frac{\sigma(z-a_1)\,\sigma(z-a_2)}{\sigma^2(z)} \exp\big(\zeta(a_1) + \zeta(a_2)\big)\, z, \qquad w_2(z) = w_1(-z)$$

Integrale der Differentialgleichung (11.4.15). Näheres z. B. bei H. BURKHARDT, Elliptische Funktionen, 2. Aufl. Leipzig 1906.

§ 12. Einige weitere Untersuchungen

1. Die PAINLEVÉschen Transzendenten. Es werden Differentialgleichungen

$$w'' = \frac{P(w', w, z)}{Q(w', w, z)} \tag{12.1.1}$$

betrachtet, in denen P und Q teilerfremde Polynome in w' und w sind, deren Koeffizienten eindeutige analytische Funktionen von z sind. Es möge ein Gebiet G der z-Ebene existieren, in dem alle Koeffizienten eindeutig und holomorph sind. Man kann wie in § 5.1. eine Aufzählung möglicher Singularitäten geben und auch die dort gegebene Definition von festen und beweglichen Singularitäten der Lösungen übernehmen. Die Suche nach Differentialgleichungen (12.1.1) mit eindeutigen Lösungen führt zunächst auf die Frage nach den Bedingungen dafür, daß die Lösungen einer (12.1.1) von beweglichen mehrdeutigen Singularitäten frei sind. Die Beantwortung dieser Frage führt auf die PAINLEVÉschen Transzendenten. Über die Untersuchungen, die PAINLEVÉ und seine Schüler u. a. hierzu angestellt haben, ist oft zusammenfassend berichtet worden. Ich nenne den Enzyklopädieartikel von EMIL HILB, das mehrerwähnte Buch von E. L. INCE, ferner G. VALIRON, Equations fonctionnelles. Applications, und neuderings W. W. GOLUBEW, Vorlesungen über Differentialgleichungen im Komplexen[1]. Gegen alle diese Darstellungen bestehen u. a. die grundsätzlichen Bedenken, die ich in § 5.1. angemeldet habe: Es liegt keine präzise Definition der Begriffe „fest" und „beweglich" zugrunde. Ich will hier nur einiges wenige vorbringen, wobei sich auch die in § 5.1. gegebene Definition zu bewähren scheint. Man betrachte eine Stelle (w_0', w_0, z_0), an der $Q = 0$, aber $P \neq 0$ ist. Außerdem soll $Q(w', w_0, z_0)$ nicht identisch in w' verschwinden. Es gibt eine Kreisscheibe $|z_* - z_0| < r$ derart, daß auch zu jeder Stelle z_* aus derselben Stellen (w_*', w_*, z_*) gehören, an denen $Q = 0$ und $P \neq 0$ ist, und zwar so, daß $Q(w', w_*, z_*)$ nicht identisch in w' verschwindet. Man setze

$$w' = u \tag{12.1.2}$$

und gehe von (12.1.1) zu dem System

$$\left.\begin{aligned} \frac{dz}{du} &= \frac{Q(u, w, z)}{P(u, w, z)} \\ \frac{dw}{du} &= \frac{u Q(u, w, z)}{P(u, w, z)} \end{aligned}\right\} \tag{12.1.3}$$

über. Hier ist u als neue unabhängige Variable betrachtet. Das ist ein System für die beiden unbekannten Funktionen $z(u)$ und $w(u)$ mit den Anfangsbedingungen $z_0 = z(w_0')$, $w_0 = w(w_0')$. In der Umgebung der Stelle $z = z_0$, $w = w_0$, $u = w_0'$ ist der grundlegende Existenzsatz von § 1 anwendbar. Es gibt also zwei bei $u = w_0'$ holomorphe Lösungen $z(u)$, $w(u)$ der Differentialgleichungen (12.1.3), die durch die genannten Anfangsbedingungen eindeutig bestimmt sind. Es ist weder $z(u) \equiv z_0$ noch $w(u) \equiv w_0$ nach der über $Q(w', w_0, z_0)$ gemachten Annahme. Die Entwicklungen nach Potenzen von $u - w_0'$ beginnen bei beiden Funktionen mit Gliedern mindestens zweiter Ordnung, weil $Q(w_0', w_0, z_0) = 0$ ist. Die Umkehrungsfunktionen $u(z)$ und $u(w)$ sind demnach bei $z = z_0$ bzw. $w = w_0$ algebraisch verzweigt. Ist aber $u(z)$ bei $z = z_0$ algebraisch verzweigt, so ist nach (12.1.2) auch $w(z)$ bei $z = z_0$ algebraisch verzweigt. Da die gleiche Überlegung für jede Stelle z aus der Kreisscheibe $|z_* - z_0| < r$ gilt, so ist die Menge derjenigen z-Werte, an denen Lösungen algebraisch verzweigt sein können, mit inneren Punkten versehen. Es liegen also nach der Definition aus § 5.1. bewegliche algebraische Verzweigungen

[1] Man vergleiche auch den aufschlußreichen Bericht von JULES DRACH am Ende des Bandes III der Oeuvres de HENRI POINCARÉ.

der Lösungen immer dann vor, wenn das Nennerpolynom Q in (12.1.1) überhaupt von w' abhängt. Sollen also bewegliche algebraische Verzweigungen der Lösungen fehlen, so muß Q eine Funktion von w und z allein sein.

Ähnliche Überlegungen führen zu der Einsicht, daß der Grad des Zählers P in w' höchstens 2 sein darf, wenn bewegliche algebraische Verzweigungen fehlen sollen. Man gehe durch

$$w' = \frac{1}{v} \tag{12.1.4}$$

zu dem System

$$\left.\begin{aligned} \frac{dz}{dv} &= -\frac{1}{v^2}\,\frac{Q(w,z)}{P\left(\frac{1}{v}, w, z\right)} \\ \frac{dw}{dv} &= -\frac{1}{v^3}\,\frac{Q(w,z)}{P\left(\frac{1}{v}, w, z\right)} \end{aligned}\right\} \tag{12.1.5}$$

über. Ist nun $p > 2$ der Grad von P als Polynom in w', so kann man statt (12.1.5) schreiben:

$$\left.\begin{aligned} \frac{dz}{dv} &= \frac{Q(w,z)\,v^{p-2}}{P_0(w,z) + v\,P_1(v,w,z)} \\ \frac{dw}{dv} &= \frac{Q(w,z)\,v^{p-3}}{P_0(w,z) + v\,P_1(v,w,z)}\,. \end{aligned}\right\} \tag{12.1.5'}$$

Hier ist $P_0(w, z)$ nicht identisch 0. Da auch $Q(w, z)$ nicht identisch 0 ist, so wähle man eine Stelle (w_0, z_0), an der weder Q noch P_0 verschwinden. Dann gibt es wieder eine Kreisscheibe $|z^* - z_0| < r$, so daß zu jedem Punkt z_* derselben, ein w_* gehört, derart, daß an der Stelle (w_*, z_*) weder P_0 noch Q verschwinden. Man betrachte dann die Lösung $z(v)$, $w(v)$ von (12.1.5'), welche durch die Anfangsbedingung $z(0) = z_0$, $w(0) = w_0$ bestimmt ist, und die durch den Existenzsatz von § 1 gesichert ist. Wegen $p > 2$ ist dann die Umkehrung $v(z)$ bei $z = z_0$ algebraisch verzweigt. Nach (12.1.4) ist daher auch $w(z)$ bei $z = z_0$ algebraisch verzweigt. Daß die Umkehrungsfunktion $v(z)$ existiert, ist dadurch gesichert, daß wegen $Q(w_0, z_0) \neq 0$, die Lösungen $z(v)$, $w(v)$ von (12.1.5') nicht konstant sind. Da die gleiche Überlegung für jedes z_* aus der Kreisscheibe $|z_* - z_0| < r$ gilt, hat die Menge derjenigen z-Stellen, an denen Lösungen algebraisch verzweigt sein können, innere Punkte. Es liegen also bewegliche algebraische Verzweigungen immer dann vor, wenn der Grad des Polynoms P in w' größer als 2 ist.

Eine Differentialgleichung (12.1.1) ohne bewegliche algebraische Verzweigungspunkte hat demnach notwendig die Form

$$w'' = \frac{P_0(w,z)\,w'\,w' + P_1(w,z)\,w' + P_2(w,z)}{Q(w,z)}\,. \tag{12.1.6}$$

Hier sind $P_0(w, z)$, $P_1(w, z)$, $P_2(w, z)$, $Q(w, z)$ Polynome in w, deren Koeffizienten eindeutige analytische Funktionen von z sind, derart, daß es ein gemeinsames Holomorphiegebiet aller dieser Koeffizienten gibt. Die vier w-Polynome dürfen als teilerfremd angenommen werden.

Diese (12.1.6) sind nun aber noch weiteren Bedingungen unterworfen, wenn sie frei sein sollen von beweglichen singulären Stellen mehrdeutigen Charakters. Dies und die von P. PAINLEVÉ zur Untersuchung dieser Frage ersonnene Methode möge an einem Beispiel erörtert werden. Es sei

$$w'' = \frac{w' w'}{w^2} \tag{12.1.7}$$

vorgelegt. Man setze

$$w' = u$$

und gehe von (12.1.7) zum System

$$\left.\begin{aligned} \frac{dw}{dz} &= u \\ \frac{du}{dz} &= \frac{u^2}{w^2} \end{aligned}\right\} \tag{12.1.8}$$

über. Hier führe man durch

$$w = \lambda W, \qquad u = \lambda^2 U \tag{12.1.9}$$

einen komplexen Parameter λ ein. Dann wird (12.1.8)

$$\left.\begin{aligned} \frac{dW}{dz} &= \lambda U \\ \frac{dU}{dz} &= \frac{U^2}{W^2}. \end{aligned}\right\} \tag{12.1.10}$$

Nach § 1.**5.** und § 1.**6.** sind die Lösungen von (12.1.10) analytische Funktionen des Parameters λ. Sie können nach Potenzen von λ entwickelt werden und längs eines gegebenen Fortsetzungsweges für kleine λ miteinander verglichen werden. Man schreibe (12.1.10) für $\lambda = 0$ an:

$$\left.\begin{aligned} \frac{dW_0}{dz} &= 0 \\ \frac{dU_0}{dz} &= \frac{U_0^2}{W_0^2}. \end{aligned}\right\} \tag{12.1.11}$$

Die Lösungen von (12.1.10) bezeichne man durch $W(z, \lambda)$, $U(z, \lambda)$ und entwickle nach Potenzen von λ

$$\left.\begin{aligned} W(z, \lambda) &= W(z, 0) + \lambda w_1 + \cdots \\ U(z, \lambda) &= U(z, 0) + \lambda u_1 + \cdots \end{aligned}\right\} \tag{12.1.12}$$

Man integriere (12.1.10) unter der von λ unabhängigen Anfangsbedingung:

$$W(z_0, \lambda) = w_0 \neq 0$$
$$U(z_0, \lambda) = u_0 \neq 0.$$

Dann wird nach (12.1.11)

$$W_0 = W(z, 0) = w_0$$

$$U_0 = U(z, 0) = \frac{w_0^2 u_0}{w_0^2 - u_0(z - z_0)}.$$

Setzt man (12.1.12) in (12.1.10) ein, so erhält man für w_1 die Differentialgleichung:

$$w_1' = U(z, 0).$$

Daraus folgt

$$w_1 = w_0^2 \log \frac{w_0^2}{w_0^2 - u_0(z - z_0)}. \tag{12.1.13}$$

w_1 hat an der Stelle

$$z_* = z_0 + \frac{w_0^2}{u_0} \tag{12.1.14}$$

eine logarithmische Singularität. Daraus folgt nun, daß die Lösungen von (12.1.7) bewegliche logarithmische Singularitäten besitzen. Angenommen nämlich, die Lösungen von (12.1.7) seien frei von beweglichen logarithmischen Singularitäten, so träfe das auch für (12.1.8) und damit für (12.1.10) für beliebige Wahl des Parameters $\lambda \neq 0$ zu. Denn jeder logarithmischen Singularität z_* einer Lösung von (12.1.10) entspricht bei $\lambda \neq 0$ durch die Substitution (12.1.9) eine logarithmische Singularität bei z^* einer Lösung von (12.1.8) und damit von (12.1.7). Für genügend kleine λ sind aber die Lösungen von (12.1.10) durch die Reihen (12.1.12) dargestellt. Diese Lösungen können aber nicht für alle genügend kleinen λ bei Umlaufung der Stelle (12.1.14) eindeutig sein. Denn die Differenz der Werte, die $W(z, \lambda)$ bei Umlaufung der Stelle (12.1.14) aufweist, sind ebenfalls durch eine Potenzreihe in λ dargestellt. Diese kann nach dem Identitätssatz der Funktionentheorie nur dann für alle genügend kleinen λ verschwinden, wenn sie identisch verschwindet, d. h. wenn alle Koeffizienten 0 sind. Das würde aber bedeuten, daß auch w_1 an der Stelle (12.1.14) eindeutig ist. Nach dieser Überlegung hat (12.1.7) Lösungen mit beweglichen logarithmischen Verzweigungen bei z_*.

Ich betrachte noch ein zweites Beispiel:

$$w'' = \frac{w' w'}{w}$$

besitzt das allgemeine Integral

$$w = w_0 \exp\left[\frac{w_0'}{w_0}(z - z_0)\right].$$

Jetzt fehlen bewegliche Singularitäten völlig.

Die weitere Diskussion macht von der am Beispiel (12.1.7) bewährten Parametermethode ausgiebigen Gebrauch. Auch die in § 5.**5.** erwähnten Ergebnisse über die binomische Differentialgleichung (5.5.2) werden herangezogen. Die Überlegungen sind weitläufig. Mag man nun für schlüssig halten, was man darüber in der Literatur findet oder mag man den Darlegungen nur einen heuristischen Wert zuerkennen, man wird jedenfalls zunächst auf 50 Typen von Differentialgleichungen geführt, deren Lösungen sich als frei von beweglichen Singularitäten mehrdeutigen Charakters erweisen. Die meisten sind durch anderweit bekannte Funktionen zu integrieren. Es bleiben nur 6 Typen übrig, die auf neue, die sog. PAINLEVÉschen Transzendenten führen. Die einfachsten davon sind

$$w'' = 6w^2 + z$$

$$w'' = 2w^3 + wz + \alpha, \qquad \alpha \text{ konstant.}$$

Die Lösungen dieser Differentialgleichungen sind tatsächlich frei von beweglichen mehrdeutigen Singularitäten, ja sie sind überhaupt eindeutige, genauer gesagt meromorphe Funktionen. Ich beschränke mich auf

$$w'' = 6w^2 + z. \tag{12.1.15}$$

Zuerst soll gezeigt werden, daß bei den Lösungen bewegliche Pole vorkommen. Macht man in (12.1.15) den Ansatz

$$w = \sum_{-k}^{\infty} w_\nu (z - z_0)^\nu,$$

so erkennt man, daß links das Glied niedrigster Ordnung $w_{-k}\, k(k+1)$ $\times (z - z_0)^{-k-2}$ ist, während rechts das Glied niedrigster Ordnung $6w_{-k}^2 (z - z_0)^{-2k}$ ist. Daher ist $w_{-k} = 0$, wenn $k > 2$ ist. Es kommt also nur der Ansatz

$$w = \sum_{-2}^{\infty} w_\nu (z - z_0)^\nu$$

in Betracht. Er führt zu den Rekursionsformeln

$$\begin{aligned}
6w_{-2} &= 6w_{-2}^2\\
2w_{-1} &= 12 w_{-2} w_{-1}\\
0 &= 6(2w_{-2} w_0 + w_{-1}^2)\\
0 &= 6(2w_{-2} w_1 + 2w_{-1} w_0)\\
2w_2 &= 6(2w_{-2} w_2 + 2w_{-1} w_1 + w_0^2) + z_0\\
6w_3 &= 6(2w_{-2} w_3 + 2w_{-1} w_2 + 2w_0 w_1) + 1\\
12 w_4 &= 6(2w_{-2} w_4 + 2w_{-1} w_3 + 2w_0 w_2 + w_1^2)\\
\nu(\nu-1)\, w_\nu &= 6(w_{-2} w_\nu + w_{-1} w_{\nu-1} + \cdots + w_\nu w_{-2}) \quad \text{für} \quad \nu \geqq 5.
\end{aligned}$$

Diesen Rekursionsformeln kann man auf die beiden folgenden Weisen genügen. Man entnehme der ersten $w_{-2} = 0$. Dann ist aber auch $w_{-1} = 0$, und es handelt sich um die bei z_0 regulären Lösungen. Die andere Lösung der ersten Rekursionsformel ist $w_{-2} = 1$. Dann folgt weiter

$w_{-1}=0,\ w_0=0,\ w_1=0,\ w_2=-\frac{z_0}{10},\ w_3=-\frac{1}{6},\ w_4$ bleibt willkürlich und die folgenden Rekursionsformeln sind eindeutig erfüllbar. Man kann auch gleich den Konvergenzbeweis anschließen. Man entnimmt nämlich den Rekursionsformeln für $\nu \geqq 5$

$$|w_\nu| \leqq \frac{\sum\limits_{k=2}^{k=\nu-4} |w_k w_{\nu-k-2}|}{\nu(\nu-1)-12} \leqq \frac{(\nu-5)\operatorname*{Max}\limits_{k=2}^{k=\nu-4} |w_k w_{\nu-k-2}|}{\nu(\nu-1)-12} \leqq \operatorname*{Max}_{k=2}^{k=\nu-4} |w_k w_{\nu-k-2}|.$$

Ist dann

$$M = \operatorname*{Max}_{\lambda=2}^{\lambda=8} |w_\lambda|,$$

so ist

$$|w_\nu| \leqq M^n, \quad 4n+1 \leqq \nu \leqq 4(n+1), \quad n \geqq 1.$$

Das beweist man durch vollständige Induktion. Für $n=1$ ist die Behauptung nach Definition von M richtig. Den Schluß von $n=m$ auf $n=m+1$ liest man aus der angegebenen Abschätzung ab. Aus dem Ergebnis folgt, daß der Konvergenzradius mindestens $1/\sqrt[4]{M}$ ist[1]. Die Überlegung zeigt, daß es Lösungen mit beweglichen Polen zweiter Ordnung gibt, daß aber Lösungen mit Polen erster Ordnung fehlen.

Nun soll weiter gezeigt werden, daß für endliche z_0 andere Singularitäten als Pole bei den Lösungen nicht vorkommen. Denken wir uns irgendeine Lösung $w(z)$ längs eines Weges $\mathfrak{L}$ vermittelst einer singulären Kette von Funktionselementen fortgesetzt bis zu einer endlichen Stelle z_0 hin. Wie in § 1 sei z_ν eine Stellenfolge auf diesem Wege mit $z_\nu \to z_0$. Ist dann $w(z_\nu) = w_\nu$ und konvergiert irgendeine Teilfolge der w_ν gegen ein endliches w_0 und zugleich $w'(z_\nu) = w'_\nu$ gegen ein endliches w'_0, so ist nach dem Satz von PAINLEVÉ in § 1 die Lösung bei $z=z_0$ nicht singulär. Man bringe nur, um die Anwendbarkeit des Satzes von PAINLEVÉ zu sehen, (12.1.15) auf die Form

$$\frac{dw}{dz} = w_1, \quad \frac{dw_1}{dz} = 6w^2 + z. \tag{12.1.16}$$

Dann handelt es sich bei der Stelle (z_0, w_0, w'_0) um eine reguläre Stelle der Differentialgleichung. Die betrachtete Lösung ist bei z_0 regulär. Wenn z_0 eine singuläre Stelle ist, können auf keiner Stellenfolge $z_\nu \to z_0$ des Weges $\mathfrak{L}$ gleichzeitig w_ν und w'_ν gegen endliche Werte konvergieren. Konvergiert auf einer Stellenfolge $w_\nu \to \infty$, aber w'_ν gegen ein endliches w'_0, so führe man in (12.1.16) die Stürzung $w = 1/y$ aus. Man erhält das System

$$\frac{dy}{dz} = -w_1 y^2, \quad \frac{dw_1}{dz} = \frac{6}{y^2} + z \tag{12.1.17}$$

Dafür schreibe man

$$\frac{dz}{dw_1} = \frac{y^2}{6+zy^2}, \quad \frac{dy}{dw_1} = \frac{-y^4 w_1}{6+zy^2}. \tag{12.1.18}$$

[1] Diese Aussage läßt sich verbessern.

Diese Differentialgleichungen müssen gelten, wenn man z und y als Funktionen von w' betrachtet. Die Stelle $y = 0$, $z = z_0$, $w_1 = w_0'$ ist aber eine reguläre Stelle dieses Systems. Der Satz von PAINLEVÉ aus § 1 besagt daher, daß die durch $y(w_0') = 0$, $z(w_0') = z_0$ festgelegte Lösung des Systems (12.1.18) mit derjenigen übereinstimmt, die eben als Funktion von w_1 dargestellt wurde. Die Lösung von (12.1.18) ist $y \equiv 0$, $z \equiv z_0$. Das kann aber die als Funktion von w_1 dargestellte Lösung nicht sein. Man erkennt also, daß eine Singularität der angenommenen Art nicht vorkommt. Es muß daher auf der Folge $z_\nu \to z_0$ sowohl $w_\nu \to \infty$ wie $w_\nu' \to \infty$ streben. In diesem Falle mache man in (12.1.16) die Substitution

$$\left.\begin{aligned} w &= \frac{1}{u^2} \\ w_1 &= -\frac{2}{u^3} - \frac{1}{2} z u - \frac{1}{2} u^2 + v u^3. \end{aligned}\right\} \tag{12.1.19}$$

Man erhält so

$$\left.\begin{aligned} \frac{du}{dz} &= 1 + \frac{1}{4} z u^4 + \frac{1}{4} u^5 - \frac{1}{2} v u^6 \\ \frac{dv}{dz} &= \frac{1}{8} z^2 u + \frac{3}{8} z u^2 - z v u^3 + \frac{u^3}{4} - \frac{5}{4} v u^4 + \frac{3}{2} v^2 u^5. \end{aligned}\right\} \tag{12.1.20}$$

Dies System ist an der Stelle $z = z_0$, $u = 0$, $v = v_0$ mit endlichem z_0, v_0 regulär. Die Lösung $u(z), v(z)$, die bei $z = z_0$ das Wertepaar $u = 0$, $v = v_0$ annimmt, ist bei $z = z_0$ regulär. Dort hat $u(z)$ eine einfache Nullstelle, weil dort nach (12.1.20) $\frac{du}{dz} = 1$ ist. Daher hat nach (12.1.19) $w(z)$ bei $z = z_0$ einen Doppelpol mit dem schon aus der früheren Darlegung bekannten Koeffizienten 1 des Gliedes zweiter Ordnung seiner Laurententwicklung.

Man weiß weiter, daß keine Lösung von (12.1.15) ganz sein kann, und daß jede Lösung unendliche viele Pole hat. Worauf das beruht, wird in § 12.**4.** angegeben werden. Jede Lösung von $w'' = 6w^2 + z$ ist frei von defekten Werten; genauer gilt für beliebige a und b

$$\lim_{r \to \infty} \frac{n(r, a)}{n(r, b)} = 1.$$

2. HÖLDERs Satz über die Gammafunktion. OTTO HÖLDER hat seinen berühmten Satz, daß die Gammafunktion keiner algebraischen Differentialgleichung genügt, 1886 (Math. Ann. Bd. 28) veröffentlicht. Im Laufe der Jahre wurden verschiedene andere Beweise dafür gegeben. Der einfachste dürfte der sein, den ALEXANDER OSTROWSKI 1925 (Math. Ann. Bd. 94) gefunden hat. Er soll hier zur Darstellung kommen. Alle Beweise konstruieren einen Widerspruch zwischen der Funktionalgleichung

$$\Gamma(z+1) = z\,\Gamma(z),$$

der Gammafunktion und der Annahme einer algebraischen Differentialgleichung

$$F(w, w', w'', \ldots, w^{(n)}, z) = 0, \tag{12.2.1}$$

der $w = \Gamma(z)$ genügt[1]. Hier ist F ein Polynom *aller* Veränderlicher. Bezeichnet man

$$w, w', \ldots, w^{(n)} \quad \text{mit} \quad w_0, w_1, \ldots, w_n,$$

so handelt es sich um ein Polynom

$$F(w_0, w_1, \ldots, w_n, z), \tag{12.2.2}$$

das aus Gliedern von der Form

$$A(z)\, w_0^{k_0} \ldots w_n^{k_n} \tag{12.2.3}$$

mit ganzen rationalen $A(z)$ aufgebaut ist. Die Exponenten $k_0, k_1, \ldots, k_n$ sind selber nichtnegative ganze Zahlen. Wir nennen

$$(k_0, k_1, \ldots, k_n)$$

die Höhe des Potenzproduktes (12.2.3) und definieren

$$(k_0, k_1, \ldots, k_n) > (l_0, l_1, \ldots, l_n),$$

falls die *letzte* nicht verschwindende unter den Differenzen

$$k_0 - l_0, k_1 - l_1, \ldots, k_n - l_n$$

positiv ist. Da diese Beziehung transitiv ist, so hat es einen Sinn vom höchsten Glied in (12.2.2) zu sprechen. Nehmen wir nun an, $\Gamma(z)$ genüge einer algebraischen Differentialgleichung (12.2.1). Unter allen diesen algebraischen Differentialgleichungen, denen $\Gamma(z)$ genügt, greife man diejenigen heraus, deren höchstes Glied möglichst niedrig ist. Die Menge dieser Differentialgleichungen sei $\mathfrak{M}$. Unter allen diesen wähle man eine aus, bei der der Grad des Koeffizienten $A(z)$ des höchsten Gliedes möglichst niedrig ist. Man darf noch annehmen, daß der Koeffizient der höchsten Potenz von z in $A(z)$ den Wert 1 hat. Ein solches Element von $\mathfrak{M}$ bezeichne man mit F und verstehe weiterhin unter (12.2.1) eine mit einem solchen F gebildete bestimmte Differentialgleichung. Dann ist dies F weder durch w_0 noch für irgendeine Zahl α durch $z - \alpha$ teilbar. Ist

$$\overline{F}(w_0, w_1, \ldots, w_n, z)$$

ein anderes Element aus $\mathfrak{M}$, so gibt es ein Polynom $Q(z)$, so daß

$$\overline{F}(w_0, w_1, \ldots, w_n, z) \equiv Q(z)\, F(w_0, w_1, \ldots, w_n, z) \tag{12.2.4}$$

[1] Neuere in § 12.4. etwas ausführlicher gewürdigte Untersuchungen zeigen unter anderem, daß die ganzen transzendenten Lösungen linearer Differentialgleichungen mit rationalen Koeffizienten höchstens dem Mitteltypus einer endlichen rationalen Ordnung angehören. Da $1/\Gamma(z)$ dem Maximaltypus der Ordnung 1 zugehört, folgt aus den angeführten Untersuchungen ein Teil des HÖLDERschen Satzes.

ist. Zum Beweis sei

$$\bar{A}(z)\, w_0^{k_0} \ldots w_n^{k_n}$$

das höchste Glied[1] von $\bar{F}(w_0, \ldots, w_n, z)$ und sei (12.2.3) das höchste Glied von F. Ist dann

$$\bar{A}(z) = Q(z)\, A(z) + P(z)$$

mit Polynomen $Q(z)$, $P(z)$ und einem $P(z)$ von niedrigerem Grad als $A(z)$, so ist entweder

$$\bar{F} - QF$$

identisch 0, oder dieses Polynom hat ein niedrigeres höchstes Glied als F oder der Koeffizient $A^*(z)$ des höchsten Gliedes in $\bar{F} - QF$ hat einen niedrigeren Grad als $A(z)$. Die beiden letzteren Möglichkeiten widersprechen der Definition von F. Daher gilt (12.2.4). Die Elemente von $\mathfrak{M}$ gehen daher alle aus (12.2.1) hervor, indem man die linke Seite dieser Differentialgleichung mit einem Polynom von z multipliziert.

Wegen

$$\Gamma(z+1) = z\,\Gamma(z)$$

genügt $\Gamma(z)$ auch der Differentialgleichung

$$F\big(z\,\Gamma(z),\, (z\,\Gamma(z))',\, \ldots,\, (z\,\Gamma(z))^{(n)},\, z+1\big) = 0,$$

d. h.

$$F(z\,w_0,\, z\,w_1 + w_0,\, z\,w_2 + 2w_1,\, \ldots,\, z+1) = 0. \qquad (12.2.5)$$

Das höchste Glied dieser neuen Differentialgleichung (12.2.5), die zu $\mathfrak{M}$ gehört, ist

$$A(z+1)\, z^k\, w_0^{k_0} \ldots w_n^{k_n}, \qquad k = k_0 + k_1 + \cdots + k_n.$$

Daher ist nach dem eben über $\mathfrak{M}$ bewiesenen

$$F(z\,w_0,\, z\,w_1 + w_0,\, \ldots,\, z+1) \equiv D(z)\, F(w_0, \ldots, w_n, z). \quad (12.2.6)$$

Hier ist

$$D(z) = z^k + \cdots$$

ein Polynom k-ten Grades in z.

Um aus

$$F(z\,w_0,\, z\,w_1 + w_0,\, \ldots,\, z+1)$$

wieder

$$F(w_0, w_1, \ldots, z)$$

zu gewinnen, hat man

$$z,\, w_0,\, w_1,\, \ldots,\, w_\nu,\, \ldots$$

durch

$$z-1,\quad \frac{w_0}{z-1},\quad \frac{p_1(w_0, w_1, z)}{z-1},\; \ldots,\; \frac{p_\nu(w_0, \ldots, w_\nu, z)}{(z-1)^\nu},\; \ldots$$

[1] Alle Elemente von $\mathfrak{M}$ haben im höchsten Glied offenbar die gleiche Exponentenfolge des Potenzproduktes.

zu ersetzen. Hier sind die $p_\nu(w_0, \ldots, w_\nu, z)$ Polynome in $w_0, \ldots, w_\nu, z$. Setzt man das in (12.2.6) ein und multipliziert mit einer passenden Potenz von $z-1$, so findet man

$$(z-1)^j F(w_0, w_1, \ldots, w_n, z) \equiv D(z-1)\, G(w_0, \ldots, w_n, z). \qquad (12.2.7)$$

Hier steht rechts ein Polynom G von $w_0, \ldots, w_n, z$ und j ist eine nichtnegative ganze Zahl. Daher kann $D(z-1)$ keine von 1 verschiedene Nullstelle haben. Denn wäre $\alpha \neq 1$ eine solche, so müßte auch die linke Seite von (12.2.7) durch $z-\alpha$ teilbar sein. Das wäre gegen die Definition von F. Daher ist $D(z) \equiv z^k$, und man hat aus (12.2.6)

$$F(z w_0, z w_1 + w_0, z w_2 + 2 w_1, \ldots, z+1) \equiv z^k F(w_0, \ldots, w_n, z) \qquad (12.2.8)$$

Man setze hier $w_0 = 0$. Dann hat man

$$F(0, z w_1, z w_2 + 2 w_1, \ldots, z+1) \equiv z^k F(0, w_1, \ldots, w_n, z) \not\equiv 0. \qquad (12.2.9)$$

Man vergleiche in (12.2.9) die höchsten Glieder auf beiden Seiten. Ist

$$C(z)\, w_1^{l_1} \ldots w_n^{l_n} \quad \text{das höchste Glied von} \quad F(0, w_1, \ldots, w_n, z),$$

so ergibt dieser Vergleich

$$z^{l_1 + l_2 + \cdots + l_n} C(z+1)\, w_1^{l_1} \ldots w_n^{l_n} \equiv C(z)\, z^k w_1^{l_1} \ldots w_n^{l_n}. \qquad (12.2.10)$$

Daraus folgt

$$l_1 + l_2 + \cdots + l_n = k \quad \text{und} \quad C(z+1) = C(z).$$

Das Polynom $C(z)$ ist demnach eine periodische Funktion von z mit der Periode 1. Die einzigen Polynome mit dieser Eigenschaft sind die Konstanten. Da $C(z) \not\equiv 0$ ist, ist diese Konstante nicht 0, und daher ist

$$F(0, w_1, \ldots, w_n, z)$$

nicht durch $z-1$ teilbar und

$$F(0, w_1, \ldots, w_n, 1) \not\equiv 0. \qquad (12.2.11)$$

Setzt man aber in (12.2.8) $z = 0$, so folgt

$$F(0, w_0, 2w_1, 3w_2, \ldots, n w_{n-1}, 1) \equiv 0,$$

und das bedeutet

$$F(0, \mathfrak{w}_1, \mathfrak{w}_2, \ldots, \mathfrak{w}_n, 1) \equiv 0.$$

Das widerspricht aber (12.2.11). Damit ist Hölders Satz bewiesen.

Hans Wittich hat den Hölderschen Satz auf ganze transzendente Lösungen einer Funktionalgleichung

$$f(s z) = P_0(z) f(z) + P_1(z), \qquad |s| > 1, \qquad (12.2.12)$$

P, P_1 Polynome in z ausgedehnt [Arch. Math. Bd. 2 (1949/50)]. Er bedient sich dabei der vorstehend benutzten Methode von Ostrowski.

Für algebraische Differentialgleichungen erster Ordnung folgt die Behauptung übrigens aus dem am Ende von § 5.**5.** erwähnten Satz von PÓLYA, wonach ganze transzendente Funktionen der Ordnung 0 nicht Lösungen algebraischer Differentialgleichungen erster Ordnung sein können. Denn WITTICH hat in der genannten Arbeit auch gezeigt, daß die etwaigen ganzen transzendenten Lösungen jener POINCARÉschen Funktionalgleichung (12.2.12) die Ordnung 0 haben.

3. Ein Satz von HURWITZ. ADOLF HURWITZ hat 1889 [Ann. éc. norm. (3) 6] dem bekannten[1] EISENSTEINschen Satz über algebraische Funktionen ein Analogon für Integrale algebraischer Differentialgleichungen zur Seite gestellt. Der **Satz von HURWITZ** lautet: *Wenn die Potenzreihe*

$$w = c_0 + c_1 z + \cdots \tag{12.3.1}$$

rationale Koeffizienten hat und einer algebraischen Differentialgleichung genügt, so existiert ein Polynom

$$\gamma(z) = \gamma_0 + \gamma_1 z + \cdots + \gamma_\nu z^\nu \tag{12.3.2}$$

mit ganzen rationalen Koeffizienten, und existiert eine natürliche Zahl n derart, daß $\gamma(z) \neq 0$, für $|z| \geqq n$ ist, und so, daß die Primfaktoren, welche in den Nennern von

$$c_n, c_{n+1}, \ldots$$

aufgehen, bezüglich Teiler sind von

$$\gamma(n), \quad \gamma(n)\gamma(n+1), \ldots.$$

Beim EISENSTEINschen Satz ist $n = 1$ und $\nu = 0$. Soviel liefert der HURWITZsche Satz nicht. Der EISENSTEINsche Satz erscheint so als eine Verschärfung des HURWITZschen für den Sonderfall von Differentialgleichungen nullter Ordnung. Diese Bemerkung legt die unerledigte Frage nahe, ob sich für Differentialgleichungen z. B. erster oder zweiter Ordnung nicht analoge Verschärfungen des HURWITZschen Satzes ergeben könnten.

Der Beweis von HURWITZ verläuft so. 1. Genügt (12.3.1) mit rationalen Koeffizienten einer algebraischen Differentialgleichung

$$F(w^{(\mu)}, w^{(\mu-1)}, \ldots, w, z) = 0, \tag{12.3.3}$$

so genügt sie auch einer algebraischen Differentialgleichung mit ganzen rationalen Zahlenkoeffizienten. Denn $F(w^{(\mu)}, \ldots, z)$ bedeutet in (12.3.3) ein Polynom. Trägt man dort (12.3.1) ein, so muß eine Identität in z entstehen. Ordnet man nach Potenzen von z, so bedeutet das unendlich viele homogene lineare Gleichungen mit rationalen Zahlenkoeffizienten

[1] Vgl. z. B. L. BIEBERBACH: Lehrbuch der Funktionentheorie, Bd. 2, 2. Aufl., S. 332. Leipzig 1931.

für die endlich vielen Koeffizienten des Polynoms F. Bekanntlich aber besitzt ein solches Gleichungssystem, wenn überhaupt, so auch eine Lösung in ganzen rationalen Zahlen. Es möge also weiter das Polynom F in (12.3.3) ganze rationale Zahlenkoeffizienten haben. Es sei weiter (12.3.3) eine algebraische Differentialgleichung möglichst niedriger Ordnung für (12.3.1) *von möglichst niedrigem Grad in* $w^{(\mu)}$. Bildet man dann

$$\frac{\partial F}{\partial w^{(\mu)}} = f_\mu \tag{12.3.4}$$

und trägt (12.3.1) in f_μ ein, so gibt es eine ganze nichtnegative Zahl k und eine rationale Zahl $C \neq 0$, so daß

$$f_\mu = C z^k + \cdots, \qquad C \neq 0, \qquad k \geqq 0 \tag{12.3.5}$$

wird. f_μ ist nämlich seinerseits ein Polynom in $w^{(\mu)}, \ldots, w, z$ mit ganzen rationalen Koeffizienten, aber niedrigeren Grades in $w^{(\mu)}$ als F. Wäre also $f_\mu \equiv 0$ nach Einsetzen von (12.3.1), so ginge das gegen die Definition von (12.3.3) als Differentialgleichung möglichst niedriger Ordnung möglichst niedrigen Grades in $w^{(\mu)}$ für (12.3.1). Für $\mu = 0$ ist nämlich der Satz von HURWITZ durch den von EISENSTEIN bewiesen.

2. Nun besteht für genügend große p die folgende Relation

$$w^{(p)} f_\mu + w^{(p-1)} f_{\mu+1} + \cdots + w^{(p-k)} f_{\mu+k} + f_{p-k-1} = 0. \tag{12.3.6}$$

Hier ist f_μ nach wie vor durch (12.3.4) erklärt und bedeuten auch die übrigen f_σ ganze rationale Funktionen von $w^{(\sigma)}, w^{(\sigma-1)}, \ldots, w, z$ mit ganzen rationalen Zahlenkoeffizienten. Man gewinnt (12.3.6) aus (12.3.3) durch $2\varrho = p - \mu$-maliges Differenzieren nach z, für $\varrho = k + 1$. Man beweist das so. Offenbar liefert zweimalige Differentiation von (12.3.3) eine Relation

$$w^{(\mu+2)} f_\mu^{\boldsymbol{\cdot}} + f'_{\mu+1} = 0.$$

Daraus folgt durch weiteres Differenzieren für jede natürliche Zahl ϱ

$$w^{(\mu+2\varrho)} f_\mu + w^{(\mu+2\varrho-1)} f_{\mu+1} + \cdots + w^{(\mu+\varrho+1)} f_{\mu+\varrho-1} + f_{\mu+\varrho} = 0. \tag{12.3.7}$$

Man beweist das durch vollständige Induktion. Man setze nun in (12.3.7) $\mu + 2\varrho = p$ und wähle ϱ so, daß $\mu + \varrho + 1 = p - k$ ist. Dazu hat man $\varrho = k + 1$ zu nehmen. Dann geht (12.3.7) in (12.3.6) über.

3. Differenziert man (12.3.6) noch q-mal nach z, so erhält man

$$\left.\begin{aligned}
& w^{(p+q)} f_\mu^{\boldsymbol{\cdot}} + w^{(p+q-1)} (f_{\mu+1} + q f'_\mu) \\
& \quad + w^{(p+q-2)} \left(f_{\mu+2} + q f'_{\mu+1} + \binom{q}{2} f''_\mu\right) \\
& \quad + \cdots\cdots\cdots\cdots\cdots\cdots\cdots\cdots \\
& \quad + w^{(p+q-k)} \left(f_{\mu+k} + q f'_{\mu+k-1} + \cdots + \binom{q}{k} f^{(k)}_\mu\right) \\
& \quad + f_{p+q-k-1} = 0.
\end{aligned}\right\} \tag{12.3.8}$$

Dabei haben die f_σ die gleiche Bedeutung wie die mit gleichen Fußmarken versehenen Funktionen in (12.3.6). Die Klammern sind daher, wenn man (12.3.1) einträgt, und dann $z = 0$ setzt, ganze rationale Funktionen von q mit rationalen Koeffizienten. Sie verschwinden nicht alle, weil z. B. der Koeffizient von q^k in der letzten Klammer von (12.3.8) nach (12.3.5) den Wert $C \neq 0$ hat.

4. Daher bekommt (12.3.8) für $z = 0$ die Gestalt

$$w^{(p+q-\alpha)}(a_0 + a_1 q + \cdots + a_\alpha q^\alpha) = G(w^{(p+q-\alpha-1)}, \ldots, w', w). \quad (12.3.9)$$

Dabei ist α eine ganze Zahl zwischen 0 und k, die a_j sind rationale und die Koeffizienten von G ganze rationale Zahlen. Die a_j sind zudem von q unabhängig. Nun setze man $p + q - \alpha = m$. Dann hat man

$$w^{(m)}(b_0 + b_1 m + \cdots + b_\alpha m^\alpha) = b\, G(w^{(m-1)}, \ldots, w', w) \quad (12.3.10)$$

für alle eine gewisse Schranke übertreffenden natürlichen Zahlen m. Die Koeffizienten b_j und b sind ganze von m unabhängige Zahlen. Dabei kann das Polynom

$$g(m) = b_0 + b_1 m + \cdots + b_\alpha m^\alpha$$

für genügend große natürliche m nicht mehr verschwinden, sagen wir für $m \geqq n$.

5. Daher sind die Primteiler der Nenner von $w^{(m)}$, $m \geqq n$ Teiler von $g(m)$ für $m \geqq n$, soweit sie nicht in den Nennern von $w, w', \ldots, w^{(m-1)}$ aufgehen. Nun ist für (12.3.1) noch

$$c_m = \frac{w^{(m)}}{m!}.$$

Daher sind die Primteiler der Nenner von

$$c_n, \quad c_{n+1}, \ldots$$

Teiler von

$$n!\, P g(n), \qquad (n+1)!\, P g(n) g(n+1), \ldots.$$

Dabei bedeutet P das Produkt der in den Nennern von $w, w', \ldots, w^{(n-1)}$ vorkommenden Primteiler. Statt dessen nehme man

$$\gamma(n), \qquad \gamma(n)\gamma(n+1), \ldots,$$

indem man setzt

$$\gamma(m) = (n-1)!\, P m g(m) = \gamma_0 + \gamma_1 m + \cdots + \gamma_\nu m^\nu,$$
$$\gamma_0 = 0, \qquad \nu = \alpha + 1.$$

Damit ist der Satz von HURWITZ bewiesen.

Als **Beispiel** ergibt sich: *Die Funktion*

$$f(z) = 1 + z + \frac{z^2}{(2^2)!} + \cdots + \frac{z^n}{(n^n)!} + \cdots$$

genügt keiner algebraischen Differentialgleichung.

Da nach diesem Satz die größte im Nenner von c_n von (12.3.1) aufgehende Primzahl p_n nicht rascher als eine Potenz von n wächst, so hat man als **Folgerung** aus dem Satz von HURWITZ: *Es ist*

$$\limsup_{n\to\infty} \frac{\log p_n}{\log n}$$

endlich.

GEORG PÓLYA hat 1916 im Anschluß an die HURWITZsche Untersuchung das folgende Ergebnis gewonnen. *Sind die Koeffizienten einer ganzen transzendenten Funktion* (12.3.1) *rationale Zahlen und genügt sie einer algebraischen Differentialgleichung, so ist*

$$\limsup_{n\to\infty} \frac{\log|c_n|}{n(\log n^2)} \tag{12.3.11}$$

endlich. Dieser Satz beschränkt das Wachstum der ganzen Funktion nach unten. Denn für die Ordnung[1] ϱ einer ganzen Funktion (12.3.1) gilt die Beziehung

$$\varrho = \limsup_{n\to\infty} \frac{n\log n}{\log\frac{1}{|c_n|}}.$$

Nach PÓLYA [Acta math. 42 (1919)] bleibt die Aussage zu (12.3.11) richtig, wenn man $c_n = s_n/t_n$ mit teilerfremden ganzen Zahlen schreibt, und in (12.3.11) das c_n durch t_n ersetzt.

Von Interesse ist in diesem Zusammenhang auch ein Ergebnis von OSKAR PERRON. Sein Satz lautet: *Genügt eine ganze transzendente Funktion* (12.3.1) *einer linearen homogenen Differentialgleichung m-ter Ordnung mit rationalen Koeffizienten, so ist ihre Ordnung eine rationale Zahl, und es gilt die Abschätzung*

$$\varrho \geqq \frac{1}{m}.$$

Zum Vergleich mit dem PÓLYAschen Ergebnis (12.3.11) sei noch bemerkt, daß man das PERRONsche auch in der Form

$$\limsup_{n\to\infty} \frac{\log|c_n|}{n\log n} \geqq -m$$

schreiben kann. PERRONS Satz bedeutet unter anderem ebenfalls eine Beschränkung der Ordnung nach unten. Ausdrücklich sei hervorgehoben, daß bei dem PERRONschen Satz nicht vorausgesetzt wird, daß die Koeffizienten der Lösung (12.3.1) rationale Zahlen sind. Einer solchen Voraussetzung bedarf es bei linearen Differentialgleichungen nicht, um einer Beschränkung der Ordnung nach unten sicher zu sein. Bei nichtlinearen Differentialgleichungen m-ter Ordnung kann die Ordnung

[1] Wegen der Begriffsbildungen für ganze Funktionen vgl. man z. B. L. BIEBERBACH: Lehrbuch der Funktionentheorie, Bd. 2.

der Lösung kleiner als $1/m$ sein. So genügt die ganze Funktion der Ordnung $\frac{1}{2}$

$$w = \frac{e^{\sqrt{z}} + e^{-\sqrt{z}}}{2}$$

der Differentialgleichung erster Ordnung.

$$w^2 - 4z\left(\frac{dw}{dz}\right)^2 = 1.$$

Obere Schranken für die Ordnung ganzer Lösungen gibt es nicht. Zum Beispiel genügt die Funktion

$$w = \exp(z^p), \qquad p > 0 \text{ ganz}$$

der linearen Differentialgleichung erster Ordnung

$$\frac{dw}{dz} - p\, z^{p-1}\, w = 0$$

mit rationalen Koeffizienten. Wegen weiterer Einzelheiten und der Beweise sei auf die Arbeiten von PERRON, Acta mathematica Bd. 34 (1910), und die von PÓLYA in Züricher Vierteljahrschrift 1916 und Acta mathematica Bd. 42 (1919) verwiesen. Man vergleiche auch die Darstellung von GEORGES VALIRON, General theory on integral functions 1923. Dort werden noch Zusätze betreffs der Regelmäßigkeit des Wachstums gemacht.

Zum richtigen Verständnis der hier wiedergegebenen Sätze sei noch gesagt, daß die für die Ordnung der Lösungen angegebene untere Schranke von der Annahme ganzer *transzendenter* Lösungen ausgeht. Man kann also PÓLYAs Satz auch so aussprechen: *Sind die Koeffizienten einer ganzen Funktion* (12.3.1) *rationale Zahlen und genügt diese Funktion einer algebraischen Differentialgleichung, so ist entweder* (12.3.1) *ein Polynom oder aber ist ihre Ordnung nach unten durch* (12.3.11) *limitiert.* Es gibt also, wie man das auch von anderen PÓLYAschen Sätzen her kennt, einen Hiatus, ein Vakuum zwischen den Polynomlösungen und den transzendenten Lösungen.

4. Untersuchungen von WITTICH. Die in § 12.**3.** geschilderten Untersuchungen gaben den Anstoß zu weiteren Überlegungen. Dahin gehört wohl auch der in § 5.**6.** gegebene Satz von F. RELLICH. Insbesondere hat neuerdings HANS WITTICH die von ROLF NEVANLINNA inaugurierte Theorie der Wertverteilung in den Dienst solcher Fragen gestellt. Es handelt sich insbesondere um das Problem, inwieweit ganze Differentialgleichungen ganze Lösungen haben können. Genauer: Es sei

$$F(z, w, w_1, \ldots, w_n)$$

eine ganze Funktion der Veränderlichen $z, w, w_1, \ldots, w_n$. Inwieweit kann die Differentialgleichung

$$F(z, w, w', \ldots, w^{(n)}) = 0$$

Lösungen $w = w(z)$ haben, die selbst ganze Funktionen sind? Für Differentialgleichungen erster Ordnung gibt der Satz von F. RELLICH in § 5.**6.** eine merkwürdige Auskunft. Man weiß weiter durch RELLICH [Math. Z. 47 (1942)], daß jede ganze Lösung von

$$\frac{d^n w}{dz^n} = f(w) \qquad n \geqq 1, \qquad f(w) \text{ ganz und nicht linear}$$

konstant ist. H. WITTICH hat [Math. Z. 47 (1942)] dafür einen der NEVANLINNASchen Theorie eingeordneten Beweis gegeben. Ganz soviel weiß man über ganze Differentialgleichungen beliebiger Ordnung nicht. Folgenden Satz hat aber HANS WITTICH [Math. Ann. 122 (1950)] bewiesen:

Ist in der Differentialgleichung

$$P(z, w, w', \ldots, w^{(n)}) = f(w), \qquad n \geqq 1 \tag{12.4.1}$$

$P(z, w, w_0, \ldots, w_n)$ *ein Polynom und* $f(w)$ *eine ganze transzendente Funktion, so ist jede ganze Lösung der Differentialgleichung* (12.4.1) *eine Konstante.*

Für die Richtigkeit dieses Satzes ist natürlich die Annahme, daß $f(w)$ eine transzendente Funktion ist, wesentlich. Denn es genügen doch z. B. die LEGENDREschen Polynome linearen Differentialgleichungen zweiter Ordnung mit rationalen Koeffizienten. Immerhin kann man auch über algebraische Differentialgleichungen

$$P(z, w, w', \ldots, w^{(n)}) = 0 \tag{12.4.2}$$

etwas aussagen. $P(z, w, w_1, \ldots, w_n)$ ist eine Summe von Potenzprodukten

$$a_{\varkappa_0, \varkappa_1, \ldots, \varkappa_n}(z)\, w^{\varkappa_0} w_1^{\varkappa_1} \ldots w_n^{\varkappa_n} \tag{12.4.3}$$

mit ganzen rationalen Koeffizienten $a_{\varkappa_0 \varkappa_1 \ldots \varkappa_n}(z)$. Man nennt

$$\varkappa = \varkappa_0 + \varkappa_1 + \cdots + \varkappa_n$$

die Ordnung des Potenzproduktes (12.4.3). *Wenn* dann *die linke Seite von* (12.4.2) *nur ein Glied höchster Ordnung enthält, so kann* (12.4.2) *keine ganze transzendente Lösung haben.* Polynomlösungen sind natürlich auch dann möglich. Da nun nach dem in § 12.**1.** genannten Ergebnis von P. PAINLEVÉ die Lösungen der beiden Differentialgleichungen

$$w'' = 6w^2 + z \quad \text{und} \quad w'' = 2w^3 + 2w + a$$

in der ganzen GAUSSschen Ebene eindeutig und bis auf Pole regulär sind, so lehrt das eben erwähnte Ergebnis von WITTICH, daß unter ihren Lösungen keine ganzen Funktionen vorkommen können. Ist $P(z)$ ein Polynom und wendet man WITTICHs Satz auf die sich für $P(z)\, w$

ergebende Differentialgleichung an, so erkennt man auch daß jede Lösung unendlich viele Pole hat. Weitere charakteristische Eigenschaften dieser beiden PAINLEVÉschen Differentialgleichungen bringt H. WITTICH vom Standpunkt der Wertverteilungslehre.

Schließlich führe ich in diesem Zusammenhang noch zwei Sätze über lineare Differentialgleichungen mit rationalen Koeffizienten an. *In*

$$w^{(m)} + p_1(z)\, w^{(m-1)} + \cdots + p_m(z)\, w = 0 \tag{12.4.4}$$

seien alle $p_j(z)$ *Polynome. Dann ist offenbar jede Lösung eine ganze Funktion. Nach* A. WIMAN [Acta math. 41 (1916)], *der die Frage zuerst behandelte,* G. VALIRON 1923 in seinen Lectures on the general theory of integral functions und H. WITTICH *ist die Ordnung einer jeden ganzen transzendenten Lösung von* (12.4.4) *ein Vielfaches von* $1/m$. *Sind sämtliche Lösungen ganz transzendent und sind* $\lambda_1, \lambda_2, \ldots, \lambda_m$ *die Ordnungen der Glieder eines Fundamentalsystems, so ist nach* H. WITTICH [Math. Ann. 124 (1952)]

$$m \leqq \lambda_1 + \lambda_2 + \cdots + \lambda_m$$

und steht das Gleichheitszeichen nur dann, wenn die $p_j(z)$ *sämtlich Konstanten sind.*

Ein älterer Satz von O. PERRON lautet in der Formulierung von H. WITTICH so: *Sind die Koeffizienten* $p_j(z)$, $j = 0, 1, \ldots, p+1$ *einer linearen Differentialgleichung*

$$p_0(z)\, w^{(m)} + p_1(z)\, w^{(m-1)} + \cdots + p_m(z)\, w + p_{m+1}(z) = 0. \tag{12.4.5}$$

Polynome, die $p_j(z)$, $j = 0, 1, 2, \ldots, p$ *höchstens vom Grad* s, *und speziell* $p_0(z)$ *genau vom* s*-ten Grade, so ist für jede ganze transzendente Funktion, die* (12.4.5) *genügt, die Ordnung* $\lambda \leqq 1$.

Das sind Proben aus dem reichen Inhalt der Arbeiten von H. WITTICH. Wegen weiterer Einzelheiten und wegen der Beweise sei auf seine Arbeiten über diesen Gegenstand in Math. Ann. Bd. 122 (1950), 124 (1952), 125 (1953), Arch. Math. Bd. 7 (1957) verwiesen. Man vgl. auch § 5.**3.** Eine zusammenfassende Darstellung gab H. WITTICH als Kapitel V in seinem als Heft 8 (1955), der Ergebnisse der Mathematik und ihrer Grenzgebiete erschienenen Forschungsbericht: Neuere Untersuchungen über eindeutige analytische Funktionen. Eine einschlägige Arbeit von KLAUS PÖSCHL im J. reine angew. Math. Bd. 199 u. 200 (1958) konnte in diesem Bericht noch nicht erwähnt werden. Diese Untersuchungen ergänzen das in § 6.**14.** über die Wachstumsordnung der Lösungen Aufgezeigte und sind namentlich auch wegen der Aufschlüsse, die sie über die Verteilung der Nullstellen der Lösungen geben, wichtig.

Ein Analogon der eben ausgesprochenen Sätze für Systeme scheint bisher nicht bekannt zu sein.

5. Das Prinzip von ZEEV NEHARI. In § 8.**12.** wurde die SCHWARZsche Differentialinvariante

$$\{s, z\} = \left(\frac{s''}{s'}\right)' - \frac{1}{2}\left(\frac{s''}{s'}\right)^2 \tag{12.5.1}$$

eingeführt und festgestellt, daß für

$$\{s, z\} = 2J(z) \not\equiv 0, \quad s = \frac{w_1}{w_2} \tag{12.5.2}$$

sich w_1 und w_2 als zwei linear unabhängige Lösungen von

$$w'' + J(z)\,w = 0 \tag{12.5.3}$$

ergeben. Nun hat ZEEV NEHARI 1949 im Bull. Amer. Math. Soc. Bd. 55 folgendes **Prinzip** an die Spitze eindringlicher Betrachtungen über schlichte Abbildungen gestellt:

Dafür, daß ein in G holomorphes $s(z) = \frac{w_1}{w_2}$ *das Gebiet G schlicht abbildet, ist notwendig und hinreichend, daß keine Lösung von* (12.5.3) *in G mehr als einmal verschwindet.* $J(z)$ *in* (12.5.3) *ist nach* (12.5.2) *erklärt.*

Wenn nämlich

$$s(z_1) = \frac{w_1(z_1)}{w_2(z_1)} = \frac{w_1(z_2)}{w_2(z_2)} = s(z_2) = \alpha$$

an zwei verschiedenen Stellen z_1 und z_2 von G den gleichen Wert α annimmt, so hat

$$w_1(z) - \alpha\, w_2(z)$$

zwei Nullstellen z_1 und z_2 in G und umgekehrt.

Die gleiche Überlegung lehrt, daß es dann und nur dann Werte gibt, die $s(z)$ n-mal in G annimmt, wenn es eine nichttriviale Lösung von (12.5.3) gibt, die n Nullstellen in G hat.

Man nennt eine Differentialgleichung (12.5.3) in G **diskonjugiert,** wenn keine nichttriviale Lösung derselben in G mehr als eine Nullstelle hat, und man nennt (12.5.3) in G **oszillatorisch,** wenn sie nichttriviale Lösungen mit unendlich vielen Nullstellen in G hat. Das Prinzip von NEHARI führt somit zu Kriterien für Differentialgleichungen, die in einem Gebiet diskonjugiert bzw. nicht oszillatorisch sind. Ich bespreche nun einige Anwendungen des Prinzips von NEHARI.

Wenn $s(z)$ *in* $|z| < 1$ *holomorph und schlicht ist, so ist notwendig in* $|z| < 1$

$$|\{s, z\}| \leqq \frac{6}{(1 - z\bar{z})^2}. \tag{12.5.4}$$

Mit $s(z)$ ist für $|\zeta| < 1$ auch

$$\frac{s'(\zeta)(1 - \zeta\bar{\zeta})}{s\left(\dfrac{\zeta + z}{1 + \bar{\zeta} z}\right) - s(\zeta)} = \frac{1}{z} - \frac{1}{2}\left[\frac{s''(\zeta)}{s'(\zeta)}(1 - \zeta\bar{\zeta}) - 2\bar{\zeta}\right] - \frac{z}{6}\{s, \zeta\}(1 - \zeta\bar{\zeta})^2$$

schlicht in $|z| < 1$. Übergang von z zu $1/z$ liefert eine in $|z| > 1$ schlichte Abbildung. Daher ist es eine einfachste Anwendung des Flächensatzes in der Theorie der schlichten Abbildungen[1], daß (12.5.4) gilt.

Man verdankt nun weiter ZEEV NEHARI den **Satz:**

Dafür, daß das in $|z| < 1$ holomorphe $s(z)$ den $|z| < 1$ schlicht abbildet, ist hinreichend, daß

$$|\{s, z\}| \leqq \frac{2}{(1 - z\bar{z})^2} \tag{12.5.5}$$

in $|z| < 1$ gilt.

Ich schließe mich der Beweisanordnung von CHOY-TAK TAAM [J. rat. mech. and anal. Bd. 4 (1955)] an. Es werden einige Bemerkungen vorausgeschickt, die in der Theorie der Differentialgleichungen im Reellen ausführlicher behandelt werden[2].

a) Separationssatz. *Wenn x_1 und x_2 zwei aufeinanderfolgende Nullstellen einer Lösung u_1 von*

$$u'' + f(x)\, u = 0 \tag{12.5.6}$$

sind, und $f(x)$ auf $a \leqq x_1 < x_2 \leqq b$ reell und stetig ist, und $u_1(x_1) = u_1(x_2) = 0$, $u_1(x) > 0$ in (x_1, x_2) angenommen wird, dann hat jede von u_1 linear unabhängige reelle Lösung u_2 von (12.5.6) mindestens eine Nullstelle in (x_1, x_2).

Denn nach (6.1.7) ist

$$u_1(x)\, u_2'(x) - u_2(x)\, u_1'(x) \neq 0, \qquad a \leqq x \leqq b.$$

Daraus folgt

$$u_2(x_1)\, u_1'(x_1)\, u_2(x_2)\, u_1'(x_2) > 0.$$

Da aber

$$u_1'(x_1)\, u_1'(x_2) < 0$$

ist, so folgt

$$u_2(x_1)\, u_2(x_2) < 0.$$

b) Vergleichssatz. Es werde neben (12.5.6) noch

$$U'' + F(x)\, U = 0 \tag{12.5.7}$$

betrachtet. *Es sei auch $F(x)$ stetig und reell auf $a \leqq x \leqq b$. Ferner aber sei*

$$F(x) \geqq f(x), \qquad x_1 \leqq x \leqq x_2, \qquad a \leqq x_1 < x_2 \leqq b,$$

wobei wieder x_1 und x_2 zwei aufeinanderfolgende Nullstellen einer Lösung $u_1(x)$ von (12.5.6) *seien: $u_1(x_1) = u_1(x_2) = 0$, $u_1(x) > 0$, $x_1 < x < x_2$. Dann hat auch jede reelle Lösung von* (12.5.7) *mindestens eine Nullstelle in $x_1 < x \leqq x_2$.*

---

[1] Siehe z. B. L. BIEBERBACH: Einführung in die konforme Abbildung, 5. Aufl., Berlin 1956; oder H. BEHNKE und F. SOMMER: Lehrbuch der Funktionentheorie, 2. Aufl., Berlin 1962.

[2] Siehe z. B. L. BIEBERBACH: Einführung in die Theorie der Differentialgleichungen im reellen Gebiet, Berlin 1955. Diese Sammlung Bd. 83.

Korollar: *Wenn keine reelle Lösung der „größeren" Differentialgleichung* (12.5.7) *in* $a < x < b$ *mehr als eine Nullstelle hat, so gilt das gleiche auch für die „kleinere" Differentialgleichung* (12.5.6).

Wegen des Separationssatzes genügt es zum Beweis des Vergleichssatzes zu zeigen, daß die bei x_1 verschwindende reelle Lösung $U_1(x)$ von (12.5.7) in $x_1 < x \leqq x_2$ eine weitere Nullstelle hat. Man darf annehmen

$$U_1'(x_1) = u_1'(x_1) = 1 .$$

Es sei nun im Gegensatz zur Behauptung noch angenommen, daß

$$U_1(x) > 0, \quad x_1 < x \leqq x_2$$

ist. Ich zeige, daß dann aus der Annahme

$$f(x) \leqq F(x), \quad x_1 \leqq x \leqq x_2$$

folgt, daß

$$U_1(x) \leqq u_1(x), \quad x_1 \leqq x \leqq x_2$$

ist, was einen Widerspruch begründet.

Ich schreibe an

$$u_1'' + f(x)\, u_1 = 0$$

$$U_1'' + f(x)\, U_1 + \bigl(F(x) - f(x)\bigr)\, U_1 = 0. \tag{12.5.8}$$

Hier ist dann nach den gemachten Annahmen

$$[F(x) - f(x)]\, U_1 \geqq 0, \quad x_1 \leqq x \leqq x_2 .$$

Daher folgt aus (12.5.8)

$$u_1''\, U_1 - u_1\, U_1'' \geqq 0, \quad x_1 \leqq x \leqq x_2 .$$

Das bedeutet

$$\frac{d}{dx}\,(u_1'\, U_1 - u_1\, U_1') \geqq 0 .$$

Daher ist auch

$$\frac{d}{dx}\left(\frac{u_1}{U_1}\right) \geqq 0 .$$

Da aber

$$\frac{u_1(x)}{U_1(x)} = 1 \quad \text{wegen} \quad u_1'(x) = U_1'(x_1),$$

so ist

$$\frac{u_1(x)}{U_1(x)} \geqq 1, \quad x_1 \leqq x \leqq x_2 ,$$

was der Annahme

$$u_1(x_2) = 0, \quad U_1(x_2) > 0$$

widerspricht.

c) Ein Lemma von A. WINTNER [Amer. J. Math. Bd. 73 (1951)]. *Dann und nur dann hat keine Lösung von* (12.5.6) *mit* $f(x)$ *reell und stetig in* $a \leqq x \leqq b$ *auf* $a \leqq x \leqq b$ *mehr als eine Nullstelle, wenn es ein reelles*

$m(x)$ mit stetiger Ableitung $m'(x)$ auf $a < x < b$ gibt, so daß

$$m' + m^2 \leqq -f, \quad a < x < b \tag{12.5.9}$$

gilt.

Daß die Bedingung notwendig ist, ergibt sich aus dem aus § 6.2. bekannten Zusammenhang von (12.5.6) mit der RICCATIschen Differentialgleichung

$$m' + m^2 + f = 0 \tag{12.5.10}$$

für

$$m = \frac{u'}{u}. \tag{12.5.11}$$

Wenn $u(x) \neq 0$, $u(a) = 0$ in $a < x < b$ ist, so erkennt man die Bedingung als notwendig. Gibt es andererseits ein reelles stetig differenzierbares $m(x)$, für das (12.5.9) erfüllt ist, so setze man

$$m' + m^2 + F(x) = 0.$$

Dann ist

$$F(x) \geqq f(x), \quad a < x < b$$

und

$$m = \frac{U'}{U}, \quad \text{d. i.} \quad U = \exp\left(\int^x m(\xi)\, d\xi\right),$$

liefert eine reelle Lösung von

$$U'' + F(x)\, U = 0, \tag{12.5.12}$$

die in $a < x < b$ nullstellenfrei ist. Daher hat nach dem Separationssatz keine reelle Lösung von (12.5.12) in $a < x < b$ mehr als eine Nullstelle. Daher gilt nach dem Vergleichssatz das Gleiche auch für (12.5.6).

d) **Der Vergleichssatz im Komplexen.** Nach CHOY-TAK TAAM a.a.O. kann man mit Hilfe des Lemmas c) von WINTNER den Vergleichssatz auf Differentialgleichungen im Komplexen übertragen.

Es sei in (12.5.7) wieder $F(x)$ auf $a \leqq x \leqq b$ reell und stetig. Ferner sei in

$$w'' + f(x)\, w = 0 \tag{12.5.13}$$

$f(x) = f_1(x) + i f_2(x)$ auf $a \leqq x \leqq b$ stetig, und es sei

$$f_1 + k f_2 \leqq F, \quad a \leqq x \leqq b \tag{12.5.14}$$

für eine passende reelle Konstante k. Dann hat keine Lösung von (12.5.13) auf $a < x < b$ mehr als eine Nullstelle, wenn (12.5.7) diese Eigenschaft für reelle Lösungen hat.

(12.5.14) ist z. B. dann erfüllt, wenn

$$|f| \leqq F, \quad F \geqq 0, \quad a \leqq x \leqq b$$

ist. Denn dann ist mit $k = 0$

$$f_1 \leqq |f_1| \leqq |f| \leqq F.$$

Zum Beweis bemerke man, daß es nach dem Lemma c) ein $m(x)$ mit stetiger Ableitung in (a, b) gibt, so daß

$$m' + m^2 \leqq -F, \quad a < x < b$$

ist. Daher gilt nach (12.5.14) für dieses m in (a, b) auch

$$m' + m^2 \leqq -f_1 - k f_2 \qquad (12.5.15)$$

bei passender Wahl von k. Trennung von Real- und Imaginärteil in (12.5.13) ergibt mit $w = u + i v$

$$u'' + f_1 u - f_2 v = 0$$

$$v'' + f_2 u + f_1 v = 0.$$

Man setze

$$L = u u' + v v' + k(u v' - v u') - m(u^2 + v^2).$$

Dann ist

$$L' = (u' - m u)^2 + (v' - m v)^2 - \\ - (u^2 + v^2)(m' + m^2 + f_1 + k f_2). \qquad (12.5.16)$$

Hier ist nach (12.5.15)

$$m' + m^2 + f_1 + k f_2 \leqq 0, \quad a < x < b.$$

Man nehme nun an, der Satz sei falsch. Dann sei

$$w = u + i v$$

eine Lösung von (12.5.13), für die

$$w(x_1) = w(x_2) = 0, \quad a < x_1 < x_2 < b$$

ist. Natürlich ist $w(x) \not\equiv 0$ auf $x_1 < x < x_2$. Dann ist auch in $x_1 \leqq x \leqq x_2$

$$(u' - m u)^2 + (v' - m u)^2 > 0 \qquad (12.5.17)$$

auf Teilintervallen richtig. Denn wäre (12.5.17) falsch, dann wären u und v Lösungen von

$$y' - m y = 0,$$

die an der Stelle x_1 Null sind. Diese wären dann bekanntlich identisch Null, während doch u und v Real- und Imaginärteil von w sind, das nicht identisch verschwindet. Da demnach in (12.5.16) die rechte Seite auf Teilintervallen positiv ist, ergibt Integration von x_1 bis x_2

$$L(x_2) - L(x_1) > 0.$$

Da aber $L(x_1) = L(x_2) = 0$ ist, hat man einen Widerspruch.

Nun kann man den bei (12.5.5) formulierten Satz von NEHARI beweisen. Wäre der Satz falsch und bildete ein der Bedingung (12.5.5) genügendes $s(z)$ den $|z| < 1$ nicht schlicht ab, so hätte die gemäß (12.5.2) aus $s(z)$ gebildete Differentialgleichung (12.5.3) nach dem Prinzip von NEHARI eine Lösung, die in $|z| < 1$ mindestens zwei verschiedene Nullstellen z_1 und z_2 hat. Man darf annehmen, daß z_1 und z_2 reell sind. Denn dies kann man durch eine lineare auf z ausgeübte Transformation erreichen, die den Einheitskreis festläßt und die Voraussetzung (12.5.5) nicht beeinflußt. Für

$$z^* = \frac{a z + b}{c z + d}$$

gilt nämlich, wie man nachrechnen mag,

$$\{s, z\} = \{s, z^*\} \frac{(a d - b c)^2}{(c z + d)^2}.$$

Spezialisiert man sich auf Abbildungen

$$z^* = \frac{\varkappa(z + \alpha)}{1 + \bar{\alpha} z}, \quad |\varkappa| = 1, \quad |\alpha| < 1, \tag{12.5.18}$$

die $|z| < 1$ in $|z^*| < 1$ überführen, so wird das

$$\{s, z\} = \{s, z^*\} \frac{\varkappa^2 (1 - \alpha \bar{\alpha})^2}{(1 + \bar{\alpha} z)^2}.$$

Ferner ist aber

$$1 - z^* \bar{z}^* = \frac{(1 - \alpha \bar{\alpha})(1 - z \bar{z})}{(1 + \bar{\alpha} z)^2}.$$

Daher wird, wenn (12.5.5) gilt

$$|\{s, z^*\}| = |\{s, z\}| \frac{|1 + \bar{\alpha} z|^2}{(1 - \alpha \bar{\alpha})^2} \leqq \frac{2}{(1 - z \bar{z})^2} \frac{|1 + \bar{\alpha} z|^2}{(1 - \alpha \bar{\alpha})^2} = \frac{2}{(1 - z^* \bar{z}^*)^2}.$$

Nun aber kann man in (12.5.18) $\varkappa$ und α so wählen, daß die z-Werte z_1 und z_2 in passende $-r$, $+r$ mit $0 < r < 1$ übergehen. Um das einzusehen, lege man durch z_1 und z_2 einen Orthogonalkreis des Einheitskreises und wähle $-\alpha$ als kreisgeometrischen Mittelpunkt des Orthogonalkreisbogens z_1, z_2. Dann geht durch (12.5.18) der Orthogonalkreis in einen Durchmesser des Einheitskreises über und wird $z^* = 0$ der Mittelpunkt der Bildpunkte von z_1 und z_2. Dann kann man die $\varkappa$ entsprechende Drehung noch so einrichten, daß der Durchmesser auf die reelle Achse fällt. Wenn der Satz von NEHARI falsch wäre, kämen wir durch diese Überlegung zu einer Differentialgleichung (12.5.3) mit

$$|J(z)| \leqq \frac{1}{(1 - z \bar{z})^2}$$

mit einer Lösung, die bei $\pm r$, $0 < r < 1$ Nullstellen hätte. Dann müßte nach dem Lemma d) von TAAM auch jede reelle Lösung der „größeren" Differentialgleichung

$$\frac{d^2 y}{d x^2} + \frac{y}{(1 - x^2)^2} \tag{12.5.19}$$

auf $-r \leqq x \leqq r$ mindestens eine Nullstelle haben. Denn hat (12.5.19) eine auf $[-r, r]$ nullstellenfreie Lösung, so hat nach dem Separationssatz a) keine reelle Lösung von (12.5.19) auf $[-r, r]$ mehr als eine Nullstelle und dann hat nach dem Lemma d) von TAAM auch keine reelle

Lösung von (12.5.3) auf $[-r, r]$ mehr als eine Nullstelle. Nun ist aber

$$y = (1 - x^2)^{\frac{1}{2}}$$

eine auf $[-r, r]$, $0 < r < 1$ nullstellenfreie Lösung von (12.5.19).

Durch ganz ähnliche Überlegungen beweist man auch einen weiteren Satz von ZEEV NEHARI: *$s(z)$ bildet den $|z| < 1$ schlicht ab, wenn $s(z)$ in $|z| < 1$ holomorph ist, und wenn*

$$|\{s, z\}| \leqq \frac{\pi^2}{4}, \quad |z| < 1 \tag{12.5.20}$$

gilt.

Wäre nämlich

$$s(z_1) = s(z_2), \quad |z_1| < 1, \quad |z_2| < 1, \quad z_1 \neq z_2,$$

so setze man

$$|z_1 - z_2| = r, \quad 0 < r < 2, \quad z = z_1 + t\, e^{i\vartheta_0}, \quad 0 \leqq t \leqq 2.$$

Dann hätte die aus (12.5.3) sich ergebende Differentialgleichung

$$\frac{d^2 w}{dt^2} + e^{2i\vartheta_0} J(z_1 + t\, e^{i\vartheta_0})\, w = 0$$

eine Lösung, die auf

$$0 \leqq t \leqq r < 2$$

mindestens zwei Nullstellen hat. Dann müßte nach dem Lemma d) das auch für

$$\frac{d^2 w}{dt^2} + \frac{\pi^2}{4} w = 0$$

so sein. Das trifft aber nicht zu.

Die in (12.5.4) und (12.5.5) auftretenden Schranken 6 und 2 sind scharf. Betreffs der Zahl 6 lehrt dies das Beispiel

$$s(z) = \frac{z}{(1 - z)^2}$$

mit

$$\{s, z\} = \frac{-6}{(1 - z^2)^2}.$$

Für die Zahl 2 in (12.5.5) lehrt es nach BINYAMIN SCHWARZ [Trans. Amer. Math. Soc. Bd. 80 (1955)] ein von EINAR HILLE [Bull. Amer. Math. Soc. Bd. 55 (1949)] angegebenes Beispiel, das SCHWARZ in folgendem Satz verallgemeinert:

In (12.5.3) sei $J(z)$ holomorph in $|z| < 1$. Es gebe ein x_0, $0 < x_0 < 1$, so daß

$$|J(z)| \leqq \frac{1}{(1 - z\bar{z})^2} \quad \text{in} \quad x_0 < |z| < 1. \tag{12.5.21}$$

Dann hat keine Lösung von (12.5.3) in $|z| < 1$ unendlich viele Nullstellen. Für jedes $\gamma > 0$ gibt es Funktionen $J(z)$, die in $|z| < 1$ holomorph sind, und für die

$$|J(z)| \leqq \frac{1 + 4\gamma^2}{(1 - z\bar{z})^2}, \quad 0 \leqq |z| < 1 \tag{12.5.22}$$

gilt und für die (12.5.3) *Lösungen besitzt, die in* $|z| < 1$ *unendlich viele Nullstellen aufweisen.*

Dieser Satz, dessen Beweis hier nicht wiedergegeben werden soll, lehrt u. a. die Schärfe der Schranke 2 in (12.5.5). Man zieht, um das einzusehen, das Prinzip von NEHARI heran.

Ich schließe diesen Abschnitt mit dem folgenden Satz, den ZEEV NEHARI in Amer. J. Math. Bd. 76 (1954) bewiesen hat.

In (12.5.3) *sei* $J(z)$ *in* $|z| < 1$ *holomorph und*

$$\lim_{\varrho\to 1}\int_0^{2\pi} |J(\varrho e^{i\vartheta})|\, d\vartheta < M, \qquad M \text{ endlich.} \tag{12.5.23}$$

Dann hat keine Lösung von (12.5.3) *in* $|z| < 1$ *unendlich viele Nullstellen.*

a und b, $|a| < 1$, $|b| < 1$, $a \neq b$ seien zwei Nullstellen einer Lösung $w(z) \not\equiv 0$ von (12.5.3). C sei ein zu $|z| = 1$ orthogonaler Kreisbogen, der a mit b verbindet, ζ ein auf ihm gelegener Punkt, der C in zwei Bogen C_1 von a bis ζ und C_2 von ζ bis b zerlegt. Man ziehe die GREENsche Funktion

$$g(z,\zeta) = \begin{cases} (z-a)(b-\zeta)(b-a)^{-1}, & z \in C_1 \\ (\zeta-a)(b-z)(b-a)^{-1}, & z \in C_2 \end{cases} \tag{12.5.24}$$

heran. Dann ist

$$\int_C (w\,g'' - g\,w'')\,dz = [w\,g' - g\,w']_a^\zeta + [w\,g' - g\,w']_\zeta^b.$$

Das lehrt, daß die bei a und b verschwindende Lösung $w(z)$ von (12.5.3) der Integralgleichung

$$w(\zeta) = \int_C g(z,\zeta)\,J(z)\,w(z)\,dz \tag{12.5.25}$$

genügt. Man wähle nun ζ so, daß

$$\operatorname*{Max}_{z\in C} |w(z)| = |w(\zeta)|$$

ist. Dann folgt aus (12.5.25)

$$1 \leqq \int_C |g(z,\zeta)|\,|J(z)|\,ds. \tag{12.5.26}$$

Da aber

$$|g(z,\zeta)| \leqq |g(\zeta,\zeta)|, \qquad z \in C$$

gilt, so ist weiter

$$1 \leqq |g(\zeta,\zeta)| \int_C |J(z)|\,ds.$$

Da

$$|b-\zeta| \leqq |b-a|, \qquad |\zeta-a| \leqq |b-a|$$

gilt, so folgt weiter

$$1 \leqq |b-a| \int_C |J(z)|\,ds. \tag{12.5.27}$$

Nun gilt, wie gleich bewiesen werden soll,

$$\int_C |J(z)|\, ds \leqq \tfrac{1}{2} \lim_{\varrho \to 1} \int_0^{2\pi} |J(\varrho\, e^{i\vartheta})|\, d\vartheta < M. \tag{12.5.28}$$

Daher ist nach (12.5.27)

$$\frac{1}{b-a} < M. \tag{12.5.29}$$

Hat nun $w(z)$ in $|z| < 1$ unendlich viele Nullstellen n_ν, so gilt $\lim (n_{\nu+1} - n_\nu) = 0$ eine für Auswahl desselben und das kollidiert mit (12.5.29), wenn man dies auf $b = n_{\nu+1}$, $a = n_\nu$ anwendet.

Es bleibt (12.5.28) zu beweisen. Darin ist $J(z)$ in $|z| < 1$ holomorph. Es genügt aber (12.5.28) für Funktionen $J(z)$ zu beweisen, die in $|z| \leqq 1$ holomorph sind, weil man daraus durch Grenzübergang (12.5.28) allgemein gewinnen kann. Für Funktionen $J(z)$, die in $|z| \leqq 1$ holomorph sind, kann (12.5.28) so geschrieben werden

$$\int_C |J(z)|\, ds \leqq \tfrac{1}{2} \int_0^{2\pi} |J(e^{i\vartheta})|\, d\vartheta. \tag{12.5.30}$$

Es genügt dies für den Fall zu beweisen, daß C der volle in $|z| \leqq 1$ enthaltene Orthogonalkreisbogen ist. Es genügt weiter (12.5.30) für den Fall zu beweisen, daß C der Durchmesser $-1 \leqq z \leqq +1$ des Einheitskreises ist. Denn (12.5.30) ist gegenüber konformer Abbildung invariant, wie man sieht, wenn man $J(z) = F'(z)$ setzt. Dann hat (12.5.30) die Form

$$\int_C |F'(z)\, dz| \leqq \tfrac{1}{2} \int_{|z|=1} |F'(z)\, dz|.$$

Und da ist die konforme Invarianz offensichtlich. Die zu beweisende Behauptung ist demnach jetzt: Es gilt

$$\int_{-1}^{+1} |f(z)|\, dz \leqq \tfrac{1}{2} \int_0^{2\pi} |f(e^{i\vartheta})|\, d\vartheta \tag{12.5.31}$$

für jede in $|z| \leqq 1$ holomorphe Funktion $f(z)$. Das ist aber ein von L. FEJÉR und F. RIESZ [Math. Z. Bd. 11 (1921)] aufgestellter Satz, den diese wie folgt beweisen: Zunächst erkennt man, daß

$$\int_{-1}^{+1} |f(z)|^2\, dz \leqq \tfrac{1}{2} \int_0^{2\pi} |f(e^{i\vartheta})|^2\, d\vartheta. \tag{12.5.32}$$

Man setze, um das einzusehen,

$$f(z) = \sum_0^\infty (\alpha_\nu + i\,\beta_\nu)\, z^\nu = f_1(z) + i\, f_2(z),$$

so daß $f_1(z)$ und $f_2(z)$ auf $-1 \leqq z \leqq +1$ reell sind. Dann ist

$$\int_{-1}^{1} |f(z)|^2 \, dz = \int_{-1}^{+1} f_1^2(z) \, dz + \int_{-1}^{+1} f_2^2(z) \, dz.$$

In beiden Integralen auf der rechten Seite kann nach dem CAUCHYschen Integralsatz der Integrationsweg sowohl durch die obere, wie durch die untere Hälfte der Peripherie des Einheitskreises ersetzt werden. Daher ist

$$\int_{-1}^{+1} f_\varkappa^2(z) \, dz \leqq \tfrac{1}{2} \int_{|z|=1} |f_\varkappa^2(z) \, d\vartheta, \qquad \varkappa = 1, 2.$$

Und daraus folgt

$$\int_{-1}^{+1} |f(z)|^2 \leqq \tfrac{1}{2} \int_{|z|=1} (|f_1(z)|^2 + |f_2(z)|^2) \, d\vartheta = \tfrac{1}{2} \int_{-\pi}^{+\pi} |f_1(e^{i\vartheta}) + i f_2(e^{i\vartheta})|^2 \, d\vartheta -$$

$$- \frac{i}{2} \int_{-\pi}^{\pi} (f_1(e^{i\vartheta}) f_2(e^{-i\vartheta}) - f_1(e^{-i\vartheta}) f_2(e^{i\vartheta})) \, d\vartheta.$$

Das letzte Integral aber ist 0, weil der Integrand eine ungerade Funktion von ϑ ist. Aus dem so bewiesenen (12.5.32) folgt (12.5.31) unmittelbar, wenn $f(z) \neq 0$ in $|z| \leqq 1$ ist. Denn dann hat man nur (12.5.32) auf $\sqrt{f(z)}$ anzuwenden, um (12.5.31) zu gewinnen. Im allgemeinen Fall, daß $f(z)$ Nullstellen in $|z| \leqq 1$ hat, muß man nur den Fall betrachten, daß $f(z) \not\equiv 0$ ist. Dann hat $f(z)$, das in $|z| \leqq 1$ holomorph ist, endlich viele Nullstellen $n_1, \ldots, n_k$ in diesem Kreis, wobei jede so oft hingeschrieben sei, als ihrer Vielfachheit entspricht. Man darf annehmen, daß $f(z) \neq 0$ auf $|z| = 1$. Denn anderenfalls ist jedendalls $f(rz)$ für alle genügend nahe bei 1 gelegenen Werte $r < 1$ auf $|z| = 1$ von 0 verschieden, und (12.5.32) folgt daraus durch Grenzübergang für $r \to 1$, wenn (12.5.32) erst für alle $f(z)$ bewiesen ist, die auf $|z| = 1$ von 0 verschieden sind. Das sei jetzt angenommen. Nun setze man

$$N(z) = \prod_{\nu=1}^{k} \frac{z - n_\nu}{1 - \bar{n}_\nu z}, \qquad f^*(z) = \frac{f(z)}{N(z)}.$$

Dann ist

$$|N(z)| = 1, \qquad |z| = 1$$

und

$$|N(z)| < 1, \qquad |z| < 1.$$

Daher ist

$$\int_{-1}^{+1} |f(z)| \, dz \leqq \int_{-1}^{+1} |f^*(z)| \, dz \leqq \tfrac{1}{2} \int_{|z|=1} |f^*(z)| \, d\vartheta = \tfrac{1}{2} \int_{|z|=1} |f(z)| \, d\vartheta,$$

womit der Beweis abgeschlossen ist.

Seine in (12.5.5) und (12.5.20) formulierten Sätze hat ZEEV NEHARI noch weiter verallgemeinert. 1954 gibt er in Proc. Amer. Math. Soc. Bd. 5 den folgenden Satz:

$p(x)$ sei eine gerade Funktion, es sei $p(x) > 0$, stetig in $[0, 1)$ und $(1-x^2)^2 p(x)$ nicht zunehmend, wenn x von 0 nach 1 wächst. Ferner möge

$$y'' + p(x)\, y = 0$$

eine Lösung haben, die in $(-1, +1)$ frei ist von Nullstellen. Wenn dann $f(z)$ holomorph ist in $|z| < 1$ und wenn $|\{f(z), z\}| \leqq 2p(|z|)$ in $|z| < 1$ gilt, dann ist $f(z)$ schlicht in $|z| < 1$. 2 ist die bestmögliche Konstante.

Dieser Satz enthält die in (12.5.5) und (12.5.20) formulierten Aussagen als Sonderfälle. Dahin gehört aber auch der von W. W. POKORNYI behandelte Fall

$$p(x) = 2(1 - x^2)^{-1}.$$

1955 gibt NEHARI in Lectures on functions of a complex variable noch folgenden Satz:

Die in $|z| < R$ holomorphe Funktion $f(z)$ ist schlicht in $|z| < R$, wenn ein γ, $-\frac{\pi}{2} < \gamma < \frac{\pi}{2}$ existiert, so daß

$$\Re\left(e^{i\gamma}\left[\tfrac{3}{2} + z^2\{f(z), z\}\right]\right) > 0, \qquad |z| < R.$$

$\frac{3}{2}$ ist die bestmögliche Konstante, wie man an dem Beispiel $f(z) = z^2$ sieht.

An der zuletzt genannten Stelle finden sich noch weitere einschlägige Sätze.

DAVID LONDON hat 1962 in seiner Dissertation (Pac. J. Math. Bd. 12) weitere Verallgemeinerungen gefunden. Aus dieser schönen Arbeit seien noch die folgenden Sätze hervorgehoben.

(12.5.3) ist diskonjugiert in $|z| < 1$, wenn

$$\iint\limits_{|z|<1} |J(z)|\, dx\, dy \leqq \pi.$$

(12.5.3) ist nicht oszillatorisch in $|z| < 1$, wenn

$$\iint\limits_{|z|<1} |J(z)|\, dx\, dy < \infty.$$

(12.5.3) ist diskonjugiert in $|z| < 1$, wenn

$$\lim_{\varrho \to 1} \int_0^{2\pi} |J(\varrho\, e^{i\vartheta})|\, d\vartheta \leqq 4\pi.$$

(12.5.3) ist nicht oszillatorisch in $|z| < 1$, wenn

$$\lim_{\varrho \to 1} \int_0^{2\pi} |J(\varrho\, e^{i\vartheta})|\, d\vartheta < \infty.$$

Die letzte Formulierung ist natürlich identisch mit dem in (12.5.23) ausgesprochenen Satz von ZEEV NEHARI. Man sieht hiernach, inwiefern DAVID LONDON die Untersuchungen von NEHARI weitergeführt hat. Außerdem sind seine Untersuchungen von methodischem Interesse.

6. Nullstellenfreie Gebiete. In der Lehre von den linearen Randwertaufgaben — die z. B. in meiner in dieser Sammlung als Bd. 83 erschienenen Einführung in die Theorie der Differentialgleichungen im reellen Gebiet dargestellt ist — spielen die Nullstellen der Lösungen eine wichtige Rolle. Hierzu geben auch funktionentheoretische Methoden einigen Aufschluß. Hierüber gibt es einige grundlegende Arbeiten von EINAR HILLE, über die E. L. INCE in seinem mehr erwähnten Buch Ordinary differential equations 1927 ausführlich berichtet hat. Hier soll nur einiges wenige, besonders Wichtige darüber zur Sprache kommen.

Bei der Untersuchung der Nullstellen der Lösungen einer linearen Differentialgleichung

$$w'' + p_1 w' + p_2 w = 0 \tag{12.6.1}$$

im Regularitätsgebiet ihrer Koeffizienten genügt es, sich auf den Fall $p_1 \equiv 0$ zu beschränken. Denn die Substitution

$$w = w^* \exp\left[-\tfrac{1}{2}\int p_1\, dz\right]$$

führt (12.6.1) in

$$(w^*)'' + w^* \left[-\tfrac{1}{2}p_1' - \tfrac{1}{4}p_1^2 + p_2\right] = 0$$

über. Im Regularitätsgebiet der Koeffizienten stimmen die Nullstellen der Lösungen der transformierten Differentialgleichung mit denen der ursprünglichen überein. Ich beschränke daher die Darstellung auf

$$w'' + p(z)\, w = 0. \tag{12.6.2}$$

Dabei sei $p(z)$ in einem Gebiet G_z eindeutig und holomorph. Man gehe von (12.6.2) zu einem System

$$\begin{aligned} w_1' &= w_2 \\ w_2' &= -p(z)\, w_1 \end{aligned} \tag{12.6.3}$$

über. Man betrachte die (12.6.3) und deren konjugiert imaginäre längs einer zwei Punkte $z_1 \in G_z$, $z_2 \in G_z$ verbindenden in G_z enthaltenen Strecke. Man schreibe also an:

$$\frac{d\bar{w}_1}{d\bar{z}}\,\frac{d\bar{z}}{dt} = \bar{w}_2\,\frac{d\bar{z}}{dt}$$

$$\frac{dw_2}{dz}\,\frac{dz}{dt} = -p(z)\, w_1\,\frac{dz}{dt}.$$

Dabei sei t ein reeller längs der Strecke variierender Parameter. Man multipliziere die erste Gleichung mit w_2, die zweite mit $\bar{w}_1$, addiere auf beiden Seiten und integriere längs der Strecke von z_1 bis z_2. So erhält man

$$\overline{w}_1(z_2)\, w_2(z_2) - \overline{w}_1(z_1)\, w_2(z_1) - \int_{z_1}^{z_2} |w_2|^2\, d\bar{z} + \int_{z_1}^{z_2} p(z)\, |w_1|^2\, dz = 0. \quad (12.6.4)$$

Setzt man nun längs der Strecke

$$z = z_1 + t\, e^{i\vartheta}, \qquad 0 \leqq t \leqq r,$$

dann erhält man aus (12.6.4)

$$\overline{w}(z_2) \frac{dw}{dt}(z_2) - \overline{w}(z_1) \frac{dw}{dt}(z_1) -$$

$$- \int_{z_1}^{z_2} \left| \frac{dw}{dt} \right|^2 dt + e^{2i\vartheta} \int_{z_1}^{z_2} p(z)\, |w|^2\, dt = 0. \quad (12.6.5)$$

Man setze längs der Strecke

$$\overline{w} \frac{dw}{dt} = u_1 + i\, u_2$$

$$e^{2i\vartheta} p(z) = P_1(t, \vartheta) + i\, P_2(t, \vartheta)$$

und trenne in (12.6.5) Reelles und Imaginäres. Das gibt

$$\left.\begin{aligned} u_1(z_2) - u_1(z_1) - \int_{z_1}^{z_2} \left| \frac{dw}{dt} \right|^2 dt + \int_{z_1}^{z_2} P_1(t, \vartheta)\, |w|^2\, dt = 0 \\ u_2(z_2) - u_2(z_1) + \int_{z_1}^{z_2} P_2(t, \vartheta)\, |w|^2\, dt = 0. \end{aligned}\right\} \quad (12.6.6)$$

Aus (12.6.6) folgt:

$w\, w'$ hat auf der z_1 und z_2 verbindenden Strecke S höchstens eine Nullstelle und nimmt auch jeden anderen Wert auf dieser Strecke höchstens einmal an, wenn

a) $$P_1(t, \vartheta) \leqq 0, \qquad z = z_1 + t\, e^{i\vartheta} \in S$$

oder

b) $$P_2(t, \vartheta) \neq 0, \qquad z = z_1 + t\, e^{i\vartheta} \in S,$$

d. h. ohne Nullstelle für jeden inneren Punkt der Strecke.

Denn a) sowohl wie b) verhindern

$$\overline{w}(z_2) \frac{dw}{dt}(z_2) = \overline{w}(z_1) \frac{dw}{dt}(z_1).$$

Wenn zusätzlich zu a) noch $u_1(z_1) \geqq 0$ gilt, so hat $w\, w'$ im Inneren der Strecke und an deren anderem Ende überhaupt keine Nullstelle. Wenn zusätzlich zu b)

$$u_2(z_1) \neq 0, \quad u_2(z_1)\, P_2(t, \vartheta) \leqq 0, \quad z = z_1 + t\, e^{i\vartheta} \in S$$

gilt, dann hat $w\, w'$ keine Nullstelle auf der Strecke.

Diese Überlegungen führen zur Konstruktion eines nullstellenfreien Gebietes für eine Lösung $w(z)$ von (12.6.2), für die

$$w(z_1) = 0, \quad p(z_1) \neq 0$$

an einer Stelle des Holomorphiegebietes von $p(z)$ gilt. Man setze längs S

$$(z - z_1)^2 p(z) = P(z) + i\,Q(z) \qquad P, Q \text{ reell.}$$

$P(z) = 0$ und $Q(z) = 0$ sind zwei Kurven, die sich in $z = z_1$ schneiden, und deren jede dort einen Doppelpunkt hat. So hat man längs S

$$\begin{aligned} P(z) + i\,Q(z) &= t^2 e^{2i\vartheta} p(z) \\ &= t^2 (P_1 + i\,P_2). \end{aligned}$$

Also ist

$$P(z) = t^2 P_1(t, \vartheta), \quad Q(z) = t^2 P_2(t, \vartheta).$$

Daher gibt $P_1(0, \vartheta) = 0$ die Richtungen der Tangenten an $P(z) = 0$ im Punkte $z = z_1$ an, und $P_2(0, \vartheta) = 0$ gibt die Richtungen der Tangenten an $Q(z) = 0$ im Punkte $z = z_1$ an. Wendet man die vorausgegangenen Betrachtungen auf Strecken mit dem Anfangspunkt z_1 und variabler Richtung an, so erhält man als Vereinigungsmenge nullstellenfreier Strecken einen nullstellenfreien Stern für Lösungen $w(z)$, die $w(z_1) = 0$ genügen. Man findet nämlich auf jeder Strecke, die in z_1 beginnt, eine von weiteren Nullstellen von $w\,w'$ freie Strecke. Ihr Endpunkt ist entweder ein Randpunkt des angenommenen Holomorphiegebietes von $p(z)$, oder bei $P_1(0, \vartheta) > 0$ der erste schon vorher bei Durchlaufung der von z_1 weggerichteten Strecke angetroffene Punkt, in dem $P_2(t, \vartheta)$ sein Vorzeichen ändert, oder bei $P_1(0, \vartheta) < 0$ der erste bei Durchlaufung der Strecke angetroffene Punkt, in dem $P_1(t, \vartheta)$ sein Vorzeichen wechselt. Ist $P_1(0, \vartheta) = 0$, so ist maßgebend dafür, nach welcher der beiden eben angegebenen Regeln der andere Endpunkt der nullstellenfreien Strecke festgelegt wird, der Umstand, ob in den z_1 benachbarten Punkten auf der betreffenden Strecke $P_1 > 0$ oder $P_1 < 0$ ist.

Verzichtet man auf die Annahme $p(z_1) \neq 0$, so haben die Kurven $P(z) = 0$, $Q(z) = 0$ in $z = z_1$ einen mehrfachen Punkt und verschwinden $P_1(0, \vartheta)$ und $P_2(0, \vartheta)$ für jedes ϑ. Für die Konstruktion eines nullstellenfreien Sterns sind dann die eben betreffend $P_1(0, \vartheta)$ gemachten Angaben maßgebend.

Weiteres über nullstellenfreie Gebiete findet man bei Choy-Tak Taam 1952 in Amer. J. Math. Bd. 74.

7. Randwertaufgaben. Über Randwertaufgaben im komplexen Gebiet ist über das in § 10.**3.** Erwähnte hinaus noch wenig bekannt. Es soll sich im folgenden nur um den Fall handeln, daß nach Lösungen einer Differentialgleichung gefragt wird, die an zwei gegebenen Stellen gegebene Werte annehmen. Ist die Differentialgleichung

$$w'' + p_1(z)\, w' + p_2(z)\, w' = p_3(z) \tag{12.7.1}$$

vorgelegt, so kann man wie im Reellen an die aus (6.1.13) bekannte Formel

$$w(z) = c_1\, w_1(z) + c_2\, w_2(z) - \int\limits_{z_1}^{z} \frac{w_1(z)\, w_2(\mathfrak{z}) - w_2(z)\, w_1(\mathfrak{z})}{w_1(\mathfrak{z})\, w_2'(\mathfrak{z}) - w_2(\mathfrak{z})\, w_1'(\mathfrak{z})}\, p_3(\mathfrak{z})\, d\mathfrak{z} \tag{12.7.2}$$

anknüpfen. Sie stellt alle Integrale von (12.7.1) dar. $w_1(z)$ und $w_2(z)$ sind dabei zwei linear unabhängige Integrale der homogenen Differentialgleichung

$$w'' + p_1(z)\, w' + p_2(z)\, w = 0 \tag{12.7.3}$$

und c_1, c_2 sind zwei willkürliche Konstanten. z_1 ist eine beliebige Stelle in einem Gebiet, in dem p_1, p_2, p_3 holomorph und eindeutig sein mögen. Ist z_2 eine zweite Stelle aus diesem Holomorphiegebiet, so werde zunächst nach Integralen von (12.7.1) gefragt, für die

$$w(z_1) = w(z_2) = 0 \tag{12.7.4}$$

ist. Das nennt man bekanntlich die **erste Randwertaufgabe.** Vorerst werde angenommen, daß die homogene Differentialgleichung (12.7.3) keine nichttriviale Lösung besitzt, für die (12.7.4) gilt. Dann sind die beiden bis auf je einen willkürlichen konstanten Faktor bestimmten Lösungen $w_1(z)$ mit $w_1(z_1) = 0$ und $w_2(z)$ mit $w_2(z_2) = 0$ von (12.7.3) linear unabhängig. Verwendet man diese in (12.7.2), so führt die Forderung (12.7.4) zu

$$c_2 = 0, \qquad c_1\, w_1(z_2) = \int\limits_{z_1}^{z_2} \frac{w_1(z_2)\, w_2(\mathfrak{z})}{N(\mathfrak{z})}\, p_3(\mathfrak{z})\, d\mathfrak{z},$$

$$N(\mathfrak{z}) = w_1(\mathfrak{z})\, w_2'(\mathfrak{z}) - w_2(\mathfrak{z})\, w_1'(\mathfrak{z}).$$

Da nach Annahme $w_1(z_2) \neq 0$ ist, hat man

$$w(z) = w_1(z) \int\limits_{z_1}^{z_2} \frac{w_2(\mathfrak{z})\, p_3(\mathfrak{z})}{N(\mathfrak{z})}\, d\mathfrak{z} - \int\limits_{z_1}^{z} \frac{w_1(z)\, w_2(\mathfrak{z}) - w_2(z)\, w_1(\mathfrak{z})}{N(\mathfrak{z})}\, p_3(\mathfrak{z})\, d\mathfrak{z} \tag{12.7.5}$$

als Lösung von (12.7.1), die (12.7.4) erfüllt. Nimmt man das zugrunde gelegte Gebiet als einfachzusammenhängend an, so sind w_1 und w_2 eindeutige Funktionen und die Integrale sind von der Wahl der Integrationswege unabhängig. Man kann daher den von z_1 bis z_2 reichenden Weg über die Stelle z führen und demnach für (12.7.5) schreiben:

$$w(z) = \int_{z_1}^{z} \frac{w_1(z)\, w_2(\mathfrak{z})}{N(\mathfrak{z})} p_3(\mathfrak{z})\, d\mathfrak{z} + \int_{z}^{z_2} \frac{w_1(z)\, w_2(\mathfrak{z})}{N(\mathfrak{z})} p_3(\mathfrak{z})\, d\mathfrak{z} -$$

$$- \int_{z_1}^{z} \frac{w_1(z)\, w_2(\mathfrak{z})}{N(\mathfrak{z})} p_3(\mathfrak{z})\, d\mathfrak{z} + \int_{z_1}^{z} \frac{w_2(z)\, w_1(\mathfrak{z})}{N(\mathfrak{z})} p_3(\mathfrak{z})\, d\mathfrak{z}. \quad (12.7.6)$$

Das ist

$$w(z) = \int_{z_1}^{z_2} G(z, \mathfrak{z})\, p_3(\mathfrak{z})\, d\mathfrak{z} \quad (12.7.7)$$

mit der GREENschen Funktion

$$G(z, \mathfrak{z}) = \begin{cases} \dfrac{w_2(z)\, w_1(\mathfrak{z})}{N(\mathfrak{z})} & z_1 \subset \mathfrak{z} \subset z \\ \dfrac{w_1(z)\, w_2(\mathfrak{z})}{N(\mathfrak{z})} & z \subset \mathfrak{z} \subset z_2. \end{cases} \quad (12.7.8)$$

Die erste Erklärung gilt, wie angedeutet, auf dem z_1 mit z verbindenden Wegstück, die zweite zwischen z und z_2. Hieraus und aus (12.7.2) entnimmt man, daß

$$w(z) = \frac{w(z_2)}{w_1(z_2)} w_1(z) + \frac{w(z_1)}{w_2(z_1)} w_2(z) + \int_{z_1}^{z_2} G(z, \mathfrak{z})\, p_3(\mathfrak{z})\, d\mathfrak{z} \quad (12.7.9)$$

das allgemeine Integral von (12.7.1) ist. Es ist durch die Werte $w(z_1)$ und $w(z_2)$ eindeutig bestimmt.

Bis jetzt war angenommen, daß (12.7.3) keine nichttriviale Lösung der ersten Randwertaufgabe besitzt. In diesem zweiten Fall sei nach wie vor $w_1(z)$ bis auf einen willkürlichen Faktor durch $w_1(z_1) = 0$ festgelegt. Dann ist auch $w_1(z_2) = 0$. Man nehme nun als $w_2(z)$ irgendeine von $w_1(z)$ linear unabhängige Lösung von (12.7.3). Für diese ist dann $w_2(z_1) \neq 0$ und $w_2(z_2) \neq 0$. Aus (12.7.2) entnimmt man dann, daß

$$\int_{z_1}^{z_2} \frac{w_1(\mathfrak{z})\, p_3(\mathfrak{z})}{N(\mathfrak{z})}\, d\mathfrak{z} = 0 \quad (12.7.10)$$

die notwendige und hinreichende Bedingung dafür ist, daß (12.7.1) eine Lösung der ersten Randwertaufgabe besitzt. Dann sind

$$w(z) = c_1\, w_1(z) - \int_{z_1}^{z} \frac{w_1(z)\, w_2(\mathfrak{z}) - w_2(z)\, w_1(\mathfrak{z})}{N(\mathfrak{z})} p_3(\mathfrak{z})\, d\mathfrak{z} \quad (12.7.11)$$

mit willkürlichem konstantem c_1 die sämtlichen Lösungen der ersten Randwertaufgabe für (12.7.1). Während also im ersten Fall nur eine

Lösung existiert, gibt es im zweiten Fall, wenn überhaupt eine, so deren unendlich viele. Das ist die aus dem Reellen bekannte Alternative. Wie im Reellen kann man dann, wenn für (12.7.2) der erste Fall vorliegt, d. h. keine nichttriviale Lösung der ersten Randwertaufgabe existiert, die Frage nach der ersten Randwertaufgabe bei

$$w'' + p_1(z)\, w' + p_2(z)\, w = p(z)\, w \tag{12.7.12}$$

auf eine Integralgleichung

$$w(z) = \int_{z_1}^{z_2} G(z, \mathfrak{z})\, p(\mathfrak{z})\, w(\mathfrak{z})\, d\mathfrak{z} \tag{12.7.13}$$

zurückzuführen.

Durch geeignete Substitutionen kann man wie im Reellen die Aufgabe auf

$$w'' = p(z)\, w \tag{12.7.14}$$

reduzieren. Jetzt ist $w_1(z) = z - z_1$, $w_2(z) = z - z_2$

$$G(z, \mathfrak{z}) = \begin{cases} \dfrac{(z - z_1)(\mathfrak{z} - z_2)}{z_2 - z_1}, & z_1 \subset \mathfrak{z} \subset z \\[2ex] \dfrac{(z - z_2)(\mathfrak{z} - z_1)}{z_2 - z_1}, & z \subset \mathfrak{z} \subset z_2. \end{cases} \tag{12.7.15}$$

Ich beginne mit

$$w'' = q(z). \tag{12.7.16}$$

Man findet nach (12.7.9) als allgemeine Lösung

$$w(z) = \frac{(z - z_1)\, w(z_2)}{z_2 - z_1} + \frac{(z - z_2)\, w(z_1)}{z_1 - z_2} + \int_{z_1}^{z_2} G(z, \mathfrak{z})\, q(\mathfrak{z})\, d\mathfrak{z}. \tag{12.7.17}$$

Hierfür werde eine von Helmut Grunsky [Math. Z. Bd. 63 (1955)] herrührende Umformung angegeben. Für (12.7.17) kann man schreiben

$$\frac{w(z)}{(z - z_1)(z - z_2)} + \frac{w(z_1)}{(z_2 - z_1)(z - z_1)} + \frac{w(z_2)}{(z_1 - z_2)(z - z_2)} = \frac{\int_{z_1}^{z_2} G(z, \mathfrak{z})\, q(\mathfrak{z})\, d\mathfrak{z}}{(z - z_1)(z - z_2)}. \tag{12.7.18}$$

Nun hat man nach bekannten Formeln der analytischen Geometrie für den Inhalt des von den Punkten z_1, z_2, z gebildeten geradlinigen Dreiecks Δ

$$F_\Delta = \frac{1}{4i}\left((z_1 - z_2)\,\overline{(z - z_2)} - (z - z_2)\,\overline{(z_1 - z_2)}\right).$$

Dazu noch zwei weitere durch zyklische Vertauschung von z_1, z_2, z sich ergebende Darstellungen des Inhaltes. Weiter hat man durch Integration über den Rand des geradlinigen Dreiecks

$$\int_{\Delta} w'(\mathfrak{z})\, d\bar{\mathfrak{z}} = [w(z_2) - w(z_1)]\frac{\overline{z_2 - z_1}}{z_2 - z_1} + [w(z) - w(z_2)]\frac{\overline{z - z_2}}{z - z_2} + [w(z_1) - w(z)]\frac{\overline{z_1 - z}}{z_1 - z}$$

$$= 4i F_{\Delta}\left(\frac{w(z)}{(z - z_2)(z_1 - z)} + \frac{w(z_1)}{(z_1 - z)(z_2 - z_1)} + \frac{w(z_2)}{(z_2 - z_1)(z - z_2)}\right).$$

Trägt man das in (12.7.18) ein, so hat man

$$\int_{z_1}^{z_2} G(z, \mathfrak{z})\, q(\mathfrak{z})\, d\mathfrak{z} = \frac{(z - z_1)(z - z_2)\, i}{4 F_{\Delta}} \int_{\Delta} w'(\mathfrak{z})\, d\bar{\mathfrak{z}}. \tag{12.7.19}$$

Das hier stehende Randintegral kann man in bekannter Weise in ein Integral über die Fläche des Dreiecks umformen. Man hat:

$$\begin{aligned}
\int_{\Delta} w'(\mathfrak{z})\, d\bar{\mathfrak{z}} &= \int_{\Delta} (u + i v)\,(dx - i\, dy) \\
&= \int_{\Delta} (u\, dx + v\, dy) + i \int_{\Delta} (v\, dx - u\, dy) \\
&= \iint_{\Delta} (v_x - u_y)\, dx\, dy - i \iint_{\Delta} (v_y + u_x)\, dx\, dy \\
&= 2 \iint_{\Delta} (v_x - i\, u_x)\, dx\, dy \\
&= \frac{2}{i} \iint_{\Delta} (u_x + i\, v_x)\, dx\, dy = \frac{2}{i} \iint_{\Delta} w''(\mathfrak{z})\, dx\, dy.
\end{aligned}$$

Die eben hergeleitete Beziehung

$$\iint_{\Delta} w''(\mathfrak{z})\, dx\, dy = \frac{i}{2} \int_{\Delta} w'(\mathfrak{z})\, d\bar{\mathfrak{z}}$$

gilt nach dem vorgeführten Gedankengang natürlich auch dann, wenn Δ irgendein Gebiet mit rektifizierbarem Rand bedeutet, in dem $w(\mathfrak{z})$ eindeutig und holomorph ist. Trägt man das in (12.7.19) ein, so erhält man

$$\int_{z_1}^{z_2} G(z, \mathfrak{z})\, q(\mathfrak{z})\, d\mathfrak{z} = \frac{(z - z_1)(z - z_2)}{2 F_{\Delta}} \iint_{\Delta} q(\mathfrak{z})\, dx\, dy$$

und damit die folgende Darstellung der bei z_1 und z_2 verschwindenden Lösung von (12.7.16):

$$w(z) = \frac{(z - z_1)(z - z_2)}{2F_\Delta} \iint_\Delta q(\mathfrak{z})\,dx\,dy. \tag{12.7.20}$$

Man nennt dies die **GRUNSKYsche Integralformel.** Es ist dabei angenommen, daß z nicht auf der geradlinigen Verbindung von z_1 und z_2 liegt. Andernfalls muß man bei (12.7.17) mit $w(z_1) = w(z_2) = 0$ bleiben.

Von (12.7.20) hat GRUNSKY [Math. Nachr. Bd. 19 (1958)] vorteilhaften Gebrauch gemacht bei der Lösung der ersten Randwertaufgabe für nichtlineare Differentialgleichungen

$$w'' = G(w, z).$$

$G(w, z)$ ist in einem Gebiet der w, z eindeutig und holomorph angenommen. Die Konstruktion der Lösung erfolgt durch ein Iterationsverfahren, für dessen Konvergenzbeweis sich (12.7.20) als sehr nützlich erweist. GRUNSKY gelangt zu ziemlich komplizierten hinreichenden Bedingungen für die Lösbarkeit der ersten Randwertaufgabe. Er erprobt sein Verfahren erfolgreich an der PAINLEVÉschen Differentialgleichung

$$w'' = a w^2 + b z.$$

Auch DAVID LONDON hat in seiner gegen Ende von § 12.5. erwähnten Arbeit die GRUNSKYsche Integralformel benutzt.

Namen- und Sachverzeichnis

ABEL, NIELS HENRIK (1802—1829) 78, 110ff., 236
Akzessorischer Parameter 209, 317
Allgemeines Integral 9, 20f., 26, 28, 33
Asymptotische Darstellung 75, 196f., 292
Außerwesentlich singuläre Stelle 34, 43, 51ff., 123, 129ff., 163ff.

BARNES, ERNEST W. (1874—1953) 227
—, Integraldarstellung der hypergeometrischen Funktion 227
BEHNKE, HEINRICH (geb. 1898) 225, 368
BELLMAN, RICHARD (geb. 1920) 155
Berechnung der Fundamentalsysteme 132ff., 170ff.
BERNOULLI, DANIEL (1700—1782) 310
BERNOULLI, JAKOB (1654—1705) 104
BESSEL, FRIEDRICH WILHELM (1874 bis 1846) 197, 280ff.
BESSELsche Differentialgleichung 280ff.
— Funktionen 282ff.
Bestimmt sich verhaltende Integrale an Stellen der Unbestimmtheit 181ff.
Bewegliche singuläre Stelle 86ff.
BIEBERBACH, LUDWIG (geb. 1886) 9, 41, 57, 113, 135, 225, 284, 292, 360, 363, 368
BIRKHOFF, GEORGE DAVID (1884—1944) 63, 131, 165, 201f., 274f.
BOUQUET, JEAN CLAUDE (1819—1885) 65ff., 112ff.
BRAMFORTH, F. R. 63
BRIOT, CHARLES (1817—1882) 65ff., 112ff.
BUCHHOLZ, HERBERT (geb. 1895) 283
BURAU, WERNER (geb. 1906) 321
BURKHARDT, HEINRICH (1861—1914) 349

Calcul des limites 6, 8
CARATHEODORY, CONSTANTIN (1873 bis 1950) 224
CASORATI, FELICE (1835—1890) 99
CAUCHY, AUGUSTIN LOUIS (1789—1857) 6, 8, 15, 55, 121, 174, 287, 376
CESARI, LAMBERTO 337
Charakteristische Gleichung 27, 120, 142, 195, 335
Charakteristisches Polynom 27
CLAIRAUT, ALEXIS CLAUDE (1713—1765) 81
CLAIRAUTsche Differentialgleichung 81

Determinierende Gleichung 35, 134, 178, 204
Differentialoperator 27
Differentiator 27
DINGHAS, ALEXANDER (geb. 1908) 225
Diskonjugiert 367
DRACH, JULES (1871—1949) 350
DULAC, HENRI (1870—1955) 63, 66, 68, 73, 86

EHLERS, GEORG (geb. 1922) 178
EISENSTEIN, GOTTHOLD (1823—1852) 360f.
Elementare Funktion 298
Elliptische Modulfunktion 250, 312
— Modulgruppe 250
Équation à variation 13
EULER, LEONHARD (1707—1783) 212, 251, 282, 286, 291
Existenzsatz 1ff., 17ff., 25f.

FEJÉR, LEOPOLD (1880—1959) 375
Feste singuläre Stelle 86ff.
FLOQUET, GASTON (1847—1920) 334
FREDHOLM, ERIK IVAR (1866—1927) 275
FUCHS, LAZARUS (1833—1902) 110, 112, 129, 165, 168, 202ff., 247, 264, 271, 274ff., 311ff., 326, 328, 334
FUCHSsche Klasse 202ff.
Fundamentalgleichung 125
Fundamentalmatrix 22

Fundamentalsystem 22, 26, 126, 141, 144

Gammafunktion 356ff.
GANTMACHER, F. R. 85, 154, 178, 201
GAUSS, CARL FRIEDRICH (1777—1855) 78, 108, 112ff., 119, 211, 236, 255, 308, 311, 330, 332, 334, 337, 365
GAUSSsche Reihe 211
GOLUBEW, WLADIMIR WASSILIEWITSCH (1884—1954) 90, 350
GREEN, GEORGE (1793—1841) 97, 374, 382
GREENsche Formel 97
— Funktion 374, 382
GRUNSKY, HELMUT (geb. 1904) 383, 385

HÄLLSTRÖM, GUNNAR AF 97
HAMBURGER, MEYER (1838—1903) 10, 139, 163, 170, 194
HAMEL, GEORG (1877—1954) 331
HANKEL, HERMANN (1839—1873) 282, 288f., 295
HANKELsche Funktionen 282, 288, 295
HARTOGS, FRIEDRICH (1874—1943) 1
HAUPT, OTTO (geb. 1887) 338
HEFFTER, LOTHAR (1862—1962) 136
HERMITE, CHARLES (1822—1901) 112ff.
HESSE, LUDWIG OTTO (1811—1874) 290
HILB, EMIL (1882—1929) 112, 183, 190, 326, 328, 350
HILBERT, DAVID (1862—1943) 186ff., 274f.
HILLE, EINAR (geb. 1894) 373, 378
HOELDER, OTTO (1859—1937) 356ff.
HORN, JAKOB (1867—1946) 68, 73, 76, 83, 169f.
HURWITZ, ADOLF (1859—1919) 360ff.
Hypergeometrische Differentialgleichung 208
— Funktion 212
— Reihe 211

INCE, LINDSAY EDWARD (1891—1941) 10, 32, 112, 196, 295, 349f., 378
Integraldarstellung der hypergeometrischen Funktion 227, 238, 251
Integration der linearen Differentialgleichung erster Ordnung 6

JACOBI, CARL GUSTAV JACOB (1804 bis 1851) 251, 258
JACOBIsche Polynome 258
JACOBSTHAL, ERNST (geb. 1882) 104
JENSEN, JOHANN LUDWIG WILLIAM WALDEMAR (1859—1925) 97f.
JORDAN, CAMILLE (1838—1922) 155
JORDANsche Normalform einer Matrix 155ff.

KAMPÉ DE FÉRIET (geb. 1893) 264
KAMPEN, ESBERTUS RUDOLF VAN (geb. 1908) 339
Kanonisches Fundamentalsystem 126ff., 144, 162f., 335
Klasse von Differentialgleichungen 49ff.
KLEIN, FELIX (1849—1925) 264, 273, 326
KNESER, HELLMUTH (geb. 1898) 178
KOCH, NIELS HELGE FABIAN VON (geb. 1870—1924) 138, 181, 197
Konfluente hypergeometrische Funktion 283
KUMMER, ERNST EDUARD (1810—1893) 208, 222, 224
KUMMERsche Differentialgleichung 208
KÜNZI, HANS P. (geb. 1924) 110

LAMÉ, GABRIEL (1795—1870) 326, 328f., 344, 349
LAMÉsche Differentialgleichung 326, 328f., 344, 349
— Polynome 329
LAPLACE, PIERRE SIMON (1749—1827) 284, 288, 294, 328
LAPLACEsche Transformation 284, 288, 294
LAPPO-DANILEWSKIJ, J. A. (1896 bis 1931) 275f.
LEGENDRE, ADRIAN MARIE (1752—1833) 250, 257f., 347, 365
LEGENDREsche Polynome 257
LETTENMEYER, FRITZ (1891—1953) 194
LIAPOUNOFF, ALEXANDER MICHAILOWITSCH (1857—1918) 339f.
LINDELOEF, ERNST (1870—1946) 83
LINDEMANN, FERDINAND (1852—1939) 331
Lineare Differentialgleichungen erster Ordnung 5
— — höherer Ordnung 24ff.
— — mit konstanten Koeffizienten 24, 26ff., 29ff., 119ff., 142ff.
— — zweiter Ordnung 116ff.
Lineares System 20, 31, 140ff.

Linearpolymorph 250
Linienelement 81
LIOUVILLE, JOSEPH (1809—1882) 3, 20, 25, 113, 300, 302, 307, 310
LOBATSCHEWSKIJ, NIKOLAI IWANOWITSCH (1793—1856) 260f., 264
LONDON, DAVID 377f., 385
LYRA, GERHARD (geb. 1910) 135, 170, 179, 214, 217f.

Majorante 7, 19
Majorantenmethode 6, 8, 19, 55ff.
MALMQUIST, JOHANNES (1882—1952) 66, 96ff., 107ff., 115
MASANI, PESI R. 201
MASCHERONI, LORENZO (1750—1800) 282
MATHIEU, ÉMILE (1835—1890) 331ff.
MATHIEUsche Differentialgleichung 331ff.
MEIXNER, JOSEF (geb. 1908) 321, 333
Methode der unbestimmten Koeffizienten 25, 53ff., 74ff., 129, 170ff., 178ff.
— der Variation der Konstanten 118, 127
Monodromiegruppe 246ff.
MOSER, JÜRGEN (geb. 1928) 170
Multiplikative Lösung 34, 125

Nebenpunkt 122, 204
NEHARI, ZEEV (geb. 1915) 367ff.
NEUMANN, CARL (1832—1925) 283
NEUMANNsche Funktion 283
NEVALINNA, ROLF (geb. 1895) 97f., 109, 113, 264, 364f.
NEWTON, ISAAK (1643—1727) 307, 321f.
Normalreihen 194ff.

Obertheoreme 326
OSTROWSKI, ALEXANDER (geb. 1893) 304f., 307, 356, 359
Oszillationstheorem 325f.
Oszillatorisch 367

PAINLEVÉ, PAUL (1863—1933) 10f., 20f., 35ff., 42, 77, 89, 92, 107ff., 349ff., 365ff., 385
PAINLEVÉsche Transcendenten 349ff.
PAPPERITZ, ERWIN (1857—1938) 207
Partikuläres Integral 10, 33
PERRON, OSKAR (geb. 1880) 16f., 181, 190ff., 197ff., 363f., 366

PFAFF, JOHANN FRIEDRICH (1765 bis 1825) 212
PICARD, ÉMILE (1856—1941) 10, 110ff.
PLEMELJ, JOSEF (geb. 1873) 274f., 314, 318ff., 327ff.
POCHHAMMER, LEO (1841—1920) 191
POINCARÉ, HENRI (1854—1912) 14, 16, 20, 112, 194, 196, 314, 350, 360
POKORNYI, W. W. 377
PÓLYA, GEORG (geb. 1887) 115, 360, 363f.
PONTRJAGIN, LEW SEMJENOWITSCH (geb. 1908) 154
PÖSCHL, KLAUS (geb. 1924) 366
Prinzip von NEHARI 367ff.
PUISEUX, VICTOR ALEXANDRE (1820 bis 1883) 307

QUADE, WILHELM (geb. 1898) 138, 170

Randwertaufgaben 323ff., 380ff.
Rang einer singulären Stelle 194, 200
RASCH, G. 176
Rekursionsformeln 74f, 174ff., 179ff., 196, 211, 281
— zweigliedrige 196, 211, 281
RELLICH, FRANZ (1906—1955) 115, 364f.
RÉMOUNDOS, GEORGES (1878—1918) 114
RICCATI, JACOPO (1676—1754) 92f., 108, 110, 112, 123ff., 297ff., 307, 370
RICCATIsche Differentialgleichung 92ff., 108, 110, 112, 123ff., 297ff., 307, 370
RIEMANN, BERNHARD (1826—1866) 37f., 78, 86f., 132, 202, 207, 220, 247ff., 264ff., 329f., 344
RIEMANNsche Differentialgleichung 220
— Integraldarstellung der hypergeometrischen Funktion 251
— P-Funktion 207
RIEMANNsches Problem 264ff.
RIESZ, FRIEDRICH (1880—1956) 375
RITT, JOSEF FELS (1893—1951) 300, 307
RÖHRL, HELMUT (geb. 1927) 275
ROUCHÉ, EUGÈNE (1832—1910) 303

SCHAEFKE, FRIEDRICH WILHELM (geb. 1922) 179, 318ff., 326, 333
SCHEFFÉ, HENRY 211
Scheinbare Singularität 88, 122, 204
SCHLESINGER, LUDWIG (1864—1933) VIf.
SCHMIDT, ADAM (geb. 1908) 176, 178
SCHMIDT, HERMANN (geb. 1902) 194

Schwach singulär 123
Schwarz, Binyamin 373
Schwarz, Hermann Amandus (1843 bis 1921) 187f., 252ff., 311, 367
Schwarzsche Differentialgleichung 252ff.
— Differentialinvariante 252
— s-Funktionen 254
Selberg, Henrik (geb. 1906) 110, 114
Separationssatz 368
Siegel, Carl Ludwig (geb. 1896) 310
Singuläre Stellen 32ff., 202ff.
Singuläres Integral 10, 20, 34, 78f.
Sommer, Friedrich (geb. 1912) 225, 368
Stelle der Bestimmtheit 34, 123, 163ff.
— der Unbestimmtheit 123
Sternberg, Wolfgang (1887—1953) 197
Stirling, James (1692—1770) 228, 232, 284, 291
Stokes, George Gabriel (1819—1903) 295
Stokessches Phänomen 295
Systeme mit konstanten Koeffizienten 26ff., 29ff., 47f., 142ff., 148ff.

Taam, Choy-Tak 368, 370, 372, 380
Thomé, Ludwig Wilhelm (1841—1910) 181, 194ff., 293f.
Tschebyschef, Panufij Ljowitsch (1821—1894) 258
Tschebyschefsche Polynome 258
Turritin, H. L. (geb. 1906) 197, 201f.

Übergangssubstitution 239, 241
Umlaufsubstitution 126, 161, 265ff.
Uniformisierung 78, 113, 311

Valiron, Georges (1884—1954) 100, 115, 350, 364, 366
Variation der Konstanten 118, 142
Variationsgleichung 13
Vergleichssatz 368ff.
Vollständiges elliptisches Integral 212, 239

Wallis, John (1616—1703) 211
Weierstrass, Karl (1815—1897) 4, 6, 13, 41, 99, 242, 302, 306, 328
Wesentlich singuläre Stellen 37ff., 120, 181
Weyl, Hermann (1885—1955) 155
Wiman, Anders (1865—1960) 366
Wintner, Aurel Friedrich (1903 bis 1958) 21, 339, 369f.
Wittich, Hans (geb. 1911) 108ff., 359f., 364ff.
Wronski (eigentlich Hoene, Josef Maria) (1778—1853) 117f., 141, 318, 332f.
Wronskische Determinante 117f., 141

Yosida, Kôsaku 97, 110

MIX
Papier aus verantwortungsvollen Quellen
Paper from responsible sources
FSC® C105338

If you have any concerns about our products,
you can contact us on
ProductSafety@springernature.com

In case Publisher is established outside the EU,
the EU authorized representative is:
Springer Nature Customer Service Center GmbH
Europaplatz 3, 69115 Heidelberg, Germany

Printed by Libri Plureos GmbH
in Hamburg, Germany